現代財務管理
ESSENTIALS OF FINANCIAL MANAGEMENT

Fifth Edition

Eugene F. Brigham, Joel F. Houston,
Jun-Ming Hsu, Yoon Kee Kong and A. N. Bany-Ariffin

李隆生　譯

Australia • Brazil • Canada • Mexico • Singapore • United Kingdom • United States

現代財務管理 / Eugene F. Brigham, Joel F. Houston,
Jun-Ming Hsu, Yoon Kee Kong, A. N. Bany-Ariffin 原
著；李隆生譯. -- 三版. -- 臺北市：新加坡商聖智學
習亞洲私人有限公司臺灣分公司, 2025.03
　　面；　公分
譯自：Essentials of Financial Management, 5th ed.
ISBN 978-626-7533-12-3 (平裝)

1. CST: 財務管理

494.7　　　　　　　　　　　　113016237

現代財務管理

© 2025 年，新加坡商聖智學習亞洲私人有限公司臺灣分公司著作權所有。本書所有內容，未經本公司事前書面授權，不得以任何方式（包括儲存於資料庫或任何存取系統內）作全部或局部之翻印、仿製或轉載。

© 2025 Cengage Learning Asia Pte. Ltd.
Original: Essentials of Financial Management, 5e
　　　　By Eugene F. Brigham · Joel F. Houston · Jun-Ming Hsu · Yoon Kee Kong · A. N.Bany-Ariffin
　　　　ISBN: 9789815077780
　　　　©2023 Cengage Learning
　　　　All rights reserved.

　　　　1　2　3　4　5　6　7　8　9　2　0　2　5

出　版　商	新加坡商聖智學習亞洲私人有限公司臺灣分公司
	104415 臺北市中山區中山北路二段 129 號 3 樓之 1
	https://www.cengageasia.com
	電話：(02) 2581-6588　傳眞：(02) 2581-9118
原　　　著	Eugene F. Brigham · Joel F. Houston · Jun-Ming Hsu · Yoon Kee Kong · A. N.Bany-Ariffin
譯　　者	李隆生
執 行 編 輯	吳曉芳
印 務 管 理	吳東霖
總 經 銷	臺灣東華書局股份有限公司
	地址：100004 臺北市中正區重慶南路一段 147 號 4 樓
	https://www.tunghua.com.tw
	郵撥：00064813
	電話：(02) 2311-4027
	傳眞：(02) 2311-6615
出 版 日 期	西元 2025 年 3 月　三版一刷

ISBN 978-626-7533-12-3

(25SRM0)

譯者序

2013 年 4 月，鑑於過去《國際財務管理》翻譯案合作愉快，新加坡商聖智學習公司的經理找我談本書的翻譯事宜；因 Brigham/Houston 的 *Essentials of Financial Management* 是財務學的經典好書，聖智學習公司希望能將亞洲中文版第三版引入台灣，數年後在 2024 年出版了第五版。

Brigham 原著的內容過多，在大多數的情況下，並不適合 3-4 學分的課程。所以，本翻譯版完整呈現了原文的第 1-21 章，但刪去本文中較艱深、較技術性和關聯性極低的內容，如原書第 18-5 節 Black-Scholes 選擇權定價模型。其次，附錄僅保留原書的附錄 C、D、E。最後，每一章本文以外的內容也經大幅刪減，僅保留較簡單的 SELF-TEST QUESTION AND PROBLEMS 和 QUESTIONS。

除此之外，亞洲版和國際版的差異，在於中興大學財務金融系徐俊明教授等三人，改寫了原書少部分內容──主要是新增亞洲案例（特別是台灣和馬來西亞案例）。

本書特色如下：

1. 非常適合作為大專財務管理課程的教科書，以及碩士班財務管理課程的參考書。
2. 理論和實務相互對照，提供許多真實世界的例子，含括亞洲國家的公司案例和相關內容。
3. 內容完整；但若有需要也可跳過部分主題，以增加授課的彈性。
4. 反映 2008 年以來全球金融風暴和 2020 年新冠疫情的最新政經和科技發展，並討論這些事件對金融市場和企業經理人的意涵。
5. 「快問快答」幫助學生積極涉入和聚焦於所學到的內容。
6. 每一小節節末的「課堂小測驗」（SELF-TEST），除了能用於提示學生關於本節的重要內容為何之外；也可作為課堂上的隨問隨答使用，有助於授課教師掌握學生學習狀況。
7. 鑑於近幾年衍生性商品和跨國管理日益重要，本書在第 2、18、19 章的內容反映了上述趨勢。
8. 提供教學中文投影片。

針對不同學分數的教學內容建議
基礎章節：Chapters 1-5、7-11、12（除 12-5、12-6）
核心章節：Chapters 6、13-17（除 13-4、13-5、15-4）和 12-6

進階章節：Chapters 18-21 和 12-6、13-4、13-5、15-4

　　兩學分的課程建議上完基礎章節、三學分上完基礎＋核心章節、四學分則是基礎＋核心＋進階章節。

　　此版翻譯過程裡，譯者萬分感謝聖智學習公司的內、外部編輯協助校對和潤稿，讓本版相較前一版，書中錯誤能進一步減少，可讀性盡可能提升到最高。

李隆生　謹致於台北文山溝子口家中

前言

　　本書是一本初階財務管理教科書，學生應會發現它是有趣的和容易了解的。且甫一推出便成為極受歡迎的大學財務學教科書，並維持至今。本版秉持過去目標，希望本書能維持過往良好品質，並為財務學教科書設下新標準。

　　財務學令人感到熱血賁張且內容持續發生改變。自從上一版以來，全球金融環境發生了許多的重大變化。身處在快速改變的金融環境裡，主修財務學無疑是一件很有趣的事。在本版，我們從財務的角度，強調並分析導致這些改變的事件。雖然金融環境始終在變，但一如我們一直強調的那樣：經過考驗和真正的原理，現在比以往更顯重要。

本書結構

　　我們的目標讀者為第一次接觸、或唯一一次接觸財務學的學生。主修財務的學生，往後會繼續修習投資學、貨幣銀行學和高階企業理財等課程；另一些人將選擇主修行銷、管理或非財務的商管領域；還有一些非主修商管的大學生，選修財務學和數門商務課程，以有助於他們學習諸如法律、房地產等等課程。

　　我們的挑戰在於讓本書可以適用於所有不同主修的大學生。因而認為應聚焦於財務學的核心原理，它們包括以下基本主題：貨幣的時間價值、風險分析和評價。此外，我們還認為應從兩種觀點來探討這些主題：(1) 尋求做出良好投資決策的投資人；(2) 嘗試極大化其公司股價的企業經理人。投資人和經理人需要了解相同的一組原理，所以核心主題對不同主修的學生而言都很重要。

　　在規劃本書結構時，我們首先列出財務學裡幾乎對任何人都重要的核心主題；包括金融市場綜述、用在決定資產價值現金流量的預測方法、貨幣時間價值、影響利率的因素、基本的風險分析，以及基本的債券和股票評價程序。我們在第1-9章討論這些主題。接下來，因修習本課程的大部分學生未來將在企業工作，我們想要讓他們知道這些核心概念是如何被用在真實商務世界。因此，我們繼續討論了資本成本、資本預算、資本結構、股利政策、營運資本管理、財務預測、風險管理、國際營運、混合證券和併購。

　　非主修財務的學生會懷疑為何他們需要學習財務學。隨著你開始閱讀本書，答案很快就會變得很明顯——每一個人都需要了解時間價值、風險、市場和評價。幾乎修習本課程的所有學生，預期在未來都將進行投資，因此很快便可認知到第1-9章的知識，有助於他們做出更佳的投資決策。此外，計劃在企

業界就職的學生，也會很快體認到，他們自己的成功取決於他們所服務公司的成功，而第 11-21 章裡的主題將會很有幫助。例如，良好的資本預算決策要求來自銷售部門、行銷部門、生產部門和人資部門的準確預測；公司非財務部門的員工仍需了解他們的行動會如何影響公司的利潤和未來績效。

第五版的創新

1. 納入新冠疫情和川普當選美國總統等影響金融市場和經濟的重大事件。
2. 在 2017 年 12 月，國會通過減稅和工作法案（Tax Cuts and Jobs Act, TCJA），導致第 3、6、11、13、15、16、20 章部分內容的改寫。
3. 持續納入第四版出版後全球化發展（如 FANG 股價飆升）和新科技（如比特幣）的新機會和新風險。
4. 新增真實世界的新案例。
5. 在第 1 章，新增企業 ESG（環境、社會、治理）議題。
6. 在第 4 章，為反映真實世界慣例，以成本取代銷售金額修改存貨周轉率的定義。
7. 在第 19 章，更新匯率數據。
8. 因新租賃準則 ASC 842 的實施，大幅改寫第 20-2 節。

結語

在實際意義上，財務學為企業體系的基石—良好的財務管理對所有公司的經濟健全極為重要；對國家和全球社會也是如此。因它的重要性，財務學應被廣泛地和完整地了解，但這不是件容易之事；這個專業領域相當複雜，且受到經濟情勢變化的影響、該領域內涵也常隨之改變。所有這些都讓財務學變得富啟發性和有趣，但挑戰有時會令人困惑。我們誠摯希望本書第五版將滿足它自身的挑戰，能讓人們對亞洲和美國的財務體系有更佳的了解。

作者簡介

Eugene F. Brigham *University of Florida*

　　Brigham 博士是佛羅里達大學（University of Florida）的退休名譽教授；他從 1971 年起便在該校任教。Brigham 博士大學畢業於北卡大學（University of North Carolina）、MBA 和博士學位則是由加州大學柏克萊分校（University of California-Berkeley）授予。他曾在康乃狄克大學（University of Connecticut）、威斯康辛大學（University of Wisconsin）、加州大學洛杉磯分校（University of California-Los Angeles）任教。Brigham 博士曾任財務管理學會（Financial Management Association）的理事長，並針對資本成本、資本結構和財務管理的其他主題，發表過許多期刊論文。他也是關於管理財務學和管理經濟學等主題、十本教科書的作者或共同作者；美國超過千所的大學使用了這些教科書，並被翻譯成 11 種語言。除學術寫作外，他持續教學、顧問和研究：他曾對聯邦和某些州許許多多的電力、天然氣和電話費率提出專家證言；他還擔任許多企業和政府機構的顧問，包括聯準會、聯邦家庭貸款委員會（Federal Home Loan Board）、美國通訊政策辦公室（U.S. Office of Telecommunications Policy）和 RAND Corporation。閒暇時，他打高爾夫球、享受與家人和狗的生活，以及從事如阿拉斯加單車行的戶外活動。

Joel F. Houston *University of Florida*

　　Houston 博士為佛羅里達大學財金系的教授，他在賓州大學華頓學院（Wharton School at the University of Pennsylvania）取得碩、博士學位；大學則畢業於 Franklin and Marshall College。在他到佛羅里達大學任教前，曾擔任聯邦準備銀行賓州分行的經濟學家。他的主要研究領域為企業理財和金融機構，其研究成果發表在一些很棒的期刊中，包括 *The Journal of Finance*、*Journal of Financial Economics*、*Journal of Business*、*Journal of Financial and Quantitative Analysis*、*Journal of Accounting Research* 和 *Financial Management*。Houston 教授目前還擔任 *Journal of Money*、*Credit and Banking*、*The Journal of Financial Services Research* 和 *The Journal of Financial Economic Policy* 的副主編。自從 1987 年在佛羅里達大學任教起，他共獲得了 25 個教學獎，並積極參與大學和研究所教育。除了是這本財務管理聖經的共同作者外，Houston 博士還參與了 PURC／世界銀行、Southern Company、Exelon Corporation 和 Volume Services America 的管理教育計畫。他喜歡打高爾夫球，喜歡和他的妻子 Sherry、兒子 Chris、女兒 Meredith 和孫子 Teddy 在一起。他還是 Florida Gators，以及 Pittsburgh Steelers、Pirates、Penguins 的球迷。

亞洲版編撰者

徐俊明　國立中興大學

徐俊明博士目前擔任國立中興大學財務金融學系教授、畢業於雪城大學（Syracuse University）。他教授的課程包括財務管理、投資學、國際金融、併購；研究領域聚焦於企業理財和併購。他在一些極富盛名的國際期刊發表了許多論文，例如 *Management Science*、*Journal of Empirical Finance*、*Journal of Business Finance & Accounting*。除此，他還擔任台灣上市櫃公司的獨立董事。

Yoon Kee Kong

Yoon Kee Kong 是南洋科技大學的財金博士、擁有美國 CFA、FRM 的證照，目前擔任南洋科技大學（Nanyang Technological University）南洋商學院銀行金融學系的資深講師（Senior Lecturer）。

A.N. Bany-Ariffin

A.N. Bany-Ariffin 是國立馬來西亞大學企業管理博士（DBA），目前為馬來西亞 Universiti Putra 管理經濟學院教授。

CHAPTER 1

財務管理綜述

亞洲廠商的經營目標和實際做法

亞當‧斯密（Adam Smith）在1776年，描繪了驅動公司追求利潤之「看不見的手」是如何產生作用，並以利潤極大化為公司正確的追求目標做結。現代財務學者和專業人士採納亞當‧斯密理論的修正版本，主張公司的目標是在不對社會造成傷害的前提下，極大化股東的財富（亦即極大化股票價格），例如，不汙染環境、不從事不公平僱用，以及不藉著創造獨占剝削消費者。

雖然現今的大部分企業都強調股東財富，但兩種樣態的代理人問題能影響公司的股票價值。一類在於經理人和股東之間的衝突，換言之，經理人透過消費特權、過度投資或過少投資來追求自己的福利，導致降低股東財富。為了讓經理人的利益和股東利益一致，公司通常向經理人提供諸如股票選擇權的誘因計畫。若公司給執行長 $50 的股票選擇權，則當股價高於 $50 時，她／他的個人財富將增加。然而，研究發現股票類薪酬會讓執行長採用風險較高的政策、執行價值減損的併購，以及發布不準確的財務報表。這些發現指出對舊問題（代理人問題）的解決方案，會帶來新的承受風險問題。

第二類為握有公司控制權股東和小股東之間的衝突——前者侵占後者權益。例如，控股股東虛增盈餘，將過高價格的股票賣給不知情的小股東。這個問題在東亞較嚴重，這是因為一些實務上的因素，讓控股股東能占小股東便宜，詳見下述。

- 股權結構（ownership structure）：相對於西方國家的資本市場，東亞市場有著較少的機構投資人。如大餅圖裡的兩類股權結構所

示——A較B有著較高比例的機構投資人。大部分的東亞公司偏向類型B，以致它們較不受到機構投資人的監控。因此，董事會較可能透過自我交易和內線交易，侵占個人投資人的財富。

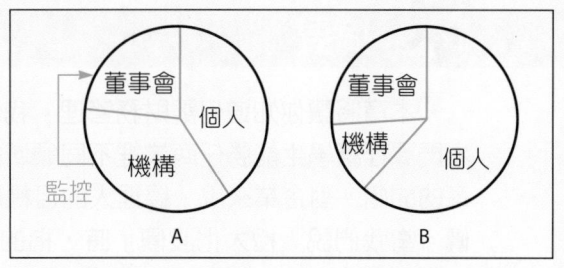

- 交叉持股（crossholdings）。東亞公司通常使用交叉持股來經營事業；例如，在日本被稱為「經連會」（Keiretsu）大企業集團（如三井、三菱和住友）的內部公司彼此會相互持股。如交叉持股圖所示，A 公司持有 a% B 公司的股票、B 公司持有 b% C 公司的股票，以及 C 公司持有 c% D 公司的股票。在這種型態下，集團內的公司都間接受 A 公司控制。這樣的結構讓集團內公司的經理人，比起極大化股東財富，反而更關心 A 公司的政策。交叉持股圖的右方圖描繪了廠商是如何操作控制權。X 公司投資較小兩家公司 Y_1 和 Y_2，透過分別持有它們各 20% 和 25% 股權取得控制權。然後，這兩家公司再分別買入 X 公司 y_1% 和 y_2% 的股權，以在 X 公司董事改選時支持公司派。換言之，X 公司控制權股東使用所有股東的錢，用以鞏固他們的董事地位。

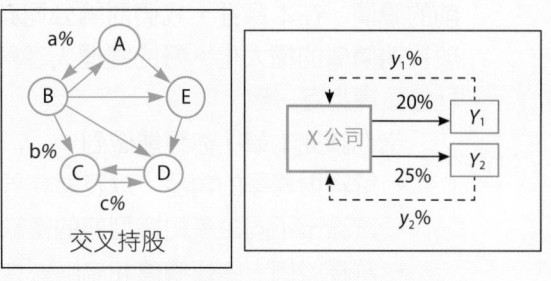

- 金字塔股權（pyramidal structure）：另一種控制關係企業的常用方式，是使用金字塔型股權結構——擁有由上而下股權控制鏈、包含許多公司的一個商業團體。這讓一家公司成為某企業集團的一分子，而企業集團通常會擁有較大的市場力量，並能從銀行獲得更多資金。諸如三星（Samsung）、樂金（LG）和現代（Hyundai）等南韓公司使用這種類型的持股方式，形成自己的「財閥」（chaebol）或獨占企業家族。然而，集團

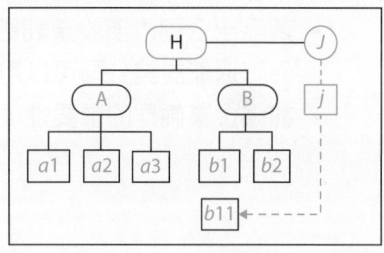

內公司會將母公司（如圖裡的 H 公司）利益的優先順序置於股東財富之前。另外。這樣的結構會允許母公司的股東侵占小股東財富。例如，擁有母公司控制權的 J 股東，能要求 B 子公司，以高於公平價值的價格購買他表現不佳的私人 j 公司，藉著讓 j 公司變成 b_{11} 公司，便將他個人的不良投資轉給集團公司。

警覺上述現象的東亞國家政府，已經透過對廠商進行管制，以改善企業治理機制。包括，限制關係企業在母公司的投票權、要求更多的資訊揭露和對獨立董事人數設定下限。這些行動，都是為了強迫公司必須為股東利益服務。

來源：Jeffrey L. Coles, Naveen D. Daniel, and Lalitha Naveen, "Managerial Incentives and Risk-taking," *Journal of Financial Economics*, 79 (2006), pp. 431–468; Yaniv Grinstein and Paul Hribar, "CEO Compensation and Incentives: Evidence from M&A Bonuses," *Journal of Financial Economics*, 73 (2004), pp. 119–143; Natasha Burns and Simi Kedia, "The Impact of Performance-based Compensation on Misreporting," *Journal of Financial Economics* 79 (2006), pp. 35–67; Stijn Claessens and Joseph P. H. Fan, "Corporate Governance in Asia: A Survey," *International Review of Finance*, 3 (2002), pp. 71–103.

現代財務管理
Essentials of Financial Management

摘要

　　本章將讓你知道何謂財務管理。我們以描述財務和整體商務環境的連結、指出本門課程讓學生能勝任商業裡不同領域的工作、討論不同企業組織的型態，作為本章的開始。對企業來說，經理人的目標應為極大化股東財富，而這意味著極大化股價。當我們說「極大化股價」時，指的是「真正的長期價值」，這可能不同於它目前的股價。在本章裡，我們討論公司必須如何提供經理人正確的動機，讓他們聚焦於長期價值的極大化。好的經理人了解倫理的重要性，並知道極大化長期價值與對社會負責相互一致。

　　當你讀完本章，你應能做到：
- 解釋財務學的角色，以及財務界不同類型的工作。
- 辨識出不同企業組織型態的優缺點。
- 解釋股價、內在價值和高階經理人薪酬之間的連結。
- 辨識出公司內部股東和經理人之間，以及股東和債權人之間的潛在衝突。此外，還能討論公司可以用於減輕這些潛在衝突的技巧。
- 討論企業倫理的重要性，以及不符倫理行為的後果。

1-1 什麼是財務學？

　　財務學在《韋伯斯特字典》（*Webster's Dictionary*）裡的定義如下：「由貨幣流通、核准信用、進行投資和提供銀行設施等所構成的整個體系。」財務學（finance）一詞有著許多面向，讓我們難以提供一個清楚和精確的定義。在本節，你將知道財務人員從事哪些工作，以及在你畢業後若進入金融圈工作可能會做些什麼。

1-1a 財務學領域

　　大學裡教授的財務學，通常被分成以下三個領域：(1) 財務管理、(2) 資本市場和 (3) 投資。

　　財務管理（financial management）也被稱為企業理財，聚焦於關於獲取何種和多少數量資產的決策、如何募集購買資產所需的資本，以及如何經營公司以極大化它的價值。本書提出的原則既適用於營利，也適用於非營利組織；另如本書書名所示，本書大部分的內容無疑屬於財務管理。

　　資本市場（capital market）是決定利率和股票／債券價格的市場。本書內容還包括對企業提供資本的金融機構。銀行、投資銀行、股票經紀人、共同基金、保

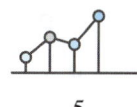

險公司等，將有錢投資的「儲蓄方」和出於不同目的需要資本的企業、個人等結合在一起。諸如負責管制銀行和控制貨幣供給之中央銀行的政府組織，以及會對公開市場裡股票和債券交易進行管制的證券交易委員會（Securities and Exchange Commission, SEC），也是本書資本市場主題裡的內容之一。

投資（investment）是關於股票和債券的決策，並包含以下活動：(1) 證券分析（security analysis）處理尋找個別證券（亦即股票和證券）的適當價值。(2) 投資組合理論（portfolio theory）處理建構組合或「一籃子」股票和債券的最佳方式；理性投資人想要持有分散組合以限制風險，所以選擇一個適當均衡的組合，對任何投資人而言都是重要議題。(3) 市場分析（market analysis）處理股票和債券市場在任一時刻是否「過高」、「過低」或「正好」；行為財務（behavioral finance）也是市場分析裡的一個支派──檢視投資人心態以判斷股價是否因投資泡沫被抬高到不合理的高價，或因一陣不理性悲觀氛圍導致被下壓到不合理的低價。

雖然我們將上述三個領域分開講述，但彼此是緊密關聯的。銀行需被置於資本市場之下進行研究，且銀行放款人員在評估企業貸款要求時，必須了解企業財務，才能做出適當決定。同樣地，企業財務長和銀行協商時，若想要以「合理」條件借款就必須了解銀行業。再者，試著找出股價真值的股票分析師，必須得先了解企業財務及資本市場。此外，所有類型的財務決策都取決於利率水準，導致企業財務、投資和銀行圈內的所有人，都必須懂利率和了解利率是如何決定的。基於上述這些關聯，這三個領域都被納入本書內容。

1-1b 組織內的財務部門

大部分的企業和非營利組織，有著和圖 1.1 類似的組織圖。董事會是最高階的治理團體，且董事長通常為組織裡階級最高的個人，接下來是執行長（chief executive officer, CEO）。CEO 之下是營運長（chief operating officer, COO），其常被指派為該公司的總裁，並主導公司的營運，包括行銷、製造、銷售和其他營運部門。財務長（chief financial officer, CFO）通常是資深副總裁和排名第三的高階經理人，負責會計、財務、信用政策、資產購置決策和投資者關係──涉及與股東和媒體的溝通。

公司若為上市公司，則 CEO 和 CFO 必須向證管會保證，公司向股東所發布的報告都正確無誤，特別是年報。若之後發現錯誤，則 CEO 和 CFO 可能會遭到罰款，甚或坐牢。這些要求為 2002 年開始實施之**沙賓法案**（Sarbanes-Oxley Act）的一部分。鑑於一連串與現已關門大吉的安隆（Enron）和世界通訊（WorldCom）等企業相關的醜聞不斷發生，企業發布不實資訊造成投資人、勞工及供應商損失數十億美元，國會因而通過這項法案。

圖 1.1　組織內的財務部門

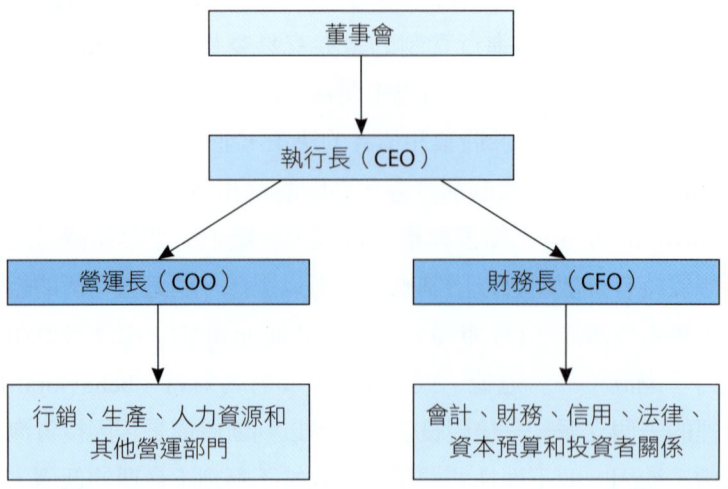

1-1c 財務學 vs. 經濟學和會計學

　　如我們今天所知道的，財務學源自於經濟學和會計學。經濟學家發展出以下概念：資產價值取決於此一資產提供的未來現金流量，而會計師對這些現金流量的可能金額提供資訊。因此，在金融圈工作的人需要經濟學和會計學的知識。圖 1.1 說明在現代企業中，會計部門常受到 CFO 的監督管理，並進一步闡明財務、經濟和會計之間的連結。

課堂小測驗

- 本書提到財務學的三個領域為何？這三個領域彼此相互獨立，或它們是彼此相關的（也就是從事某一領域的工作者也應了解其他兩個領域的一些知識）？試解釋之。
- CFO 是做什麼的？這個人如何融入企業的階級制度？其職責為何？
- 諸如醫院和大學等非營利組織是否適合設置財務長？請說明原因。
- 經濟學、財務學及會計學之間的關係為何？

1-2 財務相關工作

　　財務學有助於學生在銀行、投資、保險、企業和政府任職。會計系學生需要知道財務、行銷、管理和人力資源；他們也需要了解財務學，因其影響所有這些領

域的決策。例如，財務人員會檢視行銷人員提案的廣告計畫，判斷這些廣告對公司利潤的影響。因此想要讓行銷有效，則必須先了解財務學的基礎知識。管理也是如此；事實上，大部分的重要管理決策是根據它們對公司價值的影響來評估的。

值得注意的是，不論個人從事何種工作，財務學都是重要的。多年以前，大部分的企業提供退休金給員工，所以管理個人投資便不是那麼重要。但現在已不是如此。今天，多數公司提供的是「確定提撥」的退休金計畫，亦即公司每年會將一筆固定金額的錢存入員工的個人退休帳戶。員工則必須決定如何投資這些錢——投資在股票、債券和貨幣市場的比重，以及他們願意為他們的股票、債券投資承擔多少風險。這些決策對人們的生活有著很大影響，而本書出現的某些概念有助於改進決策技巧。

1-3 企業組織的型態

對各種規模、組織型態的公司而言，財務管理的基礎知識都能適用。然而，公司之法律結構的確會影響其營運，因此必須對組織結構有所認識。企業組織有以下四種主要類型：(1) 個人公司；(2) 合夥公司；(3) 法人企業；(4) 有限責任公司和有限責任合夥公司。從家數比例來看，大部分的企業屬於個人公司型態。然而，從銷售金額來看，法人企業占了 80% 以上。因法人企業引領了大部分的商務，且大部分的公司最終轉換成為法人企業，所以它們是本書的主角。不過，了解各類公司之間的法律差異仍是很重要的。

個人公司（proprietorship）是個人擁有的非法人企業。以唯一所有權的方式開展企業相當容易——一個人就可以開始商業營運。個人公司有三項重要優勢：(1) 它們相當容易且花費不多便能成立；(2) 政府對它們的管制不多；(3) 相較法人企業，它們的所得稅率較低。然而，個人公司也面對三項主要限制：(1) 所有權人對其擁有的公司之負債有著無限責任，因此他損失的金額可能超過對公司的投資額。例如，你以 $1 萬的資本開創事業，但旗下員工在上班時間開車撞了人，你因此被告，遭求償 $100 萬。(2) 企業的生命受限於這家公司創辦人的壽命，且若要引進新股權，投資人會要求改變企業結構。(3) 由於前述兩項原因，個人公司難以獲得大額資本，因此個人公司主要被小企業所採用。然而，企業通常以個人公司開始，然後隨著它們成長，當不利之處超過有利之處便會轉換成法人企業。

合夥公司（partnership）是一種當兩人或兩人以上，決定一起經營事業的法律安排。就設立的難易度和所需費用，合夥公司和個人公司很類似。此外，公司所得是按比例分配給各個合夥人，並個別課稅，這讓公司可以避免公司所得稅。然

結語

本章對財務管理提供廣泛的綜述。經理人主要的目標應是極大化股票的長期價值，亦即應極大化內在價值（由隨著時間推移的股價來衡量）。為了極大化價值，公司必須發展出消費者想要的產品、有效率地生產產品、以具競爭性的價格銷售產品、遵循有關企業行為的法律。若公司成功地極大化股票價值，也會對社會和公民福祉有所貢獻。

企業的組織型態有四：個人公司、合夥公司、法人企業、有限責任公司（LLC）或有限責任合夥公司（LLP）。絕大多數的商務是由法人企業完成，且大部分成功的公司最終成為法人企業，故本書以法人企業為重心。

財務長的主要工作包括：(1) 確保會計系統提供「好的」數字，以供內部決策和投資人使用；(2) 確保公司以適當的方式來融資；(3) 評估營運單位，確保它們以最佳方式進行營運；(4) 評估所有提案的資本支出，並確保它們將增加公司的價值。本書稍後內容將討論財務經理應如何確實執行這些工作。

問題

1-1　證券分析師對何種價值進行預測？邊際投資人察知的是何種價值？哪一個價值才應是公司管理上的目標？哪些因素會影響公司未來的現金流量金額和風險性？

1-2　何時股價會達成均衡？關於為何股價不總是等於均衡價，列出可能的原因？舉例說明某個股價被低估的狀況。

1-3　假設三位誠實的個人，針對 X 股票的內在價值做預測，其中一位是你目前的室友、第二位是在華爾街享有盛譽的專業證券分析師、第三位是 X 公司的財務長。若他們三位有著不同的預測，你應該選擇相信誰？為什麼？

1-4　公司股票實際市場價低於、高於或等於其內在價值，哪種情況較佳？若從股東觀點來看，上述答案會是什麼？從即將執行涉及數百萬美元選擇權後不久退休的執行長角度來看，上述答案會是什麼？請解釋。

1-5　若某家公司的董事會想要管理階層去極大化股東財富，則執行長的薪酬應被設定為固定金額或應取決於公司的績效？若採績效導向，則如何衡量績效？使用財報裡的利潤成長率，還是股票內在價值的成長率，會較易於衡量績效？哪一個會是較佳的績效指標？為什麼？

1-6 關於以下三種企業組織型態：個人公司、合夥公司、法人企業，他們各自的優、缺點為何？在會計、法律和建築領域，哪一種組織型態較常見？

1-7 股東財富極大化應被視為是長期目標或短期目標？例如，若某項行動能讓公司股價在六個月內從目前的 $20 變為 $25，然後在五年內繼續上漲到 $30；另一項行動在數年內都不會影響股價，但股價會在第五年變成 $40。哪一項行動較佳？想想看哪些特定的企業行動，會產生上述趨勢。

1-8 股東和經理人存在哪些衝突？廠商如何降低這些衝突？若使用股票選擇權激勵經理人，應該採某個時點或是一段期間的股價？

1-9 南方半導體公司（SSC）總裁在該公司年報裡做出以下聲明：「SSC 的主要目標是要增加我們普通股股東的股票價值。」在之後的報告裡，出現下述聲明：

a. 公司將捐贈 $150 萬給總部所在地阿拉巴馬州伯明翰的交響樂團。

b. 公司正在西班牙花費 $5 億建新廠以擴展營運。未來四年，西班牙的營運將不會帶來利潤，以致相對若未在西班牙投資，這段期間的盈餘會變得較少。

c. 公司將半數資產投入美國政府債券，作為緊急時變現之用。然而，SSC 計畫未來將以普通股股票取代政府債券，作為緊急資金的來源。

請討論 SSC 的股東應如何評價這些行動，以及這些行動會如何影響股價。

1-10 投資人的投票權通常是一股一票。TIAA-CREF 是美國最大的機構股東，相較其他組織，擁有更多的股權和票數。傳統上，該基金採被動投資，聽任被投資公司的管理階層。然而在 1993 年，它向其所有被投資公司（1,500 家）寄出一封通知，告知若公司管理不佳，它會積極干預。它的目的是透過改善企業績效以提高被投資公司股價，並鼓勵董事會讓獨立 / 外部董事過半。它揚言若「董事會不能有效和獨立監督其執行長」，則它將投票反對該廠商的所有董事。

在過去，針對較差績效公司，TIAA-CREF 採「用腳投票」，也就是賣出表現不佳公司的股票。然而到了 1993 年，基於以下兩項原因，此一策略難以繼續下去：(1)、它已將其資產多數配置於隨市場變動價值的「指數基金」；(2)、它擁有許多公司大量股票，所以在它嘗試賣出這些股票時，將造成股價大幅下跌。因此，TIAA-CREF 的持股在很大程度上被鎖住，這導致它決定變成較積極的投資人。

a. TIAA-CREF 是個普通股東嗎？請解釋。

b. 出於它的資產規模，TIAA-CREF 擁有許多公司的大量股票。關於它應如何使用這些股權投票，應由 TIAA-CREF 經理人決定？還是將這些投票權轉由自己的上千股東（按股權比例）決定呢？請解釋。

1-11 艾德蒙公司目前已花了一大筆錢，用於提升它的科技。雖然這些改善在短期

看不到太多效果,但預期會大幅降低未來的成本。這項投資對該公司今年的每股盈餘會有何影響?又會對該公司的內在價值和股價有何影響?

1-12 假設你是 X 公司董事暨薪酬委員會主席。在設定執行長薪酬時,你的委員會應考慮哪些因素?該薪酬是否應包含現金、基於廠商績效的選擇權或是兩者組合?若將理論和實務都納入考量,該「績效」應如何測量?又若你是 X 公司副董或你是其他公司執行長,你可能採取的行動會有何差異?

1-13 假設你是某家能源公司的董事。該公司下轄三個部門——天然氣、石油和零售(加油站)。這些部門獨立運作,但各部門的經理人都直接對執行長負責。若你是 11 位薪酬委員會裡的一員,如問題 1-12 所討論的那樣,該委員會被要求得為三個部門的經理人設定薪酬,你認為是否應用和該公司執行長相同的標準?請解釋你的理由。

1-14 BD 公司有 7,000 萬美元負債和 3,000 萬美元股權。該 10% 年利率負債將於一年後到期,亦即公司承諾一年後支付債權人 7,700 萬美元。

BD 正評估兩項可能的投資——期初投資額皆為 10,000 萬美元、都持續一年、投資結果都取決於整體經濟狀況;經濟狀況佳和差發生的機率各半。

下表是上述兩項投資的預期報酬(百萬美元)

	經濟差一年後的報酬	經濟佳一年後的報酬	預期報酬
L 投資案	$90.00	$130.00	$110.00
H 投資案	50.00	170.00	110.00

請注意這兩個投資案有相同的預期報酬,但 H 投資案風險較高。債權人總是先受到支付,然後股東才能獲得股利。

假設一年後,BD 沒有足夠的資金支付債權人,則它將宣布破產。一旦宣布破產,債權人將取得公司所剩資金,而股東將一無所有。

a. 假設公司選擇 L 投資案,則 BD 債權人的預期報酬為何?股東預期報酬為何?

b. 假設公司選擇 H 投資案,則 BD 債權人的預期報酬為何?股東預期報酬為何?

c. 債權人應偏好 BD 經理人選擇 L 或 H?簡要解釋你的理由。

d. 說明為何遵照股東利益行事的 BD 經理人,會選擇風險較高的 H 投資案?

e. 債權人可採哪些行動來保護自身利益?

CHAPTER 2

金融市場和金融機構

金融業的薪酬與挑戰

在現代經濟世界裡,當缺錢時,人們融資;當有多餘金錢便投資。為了獲得資金,公司發行證券、舉債,個人則是借錢。為了資金投資,人們需要金融工具和有效率的交易機制。傳統上,這些活動是透過僱用具相關專業和技能之高薪員工的金融機構完成。下表列出了2019年東亞國家平均薪酬最高的八大產業。

排名	日本	中國	台灣
1	資/通訊	資/通訊	電腦/電子
2	網際網路/廣告/媒體	金融	半導體
3	服務	科學研究	製造
4	製造	醫療/健康	投資
5	醫療/健康	商業服務	軟體/網路
6	金融	製造	金融
7	營建/房地產	交通	光電/光學
8	零售/食品	營建	化工

來源:The State Council, China; United Daily News, Taiwan

儘管薪資佳,但金融專業人員經常面對新挑戰,特別是在2008-2009年金融危機之後。針對以下議題內容,他們必須擁有許多知識,以及發明新的策略:

- 回應2008-2009年信用不佳者次級貸款引發的金融危機,巴賽爾銀行監理委員會(Basel Committee on Banking Supervision)在2010年發展出一組措施——巴賽爾協定III(Basel III),用以監督銀行管理,包括資本適足性、壓力測試和流動性要求。銀行經理人執行業務時,必須遵照這些要求和其後續修正。

- 在2008-2009年金融危機之後，美國聯準會和許多國家的央行採用量化寬鬆（quantitative easing）刺激經濟，創造出過多的貨幣流動和讓利率維持在低檔。這讓商業銀行放款金額大增，且需積極管理它們的資產。投資機構也開始進行避險和分散化它們的組合；更多的人們開始投資於商品市場和房地產。
- 為了達成2015年聯合國永續發展目標（SDGs），金融機構被預期在環境永續上扮演積極角色，包括對參與綠色金融（green finance）的促進；綠色金融意指在融資和投資決策時，偏好從事環境友好行動的組織。當政府愈來愈重視綠色金融之際，金融專業人員便需要對綠色議題有所了解。
- 金融科技（FinTech）創新和數位交易，讓我們的支付、存款、借錢和投資變得更容易和更快。這些改變要求金融專業人員發展出技能和知識，將金融科技應用在他們的商務上。

摘要

在第一章，我們了解到公司最主要的財務目標是極大化長期股價。股價取決於金融市場；因此，經理人若要做出好的決策，就必須了解這些市場如何運作。此外，個人會做出自己的投資決策；所以每個人都要對金融市場和這些市場裡的機構，有著一定程度的了解。因此，本章將介紹資本募集、證券交易和建立股價的市場，以及在這些市場裡營運的機構。

近幾年來，金融市場已日益頻繁出現價格劇烈波動，導致許多人質疑市場是否總是有效率的。回應這些趨勢，人們對行為財務學愈感到興趣。該理論聚焦於心理因素如何影響個人決定（有時以反常方式），以及這些決定對金融市場的淨影響。

當你讀完本章，你應能做到：
- 辨識不同種類的金融市場和金融機構，並解釋這些市場和機構如何增進資產配置。
- 解釋股票市場的運作，以及列出各類型股票市場之間的區別。
- 解釋股票市場近年來的運作方式。
- 對行為財務學產生粗淺認識。

2-1 資本配置過程

企業、個人和政府常常需要募集資本。例如，卡羅萊納電力暨照明公司（Carolina Power & Light Energy, CP&L）預測北卡羅萊納州和南卡羅萊納州的電力需求將增加，因此將興建一個新的電廠以滿足這些需求。由於CP&L的銀行帳戶

裡沒有建廠所需的 $10 億,這家公司必須在資本市場募集資本。同樣地,舊金山獨資的五金商店想要擴張成為家電賣場,但它從何處取得資本來購進電視、洗衣機和冰箱等最初存貨呢?或假設強森一家想要購買價值 $20 萬的房屋,但只有 $5 萬的儲蓄,則他們可以從何處取得額外的 $15 萬呢?紐約市需要 $2 億來建造新的下水道,可從何處獲得所需的金錢?最後,若聯邦政府需要的金錢高於稅收,則此額外的金錢從何而來?

另一方面,一些個人和公司的所得超過目前的支出,則他們有可供投資的資金。例如,霍克的所得為 $36,000,但她的支出僅 $30,000,這表示她有 $6,000 可用以投資。同樣地,微軟手上握有價值約為 $884 億的現金和有價證券,則在它有商務需要之前,可如何處置這些閒錢呢?

具有多餘資金的人們和組織,為了未來的用途,正儲蓄以累積資金。家庭的某些成員藉由儲蓄以支付子女的教育和父母的退休費用;企業可以為了未來的投資而儲蓄。這些擁有多餘資金的人和組織,預期從投資獲利;需要資本者了解他們必須支付利息給提供資本者。

在一個運作良好的經濟體中,資本有效地從資本剩餘者流動到需要的人和組織手中。這個移轉有三種方式,參見圖 2.1。

1. **金錢或證券的直接移轉**(direct transfer),如圖 2.1 的上方部分。亦即企業直接將股票或債券賣給儲蓄者,而未透過任何類型的金融機構。企業將證券交給儲蓄者,而儲蓄者將錢交給這個需要錢的企業。這個程序主要是由小型公司所使用,且只有少量的資本透過直接移轉來募集。

2. 如圖 2.1 的中間部分所示,移轉也可以經由諸如摩根史坦利(Morgan Stanley)的投資銀行(IB、iBank)來承銷(underwrite);承銷商促進證券的發行。公司將股票或債券賣給投資銀行,然後投資銀行再將同樣的證券賣給儲蓄者;企業的證券和儲蓄者的錢僅僅是「經過」投資銀行。然而,因為投資銀行買進並持有這些證券一段時間,它需承擔風險,亦即賣給儲蓄者的價格可能低於買價。因涉及新的證券,且企業收到銷售的款項,所以這種交易稱為**初級市場交易**(primary market transaction)。

3. 移轉也可透過諸如銀行、保險公司和共同基金的**金融中介**(financial intermediary)。金融中介和儲蓄者彼此交換資金和證券,金融中介再使用這筆錢去買進並持有企業的證券,而儲蓄者則持有金融中介發行的證券。例如,儲蓄者將錢存進銀行,收到存款證明,接著銀行將錢以抵押貸款的方式將錢借給企業。因此,金融中介確實創造出資本的新形式——在此為存款證明。銀行存

圖 2.1　企業的資本形成過程

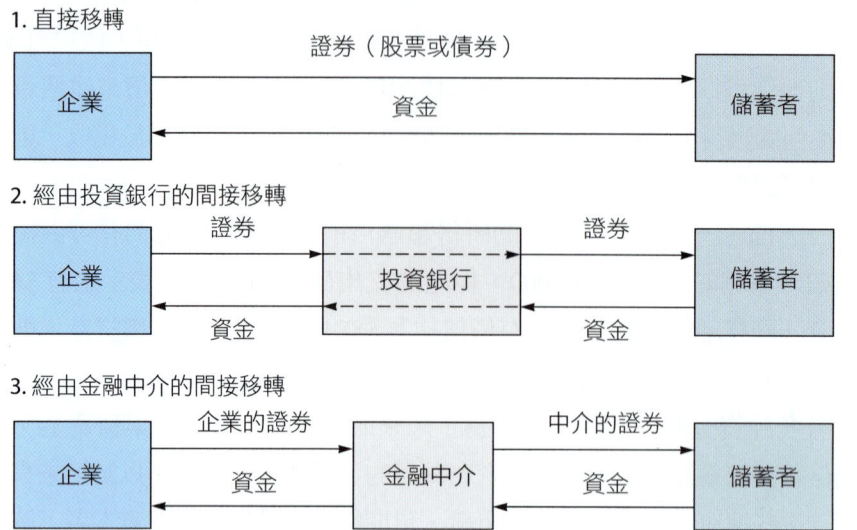

　　款證明較抵押更安全和流動性更高，因此大部分的儲蓄者都樂意持有。金融中介的存在，大幅增加貨幣和金融市場的效率。

　　通常需要資本的是公司，特別是法人企業，但將資本需求者視為家庭購物者、小公司或政府單位會較為容易理解。例如，若你的叔父借錢給你成立新事業，則會發生資金直接移轉。另一種可能是，若你借錢去購買房屋，則你可能從諸如當地商業銀行或抵押貸款銀行的金融中介獲得資金。銀行業者能將你的房貸賣給投資銀行，而投資銀行可使用這些房貸作為擔保來發行債券，最後退休基金買進這些債券。

　　在全球的脈絡下，經濟發展與金融市場和機構的水準及效率彼此高度相關；如果無法取得運作良好的金融系統，經濟可能但也難以發揮全部潛能。在一個發展良好的經濟體中（如美國），龐大的市場和機構隨著時間演化，能促進資本的有效配置。為了有效募集資本，經理人必須了解這些市場和機構的運作；個人需要知道市場和機構的運作，才能讓其儲蓄獲得高額報酬。

> **課堂小測驗**
> - 寫下儲蓄者和借款者之間資本移轉的三種方式。
> - 為何有效率的資本市場是經濟成長的必要條件？

Chapter 2 金融市場和金融機構

2-2 金融市場

金融市場（financial markets）裡匯集有資金需求的個人和組織，以及有多餘資金的個人和組織。請注意：這裡的市場是複數！因為諸如美國的已開發經濟體裡有許多不同的市場。以下將描繪這些市場裡的某些市場，以及它們發展的一些趨勢。

2-2a 市場類型

不同的金融市場服務不同類型的消費者或一國的不同地區。金融市場的分類也取決於證券交易的不同到期日，以及支撐這些證券的資產類別。基於此，以下述層面來做市場分類是相當有用的：

1. 實體資產市場 vs. 金融資產市場。實體資產市場（physical asset market, tangible asset market, real asset market）是有關諸如小麥、汽車、房地產、電腦、機器的產品市場；金融資產市場（financial asset market）則是處理股票、債券、票據和抵押貸款。金融市場也處理衍生性證券（derivative security），它的價值產生自其他資產價格的變化。每股的福特汽車（Ford）股票是「純粹的金融資產」，購買福特股票的選擇權則是衍生性證券，而它的價值取決於福特股票的價格。次級貸款支持的債券是另一種類型的衍生性商品，因這些債券的價值，由抵押貸款標的物的價值所決定。

2. 即期市場 vs. 期貨市場。即期市場（spot market）裡的資產買賣採「當場」交易（嚴格說來是幾天內）；期貨市場（futures market）裡的參與者在今天同意，於未來某一天買進或賣出某資產。例如，農夫可以簽下期貨合約——他在今天同意於六個月後，以每蒲式耳 $8.7925 的價格賣出 5,000 蒲式耳的黃豆。另一方面，未來需要黃豆的食品業者也簽下合約，同意在六個月後買進黃豆。這樣的交易可讓農夫和食品商減少或避開所面對的風險。

3. 貨幣市場 vs. 資本市場。貨幣市場（money market）是短期、高流通性負債證券的市場，而紐約、倫敦和東京是全球三大貨幣市場。資本市場（capital market）是中長期負債和企業股票的市場，美國最大型企業的股票是在紐約證交所交易，它是資本市場最好的例子。不容變更的規則雖不存在，但對負債市場進行描述時，短期通常意指小於一年，中期則是一至十年，而長期是指超過十年。

4. 初級市場 vs. 次級市場。企業在初級市場（primary market）裡募集新資本；若 GE 想要賣出新發行的普通股來募集資本，則會發生初級市場交易。GE 賣出新創造的股票，而從初級市場交易收到銷售金額。次級市場（secondary

market）裡，既存的或已在外流通的證券在投資人之間互相交易。因此，若豆豆決定買進 1,000 股的 GE 股票，則此交易會發生在次級市場。紐約證交所屬於次級市場，因它處理既存，而非新發行的股票和債券。抵押貸款、其他類型的貸款和其他金融資產也存在次級市場。企業被交易的證券並不涉及初級市場交易，因此它無法從中收到資金。

5. 私人市場 vs. 公開市場。私人市場（private market）的交易是透過雙方之間的直接協商，這不同於公開市場（public market）；在公開市場裡，標準化的合約以有組織的方式進行交易。銀行貸款和保險公司的私人債務配售，為私人市場交易的例子。因這些交易是私下的，所以它們可以雙方同意的方式來建構。相對來說，在公開市場交易的證券（如普通股和公司債），是由許多個人所持有。這些證券必須有相當標準化的合約特性，這是因為大眾投資人一般沒有時間和專業去協商出獨特、非標準化的合約。分散的所有權和標準化，使公開交易的證券之流動性，比起客製、協商的證券來得高。

我們也可採用其他的分類方式，不過上述分類足以顯示存在許多類型的金融市場。也請留意：市場間的區分通常只是作為參考點而已，彼此之間的界線很模糊、也不重要。例如，公司借款期限是十一個月、十二個月或十三個月，差別很小；換言之，這個交易屬於「貨幣」市場交易，還是屬於「資本」市場交易，沒有那麼大的差別。你應該記住不同市場之間的重大差異，但不要過度嘗試找出邊界去區別它們。

健全的經濟取決於從淨儲蓄者有效移轉金錢給需要資本的公司和個人。若缺乏有效的移轉，則經濟停止運作：CP&L 不能募集資本，羅利的居民會因而無電可用；強森一家將不會有充足的居住空間；霍克將找不到地方投資她的儲蓄。明顯地，就業水準和生產力（亦即生活標準）將會遠較目前為低。因此，金融市場有效運作是非常重要的──不能僅是夠快，也要夠便宜。

表 2.1 列出各種金融市場所交易的最重要的商品；這些商品依照到期日，由短到長依序列出。本書將陸續對表 2.1 裡的許多金融商品詳加介紹。例如，我們將會了解公司債有非常多種──從最簡單的債券到可轉債、到抗通膨債券。此表提供在主要金融市場裡，交易的商品特性和成本的綜述。

2-2b 最近趨勢

金融市場在最近幾年經歷許多改變；電腦和通訊的科技進步、加上銀行和商業的全球化，讓管制解除，而使全球各地的競爭日益增加。因此，這些更有效率、與國際連結的市場，比起數年前變得更為複雜。雖然這些發展大致正向，但它們

Chapter 2 金融市場和金融機構

表 2.1 主要市場商品、市場參與者和證券特性

商品 (1)	市場 (2)	主要參與者 (3)	風險性 (4)	原始到期日 (5)	2020/03/24 的利率 (6)
美國國庫券	貨幣	美國財政部賣出以融資聯邦支出	無違約、接近零風險	91 天到 1 年	0.01%
商業本票	貨幣	由財務無虞公司發行給大型投資人	低違約風險	至多 270 天	2.35%
可轉換定存單（CD）	貨幣	由大型貨幣中心商業銀行發行給大型投資人	違約風險取決於發行銀行的體質	至多 1 年	0.15%
貨幣市場共同基金	貨幣	投資於國庫券、CD、商業本票；由個人和企業持有	低度風險	無特定到期日（立即的流動性）	0.36%
消費者信用，包括信用卡負債	貨幣	由銀行、信用合作社和融資公司發行給個人	風險不定	變動	變動，但平均實質年利率介於 12.90% 到 25.49%
美國國庫票據和公債	資本	由美國政府發行	不存在違約風險，但價格會隨利率上揚而下跌；因此有某種程度的風險	2 年到 30 年	2 年期票據 0.336%、30 年期公債 1.446%
抵押貸款	資本	以房地產做擔保的個人和企業貸款；由銀行和其他機構買進	風險不定；次級貸款的風險頗高	至多 30 年	5 年期變動利率 3.55%、30 年期固定利率 3.89%
州和地方政府債	資本	由州政府和地方政府發行；個人和機構投資人持有	比美國聯邦政府證券的風險高，但免除大部分的稅	至多 30 年	20 年 AAA-A 等級債券 2.977%-4.431%
公司債	資本	由企業發行；個人和機構投資人持有	比美國聯邦政府證券風險高，但比特別股和普通股的風險低；發行者的體質決定風險大小	至多 40 年	20 年期 AAA 債券 3.111%、20 年期 A 等級債券 4.937%
租賃	資本	類似負債，但公司可租賃資產然後買下	和公司債的風險類似	一般 3 年到 20 年	類似於債券的報酬
特別股	資本	由企業發行給個人和機構投資人	通常比公司債的風險高，但風險低於普通股	無限期	5.75% 到 9.5%
普通股	資本	由企業發行給個人和機構投資人	通常比公司債和特別股的風險高；風險隨公司而不同	無限期	NA

也對政策制定者造成困擾。基於這些考量，美國國會和管制者在最近的金融危機之後，對部分的金融市場進行重新管制。以下「新科技對金融市場的影響」專欄，以一些戲劇性的例子闡明近幾年的科技進步是如何改造金融市場。

全球化暴露出管制者在國際層次上更多合作的需要，但這個工作並不容易。讓協調變得複雜化的因素包括：(1) 各國銀行和證券產業的結構不同；(2) 朝向金融服務集團化的趨勢模糊了不同市場部門的發展；(3) 個別國家不願意放棄對該國貨幣政策的控制。然而，管制者都同意確有需要統一全球市場的監理。

衍生性金融商品（derivative）的日益普及是最近幾年另一項重要趨勢。衍生性金融商品是一種證券，它的價值是從一些其他「標的」資產價格而來。IBM 買權是一種衍生性金融商品，其他的例子如六個月後買進日圓的合約，以及附著於次級貸款上的債券。IBM 選擇權的價值取決於 IBM 的股價、日圓期貨價值取決於日圓兌美元匯率、債券價值取決於標的貸款的價值。最近幾年，衍生性金融商品市場比其他任何市場的成長都要快，這提供投資人新的機會，但也讓他們暴露於新的風險之下。

新科技對金融市場的影響

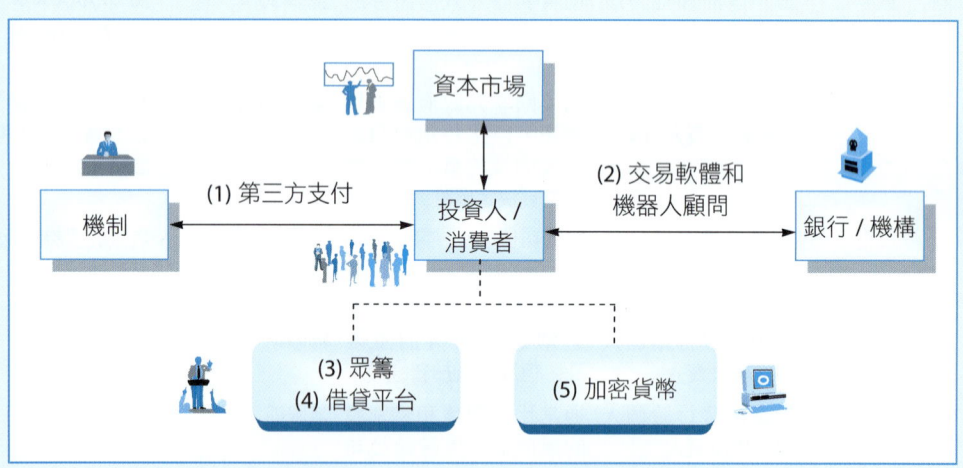

上圖描繪因新科技產生的五項金融創新，轉化了金融市場營運。

1. **第三方支付（Third-Party Payment）**：除了現金和信用卡外，人們可以透過第三方的電子服務支付消費，如 PayPal 和 ApplePay。從 2010 年代中期起，中國的支付寶和微信等，以及其他亞洲國家（如 LinePay）的電子支付系統，都比西方國家普及。
2. **交易軟體和機器人顧問（Trading Software & Robo-Advisors）**：許多廠商運用財務專業、電腦演算法和最新數據，針對買賣股票即時自動產生建議。這些股票交易通常由

高頻率交易廠商完成；它們的交易量占每日交易量很大一部分。

此外，演算法讓這些廠商創造出機器顧問，對它們的客戶提供金融建議和資產管理，以根據顧客偏好形成低成本投資組合。一些機器人顧問屬於像是 2008 年成立的美國允彙（Bettement）這樣的獨立廠商；另一些則是隸屬於銀行集團下子公司，如日本三井住友銀行（SMBC）轄下的未來創生基金（Mirai Creation Fund）。

3. **眾籌（crowdfunding）**：個人透過網際網路籌措小額資金從事計畫或風險投資（如拍片、音樂、電玩和科技）。眾籌平台於 2010 年代在許多國家出現，如創立於 2009 年美國的推新創（Kickstarter）、2011 年日本的營火（Campfire）和 2011 年中國的點名時間。

4. **借貸平台（Platform Lending）**：點對點（P2P）借貸讓個人或小公司直接從其他個人獲得貸款，節省下金融中介費用。P2P 最早由 2005 年英國的佐帕（Zopa）推出，然後擴展到全世界。許多亞洲 P2P 平台已經完成許多銀行體系之外的借貸案；這些平台如中國的宜信惠民、日本的眾信（Crowdcredit）、新加坡的錢理（MoolahSense）和香港的匯立金融控股（Welab Holdings）。

5. **加密貨幣（Crytocurrencies）**：區塊鏈（blockchain）技術產生了加密貨幣——無中央管制當局，而是使用去中心化和虛擬紀錄交易／發行新幣之方式的數位支付系統。加密貨幣儲存於數位錢包裡，並使用加密技術確保交易安全。加密貨幣移轉時，免費或負擔極低成本紀錄於公眾總帳下。

直到 2022 年，包括某些奢侈品零售商、汽車零售商和保險公司（如瑞士 AXA）等已接受常見的加密貨幣，如比特幣（Bitcoin、BTC）和乙太幣（Ethereum、ETH）。雖然受到歡迎，但加密貨幣有其黑暗面。首先，罪犯利用加密貨幣的保密特性從事非法交易，如為恐怖活動提供資金、毒品交易、走私和行賄。第二，出現加密貨幣詐騙，如假網址、龐氏（Ponzi）騙局、利用名人背書行騙和色誘（投資加密貨幣換約會）。最後，相較正常貨幣，加密貨幣價值的變動較大、時時面臨駭客和竊盜風險、難和銀行體系接軌，以及被視為是一種投機工具。

作為法定貨幣的可能替代品，加密貨幣應可被廣泛視為是一種投資工具，以及被廣泛接受作為境內和跨境資金轉移的方式（可節省交易成本）。除了上述缺點外，許多人認為加密貨幣具有潛力——甚或摧毀——我們所熟知的銀行體系。

來源：David Yemack, "Is Bitcoin a Real Currency? An Economic Appraisal," *Handbook of Digital Currency*, Academic Press, 2015, pp. 31–43.

為了說明衍生性金融商品日增的重要性，請考慮信用違約交換（credit default swap, CDS）的案例。信用違約交換是一種合約，它對某特定證券提供違約保護。假設某銀行想要保護自己免於借款人的違約，該銀行可以簽訂信用違約交換——同

意對另一個金融機構定期支付，以換取這家金融機構同意確保銀行免於借款人違約所產生的損失。CDS 市場從 2001 年初不到 1 兆美元，成長到 2007 年末、金融危機初始時超過 60 兆美元。受到金融危機影響和對銀行加強監理，10 年之後，該市場只剩下 3.5 兆美元。然而，因最近市場狀況變動大，CDS 市場目前正經歷新的復甦。

衍生性金融商品能用於降低風險或從事投機。假設當小麥價格上揚時，小麥加工者的成本會上升，且其淨收入將下跌。加工者可以透過購買衍生性金融商品（小麥期貨）來降低風險，當小麥價格上升時，它的價值也隨之增加。這是一種避險操作（hedging operation），目的是降低風險暴露。另一方面，投機則是預期高的報酬，卻也增加風險暴露。例如，寶僑（Procter & Gamble, P&G）在數年前揭露在衍生性商品投資上損失 $1.5 億。將較近期的案例是，房貸相關的衍生性金融商品，對 2008 年的信用崩潰有推波助瀾之效。

若銀行或任何其他公司公告投資衍生性金融商品，我們如何能分辨其持有衍生性金融商品，到底是為了像是對小麥價格上揚的避險，還是投機性賭博，賭小麥價格會上揚？答案是很難知道衍生性金融商品如何影響公司的風險輪廓。對金融機構而言，事情變得更為複雜——衍生性金融商品通常建構於利率、匯率或股價的改變，而大型國際銀行可能有著成千上萬且相互獨立的衍生性金融商品合約。這些合約的規模和複雜度，讓管制者、學術界及國會議員不得不關注。前聯準會（Federal Reserve System, Fed）主席葛林斯潘（Alan Greenspan）評論道：衍生性金融商品理論上應讓公司可更佳地管理風險，但最近的創新是否「增加或減少金融體系內在的穩定性」，目前並無定論。

課堂小測驗

- 分辨實體資產市場和金融資產市場。
- 即期市場和期貨市場的差異為何？
- 分辨貨幣市場和資本市場。
- 初級市場和次級市場的差異為何？
- 區別私募市場和公開市場。
- 為何對健全的經濟和經濟成長而言，資本市場是重要的？

Chapter 2 金融市場和金融機構

 **2-3 金融機構**

　　直接資金移轉，常見於個人和小型企業之間，以及在金融市場和機構較不發達的經濟體裡。但在已開發經濟體中，大型企業在需要募資時通常會發現，獲得金融機構服務的協助會更有效率。

　　在美國和其他已開發國家，已經發展出一組高度有效率的金融中介。最初，它們的角色相當明確，且法規限制它們多角化經營。然而在最近幾年，對跨業經營的管制大致解除，機構之間的差異已變得模糊。不過，機構特性在某種程度上仍存在，因此了解機構的主要分類還是有用的。但請注意，某家公司可以擁有許多子公司，而這些子公司擁有接下來將提及的不同功能。

1. **投資銀行**（investment bank）傳統上幫助公司募集資本，它們：(1) 幫助企業設計證券，讓這些證券的特性可以吸引目前的投資人；(2) 從企業買進這些證券；(3) 將之轉賣給儲蓄者。因投資銀行通常會保證公司募到所需資本，所以投資銀行也稱為包銷商（underwriter）。最近的信用危機已對投資銀行業產生戲劇性的影響：貝爾斯登（Bear Stearns）崩潰了，之後由摩根（J.P. Morgan）收購；雷曼兄弟破產；美林被迫賣出美國銀行；以及兩家「存活」的重量級投資銀行（摩根史坦利和高盛）獲得聯準會批准，成為商業銀行控股公司。

2. **商業銀行**（commercial bank）的例子如美國銀行、花旗銀行（Citibank）、富國銀行（Well Fargo）、摩根大通，它們傳統上是「金融業的百貨商店」，因它們服務許許多多的儲蓄者和借款者。歷史上，商業銀行是處理支票帳戶的重要機構，而聯邦儲備體系透過它們來擴張或收縮貨幣供給。然而到了今天，一些其他機構也提供支票帳戶服務，並顯著影響貨幣供給。還請留意，較大型的銀行通常也是金融服務集團的一部分，如下所述。

3. **金融服務集團**（financial services corporation）是一種大型集團，在單一企業體內結合許多不同的金融機構。大部分的金融服務集團從某個領域開始發展，到後來提供各式各樣大部分的金融服務。例如，花旗集團擁有花旗銀行（商業銀行）、一家投資銀行、證券經紀組織、保險公司和租賃公司。

4. **信用合作社**（credit union）是一種合作協會，會員理應具有共同的連結，如都是同一家公司的員工。會員的儲蓄只能借給其他會員；其借款目的常常是為了購買汽車、房屋修繕和房地產貸款。信用合作社通常提供最便宜的資金給個別的借款者。

5. **退休基金**（pension fund）是一種由企業或政府機構對旗下員工所設立的退休計畫，且主要是由商業銀行的信託部或壽險公司來管理。退休基金主要投資在債

券、股票、抵押貸款和房地產。

6. 壽險公司（life insurance company）以年繳保費的形式吸收儲蓄，並將這些資金投資在股票、債券、房地產和抵押貸款，且支付被保險方的受益人。最近幾年，壽險公司也針對被保險人在退休時的給付，提供多種賦稅延遲的計畫。

7. 共同基金（mutual fund）是接受儲蓄者的金錢，然後使用這些資金去購買公司或政府單位發行的股票、長期債券或短期負債工具。這些組織集合資金，並透過分散化來降低風險，且它們在證券分析、管理投資組合和買賣證券上也享有規模經濟。不同的基金是為滿足不同類型儲蓄者的目標所設計，因此有針對偏好安全的投資人所設計的債券基金，針對願意接受顯著風險以獲得較高預期回報的投資人、則有股票基金可供選擇，也有諸如用做支付利息的支票帳戶基金〔亦即貨幣市場基金（money market fund）〕。實際上，針對數十種不同目標和目的所存在的共同基金，數量達數千種。

   某個重要的分類是區分主動式管理基金和指數型基金。主動式管理基金（actively managed fund）嘗試打敗整體市場，而指數型基金（indexed fund）則是被設計成複製特定市場指數的表現。例如，某主動式管理基金的投資組合經理人使用他的專業去管理股票，選擇他認為會在某段期間內有著最佳績效的股票。相對而言，追蹤 S&P 500 指數的指數型基金，將持有組成 S&P 500 的一籃子股票。兩類基金都提供投資人寶貴的分散投資，但主動式基金通常有著遠較為高的費用——主要是因為涉及期望打敗市場的額外選股成本。在某一特定年裡，最棒的主動式基金將超越市場指數，但其中許多將輸給整體市場——甚至在不納入它們昂貴費用的情況下。此外，準確預測哪一檔主動式基金將擊敗市場是極度困難的，所以許多學術界人士和實務界人士鼓勵投資人多偏重指數型基金。

   關於共同基金的投資目標和過去表現的有用資訊，可參見諸如《價值線投資調查》（Value Line Investment Survey）和《晨星》（Morningstar Mutual Funds）等出版物；你可在大部分的圖書館和網路上找到它們。

8. 指數型基金（exchange traded fund, ETF）與一般的共同基金頗為類似，且常由共同基金公司來操作。ETF 購買某種類型的股票組合，如 S&P 500、媒體公司或中國公司，然後將自己的股票賣給社會大眾。ETF 股份通常在股票市場交易，因此若有投資人想要投資中國市場，則可以購買持有中國市場股票的 ETF。表 2.2 根據管理資產金額，列出 2020 年 3 月初規模最大的指數型基金。

9. 避險基金（hedge fund）和共同基金也很類似，因它們從儲蓄者那裡取得金錢，並使用這筆資金購買多種證券，但兩者存在某些重大的差異。共同基金／ETF

表 2.2　截至 2020 年 3 月十大指數型基金

代號	基金名稱	資產管理規模（$ 十億）	追蹤的指數
SPY	SPDR S&P 500 ETF	$226.14	S&P 500
IVV	安碩（iShare）Core S&P 500 ETF	153.54	S&P 500
VOO	先鋒（Vanguard）S&P 500 ETF	110.73	S&P 500
VTI	先鋒 Total Stock Market ETF	109.38	CRSP U.S. Total Market
QQQ	景順（Invesco）QQQ	82.93	那斯達克 100（NASDAQ 100）
ACG	安碩 U.S. Aggregate Bond ETF	66.61	巴克萊（Barclays）Capital U.S. Aggregate Bond
VEA	先鋒富時（FTSE）Developed Markets ETF	57.66	明晟（MSCI）EAFE
IEFA	安碩 Core MSCI EAFE（歐、澳、遠東）ETF	55.21	MSCI EAFE Investable Market Index
BND	先鋒 Total Bond Market ETF	49.51	巴克萊 Capital U.S. Aggregate Bond
GLD	SPDR Gold Trust	48.31	Gold Bullion

來源：etfdb.com/compare/market-cap/

需向證管會註冊並接受它的監理，而避險基金在很大程度上是不受監督的。管制上的差異源自於以下事實：共同基金的目標顧客通常是小投資人，而避險基金通常明訂最小投資金額（通常超過 $100 萬），以及主要針對機構和有高淨值的個人。之所以稱為避險基金，是因為傳統上當個人嘗試規避風險時會使用這種基金；例如，某避險基金經理人若認為企業和政府公債的利差過大，則他可能同時買進公司債組合並賣出政府公債組合。就此例子來說，投資組合相對於整體的利率移動進行「避險」，且若這些證券的利差真的縮小，則這檔避險基金的績效會特別突出。

指數型基金和其費用率

指數型基金是共同基金的一種，鎖定特定市場指數買進股票，所以它的表現應和該標竿指數一致。在這種機制下，指數型基金是透過自動投資法進行被動管理，持有指數裡的證券。不像主動管理的基金那樣，得靠經理人藉著他們的交易技巧去擊敗市場。指數型基金有低的周轉率，以及不需要分析師團隊致力於管理其投資組合，所以有著較低的費用。

被動型基金	費用率 %
富達（Fidelity）500 Index Fund（FXAIX）	0.015%
嘉信（Schwab）S&P 500 Index Fund（SWPPX）	0.02%
嘉信 Total Stock Market Index Fund（SWTSX）	0.03%
先鋒（Vanguard）500 Index Fund Admiral Shares（VFIAX）	0.04%
主動型基金	
FlexShares 晨星（Morningstar）Global Upstream Natural Resources Index Fund（GUNR）	0.47%
Shelton NASDAQ-100 Index Direct（NASDX）	0.50%
先鋒 Emerging Markets Select Stock Fund（VMMSX）	0.84%

來源：上述基金官網。

附表列出美國一些被動型、主動型基金和其費用率；費用率是年費用毛額占該基金總資產的比率。例如，富達500指數基金投資在S&P 500股票，針對每年每10萬美元投資收取1.50美元費用（0.015%）。FlexShares晨星全球上游自然資源指數基金（Morningstar Global Upstream Natural Resources Index Fund）投資在自然資源產業營運的公司股票，包括能源、農業、貴金屬或工業金屬、木材和水資源等；它有著較高的費用率0.47%。

軼事

某件有關軼事是關於巴菲特（Warren Buffett）和賽德斯（Ted Seides）於2007年訂下的10年期賭約；巴菲特是波克夏（Berkshire Hathaway）的董事長暨執行長，賽德斯是以投資小型避險基金為業之門徒夥伴（Protégé Partners）的總裁。兩人各出50萬美元用於慈善，但使用不同的投資策略投資該筆慈善金，看看十年後，在扣除費用和成本後，哪一個人會有較高報酬。

巴菲特將錢投資在先鋒500指數基金（VFIAX），而賽德斯選擇投資五檔避險基金。到了2018年2月，巴菲特的投資報酬率為125.8%，意謂8.5%的年均複合報酬率。而賽德斯的五檔避險基金年報酬介於0.3%-6.5%，所以賽德斯輸了。這場賭注彰顯投資利潤受到避險基金高費用率的侵蝕，而指數基金投資可能有著較高的市場風險。

來源：Warren Buffett, "Annual Letter to Berkshire Hathaway Shareholders," Berkshire Hathaway Inc. (https://berkshirehathaway.com/letters/2017ltr.pdf), February 24, 2018.

然而，某些避險基金所承受的風險，顯著高於一般個股或共同基金的風險。到目前為止，避險基金十大失敗案例如下：馬多夫投資證券（Bernard L. Madoff Investment Securities）、SAC資本（SAC Capital）、帆船基金（The Galleon Funds）、長期資本管理公司（Long-Term Capital Management, LTCM）、佩柯特資本（Pequot Capital）、莧菜紅資本（Amaranth Capital）、老虎基金（Tiger Funds）、

阿曼資本（Aman Capital）、馬林資本（Marin Capital）、貝利柯茲克倫威爾基金（Bailey Coates Cromwell Fund）。馬多夫避險基金全屬龐式騙局，SAC、帆船和佩柯特避險基金因內線交易而失敗，其餘基金則是因其他原因失敗。長期資本管理公司 LTCM 採用套利策略，意在市場行為出現暫時性改變時獲利。然而，LTCM 高度槓桿交易結果未如預期，且該基金幾乎導致 1998 年全球金融體系的崩潰。聯準會出面解救，讓債權人接管。莧菜紅資本使用可轉債套利策略，然因它某些衍生性商品下注失敗，該基金規模在 2006 年腰折，損失超過 65 億美元。當老虎基金在 2000 年做空（借入股票後賣出，希望日後能用較低價格買回歸還，賺取差價利潤）溢價科技股，但科技股價仍持續於科技牛市裡飆漲，該基金因此遭受巨大損失。阿曼資本在 2005 年碰到大麻煩，它從事槓桿性的信用衍生性商品（credit derivatives）交易，導致它損失約達數億美元。馬林資本在 2005 年，使用信用套利和可轉債套利，大量押注通用汽車（GM），結果 GM 股價大幅下跌、GM 債券被打入垃圾債等級，該基金損失慘重。貝利柯茲克倫威爾基金在 2005 年也出現大狀況，它猜錯美國股票的走向，以及對於槓桿性交易的決策失當。

表 2.3 列出截至 2019 年第 2 季為止，10 家最大的避險基金。雖然避險基金在過去二十年成長迅猛，但最近幾年常遇亂流。避險基金資產規模在金融危機之後大幅減少，直到 2013 年，它的規模才回到金融危機前的水準。與此同時，許多避險基金因其高昂費用和不佳表現受到責難；它們也日益受到來自其他產品和投資顧問的挑戰。面臨這些挑戰，一些避險基金已經調低最小投資金額和費用。

表 2.3　最大 10 家避險基金（2019 年第 2 季）

基金名稱	管理資產（10 億美元）
橋水聯合公司（Bridgewater Associates, LP）	$132.05
文藝復興科技公司（Renaissance Technologies）	110.00
曼氏投資（Man Group）	62.00
AQR 資本管理（AQR Capital Managements）	60.84
二希格瑪投資（Two Sigma Investments）	42.90
千禧年管理公司（Millennium Management LLC）	38.78
埃利奧特管理公司（Elliott Management）	37.77
貝萊德（BlackRock）	32.91
城堡公司（Citadel Advisors LLC）	32.24
戴維森肯普納資本管理（Davidson Kempner Capital Management）	30.88

來源："Largest Hedge Fund Firms," *Wikipedia* (en.wikipedia.org/wiki/List_of_hedge_funds), Second Quarter 2019.

10. 私募股權公司（private equity company）是一種與避險基金運作模式極為相像的組織，但並不是如避險基金那樣只購買公司的股票，而是買下並經營整家公司。購買目標公司所需資金大部分是借來的。私募股權活動雖然在金融危機期間慢了下來，但在過去十年裡，私募基金買下許多知名企業，包括亨氏（HJ. Heinz）、戴爾電腦（Dell Computer）、哈拉斯娛樂（Harrah Entertainment）、艾伯森連鎖超市（Albertsons）、尼曼馬庫斯百貨（Neiman Marcus）、清晰頻道（Clear Channel）和克里格綠山（Keurig Green Mountain）。在2017年9月，BDT資本夥伴（BDT Capital Partners）和JAB控股以69億美元買下史泰博（Staples）。在2018年5月，和蘋果、戴爾、海力士（SK Hynix）等公司合作，貝恩資本（Bain Capital）主導以180億美元買下東芝的記憶體部門；當時東芝記憶體全球市占達40%。在2018年7月，藉由JAB控股支持，克里格綠山以187億美元買下胡椒博士集團（Dr. Pepper Snapple）。其他著名的私募股權廠商包括：凱雷集團（The Carlyle Group）、KKR私募基金（Kohlberg Kravis Roberts）、黑石集團（The Blackstone Group）、阿波羅全球管理（Apollo Global Management）和TGP。

除了避險基金和私募股權公司例外，其他金融機構都受到管制以確保這些機構的安全和保護投資人。在過去，許多管制——禁止在全國範圍設立銀行分行、限制機構可以購買的資產種類、訂定借款利率上限、限制可提供服務的種類——往往阻礙了資本自由流動，因而傷害了資本市場的效率。認知到此一事實，政策制定者在1980年代和1990年代採取步驟去除對金融服務機構的管制。例如，限制在全國範圍設立銀行分行，便在1999年時取消。

許多人相信對金融產業過度的鬆綁和不充分的監管，是造成2007年至2008年金融危機的原因之一。基於此，美國國會通過多德—法蘭克法案（DF法案），該立法的主要目的是創造一個新的機構來保護消費者、增進衍生性金融商品交易的透明度，以及迫使金融機構持有更多的資本和採取行動去限制承受過多的風險。自DF法案實施後，它的有效性遭受極大爭議。一些人認為它已有效地達成它主要目標；但包括前總統川普在內的一些人主張它對金融服務產業施加過高的法遵成本，因而要廢除之。事實上，川普在2018年5月24日簽署DF修正法案，放鬆對較小型銀行的管制監督，包括諸如BB&T、太陽信託銀行（Sun Trust Banks）、鑰匙銀行（Key Bank）、美國運通（American Express）等區域銀行，以及社區銀行與信合社。

表2.4的A欄列出美國十大銀行控股公司，而B欄則顯示全球銀行業的領導公司。全球十大之中，美國公司僅進榜1家；雖然美國銀行因為最近的合併

表 2.4　最大銀行和券商

A 欄：美國控股公司	B 欄：全球銀行	C 欄：領先的全球 IPO 券商
摩根大通	中國工商銀行（中國）	摩根史坦利
美國銀行	中國建設銀行（中國）	高盛
花旗集團	中國農業銀行（中國）	美銀證券集團
富國銀行	中國銀行（中國）	摩根
高盛	國家開發銀行（中國）	花旗
摩根史坦利	法國巴黎銀行 BNP（法國）	瑞士信貸
美國合眾銀行	美商摩根大通銀行（美國）	德意志銀行
PNC 金融服務集團	三菱日聯銀行（日本）	中國國際金融
多倫多道明銀行美國控股子公司	郵貯銀行（日本）	瑞銀
第一資本金融公司	法國農業信貸銀行（法國）	野村證券

註：
A 欄依據 2019 年 9 月 30 日總資產排名
來源：National Information Center ffiec.gov/npw/Institution/TopHoldings.
B 欄依據 2020 年 2 月 24 日可查到之資產負債表上的總資產排名
來源：accuity.com/resources/bank-rankings-top-banks-in-the-world/.
C 欄根據 2018 年發行新股所募集金額（以美元計）的排名；發行所募到的全部金額都歸於主辦券商，以計算排名。
來源：Thomson Reuters, "Global Equity Capital Markets Review: Managing Underwriters, Full Year 2018," February 20, 2019, p. 3.

而快速成長，但以全球標準來衡量，仍然只是小傢伙。C 欄根據所發行新股的金額，列出全球前十大協助初次公開募資的券商；其中 5 家若不是主要的商業銀行，就是 A 欄和 B 欄裡銀行控股公司的一部分。上述情況證實不同金融機構之間分界線的持續模糊狀況。

2008-2009 金融危機之前和之後的證券化市場

證券化在實務上，指的是債權人連同將房貸、商業抵押、車貸、信用卡支付義務產生的的預期現金流量權權利，賣給第三方投資人。在 2000 年代早期，投資銀行透過發行被稱為債券擔保證券（collateralized debt obligations, CDOs）之事先訂定的不同等級證券，對不動產抵押貸款證券（mortgage-backed securities, MBS）進行再融資。

例如，某投資銀行從商業銀行購入 5 千萬美元的抵押貸款，據以創造出三種信貸分檔（tranch）的證券 A、B 和 C——分具第一順位、第二順位和最後順位的求償權。A 等級 CDO 持有人最優先從抵押貸款獲得現金流量，接著是等級 B 持有人，在等級 A 和 B 持有人獲得付款後，最後才輪到等級 C 持有人。若該抵押貸款未發生違約，則等級 C 持

有人將獲得三者中最高報酬。

然而，因投資銀行發行大量由次級貸款（信用差的借款人）支撐的 CDOs，違約在 2008 年爆開來。在 2008-2009 金融危機之後，數項管制改革出現在歐洲和美國，對證券化交易實施更多的規定。如附圖所示，在美國的證券化數量，從 2009 年開始下跌，直到 2012 年回升，在 2013-2014 年減少，接著在 2014-2017 年復甦（達 1.9 兆歐元）。對比起來，歐洲證券化市場規模遠小於美國；它在 2009-2012 年間規模下滑，2013-2017 年間維持很低水準。

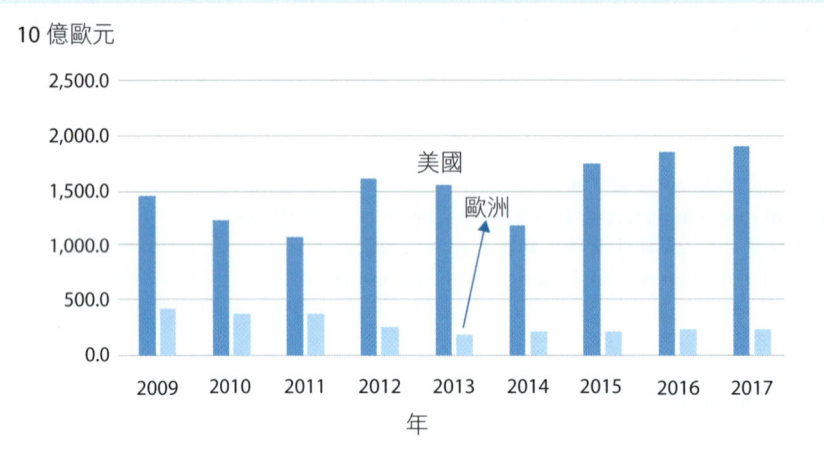

來源："ASIFMA Securitization in Asia 2018," Asia Securities Industry & Financial Markets Association (asifma.org/wp-content/uploads/2018/09/asifma-2018-securitization-handbook-final-003.pdf), September 2018.

課堂小測驗

- 商業銀行和投資銀行的差異為何？
- 列出金融機構的主要類型，並簡要描述每一種金融機構的重要功能。
- 共同基金、ETF 和避險基金的重大差異為何？類似之處為何？

2-4 股票市場

如前所述，既存的、之前發行的證券是在次級市場交易。長期投資人持有大約 75% 的美國股票，而短期投資人只占 25%。到目前為止，**股票市場**（stock market）是最活躍的次級市場，也是對財務經理人來說最重要的市場；公司的股票

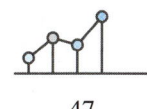

價格決定於次級市場。因財務經理人的主要目標是極大化其公司的股價,所以股票市場的知識對涉及企業經營管理的任何人來說都很重要。

在許多股票市場裡,紐約證券交易所(NYSE)和那斯達克(NASDAQ)是最重要的兩個。股票交易使用種種不同的市場程序,但只存在兩種基本類型:(1) 實體交易所(physical location exchange),如 NYSE 和數個區域股票交易所;(2) 電子經紀市場(electronic dealer-based market),如 NASDAQ、較不正式的櫃檯買賣市場或最近發展的電子通訊網絡(參見標題為「NYSE 和 NASDAQ 走向全球」專欄)。因實體交易所較為容易描繪和理解,我們先討論它們。

2-4a 實體股票交易所

實體交易所(physical location exchange)是有形實體。每個較大型的交易所有所屬大樓,讓一些人可以在此交易,並有一個經投票選出的治理機構——理事會。NYSE 的會員過去在交易所曾保有「座位」,雖然他們都站著。到了今天,座位換成交易執照——由會員組織競標、成本約為每年 $5 萬。大部分較大型的投資銀行以經紀部門(brokerage department)的方式運作;它們購買交易所的席次,並指派旗下一位或多位員工為會員。交易所在所有正常工作日皆營業,而會員聚集在備有電話和其他電子設備的大房間裡,方便每位會員向其位於全美各地的辦公室聯絡。

類似其他市場,證券交易所促進買賣雙方的溝通。例如,高盛(第二大券商)可能從想要購買 GE 股票的消費者那裡收到訂單;同一時間,摩根史坦利(龍頭券商)可能從想要賣出 GE 股票的消費者那裡收到訂單。每一個券商透過電子系統,能與公司在 NYSE 的代表聯絡;位於全國各地的其他券商,也能和自己的交易所會員聯絡。擁有賣出訂單的會員提供股票賣出,這些股票由擁有買進訂單的會員彼此競價。因此,交易所以拍賣市場(auction market)的方式來運作。

全球觀點

NYSE 和 NASDAQ 走向全球

電腦和通訊的進步,強化金融服務業,並繞過傳統交易,促成線上交易系統。現在被稱為電子通訊網絡(electronic communications network, ECN)的這些系統,使用電子科技結合買賣雙方。ECN 的興起加速實現二十四小時交易。想要在美國市場收盤後繼續投資的美國投資人,能使用 ECN 繞過 NYSE 和 NASDAQ。

認知到這些新威脅,NYSE 和 NASDAQ 採取因應行動。首先,兩家交易所公開上市,讓它們能使用股票作為「貨幣」,購買 ECN 和全球其他交易所。例如,NASDAQ 買

下費城股票交易所（Philadelphia Stock Exchange）、數個 ECN 和倫敦股票交易所 15% 的股權。此外，NASDAQ 為強化它向全球企業提供服務買下市場連線（Marketwired），以及為強化它股權選擇權業務買下國際證券交易所（International Securities Exchange, ISE）。NYSE 採取類似的行動，包括與歐洲最大的交易所 Euronext 合併，組成 NYSE Euronext，接著買下美國股票交易所（AMEX）。

然而，NYSE Euronext 本身成了被併購的目標，它被洲際交易所集團（ICE）於 2013 年 11 月 3 日買下。該筆交易將 ICE 的期貨、櫃買及衍生性商品交易，和 NYSE 的股票交易結合在一起。ICE 在 2014 年 7 月 24 日將 Euronext 分割出去。2017 年 1 月 31 日，NYSE 買下美國全國股票交易所（National Stock Exchange），讓 NYSE 集團多了一張交易執照。到了 2018 年 4 月 9 日，NYSE 被允許在其營業廳交易美國所有股票和 ETF，結束數十年來被禁止交易在它對手那裡掛牌的股票。當時大部分的美國股票交易所已經可以交易任何證券，不論這些證券掛牌處為何；隨著市場朝電子化發展和許多競爭交易平台的出現，對 NSYE 的限制就沒多大意義，何況法規鼓勵交易所之間的競爭；NYSE 曾是唯一一家交易所，被限制只能交易在其掛牌的證券。

這些行動闡明全球交易愈來愈重要，特別是電子交易。確實，許多權威人士認為在 NYSE 和其他實體交易所大廳買賣股票的交易者，很快將成歷史。這可能對，也可能錯，但確定的是，在未來數年股票交易將持續經歷大幅改變。在 Google 或其他搜尋引擎，使用 NYSE history、NASDAQ history 關鍵字搜尋，將會找到豐富的最新資訊。

來源：Alexander Osipovich, "NYSE Opens Doors to Stocks from Rival Exchanges, Ending Decades-Old Policy," *The Wall Street Journal* (wsj.com), April 9, 2018; John McCrank and Luke Jeffs, "ICE to Buy NYSE Euronext for $8.2 Billion," reuters.com, December 20, 2012; Inti Landauro, "ICE Plans Euronext IPO," *The Wall Street Journal* (wsj.com), May 27, 2014; Alex Gavrish, "Euronext NV: Recent Spin-Off Warrants Further Monitoring," *ValueWalk* (valuewalk.com), August 25, 2014; "Nasdaq Reaches 52-Week High on Compelling Acquisitions," nasdaq.com, March 14, 2016; "NYSE Agrees to Acquire National Stock Exchange," *Business Wire* (businesswire.com), December 14, 2016; and Alexander Osipovich, "NYSE to Open Floor Trading to Stocks Listed at Rival Exchanges," *The Wall Street Journal* (wsj.com), January 11, 2017.

2-4b 櫃台買賣市場和那斯達克股票市場

雖然大部分大型公司的股票在 NYSE 交易，但較大多數的股票卻不在交易所交易，而是在傳統上稱為**櫃台買賣市場**〔over-the-counter (OTC) market〕的地方交易。對櫃台買賣一詞的解釋，將有助於澄清這個詞的由來。如前所述，交易所以拍賣市場的方式運作──買賣訂單在某種程度上同時進來，然後交易所會員將這些訂單配對。當某支股票不常交易，或許因為該公司是新公司或小公司，只有很少的買單和賣單，因而在合理時間內將它們配對有其困難。為了避免這個問題，一些券商持有這些股票，準備好為它們創造市場。這些「證券商」當有投資人要賣時便

買入,而當有投資人想買時,則賣出部分的庫存股票。這些證券存貨一度置於保險櫃內,只有在買賣時,才會被拿到櫃台上。今天,這些市場常稱為**證券商市場（dealer market）**,包括執行證券交易所需的任何設施,但交易並不是發生在實體交易所內。證券商市場包括:(1) 對這些證券「造市」的少數證券商,它們持有這些證券的庫存;(2) 數千位經紀人,將證券商和投資人連結在一起;(3) 電腦、終端機和電子網絡,在證券商和經紀人中間擔任通訊連結。證券商為某支股票創造市場,亦即對此一股票報出買價（bid price）和賣價（ask price）。每一個證券商的價格將隨著供需條件的改變來調整,報價狀況可以透過世界各地的電腦銀幕看到。買賣價差（bid-ask spread）代表證券商提高價格的幅度,亦即利潤。當股價的波動性愈大,或股票交易愈不頻繁,則證券商的風險愈高。一般來說,我們可以預期波動性較高和不常交易的股票,將有較大的買賣價差,以補償證券商承擔這支股票的庫存風險。

參與櫃台買賣市場的證券商和經紀人,是美國金融業監管機構（Financial Industry Regulatory Authority, FINRA）自治團體的會員。FINRA 發執照給證券商,並監督交易實況。FINRA 使用的電腦化網絡,稱為「美國證券商協會自動報價系統」（National Association of Securities Dealers Automated Quotations）,亦即常聽到的那斯達克（NASDAQ）。

NASDAQ 剛開始是一個報價系統,現已成長成為一個有組織的證券市場,有自己的上櫃要求。在過去十年裡,NYSE 和 NASDAQ 之間的競爭非常激烈;如前所述,NASDAQ 投資倫敦證券交易所和其他市場造市者,而 NYSE 與 Euronext（之後被分割出去）合併,然後被 ICE 買下,進一步加劇競爭。因大部分較大型公司在 NYSE 交易,所以在 NYSE 掛牌的股票總市值大幅高於 NASDAQ。在 2019 年 5 月,NYSE 掛牌公司總市值為 23.21 兆美元、NASDAQ 為 11.22 兆美元。

有趣的是,許多高科技公司如微軟、Google 和英特爾（Intel）,即使已經滿足 NYSE 的上市條件,卻仍繼續待在 NASDAQ。然而與此同時,其他的高科技公司從 NASDAQ 轉到 NYSE。雖然面臨這些不利因素,NASDAQ 在過去十年的成長還是相當驚人。展望未來,NASDAQ 和 NYSE 的激烈競爭肯定會繼續。

課堂小測驗

- 實體交易所和 NASDAQ 股票市場的差異為何?
- 何謂買賣價差?

2-5 普通股市場

封閉型企業（closely held corporation），它們的股票被稱為封閉型股票（closely held stock）。相對而言，大部分大型公司的股票由成千上萬的投資人持有，且絕大多數股東都未積極參與公司管理。這樣的公司被稱為大眾所有企業或**公開上市企業（publicly owned corporation）**，而這些企業的股票被稱為大眾所有股票或公開上市股票（publicly held stock）。

2-5a 股票市場交易類型

我們能將股票市場交易分成以下三類：

1. 上市公司流通股交易：次級市場。聯合食品公司（Allied food Products，第三章及第四章再次提及）流通在外的股票（outstanding share, outstanding stock, used share）共計 5,000 萬股。若某個擁有 100 股的股東賣出股票，則此交易是發生在次級市場（secondary market）。因此，流通股市場為次級市場。若買賣發生在此市場，公司將不會收到新的資金。
2. 上市公司賣出新股：初級市場。若聯合食品公司決定賣出／發行額外的 100 萬股，以募集新的股權資本，則這個交易發生在初級市場。
3. 封閉型公司的初次公開上市或初次公開募資：IPO 市場。當封閉型企業的股票首次提供給社會大眾時，則稱該股票**公開上市（going public）**。股票首次提供給社會大眾的市場，被稱為**初次公開募資市場〔initial public offering (IPO) market〕**。在 2004 年夏天，Google 第一次對大眾釋股，每股 $85；到了 2020 年 3 月，它的母公司字母控股（Alphabet Inc.）每股股價超過 $1,160。作為政府紓困後續重整一環的通用汽車股票公開上市，是另一個值得注意的案例。最近幾年引人注目的 IPO，還包括來福車（Lyft）、優步（Uber）、派樂騰（Peloton）、超肉（Beyond Meat）、斯內克（Slack）、領英（LinkedIn Corp）、阿里巴巴、臉書、推特、色拉布（Snap、Snapchat 的母公司）和 Dropbox。

新 IPO 的數目隨著股票市場起伏。當市場處於多頭時，許多公司選擇 IPO，以引進新資本，並讓創辦人有機會將部分股權換成現金。如你可想像，不是所有 IPO 都以成功收場。最顯著的例子是臉書（Facebook），它是 2012 年規模最大和最受注目的 IPO。在刺耳的喇叭聲中，該公司在 2012 年 5 月 18 日以每股 $38 公開上市。IPO 的兩個星期後，股價跌到低於 $28，並在數月後的 9 月，股價來到 $17.55 的低點。到了 2012 年末，股價回到 $26.62，但仍只達 IPO 價格的 70%。雖然臉書透過 IPO 募集到大筆資金，但它的 IPO 投資人卻未能很快實現他們所期待的大額

報酬。然而,值得注意的是,雖然一開始不順,但長期持有臉書股票的投資人還是得到不錯獲利。對比起來,「不要將 IPO 的當日報酬等同於該股長期績效表現」專欄內容,清楚顯示公司令人沮喪的後 IPO 表現、儘管 IPO 當日股價大漲(Twitter 也如此)。這些經驗讓許多分析師於 2017 年初 Snap 剛上市時,問了以下問題:「Snap 是下一個臉書或是下一個推特?」後續股價數字顯示,Snap 的股價型態較像推特。

即使你能分辨出「熱門」新股,仍然很難在初次公開募資市場買到股票。IPO 經常是**超額認購**(oversubscribed),這意謂 IPO 價格產生的需求量超過發行量。在這樣的情況下,投資銀行家偏好大型機構投資人(因它們是投資銀行的最佳顧客);而小型投資人會發現難以參與 IPO。小型投資人可以在 IPO 結束之後購買這些股票;但證據顯示,若投資人不能參與 IPO 認購,則投資 IPO 企業的長期績效通常不如整體市場。其他批評者則指出當 IPO 價格在第一個交易日大漲時,意謂著承銷商的訂價過低和「留錢在桌上」,以致未能極大化發行者的潛在收益。

Google 的大規模 IPO 吸引社會目光,這是因為 \$16.7 億的募資規模,也因為募資的方式與眾不同。Google 的 IPO 價格並非由投資銀行家決定,而是採**荷蘭競標**(Dutch auction),亦即個別投資人直接對股票出價,而實際交易價設定為能讓所有 IPO 股票都賣出的最高結清價格。投資人的投標價若等於或高於此一結清價格,則可用這個結清價買進認購的數量;當時的結清價正好是 \$85。Google 的 IPO 在許多方面都是史無前例,且之後僅有少數的公司在 IPO 時願意並能夠使用荷蘭競標。

重要的是要認知到有些公司公開上市時,並沒有募集任何額外資本。例如,福特汽車曾完全由福特家族所擁有,當亨利‧福特(Henry Ford)去世,其大部分的股權捐贈給福特基金會(Ford Foundation)。而隨著福特基金會將部分股票賣給社會大眾,福特公司便公開上市了,但公司本身並未因這個交易而取得任何資本。較近期案例是,Spotify 在 2018 年 4 月 3 日股票公開上市,成為 NYSE 第一家**直接上市**(direct listing)公司。直接上市和傳統 IPO 的差別在於不發行新股、所有股票來自既有股東。從這個層面,Spotify 並未募得新資本,只是提供一個有用管道,讓其部分股東「換現金」,並讓更多的投資人得以購買它的股票。

課堂小測驗

- 區分封閉型企業和公開上市公司。
- 區分初級和次級市場。
- 何謂 IPO?
- 何謂荷蘭競標?哪些公司在 IPO 時曾使用荷蘭競標?

不要將 IPO 的當日報酬等同於該股長期績效表現

兩家台灣公司約在同一時間 IPO。玉晶光電為行動電話和筆電製造光學鏡片，它 IPO 第一天（2005 年 12 月 20 日）的股價上漲 110%。從事太陽能電池和相關應用的益通光能，緊接著在兩個多月後的 2006 年 3 月 8 日 IPO，第一個交易日的報酬率高達 300%。

市場對於這兩家公司 IPO 的反應極為正面，但它們長期表現卻是與之完全不同。如圖所示，玉晶光股價在 IPO 之後下滑、2010 年回升長約一年、到了 2012 年又下跌、2016 年大漲。對比而言，益通在 IPO 後，股價展現大幅波動，在 2008 年經歷合併後股價不振，最終於 2020 年 1 月下市。這兩家公司顯示公司 IPO 和其長期表現之間並無顯著關聯。

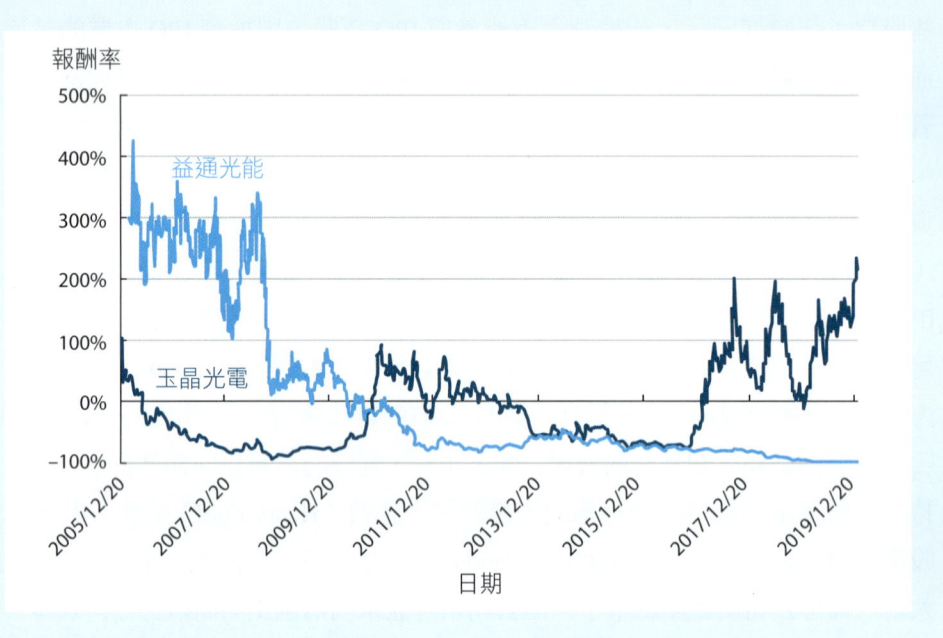

來源：Taiwan Economic Journal.

2-6 股票市場和報酬

股市投資人都知道，預期價格／報酬和實現價格／報酬之間可以有很大的差距；通常也是如此。圖 2.2 顯示整體實現的投資組合報酬每年都不同。根據邏輯（詳見第十章），邊際投資人所推測的股票預期報酬總是正的，否則投資人便不會購買股票。然而，如圖 2.2 所示，在某些年裡實際報酬為負。

圖 2.2　S&P 500 指數在 1968 年至 2019 年間的整體報酬：股利報酬＋資本利得或利損

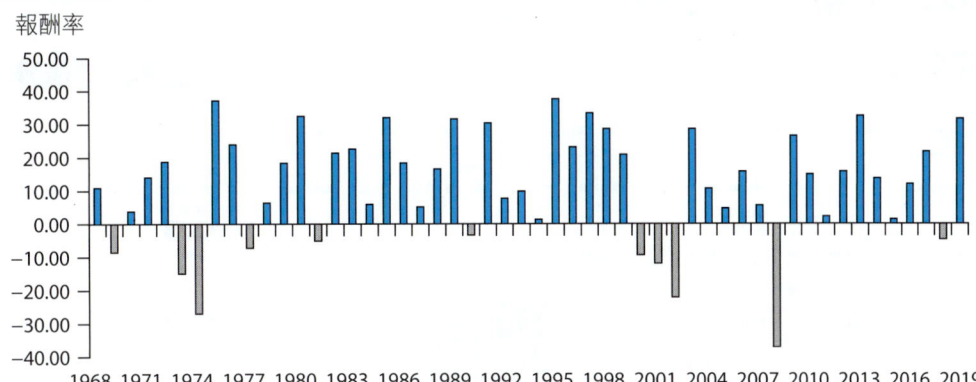

來源：數據取自 The Wall Street Journal 的 "Investment Scoreboard" 和 "S&P Annual Total Return History Data"(ycharts.com/indicators/sandp_500_total_return_annual), March 27, 2020.

2-6a 股市報導

　　直到數年以前，股市報價的最佳來源是諸如《華爾街日報》(The Wall Street Journal) 的商業版。然而，報紙的問題之一為所報導的是昨日的股價。投資人如今可以透過非常多的網站，在任何時點獲得即時報價資訊；最佳的網站之一便是雅虎 (Yahoo!) 的 finance.yahoo.com。圖 2.3 顯示推特在 2020 年 3 月 27 日的詳細報價，它在 NYSE 的交易代號為 TWTR。在公司名稱和股票代碼之下的資訊，顯示報價實際發生的時間是在美國東部時間 (EDT) 上午 11:57，價格是 $24.98，比前一日收盤價下跌 $1.43（或 5.43%）。

　　推特 2020 年 3 月 26 日星期四收在每股 $26.41。2020 年 3 月 27 星期五開在每股 $25.56，在正午前這段時間，它股價介於 $24.76-$25.82；過去 52 週的最低價和最高價分別是 $20.00 和 $45.86。在日區間價和年區間價之上的兩條線，代表買價和賣價區間──兩者價差為券商利潤。（本例，買價是 $24.78、賣價是 $24.84）截至 2020 年 3 月 27 日正午，交易量達 8,790,844 股。根據過去三個月，推特日均交易量為 20,662,029 股，所以看起來該日的交易量將低於日均量。

　　市值 (market cap) 是所有推特股票的總價值；本例為 196.44 億美元。反映股票相對市場波動性的貝它 (beta) 值為 0.37，代表推特股價波動性約是市場 4 成。P/E 比（每股價除以最近十二個月盈餘）為 13.41；它最近十二個月每股盈餘為 $1.87。推特下一次將在 2020 年 4 月 30 日宣告盈餘。分析師預估的一年期目標

圖 2.3　2020 年 3 月 27 日推特的股票報價

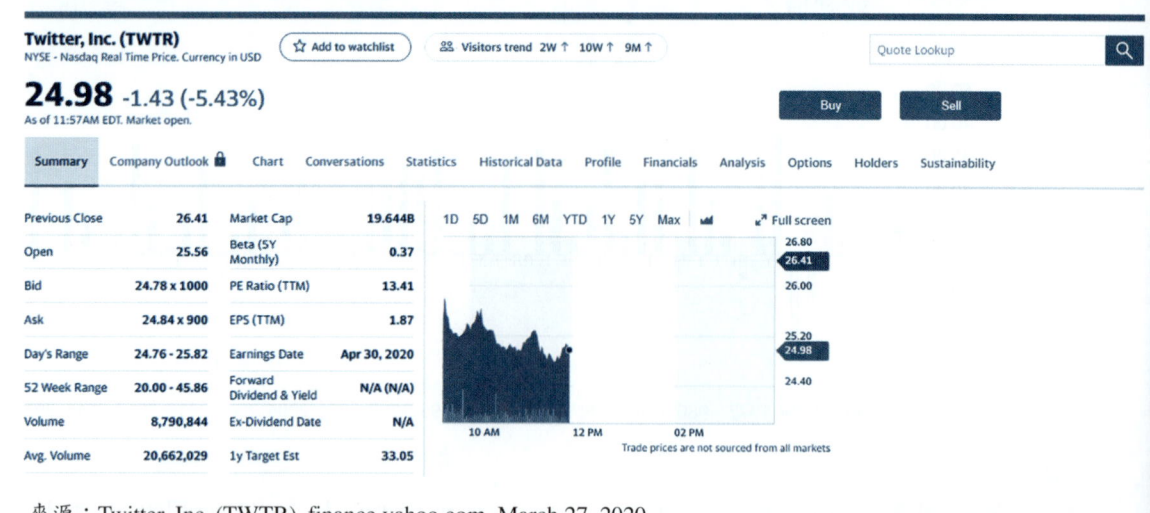

Twitter, Inc. (TWTR)
NYSE - Nasdaq Real Time Price. Currency in USD

24.98　-1.43 (-5.43%)
As of 11:57AM EDT. Market open.

Previous Close	26.41	Market Cap	19.644B
Open	25.56	Beta (5Y Monthly)	0.37
Bid	24.78 x 1000	PE Ratio (TTM)	13.41
Ask	24.84 x 900	EPS (TTM)	1.87
Day's Range	24.76 - 25.82	Earnings Date	Apr 30, 2020
52 Week Range	20.00 - 45.86	Forward Dividend & Yield	N/A (N/A)
Volume	8,790,844	Ex-Dividend Date	N/A
Avg. Volume	20,662,029	1y Target Est	33.05

來源：Twitter, Inc. (TWTR), finance.yahoo.com, March 27, 2020.

價，為這個目標價的中位價 $33.05。因推特未付股利，所以無股息率資訊。

在圖 2.3 裡，最右方的圖表畫出該日的股價；你可以點選圖表之上的連結，製作不同期間的圖表。如你所見，雅虎在它的詳細報價裡提供大量資訊；而更多的詳盡資訊，顯示在位於螢幕頁基本報價資訊的下方。

2-6b 股票市場報酬

在第八章和第十章，我們將詳加討論如何計算股票的報酬率、風險和報酬的關聯為何、分析師使用哪些技巧去評價股票。然而，現在就讓你對最近幾年的股票績效有所了解將很有幫助。圖 2.2 顯示美國大型股票的報酬在過去數年的變化。在「衡量市場」專欄中，對美國主要股票市場指數，以及它們自 1990 年代中期以來的表現，提供相關資訊。

自從 1968 年以來，市場趨勢為強勁向上，但不代表每年都上漲。事實上，如圖 2.2 所示，在過去四十六年裡，股市有十五年下跌，包括 2000 年至 2002 年連續三年。個別公司股價也是上上下下。當然，即使在不好的年分裡，一些個股仍然表現良好；所以「遊戲的名稱」是證券分析師挑出贏家。財務經理人嘗試這樣做，但他們不會永遠成功。在接下來的內容裡，我們將檢視經理人的決策，他們試圖提高公司在市場表現良好的機率。

> **課堂小測驗**
>
> - 你認為由 NYSE 股票組成的投資組合,其風險將低於、高於或等於由 NASDAQ 股票組成的投資組合?試解釋之。
> - 若你為典型的 S&P 500 股票,建構類似圖 2.2 的圖形,則你認為該圖將顯現較多或較少的變異性?試解釋之。

衡量市場

衡量股票市場整體表現常用的方式是利用股價指數。不同的股價指數有不同的計算方法,其中一些方法使用個股表現的算術平均,而其他方法則使用公司市值作為權重來計算加權平均。我們討論三個東亞市場指數:日本、中國和台灣,並畫出投資人到 2022 年 5 月 31 日為止的投資成果;假設該投資人於 2000 年 1 月 1 日對這三個指數各投入 1 美元。

2000 年 1 月 1 日至 2022 年 5 月 31 日投資 $1 的成果

符號
N225 日經指數
TAIEX 臺股加權指數
SSE 上證指數

來源:Yahoo Finance.

日經指數

依照市值,日本交易所集團在 2022 年 3 月,排名全球第五。該集團中,東京股票交易所(TSE)規模最大。日經指數(Nikkei Stock Average 或 N225)是針對在 TSE 掛牌裡挑選 225 檔股票所製作的股票市場指數。《日本經濟新聞》自從 1950 年起開始每日採

價格權重計算該指數,並每年檢視成分股一次。日經指數是目前日本股票市場裡最被廣泛引用的指數,與道瓊工業指數(Dow Jones Industrial Average)類似,呈現了第二次世界大戰戰後日本經濟的歷史。

兩項特定國家因素影響影響 N225。首先是,因許多上市公司擁有大量土地,日本股票市場易受地價影響。第二,日本市場受到企業集團(如三井和三菱)交叉持股之經連會所左右,導致集團內公司股價連動。因此,地價和經連會集團股價的變動,可以造成 N225 指數大幅變化。

上海證券交易所綜合股價指數(上證指數)

上海證券交易所(SSE)綜合股價指數為以資本額加權計算的股價指數,包含所有在 SSE 掛牌的 A、B 股;在 2022 年 5 月共計 2,096 支股票。上證指數的基準值定在 1990 年 12 月 19 日的 100,到了 1991 年 7 月 15 日開始公開報導。

中國股票市場相對年輕,但成長快速。在 2022 年 3 月,全球排名前三分別是 NYSE、Nasdaq 和 SSE。然而,中國市場主要由抱投機心態的散戶組成,以致股價波動性較高。

臺股加權指數

臺股加權指數(Taiwan Capitalization Weighted Stock Index , TAIEX)是在臺灣證交所(TWSE)交易股票的股價指數。台灣股票市場最著名的股價標竿 TWSE,使用 1966 年作為基年(該年指數為 100 點),並在 1967 年開始發布。

在 2022 年 5 月,擁有 943 個成分股的 TAIEX 排在澳洲 ASX 之後、全球第十七。相較大型股票交易所,TAIEX 裡的廠商資本額較低、多屬電子相關產業和高度依靠出口。這些特性導致台灣股票市場,對於電子產品需求和匯率變動相當敏感。

來源:Statista (statista.com/statistics/270126/largest-stock-exchange-operators-by-market-capitalization-of-listed-companies/).

結語

　　本章簡要概述資本配置，並討論配置過程裡所使用的金融市場、商品和機構。我們討論普通股交易的實體交易所和電子市場，以及股票市場報導和股價指數。最後，舉例說明證券價格的波動性頗大──投資人預期將賺錢；雖然常常會如此，但某些年的損失也可能相當大。在讀完本章之後，你對企業和個人操作的金融環境應有一般性的了解、理解實現的報酬往往不同於預期報酬，以及能夠閱讀商業報紙上或網站上的股票市場報價。你應該也會認知到金融市場理論仍在發展中，有太多工作等著完成。

問題

2-1　直接移轉和間接移轉的差異為何？透過投資銀行的間接移轉和透過金融中介的移轉之間的差異為何？

2-2　初級市場和次級市場的差異為何？若某人在 NYSE 買了 Wallmart 股票，這屬初級、次級交易？

2-3　投資銀行在 IPO 時偏好將新股賣給誰？IPO 裡的荷蘭競標是什麼？

2-4　關於以下金融工具，回答它們的屬性（貨幣市場或是資本市場證券）：a. 美國國庫券（bill）b. 美國國庫票據（note）c. 可轉讓定存單　d. 信用卡負債　e. 普通股

2-5　簡述在 2008-2009 金融危機之後出現的金融科技創新，針對傳統的金融產業，它們被視為是正面或負面改變？請解釋。

2-6　在過去二十年裡，金融市場經歷了哪些型態的改變？它們被視為是正面或負面改變？請解釋。

2-7　請分辨交易商市場和有實體地點的股票市場。

2-8　解釋以下陳述的真偽：

　　a. 衍生性交易被設計來提高風險，並幾乎完全被尋求高報酬的投機者所專用。

　　b. 避險基金通常有最低投資門檻，以機構和高淨資產個人為目標客戶。

　　c. 傳統上避險基金受到高度管制。

　　d. 紐約證交所採實體地點交易。

　　e. 較大買賣價差意謂券商利潤因之較低。

PART 2 財務管理和財務預測的基本概念

CHAPTER 3 財務報表和現金流量
CHAPTER 4 財務報表分析
CHAPTER 5 貨幣的時間價值
CHAPTER 6 財務規劃和預測

CHAPTER 3

財務報表和現金流量

揭露財務報表的有價值資訊

在第一章,我們提到經理人應該對提升長期股東價值做決策,且不要太重視諸如每股盈餘的短期指標。如果你已將這兩點謹記在心,也許會合理懷疑:為何現在要談會計和財務報表?這是因為財務報表傳遞大量有用的資訊,可以幫助企業經理人評估公司的優缺點,以及推測不同方案的預期影響。好的經理人必須對重要的財務報表有堅實的理解;圈外人也高度依賴財務報表,以決定是否購買公司的股票、借錢給公司,或與公司發展長期的生意關係。

財務報表有時厚厚一疊,但若清楚自己的需求,則在粗略瀏覽公司的財務報表後,便能很快地對公司有非常多的了解。閱讀資產負債表,便能知道一家公司的規模、持有的資產類型,以及取得這些資產的方式。閱讀損益表能知道該公司銷售金額的增減,以及該公司是否獲利。瀏覽現金流量表可知道該公司是否進行新投資、是否透過融資募集資本、重購負債或股權,或支付股利。

例如,麥當勞在 2020 年初公布其 2019 年第 4 季的財務報表,帶來的是好消息。它的營收和每股盈餘高於預期。引人注目的是,針對它美國分店,即便訪客數下降 1.9%,但營收增長 5.1%;營收成長反映了較高售價,以及它某些受歡迎品項不受漲價影響。

該公司 2019 年年報裡的資產負債表,顯示在 2019 年 12 月 31 日總資產為 475 億美元、總負債 557.2 億美元,意謂該公司股東權益的帳面價值為負值。最後,根據麥當勞現金流量表,它的經營活動產生了 81.2 億美元,以及投資活動花去約 30 億美元,用在如持續

增添店內自動點餐機和提供新產品線所需資源。該公司還將近 50 億美元現金用於其融資活動——多用在支付股利和回購普通股。結果在 2019 年，麥當勞現金部位增加 3.25 億美元。

粗略閱覽財務報表，我們便可知道許多事情；但一個好的財務分析師不會完全接受這些表面的數字，他會深入了解這些數字的來由，並利用直覺和對產業的知識，來幫助評估這家公司的未來方向。切記，不能只因為公司報表上的數字看起來很棒，就買進這家公司的股票。以麥當勞來說，在公布超越預期的第 4 季財務數字後，股價的確上揚了。然而，分析師總是對股價的未來發展會有正、反兩面的看法。財務學正是因為這樣的不同意見而有趣，且確實如此；時間將告訴我們樂觀者（多頭），還是悲觀者（空頭）是正確的。

來源：Heather Haddon and Micah Maidenberg, "McDonald's Global Sales Rise, but U.S. Guest Count Falls," *The Wall Street Journal* (wsj.com), January 29, 2020; Amelia Lucas, "McDonald's Earnings Beat Wall Street Estimates, Helped By Price Hikes as U.S. Foot Traffic Declined," *CNBC* (cnbc.com), January 29, 2020; and "McDonald's Reports Fourth Quarter and Full Year 2019 Results and Quarterly Cash Dividend," news.mcdonalds.com, January 29, 2020.

摘要

經理人主要的目標是極大化股東價值，而該價值則根據公司未來的現金流量。但是經理人如何決定哪些行動最有可能增加這些流量？以及投資人如何預測未來的現金流量？這兩個問題的答案，可研讀上市公司一定會提供給投資人的財務報表。在此，投資人指的是機構（銀行、保險公司、退休基金等）和像你我一樣的個人。

本章許多內容所含括的一些概念，你在初級會計學就已學過。然而，所包含的資訊仍重要到有必要回顧。此外，在會計學裡，你大概聚焦於會計報表如何製作；本章的焦點則為投資人和經理人解釋如何使用它們。會計是商業的基礎語言，所以任何商務人士都需要好好地了解。過去，會計是用來「記分」；若投資人和經理人不知道分數為何，便無法知道自己的行動是否適當。若你參加期中考考試，但卻未被告知考試分數，則可能難以知道是否需要改進。在商務上也是如此。若某公司經理人——不論他們在行銷、人資、生產或財務部門工作——不懂財務報表，他們將不能判斷自己行動的效應，而使公司難以生存，更不要說極大化價值了。

當你讀完本章，你應能：
- 列出每一種財務報表，並能找出企業經理人和投資人所需要的資訊。
- 預測公司的自由現金流量，並解釋它對公司的價值有重大影響。

3-1 財務報表和報告

年度報告（annual report）是企業向投資人公開的最重要報告，當中包含兩類資訊：首先是文字部分，通常為董事長撰寫的一封信，信中描述過去一年的經營成果，並討論會影響未來經營的新發展；其次，則提供四種基本財務報表。

1. 資產負債表（balance sheet）顯示公司擁有的資產，以及哪些人對這些資產在某特定日期（如 2021 年 12 月 31 日）享有請求權。
2. 損益表（income statement）顯示某段期間（如 2021 年），公司的銷售金額、成本和利潤。
3. 現金流量表（statement of cash flows）顯示公司在年初和年末擁有的現金和餘額，以及造成現金增減的項目。
4. 股東權益變動表（statement of stockholders' equity）顯示年度開始和年度結束時，股東權益的數量及導致權益增減的項目。

這些報表彼此相關，結合在一起，它們對公司經營和財務部位提供會計圖像。數量和文字內容同等重要。公司的財務報表報告過去幾年它的資產、盈餘和股利數字；管理階層的文字聲明則嘗試解釋為何過去會如此，以及未來可能會如何。

為有助於討論，我們以聯合食品的數據為例，說明基本的財務報表。聯合食品是一家多種食品的加工商和配銷商，成立於 1985 年，由幾個地區性公司合併而來；它穩定成長，且榮獲食品產業最佳公司的聲譽。聯合食品的利潤從 2020 年的 $152.3 百萬，下降到 2021 年的 $146.3 百萬。管理階層的報告指出，利潤下跌源自於乾旱帶來的損失，以及三個月罷工產生的成本。不過，管理階層很快接著描繪對未來的樂觀圖像：已完全正常經營、數項不賺錢的業務已經結束、2022 年的利潤預期將大幅增加。當然，獲利增加未必會發生，分析師必須將管理階層過去的聲明和接下來的表現做比較。無論如何，年度報告裡的資訊，有助於預測未來的盈餘和股利。投資人因此對這個報告會深感興趣。

請留意聯合食品的財務報表相對簡單和直接，因我們省略通常會出現在報表裡的一些細節。聯合食品只以負債和普通股來籌措資本；它沒有特別股、可轉換公司債和其他複雜衍生性證券。此外，這家公司也沒有因購併而必須出現在資產負債表上的商譽。最後，它所有的資產都用於基本的商務經營。我們刻意選擇聯合食品這樣的公司，是因為本書是一本初階教科書。本書只說明財務分析的基礎，並不鑽研晦澀難解的會計內容──這些內容還是留給會計學和證券分析課程。不過，我們

還是會指出在嘗試解釋會計報表時會碰到的陷阱；若你想了解這些會計陷阱的細微之處，請修讀高階課程。

全球觀點

全球會計準則：會發生嗎？

直到 2017 年，用於改善投資人/使用人所需資訊之財務報表的全球會計準則，看起來仍尚未成真。在 2005 年，歐盟要求採用國際財務報導準則（International Financial Reporting Standards, IFRS）；美國證管會（SEC）在 2007 年，不再要求使用 IFRS 的公司必須讓它們的財報也符合美國一般公認會計原則（Generally Accepted Accounting Principles, GAAP）。到目前為止，一百二十個國家採用 IFRS，但 SEC 官員在 2012 年 7 月 13 日發布的報告裡，並未推薦美國採納 IFRS。對是否採納 IFRS，SEC 擁有最終決定權。在 2014 年 12 月 6 日舉行的美國會計師協會年會研討會上，時任 SEC 首席會計師的施努爾（James Schnurr）表示，他樂意就達成高品質財務資訊和可比性的最佳方式進行對話，但直到最近，沒有跡象顯示美國將很快採用 IFRS。

1973 年，國際會計準則委員會（International Accounting Standards Committee）設立，致力於國際化會計準則。到了 1998 年，代表全球的全職規則制定者顯然有其必要，國際會計準則理事會（International Accounting Standards Board, IASB）便應運而生。IASB 的職責是創造一組國際財務報導準則。嚴肅認真的「收斂」過程，始於 2002 年 9 月的諾瓦克協議（Norwalk Agreement）；根據這個協議，財務會計準則理事會（Financial Accounting Standards Board, FASB）和 IASB 共同從事一個短期計畫，以移除兩者所採之 GAAP 和 IFRS 間的個別差異，並同意相互協調彼此的行動。該過程意謂著縮減兩項標準之間的差異，希望能讓公司在過渡期面臨較少麻煩和負擔較少成本。雖然取得一些成果，但差異仍舊存在。

會計準則全球化顯然是一項浩大的工程——涉及 IASB 和 FASB 之間的彼此妥協。然而，在最近幾年，推動該目標的動能已下降了。儘管用意良善，但整合的進展受到 2007 年至 2008 年的金融危機和之後的全球衰退所影響而慢了下來。此外，不論公司規模，從 GAAP 改採 IFRS 的成本都明顯不小。另一項原因是，相對以規則為基準的美國標準，以原則為基準的 IFRS 不易提供指引。此外，SEC 被賦予實施多德—法蘭克（Dodd-Frank）金融改革法和消費者保護法的重任——限制它聚焦採納全球會計準則的能力。最後，2017 年上任的 SEC 主席克雷頓（Jay Clayton），清楚表示全球會計準則不是他的優先任務。

美國是一個極為重要的經濟體，若它缺席，則不太可能會有真正的全球會計準則。與此同時，為了評估在不同國家的商務，對公司和分析師來說，完整理解全球會計標準之間的重大差異便很重要。雖然 FASB 和 IASB 將持續合作，確保財務報告準則盡可能相

容。但在可見的未來，似乎並不存在一個全球通用的會計準則。

來源：Weaver Assurance, Tax & Advisory Firm, "Global Convergence Project: U.S. GAAP Is Alive and Well," weaver.com/blog/global- convergence-project-us-gaap-alive-and-well, January 11, 2019; Nicolas Pologeorgis, "The Impact of Combining the U.S. GAAP and IFRS," *Investopedia* (investopedia.com), March 12, 2018; David M. Katz "The Path to Global Standards?" *CFO* (*cfo.com*), January 28, 2011; "Global Accounting Standards: Closing the GAAP," *The Economist*, vol. 404, July 21, 2012; Joe Adler, "Is Effort to Unify Accounting Regimes Falling Apart?" *American Banker*, vol. 177, no. 145, July 30, 2012; Kathleen Hoffelder, "SEC Report Backs Away from Convergence," *CFO* (cfo.com), September 1, 2012; Ken Tysiac, "Still in Flux: Future of IFRS in U.S. Remains Unclear after SEC Report," *Journal of Accountancy* (journalofaccountancy.com), September 2012; and Tammy Whitehouse, "Ten Years on, Convergence Movement Starting to Wane," *Compliance Week* (complianceweek.com), October 2, 2012.

課堂小測驗

- 何謂年度報告？它提供哪兩類的資訊？
- 年度報告裡通常會包含哪四種財務報表？
- 為何投資人會對年度報告產生極大的興趣？

3-2 資產負債表

資產負債表是公司在某個特定時點的「快照」。圖 3.1 顯示**典型資產負債表（balance sheet）**的結構；左側顯示公司擁有的資產；右側顯示公司的負債和股東權益——對公司資產的請求權。如圖 3.1 所示，資產可分成兩大類：流動資產（current asset）及固定或長期資產。流動資產包含應可在一年內轉化成現金的資產，亦即現金、約當現金（cash equivalent）、應收帳款（account receivable）和存貨（inventory）。長期資產則是預期使用超過一年的資產，包括廠房、設備和智慧財產權（如專利和著作權）；廠房和設備通常列在累積折舊淨額項下。聯合食品的長期資產完全由廠房和設備淨額所組成，我們將之稱為「淨固定資產」（net fixed asset）。

對資產的請求權有兩種基本型態：負債（或公司欠他人的金錢）和股東權益。流動負債包括一年內必須償還的請求權，包括應付帳款（accounts payable）、應提薪資和應提稅金的應提費用（accruals）、對銀行最長一年期的應付票據（notes payable）和其他短期貸方項目。長期負債則包括到期日超過一年的債券。

圖 3.1　典型的資產負債表

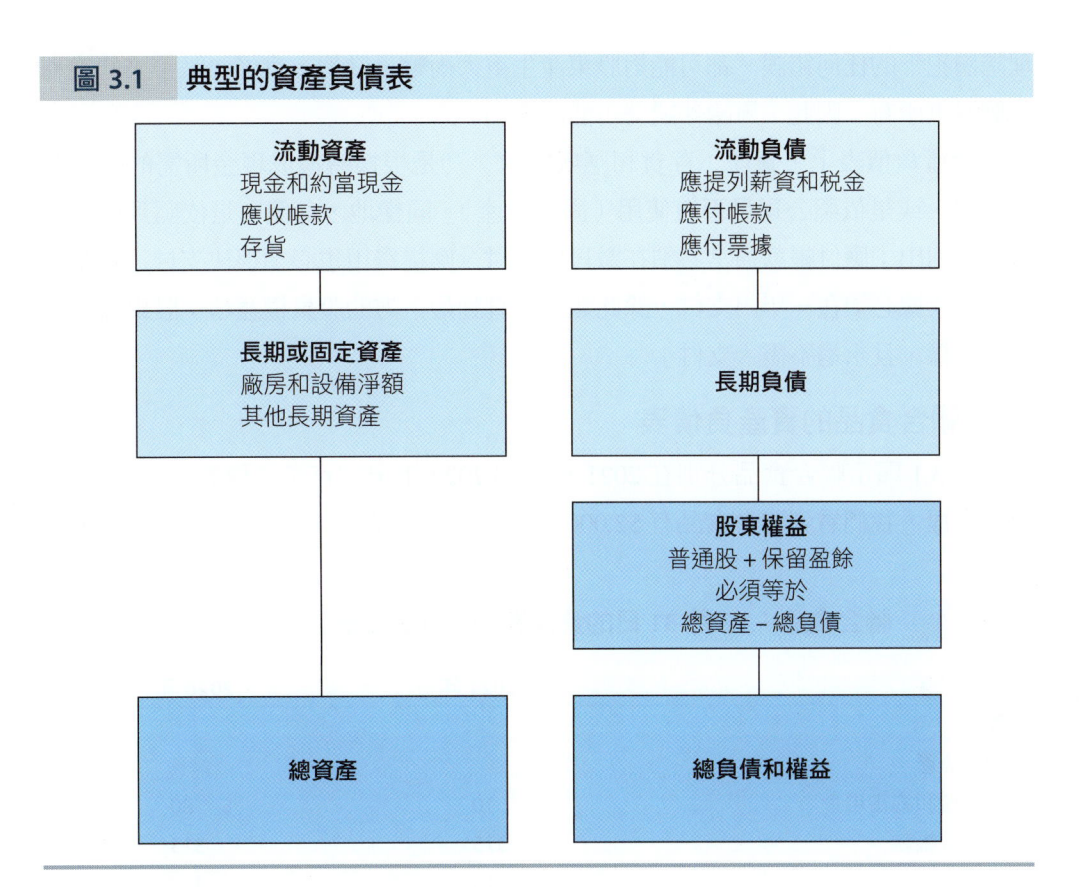

```
┌─────────────────────┐      ┌─────────────────────┐
│       流動資產       │      │       流動負債       │
│    現金和約當現金     │      │    應提列薪資和稅金   │
│       應收帳款       │      │       應付帳款       │
│         存貨         │      │       應付票據       │
└─────────────────────┘      └─────────────────────┘

┌─────────────────────┐      ┌─────────────────────┐
│    長期或固定資產     │      │                     │
│    廠房和設備淨額     │      │       長期負債       │
│     其他長期資產      │      │                     │
└─────────────────────┘      └─────────────────────┘

                             ┌─────────────────────┐
                             │       股東權益       │
                             │   普通股 + 保留盈餘   │
                             │       必須等於       │
                             │    總資產 – 總負債    │
                             └─────────────────────┘

┌─────────────────────┐      ┌─────────────────────┐
│       總資產         │      │     總負債和權益     │
└─────────────────────┘      └─────────────────────┘
```

股東權益（stockholders' equity）能以兩種方式來看待。首先是股東買進公司為募集資本而賣出股票時付給公司的金額，再加上公司在過去所有累積的保留盈餘。

股東權益 = 繳付資本 + 保留盈餘

保留盈餘（retained earnings）並非僅是最近一年裡保留下來的盈餘，而是公司在整個生命裡累積下來的所有被保留下來的盈餘。

股東權益可以用殘餘的概念來理解：

股東權益 = 總資產 – 總負債

若聯合食品已將多餘的資金投資在債券上，且此債券價格下跌到低於它們的購買價，則公司資產的真正價值應會下跌。它的負債金額則不會改變──對債權人承諾支付的金額依舊欠著。因此，普通股的帳面價值必須減少。會計師需處理一系列的記帳程序，結果是保留盈餘和普通股權益減少。到了最後，資產會等於負債和股東權益，資產負債表再次平衡。這個範例顯示普通股的風險為何高於債券，因管

理階層犯下的任何錯誤，都可能對股東產生重大衝擊。當然，良好決策帶來的獲利也屬股東所有；因此，風險伴隨著可能的獲利。

資產負債表上，資產（存貨和應收帳款）乃是根據轉換成現金所需的時間分別列出，或是依照公司是否有使用（固定資產）。同樣地，負債則是依照到期日時間順序列出：應付帳款通常必須在數日內支付、應提費用也必須很快支付、對銀行的應付票據必須在一年內支付，餘此類推，直到最下方的股東權益項；股東權益代表所有權，且永遠不需「支付」。

3-2a 聯合食品的資產負債表

表 3.1 顯示聯合食品分別在 2021 年末和 2020 年末的資產負債表。從 2021 年的報表裡，我們看到聯合食品有 $2,000 百萬的資產（流動和固定約各占一半），這

表 3.1　聯合食品：12 月 31 日的資產負債表（$ 百萬）

	2021 年	2020 年
資產		
流動資產：		
現金和約當現金	$ 10	$ 80
應收帳款	375	315
存貨	615	415
總流動資產	$1,000	$ 810
固定資產淨額：		
廠房和設備淨額（成本減去折舊）	1,000	870
其他預期將存續超過一年的資產	0	0
總資產	$2,000	$1,680
負債和股東權益		
流動負債：		
應付帳款	$ 60	$ 30
應提費用	140	130
應付票據	110	60
總流動負債	$ 310	$ 220
長期債券	750	580
總負債	$1,060	$ 800
普通股權益：		
普通股（7,500 萬股）	$ 130	$ 130
保留盈餘	810	750
總普通股權益	$ 940	$ 880
總負債和股東權益	$2,000	$1,680

些資產以 $310 百萬的流動負債、$750 百萬的長期負債和 $940 百萬的普通股股權所取得。比較 2021 年和 2020 年的資產負債表，我們看到聯合食品的資產增加了 $320 百萬，因此它的負債和權益也應增加相同的金額。當然，資產必須等於負債和權益；否則資產負債表將不平衡。

關於資產負債表的其他幾項重點，臚列如下：

1. **現金 vs. 其他資產。** 雖然資產是採美元計價，但只有現金和約當現金帳代表實際可支出金錢。應收帳款代表還未付款的信用銷售；存貨顯示原物料的成本、正處於生產程序並未完工的產品；固定資產淨額代表營運使用的建築物和設備成本，再減去這些資產的折舊。在 2021 年末，聯合食品有 $1,000 萬的現金，讓它可以最多開出 $1,000 萬的支票。非現金資產在未來應能產生現金，但它們不屬手上的現金，且若它們在今日便賣出，實際的收入可能高於，也可能低於它們在資產負債表上的價值。

2. **營運資本。** 流動資產又常稱為**營運資本（working capital）**，因這些資產會「替換」；亦即，它們經使用，然後在一年內遭替換。當聯合食品以信用交易方式買入存貨，則實際上是供應商借錢給它來購買這批存貨。聯合食品也可以向銀行借錢、或是賣出股票取得資金，但信用交易是指它從供應商那取得資金。雖然這些貸款被記作應付帳款，但它們通常是「免費的」，因它們不需支付利息。同樣地，聯合食品每兩個星期發薪水和每季繳稅一次；所以聯合食品的勞工和稅務機關提供它的這筆貸款，會等於應提薪資和稅金。除了這些短期信用的「免費」來源之外，聯合食品還可以向銀行借短期貸款，記作應付票據。聯合食品不需對應付帳款和應提費用支付利息，但需對銀行資金付利息。應付帳款、應提費用和應付票據的總和，代表資產負債表上的流動負債。若我們將流動資產減去流動負債，則兩者之差稱為**淨營運資本（net working capital）**。

$$淨營運資本 = 流動資產 － 流動負債$$
$$= \$1,000 － \$310 = \$690（百萬）$$

流動負債包括應付帳款、應提費用和對銀行的應付票據。財務分析師經常將淨營運資本（NWC）和**淨經營營運資本（net operating working capital, NOWC）**加以區分。兩者間存在兩項重大差異：首先是，NOWC 針對用於經營目的的現金和為其他目的持有的「多餘」現金做出區分，因此在計算 NOWC 時，分析師先估算多餘現金，然後將流動資產減去多餘現金得到經營流動資產。第二、當關注流動負債時，分析師將「免費」的負債

（應提費用和應付帳款）與支付利息的應付票據加以區分。這些支付利息的負債通常被視為屬於財務成本、而非經營成本，這解釋了它們為何不被包括在經營流動負債內。基於上述，NOWC 的計算如下：

$$\begin{aligned}\text{NOWC} &= \text{經營流動資產} - \text{經營流動負債} \\ &= (\text{流動資產} - \text{多餘現金}) - (\text{流動負債} - \text{應付票據}) \\ &= (\$1{,}000 - \$0) - (\$310 - \$110) = \$800 \text{（百萬）}\end{aligned} \quad 3\text{-}1$$

請留意：聯合食品在 2021 年僅持有少量現金 10 百萬美元，我們因此假設它持有現金的目的完全是出於經營目的、且無多餘現金。若反過來假設它手上全部現金都是為了非經營目的而持有，則此 10 百萬美元多餘現金將從它流動資產裡被扣除，NOWC 將會是 790 百萬美元、而非原先計算得到的 800 萬美元。雖然在聯合食品這個案例裡差異（790 vs. 800）不大，但針對持有非常大量現金部位的公司進行分析時，多餘現金水準的假設就變得很重要。例如，在 2019 年 12 月 31 日，字母控股（Alphabet）和蘋果公司的現金和短期投資部位均超過 1 兆美元。在此情況下，現金被視為是經營現金還是多餘現金就很重要了。為了讓事情單純化，我們將指出多餘現金占現金部位的比重。

3. 總負債 vs. 總應付。公司的總負債包括短期和長期需支付利息的應付項。總應付等於總負債，加上該公司「免費」（不需支付利息）的應付項。聯合食

快問快答

問題

使用表 3.1 聯合食品的資產負債表，回答以下問題：

a. 聯合食品在 2020 年 12 月 31 日的淨營運資本為何？

b. 聯合食品在 2020 年 12 月 31 日的淨經營營運資本為何？假設它在 2020 年多餘現金為零。

解答

a. 淨營運資本$_{2020}$ = 流動資產$_{2020}$ − 流動負債$_{2020}$
= \$810 − \$220 = **\$590 百萬**

b. 淨經營營運資本$_{2020}$ =（流動資產 $_{2020}$ − 多餘現金 $_{2020}$）
− （流動負債$_{2020}$ − 應付票據$_{2020}$）
= (\$810 − \$0) − (\$220 − \$60)
= \$810 − \$160 = **\$650 百萬**

品的短期負債，為它資產負債表裡的應付票據。

$$總負債 = 短期負債 + 長期負債$$
$$= \$110 + \$750 = \$860（百萬）$$
$$總應付 = 總負債 +（應付帳款 + 應提費用）$$
$$= \$860 + (\$60 + \$140) = \$1,060（百萬）= \$10.6（億）$$

4. **其他資金來源**。多數公司（包括聯合食品）的資產取得，採短期負債、長期負債和普通股股權的混合方式。一些公司還使用如特別股、可轉換公司債和長期租賃這類的「混合」證券。特別股是普通股和債券的混合；可轉換公司債是一種債券，但讓持有人擁有將債券換成普通股股票的權利。公司若發生破產，首先償還負債，接著是特別股，普通股則排在最後——在償付負債和特別股後還有剩餘時，普通股股東才會獲得支付。

5. **折舊**。大部分的公司準備兩組財務報表：一組是根據國稅局（Internal Revenue Service, IRS）的規定以計算稅金；另一組是根據GAAP，用在對投資人的報告。給股東看的報表，廠商通常使用直線折舊，這是因為相較加速折舊，直線折舊會得到較高盈餘。報稅時，廠商使用IRS預設的折舊法。在減稅和工作法案（Tax Cuts and Jobs, TCJA）實施前，廠商使用某種加速折舊之MACRS折舊法以計算折舊——降低可課稅所得、減少稅金和增加現金流量。然而，在2017年國會通過TCJA之後，某些新和舊資產的成本可100%立即費用化——這項規定預設了失效時點。我們將在討論資本預算時，對折舊詳加討論。針對分別給國稅局和投資人的兩組財務報表，聯合食品均使用符合報稅的折舊法。

6. **市場價值 vs. 帳面價值**。公司通常使用GAAP去決定資產負債表上的數字。在大部分的情況下，會計數字或「帳面價值」不同於實際買賣的價格或「市場價值」。例如，聯合食品於1991年在芝加哥買下總部；根據GAAP，公司必須在財報裡使用歷史成本（1991年購買總部支付的價格）減去累積折舊。然而芝加哥房地產價格在過去二十六年裡上漲了，這棟建物的市場價值高於其帳面價值。其他資產的市價也會和其帳面價值有些差異。

我們也可從表3.1看到，聯合食品普通股的帳面價值在2021年末為$940百萬。因流通在外75百萬股，所以每股的帳面價值為$940/75 = $12.53；然而，普通股的市價是$23.06。對2021年大部分的公司來說都是如此，股東會願意付出較帳面價值高的成本購買股票。部分原因是資產價值因通貨膨脹而上漲，另一部分原因則是預期盈餘會持續成長。聯合食品就像大部分的其他公司那樣，已經知道如何投資來增加未來的利潤。

蘋果（Apple）是個很好的例子：它的未來展望極佳，因此在 2020 年 3 月初，它的股票市價是其帳面價的 14 餘倍。另一方面，若公司狀況不好，它的市價可低於其帳面價。例如，約與前述蘋果同時，尖沃斯金融（Genworth Financial）近來奮力求生，它的股價低至每股 $4.5、遠比帳面價約 $26 低。

7. **時間層面**。資產負債表是在某一時點（如 2021 年 12 月 31 日），公司財務部位的快照。因此，我們可以看到在 2020 年 12 月 31 日，聯合食品有 $8,000 萬的現金，但到了 2021 年末，這個餘額下降到只剩 $1,000 萬。隨著存貨的增減及銀行貸款的增減等，資產負債表每天都在改變。諸如聯合食品等公司，生意和季節有關，資產負債表在一整年裡會有很大的改變；它的存貨在收成前會很低、秋天穀物收成和加工後則會很高。同樣地，大部分的零售商在聖誕節前會有很多的存貨，而在聖誕節之後則是低的存貨和高的應收帳款。本書第四章將檢視這些改變產生的效應——比較公司的財務報表和評估其績效。

快問快答

問題

根據表 3.1 聯合食品的資產負債表，該公司在 2020 年 12 月 31 日的總負債為何？

解答

總負債$_{2020}$ = 短期負債$_{2020}$ + 長期負債$_{2020}$
= $60 + $580 = **$640 百萬**

課堂小測驗

- 何謂資產負債表？它提供哪些資訊？
- 資產負債表裡的項目順序是如何決定的？
- 解釋淨營運資本和淨經營營運資本的差異。
- 使用簡潔的口語，解釋總負債和總應付之間的差異。
- 聯合食品在 12 月 31 日資產負債表上的哪些項目，很可能會和它在 6 月 30 日時不同？若聯合食品是一家雜貨連鎖，而非食品加工者，則這些差異會有何改變？試解釋之。

簡要檢視 2000-2019 年美國家戶和非營利機構的總合資產負債表

資產負債表不是專屬於企業，每一個體──包括州政府、地方政府、非營利機構和個別家庭──都有自己的資產負債表。

雖然不能檢視每一個家庭的狀況，但在聯準會網站可查到總合家戶的最新財務資訊。例如，2019 年第 3 季結束後發布的數字，顯示相較 2000 年底和 2009 年底，總合家戶淨資產分別增加 162% 和超過 80%。

附圖顯示 2004-2019 年更詳盡的狀況。它以占總合可支配所得的比重，畫出家戶資產、負債和淨值。我們看到在 2007 和 2008 年，家戶資產和其相應淨值的持續下滑。在那之後，家戶淨值水準已上揚，這是因部分地區房價高漲，加上股價飆升所致。

另值得注意的是，家戶總合淨值的改善成果分配並不均等，許多人關切，在過去二三十年，有錢人是總和財富增長的最大獲益者。根據皮尤研究中心（Pew Research Center），在 2018 年，美國最富有的前 20% 家戶，賺得全部所得的 48%，並擁有全美 79% 的財富。因此，當評估美國家戶目前狀況時，需要同時考慮整體財富水準，以及家戶所得和財富的分布狀況。

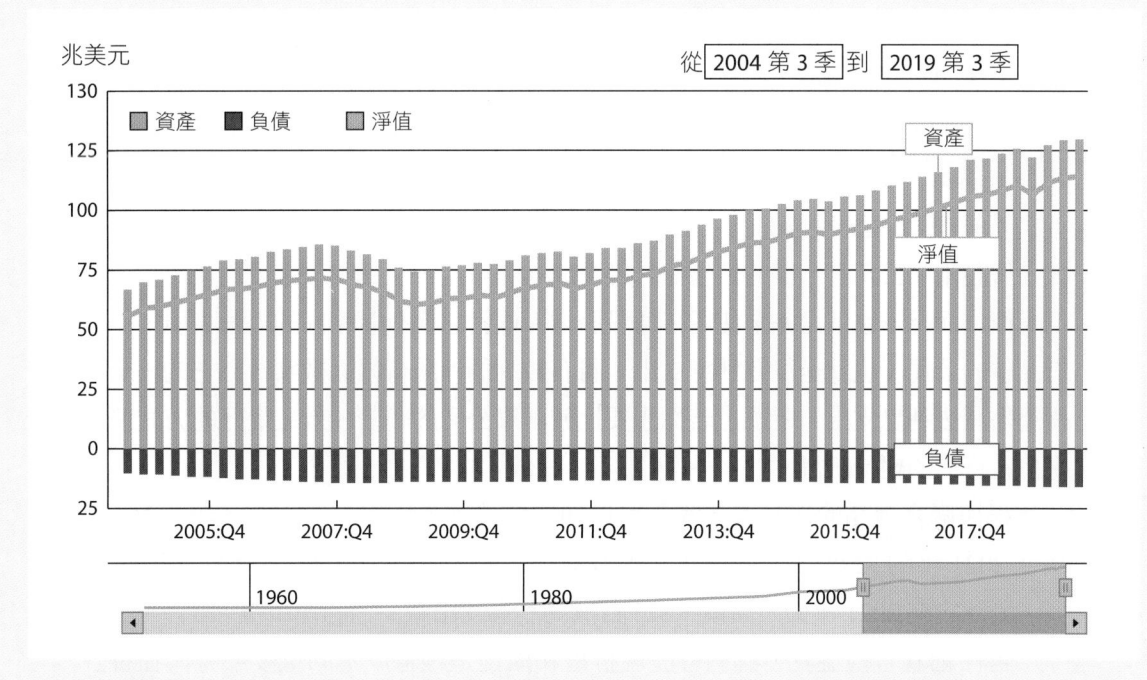

來源："Financial Accounts of the United States: Household Balance Sheet, Changes in Net Worth," *Federal Reserve Statistical Release* (federalreserve.gov/releases/z1/dataviz/z1/balance_sheet/chart/), December 12, 2019; "Financial Accounts of the United States: Flow of Funds, Balance Sheets, and Integrated Macroeconomic Accounts, Third Quarter 2019," *Federal Reserve Statistical Release* (federalreserve.gov/releases/z1/20191212/z1.pdf), December 12, 2019; and Juliana Menasce Horowitz, Ruth Igielnik, and Rakesh Kochhar, "Trends in Income and Wealth Inequality," *Pew Research Center Social & Demographic Trends* (pewsocialtrends.org), January 9, 2020.

3-3 損益表

表 3.2 顯示聯合食品 2020 年和 2021 年的**損益表**（income statement）。銷售淨額顯示在損益表的最上方，接下來是經營成本、利息和稅金；將銷售淨額減去經營成本、利息、稅金，得到的是可分配給普通股股東的淨所得。除了一些其他的數據，表 3.2 的下方還顯示每股盈餘和股利。**每股盈餘**（earnings per share, EPS）通常稱作「底線」，代表損益表中所有項目的最後結果；它是股東最在意的公司財務指標。聯合食品在 2021 年的 EPS 為 $1.95，比 2020 年的 $2.03 稍低。儘管盈餘減少，但公司仍把股利從 $1.06 增加到 $1.15。

典型的股東聚焦在財報上的 EPS，但專業的證券分析師和經理人還會區分經營所得和非經營所得。**經營所得**（operating income）是來自公司日常的核心業務；就聯合食品來說，它的核心業務是販賣食品。此外，這個數字是未支付利息和稅金之前的數字，因利息和稅金被視為非經營成本。經營所得也稱為息前稅前盈餘（earnings before interest and taxes, EBIT），以下是它的定義：

$$\text{經營所得（或 EBIT）} = \text{銷售收入} - \text{經營成本} \qquad 3\text{-}2$$
$$= \$3,000.0 - \$2,722 = \$278 \text{（百萬）}$$

當然，這個數字必須符合損益表上的數字。

不同的公司有不同數量的負債、不同的所得稅之虧損後抵（tax carry-backs）和虧損前抵（tax carry-forwards），以及不同的非經營資產數量（如可市場化的證券）。這些差異能讓兩家從事相同業務的公司，最後的淨所得有很大的不同。例如，假設兩家公司有一樣的銷售額、經營成本和資產，但其中一家公司使用一部分的負債，而另一家則是完全使用普通股股權。儘管它們有著相同的經營表現，但沒有負債的公司（也就是沒有利息支出）將有較高的淨所得帳面數字，因它的經營所得不需減去利息支出。所以，若你想要比較兩家公司的經營績效，最好的方式便是聚焦在它們的經營所得。

根據聯合食品的損益表，我們可以知道它的經營所得，從 2020 年的 $263 百萬到 2021 年的 $278 百萬，增加了 $20.8 百萬。然而，它 2021 年淨所得下跌了──因為它在 2021 年擴大負債，$23 百萬的利息支出減少它的淨所得。

再仔細看看損益表，我們會發現折舊和攤提是經營成本的重要部分。在會計學裡，**折舊**（depreciation）是對所得的減項，它反映資本設備和實體資產在生產過程裡所消耗的預測成本。**攤提**（amortization）指的是類似的一件事，不過它表示的是無形資產（如專利、著作權、商標和商譽）價值的減損。由於折舊和攤提十分類似，因此在損益表上基於財務分析和其他目的時，通常將它們放在一起。針對

資產有限的生命,折舊和攤提是勾銷或分配購置資產的成本。

即使折舊和攤提記作損益表上的成本,但它們並無現金支出——現金支出已發生在過去;當資產價值發生勾銷,卻不需支付現金去處理貶值。因此,那些關心公司的現金金額的經理人、證券分析師和銀行放款行員,通常會計算 EBITDA ——亦即**息前、稅前、折舊攤提前的盈餘**(earnings before interest, taxes, depreciation, and amortization)。聯合食品沒有攤提,所以它的折舊攤提費用完全由折舊所構成。2021 年,聯合食品的 EBITDA 為 $378 百萬。

雖然資產負債表代表的是某個時點的快照,但損益表則是一段期間裡的經營結果。例如,2021 年聯合食品的銷售金額為 $30 億、淨所得為 $146.3 百萬。每月、每季和每年皆要製作損益表。每季和每年的損益表是為投資人準備的;每月的損益表則提供給經理人,用於內部計畫和控制目的。

最後,請留意透過資產負債表的保留盈餘帳,可以將損益表和資產負債表連結在一起。損益表裡的淨所得減去支付的股利,便是該年的保留盈餘(如 2021

表 3.2　聯合食品歲末的損益表(除每股數據外,其餘單位皆為 $ 百萬)

	2021 年	2020 年
銷售淨額	$3,000.0	$2,850.0
不計折舊和攤提的經營成本	2,622.0	2,497.0
折舊和攤提	100.0	90.0
總經營成本	$2,722.0	$2,587.0
經營所得或息前稅前盈餘(EBIT)	$ 278.0	$ 263.0
減去利息	83.0	60.0
稅前盈餘(EBT)	$ 195.0	$ 203.0
稅金(稅率 = 25%)	48.8	50.8
淨所得	$ 146.3	$ 152.3
下述是一些有關的項目:		
總股利	$ 86.3	$ 79.5
保留盈餘的增加 = 淨所得 – 總股利	$ 60.0	$ 72.8
每股數據:		
普通股股價	$ 23.06	$ 26.00
每股盈餘(EPS)[a]	$ 1.95	$ 2.03
每股股利(DPS)[a]	$ 1.15	$ 1.06
每股帳面價值(BVPS)[a]	$ 12.53	$ 11.73

附註:[a] 聯合食品有 75 百萬普通股流通在外,則 2021 年的 EPS、DPS、BVPS 計算如下:

EPS = 淨所得/普通股股數 = $146,300,000/75,000,000 = $1.95

DPS = 支付普通股股利/普通股股數 = $86,300,000/75,000,000 = $1.15

BVPS = 總普通股權益/普通股股數 = $940,000,000/75,000,000 = $12.53

年)。這些保留盈餘和之前各年度累積的保留盈餘加在一起,便得到 2021 年歲末的保留盈餘餘額。該年的保留盈餘也會出現在股東權益表裡。簡言之,年度報告裡的四種財務報表是彼此互相關聯的。

> **課堂小測驗**
> - 為何每股盈餘又稱為「底線」?何謂 EBIT 或經營所得?
> - 何謂 EBITDA?
> - 資產負債表或損益表,哪一個比較像是對公司經營的快照?試解釋之。

3-4 現金流量表

損益表裡的淨所得並不是現金;但在財務界,「現金為王」。管理階層的目標是極大化公司的股價;任何資產的價值(包括股價),皆是根據這個資產所產生的預期現金流量而定。因此,經理人努力極大化可以給投資人的現金流量。表 3.3 的**現金流量表(statement of cash flows)**是一種會計報告,顯示公司產生多少現金。這個報表分成四個部分,以下將一列一列地加以解釋。

以下是對表 3.3 現金流量表的逐列說明:

a. *經營活動*。它處理出現在正常持續進行經營的項目。
b. *淨所得*。第一個經營活動是淨所得,它是現金的第一項來源。若所有的銷售都是現金交易、所有的成本都必須立即以現金支付,且若公司處於靜態的狀況,則淨所得會等於從經營而來的現金。然而,這樣的條件是不存在的,所以淨所得不會等於經營而來的現金。因此,調整有必要進行,參見損益表上其餘的部分。
c. *折舊和攤提*。第一個調整便是折舊和攤提。聯合食品的會計師計算淨所得時,先減去折舊(它沒有攤提支出)——是非現金費用。因此,當計算現金流量時,必須先將折舊加回淨所得。
d. *存貨增加*。為了製造或購買存貨,公司必須使用現金。公司可以從供應商和員工那裡以貸款的形式收到部分現金(應付帳款和應提費用),但存貨增加最終還是會需要現金。聯合食品在 2021 年時存貨增加 $200 百萬;這個金額顯示在 d 列的括號內,因它是一個負數(亦即使用現金)。若聯合食品的庫存降低,應產生正的現金。

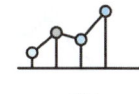

表 3.3　2021 年聯合食品現金流量表（$ 百萬）

			2021 年
a.	I.	經營活動	
b.		淨所得	$146.3
c.		折舊和攤提	100.0
d.		存貨增加	(200.0)
e.		應收帳款增加	(60.0)
f.		應付帳款增加	30.0
g.		應提薪資和稅金增加	10.0
h.		經營活動產生的淨現金	($ 26.3)
i.	II.	長期投資活動	
j.		財產、廠房和設備增加	($230.0)
k.		淨現金用於投資活動	($230.0)
l.	III.	財務活動	
m.		應付票據增加	$ 50.0
n.		債券增加	170.0
o.		支付股東股利	(86.3)
p.		財務活動產生的淨現金	$133.8
q.	IV.	總結	
r.		現金淨減少（I、II、III 相加的淨值）	($ 70.0)
s.		歲初的現金和約當現金	80.0
t.		歲末的現金和約當現金	$ 10.0

附註：括號內的數字為負。

e. **應收帳款增加。**聯合食品賣出商品時若選擇信用交易，則不會像未讓顧客展延信用那樣，立即獲得現金。為了持續做生意，它必須替換以信用交易方式賣出的存貨；但卻尚未從信用交易收到現金。所以若公司的應收帳款增加，也代表著要用到現金。聯合食品的應收帳款在 2021 年時增加 $60 百萬，因而動用的現金顯示在 e 列的一個負數。聯合食品的應收帳款若減少，這會顯示成一個正的現金流量；一旦收到銷售的現金，則對應的應收帳款將會消除。

f. **應付帳款增加。**應付帳款表示從供應商而來的貸款。聯合食品以信用交易方式購買財貨，今年的應付帳款因而增加 $30 百萬，這對應 f 列所增加的 $30 百萬現金。若聯合食品降低其應付帳款，則會需要使用現金。請留意：隨著聯合食品規模的擴大，將購買更多的存貨，這將會產生額外的應付帳款，並將減少融資存貨成長所需之新的外部資金的數量。

g. **應提薪資和稅金增加。** 同樣的邏輯既可用在應付帳款，也可用在應提費用。聯合食品今年的應提費用增加 $10 百萬；這意謂在 2021 年時從員工和稅務機關那裡借了額外的 $10 百萬，所以多了 $10 百萬的現金流入。

h. **經營活動產生的淨現金。** 所有前述項目都是正常經營的一部分，它們是做生意而產生。加總前述項目，我們會獲得營運而來的淨現金 流量。聯合食品從淨所得、折舊、應付帳款和應提費用，產生正的現金流量；但它同時使用現金去增加存貨和應收帳款。淨效應是經營活動導致 $26.3 百萬的淨現金流入。

i. **投資活動。** 這裡談的是所有涉及長期資產的活動，還包括購進／賣出短期投資、交易證券和借出／收回應收票據。聯合食品只有一項長期投資活動──獲取一些長期資產，如 j 列所示。若聯合食品賣出一些固定資產，會計師應會在此部分記載一個正的數字（亦即現金流入）。

j. **財產、廠房和設備增加。** 聯合食品今年花了 $230 百萬購買固定資產。這是一個現金流出，因此這個數字顯示在括號裡。若聯合食品賣出旗下部分的固定資產，則會產生現金流入。

k. **淨現金用於投資活動。** 因為聯合食品只有一項投資活動，則此列的總和會和前一列的數字相同。

l. **財務活動。** 聯合食品的財務活動顯示在此表的第 III 部分。

m. **應付票據增加。** 聯合食品今年從銀行借入額外的 $50 百萬，這是一個現金流入。當聯合食品償付貸款時，將產生現金流出。

n. **債券（或長期負債）增加。** 今年，聯合食品藉由發行公司債，向長期投資人借了額外的 $170 百萬，帶來現金流入。當公司在一些年後償還負債時，將伴隨著現金流出。

o. **支付股東股利。** 股利以現金支付；聯合食品支付股東 $86.3 百萬，因此這個現金流量是一個負數。

p. **財務活動產生的淨現金。** 上述三個財務項的總和，等於 $133.8 百萬，並顯示於此。這些資金，加上少量的經營現金流量，用在支付取得價值 $230 百萬的新廠房和設備。

q. **總結。** 這個部分總結了現金和約當現金在一年裡的改變。

r. **現金淨減少。** 經營活動、投資活動和財務活動相加起來之淨值呈現於此。2021 年現金淨減少 $7,000 萬，主要是因為購進新的固定資產。

s. **歲初的現金和約當現金。** 聯合食品在歲初時，擁有 $8,000 萬的現金，如這裡所示。

t. 歲末的現金和約當現金。聯合食品的現金在歲末時為 $1,000 萬，等於歲初的 $8,000 萬減去同年 $7,000 萬的現金淨減少。相較歲初，聯合食品的現金部位現在顯然變得較弱。

聯合食品的現金流量表，對它的經理人和投資人而言都很重要。該公司產生的少量經營現金流量不足以支付它固定資產投資要求，導致其固定資產的大額投資是靠借款，以及降低它歲初的現金和約當現金餘額。然而，公司不能毫無限制地這樣做。就長期而言，報表的第 I 部分應出現較大的正的經營現金流量。此外，我們應可以在第 II 部分，期望看到的是對固定資產的支出，大約等於 (1) 折舊費用（取代消耗的固定資產），加上 (2) 成長所需的額外支出。第 III 部分除了顯示「合理」數量的股利外，還會顯示一些淨借款。最後，第 IV 部分應顯示每一年合理穩定的現金餘額。聯合食品並未符合這些條件，所以應採取行動去修正現在的狀況。第四章分析公司的財務報表時，還會討論這些修正行動。

課堂小測驗

- 何謂現金流量表？它回答哪些問題？
- 找出並簡要解釋現金流量表裡的四個部分。
- 若在一年內，某公司從經營獲得很高的現金流入，則是否意謂相較年初，歲末時資產負債表裡的現金餘額會比較高？試解釋之。

3-5 股東權益變動表

會計期間，股東權益的變動顯示在**股東權益變動表（statement of stockholders' equity）**裡。表 3.4 顯示聯合食品在 2021 年賺了 $146.3 百萬、支付 $86.3 百萬的普通股股利，並保留 $60 百萬返回給企業的商務所用。因此，資產負債表項下的「保留盈餘」，從 2020 年末的 $750 百萬增加到 2021 年末的 $810 百萬。

請注意：「保留盈餘」代表的是對資產的請求權，而不是資產本身。股東允許管理階層將盈餘保留在公司，並將之進行再投資，亦即使用保留盈餘在增加廠房和設備及增加存貨等，公司並不會只是將錢存在銀行帳戶。*所以資產負債表裡的保留盈餘，並非表示現金，因此不能作為發放股利或其他之用。*

> **課堂小測驗**
>
> - 股東權益變動表提供哪些資訊？
> - 何種狀態下保留盈餘會改變？
> - 解釋以下敘述為何為真：「在資產負債表中的保留盈餘並不代表現金，也不代表全部金額是用來支付股息或其他。」

表 3.4　2021 年 12 月 31 日股東權益變動表（$ 百萬）

	普通股 股數（千股）	普通股 金額	保留盈餘	總股東權益
2020/12/31 餘額	75,000	$130.0	$750.0	$880.0
2021 淨所得			146.3	
現金股利			(86.3)	
保留盈餘增加				60.0
2021/12/31 餘額	75,000	$130.0	$810.0	$940.0

3-6 財務報表的用途和限制

　　如我們在本章開頭的文章所提到，財務報表提供許多有用資訊。你可以檢視報表，並回答諸如下述的重要問題：公司的歷史有多長？它是否仍成長中？它是一家賺錢公司嗎？它是否透過經營產生現金，或實際是損失現金？

　　與此同時，投資人審閱財務報表時需要很小心。雖然公司得遵循 GAAP，但經理人仍然有空間去決定如何和何時呈現某些交易。

　　因此，處於完全相同狀況的兩家公司之財務報表，可以讓人對它們的財務狀況有不同的感受。某些差異性可以源自於以合法而不同的觀點，正確記錄交易。在其他例子裡，經理人可以選擇以下述方式來記載數字──有助於他們隨著時間呈現較高或較穩定的盈餘。只要遵循 GAAP，這樣的做法都是合法的，但這些差異讓投資人難以對公司進行比較，以及衡量它們的真正績效。特別是，若資深經理人的紅利或其他報酬是根據短期的盈餘則更要當心，因他們可以嘗試提升公司短期的帳面收入，以增加自己的紅利。

　　不幸的是，有時候經理人確實會拋棄 GAAP，並製作詐欺的報表。世界通訊（WorldCom）便是一個公然報表作假的例子，其報表上的資產價值超過實際價值高達 $110 億，導致低估成本，以及相對地高估利潤。安隆是另一個引人注意的案例，它膨脹一些資產的價值，並將這些造假數字用作利潤的增加，再把這些虛假資

產轉移給子公司以隱瞞事實。安隆和世界通訊的投資人最終知道事實，公司被迫倒閉、許多高階經理人進了監牢、審計其報表的會計事務所關門大吉，還有數以百萬的投資人血本無歸。

在安隆和世界通訊的大失敗後，美國國會在 2002 年通過沙賓法案，要求公司改進內部稽核標準，以及要求執行長和財務長確認財務報表的正確性。沙賓法案也創造出一個新的監理組織，以幫助確保外部的會計事務所會好好執行它們的工作。

最後，請記住即使投資人獲得的是正確的會計數據，現金流量仍然才是至關重要的項目，而非會計所得。同樣地，如我們在第十二至十四章的探討：當經理人處理資本預算決策，以決定接受哪一個計畫時，他們的焦點還是現金流量。

> **課堂小測驗**
>
> - 若不同公司的財務報表皆是準確的，且依照 GAAP 製作，則投資人是否可以確信某公司報表上的數據，能夠和其他公司的數據相互進行比較？
> - 不同公司為何可以對類似交易採不同的會計方式？

3-7 自由現金流量

到目前為止，聚焦於會計師為我們準備的財務報表。然而，會計報表的存在目的主要是為了債權人和稅務機關，並不是為了經理人和股票分析師。因此，企業決策者和證券分析師常常修改會計數據，以符合他們的需要。**自由現金流量（free cash flow, FCF）**是其中最重要的修改，它的定義是：可被抽走而不會對公司經營和產生未來現金流量的能力，產生負面影響之現金數量。以下是計算自由現金流量的方程式：

FCF＝〔EBIT(1 – T) + 折舊和攤提〕－〔資本支出 + 淨經營營運資本的變化〕　　　3-3

第一項為公司目前經營產生的現金數量；EBIT(1 – T) 常稱作**稅後淨經營利潤（net operating profit after taxes, NOPAT）**、T 是公司所得稅稅率。折舊和攤提不是現金支出，所以將之加回；它們雖然會減少 EBIT，但不會減少公司可支付股東的現金金額。第二個中括號內的項目，指出公司投資在固定資產（資本支出）和經營營運資本上的現金數量，用來維持經營。正的 FCF 顯示公司所產生的現金，超過目前對固定資產和經營營運資本的投資金額；相對而言，負 FCF 則意謂公司沒有足夠的內部資金，對固定資產和經營營運資本進行融資，因此將必須在資本市場募集新的資金，用以支付這些投資。

考慮家得寶（Home Depot）這個案例。方程式 3-3 第一個括號內的項目，代表家得寶現有各店所產生的現金數量；第二個中括號內則是公司在同一時期用於展店所支出的現金金額。家得寶展店時，需要現金去購買土地和蓋建築物——這些是資本支出，且會導致公司資產負債表上固定資產的相應增加。然而，當展店時，它還需要增加淨經營營運資本，特別是需要為新店備好存貨。這些存貨的一部分，可以透過應付帳款來融資取得；例如，供應商可以在今天就將手電筒出貨給家得寶，並讓家得寶之後再付款。在這種情況下，淨經營營運資本將不會增加，因流動資產的增加剛剛好等於流動負債的增加。至於其他存貨的取得，因沒有使用有抵銷效應的應付帳款，導致了淨經營營運資本的增加；且公司今天就必須備好現金，以支付此一資金需求的增加。綜上所述，若現有分店經營所產生的現金大於展店所需的現金，則會產生正的自由現金流量。

查閱聯合食品的重要財務報表，我們能蒐集計算它自由現金流量所需的數據。首先，我們可以從損益表裡得到聯合食品的 EBIT 和折舊攤提費用。查閱表3.2，可以看到聯合食品 2021 年的經營所得（EBIT）為 \$278 百萬。因為該公司所得稅稅率是 25%，所以 NOPAT = EBIT(1 − T) = \$278(1 − 0.25) = \$208.5（百萬）。我們還可知道聯合食品 2021 年的折舊攤提費用為 \$100 百萬。

聯合食品的資本支出（用於購買新固定資產的現金），可從現金流量表投資活動項下找到。查閱表 3.3，我們看見聯合食品 2021 年的資本支出總額為 \$230 百萬。最後，我們需要計算淨經營營運資本的變化（ΔNOWC）。NOWC 為流動資產減去不需付利息的流動負債；不需付利息的流動負債在此處會等於流動負債減去應付票據。我們之前曾計算聯合食品 2021 年的 NOWC，等於：

$$NOWC_{2021} = (\$1000 - \$0) - (\$310 - \$110) = \$800（百萬）$$

同樣地，聯合食品 2020 年的 NOWC 可計算如下：

$$NOWC_{2020} = (\$810 - \$0) - (\$220 - \$60) = \$650（百萬）$$

因此，聯合食品淨經營營運資本的變化（ΔNOWC）= \$150 百萬（\$800 百萬 − \$650 百萬）。綜合上述，我們現在可以計算聯合食品 2021 年的自由現金流量：

$$FCF = [EBIT(1 - T) + 折舊和攤提] - [資本支出 + \Delta NOWC]$$
$$FCF_{2021} = [\$208.5 + \$100] - [\$230 + \$150] = -\$71.5（百萬）$$

聯合食品的 FCF 是負的，這不是好事。然而請留意，導致 FCF 為負的主因為花費在新食品加工廠上的 \$230 百萬。這個工廠的規模足以滿足未來幾年的生產需求，所以直到 2025 年以前都不需蓋新的工廠。因此，聯合食品 2022 年和之後數年

的 FCF 應會增加，這意謂聯合食品的財務狀況，並不像負的 FCF 一般，讓人聯想的那樣糟糕。

多數快速成長公司的 FCF 小於零，因快速成長所需的固定資產和營運資本，通常超過它現有經營所產生的現金流量。這並不算壞事，只要公司新的投資最終是賺錢的，並增加它的 FCF。

許多分析師視 FCF 為財務報表裡最重要的一個數字，甚至比淨所得還要重要。畢竟，FCF 顯示公司能分配給投資人的現金。第十章的股票評價，以及第十二章到第十四章的資本預算，會再次討論 FCF。

課堂小測驗

- 何謂自由現金流量（FCF）？
- 為何 FCF 對於決定公司價值是重要的？

快問快答

問題

某公司的 EBIT 為 $30 百萬、折舊為 $5 百萬、稅率為 25%。它需要花費 $10 百萬取得固定資產，以及 $15 百萬用於增加流動資產。它預期應付帳款會增加 $2 百萬、應提費用增加 $3 百萬、應付票據增加 $8 百萬。該公司的流動負債僅包括應付帳款、應提費用和應付票據，則它的自由現金流量（FCF）為何？

解答

首先，你需要決定淨經營營運資本的變化（△NOWC）：

△NOWC = △ 經營流動資產 − △ 經營流動負債
　　　 = △ 經營流動資產 −（△ 流動負債 − △ 應付票據）
　　　 = $15 − ($13 − $8)
　　　 = $15 − $5 = $10 百萬

現在我們便可得到自由現金流量

FCF =〔EBIT(1 − T) + 折舊和攤提〕−〔資本支出 + △NOWC〕
　　 = [$30(1 − 0.25) + $5] − [$10 + $10]
　　 = [$22.5 + $5] − $20
　　 = **$7.5 百萬**

不論公司規模，自由現金流量都很重要

自由現金流量對諸如聯合食品這樣的大型公司來說很重要。證券分析師使用 FCF 去協助預測股票價值，聯合食品經理人也使用它去評量資本預算專案的價值、和可能的合併對象。然而請留意，這個概念也適用於小企業。

假設你的伯父、伯母擁有一間小型披薩店，他們的會計師製作財務報表。損益表顯示他們每年的會計利潤；雖然他們對這個數字絕對會感興趣，但或許更需要關心的是：每年能從這個事業取出多少金錢，用以維持他們的生活水準。我們假設這家店 2021 年的淨所得為 $75,000。不過，你的伯父、伯母需要花費 $50,000，用於裝修廚房和廁所。

所以雖然公司產生許多的「利潤」，你的伯父、伯母卻不能從中取得太多金錢，因為他們必須把錢放回披薩店。以另一種方式來說，他們的自由現金流量遠小於淨所得。所需的投資金額，甚至超過賣披薩所賺的錢——在這種情況下，你伯父、伯母的自由現金流量會是負的；若如此，則代表他們必須從其他來源尋求資金，來維持披薩生意。

身為精明的小企業主，你的伯父、伯母知道他們對披薩店的投資，像是重新裝修廚房和廁所，並非會一再發生。且若無其他意外發生，你的伯父、伯母在未來幾年因自由現金流量增加之故，應能從這家店取出較多的現金。但某些企業似乎從未為其擁有者產生任何現金——它們持續產生正的淨所得，但這個淨所得被必須再投入企業的現金消耗了。因此，當需要評估披薩店或任何大小企業時，真正重要的是企業隨著時間過去所產生的自由現金流量。

展望未來，你的伯父、伯母要面對將進駐此一地區之全國連鎖店的競爭。為了面對競爭，你的伯父、伯母將必須現代化店裡的用餐區。這將再次從企業吸取現金，並減少自由現金流量——希望這將讓他們在未來數年增加銷售和自由現金流量。如我們在第十二至十四章的資本預算裡將會談到：評估計畫時需要預測未來自由現金流量的增加，是否足以抵銷最初的計畫成本。因此，自由現金流量的計算，對公司的資本預算分析極為關鍵。

結語

本章的主要目的是描述基本的財務報表、對現金流量提供背景資訊，以及區分現金流量和會計所得。在下一章，我們根據這些資訊去分析公司的財務報表，並判斷它的財務健康狀況。

Chapter 3 財務報表和現金流量

✓ 自我測驗

ST-1 **淨所得和現金流量** 瑞特樂機器公司去年的經營所得（EBIT）為 $500 萬，它的折舊成本為 $100 萬、利息支出 $100 萬、企業稅率 25%。到了歲末，它的流動資產為 $1,400 萬、應付帳款 $300 萬、應提費用 $100 萬、應付票據 $200 萬、淨廠房設備 $1,500 萬。瑞特樂僅使用債務和普通股來為其營運提供資金。（換句話說，瑞特樂的資產負債表中沒有特別股。）假設折舊是瑞特樂唯一的非現金項，則：

a. 公司淨所得為多少？
b. 淨經營營運資本（NOWC）為多少？
c. 淨營運資本（NWC）為多少？
d. 瑞特樂在前一年的淨廠房設備支出為 $1,200 萬，而它的淨經營營運資本不隨時間變動，則在剛結束的那一年，它的自由現金流量（FCF）等於多少？
e. 瑞特樂在外流通的普通股股數為 500,000 股，資產負債表上的普通股金額為 $500 萬。這家公司在整個年度都未發行新股，或從市場買回股票。去年保留盈餘的餘額為 $1,120 萬，而同一年所支付的股息為 $180 萬。試製作歲末時的股東權益變動表。

✓ 問題

3-1 年度報告裡常見的四種財務報表為何？

3-2 哪些人是財務報表的使用人？他們如何使用報表？

3-3 若某個「典型」公司資產負債表上的保留盈餘數字為 $20 百萬，則它的董事們是否可以在未了解目前用途的情況下，毫無疑慮地宣布發放 $20 百萬的現金股利？請解釋你的答案。

3-4 解釋以下陳述：資產負債表可被視為是公司財務部位在某個時點的快照，損益表則是一段期間裡的經營報告。

3-5 根據 GAAP 製作財務報表，並經過會計事務所查核。投資人是否仍需擔憂這些財報的有效性？請解釋你的答案。

3-6 使用專欄「簡要檢視 2000-2019 年美國家戶和非營利機構的總合資產負債表」，回答小題 a 和 b。
a. 在 2007-2008 年金融危機之後，淨值水準有何變化？簡要解釋其背後的原因。
b. 淨值總合增長的好處是否雨露均霑？簡要解釋你的答案。

3-7 何謂自由現金流量？若你是一位投資人，為何相較淨所得，你對自由現金流量會更感興趣？

3-8 若公司財報裡的自由現金流量為負值，是否仍可能受到投資人高度青睞？換言之，投資人是否可樂觀面對負的自由現金流量？試解釋之。

CHAPTER 4

財務報表分析

分析股票可否賺錢？

多年以來，針對這個議題，始終無定論。一些人主張股票市場具高度效率，亦即所有關於股票之可用資訊都已經反映在其價格上。「效率市場擁護者」指出，數以千計受過良好訓練的分析師為擁有數十億美元的機構工作。這些分析師能夠接觸最新資訊，一旦公司釋出會影響它未來獲利的資訊時，他們很快便據此進行買賣。「效率市場擁護者」還指出，只有少數一些共同基金因用高薪聘請好的員工，實際上讓它們的績效超越均值。專家們僅能獲得平均報酬，我們怎能期待打敗市場？

另一些人不同意，主張股票分析能夠產生報酬。他們指出，某些基金經理人每年都能超越均值。他們還注意到一些「活躍」投資人審慎分析公司，找出那些弱勢可被修正的公司，接著說服這些公司的經理人採取行動以改善績效。

巴菲特可以說是全球最棒的投資人。透過他的公司波克夏（Berkshire Hathaway），巴菲特擁有一些知名公司，包括蓋可（GEICO）、Fruit of the Loom、金頂（Duracell）和 Dairy Queen。他也是以下公司的大股東，包括蘋果、可口可樂、達美航空（Delta Airlines）和富國銀行。巴菲特以採用長期觀點聞名；受到數十年前葛拉漢（Benjamin Graham）極大啟發，他發展出價值投資取向，亦即尋找市價顯著低於內在價值預測值的股票。價值投資人大量使用本章描述的分析方法，用以評估公司的強項和弱項，以及求得關鍵的輸入項，以估計內在價值。

在巴菲特管理下的波克夏績效極佳。巴

菲特掌舵的1965-2019年，波克夏提供它投資人2,744,062%的驚人報酬率，相當20.3%的年複合報酬率。

儘管存在上述波克夏不可思議的長期績效，但我們不能期望有任何股票或基金可以總是每年擊敗市場。事實上，波克夏在2019年的績效顯著低於整體股票市場——它的持股上漲11%、而S&P500上漲31.5%。許多分析師認為2019年的不佳績效僅是暫時狀況，但其他分析師則是開始擔憂。他們之中有一些人希望訪談波克夏資深副董賈恩（Ajit Jain）和阿貝爾（Greg Abel）；他們倆人被外界視為可能是巴菲特的接班人。在巴菲特2020年2月致股東公開信裡，他清楚表示賈恩和阿貝爾將在當年5月的股東大會上進行報告和回答問題。

另一些分析師則是催促波克夏將其持有的大部分現金返還給投資人；其現金部位超過1,200億美元。與此同時，為了持續擊敗市場，巴菲特總是尋找新的商業機會。例如，波克夏在2013年6月和私募基金3G資本，以$280億買下亨氏。2014年11月，巴菲特看到了另一個好機會，他向P&G寶僑（Procter and Gamble）買下金頂電池。2015年3月，他再次和3G資本聯手，取得亨氏和卡夫食品（Kraft Foods）合併所需融資。在每一個案例裡，巴菲特買下他認為還有很大改善潛力的知名品牌。特別是在2016年第4季，波克夏把握時機大幅下注蘋果上了新聞頭條。2017年10月，購進美國卡車行旅中心領導廠商之一的Pilot Flying J 38.6%合夥權利（partnership interest）。直到最近，波克夏持續對其他公司估價，但已較難找到可大額投資、股價被低估的公司。

綜上所述，雖然許多人將財務報表視為「不過是會計罷了」，但事實遠非如此。你將會在本章學到，這些報表提供豐富資訊，幫助經理人、投資人、放款者、顧客、供應商和監管者從事種種不同目的之工作。對報表的分析能得知公司的強項和缺點，讓管理階層可以使用這些資訊去改善公司的績效，而其他人還能用於預測未來結果。

來源：Nicole Friedman, "Warren Buffett's Berkshire Hathaway Stock Underperforms the Most Since 2009," *The Wall Street Journal* (wsj.com), February 22, 2020; "Berkshire's Performance vs. the S&P 500," Warren Buffett's 2019 Annual Letter to Shareholders (berkshirehathaway.com/letters/2019ltr.pdf), February 22, 2020; Ed Hammond and Noah Buhayar, "Buffett's Berkshire Hathaway Buys Stake in Pilot Flying J," *Bloomberg* (bloomberg.com/news), October 3, 2017; Jonathan Stempel and Devika Krishna Kumar, "Buffett's Berkshire Hathaway Buys P&G's Duracell," *Reuters* (reuters.com), November 13, 2014; and Lauren Gensler, "Warren Buffett Nearly Quadruples Stake in Apple," Forbes (forbes.com), February 14, 2017.

摘要

財務管理的主要目標是極大化股東的財富，而不是計算會計上的數字——如淨所得或每股盈餘。然而，會計數據會影響股價，且這些數字能用於了解公司的表現，以及它未來可能的發展方向。第三章敘述重要的財務報表，並讓我們知道財報會隨著公司經營的改變而改變。在本章，我們展示經理人如何使用報表改善公司的股價；債權人如何評估債務人償還貸款的能力；證券分析師如何預測盈餘、股利和股價。

管理階層若想要極大化公司的價值，必須利用公司的優勢並修正其劣勢。財務分析涉及：(1) 和同一產業其他公司的績效相比較；(2) 評估公司財務部位的未來趨勢。這些研究幫助經理人找出弱點並採取修正行動。在本章，我們聚焦於經理人和投資人如何評估公司的財務狀況。接著，我們檢視經理人欲改進未來的績效和因此增加公司的股價時，所能採用的行動模式。

當你讀完本章，你應能：
- 解釋何謂比率分析。
- 列出五類的比率，並分辨、計算和解釋每一類裡的重要財務比率。
- 討論每一個比率和資產負債表／損益表的關係。
- 討論普通股權益報酬率（ROE）為何是在管理階層控制下的重要比率、其他比率如何影響 ROE，以及解釋如何使用杜邦方程式來改善 ROE。
- 將某公司的比率與其他公司（標竿）進行比較，以及分析某公司比率隨時間之變化（趨勢分析）。

4-1 比率分析

比率（ratios）幫助我們評估財務報表。例如，在 2021 年末，聯合食品有 $860 百萬的需付利息負債、$83 百萬債息支出；中西食品有 $52 百萬需付利息負債、$4 百萬債息支出。哪一家公司是較佳的公司呢？對這些負債的負擔和公司償付能力的最佳評估方式，是比較每一家公司的總負債相對它的總資產比率，以及利息支出相對所得和可用於支付利息的現金比率（比率用於做這樣的比較）。我們使用表 3.1 資產負債表和表 3.2 損益表上的數據，計算聯合食品 2021 年的比率；也使用以 $ 百萬為單位的數據，將聯合食品的比率和食品產業的平均值做比較。如你將要看到的，我們能計算許多不同的比率——不同比率可用於檢視公司經營的不同層面。你將學到並記住這些比率的名稱和方程式，但更重要的是了解它們可以做些什麼。

我們將這些比率分成五類：

1. 流動性比率（liquidity ratios）：了解公司償付一年內到期負債的能力。
2. 資產管理比率（asset management ratios）：了解公司使用資產的效率。
3. 負債管理比率（debt management ratios）：了解公司如何透過融資獲得資產，以及公司償付長期負債的能力。
4. 獲利性比率（profitability ratios）：了解公司的經營和資產的使用如何產生獲利。

5. 市場價值比率（market value ratios）：了解投資人對公司目前和未來展望的看法。

公司若想要持續經營，令人滿意的流動性比率是必要的；公司若想要維持低成本和高淨所得，則好的資產管理比率是必要的。負債管理比率指出公司的風險，以及需要將多少的經營所得用於支付債權人，而非股東。獲利性比率結合資產管理和負債管理，並顯示兩者對 ROE 的影響。最後，市場價值比率告訴我們投資人對公司及其未來展望的看法。

這些比率都很重要，但對不同的公司來說，其中某些比率會相對變得較為重要。例如，若某公司在過去過度借貸，且目前的負債水準讓它相當有可能破產，則負債比率便非常重要了。同樣地，若某公司的擴張過於快速，但卻發現它現在有著過多的存貨和生產能量，則資產管理比率便需要我們特別注意。ROE 總是重要的，但高的 ROE 仍得要靠維持流動性、有效率的資產管理、適當使用負債。經理人當然極為在意股價，但他們對股市表現的直接控制力很少；基於他們能夠掌控其公司的 ROE，所以 ROE 往往成為重要的焦點。

網路上的財務分析

網路上存在許多有用的財務資訊，只要點擊滑鼠幾下，投資人可以找到大部分公開上市公司的重要財務報表。

假設你正在考慮購買迪士尼（Disney）的股票，因而想要分析它最近的表現。以下是部分的網站名單，可以幫助你有一個好的開始。

- Yahoo! Finance（finance.yahoo.com）是其中之一。你可以在此找到最新的市場資訊，並連結上許多研究網站。輸入股票的代號，則可看到該股目前的股價和近期相關新聞。點擊「統計數據」（Statistics），便能找到該公司重要財務比率的相關報告。此外，還可連結到公司的財務報表，包括損益表、資產負債表、現金流量表等。Yahoo! Finance 也列出內部關係人交易的訊息，讓你知道公司執行長和其他重要內部關係人，對該公司的股票買賣狀況。除此，雅虎還提供留言板（點擊 Conversations 鈕），讓投資人分享彼此對該公司的看法。不過請留意：在大多數的情況下，若需要查閱上市公司較為完整向證管會的申報檔，請上證管會的網站（sec.gov）。

- Google Finance（google.com/finance）和 MSN Money（msn.com/en-us/money/markets）也提供類似資訊。在輸入股票代號後，你將看到目前的股價和近期的新聞事件。你還可以連結到該公司的財務報表和重要財務比率，以及其他資訊，包括分析師建議、歷史數據圖表、盈餘預測和內部關係人交易的摘要。

- 最新市場資訊的其他來源為CNN Money.com（money.cnn.com）、Zacks Investment Research（zacks.com）及 MarketWatch（marketwatch.com）；MarketWatch是《華爾街日報》數位網絡的一部分。在這些網站，你也能得到股票報價、財務報表、公司概況和公司在不同時期的股價圖。
- CNBC（cnbc.com）是財務資訊的另一個好的來源。在這個網站，輸入公司代號，便可獲得該公司股價，以及諸如市值、貝它值和現金股利殖利率等重要資訊。你也可以畫出股價圖，以及獲得該公司的相關新聞、盈餘歷史和預測、產業內公司之間的相互比較、每季／每年的財務報表和股東狀況。
- seekingalpha.com 提供股票報價；諸如每股盈餘、本益比、現金股利殖利率等重要資訊和股價圖。此外，針對你投資組合裡所列的或任何想要追蹤的股票，都能收到重要的相關新聞。
- 若你尋找有關債券殖利率、重要貨幣利率和匯率等數據，則彭博網站（Bloomberg，bloomberg.com）是很好的來源。
- 另一個值得瀏覽的網站是路透通訊社網站（Reuters，reuters.com）。在這個網站，你可以找到公司重大發展、股價、圖表、財務報表和關鍵指標。
- 價值線投資調查（valueline.com）是一個很有用的付費網站，提供產業和公司的詳盡損益表數據、資本結構數據、報酬數據、每股盈餘、每股帳面價值、每股現金流量和其他的投資數據。
- 若你對個別股票的基本價值感興趣，則會發現 ValuePro（valuepro.net）是很有用的網站。它提供關鍵的財務數字，可用在計算股票價值；也可讓使用者做某些改變，以評估某些因素對股票價值的影響。
- 在獲得所有這些資訊後，你或許想要查閱提供有關股市走勢和某特定股票意見的網站。兩個廣受歡迎的網站是 The Motley Fool（fool.com）和 The Street（thestreet.com）。
- 《華爾街日報》網站（wsj.com）是非常受到歡迎的網站。它是很棒的資訊來源，但你必須訂閱才能閱覽網上所有的內容。

使用不同來源分析比率時，了解每一個來源如何計算某特定比率是很重要的。不同來源數據的差異，可以源自於不同的時間選擇（如使用平均數或十二個月的移動平均），或不同的定義。很有可能發生的是：當你檢視某公司的某個比率時，不同的來源可以給你不同的數字。你通常可用滑鼠點擊網站的「小幫手」，並搜尋該網站的財金詞彙表，以得知比率的定義。當從事比率分析時，請記住這些事項。

上述資訊僅是網路上可以找到的一小部分資訊。網站出現、消失，且經常會隨著時間改變內容；此外，新的和有趣的網站持續地出現在網際網路裡。

4-2 流動性比率

流動性比率有助回答以下問題：公司是否有能力償付到期負債，並仍持續為有活力的組織？若答案為否，則流動性必須被審視。

流動性資產（liquid asset）是在活躍市場裡交易的資產，因此能很快地將之以當時的市場價格轉換成現金。如表 3.1 所示，聯合食品在接下來的這一年裡，有 $310 百萬的流動負債到期，它是否有能力支付這個款項呢？全面的流動性分析要求使用現金預算——詳見第十七章；然而，藉著將現金和其他流動資產與流動負債連結起來，比率分析對流動性的量測提供快速和簡單使用的指標。本節討論最常用到的兩個**流動性比率**（liquidity ratio）。

4-2a 流動比率

最重要的流動性比率是**流動比率**（current ratio），它的計算方式如下：

$$流動比率 = \frac{流動資產}{流動負債} = \frac{\$1,000}{\$310} = 3.2 倍$$

$$產業平均 = 4.2 倍$$

流動資產包括現金、可市場化的證券（marketable security）、應收帳款和存貨。聯合食品的流動負債包括應付帳款、應提薪資和稅金、對銀行的短期應付票據；這些負債都將在一年內到期。

若某公司正面臨財務困難，通常會開始延長應付帳款的給付時間，並從銀行借入更多資金，兩者皆會使流動負債增加。若流動負債增加的速度超過流動資產，則流動比率將會減少；這是可能發生問題的徵兆。聯合食品的流動比率為 3.2，比業界平均值 4.2 來得低。因此，它的流動性部位較弱，但還不到絕望的地步。

雖然產業平均值會在之後詳加討論，但請了解產業平均值並不是一個神奇數字，讓所有公司都得想辦法盡力遵循；事實上，一些管理非常良好的公司可以高於平均值，而其他的優良公司也可以低於平均值。但某公司的比率若和產業平均值有非常大的差異，則分析師應關心原因為何。因此，偏離產業的平均值便釋出訊號讓分析師或管理階層進一步查核。請留意：高的流動比率通常顯示一個非常堅強和安全的流動性部位，但也可能意謂著有過多賣不出去的舊存貨，或過多可能變成壞帳的舊應收帳款。此外，高的流動比率或許指出公司相對它的銷售額，有著過多的現金、應收帳款和存貨。所以在對公司表現形成判斷前，總是需要從頭到尾仔細檢視所有的比率。

4-2b 速動比率或酸性測試比率

速動比率（quick ratio）或**酸性測試比率**（acid test ratio）是第二種流動性比率，它的計算方式如下：

$$速動或酸性測試比率 = \frac{流動資產 - 存貨}{流動負債}$$

$$= \frac{\$385}{\$310} = 1.2 \text{ 倍}$$

產業平均 = 2.2 倍

存貨通常是公司流動資產裡流動性最差的項目；若銷售慢了下來，則轉化成現金的速度可能會不如預期。此外，在變現時，存貨也最有可能造成損失。因此，在不考慮存貨銷售狀況的前提下，衡量公司支付短期負債義務能力的速動比率，便很重要。

產業平均的速動比率為 2.2，所以聯合食品的 1.2 比率相對較低。不過，若應收帳款可以完全回收，即使它難以處分存貨，還是有能力償付短期負債。

課堂小測驗

- 何謂流動資產的特性？試針對流動資產舉出一些例子。
- 兩種流動性比率能夠回答哪些問題？
- 一家公司的流動資產項目中，哪一項目的流動性最差？
- 某公司的流動負債為 $500 百萬、流動比率為 2.0，則它的流動資產總金額為何？（$1,000 百萬）若這家公司的速動比率為 1.6，則它擁有多少存貨？（$200 百萬）（提示：為了回答這個問題和本章的一些其他問題，寫下本題所用的比率方程式、代入給定的數據，並求解出問題的答案。）
  範例：流動比率 = 2.0 = CA/CL = CA/$500，所以 CA = 2($500) = $1,000。速動比率 = 1.6 =（CA − 存貨）/CL =（$1,000 − 存貨）/$500，所以 $1,000 − 存貨 = 1.6($500) 和存貨 = $1,000 − $800 = $200。

4-3 資產管理比率

第二類的比率是**資產管理比率**（asset management ratios），衡量公司管理資產的效率。這些比率回答以下問題：某種型態的資產數量，從目前的銷售和未來預期的銷售來看，它們是合理、太高，還是太低？這些比率相當重要，因為當聯合食

品和其他公司獲得資產時，必須從銀行或其他來源得到資本，而資本是昂貴的。因此，若聯合食品的資產數量太多，它的資本成本將會過高，利潤便會受到壓縮；另一方面，若它的資產數量太低，一些有利可圖的生意便將無法承接。所以，聯合食品必須在太多資產和太少資產之間求取平衡，而資產管理比率將有助它達到適當的均衡。

4-3a 存貨周轉率

「周轉率」為銷售金額除以某些資產的價值：銷售 / 不同的資產。如同其名，這些比率顯示某特定資產在一年裡「周轉」了多少次。然而，**存貨周轉率**（inventory turnover ratio）的計算不同，因銷售金額 / 銷售採「市場」價、而存貨採成本計算。所以若銷售被用於存貨計算，則將高估真正的存貨周轉率。聯合食品的貨物成本為其銷售的 70%、亦即 $2,100 百萬（參見表 3.2）。以下是其計算公式：

$$存貨周轉率 = \frac{銷貨}{存貨}$$

$$= \frac{\$2,100}{\$615} = 3.4 \text{ 次}$$

產業平均 = 7.6 次

讓我們做個粗略的近似，假設聯合食品的各項產品存貨售罄並已重新補貨──「周轉」──每年 3.4 次。聯合食品的存貨周轉率為每年 3.4 次，遠低於產業平均的 7.6 次，這讓人不得不認為它持有過多的存貨。過多的存貨無疑不具生產力，並代表投資報酬率很低、甚或為零。聯合食品的存貨周轉率低，也讓我們質疑它的流動比率。因如此低的周轉率，意謂這家公司可能持有過時的產品，而過時產品的實際價格往往比不上它的帳面價值。

請留意：銷售是一整年的銷售金額，但存貨數字卻是某個時點的存貨。基於此，或許使用平均存貨會比較好。若銷售是高度季節性或一整年裡的銷售狀況，存在明顯的向上或向下趨勢，則做這樣的調整會非常有用。然而，聯合食品的銷售成長並不特別快速，以及為了和產業平均進行比較，所以我們使用歲末，而非年均的存貨。

4-3b 銷售流通天數

應收帳款可用**銷售流通天數**（days sales outstanding (DSO) ratio），或**平均收帳天數**（average collection period, ACP）加以評估。它的計算是將應收帳款除以日均銷售金額，以找出銷售金額以應收帳款形式存在的天數。因此，**DSO** 表示

的是公司賣出貨品後，收到現金必須等待的平均時間。聯合食品的 DSO 為 46 天，明顯高於產業平均的 36 天。

$$銷售流通天數 = \frac{應收帳款}{日均銷售} = \frac{應收帳款}{(年銷售／365\ 天)}$$

$$= \frac{\$375}{\$3{,}000/365} = \frac{\$375}{\$8.2192} = 45.625\ 天 \approx 46\ 天$$

產業平均 = 36 天

上述的 DSO 可與產業平均做比較，但還需考慮聯合食品的信用條件。聯合食品的信用政策要求 30 天內付款，所以實際上 46 天的平均收帳天數，而非理論上的 30 天，意謂著平均而言，它的顧客並未準時付款，這剝奪公司可用在減少銀行貸款，或其他昂貴資本類別的資金。此外，高平均 DSO 指出，若某些消費者準時支付，則必然有不少的顧客很晚才付款。遲付顧客常常最後便不付了，因此這些應收帳款可能成為壞帳，永遠收不回來。請留意：在過去幾年，DSO 的趨勢呈向上趨勢，但信用政策卻從未改變。這強化了我們的判斷—聯合食品的信用經理應採取措施，以盡快回收應收帳款。

4-3c 固定資產周轉率

固定資產周轉率（fixed assets turnover ratio）是銷售和淨固定資產的比率，可衡量公司如何有效地使用廠房和設備：

$$固定資產周轉率 = \frac{銷售額}{淨固定資產}$$

$$= \frac{\$3{,}000}{\$1{,}000} = 3.0\ 次$$

產業平均 = 2.8 次

聯合食品的 3.0 比率稍微高於產業 2.8 的平均值，顯示它對固定資產的使用強度，至少和同一產業的其他公司不分軒輊。因此，相對其銷售，聯合食品的固定資產數量看起來是適當的。

在闡釋固定資產周轉率時，可能出現一些潛在問題。之前提過資產負債表上的固定資產為其歷史成本減去折舊，但通貨膨脹會導致許多過去購買的資產，其價值被嚴重低估。因此，若我們將某固定資產已折舊的老公司，和最近剛獲得固定資產、有著類似營運的新公司加以比較，則老公司將可能有較高的固定資產周轉率。然而，這反映的應是資產的年紀，而不是新公司的無效率。會計師正營試發展出新的程序，能讓財務報表反映目前的價值，而非歷史價值。然而，在此時，問題依然

存在,所以財務分析師必須認知到這個問題,並公正地加以處理。就聯合食品這個案例而言,這個問題並不嚴重,因產業內所有公司的擴張步調大致相同;因此,用來相互比較之公司資產負債表,是適合用來進行比較的。

4-3d 總資產周轉率

最後一個資產管理比率為**總資產周轉率**(total assets turnover ratio),它衡量公司所有資產的周轉次數,且可用以下定義加以計算:

$$總資產周轉率 = \frac{銷售額}{總資產}$$

$$= \frac{\$3,000}{\$2,000} = 1.5 \text{ 次}$$

$$產業平均 = 1.8 \text{ 次}$$

聯合食品的數字略低於產業平均,顯示就它的總資產而言,未能產生足夠的銷售。根據稍早的計算,聯合食品的固定資產周轉跟得上產業平均;故問題出在它的流動資產、存貨和應收帳款上面──這幾個比率都低於產業標準。所以,應減少存貨和更快地收款,這將有助於改善經營。

課堂小測驗

- 寫出四個可用來衡量公司如何有效管理其資產之比率的方程式。
- 若某公司快速成長,另一家並非如此,則這會如何扭曲對其存貨周轉率的比較?
- 若你想要評估公司的 DSO,可以如何進行比較?(進行其他公司和該公司過去績效的比較。)
- 年數的差異會如何扭曲各家公司固定資產周轉率的比較結果?
- 某家公司的年銷售金額為 $100 百萬、貨物成本為 $80 百萬、存貨 $20 百萬、應收帳款為 $30 百萬,則它的存貨周轉率為何?(**4 次**)它的 DSO 等於多少天?(**109.5 天**)

4-4 負債管理比率

若公司使用資產帶來的獲利超過為負債所支付的利息,則使用負債(或「財務槓桿」)將增加公司的 ROE。然而,相較於只使用股權,負債讓公司暴露於更高的風險中。在本節,我們將討論**負債管理比率**(debt management ratios)。

表 4.1 說明負債產生的潛在利益和風險。在此，我們分析除融資方式不同以外、其他皆相同的兩家公司。U 公司（unleveraged 的字首）沒有負債，它因而使用 100% 的普通股股權；L 公司（leveraged 的字首）50% 的資本來自年利率 10% 的負債。兩家公司的資產為 $100，它們的銷售金額取決於生意狀況，從最低的 $75 到最高的 $150 都有可能。它們的某些經營成本（如房租和總裁薪水）是固定的，不因銷售金額而異，而其他成本（如生產線勞工和原物料成本）都會隨銷售金額而改變。

表 4.1　財務槓桿的效應

U 公司——未使用槓桿（無負債）

流動資產	$ 50	負債		$ 0
固定資產	50	普通股權益		100
總資產	$100	總負債和權益		$100

		經濟狀況		
		好	如預期	壞
銷售所得		$150.00	$100.00	$75.00
經營成本	固定	45.00	45.00	45.00
	變動	60.00	40.00	30.00
總經營成本		105.00	85.00	75.00
經營所得（EBIT）		$ 45.00	$ 15.00	$ 0.00
利息（利率＝10%）		0.00	0.00	0.00
稅前盈餘（EBT）		$ 45.00	$ 15.00	$ 0.00
稅金（稅率＝25%）		11.25	3.75	0.00
淨所得（NI）		$ 33.75	$ 11.25	$ 0.00
ROE_U		33.75%	11.25%	0.00%

L 公司——使用槓桿（一些負債）

流動資產	$ 50	負債		$ 50
固定資產	50	普通股權益		50
總資產	$100	總負債和權益		$100

		經濟狀況		
		好	如預期	壞
銷售所得		$150.00	$100.00	$75.00
經營成本	固定	45.00	45.00	45.00
	變動	60.00	40.00	30.00
總經營成本		105.00	85.00	75.00
經營所得（EBIT）		$ 45.00	$ 15.00	$ 0.00
利息（利率＝10%）		5.00	5.00	5.00
稅前盈餘（EBT）		$ 40.00	$ 10.00	－$ 5.00
稅金（稅率＝25%）		10.00	2.50	0.00
淨所得（NI）		$ 30.00	$ 7.50	－$ 5.00
ROE_L		60.00%	15.00%	－10.00%

請留意：在表 4.1 裡，從一開始到經營所得為止，兩家公司的數字都相同；因此，不論經濟狀況如何，它們有著同樣的 EBIT。然而，在經營所得之下的數字便開始有了差異：U 公司沒有負債、不需支付利息，它的可課稅所得因而等於經營所得，必須支付 25% 的州政府和聯邦政府稅，淨所得因此從生意好時的最高 $33.75 到生意壞時的 $0。將 U 公司的淨所得除以它的普通股權益，得到其 ROE 會介於 33.75% 到 0% 之間。

在每一種經濟狀況下，L 公司和 U 公司有相同的 EBIT，但 U 公司使用利率 10%、$50 的負債，所以不論經濟狀況如何，都需支付 $5 的利息。EBIT 減去 $5 便得到可課稅收入；在支付過稅金後就剩下淨所得，視不同的經濟狀況，介於 $30 到 –$5 之間。第一印象是 U 公司似乎在任何情況下的表現都比較好，但這是不正確的——我們需要考慮公司股東投資的金額。L 公司的股東出資 $50，所以淨所得除以投資，則得到在經濟情況好時的 ROE，為令人驚豔的 60%（相對於 U 公司的 33.75%）；在預期的經濟條件下，L 公司和 U 公司的 ROE 分別是 15% 和 11.25%。然而，在壞的經濟情況下，L 的 ROE 跌到 –10%，這意謂若景氣差的狀況持續數年，L 公司應會走向破產之途。

因此，有較高負債比率的公司，當經濟狀況正常時，它的預期報酬也通常較高；但若景氣衰退時，卻有可能得面臨較低的報酬率，甚或破產。因此，公司使用負債的決策，應在較高的預期報酬率和增加的風險之間加以平衡。找出最適負債數量是一個複雜的過程，我們因而將延後到第十五章才對此主題進行討論。目前只簡要陳述分析師檢視公司負債的兩道程序：(1) 他們檢查資產負債表以找出負債占總資金的比率；(2) 他們審閱損益表，了解利息支出可由經營利潤支應的程度。

4-4a 總負債對總資本

總負債對總資本（total debt to total capital）的比率，反映了債權人對公司所提供的資本比重：

$$\frac{總負債}{總資產} = \frac{總負債}{(總負債 + 股東權益)}$$

$$= \frac{\$110 + \$750}{\$1,800} = \frac{\$860}{\$1,800} = 47.8\%$$

產業平均 = 36.4%

第三章提及的總負債包括所有短期和長期需要支付利息的負債，但不包括諸如應付帳款和應提費用的經營項目。聯合食品 $8.6 億的總負債裡，包括 $1.1 億短期應付票據和 $7.5 億長期債券。它的總資本是 $18 億，包括 $8.6 億負債和 $9.4 億

總股東權益。為了簡化，除非我們特別說明，否則公司的**負債比率**（debt ratio）一般指的是總負債除以總資產。債權人偏好低的負債比；因負債比愈低，發生清算時，債權人的損失就有愈大的緩衝空間。另一方面，股東或許想要更高的槓桿，因這可以放大預期盈餘，如表 4.1 所示。

聯合食品的負債比率為 47.8%，這意謂債權人供應的資金大致是該公司總資金的一半。我們將在第十五章指出，一些因素會影響公司的最適負債比率。此外，聯合食品負債比率顯著超過產業平均此一事實，讓人心生警惕，因這將讓聯合食品在沒有募集更多股本的情況下，若還想要借入額外資金，便得付出較高成本。債權人不願意借更多錢給聯合食品，而若管理階層仍尋求借入大量的額外資金，公司則可能會處於過高的破產風險中。

4-4b 利息保障倍數

利息保障倍數〔times-interest-earned (TIE) ratio〕的定義是：息前稅前盈餘（表 3.2 的 EBIT）除以利息支出，參見下式：

$$利息保障倍數 = \frac{息前稅前盈餘}{利息支出}$$

$$= \frac{\$278}{\$83} = 3.3 \text{ 倍}$$

$$產業平均 = 6.0 \text{ 倍}$$

TIE 衡量在公司仍能滿足一年利息支出的前提下，經營所得可下降的最大幅度。未能償付利息將導致債權人對公司採取法律行動，並可能導致破產。請注意：公式裡的分子是息前稅前盈餘，而非淨所得。因利息支出使用的是稅前所得，所以公司支付目前利息的能力不會受到稅的影響。

聯合食品的利息有 3.3 倍的保障，但產業平均是 6.0 倍，所以聯合食品對利息支出的保障，遠低於產業平均公司的安全邊際。因此，TIE 比率強化了我們從負債比率得到的結論：若聯合食品嘗試借入額外金錢，則將面臨一些困境。

課堂小測驗

- 財務槓桿的使用如何影響股東的控制地位？
- 美國賦稅結構如何影響公司負債融資的意願？
- 使用負債的決策如何會涉及風險與報酬間的取捨？
- 解釋以下敘述：評價公司的財務狀況時，分析師會探查資產負債表和損益表。
- 寫出用於衡量財務槓桿的兩個比率和它們的方程式。

4-5 獲利性比率

財務報表反映過去所發生的事件，並對真正重要的事物提供線索，亦即可能發生在未來的事情。到目前為止，流動性、資產管理及負債比率已告訴我們關於公司政策和經營的一些事情。現在，我們要轉向**獲利性比率**（profitability ratios），它們反映公司所有的融資政策和經營決策的淨效應。

4-5a 經營利潤率

經營利潤率（operating margin）為每一元銷售金額產生的經營利潤，定義如下：

$$經營利潤率 = \frac{息前稅前盈餘}{銷售}$$

$$= \frac{\$278}{\$3,000} = 9.3\%$$

$$產業平均 = 10.0\%$$

聯合食品的經營利潤率為9.3%，低於10.0%的產業平均值。這個低於標準的數字，顯示聯合食品的經營成本過高，這和之前我們計算得到的低存貨周轉率及高平均收款天數相互一致。

4-5b 銷售利潤率

銷售利潤率（profit margin 或 net profit margin）的計算式如下：

$$銷售淨利潤率 = \frac{淨所得}{銷售}$$

$$= \frac{\$146.3}{\$3,000} = 4.9\%$$

$$產業平均 = 6.0\%$$

聯合食品的銷售利潤率為4.9%，低於6.0%的產業平均值。其背後的原因有二：首先，聯合食品的經營利潤率低於產業平均，導因於公司的高經營成本；第二，聯合食品高度依賴負債，對銷售利潤率帶來負面影響。為了解第二個論點，必須先記住淨所得是在利息支付之後。然後假設兩家公司有著相同的經營狀況，亦即它們的營收、經營成本和經營所得皆相同。不過，其中一家公司使用較多的負債，因而有較高的利息支出；這些利息支出降低它的淨所得，且因兩家公司有著相同的銷售金額，結果便是負債較多的公司有相對較低的銷售利潤率。因此，可以知道聯

合食品經營的低效率和高負債比率,使其銷售利潤率低於食品加工產業的平均。我們也可推論:當兩家公司的經營利潤率相同、負債比率不同時,較高負債比率的公司預期會有較低的銷售利潤率。

還請留意:我們曾說若其他事情維持不變,則資產的高報酬是好的;我們還必須關心周轉率。若某公司將產品的價格訂得非常高,則其每一單位的銷售雖可以產生高報酬率,但銷售量卻不高;亦即,它或許產生高的銷售利潤率,但導致低銷售額,並因而獲得低的淨所得。稍後,你將會看到藉由使用杜邦方程式,可讓銷售利潤率、負債和周轉率相互作用,以影響整體的股東報酬。

4-5c 總資產報酬率

淨所得除以總資產,便是**總資產報酬率**(return on total assets, ROA):

$$總資產報酬率(ROA) = \frac{淨所得}{總資產}$$

$$= \frac{\$146.3}{\$2,000} = 7.3\%$$

產業平均 = 10.8%

聯合食品的 ROA 為 7.3%,明顯低於 10.8% 的產業平均。這不是件好事——很明顯,最好有較高的資產報酬率、而非較低。不過還請注意:低 ROA 可以來自有意識使用高額負債的決策,而高利息支出將導致淨所得變得相對較低;這是聯合食品之所以發生低 ROA 的原因之一。永遠不要忘記,你必須探查多項比率,了解每一項比率的意涵。接著,在你評估公司績效之前,則需要探查整體情況,並思考公司應採取哪些行動加以改進。

4-5d 普通股權益報酬率

另一項重要的會計比率,為**普通股權益報酬率**(return on common equity, ROE),如下所示:

$$普通股權益報酬率(ROE) = \frac{淨所得}{普通股權益}$$

$$= \frac{\$146.3}{\$940} = 15.6\%$$

產業平均 = 18.7%

股東預期投入的金錢會得到報酬,而這個比率從會計角度指出他們的投資表現。聯合食品的報酬為 15.6%,低於產業平均的 18.7%,但不像其總資產報酬率那

樣遠低於產業平均。這個較好一些的 ROE，如前所述是源自於公司較高的負債。

4-5e 投入資本報酬率

投入資本報酬率（return on invested capital, ROIC）量測公司對它的投資人所提供的總報酬。

$$投入資本報酬率（ROIC）= \frac{EBIT(1-T)}{總投入資本}$$

$$= \frac{EBIT(1-T)}{負債 + 股東權益} = \frac{\$208.5}{\$1,800} = 11.6\%$$

產業平均 = 13.2%

ROIC 和 ROA 在兩個層面上存在不同之處：首先，ROIC 的報酬是根據總投入資本，而非總資產；第二，公式裡的分子使用的是稅後經營所得（NOPAT），而非淨所得。重要的差異在於淨所得減去公司的稅後利息支出，得到的是可用於分配給股東的所得總額，而 NOPAT 則是可用於支付股東和債權人的資金金額。

快問快答

問題

某家公司有 $200 億銷售額、$10 億淨所得和 $100 億總資產。其總資產等於總投入資本，以及它的資本由一半負債和一半普通股所組成。該公司的利率為 5%、稅率為 25%。

a. 銷售利潤率為何？
b. ROA 等於多少？
c. ROE 等於多少？
d ROIC 等於多少？
e. 若它使用較少的負債，則該公司的 ROA 是否會因而增加？（假設公司規模不變。）

解答

a. 銷售利潤率 $= \dfrac{淨所得}{銷售} = \dfrac{\$10 \text{ 億}}{\$200 \text{ 億}} = 5\%$

b. ROA $= \dfrac{淨所得}{總資產} = \dfrac{\$10 \text{ 億}}{\$100 \text{ 億}} = 10\%$

c. ROE = $\dfrac{淨所得}{普通股股權}$ = $\dfrac{\$10 億}{\$50 億}$ = 20%

d. 首先，我們得根據該公司的損益表，計算其 EBIT。

息前稅前盈餘	$1,583,333,333	EBT + 利息
利息	250,000,000	0.05×0.5×$10,000,000,000
稅前盈餘	$1,333,333,333	$1,000,000,000/(1 − 0.25)
稅（25%）	333,333,333	EBT×0.25
淨所得	$1,000,000,000	

ROIC = $\dfrac{\text{EBIT}(1-T)}{總投入資本}$ = $\dfrac{\$1,583,333,333(0.75)}{\$10,000,000,000}$ = 11.9%

e. 若該公司使用較少負債，因利息支出減少，以致淨所得增加。因資產未變，且淨所得增加，則 ROA 將增加。

4-5f 基本盈餘能力比率

基本盈餘能力比率〔basic earning power (BEP) ratio〕的定義如下：

$$基本盈餘能力（BEP）= \dfrac{息前稅前盈餘}{總資產}$$

$$= \dfrac{\$278}{\$2,000} = 13.9\%$$

產業平均 = 18.0%

這個比率顯示公司資產產生的未經加工的盈餘能力，亦即在稅金和負債產生影響之前的盈餘能力；在比較不同負債和稅金狀況的公司時，它是很有用的比率。因聯合食品的周轉率低、銷售淨利潤率不佳，因而相較同業，它的 BEP 比率較低。

課堂小測驗

- 寫下六種獲利性比率和它們的方程式。
- 為何使用負債會降低銷售利潤率和 ROA？
- 使用較多負債會導致較低的利潤和 ROA，為何較多負債對 ROE 並未產生同樣的負面效應？
- 某公司的 ROA = 10%，總資產 = 總投入資本，且沒有負債，以致該公司的總投入資本 = 總股東權益。該公司的 ROE 和 ROIC 分別等於多少？（**10%；10%**）

4-6 市場價值比率

ROE 反映所有其他比率的影響；是以，它是會計績效量測的最佳單一指標。投資人喜歡高 ROE；高 ROE 和高股價彼此正相關。然而，其他因素也會有影響。如財務槓桿通常增加 ROE，但也增加公司的風險。所以，若高 ROE 是使用大量負債達成，則股價可能會弄巧成拙。我們使用的最後一類比率——**市場價值比率（market value ratios）**——將股價和盈餘、股價和帳面價連結在一起，以幫助釐清狀況。若流動性、資產管理、負債管理和獲利性比率看起來都很不錯，以及若投資人認為這些比率在未來仍會很好，則市場價值比率將會較高；亦即，一如預期會有高的股價，而管理階層的工作績效則會被認為優良。

市場價值比率主要用在以下三種狀況：(1) 投資人決定買進或賣出股票時；(2) 投資銀行家對新股發行（IPO）訂價時；(3) 公司對潛在買家出價時。

4-6a 股價盈餘比率

股價盈餘比率〔price/earnings (P/E) ratio〕顯示投資人為每一元的帳面利潤所願支付的價格。聯合食品的股價是 $23.06、EPS 為 $1.95，則 P/E 比率為 11.8 倍：

$$股價盈餘比率 = \frac{每股價格}{每股盈餘}$$

$$= \frac{\$23.06}{\$1.95} = 11.8 \text{ 倍}$$

產業平均 = 13.6 倍

如第十章所示，高成長展望和低風險公司的 P/E 比率相對較高，成長緩慢和高風險公司的 P/E 比率則會較低。聯合食品的 P/E 比率低於產業平均，這應是意謂它被視為是有著較高風險及／或成長性不佳的公司。

不同公司之間或同一公司在不同時間的 P/E 比率有很大差別。在 2020 年 3 月中旬，S&P 500 的 P/E 比率是 18.9 倍，但在同一時間，蘋果公司的 P/E 為 22.07 倍、全球營收最高的線上零售商亞馬遜（Amazon）高達 77.57 倍。另外，提供健保和壽險補充險的 AFLAC，原本是一家相當平穩的公司，但受到美國平價醫療法案（Affordable Care Act）帶來經營上不確定性的影響，其 P/E 僅有 7.83 倍。

4-6b 股價淨值比率

股價淨值比率〔market/book (M/B) ratio〕是投資人如何看待公司的另一個指標。若被投資人視為是好的公司，亦即它被認為是低風險和高成長的公司，則會有

高的股價淨值比率。就聯合食品而言，我們首先找出它的每股淨值：

$$每股淨值 = \frac{普通股權益}{流通在外股數}$$

$$= \frac{\$940}{75} = \$12.53$$

接著，我們將每股股價除以每股淨值，便得到股價淨值比率。聯合食品的 M/B 比率為 1.8 倍，計算如下：

$$股價淨值比率 = \frac{每股價格}{每股淨值}$$

$$= \frac{\$23.06}{\$12.53} = 1.8 \text{ 倍}$$

產業平均 = 2.6 倍

相較產業平均，投資人為聯合食品每一元的淨值，只願意付出較低的價格；這和我們其他的結果相互一致。M/B 比率通常高於 1，這意謂相較股票的會計淨值，投資人願意付出更多以取得股票。這個狀況發生的主要原因是：會計師在企業資產負債表上製作的資產價值，未反映通貨膨脹，也未反映商譽。多年以前購買資產時的原始成本被當成該資產的帳面價值，但通貨膨脹或許已導致其實際價格的大幅上揚；另一項原因是成功企業的價值會高於其歷史成本，但不成功者會有低 M/B 比率。以字母控股（Alphabet）和大都會人壽（MetLife）為例，在 2020 年 3 月中旬，Alphabet 的 M/B 比率為 4.50 倍、MetLife 只有 0.56 倍；亦即 Alphabet 股東每 $1 的股東權益之市場價格是 $4.50，而 MetLife 股東對所投資的每 $1 之價值評價僅是 $0.56。

> **課堂小測驗**
>
> - 描述本節討論的兩項比率，並寫下它們的方程式。
> - 這些市場價值比率是如何反映投資人關於股票風險和預期未來成長的看法？
> - 股價盈餘（P/E）比率的意義為何？若某家公司的 P/E 比率低於另一家公司，有哪些因素可以解釋這個差異？
> - 每股淨值如何計算？試解釋通貨膨脹和研發計畫，如何導致帳面價值偏離市場價值。

4-7 將比率連結在一起：杜邦方程式

我們討論了許多比率，所以了解它們如何結合在一起、共同影響 ROE，將是很有幫助的。對此，我們使用**杜邦方程式（DuPont equation）**；此方程式在 1920 年代由化工巨人的財務人員所發展出來。以下是聯合食品和食品加工產業的杜邦方程式：

$$\text{ROE} = \text{ROA} \times \text{股權乘數}$$

$$= 銷售淨利潤率 \times 總資產周轉率 \times 股權乘數$$

$$= \frac{淨所得}{銷售} \times \frac{銷售}{總資產} \times \frac{總資產}{總普通股權益} \quad \quad 4\text{-}1$$

$$= \frac{\$146.3}{\$3,000} \times \frac{\$3,000}{\$2,000} \times \frac{\$2,000}{\$940}$$

$$= 4.88\% \times 1.5 \text{ 倍} \times 2.13 \text{ 倍} = 15.6\%$$

$$\text{產業} = 6.0\% \times 1.8 \text{ 倍} \times 1.73 \text{ 倍} = 18.7\%$$

- 第一項的銷售利潤率告訴我們，公司從銷售中賺了多少。這個比率主要取決於成本和銷售價格——若公司得以要求高的價格和做到低成本，則它的銷售利潤率將會相當高，這有助於提升 ROE。

- 第二項是總資產周轉率，它是一個「乘數」，可以告訴我們銷售利潤率在每一年期間被賺取幾次——聯合食品對每一元的銷售賺進 4.88%、它的資產在每一年期間周轉 1.5 次，所以資產報酬率是 4.88%×1.5 = 7.3%。然而請留意：7.3% 皆屬於普通股股東——債券持有人的報酬為利息形式，而利息在我們計算股東的淨所得之前已扣除了。所以，7.3% 的報酬率都是屬於股東的。因此，資產報酬率必須向上調整，以得到股權的報酬。

- 這讓我們來到第三項——股權乘數，它是一個調整因子。聯合食品的資產是其股東權益的 2.13 倍，所以我們必須將 7.3% 的資產報酬率，乘以 2.13 倍的股權乘數，以求得 ROE 為 15.6%。

請留心以下事實：使用杜邦方程式計算聯合食品的 ROE，得到 15.6%，等於之前計算得到的 ROE。但為何要使用涉及這麼多步驟的杜邦方程式來求 ROE？因為杜邦方程式幫助我們了解為何聯合食品的 ROE 只有 15.6%，而產業平均卻是 18.7%。首先，聯合食品的銷售利潤率低於平均，這指出它的成本未受到應有的控制，以及它不能提高產品售價；此外，因它使用相較大多數公司更多的負債，高利息支出也降低它的銷售利潤率。第二，聯合食品的總資產周轉率低於產業平均，這

顯示它擁有的資產比需要的還多。最後，因為聯合食品的股權乘數相對較高，它高度使用負債在某種程度上抵銷了低銷售利潤率和周轉率。然而，高負債比率讓聯合食品暴露於高於平均的破產風險；所以，它或許想要降低財務槓桿。但聯合食品若將負債比率降到產業平均水準，又未做出其他相應的改變的話，則其 ROE 會顯著下滑到 $4.88\% \times 1.5 \times 1.73 = 12.66\%$。

聯合食品的管理階層可使用杜邦方程式，找出可以改進績效的方式；聚焦在銷售利潤率，它的行銷部門可研究售價提高的影響，或導入有較高利潤率的新產品；它的成本會計師能研究種種不同的支出項目，並和工程師、採購經理人、其他營運同仁共同找出方法來降低成本，信用經理人能探察可以加速收款的方式，因這會減少應收帳款，並改善總資產周轉率的品質；財務人員能分析其他負債政策的效應，指出槓桿的改變會如何影響 ROE 的預期值與破產風險。

根據上述分析，聯合食品的執行長傑克森採取一系列的舉措，希望將經營成本至少降低 20%。傑克森和聯合食品其他的高階經理人有很強的動機去改善公司的財務表現，因為他們的薪酬取決於公司營運的好壞。

> **課堂小測驗**
>
> - 試寫下杜邦方程式。
> - 何謂股權乘數？它的重要性為何？
> - 管理階層使用杜邦方程式去分析改善公司績效的方式？

微軟試算表：一個真正重要的工具

微軟試算表（Excel）是處理商務議題時的一個重要工具——不只是財務和會計專業人員，對律師、行銷專家、汽車銷售經理人和政府員工等都是如此。事實上，需要處理數字的任何人若懂得基礎的 Excel，就會更有效率和生產力；所以對任何欲獲得管理職位者來說，它是必需品。

當你閱讀全書，你會發現 Excel 主要用在以下四個面向：

1. 作為財務計算機。Excel 可以加減乘除，以及保留某個運作結果方便接下來的運算使用。例如，我們使用 Excel 製作第三章的資產負債表，以及用於分析本章的這些報表。我們也可使用計算機或紙筆，但使用 Excel 會讓計算變得非常簡單。你讀完本文後，應會知道 Excel 內建許多財務函數，可用在許多財務問題的計算

上。例如，使用 Excel 計算投資報酬率、債券價格或計畫價值，將會簡單又直接。

2. 當狀況改變時對計算加以修正。假設你的老闆要你製作第三章的報表，但當你完成任務時，他卻說：「感謝，但會計部門剛剛通知我們，原先 2021 年的存貨數字比實際數字多了 $1 億，意謂總資產也高估了。為了平衡資產負債表，我們必須降低保留盈餘、普通股權益和對資產的全部請求權。請你做必要調整，並在明早董事會議前給我修正的財報。」

若你使用計算機，就得通宵工作；若使用 Excel，你只需將 2021 年的存貨價值減少 $1 億，Excel 應可立即修改整份報表。若你的公司有兩位員工負責處理這個問題，誰會得到晉升？誰會回家吃自己？

3. 敏感度分析（sensitivity analysis）。我們使用比率去分析財務報表，並評估公司的管理情形；且若找出弱點，管理階層可據以做出改變來改善現況。例如，聯合食品的 ROE（股價的重要影響因子）低於產業平均。ROE 取決於存貨多寡等因素，使用 Excel 便可知道存貨的變化會如何改變 ROE。接著，管理階層便能探查其他存貨政策，會如何影響利潤和 ROE。理論上而言，我們可以使用計算機，但會非常沒有效率；在競爭的世界裡，有效率才能生存。

4. 風險管理。敏感度分析可用於評估不同政策所產生的風險。例如，若公司增加負債，股東權益的預期報酬通常會較高；但公司使用愈多負債，景氣不佳帶來的結果就愈糟。Excel 能量化分析各負債金額在不同經濟條件下的效應，並得到公司於經濟衰退時的破產機率。許多公司在 2007-2008 年衰退期間，學到寶貴的一課；因此與以往相比，存活公司現對風險模型更感興趣。

上述項目讓你了解 Excel 的功用，以及它對今日企業的重要性。本書各處常使用到 Excel，你也應該學會使用。你將發現學會 Excel，有助於工作面試。

4-8 使用財務比率來評估績效

雖然財務比率幫助我們評估財務報表，但若只是閱讀這些比率，則通常很難評估整家公司。例如，若你看到某公司的流動比率是 1.2，仍難以知道這個數字是好是壞，除非你以適當的觀點來檢視這個數字。聯合食品的管理階層可以探查產業平均、將自身和其他公司或「標竿」加以比較，以及分析每個比率的趨勢；本節將檢視上述三種方式。

4-8a 與產業平均比較

如我們對聯合食品所做的那樣，評估績效的某種方式為將公司重要的比率與產業平均相比。表 4.2 簡單彙整本章所討論的比率。這個表在作為快速參考時，相

表 4.2　聯合食品：財務比率彙整（$ 百萬）

比率	公式	計算	比值	產業均值	評註
流動性					
流動比率	流動資產 / 流動負債	$1,000 / $310	= 3.2 倍	4.2 倍	差
速動比率	(流動資產 − 存貨) / 流動負債	$385 / $310	= 1.2 倍	2.2 倍	差
資產管理					
存貨周轉率	銷售 / 存貨	$2,100 / $615	= 3.4 次	7.6 次	差
銷售流通天數（DSO）	應收帳款 / (年銷售／365)	$375 / $8.2192	= 46 天	36 天	差
固定資產周轉率	銷售 / 淨固定資產	$3,000 / $1,000	= 3.0 次	2.8 次	普通
總資產周轉率	銷售 / 總資產	$3,000 / $2,000	= 1.5 次	1.8 次	有些低
負債管理					
總負債對總資產	總負債 / 總資產	$860 / $1,800	= 47.8%	36.4%	高（風險）
利息保障倍數（TIE）	息前稅前盈餘（EBIT） / 利息支出	$278 / $83	= 3.3 倍	6.0 倍	低（風險）
獲利性					
經營利潤率	經營所得（EBIT） / 銷售	$278 / $3,000	= 9.3%	10.0%	低
銷售利潤率	淨所得 / 銷售	$146.3 / $3,000	= 4.9%	6.0%	差
總資產報酬率（ROA）	淨所得 / 總資產	$146.3 / $2,000	= 7.3%	10.8%	差
普通股權益報酬率（ROE）	淨所得 / 普通股權益	$146.3 / $940	= 15.6%	18.7%	差
投入資本報酬率（ROIC）	息前稅前盈餘（1 − 稅率） / 總投入資本	$208.5 / $1,800	= 11.6%	13.2%	差
基本盈餘能力（BEP）	息前稅前盈餘（EBIT） / 總資產	$278 / $2,000	= 13.9%	18.0%	差
市場價值					
股價盈餘比率（P/E）	每股價格 / 每股盈餘	$23.06 / $1.95	= 11.8 倍	13.6 倍	低
股價淨值比率（M/B）	每股價格 / 每股淨值	$23.06 / $12.53	= 1.8 倍	2.6 倍	低

表 4.3　某些產業的重要財務比率

產業名稱	流動比率	存貨周轉率	總資產周轉率	長期負債／長期資本	銷售利潤率	資產報酬率	普通股權益報酬率	P/E 比
航空／國防	1.13	2.60	0.68	56.52%	4.69%	4.39%	16.91%	0.00
服飾連鎖店	1.29	4.18	1.46	48.45	4.09	8.45	17.42	12.74
汽車製造業	1.21	6.83	0.75	51.46	3.63	4.08	8.47	129.65
飲料（軟性飲料）	1.10	3.82	0.53	46.24	11.95	8.87	16.89	23.25
各種電子	1.44	6.49	1.02	38.27	2.42	3.46	5.95	17.73
雜貨販售店	0.97	10.36	1.76	51.92	1.65	4.33	10.52	16.83
醫療專業服務	1.17	10.64	0.98	52.15	3.97	6.05	14.22	6.77
住宿	1.08	7.99	0.58	55.16	8.14	6.26	14.51	5.04
報紙	1.17	8.62	0.47	49.24	7.88	5.07	10.72	0.00
紙和紙製品	1.26	5.79	0.77	52.83	4.77	5.06	11.16	10.07
鐵路	1.15	25.34	0.86	53.05	4.90	5.05	11.40	12.22
餐廳	1.07	7.94	0.57	55.16	8.27	6.32	14.69	7.26
零售（百貨公司）	1.12	6.19	1.37	42.20	3.58	6.90	14.94	9.10
科技設備	1.80	5.23	0.74	33.77	7.28	5.95	10.91	28.43
運動器材	2.23	4.29	1.01	28.57	5.54	7.92	10.76	6.53
鋼鐵	1.36	4.56	0.71	39.02	5.64	6.19	9.25	9.87
菸草（香菸）	1.25	5.02	0.80	43.18	5.42	6.12	10.54	14.09

來源：MSN Money Analysis (msn.com/en-us/money/markets/), March 19, 2020.

當有用；它列出計算得到的比率和伴隨而來的評論，讓我們對聯合食品相對於平均食品加工公司的優勢和弱勢，有了很好的了解。為了讓你對某些「真實世界」的比率有更多的概念，表 4.3 列出 2020 年 3 月中旬不同產業的一些財務比率。

4-8b 標竿

比率分析涉及和產業平均數據的比較，但聯合食品和許多其他公司，也將自己與產業內的一些頂尖競爭者進行比較。這稱為**標竿學習（benchmarking）**，而被用於比較的公司則稱為標竿企業。聯合食品的標竿企業，包括罐頭湯品的領導公司康寶濃湯（Campbell Soup）、對雞牛豬加工的泰森食品（Tyson Foods）、營養點心製造商的 J&J 休閒食品（J&J Snack Foods）、向商業客戶供應冷凍馬鈴薯和其他包裝蔬菜的康尼格拉食品（ConAgra Foods）、糕點和零食生產者的花苑食品（Flowers Foods）、製造巧克力和非巧克力糖果產品的好時食品（Hershey Foods），以及生產即食燕麥和食物的家樂氏（Kellogg Company）。計算每一家公司的比率之後，按照銷售利潤率的高低，從高到低條列如下〔數據來自於 2020 年 3 月 14 日，

Yahoo! Finance [finance.yahoo.com] 網站關於各公司最近十二個月的資料）：

公司	銷售利潤率
康寶濃湯	17.95%
好時食品	14.40
J&J 休閒食品	7.88
康尼格拉食品	7.62
家樂氏	7.07
聯合食品	**4.88**
泰森食品	4.71
花苑食品	3.99

　　建立標竿讓聯合食品的管理階層容易了解，相對於競爭者，公司的確切位置在哪裡。如銷售利潤率的數據所示，聯合食品位在接近標竿群的底部，所以仍有許多改善空間；其他比率的分析與此類似。

　　作為比較的比率可在一些來源裡找到，包括 Yahoo! Finance 和 MSN Money。Value Line、鄧白氏（Dun and Bradstreet, D&B）和風險管理協會（Risk Management Association）也編輯了一些有用的比率；風險管理協會屬於全美銀行信貸經理人協會。此外，數千家上市企業的財務報表數據，也可在其他網站找到；因證券商、銀行和其他金融機構可接觸這些數據，證券分析師便可用以產生可比較的比率，以滿足他們特定的需要。

　　提供數據的機構會為自身的目的，各自使用一些不同的比率。例如，鄧白氏主要處理小型公司（其中許多為獨資）；鄧白氏的服務主要是賣給銀行和其他放款者。因此，鄧白氏大致從債權人的觀點處理數據，它的數據因而強調流動資產和負債，而不是市場價值比率。所以，當你選擇可供比較數據的來源時，應先確認所想要分析的比率為該機構的強項。此外，不同來源的比率經常會有定義上的差異，所以在使用某個機構提供的數據時，先確認比率的確切定義，以確保和自己的工作要求能相互一致。

4-8c 趨勢分析

　　最後一項比較方式是，聯合食品可將現在的比率與該比率過去的歷史值進行比較。分析比率的趨勢及其絕對水準都很重要，因趨勢給了我們線索，讓我們判斷公司的財務狀況可能會改善還是變壞。為了做**趨勢分析**（trend analysis），可畫出如圖 4.1，某個比率隨著時間變化的圖形。圖 4.1 顯示產業均值即使仍維持穩定，但聯合食品的 ROE 從 2018 年便持續下跌。所有其他比率，應可以用類似方式分析，且這樣的分析對 ROE 為何會如此變化提供洞見。

圖 4.1　2017 年至 2021 年普通股權益報酬率

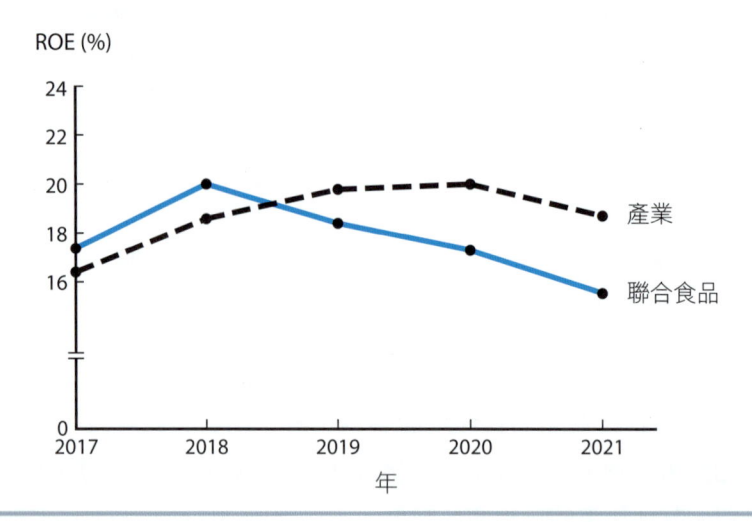

（圖表：ROE(%) 對年度，兩條曲線分別為「產業」與「聯合食品」）

> **課堂小測驗**
>
> - 為何鐵路公司的總資產周轉率如此低，而食品批發和雜貨連鎖店的周轉率卻如此高？
> - 若競爭導致所有的公司就長期而言，有著相似的 ROE，則高周轉率的公司是否往往有高或低的銷售利潤率？試解釋之。
> - 為何比較比率分析是有用的？
> - 如何進行趨勢分析？
> - 趨勢分析提供的重要資訊為何？

結語

　　第三章討論重要的財務報表，本章則描繪財務比率如何用於分析報表，以找出需要被強化的弱點來極大化股價。財務比率區分成以下五大類：(1) 流動性；(2) 資產管理；(3) 負債管理；(4) 獲利性；(5) 市場價值。

　　公司的財務比率可和產業平均／產業領導公司（標竿）的比率數字，進行相互比較，而這些比較能用於幫助政策形成，以改善未來績效。同樣地，公司對自己的比率也可進行趨勢分析，以了解財務狀況是變得更好，還是更糟。

　　普通股權益報酬率（ROE）是可受到管理階層控制的最重要之單一比率；其他比率也很重要，因它們可以影響 ROE。杜邦方程式可顯明 ROE 是如何被決定的：ROE = 銷售利潤率 × 總資產周轉率 × 股權乘數。若公司的 ROE 低於產業平均，也低於標竿企業的 ROE，則杜邦分析有助於找出問題所在。之後數章將探討可用於改善 ROE 的具體行動方案，並因此提高公司股價。最後要提及的是，比率分析雖然相當有用，但它必須伴隨審慎和良好的判斷。為改善某財務比率所採取的行動，能對其他比率產生負面影響。例如，可使用更多負債來改善 ROE，但額外負債的風險卻會導致 P/E 比率的下降，並因而造成股價下跌。雖然比率分析的量化分析能很有用，但對這些財務數字的思考卻更加重要。

自我測驗

ST-1　**總負債 vs. 總資產**　去年 K 公司每股盈餘為 $4 和每股股利 $2、該年保留盈餘增加 $12 百萬、該年末每股帳面價為 $40。K 公司沒有特別股，且去年也未發行新股。K 的總負債在該年末為 $120 百萬，則其年末時總負債對總資產比率為？

ST-2　**比率分析**　以下為 A.L. Kaiser & Company 的數據（$ 百萬）：

現金和約當現金	$ 100.00
固定資產	283.50
銷售額	1,000.00
淨所得	50.00
流動負債	105.50
應付銀行票據	20.00
流動比率	3.00 倍
銷售流通天數 [a]	40.55 天
普通股權益報酬率	12.00%

[a] 根據一年 365 天計算。

Kaiser 未發行特別股——只有普通股、流動負債和長期負債。

a. 找出 Kaiser 的 (1) 應收帳款；(2) 流動資產；(3) 總資產；(4) ROA；(5) 普通股權益；(6) 速動比率；和 (7) 長期負債。

b. 在 a 小題，你應已找到 Kaiser 的應收帳款（A/R）= $111.1 百萬。若 Kaiser 能將它的 DSO 從 40.55 天減少到 30.4 天，並同時讓其他因子維持不變，則這將能帶來多少現金？若這筆現金被用於以帳面價買進庫藏股，因而降低普通股權益，則會如何影響：(1) ROE；(2) ROA；和 (3) 總負債／總資產比率？

問題

4-1 財務比率分析主要由三類分析師來處理：信用分析師、股票分析師和經理人。每一類分析師的分析重點為何？他們的重點如何影響他們在意的財務比率？

4-2 相對保險公司，為何存貨周轉率對雜貨連鎖店更重要？

4-3 在過去一年裡，M.D. Ryngaert & Co. 的流動比率上揚和總資產周轉率下跌。然而，公司的銷售額、現金和約當現金、DSO 和固定資產周轉率維持不變。資產負債表裡的哪些項目必須改變，以產生前述改變？

4-4 不同產業的銷售利潤率和周轉率皆不同。對雜貨連鎖和鋼廠進行比較分析，它們的周轉率、銷售利潤率和杜邦方程式應會有何差異？

4-5 某公司進行趨勢分析時，以及針對不同公司加以比較時，通貨膨脹如何扭曲比率分析？只有資產負債表項目會受到影響？還是資產負債表和損益表項目都會受到影響？

4-6 若某廠商的 ROE 過低，其經理人想要進行改善，解釋增加負債為何會有幫助？

4-7 將某公司和同產業其他公司的財務比率做比較時，為何有時會導致錯誤結論？

4-8 假設你將折扣零售商和高端零售商加以比較，並假設兩家公司有著相同的 ROE。若你分別使用杜邦方程式的三個成分進行比較分析，則是否預期這兩家公司會有相同的數值？若否，解釋資產負債表和損益表裡的哪些項目可以導致這兩家公司杜邦方程式成分數值的不同。

4-9 參照線上如 Yahoo! Finance 或 Google Finance，找出 Google 母公司 Alphabet 和梅西百貨（Macy's）的 P/E 比。哪一家公司的 P/E 較大？是那些因素造成？

4-10 區分 ROE 和 ROIC。

4-11 指出下表所列交易對總流動資產、流動比率和淨所得的影響。使用(+)顯示增加、(-)顯示減少、(0)顯示無影響或不能確定影響為何。務必寫下必要的假

定,並假設流動比率的初值大於1。(請注意:需要足夠的會計技能方能回答以下部分問題;若你欠缺相關知能,盡力作答就好。)

		總流動資產	流動比率	對淨所得的影響
a.	發行新普通股獲得現金	_____	_____	_____
b.	賣出貨物獲得現金	_____	_____	_____
c.	支付去年的公司所得稅	_____	_____	_____
d.	售出的固定資產價格低於其帳面價	_____	_____	_____
e.	售出的固定資產價格高於其帳面價	_____	_____	_____
f.	以信用交易方式賣出貨物	_____	_____	_____
g.	支付應付帳款	_____	_____	_____
h.	發放現金股利	_____	_____	_____
i.	從短期銀行貸款獲得現金	_____	_____	_____
j.	以折價賣出短期應收票據	_____	_____	_____
k.	以低於成本賣出可市場化的證券	_____	_____	_____
l.	預付員工	_____	_____	_____
m.	對目前的經營支出付款	_____	_____	_____
n.	發行短期本票替換已經到期的應付帳款	_____	_____	_____
o.	發行10年期票據支付應付帳款	_____	_____	_____
p.	報廢已折舊完畢的資產	_____	_____	_____
q.	收回應收帳款	_____	_____	_____
r.	使用短期票據購買設備	_____	_____	_____
s.	使用信用交易購買貨物	_____	_____	_____
t.	發現預估的應付稅金被低估了	_____	_____	_____

CHAPTER 5

貨幣的時間價值

亞洲退休潮

亞洲,退休族通常主要依靠政府強制性的公積金過日子。亞洲的公積金由政府機構管理,採勞工固定提撥的完全準備制。為退休準備的儲蓄,通常還得加上孩子給的奉養金。隨著人口快速老化和傳統孝順價值觀的變化,以致三明治世代焦慮日深——在提供給他們孩子最好的一切和必須照顧年邁父母之間左右為難,以致養兒防老的財務規劃遭遇極大壓力。

兩位世界銀行員工所寫報告「亞洲公積金:面對未來挑戰」("Asian Provident Funds: Meeting Tomorrow's Challenges"),指出三個亞洲國家公積金制度皆具以下兩項重要特徵:1. 政府將勞工提撥金用於國家發展計畫;2. 公積金除了可用於退休金外,勞工還可用在其他用途,如購屋和大學學費。

大部分公積金的實質投資報酬較國家主權財富基金績效差。在 Covid-19 疫情期間,某些公積金暫時降低提撥率,並允許從公積金帳戶提領部分現金,以幫助該基金參與人度過財務難關。上述因素,加上公積金多種的使用方式,很可能讓其參與者退休時沒有足夠儲蓄。

許多亞洲公積金將大部分的資金投入固定收益證券,特別是政府公債,且不被允許投資國外——特別當該國處於發展早期階段。這導致較低的市場報酬和投資缺乏分散性。

根據世界銀行報告的建議,克服退休基金財務短缺的重要方式之一是改善基金投資組合的報酬率,以及延長退休年齡。以下說明投報率的重要性:每月投入 $250、持續 30 年,若年報酬率為 4%,則最終將

有 $173,512。若年報酬率為 5%，最後將有 $208,065，增加 20%。若年報酬率為 6%（增加 2%），退休金將有 $251,129，增加 45%。若報酬率維持 4%，退休年齡延後 3 年，最後會有 $205,141（增加 18%）。

改善績效的其他建議，包括將更高比例的提撥金指定給退休用途、根據生命週期投資原則客製化各參與者的資產組合，以及採用多種基金配置。

針對個人層面，人們應對自己負責，較積極處理自我的退休計畫，透過購買諸如由保險公司提供的退休儲蓄計畫，作為公積金的退休補充。深入了解本章所教的工具和技巧，應能讓你了解、計算和領會不同資產類別報酬的影響、需要對私人退休儲蓄計畫投入多少錢，以及需要延退多久才能達成我們的退休金金額目標。

來源：Richard Jackson and Evan Inglis, "Asian Provident Funds: Meeting Tomorrow's Challenges," (globalaginginstitute.org/assets/client-assets/gai/downloads/020121-Asian-Provident-Funds-Meeting-Tomorrows-Challenges.pdf)

摘要

時間價值分析有許多的應用，包括退休計畫、股票和債券的評價、建立貸款支付時程，以及關於投資新廠房和設備等的企業決策。事實上，在所有的財務概念裡，貨幣時間價值是重要的一個概念；時間價值分析在本書到處可見，所以了解本章內容便顯得極為重要。

你需要了解基本的時間價值概念，但若不能動手計算，則概念性的知識便不會有太大用處。因此，本章會很強調計算；大部分修讀財務學的學生，會準備一台財務或科學計算機，另一些人則擁有或有管道使用個人電腦。這些工具讓你可在合理時間內解決許多財務問題。但開始閱讀本章時，許多人尚不知如何使用計算機或電腦裡的時間價值函數。若你也是如此，將會處在一邊學習概念、一邊嘗試學習使用計算機的情況，則你或許需要更多時間來學習本章內容。

當你讀完本章，你應能：
- 解釋貨幣時間價值如何產生影響，以及討論它為何是財務學裡非常重要的概念。
- 計算一筆錢的現值和終值。
- 辨別年金的不同類型、計算普通年金和期初年金的終值，以及計算相關的年金給付。
- 計算不均等現金流的現值和終值，你將在後續章節使用到此一知識——處理普通股和企業專案計畫的評價。

5-1 時間線

時間價值分析的第一步是建立**時間線（time line）**，它可以幫助你將某個問題視覺化。為了說明起見，考慮以下圖形——PV 代表今天手上有的 $100，而 FV 代表未來某日帳戶裡的金額：

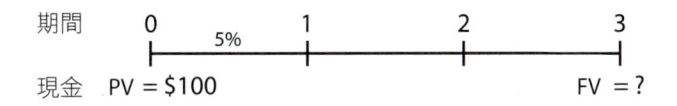

```
期間      0         1         2         3
             5%
現金    PV = $100                      FV = ?
```

0 到 1、1 到 2、2 到 3 的間距是諸如年、月的期間。時點 0 是今天，它是第一期的開始；時點 1 是從今天算起的一個期間，且既是第一期的結束，又是第二期的開始；以此類推。年為經常使用的時期，但時期也可以是季、月，甚至是天。請注意，每一個刻度標記既對應於某時期的**結束**，又對應於下一時期的**開始**。因此，若時距為年，則時點 2 的標記刻度代表第二年的**結束**和第三年的**開始**。

現金流量直接顯示在刻度標記的下方，而相關的利率則是顯示在時間線的上方；你嘗試找出的未知現金流量，使用問號標記加以顯示。在此處，利率為 5%，$100 的現金流出（投資）發生在時點 0，時點 3 的價值則是未知的現金流入。在這個例子裡，現金流量只發生在時點 0 和時點 3，而在時點 1 和 2 並沒有發生現金流動。注意：在我們的例子裡，利率在整個三年期間都維持不變。此一條件通常成立；但若非如此，則我們應顯示各時期的不同利率。

當你第一次接觸時間價值的概念時，時間線是非常重要的，甚至專家也使用它們分析複雜的財務問題；因此，本書也常使用到。我們建立時間線作為說明狀況的起始，然後對某方程式求解以找出答案；接著，我們解釋如何使用普通的計算機、財務計算機和試算表以得到解答。

課堂小測驗

- 時間線是否只能用於年度資料，或可用在其他的時距資料？
- 建立時間線以說明以下狀況：你目前持有一個 3 年期的 $2,000 定存單，且每年保證給付 4% 的利息。

5-2 終值

今天手中 $1 的價值，會比未來收到的 $1 之價值要來得高。這是因為若你現在就已擁有，則可以加以投資、賺進利息，未來擁有的將超過 $1。從**現值**（present value, PV）到**終值**（future value, FV）的過程稱為**複利計算**（compounding）。簡單說明如下：請回到之前的三年時間線，並假設你計劃現在就在銀行存入 $100、年利率為 5%，則你在三年後將會有多少錢呢？我們首先定義一些字詞，然後建立時間線，並顯示終值是如何計算得到的。

> PV = 現值或初始金額。在我們的例子裡，PV = $100。
>
> FV_N = 在 N 個時期後，你帳戶的終值或最後結束時的金額。PV 是現在的價值或現值，FV_N 是未來 N 期的價值——在賺取的利息計入帳戶之後。
>
> CF_t = 現金流量，它可以是正值或負值。某特定時期的現金流量通常以下標顯示；CF_t 裡的 t 表示第 t 個時期。因此，CF_0 = PV = 在時點 0 的現金流量，而 CF_3 是第三個時期結束時的現金流量。
>
> I = 每年的利率，通常使用小寫的 i 來表示。利息是根據每年年初的餘額來計算，且我們假設在每年年末支付利息。此處，I = 5%，或以小數表示則為 0.05。然而在本章中，我們將利率記做 I，因大部分的財務計算機都使用這個符號（或 I/YR 表示每年的利率）。不過，請留意我們在之後的各章中，使用符號 r 來表示利率，因 r〔代表報酬率（rate of return）〕更常用在財務文獻裡。此外，我們在本章常假設利息支付是由美國政府所擔保；因此，它們是確定的。但在之後的內容裡，我們將考慮風險投資，因此實際賺進利息的利率可能不同於預期水準。
>
> INT = 一年裡賺取的利息 = 初始金額 ×I。在我們的例子中，INT = $100(0.05) = $5。
>
> N = 分析裡所用的期數；在我們的例子裡，N = 3。期數有時以小寫的 n 來表示，所以 N 和 n 皆指所涉及的期數。

我們可以使用不同的程序，對時間價值問題進行求解，這些方法參見下述內容。

5-2a 逐步運算法

本金 $100、年利率 5%、三年複利計算的終值之時間線，以及一些計算，顯示於下。將初始金額和每一個後續金額，乘以 (1 + I) = (1.05)：

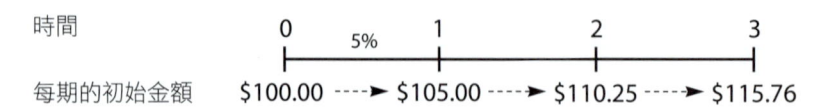

時間	0		1		2		3
		5%					
每期的初始金額	$100.00	---▶	$105.00	---▶	$110.25	---▶	$115.76

一開始的帳戶金額為 $100，這顯示在 t = 0：

- 第一年的利息收入為 $100(0.05) = $5，所以在第一年末（t = 1）時，帳戶會有 $100 + $5 = $105。
- 第二年開始時你有 $105，並在該年賺得 0.05($105) = $5.25 的利息；在年末時，你將有 $110.25，其中 $5.25 為第二年的利息——它高於第一年的利息 $5.00，這是因為第一年收到的利息在第二年為你賺了 $5(0.05) = $0.25。這稱為複利計算，而利息所賺的利息則稱為複利。
- 這個過程持續進行，且因每一個接續年分的初始餘額愈來愈大，每年賺取的利息也跟著水漲船高。
- 利息總額為 $15.76，反映到最後的餘額之上，便為 $115.76。

逐步運算法很有用，因它顯示確切發生了什麼事。然而，這個方法相當耗時，特別是當涉及較多期數時；所以，簡化的程序版本便發展出來。

5-2b 公式方法

在逐步運算法裡，我們將每一期的期初金額乘以 (1 + I) = (1.05)。若 N = 3，我們將 (1 + I) 乘上 3 次，這相當於一開始就將初始金額乘以 $(1 + I)^3$。這個概念可加以延伸，而得到以下重要的方程式：

$$FV_N = PV(1 + I)^N \qquad \text{5-1}$$

我們可使用方程式 5-1，以求得例子裡的 FV：

$$FV_3 = \$100(1.05)^3 = \$115.76$$

任何有指數函數功能的計算機，皆可容易地使用方程式 5-1（不論涉及的期數）得到 FV。

單利 vs. 複利

如我們的例子及使用方程式 5-1 所得到的真實結果，前期賺到的利息再賺進利息稱為**複利**（compound interest）。若不以前期賺到的利息再賺進利息，則稱為**單利**（simple interest）。單利的終值公式為 FV = PV + PV(I)(N)；所以就上述例子來說，若根據單利公式，則 FV 會等於 $100 + $100(0.05)(3) = $100 + $15 = $115。大部分的財務契約使用複利，但在司法訴訟裡，法律通常要求必須使用單利。例如，全壘打王馬里斯（Roger Maris）創辦的馬里斯配銷（Maris Distributing），曾和安海斯—布希（Anheuser-Busch, A-B）打官司並贏得訴訟；肇因於安海斯—布希違反契約，並搶走馬里斯的加盟店，讓它們轉而銷售百威啤酒（Budweiser）。法官判決馬里斯獲得 $5,000 萬賠償，加

上從 1997 年算起（當時安海斯—布希開始違反契約），直至實際完成支付時止，每年獲得 10% 的利息。馬里斯收到的利息是根據單利，因而在 2005 年（當安海斯—布希與馬里斯家族的爭端獲得和解時）收到的總金額，從原先的 $5,000 萬增加到 $5,000 萬 + 0.10($5,000 萬)(8 年) = $9,000 萬。這個原始賠償金額和利息的多寡（即使是單利）無疑都會影響安海斯—布希的和解態度。若法律允許的是複利，則賠償總額將會高達 ($5,000 萬)(1.10)^8 = $1.0718 億，亦即較單利計算高出 $1,718 萬。此單利法律程序可回溯到久遠之前，遠在計算機和電腦出現之前。法律的進化非常緩慢！

5-2c 財務計算機

處理時間價值問題，財務計算機極為有用，它們的手冊對計算機的功能和使用有詳細的說明。此外，也可參考「財務計算機的使用提示」專欄，可讓你避免常見的錯誤。若你尚不熟悉計算機，建議你在研讀本章時，逐步照著指示來學習使用。

首先，請留意財務計算機有五個按鍵，分別對應基本的時間價值方程式裡的五個變數。針對前述例子，我們的輸入值顯示於按鍵之上、FV 的輸出值則顯示在按鍵下；因沒有定期付款，所以對 PMT 鍵入 0。在這個計算之後，我們將對各按鍵詳細說明：

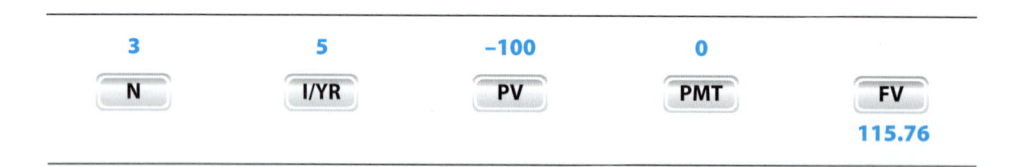

3	5	–100	0	
N	I/YR	PV	PMT	FV
				115.76

其中：

- N = 期數；某些計算機使用 n，而非 N。
- I/YR = 每期的利率；某些計算機使用 i 或 I。
- PV = 現值。在我們的例子裡，我們一開始存入一筆存款，它是一筆現金流出──現金離開我們的皮夾，並存在某個金融機構帳戶裡；所以 PV 應鍵入負號。就大部分的計算機而言，你應該先鍵入 100，再按下 +/− 鍵，將 +100 轉變成 −100。若你直接鍵入 −100，則將從計算機的上一個數字裡扣除 100，因此給你一個不正確的答案。
- PMT = 定期定額付款。當我們有一系列相等或不變的付款時，可使用這個按鍵。因我們上述用以說明的例子裡，不存在這樣的付款，因此鍵入 PMT = 0。在本章後續對年金的討論裡，我們將會使用 PMT 按鍵。
- FV = 終值。在這個例子裡，FV 是一個正數，因我們對 PV 鍵入負值。若我們將 +100 鍵入 PV，則 FV 的值便會為負。

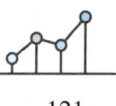

如我們的例子所示，你鍵入已知數字（N、I/YR、PV 和 PMT），接著按下 FV 按鍵就得到答案——115.76。再次提醒你，若你將 +100 鍵入 PV，則計算機螢幕上顯示的 FV 將為負值；計算機假定 PV 或 FV 其中之一為負值。若你有仔細思考，這應該不會感到困惑。當 PMT = 0 時，則不論你在 PV 鍵入的正負號為何，計算機會自動給 FV 一個相反的正負號。當我們在本章後續討論年金時，會對此點詳加解釋。

5-2d 試算表

學生經常將計算機用在家庭作業和考試問題；但在企業裡，人們通常使用試算表處理涉及貨幣時間價值（time value of money, TVM）的問題。試算表詳細地顯示發生了什麼，且有助於降低概念上和資料輸入的誤差。對試算表的討論可以略去，並不會影響內容的連貫性，但若你了解基本的 Excel，且有管道使用電腦，則我們建議你耐心讀完本節。即使你對試算表並不熟悉，這裡的討論仍將讓你多少了解試算表的操作。

我們使用 Excel 製作表 5.1，它對應於本章之試算表模型的一部分。表 5.1 彙整找出 FV 的四種方法，並在表的下方顯示試算表的公式。請注意：試算表可用於計算，也可用在文書處理，製作諸如包括文字、圖作和計算的表 5.1。最上方的橫列字母標示行數、左方的數字則標示列數。因此，儲存格 C14 顯示 −$100 的投資金額、C15 為利率、C16 顯示期數。我們接著在列 17 至 19，畫出時間線。在列 21，我們使用 Excel 完成逐步的計算；將期初數值乘以 (1 + I)，以找出每一期期末

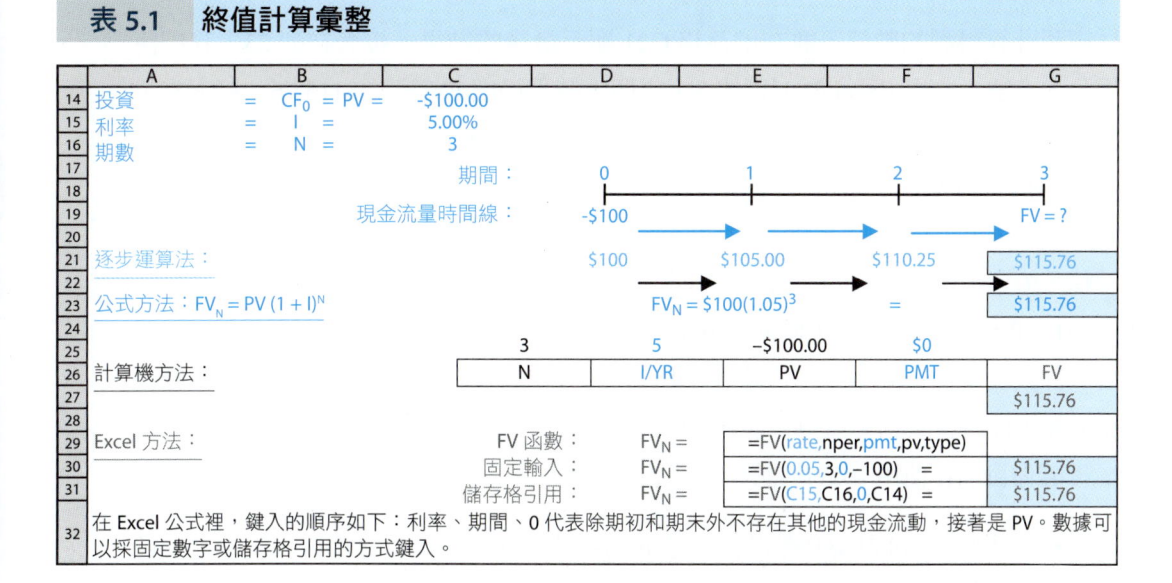

表 5.1　終值計算彙整

	A	B	C	D	E	F	G
14	投資	= CF$_0$ = PV =	−$100.00				
15	利率	= I =	5.00%				
16	期數	= N =	3				
17				期間：	0	1	2	3
18								
19				現金流量時間線：	−$100			FV = ?
20								
21	逐步運算法：			$100	$105.00	$110.25	$115.76
22							
23	公式方法：FV$_N$ = PV (1 + I)^N				FV$_N$ = $100(1.05)^3	=	$115.76
24							
25				3	5	−$100.00	$0
26	計算機方法：			N	I/YR	PV	PMT	FV
27								$115.76
28								
29	Excel 方法：			FV 函數：	FV$_N$ =	=FV(rate,nper,pmt,pv,type)	
30				固定輸入：	FV$_N$ =	=FV(0.05,3,0,−100)	=	$115.76
31				儲存格引用：	FV$_N$ =	=FV(C15,C16,0,C14)	=	$115.76
32	在 Excel 公式裡，鍵入的順序如下：利率、期間、0 代表除期初和期末外不存在其他的現金流動，接著是 PV。數據可以採固定數字或儲存格引用的方式鍵入。							

財務計算機的使用提示

使用財務計算機時,請先確認它的設定和此處一致。請你參考計算機手冊,以獲得設定計算機所需的資訊。

- **每期付款 1 次**。許多「剛拆封」的計算機,會假定每年付款 12 次;亦即,每月付款 1 次。然而,在本書裡,我們通常處理的問題是每年付款 1 次。因此,你應該將計算機設定成每年付款 1 次,並保持這樣的設定。若你需要協助,請參考計算機使用手冊。
- **期末模式**。多數契約的付款發生在每一期期末。然而,某些契約要求在期初時付款。你可以根據所需要解決的問題,決定使用「期末模式」(End Mode)或「期初模式」(Begin Mode)。因本書裡大部分的問題屬於期末支付,所以你應該在結束每個問題時,特別是期初付款的問題後,確認計算機設定回復到期末模式。
- **負號代表現金流出**。現金流出必須鍵入負值,這通常意謂將現金流出以正值鍵入後,接著按下 +/− 按鍵,以將正號改成負號,最後再按下 Enter 鍵。
- **小數位數**。就大部分的計算機而言,你能選擇小數點以下 0 到 11 位數。當處理美元時,我們通常指定小數點以下兩位數。當以百分率表達利率時,我們通常指定小數點以下兩位數(如 5.25%);當利率以小數(decimal)表示時,我們通常指定小數點以下四位數(如 0.0525)。
- **利率**。若使用非財務計算機進行算術運算時,必須使用 0.0525;但若使用財務計算機和 TVM 按鍵時,你必須鍵入 5.25(而非 0.0525),因財務計算機假設利率是以百分率來表示。

以複利計算得到的數值,並在儲存格 G21 顯示最後的結果。接著在列 23,我們使用公式方法,並用 Excel 對方程式 5-1 求解,結果得出 FV 等於 $115.76。接下來,在列 25 至 27,我們顯示計算機求解過程的圖像。最後,在列 30 和 31,我們使用 Excel 內建的 FV 函數求解——顯示在儲存格 G30 和 G31。G30 上的答案是根據固定輸入;而 G31 上的答案則是根據儲存格引用,這讓它能輕易更動輸入值,以了解輸入值對輸出值產生的影響。

例如,若你想要很快便能知道當利率從 5% 增加到 7%,則終值將會如何改變,你只需要做一件事情——將儲存格 C15 的內容改成 7%。接著,立刻查看儲存格 G30,你將會看到終值現在變成 $122.50。

若你目前正使用 Excel,請謹記下述事項:

- 當使用 Excel 計算貨幣時間價值的問題時,利率是以百分率或小數的方式鍵入(如 0.05 或 5%)。然而,在大部分財務計算機上使用貨幣時間價值函數

時，你通常是以整數形式（如 5）鍵入利率。
- 當使用 Excel 計算貨幣時間價值的問題時，期數的縮寫為 nper；而大部分財務計算機所用的縮寫為 N。在本書裡，我們交替使用兩者。
- 當使用 Excel 計算貨幣時間價值的問題時，你經常被提示要求鍵入類型——指的是付款發生在年末（對應 Type = 0，或你可加以省略），或年初（對應 Type = 1）。大部分的財務計算機有著期初／期末（BEGIN/END）模式功能，方便你在兩者之間轉換，以指出付款是發生在期初或期末。

表 5.1 指出四種方法都得到一樣的答案，即便它們使用不同的計算程序。它也顯示若使用 Excel，則所有的輸入都顯示在同一個地方；這讓我們很容易便能檢查數據的鍵入。最後，它顯示 Excel 可用來製作圖表，這在現實世界裡頗為重要。在企業界，解釋你做了什麼和獲得正確答案，通常同等重要，這是因為若決策者不能了解你的分析，則他們或許會拒絕你的建議。

快問快答

問題

在你大一開學時，疼愛你的伯父、伯母為你存入 4 年期、年利率 5%、$10,000 的定存。但只有在四年後你以優異成績畢業，才可獲得帳戶裡的錢（包含累積的利息）。試問四年後帳戶裡將會有多少錢？

解答

使用公式方法，我們知道 $FV_N = PV(1 + I)^N$。在這個例子裡，你知道 N = 4、PV = $10,000、I = 0.05。因此，四年後的終值將為 $FV_4 = \$10,000(1.05) = \mathbf{\$12,155.06}$。或者使用財務計算機方法，我們可以用下述方式來處理問題：

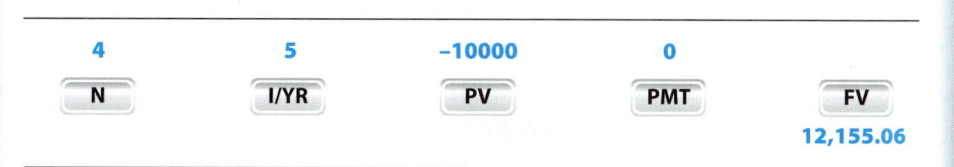

4	5	−10000	0	
N	I/YR	PV	PMT	FV
				12,155.06

最後，我們可以使用 Excel 的 FV 函數：

```
=FV(0.05,4,0,−10000)
FV(rate, nper, pmt, [pv], [type])
```

在此，我們得到的終值等於 **$12,155.06**。

5-2e 複利過程的圖解

圖 5.1 顯示 $1 的投資,在不同的利率下是如何隨時間成長。透過使用方程式 5-1 求解出不同數值下的 N 和 I 之終值,我們畫出圖 5.1 裡的曲線。利率是成長率:若存入一筆金額,並每年賺進 5% 的利息,則存款金額將每年成長 5%。還請留意時間價值概念能應用在任何會成長的東西上,如銷售、人口、每股盈餘和未來的薪水。

圖 5.1　$1 在不同利率和期數的成長狀況

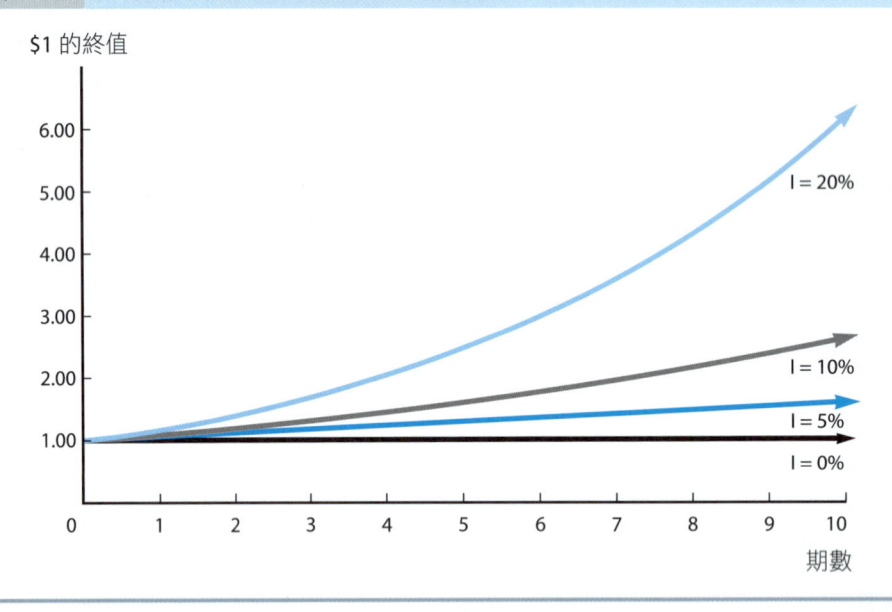

課堂小測驗

- 解釋此敘述為何為真:今天的 $1 之價值高於一年後才會收到的 $1。
- 何謂複利?單利利息與複利利息之間的差異為何?在 10% 複利的情況下,$100 在五年後的終值為何?若是 10% 的單利呢?(**$161.05;$150.00**)
- 假設你目前有 $2,000,並計劃購買每年支付 4% 複利之 3 年期定存。當定存到期時,本利和等於多少?若利率分別是 5%、6% 或 20%,則答案為何?(**$2,249.73;$2,315.25;$2,382.03;$3,456.00**)(提示:使用計算機,鍵入 N = 3、I/YR = 4、PV = −2000、PMT = 0;接著按下 FV 就會得到 2,249.73。鍵入 I/YR = 5 去取代 4%,並再次按下 FV 鍵就得到第二個答案。一般來說,你能逐次改變某個輸入,以了解輸出的相應改變。)

- 某公司在 2021 年的銷貨收入為 $100 百萬，且若銷貨收入的年成長率為 8%，則十年後的 2031 年時，銷貨收入等於多少？（**$215.89 百萬**）
- $1 以 5% 的年成長率成長，則一百年後將價值多少？若年成長率為 10%，則一百年後的終值為何？（**$131.50；$13,780.61**）

5-3 現值

求現值則是將求終值的過程顛倒過來。事實上，我們對方程式 5-1（終值公式）求 PV 的解，就可產生重要的現值公式方程式 5-2：

$$終值 = FV_N = PV(1+I)^N \qquad 5\text{-}1$$

$$現值 = PV = \frac{FV_N}{(1+N)^N} \qquad 5\text{-}2$$

我們用以下例子闡述 PV。某經紀商願意將國庫券賣給你，三年後你將收到 $115.76。銀行目前的 3 年期定存年利率為 5%；若你不買債券，可以存定存，因此定存支付的 5% 利率是你的**機會成本**（opportunity cost），或是你從其他類似風險的投資裡可獲得的報酬率。根據這些條件，你最多願意花多少錢購買債券？我們使用上一節談到的四種方法來回答這個問題，亦即逐步運算、公式、計算機和試算表，結果彙整於表 5.2。

首先，請回想前一節的終值例子：若你以 5% 年報酬率投資 $100，則這筆錢三年後將成長為 $115.76。若你購買債券，則三年後也會有 $115.76；因此，你的債券購買價最多不應超過 $100──這是它的「公平價格」。若你的債券購買價可以低於 $100，則你應該買債券，不該考慮定存；相反地，若債券價格高於 $100，則你應該存定存；但若債券價格正巧等於 $100，則債券和定存對你而言沒有差異。

這個 $100 被定義為年利率 5%、三年後到期時 $115.76 之現值或 PV。一般而言，N 年後到期之現金流量的現值為：今天手上有的金錢數量，將成長到等於特定的未來之金額。因 $100 在 5% 年利率的條件下，三年以後將成長為 $115.76，因此 $100 是年利率 5%、三年後到期時 $115.76 之現值。求現值的過程稱為**折現**（discounting）；如上所述，它是複利的逆運算──若你知道 PV，可以透過複利計算得到 FV；而若你知道 FV，則能經由折現求出 PV。

表 5.2 的上方部分，使用逐步運算法求 PV。我們在上一節曾對 FV 求解，運算是從左到右進行，將初始金額和每一個後續金額乘以 (1 + I)。為了找出現值，我

表 5.2　現值計算彙整

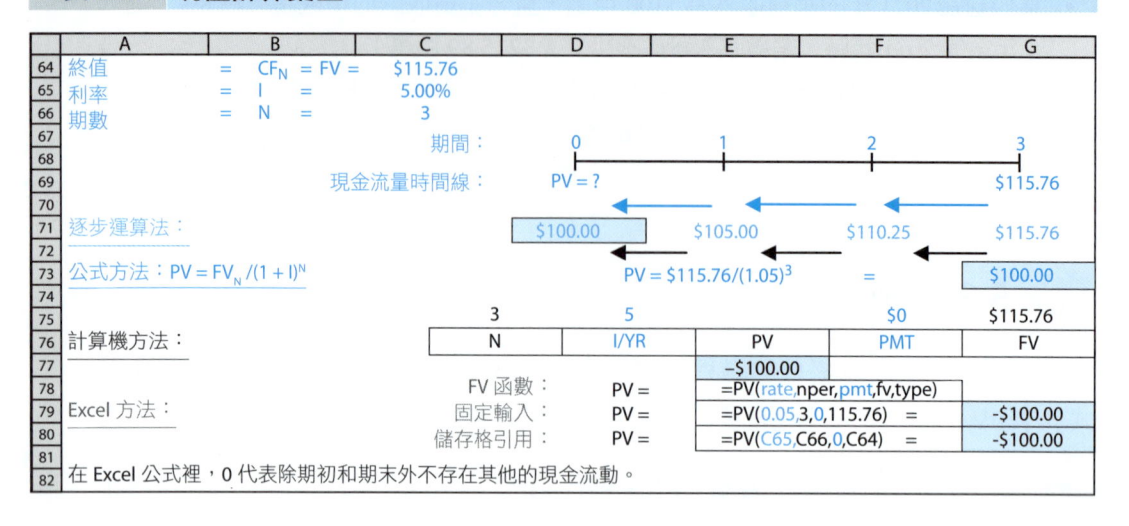

	A	B	C	D	E	F	G
64	終值	=	CF_N = FV =		$115.76		
65	利率	=	I =		5.00%		
66	期數	=	N =		3		
67				期間：	0　　　　1　　　　2　　　　3		
68				現金流量時間線：	PV = ?		$115.76
69					←	←	←
70							
71	逐步運算法：			$100.00	$105.00	$110.25	$115.76
72				←	←	←	
73	公式方法：PV = FV_N /(1 + I)^N				PV = $115.76/(1.05)^3	=	$100.00
74							
75				3	5	$0	$115.76
76	計算機方法：			N	I/YR	PMT	FV
77					PV		
78					−$100.00		
79	Excel 方法：			FV 函數：	PV =	=PV(rate,nper,pmt,fv,type)	
80				固定輸入：	PV =	=PV(0.05,3,0,115.76)　=	−$100.00
81				儲存格引用：	PV =	=PV(C65,C66,0,C64)　=	−$100.00
82	在 Excel 公式裡，0 代表除期初和期末外不存在其他的現金流動。						

們反過來做，亦即從右到左，將終值和每一個後續金額除以 (1 + I)。這個程序確切顯示實際上會發生什麼事，而當你處理複雜問題時，這將會相當有用。然而，它缺乏效率，特別是當你處理的問題涉及很大的年數時。

公式方法則是使用方程式 5-2，僅是將終值除以 (1 + I)^N。比起逐步運算法，這是一個較有效率的方式，且會得出相同答案。方程式 5-2 內建在財務計算機裡，如表 5.2 所示；透過鍵入 N、I/YR、PMT 和 FV 的數值，並按下 PV 鍵，則我們能找出 PV。最後，可使用 Excel 的 PV 函數，如下：

=PV(0.05,3,0,−115.76)
PV(rate, nper, pmt, [fv], [type])

針對方程式 5-2 的求解，它和計算機方法基本上是相同的。

財務管理的基本目標是極大化公司價值，而企業的價值（或任何資產，如股票和債券）是它預期未來現金流量的現值。因現值是評價過程的核心，所以本書稍後還會常常提到。

5-3a 折現過程的圖解

圖 5.2 顯示未來會收到的 $1 之現值，它隨著付款日離現在愈遠，會變得愈小與愈趨近 0；利率愈高，現值的下跌速度愈快。在相對較高的利率情況下，未來到期的資金在今日的價值會很小；即使利率相對較低，在遙遠未來所收到的金錢之現值也會非常小。例如，若折現率為 20%，則一百年後所收到的 $100 萬，其現在價值僅為 $0.0121；這是因為以 20% 之年複利率計算，$0.0121 在一百年後將成長成為 $100 萬。

Chapter 5 貨幣的時間價值

> **課堂小測驗**
>
> - 何謂折現？它如何與複利產生關聯？終值方程式 5-1 如何與現值方程式 5-2 產生關聯？
> - 若最後付款延後，對現值有何影響？若利率上升，對現值又有何影響？
> - 假設美國政府債券承諾在三年後支付 $2,249.73。若目前 3 年期政府公債的利率為 4%，則這個債券今日的價值為多少？若到期日為五年，而非三年，則你的答案又會是如何？若 5 年期債券利率為 6%，而非 4%，則又會如何？（**$2,000**；**$1,849.11**；**$1,681.13**）
> - 若折現率為 5%，則一百年後到期的 $100 萬之現值等於多少？若折現率為 20%，則又會等於多少？（**$7,604.49**；**$0.0121**）

圖 5.2　$1 在不同利率和期數的現值

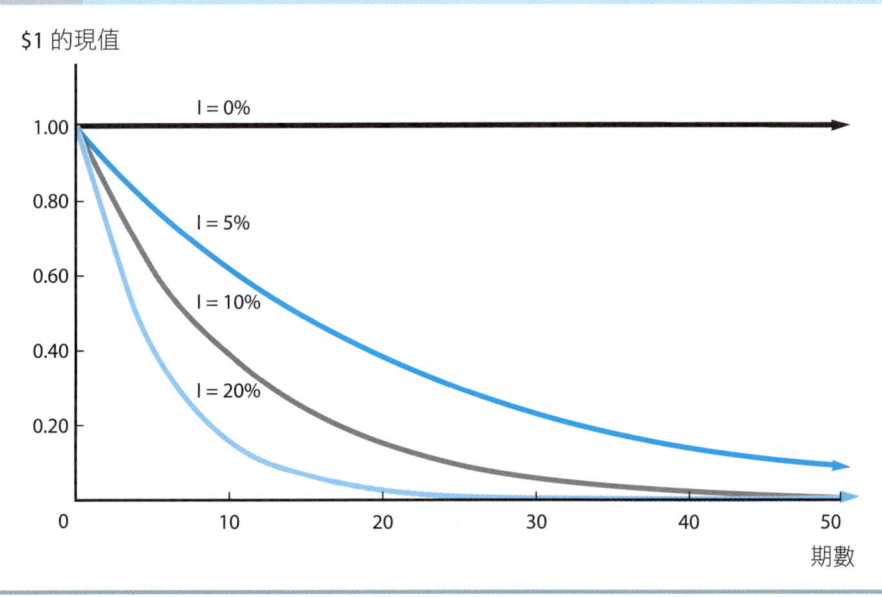

5-4 求解利率 I

到目前為止，我們使用方程式 5-1 和 5-2，以找出終值和現值。這些方程式包含四個變數；若能知道其中三個，則可求出第四個變數值。因此，若我們知道 PV、I、N，則可使用方程式 5-1、得到 FV；若我們知道 FV、I、N，可以使用方程式 5-2 求得 PV。這正是我們在前兩節裡所做的。

現在假設我們已知 PV、FV、N，但想要知道 I。例如，假設已知某債券的成

本為 $100、在十年到期時支付 $150，我們便已經知道 PV、FV、N。若想要知道購進此一債券的報酬率，以下是我們面對的情況：

$$FV = PV(1 + I)^N$$
$$\$150 = \$100(1 + I)^{10}$$
$$\$150/\$100 = (1 + I)^{10}$$
$$1.5 = (1 + I)^{10}$$

不幸的是，我們不能將 I 獨立出來——像處理 FV 和 PV 那樣有一個簡單的公式。雖然我們仍可求解 I，但它需要使用更多的代數。不過，財務計算機和試算表能在一瞬間求出利率。以下是計算機的設算：

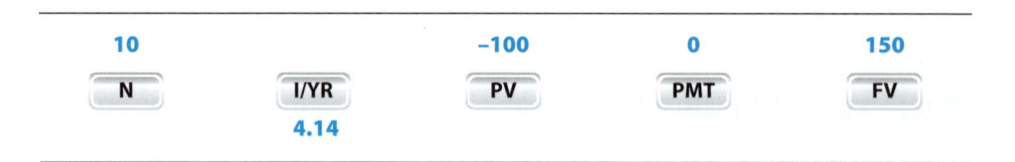

N	I/YR	PV	PMT	FV
10	4.14	−100	0	150

鍵入 N = 10、PV = −100、PMT = 0（因在證券到期前都不存在其他的付款）、FV = 150，接著按下 I/YR 鍵，計算機會得到 4.14% 的答案。當然，你也可以使用 Excel 的 RATE 函數：

=RATE(10,0,−100,150)
RATE(nper, pmt, pv, [fv], [type], [guess])

求得相同的答案。

> **課堂小測驗**
>
> - 美國財政部願意用 $585.43 將債券賣出——在十年後到期之前都不支付利息、到期時支付 $1,000。若你以此價格買進債券，則利率為何？若你以 $550 購買，則利率為何？$600 買進呢？（**$5.5%；6.16%；5.24%**）
> - 微軟在 2007 年時每股盈餘為 $1.42，2017 年的每股盈餘變成 $3.08，則微軟在此期間的 EPS 成長率為何？若 2017 年的 EPS 為 $2.40，而非 $3.08，則成長率為何？（**8.05%；5.39%**）

5-5 求解年數 N

在給定初始資金和這些資金的報酬率後，有時會需要知道需要多久的時間，

才能累積到某特定金額。例如，假設我們認為退休時手上有 $100 萬，則會有相當不錯的退休生活；又假設現在手上有 $50 萬，以及報酬率為 4.5%，則需要花上多久的時間才能累積到 $100 萬。我們不能使用簡單的公式——現在這個情況就像利率的情況那樣。我們可以建立涉及對數的公式，但計算機和試算表將可更快得到 N。以下是計算機的設算：

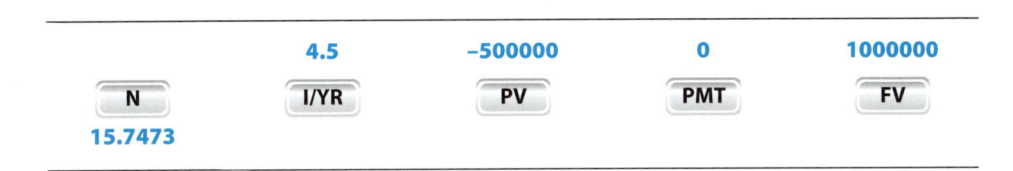

N	I/YR	PV	PMT	FV
	4.5	–500000	0	1000000
15.7473				

鍵入 I/YR = 4.5、PV = –500,000、PMT = 0、FV = 1,000,000，接著按下 N 鍵，就可以得到答案——15.7473 年。若你將 N = 15.7473 代入 FV 公式，則你會發現這的確是正確的年數：

$$FV = PV(1 + I)^N = \$500,000(1.045)^{15.7473} = \$1,000,000$$

你也可使用 Excel 的 NPER 函數：

=NPER(0.045,0,–500000,1000000)
NPER(rate, pmt, pv, [fv], [type])

你將發現若利率為 4.5%，則需要 15.7473 年，才能將 $50 萬倍增成 $100 萬。

課堂小測驗

- 若將 $1,000 存入銀行、年利率 6%，則需要多少年才會成長一倍？若利率為 10%，則需時多久？（**11.9 年；7.27 年**）
- 微軟 2019 年的 EPS 為 $5.06、之前十年的 EPS 成長率為 12.06%。若此成長率得以持續，則微軟的 EPS 需要多少年才會成長一倍？（**6.09 年**）

5-6 年金

目前為止，我們處理的是一次性付款或「單筆支付」。然而，許多資產隨著時間提供一系列的現金流入；諸如汽車貸款、學生貸款和房屋貸款等的許多負債，要求一系列的付款。當付款金額相等且在固定期間支付時，則此一系列的現金流量稱為**年金（annuity）**。例如，在未來三年、每年年末支付 $100，為一個 3 年期的

年金。若付款發生在每一年的年末，則此年金稱為**普通年金**（ordinary annuity）、**遞延年金**（deferred annuity）或**期末年金**；若付款發生在每一年的年初，則此年金稱為**期初年金**（annuity due）。普通年金在財務上較為普遍，所以本書提及的年金，除非特別註明，否則指的便是期末年金。

以下是一個 $100、3 年、5% 的普通年金，以及相應的期初年金。就期初年金而言，每一筆付款都向左移一年。因每一年都會支付 $100，所以我們以負號顯示這些付款：

普通年金：

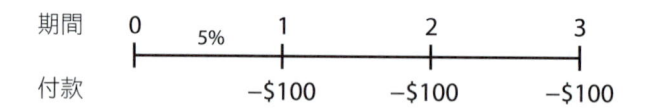

```
期間    0    5%    1        2        3
付款              -$100    -$100    -$100
```

期初年金：

```
期間         0    5%    1        2        3
付款  -$100       -$100    -$100
```

如我們在以下幾節裡所示，能夠求出年金的終值和現值、年金契約內含的利率、使用年金達成財務目標所需的時間。請記住：年金必須是在一特定期間裡，於具相等間距時點上支付等量金額。若上述條件不成立，則這些付款並不構成一個年金。

課堂小測驗

- 期初年金和期末年金／普通年金的差異為何？
- 為何你偏好收到 10 年期、每年給付 $10,000 的期初年金，而非類似的普通年金？

5-7 普通年金的終值

年金的終值可使用逐步運算法，或是使用公式、財務計算機、試算表求得。舉例說明如下，考慮之前提及的普通年金──你在每年年末存入 $100、每年賺 5%，則在第三年年末會有多少錢？答案是 $315.25，它被定義為此一**年金的終值**（future value of the annuity, FVA_N）；請參見表 5.3。

如表 5.3 中逐步運算法之內容所示，我們將每一筆付款以複利方式、計算到

表 5.3　普通年金終值的彙整

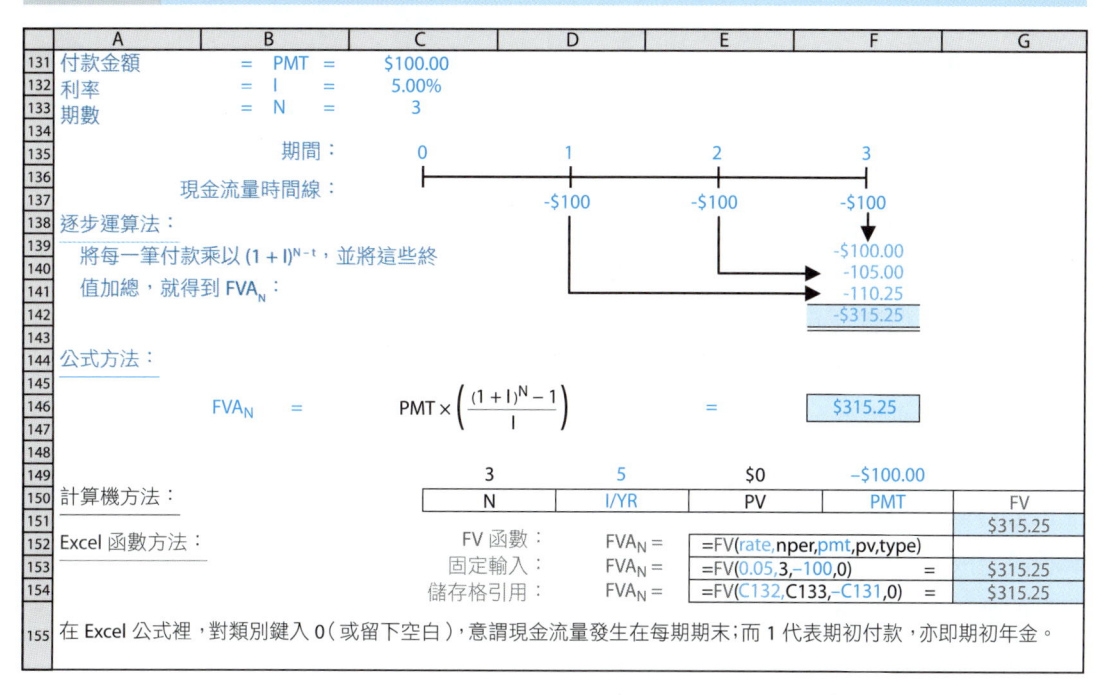

	A	B	C	D	E	F	G
131	付款金額	= PMT =	$100.00				
132	利率	= I =	5.00%				
133	期數	= N =	3				
134							
135			期間：	0	1	2	3
136			現金流量時間線：				
137					-$100	-$100	-$100
138	逐步運算法：						
139	將每一筆付款乘以 $(1+I)^{N-t}$，並將這些終						-$100.00
140							-105.00
141	值加總，就得到 FVA_N。						-110.25
142							-$315.25
143							
144	公式方法：						
145							
146			FVA_N =	$PMT \times \left(\dfrac{(1+I)^N - 1}{I}\right)$		=	$315.25
147							
148							
149				3	5	$0	-$100.00
150	計算機方法：			N	I/YR	PV	PMT
151							FV
152	Excel 函數方法：			FV 函數：	FVA_N =	=FV(rate,nper,pmt,pv,type)	$315.25
153				固定輸入：	FVA_N =	=FV(0.05,3,−100,0) =	$315.25
154				儲存格引用：	FVA_N =	=FV(C132,C133,−C131,0) =	$315.25
155	在 Excel 公式裡，對類別鍵入 0（或留下空白），意謂現金流量發生在每期期末；而 1 代表期初付款，亦即期初年金。						

時點 3 為止，接著將這些複利計算得到的數值加總，便可求出年金的終值 $FVA_3 =$ $315.25。第一筆付款賺了兩期的利息、第二筆付款賺了一期的利息，而第三筆付款沒有賺進利息（因付款時點發生在年金結束之時）。這個方法非常直接；但若年金的存續期為很多年，則這個方法將會變得麻煩和耗時。

如你從時間線圖所能看到的，使用逐步運算法相當於使用以下方程式（N = 3、I = 5%）：

$$FVA_N = PMT(1+I)^{N-1} + PMT(1+I)^{N-2} + PMT(1+I)^{N-3}$$
$$= \$100(1.05)^2 + \$100(1.05)^1 + \$100(1.05)^0$$
$$= \$315.25$$

我們能一般化和簡化這個方程式，如下：

$$FVA_N = PMT(1+I)^{N-1} + PMT(1+I)^{N-2} + PMT(1+I)^{N-3} + \cdots + PMT(1+I)^0$$

$$= PMT\left[\dfrac{(1+I)^N - 1}{I}\right] \qquad \text{5-3}$$

方程式的第一列為冗長版本，它能轉化成下一列的另一種型態；我們能使用財務計算機對這個方程式求解年金問題，這個方程式也內建於財務計算機和試算表裡。根據年金定義，會有一再出現的付款，便需用到 PMT 按鍵。以下是針對我們這個例

子，所做的計算機設算：

3	5	0	–100		期末模式
N	I/YR	PV	PMT	FV	
				315.25	

我們鍵入 PV = 0，因初始金額為 0；接著鍵入 PMT = –100，因我們計劃在每年年末將此一金額存入帳戶。當我們按下 FV 鍵時，便得到答案 FVA_3 = 315.25。

因這是一個普通年金，亦即付款發生在每年年末，我們必須適當地設定計算機。如前所述，計算機的「原始設定」是假設付款發生在每一期的**期末**，亦即設定去處理普通年金。不過，某個按鍵讓我們得以在普通年金和期初年金之間做轉換；對普通年金而言，應使用期末模式或類似名稱；對期初年金，應使用期初（Begin）、期初模式、到期（Due）或類似名稱。當你在處理普通年金時，若將計算機設定成期初模式，則每一筆付款都會多賺一年額外的利息。這將導致複利計算得到的金額，亦即 FVA，變得過大。

表 5.3 的最後一個方法，顯示使用 Excel 內建函數得到的結果。我們能對 N、I、PV、PMT 輸入固定數值，或是建立一個輸入框——對變數指定數值，並將數值輸入函數，以完成儲存格引用。使用儲存格引用，讓我們容易對輸入做改變，以得到輸入改變對輸出值的影響。

快問快答

問題

祖父催促你盡早開始養成儲蓄的習慣，他建議你每天放 $5 在信封裡。若你遵照這個建議做，到了年末將會有 $1,825（= 365×$5）。祖父還建議你在每年年末將這筆錢投資在線上券商之共同基金帳戶；這檔基金的預期年報酬率為 8%。

你 18 歲，若現在就開始遵循祖父的建議，並持續以這種方式儲蓄，則當你 65 歲時，券商帳戶裡預期會有多少錢？

解答

這個問題要求你計算普通年金的終值。具體而言，你支付 47 期的 $1,825，以及年利率為 8%。

為了很快得到答案，可將以下數值鍵入財務計算機：N = 47、I/YR = 8、PV = 0、PMT = –1,825，然後按下 FV 鍵，便得出普通年金的 FV ── FV = **$826,542.78**。

此外，我們能使用 Excel 的 FV 函數：

=FV(0.08,47,−1825,0)
FV(rate, nper, pmt, [pv], [type])

我們會發現終值為 $826,542.78。

你會知道祖父是對的——盡早儲蓄，獲益愈豐碩！

課堂小測驗

- 某 5 年期普通年金的利率為 10%、每年付款 $100，則第一筆付款可以賺到多少年的利息？這筆付款在到期時的價值為何？針對第五筆付款，回答相同的問題。（**4 年，$146.41；0 年，$100**）
- 假設你準備在五年後購買一間公寓，估計每年可以省下 $2,500。你打算把錢存在年利率 4% 的銀行帳戶中，並在該年底存入第一筆存款。五年後銀行帳戶會有多少錢？若利率上升為 6% 或下降為 3%，五年後又會有多少錢？（**$13,540.81；$14,092.73；$13,272.84**）

5-8 期初年金的終值

相較普通年金，期初年金裡的每一筆付款都提早一期，所以每一期的付款都額外賺了一期的利息。因此，期初年金的終值會高於類似的普通年金終值。若你遵循逐步推導的所有程序，你應會發現這裡的期初年金之終值將等於 $331.01；普通年金之終值僅為 $315.25。

採取公式方法，可使用方程式 5-3；但因每一筆付款都發生在較早的一期，所以我們將方程式 5-3 的結果乘以 (1 + I)：

$$\text{FVA}_{\text{期初年金}} = \text{FVA}_{\text{普通年金}} (1 + I) \quad \quad 5\text{-}4$$

因此，對期初年金而言，它的 FVA $_{\text{期初年金}}$ = $315.25(1.05) = $331.01，此一結果和使用逐步運算法相同。若使用計算機，則我們對變數的輸入值會和普通年金完全一樣；但要將計算機設定在期初模式，方能求出正確答案 $331.01。

> **課堂小測驗**
>
> - 相較普通年金，期初年金為何總是有較高的終值？
> - 若你計算普通年金的終值，則如何能找出相應的期初年金之終值？
> - 假設你計劃在五年後購買公寓，因而需要儲蓄頭期款。你計劃每年存下 $2,500（現在就存入第一筆存款），且你的存款帳戶每年會收到 4% 的利息，則在五年後你的銀行帳戶裡會有多少錢？若你是在每年年末存入 $2,500，則五年後會有多少錢？（**$14,082.44；$13,540.81**）

5-9 普通年金的現值

年金現值（present value of an annuity, PVA_N），可使用逐步運算法、公式、計算機或試算表來求解。請回到表 5.3，為了找出年金的 FV，我們對存款做了複利計算；為求得 PV，我們對它們進行折現，亦即將每一筆付款除以 $(1+I)^t$。逐步推導的程序，請參見下圖：

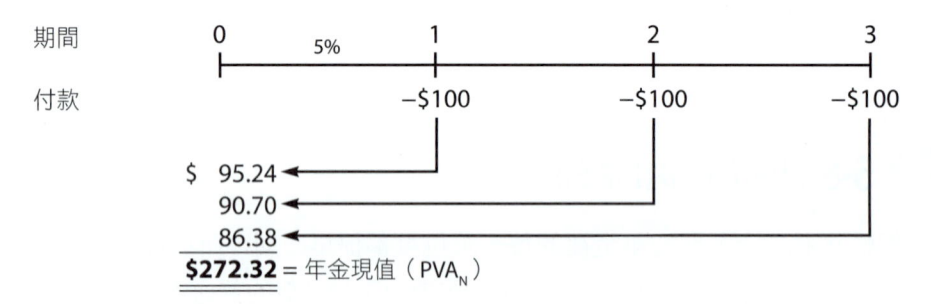

期間	0	5%	1	2	3
付款			−$100	−$100	−$100

$ 95.24
90.70
86.38
$272.32 = 年金現值（$PVA_N$）

方程式 5-5 將逐步推導的程序，以公式加以表達。方程式括號內的計算，可使用科學計算機來處理；若年金存續期很長，則使用計算機將會很有用：

$$PVA_N = PMT/(1+I)^1 + PMT/(1+I)^2 + \cdots + PMT/(1+I)^N$$

$$= PMT\left[\frac{1-\dfrac{1}{(1+I)^N}}{I}\right] \qquad 5\text{-}5$$

$$= \$100 \times [1 - 1/(1.05)^3]/0.05 = \$272.32$$

將計算機程式化，以求解方程式 5-5；我們僅需要對變數輸入數值，並按下 PV 鍵，以及確認計算機設定在期末模式；普通年金和期初年金的模式設定不同。注意期初年金的 PV 較大，因每一筆付款的折現年數都少了一年；也請記得你可

以先求出普通年金的 PV，並將之乘以 (1 + I) = 1.05，期初年金的 PV 因此等於 $272.32(1.05) = $285.94。

3	5		−100	0	期末模式
N	I/YR	PV **272.32**	PMT	FV	（普通年金）

3	5		−100	0	期初模式
N	I/YR	PV **285.94**	PMT	FV	（期初年金）

快問快答

問題

你剛剛贏得佛羅里達的大樂透；為了兌換獎金，你必須對下述兩個選項加以選擇：

1. 未來三十年，每年年末領取 $100 萬；或
2. 今天一次性的領取 $1,500 萬的獎金。

假設目前的利率為 6%，則哪一個選項的價值較高？

解答

較有價值的選項是有較大現值的選項。你已經知道第二選項的現值等於 $1,500 萬，所以需要知道的是第一選項的現值是否超過 $1,500 萬。

使用公式方法，我們知道這個年金的現值為：

$$PVA_N = PMT \left[\frac{1 - \frac{1}{(1+I)^N}}{I} \right]$$

$$= \$1,000,000 \left[\frac{1 - \frac{1}{(1.06)^{30}}}{0.06} \right]$$

$$= \$13,764,831.15$$

使用計算機方法，我們可以將問題設定如下：

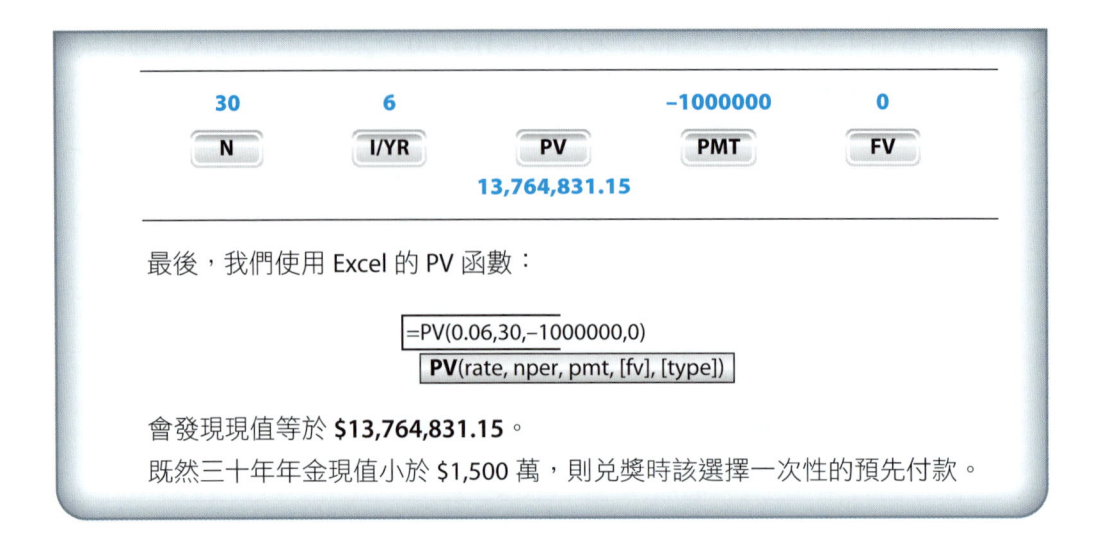

N	I/YR	PV	PMT	FV
30	6		–1000000	0

PV = 13,764,831.15

最後，我們使用 Excel 的 PV 函數：

=PV(0.06,30,–1000000,0)
PV(rate, nper, pmt, [fv], [type])

會發現現值等於 **$13,764,831.15**。

既然三十年年金現值小於 $1,500 萬，則兌獎時該選擇一次性的預先付款。

課堂小測驗

- 相較普通年金，期初年金為何總是有較高的現值？
- 若你知道普通年金的現值，則如何能找出相應的期初年金之現值？
- 利率為 10%、10 次 $100 付款的普通年金之現值為何？若利率為 4%，則年金現值為何？若利率為 0 呢？若年金為期初年金，則年金現值會有怎樣的改變？（**$614.46；$811.09；$1,000.00；$675.90；$843.53；$1,000.00**）
- 假設你未來十年可獲得每年年末支付 $100 的年金，且在同樣風險下可從其他投資獲得 8% 的報酬，則你最多願意為此一年金付出多少錢？若年金支付立即發生，則此年金的價值為何？（**$671.01；$724.69**）

5-10 求解年金付款、期數和利率

我們能求出年金的付款金額、期數和利率。這裡的五個變數分別是 N、I、PMT、FV 及 PV。若知道其中四個變數，則我們可以得到第五個。

5-10a 求解年金付款 PMT

假設我們需要在五年內累積 $10,000，並假設儲蓄之獲利率為 6%，以及目前的儲蓄金額為 0。因此，FV = 10,000、PV = 0、N = 5、I/YR = 6。我們可以將這些數值鍵入財務計算機，並按下 PMT 鍵以找出存款金額。當然，答案取決於我們是在每年年末存款（普通年金）或在年初存款（期初年金）。以下分別是這兩種年金的結果：

普通年金：

5	6	0		10000	期末模式
N	I/YR	PV	PMT	FV	（普通年金）
			−1,773.96		

我們也可使用 Excel 的 PMT 函數：

=PMT(0.06,5,0,10000)
PMT(rate, nper, pv, [fv], [type])

因存款在每年的年末存入，我們可讓 [type] 的值留下空白。每年的存款金額需為 $1,773.96，才能達成你的目標。

期初年金：

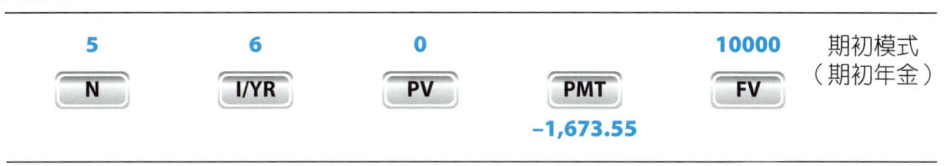

5	6	0		10000	期初模式
N	I/YR	PV	PMT	FV	（期初年金）
			−1,673.55		

另一個選項是使用 Excel 的 PMT 函數，去計算期初年金的每年存款金額：

=PMT(0.06,5,0,10000,1)
PMT(rate, nper, pv, [fv], [type])

因存款現在是發生在年初，所以在 [type] 處輸入 1。我們可以得到每年的存款金額須為 $1,673.55，以達成你的目標。因此，若你選擇年末存錢，則每年必須存下 $1,773.96；但若立刻開始存錢，則每年只要 $1,673.55。注意到期初年金每年所需的存款金額，也會是普通年金付款金額除以 (1 + I)：$1,773.96/1.06 = $1,673.55。

5-10b 求解期數 N

假設你決定在歲末存款，但每年只能省下 $1,200，並再次假設你每年可以賺到 6%，則需時多久才能存到 $10,000？以下是計算機的設算：

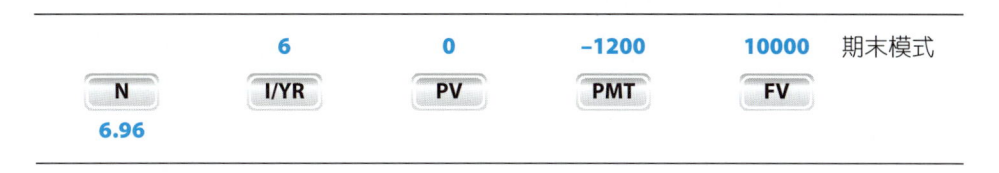

	6	0	−1200	10000	期末模式
N	I/YR	PV	PMT	FV	
6.96					

使用這些較小金額的存款，則需要 6.96 年才能達成 $10,000 的目標。若立刻開始存款，則你適用期初年金，而 N 會比較小──6.63 年。

你也能使用 Excel 的 NPER 函數，得到這些答案。若假設年末付款，則 Excel 的 NPER 函數會如下所示：

=NPER(0.06,–1200,0,10000)
NPER(rate, pmt, pv, [fv], [type])

在此，我們發現將需要 6.96 年才能達到目標金額。

若我們假設年初付款，則 Excel 的 NPER 函數將如下所示：

=NPER(0.06,–1200,0,10000,1)
NPER(rate, pmt, pv, [fv], [type])

我們得到的答案是需時 6.63 年。

5-10c 求解利率 I

現在假設你每年只能存下 $1,200，但在五年後仍然需要 $10,000，則怎樣的報酬率才能讓你達成目標？以下是計算機的設算：

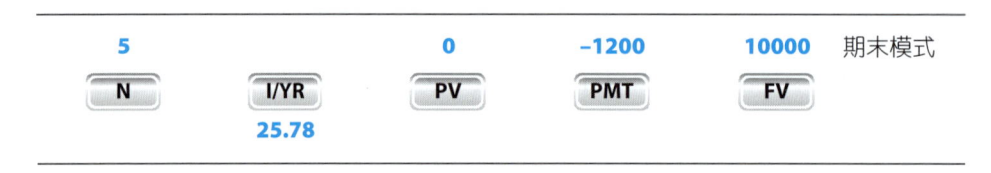

5		0	–1200	10000	期末模式
N	I/YR	PV	PMT	FV	
	25.78				

Excel 的 RATE 函數也會得到相同的答案——利率為 25.78%。

=RATE(5,–1200,0,10000)
RATE(nper, pmt, pv, [fv], [type], [guess])

你必須賺取極高的 25.78% 報酬，才能達到目標。或許賺取如此高報酬率的極少數方式，是投資於投機股或前往拉斯維加斯的賭場賭博。當然，投資在投機股和賭博，與在銀行存款獲取保證報酬率，兩者大不相同，因你很有可能血本無歸。你應該考慮變更計畫——存多一些、降低你的目標金額、或延長你預定達成的時間。尋求稍微較高的報酬率仍應是適當的，但在 6% 的市場裡，嘗試達成 25.78% 的報酬率，比起謹慎行事，將需要承擔更多風險。

使用財務計算機或試算表來求解報酬率十分容易；然而，若不使用這些工具，你就必須使用試誤過程來找出報酬率，這將是一件非常耗時的工作，特別當涉及的年數很多時。

課堂小測驗

- 假設你繼承了 $100,000，並以 7% 的報酬率進行投資，則你在未來十年裡，每年年末可固定取出多少錢，才會剛好讓第十年的餘額為 0？若是在每年的年初取款呢？（**$14,237.75；$13,306.31**）
- 若你將 $100,000 投資在 7% 的項目上，且想要在每一年年末領回 $10,000，則你的資金何時會用完？若你的報酬率為 0% 時，資金何時會用完？若報酬率仍為 7%，但每年僅取款 $7,000，則多久會用完資金？（**17.8 年；10 年；永遠用不完**）
- 若你的伯父讓你成為他壽險保單的受益人，且保險公司提供你兩項選擇：今天領回 $100,000 或在未來十二年的每年年末領回 $12,000，則該保險公司提供的報酬率為何？（**6.11%**）
- 假設你剛繼承了以下的年金──未來十年每一年支付你 $10,000、第一筆付款會發生在今天。你母親的朋友願意出 $60,000 來購買你的年金。若你將此年金賣出，則你母親的朋友能從這筆交易賺到的報酬率為何？若你認為「公平的」報酬為 6%，則對這個年金的要價會等於多少？（**13.70%；$78,016.92**）

5-11 永續年金

永續年金（perpetuity）是永無到期日的年金。因付款永不停止，所以不能使用逐步運算法。然而，使用公式便可輕易求出永續年金的 PV──讓 N 趨近無限大，並對方程式 5-5 進行求解：

$$\text{永續年金的 PV} = \frac{\text{PMT}}{\text{I}} \qquad 5\text{-}6$$

例如，假設你買了某公司的特別股，則在公司存續期間，承諾每年付給你 $2.50 的固定股利。若我們假設這家公司可以無限存活，則這個特別股股利能視為永續年金。若此特別股的折現率為 10%，則它（視為永續年金）的現值會等於 $25：

$$\text{永續年金的 PV} = \frac{\$2.50}{0.10} = \$25$$

課堂小測驗

- 每年年底支付 $1,000、利率為 5% 的永續年金之現值為何？若為每年年初支付，則該年金現值為何？（**$20,000；$21,000**）（提示：將立即會收到的 $1,000 加到期末永續年金的現值。）

5-12 不均等的現金流量

年金的定義包括固定不變的付款這樣的字眼；換言之，年金裡的付款金額在每一期都應相等。雖然許多財務決策涉及固定不變的付款，但其他許多則是涉及**不均等的現金流量**〔uneven cash flows，或稱非恆常的現金流量（nonconstant cash flows）〕。例如，普通股股利通常會隨著時間增加，以及對資本設備的投資幾乎總是產生不均等的現金流量。在本書中，我們將**付款**（payment, PMT）這個字保留給每一期相等付款金額的年金，而使用**現金流量**（cash flow, CF_t）去標示不均等的現金流量——t 指出現金流量發生的時期。

不均等現金流量有兩種重要類型：(1) 包含一系列的年金付款，加上最後額外一筆錢的現金流；(2) 所有其他不均等的現金流。債券是第一類型的最佳例子，而股票和資本投資則闡明了第二類型。以下是這兩種類型現金流量的數值例子：

1. 年金＋額外的最後一筆付款：

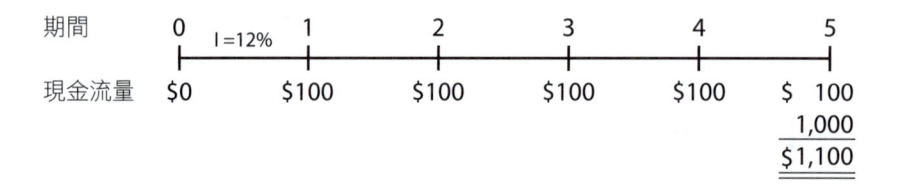

期間	0 (I=12%)	1	2	3	4	5
現金流量	$0	$100	$100	$100	$100	$ 100
						1,000
						$1,100

2. 不規則的現金流量：

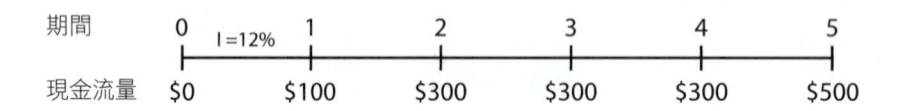

期間	0 (I=12%)	1	2	3	4	5
現金流量	$0	$100	$300	$300	$300	$500

我們可以使用方程式 5-7，求出這兩種類型現金流的 PV；使用逐步運算法，對每一筆現金流量進行折現並加總，就可以得到方程式 5-7 之現金流的現值：

$$PV = \frac{CF_1}{(1+I)^1} + \frac{CF_2}{(1+I)^2} + \cdots + \frac{CF_N}{(1+I)^N} = \sum_{t=1}^{N} \frac{CF_t}{(1+I)^t} \qquad 5\text{-}7$$

我們則會發現現金流 1 的 PV 等於 $927.90，現金流 2 則是 $1,016.35。

逐步運算的程序是相當直接的，但若現金流量的數目很大，它會變得非常耗時；財務計算機顯然可以加快整個過程。首先考慮現金流 1——注意：我們有的是一個五年、12% 的普通年金，再加上最終一筆 $1,000 的付款。我們能求出年金的 PV，接著求出最後一筆付款之 PV，再把兩者加起來，就會得到現金流 1 的 PV。

圖 5.3　不均等現金流量的 PV

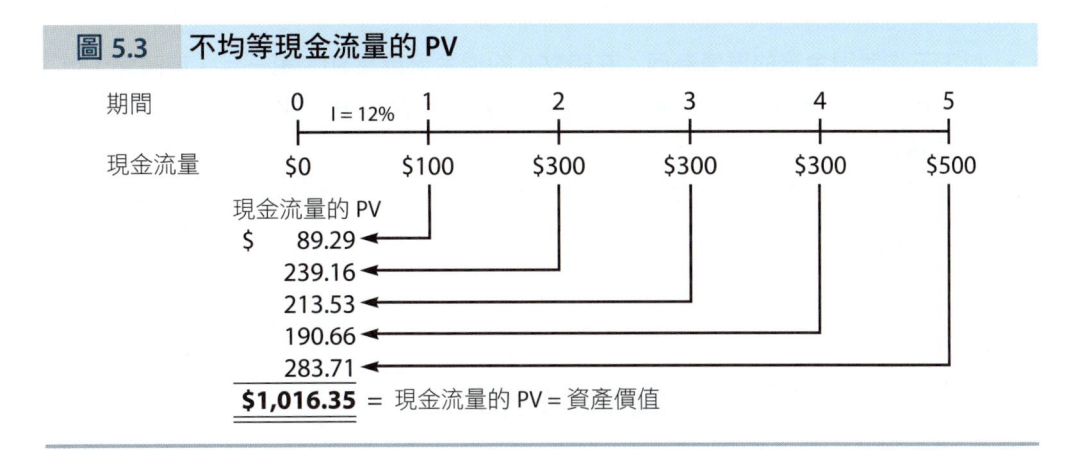

期間	0	1	2	3	4	5
	I = 12%					
現金流量	$0	$100	$300	$300	$300	$500

現金流量的 PV
$ 　89.29
　 239.16
　 213.53
　 190.66
　 283.71
$1,016.35 = 現金流量的 PV = 資產價值

財務計算機只需簡單的步驟便可完成計算——使用五個 TVM 按鍵，鍵入如下所示的數據，按下 PV 鍵，便得到答案為 $927.90。

5	12		100	1000
N	I/YR	PV	PMT	FV
		−927.90		

　　對第二類型的不均等現金流而言，解題程序便大不相同。在此，我們必須使用如圖 5.3 所示的逐步運算法；計算機和試算表也是使用這個程序，但它們的運算快速又有效。首先，鍵入所有的現金流量和利率，接著計算機或電腦對每一筆現金流量進行折現以找出它的現值，然後將這些 PV 加起來，便得到現金流的 PV。你必須在計算機的「現金流量登錄區」（cash flow register）鍵入每一個現金流量、利率，接著按下 NPV 鍵以求得現金流的 PV；NPV 是淨現值（net present value）的縮寫。我們將在第十章和第十二章詳加討論這個過程——使用 NPV 計算去分析股票和提出的資本預算計畫。若你不知如何使用財務計算機進行計算，則建議你參考計算機使用手冊——學會每一步驟，並確認你學會如何計算。這是因為你最終仍需學會，不如現在就開始認真學習。

課堂小測驗

- 如何使用方程式 5-2 求解不均等現金流的現值？
- 利率 6%、每年支付 $100 之 5 年期普通年金，且在第五年年底還支付 $500，這個現金流量的現值為何？若改為 10 年期和在第十年支付 $500（其餘不變），則這個新的現金流量現值為何？（**$794.87**；**$1,015.21**）

- 以下不均等現金流的現值為何：在時點 0 的現金流量為 $0、第一年（或時點 1）為 $100、第二年為 $200、第三年為 $0、第四年為 $400，以及 8% 的年利率。（**$558.07**）
- 典型的普通股所提供的現金流量，會比較像年金，還是比較像不均等的現金流量？試解釋之。

5-13 不均等現金流量的終值

　　藉由複利計算，而不是使用折現，便可求得不均等現金流量的終值。考慮前一節裡的現金流 2，我們對那些現金流量做折現運算以求得 PV，但也可對它們做複利運算以求出 FV。圖 5.4 使用逐步運算法，闡明求解現金流 FV 的程序。

　　所有金融資產——股票、債券和企業資本投資——的價值，都可使用它們預期的未來現金流量的現值來估計。因此，我們需要經常計算現值，遠較計算終值的頻率來得高。結果是，所有的財務計算機對求解 PV 提供自動的功能，但卻通常未內建自動的 FV 函數。在相對較少發生、需要找出不均等現金流量 FV 的情況下，我們通常會使用如圖 5.4 所示逐步推導的程序。這個程序可用於所有的現金流，即使某些現金流為零或是負值時皆可使用。

課堂小測驗

- 為何我們比較可能需要計算現金流的現值，而非它的終值？
- 以下現金流的終值為何：第一年年底之現金流量為 $100、兩年後到期 $150、三年後到期 $300，年利率 15%？（**$604.75**）

圖 5.4　不均等現金流量的 FV

期間	0	1	2	3	4	5
	I = 12%					
現金流量	$0	$100	$300	$300	$300	$500

$ 500.00
　336.00
　376.32
　421.48
　157.35
　　　0.00
$1,791.15

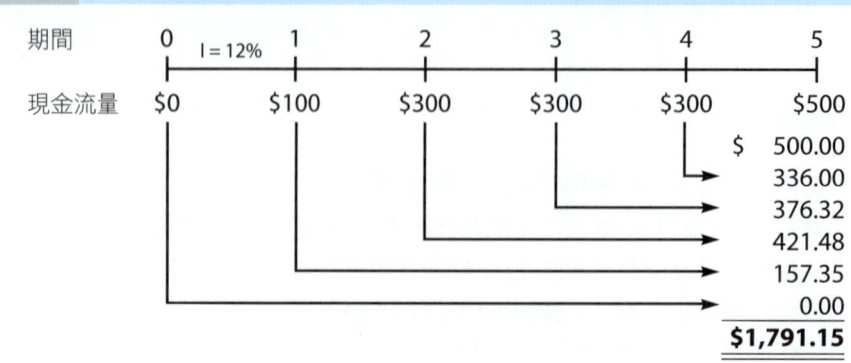

結語

本章討論單次付款、普通年金、期初年金、永續年金和不均等現金流量。方程式 5-1 用於計算某特定金額的終值；這個方程式可以改寫成方程式 5-2，並用於找出某特定金額的現值。我們使用時間線顯示現金流量何時發生；以及當我們處理個別的現金流時，了解到可使用逐步運算法、使用公式以簡化計算、財務計算機和試算表，對時間價值問題求解。

如我們在本書一開始便指出的：貨幣時間價值是財務學裡最重要的概念，且本章發展出來的程序將在後續章節裡反覆用到。時間價值分析用於股票、債券和資本預算計畫的評價，並用於分析個人的財務問題，如本章一開頭的文章所談到達成寬裕的退休生活目標。隨著研讀本書後續內容，你將愈來愈熟悉時間價值分析，但我們仍建議你最好先努力學好第五章的內容。

自我測驗

ST-1　**終值**　現在是 2021 年 1 月 1 日，你將 $1,000 存入年利率 8% 的儲蓄帳戶。
   a. 若銀行採年複利，則你的帳戶到了 2024 年 1 月 1 日會有多少錢？
   b. 若銀行採季複利，則你的帳戶到了 2024 年 1 月 1 日會有多少錢？
   c. 假設你分別在 2022 年、2023 年和 2024 年 1 月 1 日，存入 $333.333、合計 $1,000，根據 8% 年利率，你的帳戶到了 2024 年 1 月 1 日會有多少錢？
   d. 假設你分別在 2021 年、2022 年和 2023 年 1 月 1 日，存入 $333.333、合計 $1,000，根據 8% 年利率，你的帳戶到了 2024 年 1 月 1 日會有多少錢？
   e. 假設你分別在 2022 年、2023 年和 2024 年 1 月 1 日，存入三筆等額 $X，假設 8% 年利率，則 X 應為多少才能讓本題終值等於問題 a 裡的終值？

ST-2　**貨幣的時間價值**　今天是 2021 年 1 月 1 日，你將在四年後的 2025 年 1 月 1 日需要 $1,000，以及你的銀行提供 8% 的年複利率。
   a. 若 2025 年 1 月 1 日的存款餘額要達到 $1,000，則你今天需存入多少錢？
   b. 若你希望從 2022 年到 2025 年的每年 1 月 1 日存入一筆相等金額的錢，用以累積 $1,000，則每一筆存款的金額為何？（請注意：第一筆存款發生在距今的一年後。）
   c. 若你的父親願意照 b 小題的條件付錢（$221.92）給你，或是在距今一年以後的 2022 年 1 月 1 日付給你 $750，則你會如何選擇？試解釋之。
   d. 若你在 2022 年 1 月 1 日存入 $750，則在怎樣的年利率水準下，以每年複

利計算一次，能讓你在 2025 年 1 月 1 日擁有 $1,000？

e. 假設在 2022 年到 2025 年四年之間的每年 1 月 1 日，你可以每次存入 $200，則在每年複利計算一次的前提下，怎樣的利率水準能讓你在 2025 年 1 月 1 日擁有 $1,000？

f. 若你的父親在 2022 年 1 月 1 日送給你 $400，且你將在 2022 年 7 月 1 日到 2025 年 1 月 1 日期間，每半年存入額外一筆（共六筆）相等金額的錢。若銀行年利率為 8%、每半年複利計息一次，則每一筆存款金額為何，方能讓你在 2025 年 1 月 1 日擁有 $1,000？（本題需舉一反三，有些難度。）

問題

5-1 什麼是機會成本？它如何應用在貨幣時間價值的分析裡？又顯示在時間線上的何處？是否在所有情況下，都可使用單一數字？試解釋之。

5-2 解釋以下陳述的真偽：連續 10 年每年 $100 是屬年金；但第 1 年 $100、第 2 年 $200、第 3-10 年每年 $400，不為年金、卻包含年金。

5-3 若公司的每股盈餘在十年期間，從 $1 成長到 $2，則總成長率雖是 100%，但年成長率應小於 10%。對或錯？試解釋之。（提示：若你不確定，試試帶入幾個數字看看。）

5-4 當你將錢存入利率為負的銀行帳戶，意謂為何？

5-5 你偏好將錢存入年息 5%、每季複利計息一次，還是偏好將錢存入年息 5%、每日複利計息一次？請解釋。

5-6 M 在銀行看到告示板上寫著 6 個月利率為 4%、1 年期利率為 4.25%。他決定將 $100 存 6 個月，並預期在到期時將領到 4 美元利息（$100*4%）。你是否同意他的預期？

5-7 為了找出不均等現金流的現值，你必須找出個別現金流量的現值，然後將之加總。即便其中一部分的現金流構成年金，卻仍完全不能使用年金程序來加以計算，這是因為整個現金流並非年金。對或錯？試解釋之。

5-8 永續年金現值公式如下：PV=PMT/I。則其終值為何？（提示：答案是無限大，請解釋）

CHAPTER 6
財務規劃和預測

關於績效，有效預測甚為重要

　　如同所有公開上市公司，聯合包裹（UPS）針對股東所寫的年度報告，會提供它過去表現的總結，以及從其資深經理人角度所看到的重大機遇和未來風險之洞見。在它2019年的年度報告裡，UPS發布了好消息。該公司在2019年運送超過55億件的包裹、相較2018年件數增長近6%。另外，雖然國外營收下滑1.5%，但其美國營收增加6.7%。

　　在過去十年，許多消費者日益使用線上購物，這對如UPS這樣的貨運公司是個好消息。事實上，UPS目前每天平均處理超過兩千餘萬件包裹。

　　與此同時，它巨大的營運規模要求持續投資在所謂的「智慧物流網絡」。針對在此類領域的投資需求，UPS董事長暨CEO艾布尼（David Abney）於他2017年致股東公開信裡說：

> 　　投資正是這個計畫的基石——我們針對使用數十年的網絡進行極大規模的改造。我們正在利用人工智慧、機器學習、區塊鏈、機器人和其他先進科技，以確保我們的網絡跟得上時代。雖然我們近期將投入大量金錢，但長期而言，我們的顧客和股東將會顯著受益。藉著引入新科技和擴展我們設施的處理能力，我們正讓目前已是全球最有效率的網絡變得更棒。針對包裹的路徑規劃和運送，我們的數位投資賦予我們和顧客更多彈性、一致性和能見度。

　　進行投資決策時，公司高度依賴財務預測。有效預測須對市場、產業趨勢、競爭環境

和公司整體強項有堅實了解。審慎經理人知道計畫趕不上變化，因此隨時保持警醒。UPS在它2019年的年度報告裡提出類似觀點：

> 我們須針對包括飛機、貨車、科技、設施、分類和其他設備進行大額投資。這些投資支撐了目前業務和預期的成長。預測銷售涉及許多難以準確預測的因素，包括未來經濟景氣狀況，以及政府管制和競爭的變化。若我們不能準確預測我們未來資本投資的需求，我們將面臨過多產能或過少產能，都將減損我們的營收和獲利。此外，為了預測資本投資需求，我們調整我們營運和成本結構的其他元素，以回應艱困的經濟情勢；但這些調整或許不足以讓我們維持我們的經營利潤率。

> 如UPS所熟知，經濟環境總是不停變化，讓公司難以對其未來績效發展出合理預測。在過去數年，基於經濟和金融市場的巨大變動性，預測面臨日增挑戰。既然數字改變快於你的預測更新，或許你會無奈說「何必自找麻煩？」儘管會想放棄，但在多變時代，有效預測的重要性更甚以往。良好經營的公司知道不能假設明年將像過去一年，靠著自動導航進行營運。

來源："Accelerating Forward. . . . Customer First. People Led. Innovation Driven." *2019 UPS Annual Report*, investors.ups.com/financials/ annual-reports, February 20, 2020; and "Transforming UPS . . . for Today and Tomorrow," *2017 UPS Annual Report*, investors.ups.com / financials/annual-reports, February 21, 2018.

摘要

紐約洋基隊（Yankees）的前選手和經理人貝拉（Yogi Berra）曾說：「你必須得戒慎恐懼，若你不知道要前往何處，這是因為你或許到不了那裡。」對公司來說，這絕對是真理；它需要計畫——從公司的一般目標開始，並詳細列出達到目標的步驟。

當你讀完本章，你應能：
- 討論策略規劃的重要性，以及財務預測在整體規劃過程裡扮演的核心角色。
- 解釋公司如何預測銷售金額。
- 解釋試算表如何用在預測過程——從歷史陳述開始、以預測結果作結，以及根據這些預測產生一組財務比率。
- 討論為何預測是一個迭代過程。

財務規劃者從一組假設出發，探討可能會發生哪些狀況，並接著探查改變是否可以幫助公司達成較佳的結果。雖然我們聚焦於從企業的觀點來做預測，但頂尖的證券分析師也使用相同的程序；避險基金和私募基金的分析師特別熱衷於預測，且他們對預測的迭代過程很感興趣。

6-1 策略規劃

管理學教科書裡常見的策略規劃重要元素，包括：

- **願景聲明**。雖然不是所有公司，但許多公司清楚陳述了它的**願景聲明**（mission statement）。例如，以下是百事可樂（Pepsi）所陳述的願景：

  為每一口品嘗創造更多歡笑。

  對於我們的顧客：藉由我們美味和營養的產品，加上獨特的品牌經驗，創造歡笑時刻。

  對於我們的供應商：藉由成為其最佳夥伴，驅動改變遊戲規則的創新，並創造本產業裡難以企及的成長機會。

  對於我們的員工和社區：創造有意義的工作、獲得新技巧和建構成功職涯的機會，以及多元和包容的工作場域。

  對於我們的地球：為我們子孫，保護自然珍貴資源和滋養一個更可持續發展的地球。

  對於我們的股東：實施頂尖公司治理，讓我們的股東獲得可持續的最佳（total shareholder return, TSR）整體報酬。

- **企業範疇**。**企業範疇**（corporate scope）定義公司計劃追求的各類事業線，以及它將營運的地理區域。一些公司刻意地限制它們的經營範疇；理論上，對高階經理人來說，公司聚焦在較窄的功能範圍，會比公司跨足許多不同業務類型的狀況要來得好。學術界對此議題做了很多的研究，一些研究指出投資人對聚焦型公司的評價高於分散型公司。然而，若公司成功地將多角化的業務結合在一起，讓它們可彼此幫助，則此一綜效會提高整體企業價值。不論如何，企業對經營範疇的陳述應符合邏輯，並和公司的能力相符。

- **企業目標聲明**。**企業目標聲明**（statement of corporate objectives）是企業規畫的一部分；企業規畫設定期望經營經理人達成的具體目標。奇異公司（General Electric, GE）是一個很好的範例，它長久以來注重有效預測，將之作為評估投資、發展策略計畫、對不同單位分配資源和建構薪酬目標的基礎。諸如大部分的公司，GE 有質性目標和量化目標；GE 曾將不能達標

的事業單位賣出，以及換掉表現不佳的經理人，但當他們達成設定的目標時，GE 總是很慷慨地獎勵。

- 企業策略：UPS 有著廣泛的企業策略。最廣為人知的是該公司在全球提供供應鏈服務，使用它「智慧運籌」架構幫助達成穩定獲利和財務優勢。在它 2016 年年度報告裡，UPS 強調它的企業策略如何「透過將數以百萬計的公司物流整合進一個高度有效的運籌網絡，以便有助於增進全球經濟的活力和環境永續。」

- 經營計畫。UPS 的每一個事業單位都必須發展出詳細的**經營計畫**（operating plan），且必須與企業策略一致，才能有助於達成公司的目標。經營計畫涉及的年數可長可短，但大部分的公司使用五年計畫。經營計畫詳加解釋每一特定功能是由哪些人負責、特定任務的最後期限、銷售和利潤目標等。

- 財務計畫。對大部分公司來說，**財務計畫**（financial plan）涉及多步驟程序。聯合食品的財務計畫是一個四步驟過程。首先，假設未來的銷售水準、成本、利率等，以供預測之用；第二，發展出一組預測的財務報表；第三，計算出諸如第四章裡的財務比率預測值，並加以分析；第四，重新檢視整個計畫和當初的假設，且管理團隊應思考經營的額外改變會如何改善績效。最後一個步驟是重新考慮之前整個計畫的所有環節，亦即從願景聲明到經營計畫。因此，財務計畫將計畫的全部過程連結在一起。

前述之財務計畫通常又稱為**基於價值的管理**（value-based management）；意謂著種種不同決策對公司財務部位和價值的影響，可藉由使用公司的財務模型來加以模擬其效應。例如，若特斯拉（Tesla）正評估二擇一在內華達州或加州設立新的超級工廠（Gigafactory），它將使用財務模型進行電腦模擬，看看哪個地點會極大化長期股東財富。

> **課堂小測驗**
> - 何謂企業策略規畫的重要元素？
> - 財務計畫如何與公司整體策略規畫的其他部分產生關聯？
> - 財務計畫如何能用於幫助管理階層對證券分析師提供指引？

6-2 銷售預測

財務計畫通常始於銷售預測（sales forecast）──回顧過去五年的銷售狀況，如圖 6.1 所示的聯合食品範例。這些數字取材自聯合食品的財務報表（參見第三章）；圖形下方的數據為五年的歷史銷售金額。

聯合食品在 2017 年至 2021 年間，銷售金額有起有落。在 2019 年，加州水果產區天氣不佳，導致作物收成低於平均，並造成 2019 年的銷售金額低於 2018 年的水準。接著，2020 年的豐年將銷售金額推升 15%，這對一個成熟的食品加工業者而言是個超乎尋常的高成長。過去四年的年複合成長率為 9.88%。因為打算導入新產品、產能和配銷量增加、新的廣告活動及其他因素，管理階層預期 2022 年的成長率將微幅上揚至 10%。因此，銷售金額應從 $3,000 百萬增加到 $3,300 百萬。

圖 6.1　2022 年聯合食品銷售預測（$ 百萬）

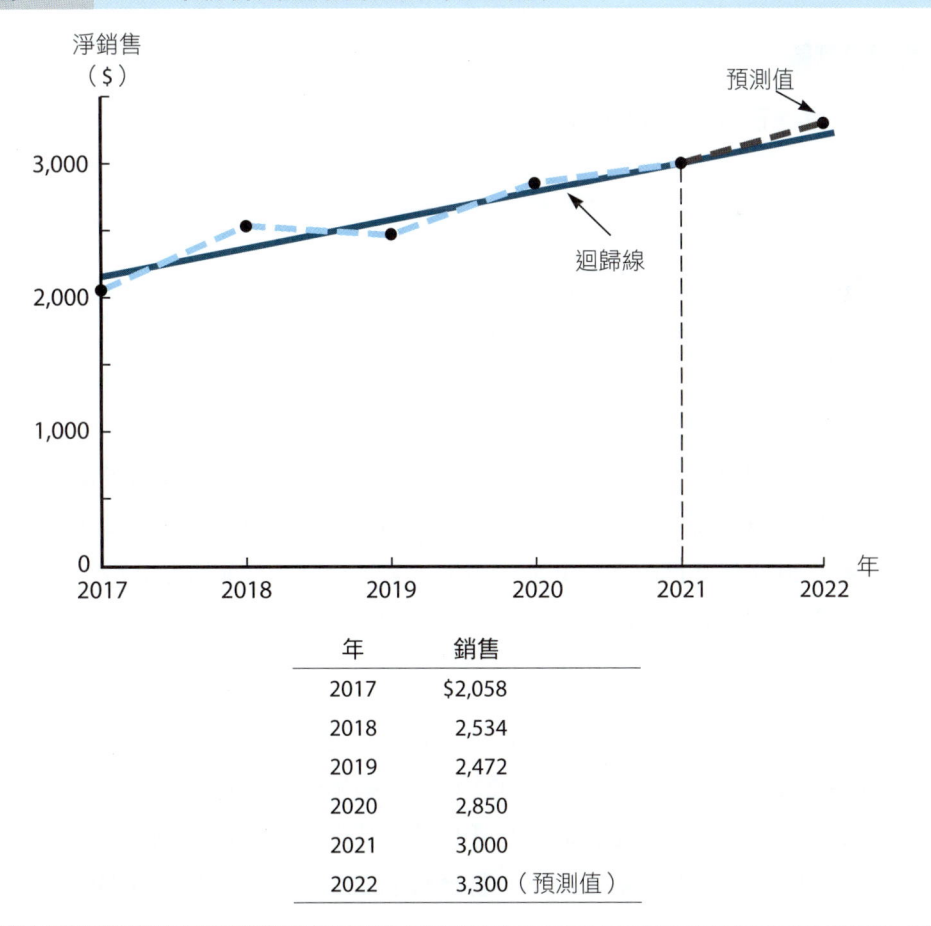

年	銷售
2017	$2,058
2018	2,534
2019	2,472
2020	2,850
2021	3,000
2022	3,300（預測值）

管理階層無疑喜歡較高的銷售成長，但並不是不計代價。例如，削減價格、增加廣告支出、寬鬆信用等皆可增加銷售；然而，所有這些行動都會招致成本。此外，銷售成長不能不同時伴隨產能增加，但這也會很花錢。所以，銷售成長必須與達成成長所需成本之間取得平衡。

若銷售預測出現錯誤，後果可能會很嚴重。首先，若市場擴張超過聯合食品的預期，則將不能滿足需要，顧客將轉向競爭對手購買商品，導致市占率損失。另一方面，若預測過於樂觀，聯合食品將發現它有過多的工廠、設備和存貨，導致低周轉率、高折舊和倉儲成本，以及需要註銷壞掉的存貨，而這應會造成低利潤和股價受壓抑。此外，若聯合食品以負債來融資它的擴張，則高利息支出會讓公司的問題變得更複雜。

最後，請記住銷售預測是公司財務報表預測裡最重要的投入項，例如，預測 EPS 便需先預測銷售（參見 6-3 節）。當我們製作預測的財務報表時，銷售預測的重要性顯而易見。

> **課堂小測驗**
>
> - 準確的銷售預測為何對財務規劃極為重要？

6-3 預測的財務報表

我們在表 6.1 裡，描述如何發展出預測。

6-3a 單元 1──投入

表 6.1 的列 4 到列 9，顯示用在預測之基本的投入或假設。在做預測之前，財務長已與執行長和其他高階經理人做過討論，他們一起回顧第四章的比率分析，並達成需要在 2022 年進行改善的共識。否則，某私募基金或避險基金或許會決定接收這家公司；果真如此，經理人很可能會丟掉工作。

可調整的投入

C 行的投入顯示在管理階層控制下的 2021 年之重要比率，且可在未來加以調整。D 行的數值是財務長所做針對 2022 年的初始預測，而 E 行是產業平均值。第一項投入為成長率，這個數字原則上可改變；但我們在表 6.1 裡假設 10% 的成長率。接下來是經營成本／銷售比率；聯合食品 2021 年的比率為 90.73%、高於產

表 6.1　預測的財務報表（$ 和股份的單位皆為百萬）

	A	B	C	D	E	F	G
2	單元 1　投入		\multicolumn{2}{c}{可調整投入}		固定投入	
3			2021	2022	產業	銷貨成本/銷售	
4		成長率，g	NA	10.00%	NA	稅率（T）	25.00%
5		經營成本/銷售	90.73%	89.50%	87.00%	利率	9.60%
6		應收帳款/銷售	12.50%	11.00%	9.86%	股份	75
7		存貨/銷售	20.50%	19.00%	9.17%	每股價格	$23.06
8		負債比率	53.00%	49.00%	40.00%	固定資產/銷售	33.33%
9		配息比率	58.99%	55.00%	45.00%		70.00%
10	單元 2　損益表				2021	改變	2022
11	銷售				$3,000.0	(1 + g)	$3,300.0
12	經營成本（包括折舊）				2,722.0	0.895	2,953.5
13	息前稅前盈餘（EBIT）				$ 278.0		$ 346.5
14	利息支付				83.0	參見註解	77.7
15	稅前盈餘（EBT）				$ 195.0		$ 268.8
16	稅金				48.8	EBT(T)	67.2
17	淨所得（NI）				$ 146.3		$ 201.6
18	股利				$ 86.3	NI（配息）	$ 110.9
19	保留盈餘的增加				$ 60.0		$ 90.7
20	單元 3　資產負債表				2021	改變	2022
21	資產						
22	現金（隨銷售成長）				$ 10.0	(1 + g)	$ 11.0
23	應收帳款				375.0	0.1100	363.0
24	存貨				615.0	0.1900	627.0
25	固定資產（隨銷售成長）				1,000.0	(1 + g)	1,100.0
26	總資產				$2,000.0		$2,101.0
27	負債和股東權益						
28	應付帳款＋應提費用（兩者皆隨銷售成長）				$ 200.0	(1 + g)	$ 220.0
29	短期銀行貸款				110.0	參見註解	103.5
30	總流動負債				$ 310.0		$ 323.5
31	長期債券				750.0	參見註解	706.0
32	總負債				$1,060.0		$1,029.5
33	普通股				130.0	參見註解	170.8
34	保留盈餘				810.0	$90.7	900.7
35	總普通股權益				$ 940.0		$1,071.5
36	總負債和股東權益				$2,000.0		$2,101.0
37	單元 4　比率和 EPS			2021	2022E		產業
38	經營成本/銷售			90.73%	89.50%		87.00%
39	應收帳款/銷售			12.50%	11.00%		9.86%
40	存貨/銷售			20.50%	19.00%		9.17%
41	負債比率			53.00%	49.00%		40.00%
42	配息比率			58.99%	55.00%		45.00%
43	存貨周轉率			3.41	3.68		7.62
44	銷售流通天數（DSO）			45.63	40.15		36.00
45	總資產周轉率			1.50	1.57		1.80
46	資產/股東權益（股權乘數）			2.13	1.96		1.73
47	利息保障倍數（TIE）			3.35	4.46		6.00
48	銷售利潤率			4.88%	6.11%		6.00%
49	資產報酬率（ROA）			7.32%	9.60%		10.80%
50	股權報酬率（ROE）			15.56%	18.81%		18.70%

（接下頁）

表 6.1　預測的財務報表（$ 和股份的單位皆為百萬）

	A	B	C	D	E	F	G
51	杜邦計算		淨利潤率（NI/S）	總資產報酬率（S/A）	股權乘數（A/E）	= ROE	
52	2021 年的真實值		4.88%	1.50	2.13	15.6%	
53	2022 年的預測值		6.11%	1.57	1.96	18.8%	
54	產業平均數據		6.00%	1.80	1.73	18.7%	
55	每股盈餘（EPS）		$1.95		$2.63		
56	單元 5　計算註解						
57		根據資產負債表，2022 年的資產將變成此一金額					$2,101.0
58		目標負債比率					49.00%
59		產生的總負債：(目標負債比率)(2022 年資產)					$1,029.5
60		減去：應付帳款和應提費用					(220.0)
51		銀行貸款和債券（= 付息負債）					$ 809.5
62		根據 2021 年比例之銀行貸款				12.79%	103.5
63		根據 2021 年比例之債券				87.21%	$ 706.0
64		利息支出：(利率)(2022 年銀行貸款 + 債券)					$ 77.7
65		目標股權比率 = 1 – 目標債權比率					51.00%
66		必要的總股權：(2022 年資產)(目標股權比率)					$1,071.5
67		根據 2022 年資產負債表之保留盈餘					900.7
68		必要的普通股 = 必要的股權 – 保留盈餘					$ 170.8
69		流通在外的股票或舊股（百萬）					75.0
70		普通股的增加 = 2022 年份份 – 2021 年股份					$ 40.8
71		根據投入單元之最初每股價格					$ 23.06
72		股份改變量 = 股票價值的改變量／最初每股價格					1.77
73		新股數量 = 舊股數量 + 份份改變量					76.77
74		舊 EPS = 2021 年淨所得／舊股數量					$ 1.95
75		新 EPS = 2022 年淨所得／新股數量					$ 2.63

業的 87%，而朝向產業平均進行削減，應會使淨所得顯著改善，財務長因此設定 2022 年 89.5% 的暫定目標。請注意，與此同時，該廠商還計畫削減非屬銷售成本的其他成本（如行銷費用、雜項支出和行政成本）；它的銷售成本仍維持占銷售額的 70%，如表 6.1 單元 1 之固定投入項下所示。接著，我們在第四章看到聯合食品的應收帳款和存貨，相對於它的銷售顯得過高；若這些帳目可以減少，將會帶來較低的壞帳、較低的倉儲成本和較高的利潤。此外，投資在應收帳款和存貨的過剩資本，可釋放出來並用於償還負債和／或買進庫藏股，這兩者皆能改善公司的 ROE 和 EPS。再一次強調，財務長將 2022 年最初的目標值，訂在聯合食品 2021 年的財務比率與產業平均之間。

此外，聯合食品的股東權益／資產比率為 47%，顯著低於產業 53% 的平均；且公司的往來銀行已有抱怨，並指出這個比率若能增加，負債成本應會減少。證券分析師也表示若聯合食品的負債減少，它的風險也會隨之減少；以及負債已對它的股價價格／盈餘比率產生負面影響。考量上述因素，聯合食品為股東權益／資產比率設定 51% 的目標值，亦即它的總負債／資產比率的目標值為 49%。

類似地，聯合食品的配息比率高於產業平均，而執行長和數位董事認為它應降低，這應可對支持成長提供更多的資金──這正是股東想要的。

固定投入

一些預測所需、必要的其他投入，並未在管理階層的直接控制之下，或未預期會有改變。這些投入顯示在 G 行，包括稅率、利率、最初發行的股份、最初股價、固定資產／銷售比率，財務長認為這些投入狀況尚佳。流通在外的股票在 2022 年將會改變，這取決於公司發行的新股數量。額外付息負債的數量，取決於自發性資金（spontaneously generated funds）帶來的增長、目標總負債／資產比率和資產的增加。聯合食品管理階層決定在 2022 年維持應付票據和長期負債的比率，即與 2021 年時相等。當然，管理階層希望股價將因公司的行動和改善財務部位而增加，但財務長明智決定在此時點不做預測。

6-3b 單元 2 ── 預測的損益表

預測的 2022 年損益表是從 2021 年的損益表著手進行，但假定 2022 年的銷售將成長 10%。接著，將新的、假設的經營成本比率乘以新的銷售水準，可計算 2022 年的經營成本；將之從銷售裡扣除後便得到預測的 EBIT。在確定資產負債表裡的付息負債金額（單元 3）後，單元 5 的註解單元便算得利息支出。利息支出一旦求得，並投入損益表內，便可得到預測的淨所得。2022 年的股利，為目標配息比率乘上 2022 年淨所得預測值。淨所得減去股利，就可得到 2022 年增加的保留盈餘。

6-3c 單元 3 ── 預測的資產負債表

預測的 2022 年資產負債表，是從 2021 年的報表發展而來。現金和固定資產皆乘以 1.1，因它們必須和銷售成長的速度一致。將假設的 11% 應收帳款／銷售比率（參見單元 1）乘以預測的 2022 年銷售值，就可得到應收帳款。存貨則是將 19% 的存貨／銷售比率（參見單元 1）乘以預測的 2022 年銷售值。接著，我們將這四類資產帳目加起來，就可得到預測的 2022 年總資產。

在負債面，因應付帳款和應提費用的成長率會和銷售相同，所以我們可將 2021 年的數字乘以 1.1。此外，2022 年的保留盈餘，等於 2022 年增加的保留盈餘和 2021 年損益表裡的保留盈餘之和。為了完成資產負債表，我們需要找出短期銀行貸款、債券和新普通股的數量；為了得到這些數值，我們直接跳到單元 5 的註解。在單元 5，我們將目標總負債／資產比率乘以預測的 2022 年總資產，求得預測的總負債金額。接著將這個金額減去應付帳款和應提費用，可得到包括銀行貸款和債券之付息負債的預測值。接下來，我們將此付息負債分別乘以 2021 年銀行債

務的比率、長期債券的比率，就可找出這兩個項目的預測金額。類似地，將（1 – 目標總負債／資產比率）乘以 2022 年預測的資產，便能得到必要的 2022 年股權總數量。接著減去預測的保留盈餘，便得到 2022 年的普通股權益，並將之插入資產負債表裡。當我們將所有的負債項目和股權項目加在一起時，則這個總額會，也必須等於預測的資產金額。

6-3d 單元 4──比率和 EPS

在完成 2022 年損益表和資產負債表的預測後，我們能計算預測的 2022 年比率和 EPS；這些計算在單元 4 裡完成。前五個比率可從單元 1 的投入單元找到，而我們卻從預測的報表來計算求得，為的是檢核模型的準確度。

單元 4 裡有趣的內容是杜邦計算。在 2021 年，聯合食品的銷售利潤率和周轉率都相當低，但它的股權乘數卻相對較高。結果是一個低的、但有風險的 15.6% 之 ROE。對 2022 年的預測，顯示銷售利潤率和周轉率皆有改善，這將提升 ROE；股權乘數的降低雖會拖累 ROE，但卻蘊含較低的財務風險。結果會是一個明顯為佳、風險較低的 18.8% 的 ROE；這個值非常接近產業平均。

單元 4 的最後一個項目是預測的 EPS，它從 2021 年的 $1.95 躍升至 2022 年的 $2.63。財務長口頭報告經計算得到的以下數據，但決定不把它放在表裡：

P/E 比　　11.8 vs. 產業平均 13.6
目前股價　$23.06

接下來，聯合食品 2022 年的股價預測值為預測的 EPS 乘以產業平均的 P/E 比率：

$2.63(13.6) = $35.77
資本利得比率：$35.77/$23.06 – 1 = 55.12% 或約 55%

6-3e 使用預測去改善經營

聯合食品的財務長使用一個簡單的 Excel 模型，製作了表 6.1。這個表也可使用計算機來製作，但使用 Excel 會讓事情變得更容易。更重要的是，一旦它發展出這個模型，就能做出各種不同的改變，以了解在不同情境下的預測結果。改變成長率和單元 1 裡的五個重要投入變數，將極為容易。財務假設可輕易改變，如或許使用更多的銀行貸款和較少的債券；只使用股權融資、或只使用負債融資的結果，彈指之間便可得到。對於投入值改變，模型可立即提供修改後的結果。確實如此，財務長的筆電裡裝置此一模型、帶著筆電參與會議，並回答一些「如果……則……」

這類的問題。事實上，Excel 的數據處理選項裡就包含「如果……則……」的分析工具，如分析藍本管理員（Scenario Manager）、目標搜尋（Goal Seek）和資料表格（Data Tables）；本書所發展出的所有 Excel 模型，使用目標搜尋和資料表格。

當然，在試算表模型裡更改投入，遠遠比因改變實際經營產生的預測結果要容易許多。然而，如本章之前提及的，若你不知道你的方向為何，則便很難到達那裡。第四章的比率分析中，指出聯合食品的弱點，而表 6.1 的模型闡釋具驅動力之變數的改善，會如何影響公司的 ROE、EPS 和股價。聯合食品經理人的薪酬，一部分乃是根據公司的財務結果，包括它的 ROE 和股價，所以他們對模型和其結果會深感興趣。解僱的威脅提供另一項重要動機；當使用良好的資產，卻得到不佳的結果時，可能會讓解僱管理階層成真。

> **課堂小測驗**
> - 主修行銷或管理的學生為何要對財務預測感興趣？
> - 對非財務主修的學生來說，在他們畢業就業後，財務預測是否是重要的？試解釋之。

結語

本章描述預測財務報表的技巧——為財務規劃程序裡的重要部分。投資人和企業經常使用預測技巧來幫助評價公司的股票、預測潛在計畫的利益，以及預測資本結構、股利政策和經營資本政策的改變，如何影響股東的價值。

本章所描述的預測類型十分重要，原因如下：首先，若預測的經營結果讓人不滿意，管理階層可「回到繪圖板」重新規劃，並為來年設定更合理的目標。第二，滿足銷售預測的必要資金很可能就是籌措不出，若果然如此，則事先知道絕對會比較好，可讓我們得以削減預測的經營規模，免得被迫突然現金用盡，以致營運戛然而止。第三，公司經常針對可能的未來盈餘給予分析師一些建議，因若能提供合理的準確預測將是有益的。

問題

6-1 假設辦公用品產業的平均銷售利潤率為 6%、負債資產比率為 40%、總資產周轉率為 200%、股利配息比率為 40%。若這家公司的銷售成長了（成長率 g > 0），則它是否會被迫借錢或賣出普通股？換言之，是否即便在成長率 g 非常低的情況下，仍將需要一些非自發性的外部資本？試解釋之。

6-2 你是否同意 1990 年代流行的企業電腦化規劃模型，因企業規劃需要彈性而不再被大多數廠商使用？請解釋。

6-3 某些負債和淨值項目常常會隨著銷售的成長而自發性地增加。在以下項目中，哪些會自動隨銷售增加而增加，請打勾。

      應付帳款　　　　　_____
      銀行應付票據　　_____
      應提薪資　　　　_____
      應提稅金　　　　_____
      抵押債券　　　　_____
      普通股　　　　　_____
      保留盈餘　　　　_____

PART 3 金融資產

CHAPTER 7 利率
CHAPTER 8 風險和報酬率
CHAPTER 9 債券和債券評價
CHAPTER 10 股票和股票評價

CHAPTER 7

利率

利率和通貨膨脹

為回應新冠疫情導致的經濟減速，美國聯準會採取量化寬鬆（quantitative easing）政策，並將聯邦基金利率（Fed fund rate）降到幾乎接近零。結合極大的財政刺激，經濟因大量流動性而復甦，但也創造房市和股市的資產泡沫。全球供應鏈問題導致的貨品短缺推升了物價，而新冠疫情所實施的嚴格人流管控更是推波助瀾。

聯準會主席鮑爾（Jerome Powell）在他2021年8月的演講中，暗示聯準會不準備以升息回應所謂的過渡性通貨膨脹（transitory inflation）；儘管在上星期五，聯準會公布它偏好的物價指標──個人消費支出物價指數（PCE price index）上漲4.2%，已大幅高於聯準會2%的通膨目標。

當俄羅斯在2022年2月侵略烏克蘭，情勢變得更糟。烏克蘭是全球農產品重要供應和出口國，葵花子油、玉米、油菜花和大麥分別占全球市場的42%、16%、12%和10%，這場戰爭導致許多農作物價格飆升。歐盟對俄羅斯和其他的國際制裁，導致俄羅斯採取報復，讓石油和天然氣價格飆漲到近些年來的最高價。

通貨膨脹不再是暫時性，各國政府和央行皆保持高度戒備。為何它們對通膨威脅嚴陣以待？面對過去五十年來最嚴重的通膨，該如何做？

侵蝕消費者購買力是通膨最顯而易見的效應，因同等的金錢現在只能買到較少數量的貨物，另外通膨還較易傷害窮人和依靠固定收入的退休族。高油價影響石油進口國和經濟狀況已不甚佳的國家；最近，斯里蘭卡

因無錢進口石油導致經濟停滯。

升息以減緩需求推動的通膨,是最常見的貨幣手段。在 2022 年 3 月,三年來第一次,聯準會將聯邦基金利率上調一碼(25 基本點或 0.25%)。某些市場分析師批評升息幅度過小,他們認為聯準會在對抗通膨上動作遲緩。隨著通膨升溫,聯準會在該年 5 月升息兩碼、6 月升息三碼,市場預期將在 7 月再上調兩碼或三碼。7 月時宣布的消費者物價指數上漲率高於預期的 9.1%,投資人判斷聯準會可能升息四碼——自 1990 年代以來的最大升息幅度。

全球同步升息以壓抑通膨。最初,大部分央行採升息一碼、而非必要的較大升息幅度。在 2022 年 7 月 13 日,南韓央行升息兩碼(之前 5 次皆各升息一碼);一個小時後,紐西蘭央行升息兩碼;菲律賓在隔日升息三碼。

這些升息暨其他措施應有助於降低全球通膨。要不然,我們可能得面對讓人不悅的停滯性通膨(stagflation)——高通膨、高失業和低成長的組合。

來源:"Fed's Powell Holds Fast to 'This Year' Timeline for Bond-Buying Taper," (reuters.com/business/feds-powell-weighsdelta-risk-gives-no-signal-start-bond-buying-taper-2021-08-27/); "How Can Ukraine Export its Harvest to the World?" (bbc.com/news/world-europe-61583492); "Federal Open Market Committee: Meeting Calendars, Statements, and Minutes (2017-2022)," (federalreserve.gov/monetarypolicy/fomccalendars.htm); "US Inflation Quickens to 9.1%, Amping Up Fed Pressure to Go Big," (bloomberg.com/news/articles/2022-07-13/us-inflation-accelerates-to-9-1-once-again-exceeding-forecasts?sref=ijugFIVu); "Bangko Sentral Ng Pilipinas: Monetary Board Hikes Policy Rate by 75 Basis Points," (bsp.gov.ph/SitePages/MediaAndResearch/MediaDisp.aspx?ItemId=6366).

摘要

公司主要以負債和股權這兩種形式募集資本。在自由經濟體裡,資本諸如其他項目,透過市場體系加以分配;在市場裡,資金被移轉,以及價格被建立。利率為放款者收到、借款者為負債資本所支付的價格;類似地,股票投資人預期收到股利和資本利得,而這兩者代表的是股權成本。我們從檢視影響資本供需的因素作為開始,且它們反過來也會影響貨幣的成本。我們將了解到單一的利率並不存在;不同負債種類的利率會不相同,取決於借款者的風險、借款用途、抵押品的種類,以及還款期限。在本章,我們主要聚焦在這些因素如何影響個人的負債成本;將在後續章節深入探討企業的負債成本,以及它在投資決策上扮演的角色。如你將在第九章和第十章所看到的,負債成本是影響債券和股票價格的重要因素;它也是企業資本成本的重要成分,詳見第十一章。

當你讀完本章,你應能做到:
- 列出影響貨幣成本的因素。
- 討論市場利率如何受到借款者對資本需求、預期通貨膨脹率、證券的不同風險和證券流動性的影響。
- 解釋何謂殖利率曲線,以及決定其形狀的因素。

7-1 貨幣成本

影響貨幣成本的四大要素為：(1) **生產機會（production opportunities）**；(2) **消費時間偏好（time preferences for consumption）**；(3) **風險（risk）**；和 (4) **通貨膨脹（inflation）**。為了解這些因素如何運作，讓我們想像某個與世隔絕的島上住著捕魚為生的人們；他們擁有一些漁具，讓自己可以過得相當不錯，但還是希望有更多的魚。現在假設島上居民克魯梭先生對製作新型態的漁網有絕佳點子，能讓他的日漁獲量增加一倍；然而，他需要用一年的時間才能完美設計、建造漁網和學會有效地使用。那麼在克魯梭先生能真正使用新網之前，或許就已餓死了。因此，他可以向羅賓森小姐、福瑞德先生和其他人提議，若他們在未來一年每天可以給他 1 條魚，則他在明年將每天償還 2 條魚。若有人接受這樣的提議，則給予克魯梭先生的魚便構成儲蓄，而這些儲蓄則投資在漁網上，屆時新漁網所產生的額外漁貨便構成投資報酬率。

顯然若克魯梭先生對新漁網之生產力評價愈高，則他對潛在投資人的儲蓄就能提供愈多的報酬。在這個例子裡，我們假設克魯梭先生認為他應能，也因而提供支付 100% 的報酬率——他同意為收到的每一條魚償還 2 條魚。他或許已嘗試以較低的代價吸引儲蓄，例如，對羅賓森和其他的潛在儲蓄者提出願意為所收到的每一條魚償還 1.5 條魚（亦即為 50% 的報酬率）。

克魯梭先生之提議對潛在儲蓄者的吸引力，主要取決於儲蓄者的消費時間偏好。例如，假設羅賓森小姐正考慮退休，以及她願意以 1：1 的基礎用今天的魚來交換未來的魚。另一方面，福瑞德先生家有妻小，因此需要他目前的魚；所以，他今天借出去的 1 條魚至少要換到明天的 3 條魚才行。是以，福瑞德先生對目前的消費具有高的時間偏好，而羅賓森小姐則是低的時間偏好。也請注意：若所有人皆勉強生活在維生水準，則對目前消費的時間偏好必然會很高、總和儲蓄應會相當低、利率會很高，以及資本形成會很困難。

漁網計畫內在的**風險**（亦即克魯梭先生償還貸款的能力），也會影響投資人要求的報酬：認知的風險愈高，則必要報酬率愈高。另外，在一個更複雜的社會裡，存在許多像克魯梭先生這樣的商務人士、除了魚之外的許多財貨，以及像是羅賓森小姐和福瑞德先生這樣的許多儲蓄者。因此，人們使用貨幣作為交易媒介，而不是使用魚來以物易物。當貨幣被使用時，它的未來價值會受到**通貨膨脹**的影響：預期的通貨膨脹率愈高，則必要的報酬率愈大。我們將在本章後續內容，對此詳加探討。

因此，我們了解到支付儲蓄者的利率，取決於：(1) 生產者預期所投下的資本

能夠賺到的報酬率；(2) 相對未來的消費，儲蓄者對現在消費的時間偏好；(3) 貸款的風險性；(4) 預期的未來通貨膨脹率。生產者根據商務投資之預期報酬，設下為取得儲蓄所需支付的成本上限；消費者對消費的時間偏好，讓他們得以決定願意延遲多少的消費，以及在不同的利率水準下，他們願意儲蓄多少。較高的風險和較高的通貨膨脹，導致較高的利率。

> **課堂小測驗**
> - 借入負債資本之價格稱為什麼？
> - 哪兩個項目之和為股權成本？
> - 影響貨幣成本的四項基本要素為何？
> - 哪一項因素限制為取得儲蓄所能支付的上限？
> - 哪一項因素決定在不同利率下的儲蓄金額？
> - 風險和通貨膨脹如何影響經濟體的利率？

7-2 利率水準

借款者使用利率對負債資本的供給進行競標：具有最大獲利投資機會的公司，願意並有能力為取得資本付出最高的代價；所以，他們往往從無效率的公司和產品不受歡迎的公司那裡，將資本吸引過來。與此同時，政府政策也能影響資本的配置和利率水準；例如，聯邦政府某些機構幫助特定個人或團體，以有利的條件取得信用。有資格取得這類協助的，包括小企業、特定少數族群，和願意在高失業率地區興建工廠的公司。然而，美國大部分的資本仍是透過價格體系進行分配；利率就是資本的價格。

圖 7.1 顯示兩個資本市場的利率由供需互動決定。L 市場和 H 市場代表目前許多資本市場中的兩個；任何市場的供給曲線都是正斜率，這意謂當投資人可從資本收到愈高的利率時，便願意供給更多的資本。同樣地，向下傾斜的需求曲線指出，若利率愈低，則借款者將借更多。任何一個市場的利率皆為供給曲線和需求曲線的交點。目前的利率計作 r，且 L 市場裡低風險證券的利率最初為 5%。信用很好的借款人可以用 5% 的成本在 L 市場借到資金；而希望將錢投入沒有太高風險之處的投資人，可以獲得 5% 的報酬率。較高風險的借款者必須在 H 市場才能取得資金（但成本較高）；而願意承擔風險的投資人將預期可獲得 7% 的報酬，但也有可能得到遠較 7% 為少的報酬。在這種情況下，投資人願意接受 H 市場較高的風險，以換取 7% − 5% = 2% 的風險溢酬（risk premium）。

現在我們假設因影響市場的因素改變了，投資人因而認為 H 市場的風險變得更高。改變的認知將誘使許多投資人轉移到較安全的投資——被稱為「轉向安全投資」（flight to quality）。隨著投資人將錢從 H 市場移往 L 市場，則 L 市場的資金供給從 S_1 增加到 S_2；而增加的可用資本，將讓這個市場的利率從 5% 下降到 4%。與此同時，隨著投資人從 H 市場抽離資金，則此一市場的資金供給將會減少，而較緊的信用將迫使利率從 7% 增加到 8%。在這個新環境下，貨幣從 H 市場轉移到 L 市場，且風險溢酬從 7% − 5% = 2% 增加到 8% − 4% = 4%。

美國有許多的資本市場，而圖 7.1 彰顯這些市場在事實上是彼此關聯的。美國公司也在全球投資，並在全球募集資本，而外國人會在美國借錢或提供資金。貸款市場各式各樣：家庭貸款、農業貸款、企業貸款、聯邦、州政府和地方政府貸款，以及消費者貸款。針對上述每一類的貸款市場，都存在區域市場及不同種類的次一級市場。例如，在房地產市場裡，獨棟房屋、公寓、辦公大樓、購物中心和土地，皆存在獨立的一胎貸款市場和二胎貸款市場。當然，針對優質房貸和次級房貸，也存在相互獨立的市場。就企業部門而言，普通股股票市場就有數種，負債證券更是多達數十種。

每一類的資本有著不同的價格，且這些價格會隨著供需狀況的改變而異。圖 7.2 顯示自從 1970 年代初期以來，企業借款人的長期利率和短期利率變化情形。請留意，短期利率的波動性大很多——景氣好時快速上揚、景氣衰退時快速下跌；圖中的陰影部分顯示景氣衰退期間。當經濟處於擴張期，公司需要資本，因而推升利率。通貨膨脹壓力在企業榮景期處於最大的狀態，也因此會對利率產生向上的壓力。經濟衰退期間的狀況剛好相反：蕭條的商務減少對信用的需求、通貨膨脹下降，以及聯準會增加資金供給以幫助刺激經濟；結果是利率下跌。

圖 7.1　利率作為資金之供給和需求函數的變數

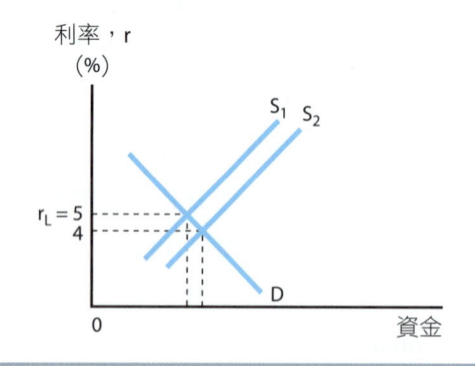

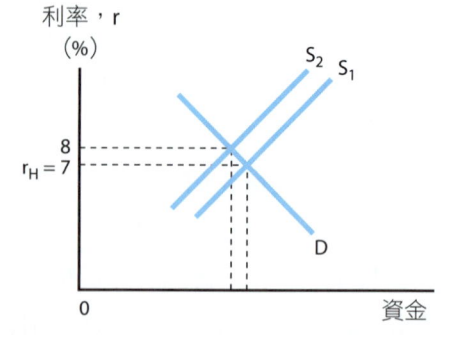

圖 7.2　1972 年至 2020 年之長期和短期利率

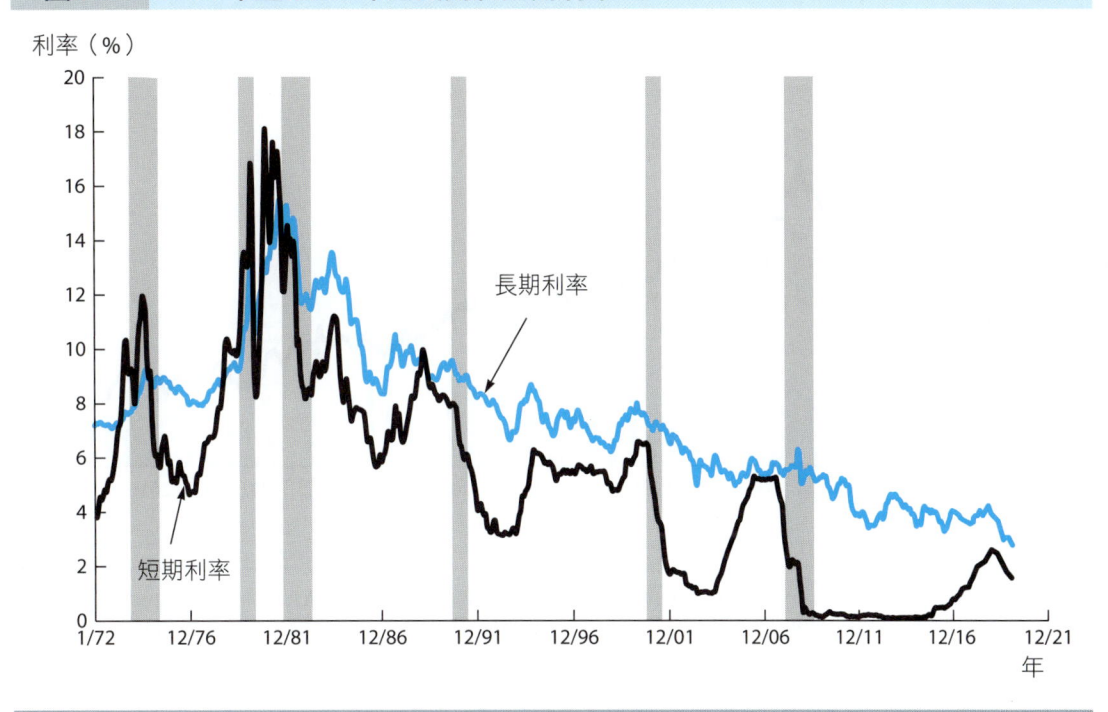

來源：St. Louis Federal Reserve FRED database, fred.stlouisfed.org/series/AAA and fred.stlouisfed.org/series/CPN3M.

註：陰影區域標示經濟不景氣時期。短期利率為對特大型優良企業 3-6 月期的放款利率；長期利率為 AAA 等級債利率。

　　這些傾向不總是會完全成真，由 1984 年以後的狀況便能一目了然。石油價格在 1985 年至 1986 年急劇下滑，降低了其他財貨價格的通貨膨脹壓力，和對嚴重的長期通貨膨脹之恐懼。在此之前，這些恐懼將利率推升到歷史高點。1984 年至 1987 年間的經濟狀況非常好，但對通貨膨脹恐懼的減少，不僅僅抵銷利率在經濟榮景時的正常上揚傾向，且最後的淨效果是產生較低的利率。

　　1972-2020 年間通貨膨脹和長期利率之間的關係，顯示在圖 7.3，它畫出通貨膨脹和長期利率隨著時間的變化。在 1960 年代早期，年均通貨膨脹率為 1%、高品質長期債券的年均利率為 4%。接著發生越戰，導致通貨膨脹上升，且利率開始向上爬升。當戰爭於 1970 年代初期結束，通貨膨脹微幅下跌；然而 1973 年的阿拉伯石油禁運，導致石油價格上漲、遠較為高的通貨膨脹率，以及急劇上揚的利率。

　　通貨膨脹在 1980 年達到 13% 的高點，但利率在 1981 年至 1982 年間仍持續上揚，且直到 1985 年，利率都維持在高檔，這是因為人們害怕發生另一次的通貨膨脹。因此，1970 年代發展出來的「通膨心理學」持續到 1980 年代中期。人們逐漸了解到聯準會對降低通貨膨脹率是玩真的；全球競爭正讓美國汽車廠和其他企業，

圖 7.3　1972 年至 2020 年間年通貨膨膨率和長期利率之間的關係

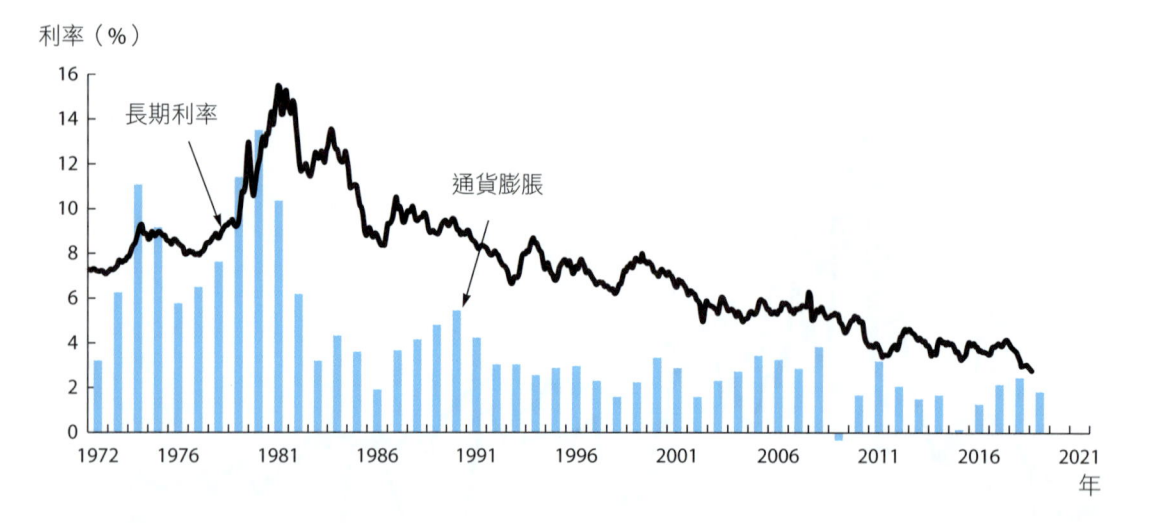

來源：St. Louis Federal Reserve, FRED database (fred.stlouisfed.org/series/AAA) and Department of Labor, Bureau of Labor Statistics, CPI-All Urban Consumers (Current Series), 1982–1984 = 100 (data.bls.gov/cgi-bin/surveymost?cu).

無法像過去那樣提高售價，而對企業價格上漲的限制，也削弱了工會透過罷工提高工資成本的能力。受到上述狀況的影響，利率跟著下跌。目前的利率減去「目前的通貨膨脹」，為目前的實質利率；也是圖 7.3 裡利率曲線和通貨膨脹長條線之間的距離。之所以稱為「實質利率」，是因它顯示投資人在通貨膨脹效應被移除後真正賺到的報酬率。實質利率在 1980 年代中期極高，但自從 1987 年以後只剩下約 1% 至 4%。

直到 2020 年的最近幾年，通貨膨脹率相當低，年平均約為 2%；在 2009 年時，通貨膨脹率甚至是負的，因價格在經濟大幅衰退時期下跌。然而，長期利率的波動性變大了，因投資人不確定通貨膨脹是否真的受到控制，或將反彈到 1980 年代的較高水準。未來數年，我們可以確信以下兩件事情：(1) 利率將會改變；(2) 若通貨膨脹看起來將變得更高，則利率將上揚，反之則利率會下調。

課堂小測驗

- 將資本配置給不同的可能借款者時，利率扮演的角色為何？
- 當資金供給減少時，資本市場的市場均衡利率會產生什麼樣的變化？當預期通貨膨脹增加或減少時又會如何？
- 在經濟榮景時，資本的價格往往會如何改變？經濟衰退時又會如何？

- 風險如何影響利率？
- 若過去十二個月裡，通貨膨脹率為 2%、利率為 5%，則實質利率等於多少？若預期未來一年，通貨膨脹率和實質利率分別為 4% 與 3%，則名目利率的預期值為何？（**3%；7%**）

7-3 影響市場利率的因子

一般來說，負債證券之報價或名目利率 r，由實質無風險利率 r^*，加上數個反映通貨膨脹、證券風險、流動性（或市場性），以及到期日距今年數的溢酬所影響。上述關係可以用下式加以表達：

$$\text{報價利率} = r = r^* + IP + DRP + LP + MRP \qquad 7\text{-}1$$

其中：
- r = 某一證券之報價或名目利率。
- r^* = 實質無風險利率，發音為 "r-star"。它是在一個沒有通貨膨脹的世界裡，無風險證券的利率。
- r_{RF} = r^* + IP。它是像美國公債那樣的無風險證券的報價利率，其流動性很高且無大部分類型的風險。請注意：預期通貨膨脹的溢酬 IP，已包括在 r_{RF} 裡。
- IP = 通貨膨脹溢酬。它等於證券存續期間裡，平均的預期通貨膨脹率。但預期的未來通貨膨脹率，不必然等於目前的通貨膨脹率；所以，IP 不必然等於圖 7.3 所顯示的目前通貨膨脹率。
- DRP = 違約風險溢酬。它反映發行者將不在指定時間支付承諾的利息或本金之可能性；美國政府公債的 DRP 為 0，但它會隨著發行者風險性的增加而上升。
- LP = 流動性或市場性溢酬。它是放款者要求的溢酬，反映出某些證券的確難以在較短的時間內，以合理的價格將之轉換成現金的事實。政府公債和大型優質企業證券的 LP 很低，但小型、私人公司發行證券的 LP 便相對較高。
- MRP = 到期日風險溢酬。如之後的詳加解釋：較長期的債券，甚至是長期的政府公債，會受到通貨膨脹和利率上揚的影響，因而暴露在價格下跌的顯著風險下。所以，放款者要求到期日溢酬，以反映此一風險。

因為 $r_{RF} = r^* + IP$，我們能將方程式 7-1 改寫成以下形式：

$$\text{名目或報價利率} = r = r_{RF} + DRP + LP + MRP$$

我們將在下一節針對某特定證券，討論組成其報價或名目利率的每一個組成成分。

7-3a 實質無風險利率 r*

若預期不存在通貨膨脹，則無風險證券的利率便是**實質無風險利率**（real risk-free rate of interest, r*）；若在一個無通貨膨脹的世界裡，短期美國聯邦政府債券的利率或可視為實質無風險利率。實質無風險利率並非固定不變的，它會隨著經濟條件的改變而異，特別是：(1) 企業和其他借款者期望從生產性資產賺進的報酬率；(2) 人們對目前消費和未來消費之間的時間偏好。借款者對實質資產的預期報酬，對他們為取得資金願付的價格設下上限，而儲蓄者的消費時間偏好確立儲蓄者願意延遲多少的消費——亦即，他們在不同利率下願意借出的金額。

實質無風險利率難以準確衡量，但大部分的專家相信 r* 近幾年來大致在 1% 到 3% 的範圍內波動；或許 r* 的最佳預測為聯邦政府債指數（indexed Treasury bonds）的報酬率，詳見後述。有趣的是，在 2011 年到 2020 年期間，聯邦債指數報酬率經常為負值。這些負的實質利率主要源自於聯準會政策——聯準會讓聯邦債利率降至預期通貨膨脹率之下。

7-3b 名目或報價的無風險利率 $r_{RF} = r^* + IP$

名目（報價）的無風險利率〔nominal (quoted) risk-free rate, r_{RF}〕為實質無風險利率加上預期通貨膨脹溢酬：$r_{RF} = r^* + IP$。嚴格來說，無風險利率應是完全無風險證券的利率——沒有違約風險、沒有到期日風險、沒有流動性風險、若通貨膨脹增加也不會產生損失的風險，以及不存在其他型態的風險。然而，如最近美國信用評等的降等所顯示，絕對無風險的證券並不存在；因此，我們觀察不到真正的無風險利率。不過，美國財政部發行的抗通膨證券（Treasury Inflation Protected Security, TIPS）免除了大部分的風險，它的價值會隨通貨膨脹調整；短期 TIPS 為無違約風險、無到期日風險、無流動性風險，以及不存在一般利率水準改變帶來的風險。然而，它們還是具有實質利率改變所產生的風險。

若無風險利率一詞未伴隨諸如*實質*或*名目*的修飾詞，通常指的就是報價或名目利率；本書亦遵照此一傳統。因此，當我們使用無風險利率 r_{RF}，指的便是名目無風險利率；且它所包括的通貨膨脹溢酬，會等於證券存續期間之平均預期通貨膨脹率。一般而言，我們使用美國國庫券（T-bill）的利率去近似短期無風險利率，以及使用美國公債（T-bond）利率去近似長期無風險利率。儘管政府債最近遭受降等，但我們的無風險利率仍假設財政部發行的證券不存在有意義的違約風險，以及為了方便起見，將在之後的問題和例子裡假設財政部證券無違約風險。

7-3c 通貨膨脹溢酬 IP

通貨膨脹對利率的影響很大，這是因為它侵蝕我們從投資收到的實質價值。

說明如下:假設你為了買車已存下 $10,000,且決定今年不購車,而是將錢拿去投資,企盼一年之後可以買到更好的車子。若你投資於支付 1% 利率的 1 年期國庫券,一年後你將只會擁有稍多的金錢($10,100──你最初的本金加上 $100 利息)。現在假設整體通貨膨脹率在該年為 3%,在這種情況下,你在年初可用 $10,000 購進的汽車,預期在年末價格上揚 3% 來到 $10,300。請注意:在這樣的情況下,你從國庫券獲得的利息不足以補償汽車價格的預期上揚金額。因名目利率低於預期通貨膨脹率,以致從實質面而言,你的處境變得較糟。

投資人對此都了然於心;所以,當他們借出金錢時,會將**通貨膨脹溢酬**(inflation premium, IP)納入所要求的利率裡;IP 等於證券存續期間之平均預期通貨膨脹率。如前所述,短期無違約風險之美國國庫券之名目利率 $r_{T\text{-bill}}$,應等於實質無風險利率 r^*,加上通貨膨脹溢酬 IP:

$$r_{T\text{-bill}} = r_{RF} = r^* + IP$$

因此,若實質無風險利率為 $r^* = 1.7\%$,以及若未來一年通貨膨脹的預期值為 1.5%(IP = 1.5%),則 1 年期國庫券的報價利率應等於 1.7% + 1.5% = 3.2%。請務必注意:利率內含的通貨膨脹率為*對未來通貨膨脹率的預期*,而不是過去發生的通貨膨脹率。因此,若最新報導的數字顯示過去十二個月的通貨膨脹率為 3%,則請注意它指的是過去一年。若平均而言,人們預期未來的通貨膨脹率為 4%,則 4% 應會內建到目前的利率裡。還請留意:反映到任何證券報價利率裡的通貨膨脹率,是證券生命週期的預期平均通貨膨脹率。因此,內建在 1 年期債券的通貨膨脹率,為未來一年的預期通貨膨脹率;內建在 30 年期債券的通貨膨脹率,為對未來三十年的預期年均通貨膨脹率。

對未來通貨膨脹的預期值,與過去的通貨膨脹率密切相關(但不是完美相關)。因此,若過去數月的通貨膨脹率增加了,人們應傾向提高他們對未來通貨膨脹的預期值。此外,消費者物價的改變總是慢於生產者物價的改變;因此,若原油價格在本月上漲,則零售汽油價格很可能到了下個月才會上漲。在最終財貨價格和生產者財貨價格之間的延遲情況,存在於整個經濟體裡。

請注意:在過去數年,瑞士的通貨膨脹率低於美國;因此,它的利率通常低於美國的利率。南非、墨西哥和大部分的南美國家曾經歷較高的通貨膨脹,所以它們的利率到目前為止高於美國利率。

7-3d 違約風險溢酬 DRP

借款者發生違約的風險,意謂借款者將不能準時支付利息和本金;它也會影響債券的市場利率:債券違約風險愈高,市場利率就愈高。再一次強調,我們假設

財政部發行的證券沒有違約風險；因此，它們的利率在美國可課稅證券裡算是最低的。對公司債而言，債券評等通常用於衡量違約風險；債券評等愈高，則違約風險愈低，亦即它的利率愈低。有著類似到期日、流動性和其他特性之美國公債利率與公司債利率之間的差距，為**違約風險溢酬（default risk premium, DRP）**。平均違約風險溢酬隨著時間改變，且當經濟衰退導致借款者更可能有困難償付負債時，它往往變得較大。

7-3e 流動性溢酬 LP

「流動性」資產能以「公平的市場價值」，很快地轉換成現金。實質資產通常比金融資產的流動性來得差，但不同的金融資產之流動性也差異頗大。因投資人偏好流動性較高的資產，他們將**流動性溢酬（liquidity premium, LP）**納入不同負債證券的利率裡。雖然流動性溢酬難以準確衡量，但透過探查它的交易量，我們還是可以對資產流動性有一定程度的理解；交易量愈大的資產通常較容易賣出，因而較為流動。平均流動性溢酬也會隨著時間改變；在最近的金融危機裡，許多資產的流動性溢酬大幅上揚，以及過往許多高流動性資產的市場也突然乾涸，因每一個人都在同一時間想要趕快賣出手上的資產。實質資產的流動性也會隨著時間改變；例如，在房地產榮景的最高點，交易「熱絡」，許多房屋在推案上市的第一天就賣掉了。但在泡沫破滅後，在同樣市場裡的房產，費時數月卻仍未賣出。

7-3f 利率風險和到期日風險 MRP

儘管最近有少數聲音出現，質疑美國財政部是否有長期的能力償付日增的負債，但我們仍假設美國公債無違約風險，亦即實際上可以確信聯邦政府會對它發行的債券，準時償付利息和本金。因此，我們假設政府公債的違約溢酬為 0。此外，政府公債的交易很活躍，我們因而假設它們的流動性溢酬也為 0。根據上述，作為第一階的近似，政府公債的利率應是無風險利率 r_{RF}；它等於實質無風險利率加上通貨膨脹溢酬，亦即 $r_{RF} = r^* + IP$。然而，當利率上揚，長期債券的價格便下跌；既然利率可以也有時會上揚，則包括政府公債的所有長期債券，都內含稱為**利率風險（interest rate risk）**的風險元素。一般而言，債券到期日愈久，則任何機構發行的債券之利率風險就愈高。因此，到期日離現在愈遠，則**到期日風險溢酬（maturity risk premium, MRP）**就愈大；**必要利率（required interest rate）**裡必定會包含 MRP。

到期日風險溢酬的效應導致長期債券的利率高於短期債券利率。就像其他溢酬那樣，MRP 也難以衡量。但 (1) 它會隨著時間小幅調整，且會隨著利率波動性的變大／變小而變大／變小；(2) 在最近幾年裡，20 年期政府公債的到期日風險溢

酬約介於 1% 至 2% 之間。

我們也應該注意到，雖然長期債券大幅暴露於利率風險，但短期債券則是大幅暴露於再投資風險（reinvestment rate risk）。當短期債券到期時，且本金仍需要「被再投資」的情況下，則下降的利率會讓再投資有著較低的報酬率，導致利息所得減少。說明如下：假設你將 $100,000 投資在國庫券，且依靠這筆利息收入過活；在 1981 年，短期公債利率約是 15%，你的所得因而約為 $15,000。然而，到了 1983 年，你的所得將減少到約為 $9,000；到了 2020 年 3 月，僅剩下 $130。但若一開始就將錢投入長期政府公債，你的所得（但不是本金的價值）將會維持穩定。因此，雖然「短投」讓你保有本金，但相較長期政府公債，短期國庫券的利息所得較不穩定。

幾乎無風險的政府公債

債券投資人必然會經常擔憂通貨膨脹；若通貨膨脹最後高於預期，則債券提供比預期較低的報酬。為保護自身免於預期的通貨膨脹上升，投資人將通貨膨脹風險溢酬內建在必要報酬率裡，而這提高借款者的成本。

為提供投資人所需的通貨膨脹保護債券，並減輕政府的負債成本，美國財政部發行抗通膨證券（TIPS），它是一種釘住通貨膨脹的債券。例如，在 2018 年，財政部發行 10 年期、0.5% 票息的 TIPS；此債券支付 0.5% 的利息，再加上足以抵銷通貨膨脹的額外金額。每六個月，本金（最初訂定在價平或 $1,000）會依通貨膨脹加以調整。為了解 TIPS 如何運作，考慮在最初的六個月期間，根據 CPI 計算的通貨膨脹率為 1.764%（2018/1/15 CPI = 246.66571、2018/7/15 CPI = 251.01658），則經通貨膨脹調整的本金可計算如下：$1,000(1 + 0.01764) = $1,000×1.01764 = $1,017.64。所以在 2018 年 7 月 15 日時，每張債券支付利息 (0.005/2)×$1,017.64 = $2.54。請注意：利率除以 2，是因公債（和大部分其他債券）每年付息兩次。直到債券在 2028 年 1 月 15 日到期（到期時將支付經調整的到期價值）前，調整過程會每年持續下去。在 2020 年 1 月 15 日，從該債券最初發行日算起，累積的 CPI 改變率達 4.305%，則經通貨膨脹調整的本金計算如下：$1,000×1.04305= $1,043.05。所以在 2020 年 1 月 15 日，每張債券支付 (0.005/2)×$1,043.05 = $2.61 的利息。因此，債券提供的現金所得有升有降，剛好足以抵銷通貨膨脹或通貨緊縮，讓那些從發行日至到期日都持有債券的投資人，獲得經通貨膨脹調整的實質 0.5% 報酬率。此外，因本金也隨通貨膨脹率或通貨緊縮率而調整，也因此免於通貨膨脹的損害。

每年利息收入和資本利得，皆會以利息收入的形式被課稅（即使在債券到期日前，都不會收到因升值帶來的現金）。因此，若考慮目前的所得稅制，這些債券不是好的投資標的，但它們對個人退休帳戶（individual retirement account, IRA）和 401(k) 計畫而言，則是很棒的標的。

美國財政部經常透過拍賣發行指數債券。本例中的 0.5% 票面利率，是根據對該債券的相對供需狀況訂定，且它將在此債券的存續期內維持固定不變。然而，在債券發行後，它們持續在公開市場進行交易，且價格將隨著投資人對實質利率不同的感知而改變。下圖顯示實質利率在 2018 年發行時至 2018 年 10 月間增長，接著到 2020 年 3 月中之前穩定下跌，然後再短暫上漲後又再次下跌。最後，我們看到自從 TIPS 被發行後，實質利率有著相當大的波動；隨著實質利率波動，債券價格也跟著波動，反之亦然。因此，儘管它們可以對抗通貨膨脹，但指數債券並非完全無風險。因實質利率可以改變，且若 r* 上揚，指數債券的價格將會下跌。這再次確認了免費午餐或無風險證券這樣的美事並不存在。

10 年期、0.5% 票面利率的財政部通貨膨脹指數公債（2028/1/15 到期）

來源：Dow Jones & Company, Haver Analytics, and St. Louis Federal Reserve, FRED database, fred.stlouisfed.org.

快問快答

問題

某分析師評估證券時得到以下資訊。實質利率為 2%，且預期在未來三年不會變動；第一年、第二年和第三年的預期通貨膨脹率，分別為 3%、3.5% 和 4%；到期日風險溢酬的估計值為 0.1×(t－1)，其中 t＝到期日距今年數；證券流動性溢酬在此三年期間為 0.25%；證券違約風險溢酬在此三年期間為 0.6%。

　　a. 1 年期國庫券的報酬率為何？
　　b. 3 年期公債的報酬率為何？
　　c. 3 年期企業債的報酬率為何？

解答

a. 財政部發行的證券沒有違約風險溢酬或流動性風險溢酬，因此

$r_{T1} = r^* + IP_1 + MRP_1$

$= 2\% + 3\% + 0.1(1 - 1)\%$

$= \mathbf{5\%}$

b. 財政部發行的證券沒有違約風險溢酬或流動性風險溢酬，因此

$r_{T3} = r^* + IP_3 + MRP_3$

$= 2\% + [(3\% + 3.5\% + 4\%)/3] + 0.1(3 - 1)\%$

$= 2\% + 3.5\% + 0.2\%$

$= \mathbf{5.7\%}$

c. 不像財政部證券，企業債需支付違約風險溢酬和流動性風險溢酬。

$r_{C3} = r^* + IP_3 + MRP_3 + DRP + LP$

上式前三項和 b 小題方程式完全相同，所以可將上式改寫成：

$r_{C3} = r_{T3} + DRP + LP$

現在，我們可將已知數字代入這些變數。

$r_{C3} = 5.7\% + 0.6\% + 0.25\%$

$= \mathbf{6.55\%}$

課堂小測驗

- 寫下任何證券的名目利率方程式。
- 區分實質無風險利率 r^* 和名目（報價）無風險利率 r_{RF}。
- 當投資人決定金融市場的利率時，他們如何處理通貨膨脹？
- 美國公債的利率是否包括違約風險溢酬？試解釋之。
- 如何區分流動資產和非流動資產？並舉例說明。
- 簡要解釋以下敘述：雖然長期債券高度暴露於利率風險，但國庫券高度暴露於再投資風險。到期風險溢酬反映了這兩個相反力量的淨效應。
- 假設實質無風險利率 $r^* = 2\%$、未來每一年之平均預期通貨膨脹率為 3%、X 債券的 DRP、LP、MRP 分別等於 1%、1%、2%，則 X 債券的利率為何？X 債券是政府債，還是公司債？它比較可能是 3 月期，還是 20 年期的債券？（**9%；公司債；20 年期**）

7-4 利率期限結構

利率期限結構（term structure of interest rates）描繪長期利率和短期利率之間的關係。對企業財務長和投資人來說，期限結構是重要的；企業可據以決定採長期負債還是短期負債，而投資人則可決定買進長期債券或是短期債券。因此，借款者和放款者都應了解：(1) 長期利率和短期利率如何相互關聯；(2) 哪些因素導致它們相對水準的改變。

不同到期日的債券利率，可在許多的出版品裡找到，包括《華爾街日報》、《聯準會公報》（*Federal Reserve Bulletin*），以及許多網站——如 Bloomberg、雅虎、CNN Money 和美國聯準會。使用這些來源的利率數據，我們能決定任何時點的期限結構；例如，在圖 7.4 的附表裡，呈現三個時點當時的利率。將對應任一時點的數據以圖形表示（如圖 7.4），就會得到該時點的**殖利率曲線**（yield curve）。

如圖所示，殖利率曲線會隨著時間改變位置和斜率。在 1980 年 3 月，所有的利率都相當的高，這反映高通膨預期。然而，預期通貨膨脹率將會下降，所以短期利率便高於長期利率，並導致殖利率曲線向下傾斜。到了 2000 年 2 月，通貨膨脹確實已經降低了，所有利率因而較低，且殖利率曲線變得向中間突起——中期利率高於短期利率，也高於長期利率。到了 2020 年 3 月，所有的利率皆低於 2000 年的水準；且因短期利率已下降到長期利率之下，所以殖利率曲線向上傾斜。

圖 7.4 顯示美國聯邦政府債券的殖利率曲線；我們也可建構 GE、IBM、達美航空或其他公司所發行債券的殖利率曲線。若我們建構這樣的企業殖利率曲線，並畫在圖 7.4，則它們應位在政府公債的曲線之上；這是因為企業的殖利率包括違約風險溢酬，以及較大的流動性溢酬。即使如此，企業的殖利率曲線形狀應和政府公債曲線形狀類似。此外，企業風險愈高，其殖利率曲線的位置就愈高。例如，在 2020 年 3 月，微軟 5 年期債券的評等，被標準普爾和穆迪（Moody）評等為 AAA，它的殖利率為 1.255%；而全球電力領導廠商 AES 公司（AES Corp.）5 年期債券的評等為 BB+、殖利率為 5.595%；同一時間，5 年期的政府公債殖利率僅為 0.4%。

根據過去經驗，受到期日風險溢酬的影響，長期利率通常會高於短期利率；所以，所有的殖利率曲線通常向上傾斜。基於這個原因，人們通常將向上傾斜的殖利率曲線稱為「**正常的**」殖利率曲線（"normal" yield curve）；將向下傾斜的殖利率曲線稱為**反向的**（「**異常的**」）殖利率曲線〔inverted ("abnormal") yield curve〕。因此，如圖 7.4 所示，1980 年 3 月的殖利率曲線便是反向的，而 2020 年 3 月的曲線則為正常形狀。然而，2000 年 2 月的曲線為駝峰型——**中間突起的殖利率曲線**

（humped yield curve），意謂中期到期日的利率高於短期／長期到期日的利率。為何正斜率曲線是正常的和常見的？簡單來說，相較長期證券，短期證券的利率風險較低；因此，它們有較小的 MRP，所以短期利率通常低於長期利率。

> **課堂小測驗**
>
> - 何謂殖利率曲線？需要哪些資訊才能繪出這條曲線？
> - 區分「正常」殖利率曲線、「異常」曲線和「駝峰」曲線的形狀。
> - 若 1、5、10 及 30 年期債券的利率，分別為 4%、5%、6% 和 7%，你如何描繪這個殖利率曲線？若利率反轉，則你會如何描繪？

圖 7.4　在不同時點的美國政府債利率

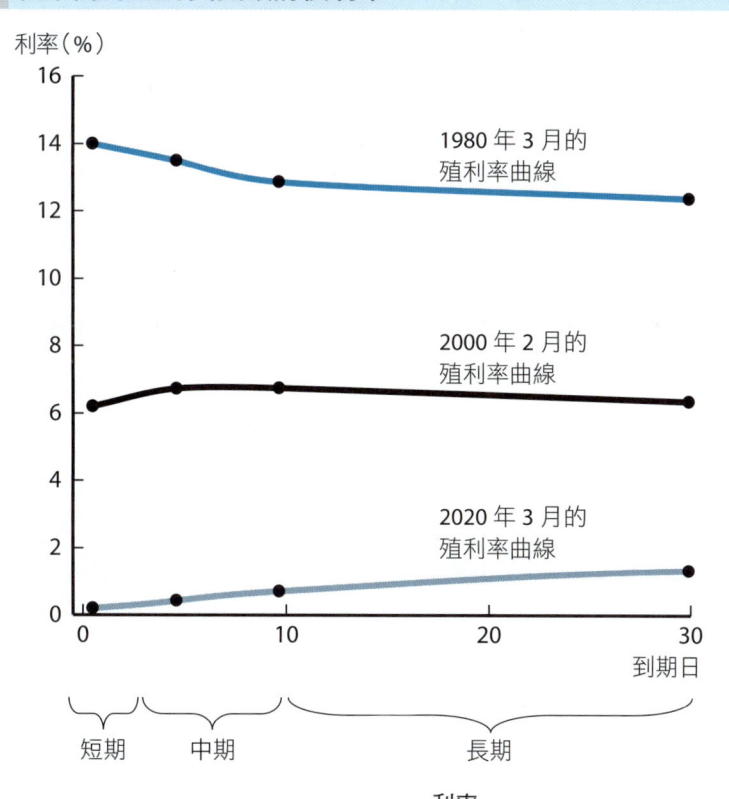

到期日	1980 年 3 月	2000 年 2 月	2020 年 3 月
1 年	14.0%	6.2%	0.1%
5 年	13.5	6.7	0.4
10 年	12.8	6.7	0.6
30 年	12.3	6.3	1.2

7-5 利率和商業決策

如你所預期，公司在做重大商務決策時，會仔細研究利率水準和殖利率曲線的形狀。例如，假設 LE 公司考慮興建一家成本 $100 萬、三十年壽命的新工廠，且計劃完全以借款來支應。LE 公司面對的是一條正斜率的殖利率曲線。若它以短期方式（如一年）從銀行借款，則年度利息成本僅為 2.5% 或 $25,000；另一方面，若它發行長期債券，則年度成本應為 4.7% 或 $47,000。因此，乍看之下，LE 公司似乎該借入短期負債。

然而，這將經證明是一個可怕的錯誤。若你使用短期負債，則每年都必須更新你的貸款，而新貸款的利率將反映當時的短期利率。利率有可能大幅上揚，若果真如此，則公司的利息支出也會隨時間大幅上揚。這些大額利息支出應會降低，甚至消除利潤。更值得擔心的是，若該公司債權人在某個時點拒絕展延貸款，並要求償付；他們的確有權利如此做。LE 公司可能必須被迫承受損失以賣出資產，甚至面臨破產。另一方面，若 LE 公司使用長期融資，利息支出將固定每年 $47,000；所以當經濟體的利率上揚時，便不會造成傷害。

上述是否建議公司應避免使用短期負債？一點也不！若通貨膨脹將在未來數年下降，則利率也會如此。若 LE 公司以長期的方式借入 4.7% 的負債，而競爭者（使用短期負債）的借款成本卻只有 2.5%，則公司將處於不利的位置。

若我們能夠準確預測未來的利率，則融資決策將很簡單；不幸的是，持續準確地預測利率是幾乎不可能的事情。然而，未來利率的水準雖難以預測，卻很容易知道利率將會波動──它們過去如此、未來也將如此。基於此，健全的財務政策要求混合長短期負債和股權，以讓公司處於在任何利率環境下皆可存活的位置。此外，最適財務政策很大程度上取決於公司的資產特性──愈容易賣出資產產生現金，就愈可以使用短期負債。這讓公司能以合乎邏輯的方式，使用短期負債來融資如存貨和應收帳款的流動資產；使用長期負債來融資如建物和設備的固定資產。本書後續討論資本結構和融資政策時，會重新回到這個議題。

利率的改變也會影響儲蓄者。例如，若你參加 401(k) 計畫──大部分的美國大學畢業生就業後的選擇──你或許會想要將部分的金錢投資在債券共同基金。你可以選擇平均到期日為二十五年、二十年，甚至少到只有幾個月的基金（貨幣市場基金），而你的選擇會如何影響你的投資結果和退休所得呢？首先，你的決策會影響每年的利息收入；例如，若殖利率曲線為常見的正斜率，且你選擇長期債券基金，則會賺得較多的利息。然而請注意：若你選擇長期基金，但利率卻隨後上揚，則基金市場價值應會下跌。例如，在第九章將會看到，若你將 $100,000 投

資在平均到期日二十五年的債券基金上，且利率從 6% 上揚到 10%，則基金市值會從 $100,000 滑落到約為 $63,500；另一方面，若利率下跌，則基金應會增值。若你投資在短期基金，它的價值應較為穩定，不過每年提供的利息或許會較少。無論如何，你的到期日選擇，對投資表現和未來所得會有重要的影響。

> **課堂小測驗**
> - 若短期利率低於長期利率，為何借款者仍可能選擇使用長期負債融資？
> - 解釋以下敘述：最適財務政策取決於公司資產的特性。

結語

本章討論決定利率的方式、利率期限結構，以及利率影響企業決策的一些方式。我們學得某個債券的利率 r 將會等於：

$$r = r^* + IP + DRP + LP + MRP$$

其中，r^* 為實質無風險利率、IP 為預期通貨膨脹溢酬、DRP 為潛在違約風險溢酬、LP 是缺乏流動性的溢酬，MRP 則是補償較長到期日債券內含的風險溢酬。r^* 和種種不同的溢酬可以，也的確隨著時間改變；它們的改變取決於經濟狀況和聯準會的行動等。因這些因素的改變難以預測，所以便難以預測未來利率的方向。

殖利率曲線將債券的利率和到期日連結在一起。殖利率曲線通常是正斜率，但也可以是負斜率，且它的斜率和水準都會隨著時間改變；MRP 是影響曲線形狀的重要因素之一。我們將把本章獲得的洞見應用在後續章節——分析債券和股票價值時，以及檢視種種企業投資和融資決策時。

自我測驗

ST-1 通貨膨脹和利率 實質無風險利率 $r^* = 3\%$，且預期將固定不變；未來三年的預期年通貨膨脹率為 2%、接下來的五年則是每年 4%；到期日風險溢酬等於 $0.1 \times (t-1)\%$，其中 t = 債券到期日距今年數；BBB 評等債券的違約風險溢酬為 1.3%。

a. 未來四年平均預期年通貨膨脹率為何？
b. 4 年期政府公債的殖利率為何？
c. 4 年期、BBB 評等、0.5% 流動性溢酬的公司債，它的殖利率為何？
d. 8 年期政府公債的殖利率為何？
e. 8 年期、BBB 評等、0.5% 流動性溢酬的公司債，它的殖利率為何？
f. 若 9 年期政府公債殖利率等於 7.3%，則此九年期間的預期通貨膨脹率等於多少？

問題

7-1 假設有著相同風險的房貸利率，在加州和紐約分別是 5.5% 與 7.0%，則這個利率差距是否可以持續？哪些力量可以讓兩地利率趨於相等？相較房貸利率差距，各自位於加州和紐約有著相同風險之兩家企業的借款成本差距，會較大還是較小？這兩家公司的規模會如何影響兩地借款成本差距？對於跨州經營的銀行業來說，上述答案的意涵為何？

7-2 長期利率還是短期利率波動性較大？為何？

7-3 假設你相信經濟正邁向衰退，你的公司必須立即籌資，且決定使用負債，則該使用長期債或短期債？為什麼？

7-4 假設 Y 地年輕人口較多、O 地老年人口較多，而兩地其餘因素皆同。則兩地利率相等或相異？請解釋。

7-5 假設某個新發明能從海水裡提煉出石油，雖然該設備相當昂貴，但最終會導致石油、電力和其他能源價格的下跌，這會對利率產生怎樣的影響？

7-6 若聯邦政府 (1) 鼓勵儲蓄和放款產業的發展；(2) 實際上迫使該產業承做長期固定利率房貸；(3) 迫使該產業以吸收存款方式獲得它們大部分的資本。

a. 在「正常」殖利率曲線或反向殖利率曲線狀態下，該產業有較高利潤？試解釋之。

b. 將房貸賣給聯邦機構（只收取服務費），還是持有它們承做的房貸，哪一種方式對該產業較為有利？

7-7 假設因歐洲升息，美國公債利率從 5% 變成 9%，則美國普通股股價會受到怎樣的影響？

7-8 封鎖和懼怕病毒傳播阻礙了全球經濟，以致 Covid-19 造成經濟活動突然和大幅消停。許多國家於疫情期間使用財政政策、花去數兆美元刺激經濟，這導致預算赤字飆升。隨著疫情漸遠、經濟復甦，如此史無前例的財政刺激，對利率有何影響？

7-9 有人說美國正發生貿易赤字，這是什麼意思？貿易赤字如何影響利率？

CHAPTER 8

風險和報酬率

管理風險：基礎概念

美國航太公司波音（Boeing）在商用市場成長強勁，2017年營收和盈餘表現極佳。但隨著新冠疫情（Covid-19）擴散，波音飛機淨銷售額來到歷史新低，導致股價在 2020 年 2 月中到 3 月中的一個月內大跌 70%。美國營建設備製造商開拓重工（Caterpillar Inc., CAT），銷售受惠於亞洲在 2017 年的營建需求增長，導致其股價上揚。

附圖說明從 2017 年 1 月到 2022 年 5 月期間三種投資組合（portfolio）的個別報酬，分別是 (1) 僅持有波音、(2) 持有波音和 CAT 各半、(3) S&P500 指數。波音投資人在新冠疫情爆發之後的 2020 年 2 月遭受巨大損失；假設該投資人是持有半數波音和半數 CAT 股票，則他的損失將會較小，這是因為相對波音股價，CAT 股價的波動性較小。

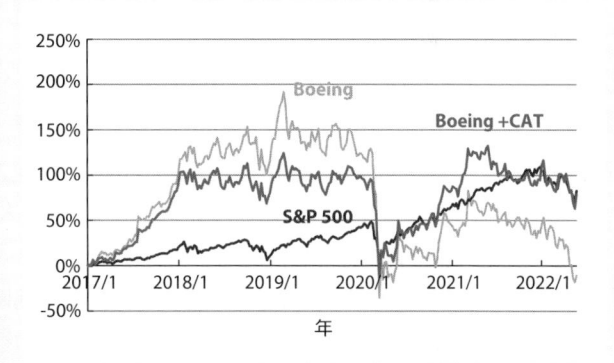

當投資人將更多股票加進其投資組合裡，報酬波動性通常變低。如附圖所示，若投資人持有 S&P500，他可以將風險降至一定程度。換言之，正如諺語所説不要將雞蛋放在同一個籃子裡，分散化（diversification）能減少投資風險。然而，因存在總體環境裡的基本

面風險（fundamental risk）影響，分散化並不能去除全部風險或保證獲利。我們在本章討論投資人會面對的種種風險、分散化的好處，以及風險和報酬之間根本的權衡／取捨／抵換（trade-off）關係。在研讀完本章講授的概念後，你應能避免陷入某些投資坑──有些投資人最近在追求財富時曾掉入陷阱。

摘要

我們以投資人喜歡報酬、厭惡風險的基本假設，作為本章的開始；因此，投資人只有在風險性資產提供較高的預期報酬時，才會投資風險性資產。我們定義投資風險、檢視用於量測風險的程序，並探討風險和報酬的關係。投資人應了解這些概念；企業經理人也應了解，因他們需發展出將形塑公司未來的計畫。

風險可用不同的方式加以衡量，且不同的量測方法常得出相異的資產風險。風險分析雖讓人感到困惑，但可幫助你記住以下論點：

1. 所有的企業資產都被預期產生現金流量，而資產的風險性是根據其現金流量的風險性。現金流量的風險愈高，則資產的風險愈高。
2. 資產能分為金融資產（financial asset），特別是股票和債券；以及諸如貨車、機器和整個企業的實體資產（real asset）。理論上，對各類型資產的風險分析皆相當類似，相同的基本概念可用在所有資產上。然而，實務上，股價、債券、實體資產的可用數據之型態差異，使程序有所不同。本章聚焦於金融資產，特別是股票。我們在第九章討論債券，並在資本預算相關章節，特別是在第十三章，處理實體資產。
3. 股票的風險可分成兩個部分：(a) 單一獨立風險或單一股票風險；(b) 在投資組合脈絡下的風險，亦即包括多種股票，且對它們的合併現金流量進行分析。單一股票風險和投資組合風險存在很大差異；單一股票的風險性高，但若成為投資組合的一部分，其風險就可以大幅降低。
4. 在投資組合脈絡下，股票的風險可以分成兩個部分：(a) 可分散風險（diversifiable risk），亦即能分散的風險，所以分散投資的投資人對之並不擔心；(b) 市場風險，反映整個股票市場下跌的風險，且無法因分散化而消除（因此，投資人的確會加以關注）。理性投資人只關心市場風險，因可分散風險能被消除。
5. 高市場風險的股票必須提供相對高預期報酬率，才能吸引投資人。一般來說，投資人厭惡風險，所以除非用高預期報酬率作為補償，否則將不會購買風險性資產。
6. 平均而言，若投資人認為股票的預期報酬太低、不足以補償它的風險，將會開始賣出，令價格下跌並提升它的預期報酬率。相反地，若股票的預期報酬

高於對承擔風險所需的補償，則人們將開始買進、提高它的價格，以及因此降低它的報酬率。當它的預期報酬剛剛好足以補償風險時，股票處於均衡狀態，亦即不存在買壓和賣壓。
7. 單一獨立風險（參見 8-2 節）對股票分析之所以重要，主要是因它是投資組合風險分析的基石。此外，當分析諸如資本預算計畫的實體資產時，單一獨立風險的知識是極為重要的。

當你讀完本章，你應能：
- 解釋單一獨立風險和投資組合脈絡下的風險之間的差異。
- 描述風險趨避如何影響股票的必要報酬率。
- 討論可分散風險和市場風險的差異，並解釋這兩種風險如何影響已做到良好分散的投資人。
- 描述何謂 CAPM，並說明它如何運用在預測股票的必要報酬率上。

8-1 風險報酬權衡

如前所述，我們的起點是一個非常簡單的假設——投資人喜歡報酬，但厭惡風險。這個假設暗示在風險和報酬之間，存在根本的抵換關係：為了誘使投資人承擔較多的風險，你必須提供他們較高的預期報酬。這個權衡關係，請參見圖 8.1。

圖 8.1a 的風險—報酬線之斜率，顯示個別投資人需要多少額外報酬，才願承擔較高水準的風險。較陡的線意謂投資人非常不願意承擔風險，而較平的線則意謂投資人較願意面對風險。愈不願承擔風險的投資人，往往選擇較低風險的投資；愈傾向承擔風險的投資人，則愈傾向將錢放在較高風險、較高報酬的資產上。投資人平均願意承擔的風險，也會隨時間改變；例如，在最近的金融危機發生前，愈來愈多的投資人投資風險較高的資產——包括高成長股票、垃圾債券和新興市場基金。在危機過後，出現向品質靠攏的巨大逃亡潮——投資人快速地從風險較高的投資脫離，轉往較安全的投資，如政府公債和貨幣市場基金。在任何時點，投資人的目標都應是獲得超過足以補償所察知的投資風險之報酬。換言之，讓自己位在風險報酬權衡線的上方，如圖 8.1a 所示。

對嘗試為股東創造價值的公司來說，風險和報酬之間的抵換關係也是一個重要的概念。圖 8.1b 指出公司若正投資於風險性計畫，則必須提供投資人（債權人和股東）較高的預期報酬。如第九章所述，較高風險的公司必須對債券支付較高的報酬，以補償債券持有人承擔額外的違約風險。同樣地，如本章後續內容所示，風險較高的公司嘗試提升股價時，必須產生較高的報酬，以補償股東承擔額外的風

圖 8.1　風險和報酬之間的抵換關係

a. 個別投資人觀點

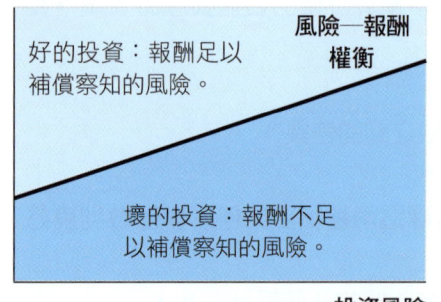

投資報酬／投資風險

- 好的投資：報酬足以補償察知的風險。
- 風險—報酬權衡
- 壞的投資：報酬不足以補償察知的風險。

附註：風險—報酬線的斜率，取決於個別投資人承擔風險的意願；較陡的線顯示投資人愈厭惡風險。

b. 募集資金投資風險性計畫的公司觀點

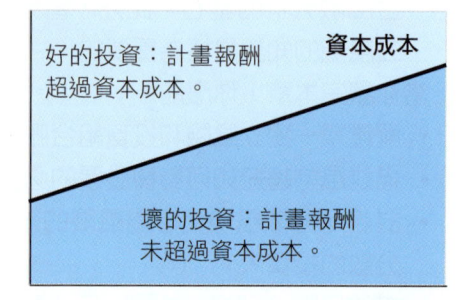

計畫報酬／計畫風險

- 好的投資：計畫報酬超過資本成本。
- 資本成本
- 壞的投資：計畫報酬未超過資本成本。

附註：資本成本線的斜率，取決於市場上平均投資人承擔風險的意願；較陡的線顯示平均投資人愈厭惡風險。

險。務必了解公司必須支付投資人的報酬，代表的是公司獲得資本的成本。因此從公司的觀點來說，圖 8.1b 的風險—報酬線表示它獲得資本的成本，該線的斜率亦反映平均投資人目前承受風險的意願。如第十一章到第十四章所述，公司藉由投資於報酬超過資本成本的計畫來創造價值；這也等同於在風險—報酬權衡線之上進行操作。

本章將對這些簡單的概念詳加討論。我們從風險的概念開始，接著討論報酬，然後提供一個預測風險和報酬抵換關係的模型。

課堂小測驗

- 簡要解釋風險和報酬之間根本性的取捨關係。
- 圖 8.1 之風險—報酬線的斜率意謂著什麼？
- 平均投資人承擔風險的意願是否會隨著時間而改變？試解釋之。
- 你認為目前的平均投資人之風險察知為何？他們目前投資在哪些類型的資產？
- 公司是否應完全避免高風險計畫？試解釋之。

8-2 單一獨立風險

《韋伯斯特字典》將**風險（risk）**定義成「意外、冒險、暴露於損失或傷害」；因此，風險指的是某些不受歡迎事件發生的機率。若你從事特技跳傘，則冒著失去生命的風險——特技跳傘危險性很高；若你賭馬，則冒著損失金錢的風險。

如前幾章所述，個人和公司在今天投入資金，預期在未來收到額外的資金。債券提供相對較低的報酬、也承受相對較低的風險——若你只投資在公債和高等級公司債，則一定是如此；股票提供較高報酬的可能，但風險通常高於債券。若你投資在投機股（或實際上任何股票），則會承擔顯著風險，為的是希望獲得優渥的報酬。

資產風險可以用下述兩種方式來分析：(1) 單一資產方式，亦即所有的資產就僅是這個資產本身；(2) 投資組合方式，亦即資產的持有是以投資組合裡其中之一的方式。因此，資產的**單一獨立風險（stand-alone risk）**是當投資人在只擁有此資產的情況下，所面對的風險。大部分的金融資產，特別是股票，是以組合方式持有；但在了解投資組合風險之前，必須先了解單一獨立風險。

為了說明單一獨立風險，假設某投資人買進 $100,000、5% 預期報酬率的短期國庫券；在此情況下，5% 的投資報酬率為相當精確的預測，且這項投資被定義為基本上是無風險的。這個投資人也能將此 $100,000 投資在公司股票；這家公司剛剛成立，營業項目是鑽探大西洋裡的石油。股票的報酬應更難以預測。最糟的情況下，公司可能破產，投資人血本無歸，亦即投資報酬率將等於 –100%；在最好的情況下，公司發現大量的石油、投資人收到 1,000% 的報酬。評估此項投資時，投資人可以分析各種情況，最後得到統計意義上的預期報酬率 20%；但報酬蠻可能遠低於預期報酬，此股票的風險性極高。

除非預期報酬率足以補償察知的風險，否則便不該投資。在我們的例子裡，若公司的預期報酬率不超過國庫券，應該沒有任何投資人願意買進石油鑽探的股票；這是一個極端的例子。一般而言，事情不是非黑即白；我們需要量測風險以決定是否應執行潛在的投資。因此需要更精確地定義風險。

如下所述，以單一資產或組合的方式持有某項資產，資產風險將截然不同。以下先探討單一資產風險，接著再討論投資組合風險；必須先認識單一獨立風險，才能了解資產組合風險。此外，單一獨立風險對小企業主來說，以及在資本預算、檢視實體資產時是重要的。然而，對股票和大部分的金融資產，重要的則是投資組合風險。不過，你需要了解這兩種類型風險的重要元素。

8-2a 單一獨立風險的統計量測

本書不是統計學教科書，所以不會花太多時間在統計上。然而，你確實需要

對本小節相對簡單的統計內容產生直覺的理解。所有的計算可輕易地使用計算機或 Excel 來完成；雖然我們顯示 Excel 設算的圖表，但 Excel 並非是必要的計算工具。

以下是我們將用到的六個重要項目：

- 機率分配。
- 預期報酬率 $\hat{r}$（唸作 "r hat"）。
- 歷史的或實現的報酬率 $\bar{r}$（唸作 "r bar"）。
- 標準差 σ（唸作 "sigma"）。
- 變異係數（coefficient of variation, CV）。
- 夏普比率（Sharpe ratio）。

表 8.1 是馬丁產品公司（Martin Products）和美國自來水公司（U.S. Water）的**機率分配（probability distribution）**。馬丁產品公司製造長途卡車（十八個輪胎）的引擎；美國自來水公司因供應民生必需品，營收和利潤因而非常穩定。(1) 行顯示經濟的三種可能狀態；這些狀態的發生機率以小數，而非百分比的方式，顯示在 (2) 行，且在 (5) 行重複出現。經濟狀況佳、需求強勁的機率為 30%，正常需求的發生機率為 40%，而需求不振的機率則是 30%。

(3) 行和 (6) 行顯示這兩家公司在不同經濟狀況下的報酬；當需求強勁時，報酬相對較高；當需求不振時則較低。不過，請注意：馬丁產品公司的報酬率之波動性，遠遠高於美國自來水公司。事實上，馬丁產品公司的股價有蠻高的機率會下跌 60%；然而對美國自來水公司來說，最糟的情況是僅獲得 5% 的報酬。

(4) 行和 (7) 行顯示在不同需求水準之下，機率乘以報酬的結果。當我們將這些乘積加起來，便可得到個別股票的**預期報酬率（expected rates of return, $\hat{r}$）**；兩支股票的預期報酬率皆為 10%。[1]

我們可以將表 8.1 的數據，顯示在圖 8.2；每一長條形的高度指出某特定結果將發生的機率。馬丁產品公司的報酬介於 –60% 到 80%、預期報酬則是 10%；美國自來水公司的預期報酬也是 10%，但它的可能範圍（可能的最大損失）卻遠遠較窄。

在圖 8.2 裡，我們假設只可能發生三種經濟狀態：佳、正常、不佳。實際上，經濟狀態包括最糟的大衰退到美妙的榮景；兩者中間存在無限種可能性。假設我們有時間和耐心，對每一種可能之需求水準指定發生的機率（機率之和總是等於 1.0），以及對每一種需求水準、每一支股票，指定相應的報酬率；則除了有更多的

---

[1] 預期報酬可使用下述方程式計算：

$$\text{預期報酬率} = \hat{r} = P_1 r_1 + P_2 r_2 + \cdots + P_N r_N$$
$$= \sum_{i=1}^{N} P_i r_i \qquad \text{8-1}$$

表 8.1　預期報酬的機率分配

	A	B	C	D	E	F	G	H
16		\multicolumn{3}{c}{馬丁產品公司}		\multicolumn{3}{c}{美國自來水公司}	
17								
18-22	影響需求的經濟狀況 (1)	對應經濟狀況之需求發生的機率 (2)	在該需求下的報酬率 (3)	乘積 (2)×(3) (4)		對應經濟狀況之需求發生的機率 (5)	在該需求下的報酬率 (6)	乘積 (5)×(6) (7)
23	佳	0.30	80%	24%		0.30	15%	4.5%
24	正常	0.40	10%	4%		0.40	10%	4.0%
25	不佳	0.30	−60%	−18%		0.30	5%	1.5%
26		1.00	預期報酬 =	10%		1.00	預期報酬 =	10.0%

圖 8.2　馬丁產品公司和美國自來水公司報酬率的機率分配

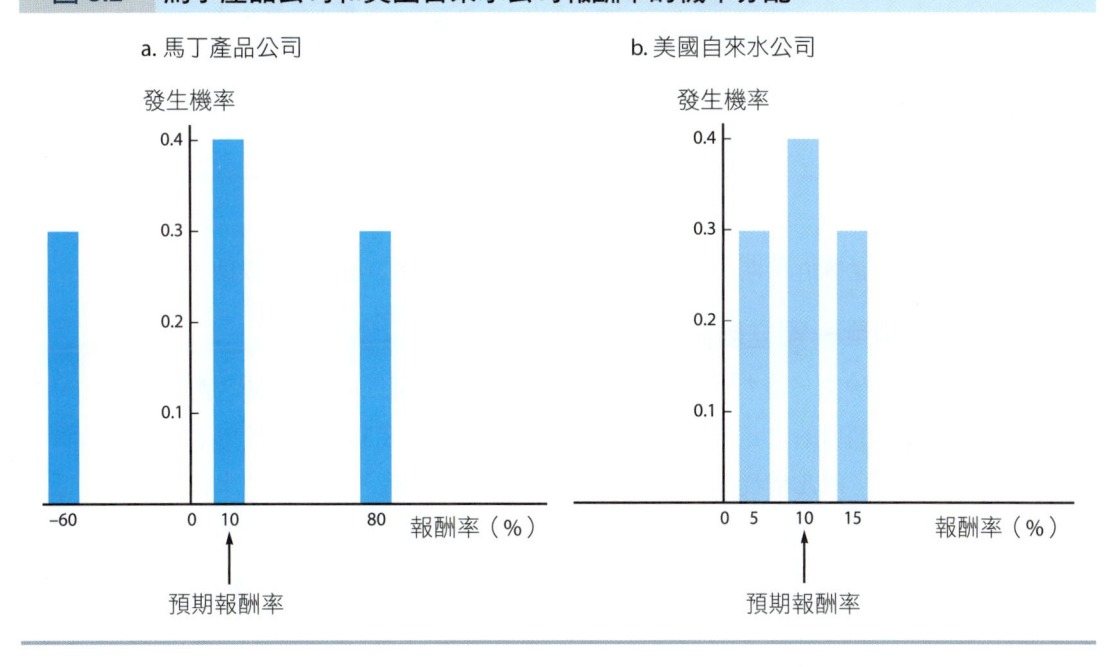

a. 馬丁產品公司

b. 美國自來水公司

需求水準之外，我們應該可以產生像是表 8.1 那樣的結果。該表也可像表 8.1，用來計算預期報酬率，但機率和結果則是以連續曲線來表示（見圖 8.3）。我們在此假設馬丁產品公司的報酬，不會低於 −60%，也不會高於 80%；美國自來水公司的報酬，不可能低於 5%，也不可能高於 15%。不過，介於上下限之間的任何報酬皆有可能發生。

機率分配，如愈緊密或愈集中，則實際的結果愈有可能靠近預期值，且實際報酬遠遠低於預期報酬的可能性就愈小。因此，**機率分配愈緊密，風險愈低**。如圖 8.3 所示，因美國自來水公司有相對較緊密的分配，則相對馬丁產品公司，它的實

圖 8.3　馬丁產品公司和美國自來水公司報酬率的連續機率分配

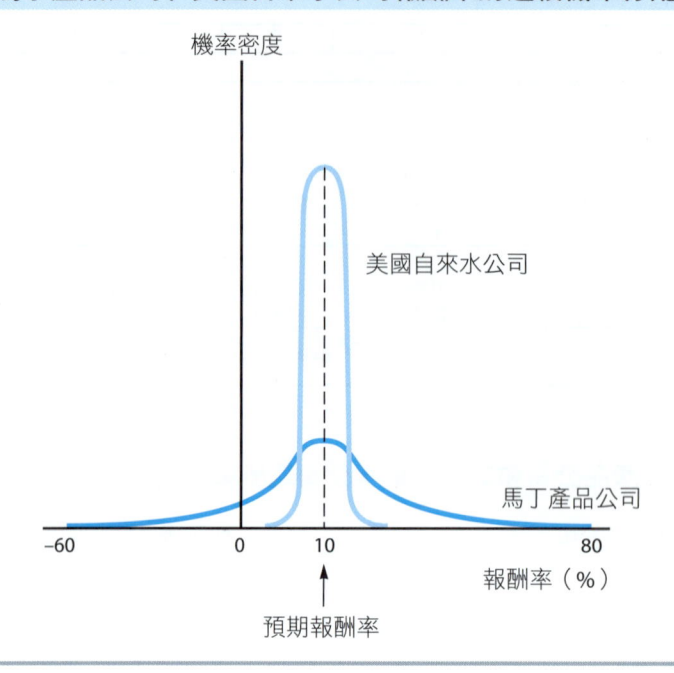

際報酬較可能接近預期報酬 10%；所以美國自來水公司的風險較低。

8-2b 量測單一獨立風險：標準差

量測風險對於進行比較是很有用的，但風險可以多種方式定義和量測。一個常見符合我們目的之定義，是根據機率分配，如圖 8.3 所示：預期未來報酬的機率分配愈緊密，則此項投資的風險愈小。根據這個定義，美國自來水公司的風險低於馬丁產品公司，因美國自來水公司的實際報酬遠遠低於預期報酬的可能性較小。

我們可以使用標準差 σ 來量化機率分配的緊密性；標準差愈小，機率分配愈緊密，則風險愈低。我們在表 8.2 計算馬丁產品公司的標準差：我們使用表 8.1 中 (1) 至 (3) 行的數據；接著在 (4) 行，我們算出在不同需求狀態下，報酬率對預期報酬率的偏離大小，亦即實際報酬－預期 10% 報酬；這個偏離的平方顯示在 (5) 行；將每一個偏離的平方乘以相應的機率，得到的乘積結果顯示在 (6) 行。(6) 行的乘積之和，為機率分配的變異數（variance）。最後，求出變異數的平方根——它是標準差，並以小數和百分比的兩種型態顯示在 (6) 行的底部。[2]

標準差（standard deviation, σ） 衡量實際報酬可能偏離預期報酬的程度。馬

---

[2] 標準差的公式如下：

$$標準差 = \sigma = \sqrt{\sum_{i=1}^{N}(r_i - \hat{r})^2 P_i} \qquad 8\text{-}2$$

表 8.2　計算馬丁產品公司的標準差

	A	B	C	D	E	F	G	H
33								
34		對應經濟		偏離：實				
35		狀況之需	在該需求下	際－10%		偏離的	偏離的平方	
36	影響需求	求發生的	的報酬率	預期報酬		平方	×機率	
37	經濟狀況	機率						
38	(1)	(2)	(3)	(4)		(5)	(6)	
39	佳	0.30	80%	70%		0.4900	0.1470	
40	正常	0.40	10%	0%		0.0000	0.0000	
41	不佳	0.30	−60%	−70%		0.4900	0.1470	
42		1.00			Σ = 變異數：		0.2940	
43				標準差=變異數的平方根：σ =			0.5422	
44				以百分比表示的標準差：σ =			54.22%	

丁產品公司的標準差為 54.22%，所以它的實際報酬很可能與預期的 10% 相當不同；美國自來水公司的標準差為 3.87%，所以實際的報酬應非常接近 10% 的預期報酬。最近幾年，上市櫃公司的平均標準差介於 20% 至 30%；所以馬丁產品公司的股票風險高於大部分的股票，而美國自來水公司則是風險較低。

8-2c 使用歷史數據量測風險

在上一節，我們根據主觀的機率分配，求得平均值和標準差。若我們擁有實際的歷史數據，便可求出報酬的標準差，見表 8.3。[3] 因過去的結果經常在未來重複出現，所以歷史的數據通常用在對未來風險的預測。使用歷史數據去預測未來會面臨一些問題，其中最重要的是該回溯到多久以前的數據？不幸的是，不存在簡單的答案。使用較長的歷史時間數列之優點為包含較多的資訊，但若你認為未來的風險水準很可能迥異於過去的風險水準，則這些資訊的某些部分可能導致錯誤的認知。

所有的財務計算機（和 Excel）具有容易使用的功能，能使用歷史數據求出；只要鍵入報酬率、並按下 S 或 S_x 鍵，就可得到標準差。然而，計算機和 Excel 都未內建公式，用以使用機率數據來計算；在此情況下，你必須遵循表 8.2 的步驟。

8-2d 量測單一獨立風險：變異係數

若必須從有相同預期報酬率、不同標準差的兩項投資二擇一，大部分的人會選擇有較低標準差的、亦即風險低的。若兩項投資有相同風險（標準差）、不同預

---

[3]「樣本」數據標準差的方程式如下，它也是表 8.3 的基礎：

$$\text{估計的 } \sigma = \sqrt{\sum_{t=1}^{N} \frac{(\bar{r}_t - \bar{r}_{Avg})^2}{N-1}} \qquad \text{8-2a}$$

其中，$\bar{r}_t$ 為在時期 t 的實現報酬率、$\bar{r}_{Avg}$ 是過去 N 年的年均報酬。

表 8.3　根據歷史數據求出 σ

	A	B	C	D	E	F	G	H
73								
74				從平均			偏離的	
75	年	報酬		的偏離			平方	
76	(1)	(2)		(3)			(4)	
77	2018	30.0%		19.8%			0.0390	
78	2019	−10.0%		−20.3%			0.0410	
79	2020	−19.0%		−29.3%			0.0856	
80	2021	40.0%		29.8%			0.0885	
81	平均	10.3%		偏離的平方之和（SSDevs）：			0.2541	
82				SSDevs/(N − 1) = SSDevs/3：			0.0847	
83				標準差 = SSDevs 的平方根／3： $\sigma =$			29.10%	
84				Excel 函數：STDEV(B77:B80)　$\sigma =$			29.10%	

期報酬，投資人通常會偏好有較高預期報酬的投資。對大部分的人來說，這是常識——報酬是「好的」、風險是「壞的」；因此，投資人想要最大可能的報酬和最小可能的風險。但如何在以下的兩項投資中二擇一呢？若其中之一有較高的預期報酬，另一個有較低的標準差。為了幫助回答這個問題，我們使用另一種的風險量測方式，亦即**變異係數**（coefficient of variation, CV）；它是將標準差除以預期報酬率：

$$\text{變異係數} = CV = \frac{\sigma}{\hat{r}} \qquad \text{8-3}$$

變異係數顯示每單位報酬的風險；當兩個選項的預期報酬率不相同時，它提供了較有意義的風險衡量。因美國自來水公司和馬丁產品公司有相同的預期報酬率，但變異係數卻未必相同。在本範例裡，馬丁產品公司有較大的標準差，因此必然也有較大的變異係數。事實上，馬丁產品公司的變異係數等於 54.22/10 = 5.42，而美國自來水公司則是 3.87/10 = 0.39。因此，根據此一標準，馬丁產品公司的風險大約是美國自來水公司的 14 倍。

由諾貝爾經濟學獎得主夏普（William Sharpe）發展出的**夏普比率**（Sharpe ratio）是另一常見的風險衡量指標，該指標比較某期間裡，相對其標準差之資產所實現的超額報酬（excess return）：

$$\text{夏普比率} = (\text{投資報酬率} - \text{無風險收益率})/\sigma$$

視情況而定，分析師可以使用歷史報酬和標準差計算夏普比率；他們也可使用預期報酬。不論採上述哪一種方式，超額報酬為投資報酬高於無風險收益率／或稱無風險利率（risk-free rate）的部分，亦即若投資報酬率等於無風險收益率時，其夏普比率等於零。另外，一段時期裡具較高夏普比率的投資的績效較佳，這是因

為它們的每單位風險有較高超額報酬。例如，若我們針對美國自來水公司和馬丁產品公司使用預期報酬計算它的夏普比率，並假設無風險收益率為 4%，則美國自來水公司和馬丁產品公司的夏普比率分別等於 1.55 ((10% – 4%)/3.87%) 和 0.11 ((10% – 4%)/54.22%)。因此，經風險調整後我們再次看到美國自來水公司的預期表現較佳，因兩家公司雖然有著相等的預期超額報酬，但美國自來水公司有著顯著較低的風險。

快問快答

問題

A 股票和 B 股票在過去五年的歷史報酬資料如下。無風險收益率為 3%。

年	A 股票	B 股票
1	20.0%	25.0%
2	30.0	18.0
3	–2.0	50.0
4	6.0	10.0
5	18.0	21.5

a. A 股票和 B 股票的變異係數分別為？
b. A 股票和 B 股票的夏普比率分別為？經風險調整後，A 股票還是 B 股票的表現較佳？請解釋。

解答

a. A 股票的平均報酬率為 14.4% = (20.0% + 30.0% + –2.0% + 6.0% + 18.0%)/5。標準差為 [((20.0% – 14.4%)^2 + (30.0% – 14.4%)^2 + (–2.0% – 14.4%)^2 + (6.0% – 14.4%)^2 + (18.0% – 14.4%)^2)/(5–1)]^0.5 = 12.52%。變異係數等於 12.52%/14.4% = 0.87；**CV_A = 0.87**。

B 股票的平均報酬率為 24.9% = (25.0% + 18.0% + 50.0% + 10.0% + 21.5%)/5。標準差為 [((25.0% – 24.9%)^2 + (18.0% – 24.9%)^2 + (50.0% – 24.9%)^2 + (10.0% – 24.9%)^2 + (21.5% – 24.9%)^2)/ (5–1)]^0.5 = 15.09%。變異係數等於 15.09%/24.9% = 0.61；**CV_B = 0.61**。

b. A 股票的夏普比率為 **0.91**= (14.4% – 3.0%)/12.52%。B 股票的夏普比率為 **1.45** = (24.9% – 3.0%)/15.09%。B 股票有較低變異係數和較大夏普比率，所以從風險經調整後的觀點來看，B 股票的表現較佳。

8-2e 風險趨避和必要報酬

假設你繼承了 $100 萬,並計劃用於投資,作為退休所得。你能購買 5% 的美國國庫券,且可以確定將會賺取 $5 萬的利息;另一個選項是,你可以購買 R&D 企業的股票。若 R&D 的研究計畫成功了,你的股票將增值成為 $210 萬;但若失敗了,則該股票的價值將為 0,亦即你將一無所有。你認為 R&D 成功和失敗的機率各占一半,所以一年後股票的預期價值為 0.5($0) + 0.5($2,100,000) = $1,050,000;扣除 $100 萬的成本後,預期獲利金額和報酬率分別為 $50,000 及 5%,與國庫券相同:

$$\text{預期報酬率} = \frac{\text{預期終值} - \text{成本}}{\text{成本}}$$

$$= \frac{\$1,050,000 - \$1,000,000}{\$1,000,000}$$

$$= \frac{\$50,000}{\$1,000,000} = 5\%$$

一個是確定的 $50,000 利潤和 5% 的報酬率,另一個是有風險的、預期 $50,000 利潤和 5% 報酬率,你會選擇哪一個?若你選擇風險較低的投資,便是風險趨避者。大部分的投資人是風險趨避者,且平均投資人必然是如此看待他的「辛苦錢」。因這是一個普遍同意的事實,所以我們在本書的後續討論裡都假設**風險趨避**(risk aversion)。風險趨避對證券價格和報酬率的意涵是什麼?答案是:若其他因素都固定不變,則證券風險愈高,它的必要報酬率愈高;若不是如此,則價格將改變,直至回到原先要求的狀況。為了說明這個論點,請重新檢視圖 8.3,並再次考慮美國自來水公司和馬丁產品公司的股票。假設這兩家公司的股價皆為每股 $100、10% 的預期報酬率,投資人為風險趨避者;在這些條件下,一般的偏好會選擇美國自來水公司。買進壓力很快便推升美國自來水公司的股價,而賣壓會同時導致馬丁產品公司的股價下跌。

這些價格改變,反過來會改變這兩支股票的預期報酬。例如,假設美國自來水公司的股價從 $100 推升到 $125、馬丁產品公司的股價從 $100 下跌到 $77,這些價格改變將讓美國自來水公司的預期報酬率降至 8%,讓馬丁產品公司的報酬率升至 13%。13% − 8% = 5% 的報酬差異,稱為**風險溢酬**(risk premium, RP);代表對承擔馬丁產品公司較高風險的投資人之額外補償。

這個範例指出一個非常重要的原則:在一個受到風險趨避者主宰的市場裡,相對於風險較低的證券,風險較高的證券必須對邊際投資人而言有較高的預期報酬。若情況並非如此,則在持續的買進和賣出最終將達成這個情況。在介紹完分散化對風險衡量的影響後,我們將探討風險性證券的報酬需高出多大幅度的議題。

Chapter 8 風險和報酬率

風險和報酬在歷史上的抵換關係

下表總結從 1928-2021 年和 2012-2021 年這兩段期間，不同類型資產之平均報酬和風險（以標準差加以衡量）之間的抵換關係。這些小型公司股票、大公司股票、政府債券和國庫券都是在美國市場裡交易的證券。

如該表所示，S&P500 指數的平均報酬率最高、達 11.82%，且它在 1928-2021 年間的標準差也最大、為 19.46%。相對而言，美國 30 天期國庫券有最低的報酬率 3.33%，以及最低的標準差 3.04%。這些數字顯示較高風險資產的長期表現優於低風險資產。在較近期的 2012-2021 年間，受到 FED 量化寬鬆政策影響，長期政府公債殖利率下滑到 2.40%；量化寬鬆還產生過多貨幣流動性，導致投資房地產有較高報酬（7.38%）。

	1928–2021 平均報酬率	1928–2021 標準差	2012–2021 平均報酬率	2012–2021 標準差
S&P500 指數	11.82%	19.46%	16.98%	12.34%
BAA 等級企業債	7.19%	7.51%	6.28%	6.39%
美國政府長期公債	5.11%	7.68%	2.40%	2.45%
30 天期美國國庫券	3.33%	3.04%	0.51%	0.69%
房地產	4.36%	6.26%	7.38%	5.16%

來源：Damodaran online (stern.nyu.edu/~adamodar/pc/datasets/histretSP.xls)

課堂小測驗

- 何謂投資風險？
- 針對不同狀況的發生機率、這些狀況下的報酬率和預期報酬率，為該項投資建立起一個闡釋用的機率分配表。
- 圖 8.3 裡的哪一檔股票的風險較低？原因為何？
- 量測單一獨立風險的三種方法為何？簡要解釋它們的不同之處。
- 解釋你是否同意以下敘述：大部分的投資人為風險趨避者。
- 風險趨避如何影響報酬率？
- 某項投資有 50% 的機會產生 20% 的報酬、25% 的機會產生 8% 的報酬，以及 25% 的機會產生 –12% 的報酬，則它的預期報酬率為何？（**9%**）

8-3 投資組合風險：CAPM 模型

本節討論以投資組合的方式持有（而非以單一獨立的資產持有）股票的風險。我們的討論是根據**資本資產評價模型**（capital asset pricing model, CAPM）；它是一個發展於 1960 年代、極為重要的理論。我們不打算詳加討論 CAPM 的細節，只是想要使用它的直覺解釋，讓你知道以投資組合方式持有股票和其他資產時，風險要如何衡量。若你想深入、全面地了解 CAPM，可以修習投資學課程。

本章到目前為止，考量資產作為單一獨立存在時的風險性。這對小企業、許多房地產投資和資本預算計畫來說，通常是適當的；然而，投資組合裡某支股票的風險，應該會低於它作為單一獨立資產時的風險。因投資人不喜歡風險，又因風險可透過持有投資組合的方式降低，所以大部分的股票是以投資組合的方式持有。銀行、退休基金、保險公司、共同基金和其他金融機構，依法必須持有分散化的投資組合。多數個人投資人——至少對持有證券占其總財富顯著比率的人來說——也是持有投資組合。因此，某特定股票價格增加或減少並不重要，真正重要的是投資組合的報酬和風險。從邏輯上來說，組合裡個別股的風險和報酬，應從它如何影響該投資組合的風險和報酬來分析。

舉例如下：PU 公司（Pay Up Inc.）在全國各地有 37 間辦公室，是一家收款代理人。這家公司並不知名、它的股票流動性不是很高，以及它過去的盈餘之波動性極高；這顯露 PU 公司是家高風險公司，以及它的必要報酬率 r 應相對較高。然而，PU 公司在 2021 年和往年的必要報酬率卻比大部分的公司來得低；這指出投資人認為儘管它的利潤起起伏伏，但仍視 PU 公司為一家低風險的公司。這個違反直覺的發現，其解釋在於分散化和它對風險的效應有關；在經濟衰退時，PU 公司的盈餘增加，而大部分的公司則是減少。因此，買進 PU 公司的股票像是買了保險——當其他投資績效難看時，它的報酬亮眼，所以將 PU 公司納入「正常」股票的組合裡，可以穩定投資組合的報酬及降低其風險。

8-3a 預期的投資組合報酬

投資組合的預期報酬（expected return on a portfolio, $\hat{r}_p$）為組合裡個別資產預期報酬的加權平均；而個別資產的權重，等於總組合投資裡個別資產的比率：

$$\hat{r}_p = w_1\hat{r}_1 + w_2\hat{r}_2 + \cdots + w_N\hat{r}_N$$
$$= \sum_{i=1}^{N} w_i\hat{r}_i \qquad 8\text{-}4$$

其中，$\hat{r}_i$ 為第 i 支股票的預期報酬，w_i 是股票的權重或組合總價值投資在單一

表 8.4　投資組合的預期報酬 $\hat{r}_p$

	A	B	C	D	E	F
101		預期	投資	總額的		乘積
102	股票	報酬	金額	百分率（w_i）		(2) × (4)
103	(1)	(2)	(3)	(4)		(5)
104	微軟	7.75%	$25,000	25.0%		1.9375%
105	IBM	7.25%	$25,000	25.0%		1.8125%
106	GE	8.75%	$25,000	25.0%		2.1875%
107	艾克森美孚	7.75%	$25,000	25.0%		1.9375%
108		7.875%	$100,000	100.0%		7.875% = 預期的 r_p

個股的比率，N 為組合裡的股票數目。

表 8.4 可用來執行上述方程式；我們假設某分析師對四檔股票〔顯示在 (1) 行〕，未來一年的預期報酬率顯示在 (2) 行。假設你有 $100,000，並計劃對每檔股票投資 $25,000，亦即 25%。你可以將每一股票的百分率比重〔參見 (4) 行〕，乘上它的預期報酬，便得到 (5) 行的乘積；將這些乘積加總計算，得到預期的投資組合報酬率 7.875%。

若你加入第五檔有較高報酬的股票，則投資組合的預期報酬將增加；若你加入的是較低報酬的股票，則情況反轉。重點是要記得：投資組合的預期報酬是組合裡各股預期報酬的加權平均。

其他的重點如下：

1. (2) 行的預期報酬率應是根據某些類型的研究，但因不同的分析師針對相同數據常得到不同結論，所以這些數字基本上仍屬主觀判斷。因此，必須以批判的眼光對分析師的分析加以檢視；若你想要做出聰明的投資決策，這是有用的、事實上也是必要的。

2. 若我們將諸如美鋼（U.S. Steel Corp.）和 Netflix 加入組合裡；這兩家公司通常被認為是風險較高的公司，邊際投資人對它們預期報酬的預測將會因而較高；否則，投資人應會賣出它們，驅使價格下降，迫使預期報酬高於較安全股票的報酬。

3. 一年之後，個別股的**實際實現報酬率（realized rates of return, $\bar{r}_i$）**事實上很可能與最初的預期價值大不相同。這會讓投資組合的實際報酬 $\bar{r}_p$ 不等於預期報酬 $\hat{r}_p$ = 7.875%。例如，微軟股價可以翻倍，產生 +100% 的報酬；IBM 或許有很糟的一年，股價急劇下滑，報酬率為 −75%。然而，請注意這兩個事件將彼此抵銷；所以即使個別股報酬遠遠偏離它們的預期值，投資組合的報酬仍有可能接近它們的預期報酬。

8-3b 投資組合風險

雖然投資組合的預期報酬，為組合裡個別股預期報酬的加權平均，但投資組合的風險 σ_p 並不等於個股標準差的加權平均。投資組合的風險通常低於股票標準差的平均，這是因為分散化降低投資組合的風險。

為了說明這個論點，請見圖 8.4。圖 8.4 下半部列出 W 股票和 M 股票的個別數據，以及權重各占一半的投資組合數據。左圖採時間數列格式將數據繪於圖上，結果顯示個股報酬率逐年有著很大的變化；因此，單一個股的風險頗高。然而，投資組合的報酬始終是 15%、一點風險也沒有。右方為機率分配圖，它顯示同樣的事情——這兩支股票若單一獨立持有，則是相當高風險；但當它們結合形成 WM 投資組合時，便無任何風險了。

若你將所有的錢投資在 W 股票上，則預期報酬為 15%，但你必須面對頗大的風險；若僅持有 M 也會是如此。然而，若你各投資 50%，仍有相同的 15% 的預期報酬，但卻不需面對風險。作為理性和風險趨避者，你和其他的理性投資人應選擇投資組合，而非單一個股。

圖 8.4　完全負相關的報酬 $\rho = -1.0$

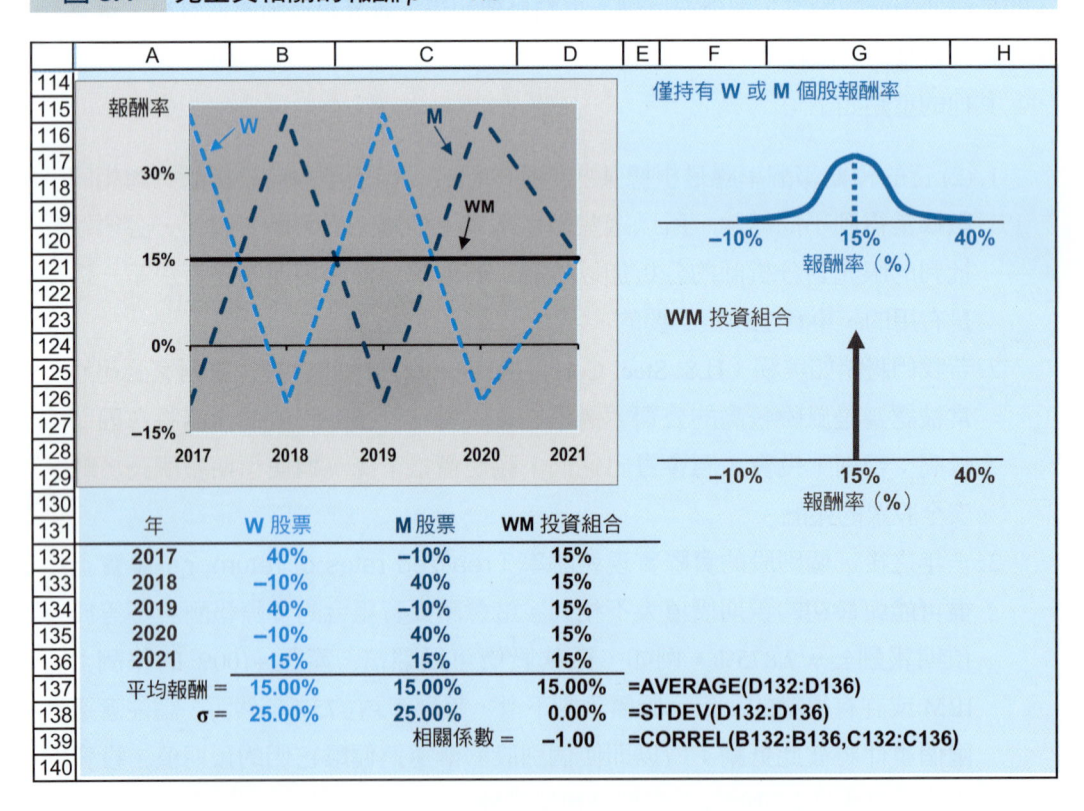

年	W 股票	M 股票	WM 投資組合
2017	40%	−10%	15%
2018	−10%	40%	15%
2019	40%	−10%	15%
2020	−10%	40%	15%
2021	15%	15%	15%
平均報酬 =	15.00%	15.00%	15.00%	=AVERAGE(D132:D136)
$\sigma =$	25.00%	25.00%	0.00%	=STDEV(D132:D136)
		相關係數 =	−1.00	=CORREL(B132:B136,C132:C136)

W 股票和 M 股票可以形成無風險投資組合，因它們的報酬彼此反向移動——當 W 股票跌、M 股票漲；W 股票漲、M 股票跌。兩個變數一同移動的傾向稱為**相關性**（correlation），而**相關係數**（correlation coefficient, ρ）衡量這個傾向。在統計學裡，若 W 和 M 股票的報酬為完全負相關，則 $\rho = -1.0$；與完全負相關相反的是完全正相關（perfect positive correlation），$\rho = +1.0$；若報酬完全不相關，則它們稱為相互獨立（independent）或 $\rho = 0$。

有著相同預期報酬、完全正相關的兩支股票，它們的報酬會一起上下移動；而包含這些股票的投資組合，將和個股的風險完全相同。若我們比照圖 8.4 來繪圖，便會看到只存在一條線，這是因為在任何時點，這兩支股票和投資組合的報酬率都相等。因此，在投資組合裡的股票是完全正相關的情況下，分散化對降低風險將毫無用處。

如前所述，當股票是完全負相關時，所有的風險可被分散；但當股票是完全正相關時，分散化不會產生任何益處。在現實世界裡，大部分的股票彼此正相關，但非完全正相關；過去的研究指出，兩支隨機選擇股票之間報酬的相關係數，其平均值約為 0.30。在這樣的情況下，將股票結合成投資組合，的確會降低風險，但不能完全消除風險；圖 8.5 使用相關係數為 +0.35 的兩支股票為例，闡明此一論點。

圖 8.5　部分相關的報酬 $\rho = +0.35$

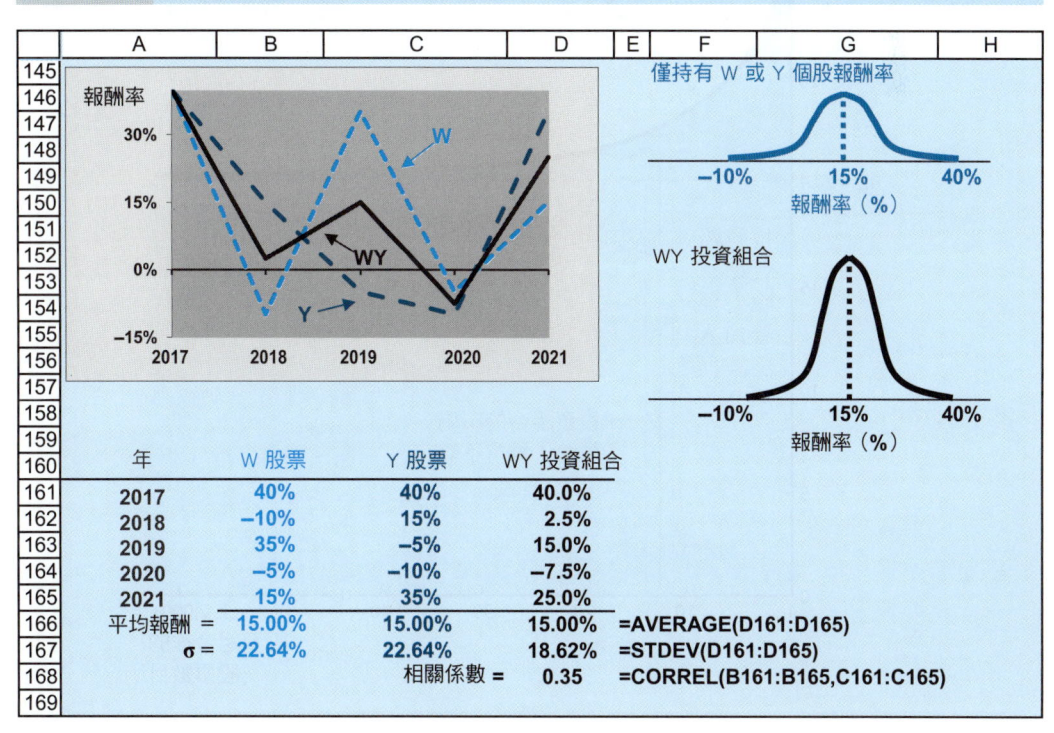

年	W 股票	Y 股票	WY 投資組合	
2017	40%	40%	40.0%	
2018	−10%	15%	2.5%	
2019	35%	−5%	15.0%	
2020	−5%	−10%	−7.5%	
2021	15%	35%	25.0%	
平均報酬 =	15.00%	15.00%	15.00%	=AVERAGE(D161:D165)
σ =	22.64%	22.64%	18.62%	=STDEV(D161:D165)
		相關係數 =	0.35	=CORREL(B161:B165,C161:C165)

投資組合的平均報酬是 15%，和這兩支股票的平均報酬相同；但它的標準差僅為 18.62%，低於個股的標準差和兩者標準差的平均值。再次強調，理性、風險趨避的投資人若選擇持有投資組合，將會比僅持有其中一支個股要來得好。在我們的例子裡，投資組合僅包含兩支股票；若增加組合裡股票的數目，將會如何呢？得到的規則是：平均而言，隨著投資組合裡股票數目的增加，整體的風險會下降。

若我們加入足夠的部分相關之股票，是否可以完全消除風險呢？一般來說，答案為否。說明請見圖 8.6，它顯示投資組合風險隨著股票數量的增加而減少，但請留心以下事項：

1. 投資組合風險隨股票數增加而減少，但以遞減的速度在減少；一旦組合裡有 40 至 50 支股票時，額外加入的股票對降低風險的幫助便很小了。

圖 8.6　隨機股票選擇下之投資組合規模對風險的影響

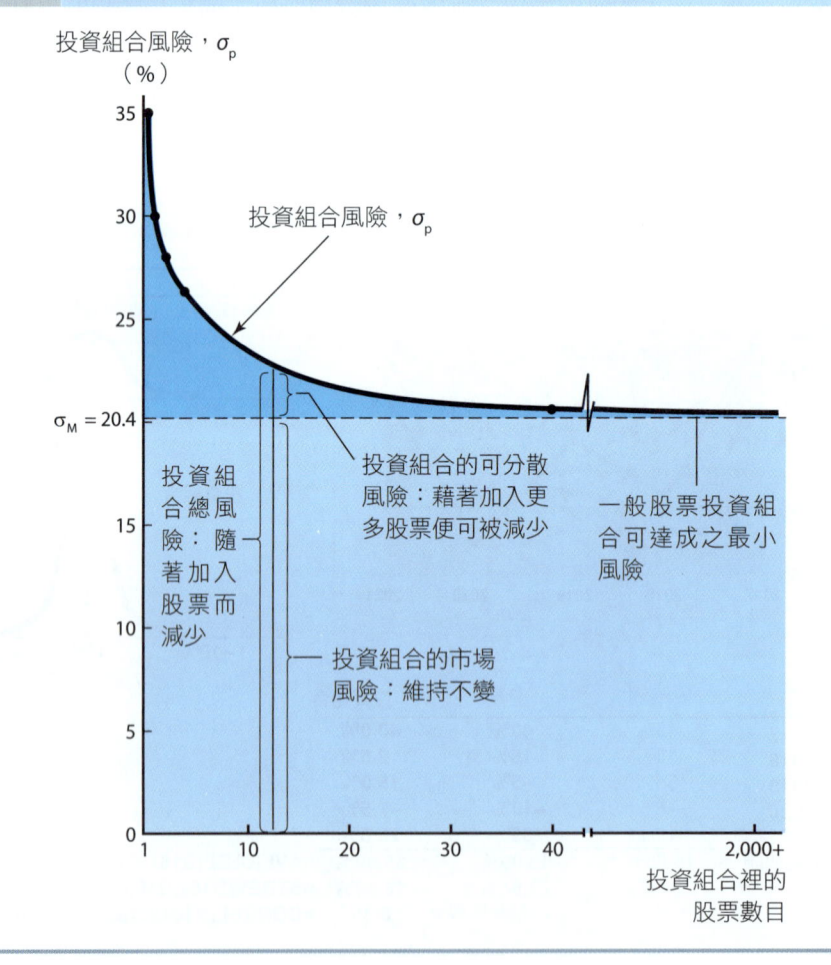

投資組合風險，σ_p（％）

$\sigma_M = 20.4$

投資組總風險：隨著加入股票而減少

投資組合的可分散風險：藉著加入更多股票便可被減少

投資組合的市場風險：維持不變

一般股票投資組合可達成之最小風險

投資組合裡的股票數目

2. 投資組合的總風險，可分成兩個部分：**可分散風險（diversifiable risk）** 和 **市場風險（market risk）**。可分散風險可藉著增加股票數目來消除；市場風險則無法消除，即使在投資組合裡持有市場裡每一支股票，該風險依舊存在。

3. 可分散風險由隨機、非系統性事件所導致，包括法律訴訟、罷工、成功和不成功的行銷與研發計畫、贏得或輸掉重要契約，以及只與這家公司有關的其他事件。因這些事件隨機出現，對投資組合的影響可被分散化所消除──某公司不好的事件，將被另一家公司的好事件所抵銷。另一方面，市場風險源自於影響大部分公司的系統性因素：戰爭、通貨膨脹、經濟衰退、高利率和其他的總體因子；因大部分的股票都受到總體因子的影響，所以市場風險不能藉由分散化來消除。

4. 若我們小心地選擇投資組合裡的股票，而不是隨機選擇，則這個圖形將會有些改變。特別是，若我們選擇低相關的股票，且所選個股有著低的單一獨立風險，則相較隨機方式，此一投資組合之風險下降的速度應較快；若我們加進投資組合的股票是高相關性和高標準差則反之。

5. 許多投資人是理性的，亦即若其他因素不變的情況下，他們厭惡風險。若果真如此，為何有投資人僅持有一支或少數幾支股票呢？為何不持有包括所有股票的**市場投資組合（market portfolio）** 呢？原因如下：首先，高額行政成本和佣金超出個別投資人能獲得的利益。其次，投資人可使用指數型基金來達成分散，而許多個人的確透過這些基金獲得廣泛的分散。第三，一些人自認選股精準，可「打敗市場」，因此買進特定股票而非市場。最後，一些人能藉由過人的分析打敗市場──找出並買進受到低估的股票、賣出高估股票；在此過程中，導致大部分的股票有著適當的價格，亦即它們的預期報酬與風險一致。

6. 還有一個重要問題未回答：如何量測個股的風險？預期報酬的標準差並不適當，因它包括藉著在投資組合裡持有這支股票可被消除的風險。那麼在大部分人會持有投資組合的世界裡，我們應如何量測股票的風險呢？這是下一小節的主題。

你是否將熟悉的股票加入你的投資組合裡？

儘管存在其他可行選項，許多人的投資決策仍是根據他對投資標的的熟悉度，但該熟悉度偏見較可能增加、而非減少投資組合風險。

路易斯安那州立大學的唐機（Don Chance）教授要求 MBA 學生，不經事先分析並按特定順序從資料庫中選出 30 檔股票，以下是觀察到的有趣現象：

1. 學生所選之投資組合的風險，會隨股票數的增加而顯著減少（類似圖 8.6 的樣態）。除此，分散化效應通常在 10-25 支股票範圍內顯而易見。
2. 多數學生並未在他們的投資組合裡觀察到分散化效應。約 11% 學生在選擇將 29 支證券加入單一證券投資組合後，風險反而增加了。
3. 許多學生根據熟悉度選擇股票：他們選擇自己、朋友和親戚目前或之前工作過的公司，選擇生產他們經常購買商品的廠商，甚至是通勤時所看到的公司。具體而言，該實驗顯示艾克森美孚（Exxon Mobil）最常入選，接下來是並列第二的沃爾瑪（Walmart）和 Apple。

簡言之，該實驗指出對投資人來說，並不存在一個神奇的股票數量，足以達成全然的分散化。

與熟悉性概念相關聯的現象是人們傾向投資其居住地附近的廠商，顯示在選擇投資標的時，他們偏好地理上的鄰近性。以下列出相關的實證研究（這些研究的樣本期間介於 1991-1996 年）：

- Ivković and Weisbenner (2005) 記載美國家戶平均將其 31% 的投資組合投入在距其 250 英里半徑內的公司。相較非當地公司持股，他們的在地公司持股的年化報酬率多了 3.2%，這指出在地投資人應妥善利用了他們的在地知識。
- Bailey, Kumar, and Ng (2011) 顯示共同基金的個別投資人往往有在地情結、不佳的分散化和普普通通的投資績效。
- Nofsinger and Varma (2012) 發現相較非當地公用事業公司股票，人們傾向購買他們在地公用事業股票（utility firm）。另外，這些人們的在地公用事業股票的報酬與 S&P500 公用事業廠商的報酬並無不同。Nofsinger 和 Varma 認為公用事業的在地投資人，其財富和技能並不遜於那些投資於非當地公用事業的投資人。

上述證據指出投資人偏好在地股票，可能是因為相對非當地投資人，在地投資人擁有資訊優勢，因他們較易獲得軟資訊，例如有機會遇到他們所投資廠商的經理人、員工、顧客和供應商。換言之，熟悉性並非行為上的偏誤。

總之，選擇熟悉的投資標的，當你可以從那些公司獲得較多資訊時，便不必然是錯的。

來源：Don M. Chance, Andrei Shynkevich, and Tung Hsiao Yang, "Experimental Evidence on Portfolio Size and Diversification: Human Biases in Naïve Security Selection and Portfolio Construction," *Financial Review,* vol. 46 (2011), pp. 427–457; Zoran Ivković and Scott Weisbenner, "Local Does as Local Is: Information Content of the Geography of Individual Investors' Common Stock Investments," *Journal of Finance,* vol. 60 (2005), pp. 267–306; Warren Bailey, Alok Kumar, and David Ng, "Behavioral Biases of Mutual Fund Investors," *Journal of Financial Economics*, vol. 102 (2011), pp. 1–27.

8-3c 投資組合脈絡下的風險：貝它係數

當一支股票是以單一獨立的方式持有時，它的風險可用預期報酬的標準差加以衡量。然而，當股票是以投資組合的方式持有（通常如此）時，便不是一個適當的工具。那麼，我們要如何量測投資組合脈絡下某支股票的**有關風險**（relevant risk）呢？

首先，請記住除了連動於市場變動的風險外，大部分的投資人都可將其他所有的風險分散——理性投資人將持有足夠的股票，以沿著圖 8.6 裡的風險曲線向下移動，直到他們的投資組合裡只剩下市場風險。

一旦某支股票被放入分散化的投資組合裡，剩下的風險便為它對投資組合市場風險的貢獻。此一風險可用下述方式衡量：這支股票隨著市場上下移動的程度。

股票隨市場移動的傾向，可使用它的**貝它係數**（beta coefficient, b）來加以衡量。理想狀況是，當我們預估股票的貝它值時，會希望可以有顆水晶球告訴我們這支股票在未來將相對整體股票市場如何移動。但因我們看不到未來，便經常使用歷史數據加以假設。股票的歷史數據可供我們合理的預測，股票在未來如何相對市場移動。

為了說明歷史數據的使用，請見圖 8.7，它顯示三支股票和市場指數的歷史報酬。在第一年，「市場」（亦即包含所有股票的投資組合）股利加上資本利得的總報酬為 10%，和這三支股票的報酬率相同。在第二年，市場大幅上揚，報酬達到 20%；H 股票（high 的字首）達到 30%、A 股票（average 的字首）的報酬和市場一樣為 20%、L 股票（low 的字首）則是 15%。在第三年，市場狀況很不好，報酬率為 –10%；三支股票的報酬也下降了，H、A 及 L 分別是 –30%、–10% 和 0%。在第四年和第五年，市場報酬分別是 0% 和 5%；這三支股票的報酬請參見圖 8.7。

數據圖顯示這三支股票隨著市場移上移下，但 H 股票的波動性是市場的兩倍、A 股票和市場相同、L 股票則只有市場波動性的一半。顯然線愈陡，則股票波動性愈大，在空頭市場時損失愈大。線的斜率為股票的貝它係數；從圖中可看出，H 股票的斜率係數為 2.0、A 股票是 1.0、L 股票是 0.5。因此，貝它係數量測股票相對於市場的波動性；**平均的股票貝它值**（average stock's beta, b_A）= 1.0。

A 股票被定義為平均風險股票（average-risk stock），因為它的貝它值 b = 1.0，所以會同步市場移動。因此，一般而言，當市場向上移動 10% 時，平均風險股票也向上移動 10%；當市場向下移動 10% 時，平均風險股票也向下移動 10%。b = 1.0 的大型投資組合應：(1) 移除了所有的可分散風險；但 (2) 仍會隨著具廣度的市場平均移上移下，因此仍有一定程度的風險。

圖 8.7　貝它：H、A 和 L 股票的相對波動性

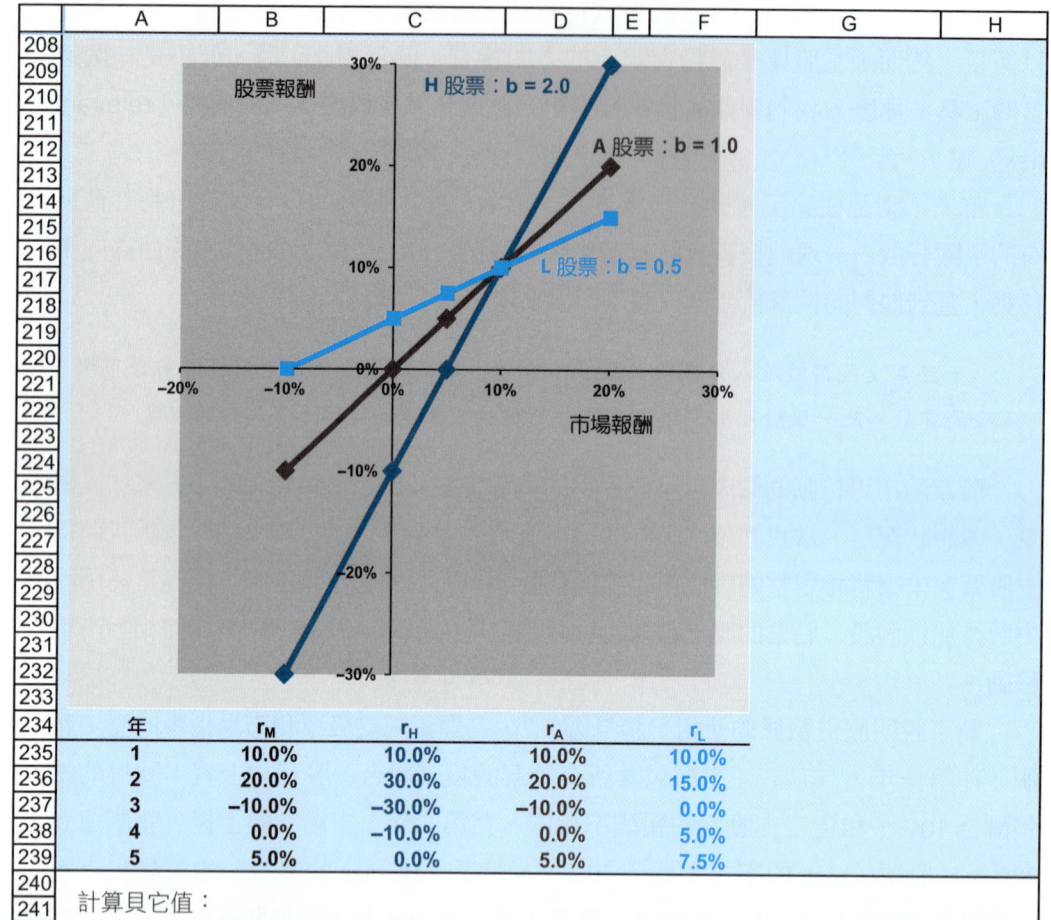

（圖表：三條迴歸線，縱軸為股票報酬，橫軸為市場報酬）
- H 股票：b = 2.0
- A 股票：b = 1.0
- L 股票：b = 0.5

年	r_M	r_H	r_A	r_L
1	10.0%	10.0%	10.0%	10.0%
2	20.0%	30.0%	20.0%	15.0%
3	−10.0%	−30.0%	−10.0%	0.0%
4	0.0%	−10.0%	0.0%	5.0%
5	5.0%	0.0%	5.0%	7.5%

計算貝它值：

1. ROR 法：將橫軸改變產生的縱軸改變量，除以橫軸的改變量；亦即，將股票報酬的改變量除以市場報酬的改變量。就 H 股票來說，當市場從 −10% 上升到 +20% 或增加 30%，股票報酬從 −30% 變成 +30% 或增加 60%；因此，貝它$_H$ 為 60/30 = 2.0。同樣地，我們可以求出貝它$_A$ 和貝它$_L$ 分別為 1.0 與 0.5。在這個例子裡使用 ROR 程序是很簡單的，因所有的點皆位在直線上；但若資料點四散於趨勢線附近，我們便不能使用這個方法來計算真正的貝它值。

2. 財務計算機：財務計算機有內建的函數，可用於計算貝它值。這個程序會隨著使用不同的計算機而有一些不同之處。

3. Excel：Excel 的 Slope 函數可用來計算貝它值，以下是我們的三支股票之 Excel 設算：

貝它$_H$　　2.0 = SLOPE(C235:C239,B235:B239)
貝它$_A$　　1.0 = SLOPE(D235:D239,B235:B239)
貝它$_L$　　0.5 = SLOPE(F235:F239,B235:B239)

H 股票的 b = 2.0，它的波動性是平均股票的兩倍；這意謂它的風險相較高出一倍。由 b = 2.0 的股票組成的投資組合之價值，可能在短時間裡增加一倍或變成一半；若你持有這樣的投資組合，則可能很快就成為百萬富翁或是乞丐。另一方面，L 股票的 b = 0.5，亦即它的波動性僅是平均股票的一半，這類股票所組成的資產組合之起伏幅度僅有市場的一半；因此，它的風險只有平均風險投資組合的一半。

Value Line、雅虎、Google 和許多其他組織計算並發布數千家公司的貝它值；一些知名企業的貝它值顯示在表 8.5。大部分股票的貝它值介於 0.50 至 1.50；所有股票的平均貝它值為 1.0，這指出平均股票的移動完全與市場同步。

若將貝它值大於 1.0（如 1.5）的股票，加到 b_p = 1.0 的投資組合裡，則這個投資組合的貝它值和風險都將增加。相反地，若將貝它值小於 1.0 的股票，加到 b_p = 1.0 的投資組合裡，則這個投資組合的貝它值和風險都將下降。這是因為股票的貝它值反映它對投資組合風險性的貢獻；就理論上而言，貝它是對股票風險性的正確衡量指標。

我們可將到目前為止的討論彙整如下：

1. 股票風險包含兩個部分——可分散風險和市場風險。
2. 可分散風險可被消除；且大部分的投資人藉著持有非常大的投資組合或買進共同基金，消除可分散風險。然後剩下的只是市場風險——它受到股票市場整體移動的影響，並反映大部分的股票系統性地受到諸如戰爭、衰退和通貨膨脹等事件影響。對理性、分散化的投資人而言，市場風險是唯一需要擔心的風險。有著較高單一獨立風險的公司往往有較大的貝它值；例如處於過去數年裡的波音公司，詳見前述。

表 8.5　一些公司的貝它係數

股票	貝它	股票	貝它
美國航空	2.04	Facebook	1.07
NCR 企業	1.81	ebay	1.05
美國銀行	1.70	Netflix	1.03
戴勒姆汽車	1.60	微軟	09.6
哈雷機車	1.46	煙燻辣椒墨西哥燒烤	0.93
百思買	1.30	可口可樂	0.60
GE	1.29	寶僑	0.39
艾克森美孚	1.27		

來源：改編自 Yahoo! Finance(finance.yahoo.com), April 2020.

3. 承受風險的投資人必須獲得補償——股票的風險愈高,它的必要報酬率愈高;然而,僅需對不能藉由分散化消除的風險加以補償。若某支股票因它的可分散風險,而享有風險溢酬,則它會是已做好分散化之投資人的良好投資標的。他們應開始買進這支股票,以及推升它的價格;這支股票的最終均衡價格,應與僅反映其市場風險的預期報酬一致。

  為了說明這個論點,假設 B 股票的一半風險為市場風險(因它隨市場上下移動),而另一半則是可分散風險。你正考慮是否購買 B 股票,並以單一股票投資組合的方式持有,所以你暴露於它全部的風險之下。作為承受如此大的風險之補償,你希望在 3% 的國庫券報酬之上獲得額外 8% 風險溢酬,亦即你的必要報酬等於 $r_B = 3\% + 8\% = 11\%$,但包括你的大學教授和其他投資人則是處於廣為分散的狀態。他們也正考慮 B 股票,但應會以投資組合的方式持有——消除它的可分散風險、並因而僅暴露在你所面臨風險的一半。因此,他們的必要風險溢酬應是你溢酬的半數,則他們的必要報酬率將等於 $r_B = 3\% + 4\% = 7\%$。

  若股票的價格可產生你要求的 11% 報酬,則這些已做好分散化的投資人應會買進它,推升它的價格、降低它的報酬,並讓你不能以提供 11% 報酬的價格買進這支股票。到了最後,你必須接受 7% 的報酬或將你的錢留在銀行。

4. 股票的市場風險,能由它的貝它係數來衡量,它是股票相對波動性的指標。以下是一些指標性貝它值:

   b = 0.5:該股僅為平均股票一半的波動性或風險性。
   b = 1.0:該股為平均風險。
   b = 2.0:該股的風險性是平均股票的兩倍。

5. 由低貝它股票組成的投資組合也將有低的貝它值,因投資組合的貝它值為個別證券貝它值的加權平均;如下式:

$$b_p = w_1b_1 + w_2b_2 + \cdots + w_Nb_N$$

$$= \sum_{i=1}^{N} w_ib_i \qquad \text{8-5}$$

其中,b_p 是投資組合的貝它值,顯示投資組合相對市場的波動性;w_i 是第 i 支股票占投資組合的比重;b_i 是第 i 支股票的貝它係數。舉例說明如下:若某投資人持有 \$100,000 的投資組合,包含三支各 \$33,333.33 的股票,又若這三支股票的貝它值為 0.70,則投資組合的貝它值將等於 0.70:

$$b_p = 0.333(0.70) + 0.333(0.70) + 0.333(0.70) = 0.70$$

此投資組合的風險性將低於市場,所以價格變化幅度應相對較窄,報酬率的波動也應相對較小。若製作如圖 8.7 的圖形,迴歸線的斜率應等於 0.70──小於平均股票投資組合的斜率。現在假設賣出其中一支股票,以一支 $b_i = 2.00$ 的股票來取代。這個行動將增加投資組合的貝它值,從 $b_{p1} = 0.70$ 上升到 $b_{p2} = 1.13$。

$$b_{p2} = 0.333(0.70) + 0.333(0.70) + 0.333(2.00) = 1.13$$

全球觀點
海外分散化的利益

相較只購買美國證券,透過購買愈來愈方便買到的國際證券,讓達成更佳的風險─報酬抵換變得更容易。因此,投資海外可能導致一個具較高預期報酬和較低風險的投資組合。這是因為美國證券報酬率和國際證券報酬率之間有著較低的相關性,加上海外股票可能帶來較高報酬所致。

前述圖 8.6 顯示投資人可透過持有一定種類的股票,降低他的投資組合風險。鑑於國內和國際股票報酬之間並非完全相關,投資人藉著持有全球股票投資組合,可進一步地降低風險。

即便外國股票大約已占全球股票市場比重的 50%,以及投資海外有著明顯的好處,但典型的美國投資人卻仍以低於 10% 的資金購買外國股票。不願意投資海外的可能解釋是投資國內股票的交易成本較低。然而,該解釋受到質疑,因最近的研究顯示投資人買賣海外股票的頻率高於他們買賣國內股票。

針對偏好國內股票的其他解釋,包括投資海外的額外風險(如匯率風險),以及典型美國投資人對國際投資資訊不足或認為國際投資風險極高。一些人主張全球資本市場已日益整合,以致不同國家市場報酬的相關性隨之增加。此外,美國企業海外投資日益興盛,讓只購買美國股票的投資人,也能享受國際分散化的利益。

鑑於全球分散化的利益,許多分析師推薦美國投資人在他們的投資組合裡持有顯著比例的外國資產。《華爾街日報》最近報導某頂尖顧問團隊,關於他們對於外國資產最佳配置的看法。一如預期,他們的看法不一,但相當一致的意見是:平均美國投資人在其投資組合裡,應持有 30% 至 40% 的外國資產。這些分析師還指出該最佳化比例,因人而異、因時而異。

來源:George Sisti, "Should You Own International Stocks?" *MarketWatch* (marketwatch.com), July 25, 2016; "The Experts: How Much Should You Invest Abroad?" *The Wall Street Journal* (wsj.com), June 10, 2013; and Kenneth Kasa, "Measuring the Gains from International Portfolio Diversification," *Federal Reserve Bank of San Francisco Weekly Letter*, no. 94–14, April 8, 1994.

但若加入的是 $b_i = 0.20$ 的股票，則投資組合的貝它值將從 0.70 降到 0.53。因此，加入低貝它的股票應會減少投資組合的風險性；所以改變投資組合裡的股票，就能改變這個投資組合的風險性。

6. 因股票的貝它係數決定該股如何影響投資組合的風險，故從理論上來說，貝它是對股票風險最重要的衡量方式。

快問快答

問題

P 投資組合包含兩檔股票：50% 投資於 A 股票、50% 投資於 B 股票。A 股票的標準差和貝它值分別是 25% 與 1.2；B 股票則分別是 35% 和 0.80。這兩檔股票的相關係數為 0.4。

a. P 投資組合的標準差為何？
 (1) 低於 30%
 (2) 30%
 (3) 高於 30%
b. P 投資組合的貝它值？
c. 對已做了分散投資的投資人來說，哪一檔股票的風險較高？

解答

a. 不須計算便能回答這個問題。應該還記得只要兩者之間的相關係數小於 1.0，則兩種股票形成之組合的標準差，就會低於個別股票標準差的加權平均。因本小題涉及的相關係數為 0.4，所以我們知道 P 投資組合的標準差**小於 30%**。

b. $b_p = 0.5(1.2) + 0.5(0.8)$
    $= 1.0$
 投資組合的貝它值等於個別股票貝它值的加權平均。

c. 對已做好分散化的投資人而言，貝它值量測相關風險，因此這個投資人應會將有著較大貝它值的股票（**A 股票**）視為有較高風險。

最近的研究強調了分散化的重要性

K. Kahle 和 R. Stulz 教授的研究顯示在過去 1975-2015 的四十年裡，美國廠商的資產和利潤愈來愈集中。他們指出在 1975 年，美國前 109 家賺最多錢的公司，其盈餘占美國上市公司全部盈餘的 50%；但到了 2015 年，109 家則變成 30 家。亦即，企業利潤主要是由少數廠商賺到的。

H. Bessembinder 教授的研究顯示在 1926-2016 年間，只有 42.6% 普通股的報酬率高於 1 月期國庫券報酬率；此外，只有 4% 股票的績效打敗市場。這些結果指出過去股票市場的高報酬，是由很少數股票的極高報酬率所產生。

H. Bessembinder 和他的共同作者還發現在 1990-2018 年間，績效最佳的前 1.3% 廠商為全球股票市場創造了 44.7 兆美元的財富。其中，美國以外、占不到 1% 的廠商創造了 16 兆美元淨財富。這些結果強調了以下事實──股票長期報酬的機率分配顯現強烈正偏度──的實務意涵。也就是想要擊敗市場的投資人，必須只從市場裡的小小贏者圈選擇股票，但他們須有預知能力或極佳運氣，方能選出這些極少數的贏家，所以最佳策略是持有經理人用以複製整體市場績效之分散化的投資組合。

來源：Kathleen M. Kahle and René M. Stulz, "Is the US Public Corporation in Trouble?" *Journal of Economic Perspectives*, vol. 31(2017), pp. 67–88; Hendrik Bessembinder, "Do Stocks Outperform Treasury Bills?" *Journal of Financial Economics*, vol. 129(2018), pp. 440–457; Hendrik Bessembinder, Te-Feng Chen, Goeun Choi, and K.C. John Wei, "Do Global Stocks Outperform US Treasury Bills?" 2019, papers.ssrn.com/sol3/papers.cfm?abstract_id= 3415739.

課堂小測驗

- 解釋以下敘述：組合裡持有的一部分資產，其風險通常低於這些資產以獨立方式所持有的風險。
- 何謂完全正相關、完全負相關和零相關？
- 一般來說，是否可藉著增加組合裡股票的數目，而讓組合的風險性降至為 0？
- 何謂平均風險股票？這樣股票的貝它值為？
- 為何貝它值被認為是股票風險的最佳指標？
- 某投資人的投資組合裡只包含兩支股票 X 和 Y；他對 X 股票投資了 $25,000、對 Y 股票投資了 $50,000，X 股票和 Y 股票的貝它分別是 1.50 與 0.60，則此投資組合的貝它值等於多少？（**0.90**）

結語

本章描述風險和報酬的關係。我們討論如何計算單一獨立資產和資產組合的風險和報酬；特別的是，我們區分單一獨立風險和投資組合脈絡下的風險，並解釋分散化的利益。此外，我們討論 CAPM，它描述風險應如何量測，以及風險如何影響報酬率。在接下來的數章裡，你們將會學到所需的工具，以估計公司普通股的必要報酬率，以及解釋為何這個股票報酬和它的債權報酬，能用於求得公司的資本成本。你將會了解，資本成本是資本預算過程裡的重要元素。

自我測驗

ST-1 實現的報酬率

A 股票和 B 股票的歷史報酬如下：

年	A 股票報酬 r_A	B 股票報酬 r_B
2016	(24.25%)	5.50%
2017	18.50	26.73
2018	38.67	48.25
2019	14.33	(4.50)
2020	39.13	43.86

a. 計算 2016-2020 年間這兩支股票各自的平均報酬率。假設某人持有包含 50% A 股票和 50% B 股票的投資組合，則 2016-2020 期間，該投資組合每年實現的報酬率為何？整個期間的平均報酬率為何？

b. 使用方程式 8.2a，計算這兩支股票和前述投資組合各自的標準差。

c. 假設無風險收益率在該期間為 3.5%，使用平均報酬率計算該期間 A 股票、B 股票和投資組合各自的夏普比率。

d. 根據這兩支股票的年報酬率，它們之間的相關係數較接近 +0.8、還是 –0.8？

e. 若在投資組合裡加入較隨機選擇的股票，則關於 σ_p，下列陳述何者較接近真實？

　1. σ_p 維持不變

　2. σ_p 約等於 20%

　3. 若加入足夠多的股票，σ_p 應下跌至接近零

ST-2 貝它和必要報酬率
ECRI 是一家下轄四家子公司的控股公司，它投資在這

四家子公司的資本比重，以及這四家子公司各自的貝它值，如下所示：

子公司	資本比重	貝它
電力事業	60%	0.70
有線電視	25	0.90
房地產開發	10	1.30
國際／專案計畫	5	1.50

a. ECRI 的貝它值？

b. 若無風險收益率為 4% 及市場風險溢酬為 5%，則 ECRI 的必要報酬率為何？

c. ECRI 正考慮是否改變它的策略焦點：減少依賴電力事業子公司，也就是讓該子公司的資本比重降至 50%。與此同時，將提高國際／專案計畫部門的比重，讓其資本占比增加到 15%。在這些改變後，ECRI 的必要報酬率會有怎樣的相應改變？

問題

8-1 假設你擁有包含 $250,000 長期美國政府公債的投資組合。

a. 你的投資組合是否完全無風險？試解釋之。

b. 現在假設該投資組合包含 $250,000 的 30 天期國庫券。每次國庫券到期時，你便將 $250,000 本金再買進新的一批國庫券。你計劃靠該投資組合產生的所得生活，並想要維持穩定的生活水準，則該國庫券投資組合是否真正無風險？試解釋之。

c. 你認為哪種證券的風險最低？試解釋之。

8-2 2017 年 1 月至 2021 年 12 月，3M、摩根大通（JPMorgan）、Apple 和 S&P500 指數之週報酬的平均（mean）和標準差（standard deviation），如下所示。若根據變異係數 CV，則該選擇哪一個投資目標？

	3M	JPMorgan	Apple	S&P 500
Mean	0.05%	0.41%	0.74%	0.31%
Standard Deviation	3.29%	3.94%	3.86%	2.49%

8-3 壽險保單是一種金融資產，保費則是該投資的成本。

a. 你如何計算 1 年期壽險保單的預期報酬率？

b. 假設該壽險保單的持有人沒有其他金融資產——「人力資本」或賺錢能力是他唯一的其他資產，則壽險保單報酬率和人力資本報酬率之間的相關係

數為何？

c. 壽險公司必須支付行政成本和業務員的佣金；因此，保費的預期報酬率通常很低，甚至為負。使用投資組合概念解釋人們為何會購買壽險，即使它的預期報酬相當低。

8-4 是否可在真實世界裡建構出一個投資組合，讓它的必要報酬率等於無風險收益率？

8-5 A 股票的預期報酬率為 7%、預期報酬的標準差為 35%、和市場之間的相關係數為 –0.3、貝它係數為 –0.5；B 股票的預期報酬率為 12%、預期報酬的標準差為 10%、和市場之間的相關係數為 0.7、貝它係數為 1.0。哪一個證券的風險較高？原因為何？

8-6 A 股票去年報酬率為 12%；該年整體股票市場下跌。這是否意謂該股的貝它值為負？持有它在投資組合裡的風險極低？請解釋。

8-7 若投資人的風險趨避程度增加了，則相對低貝它公司，高貝它公司股票的風險溢酬增加較多還是較少？試解釋之。

8-8 若某公司貝它值翻倍，則其必要報酬率也翻倍？

8-9 在下一章，我們將會看到若某債券的市場利率 r_d 上揚，則該債券的價格將下跌。將同樣邏輯用於股票，解釋 (a) 風險趨避程度下降，如何影響股票價格和所賺取的報酬率；(b) 若使用股票報酬率和債券報酬率之間歷史數據的差異來量測風險溢酬，則風險溢酬如何受風險趨避程度下降的影響。

8-10 假設你持有 A 股票和 B 股票，根據過去十年數據產生的貝它值，A 股票和 B 股票的夏普比率分別是 1.3 和 0.8，則哪一支股票表現較佳？請簡要解釋。

CHAPTER 9

債券和債券評價

決定債券績效的關鍵因素

亞洲大型固定收益（fixed income）的瀚亞投資（Eastspring Investments）經理人在2021年末，針對亞洲、歐洲和北美、約200位機構投資人進行了全球性問卷，為的是了解他們對於亞洲債券的態度和購買意願。隨著已開發國家證券市場波動性日增、國內股權和債券市場關聯性愈強，以及報酬趨減，亞洲提供較大的分散化，以及獲取較高收益和價格升值的機會。亞洲債券市場包括中國這個全球第三大公債市場，因此受到固定收益投資人的日漸重視。

對於全球固定收益債券投資，上述問卷指出如下重要的考量因素：新冠Covid-19疫情後的GDP成長、央行貨幣緊縮政策和上揚利率、貿易政策和地緣因素、特定國家或市場的財政政策和政府支出。有趣的是，關於上述各項關鍵因素的重要性排序，亞洲和北美機構投資人竟有著相同答案。

全球債券投資人最在意通貨膨脹，以及通膨的性質是持續或暫時。供應面通膨由疫情引發的供應鏈斷鏈和勞動市場供需不平衡所驅動；需求推升通膨由量化寬鬆的流動性洪水、低利率和政府回應疫情採行的超高金額財政刺激所引發。隨著用於補償購買力損失的通膨溢價走高，殖利率也隨之增加，導致較低的債券價格。量化寬鬆增發的數兆美元，將被貨幣緊縮政策、甚或量化緊縮（quantitative tightening）所取代。這將減少對債券的整體需求、增加殖利率和降低債券價格。預期升息以馴服通膨，應進一步導致債券價格的下跌。

回應上述的經濟情勢，大部分的問卷填答人表示他們有意藉投資於新市場和更多種

類債券，降低他們的固定收益曝險和分散化他們的投資組合。他們將亞洲的債券市場視為是經風險調整後最高報酬的地區。相對美元計價債券，北美和歐洲填答人預期將增加投資國外經濟體當地貨幣計價的債券。然而，當地貨幣債券有匯率風險，因若該當地貨幣相對美元貶值，則會產生匯損。

該問卷調查錯過／忽略了以下事件，包括 2022 年 2 月開始的俄烏戰爭，該戰爭導致的能源和糧食危機，引發石油、天然氣和農產品價格飆升，進一步推升通貨膨脹。

曾將美國通膨視為是暫時性的聯準會主席鮑爾（Jerome Powell）和財政部長（Janet Yellen）葉倫，異口同聲表示通膨不再屬暫時性質。全球債券殖利率在 2022 年持續上揚，大部分債券市場在 2022 年上半年經歷損失。相比亞洲經濟體，美國較早升息、增息也較快，導致美元升值，因而減少外國投資人的債券投資報酬。全球地產商負債排名第一的中國恆大，它的一些債券發生違約，加上中國其他的債券事件，引起對發生信用危機的擔憂；投資人正關注中國政府是否干預以穩定情勢。

來源："Discern and Diversify: Asian Bonds Increasingly Sought for Better Diversification," (eastspring.com/docs/librariesprovider6/default-document-library/afi-whitepaper-discern-and-diversify.pdf); Megan Leonhardt, "Why U.S. Officials Say Inflation is No Longer 'Transitory,'" *Fortune* (fortune.com/2021/12/03/inflation-no-longer-transitory-higher-prices-fed-chair-powell-treasury-yellen/), December 4, 2021; "Evergrande Sets End-July Target for Restructuring Proposal After Delaying Results," *Reuters* (reuters.com/world/china/ china-evergrande-says-unable-publish-annual-results-by-march-31-2022-03-22/).

摘要

稍早提到公司以兩種主要型態募集資本：負債和股權。本章將檢視債券的特性，並討論影響債券價格的因素。第十章則將焦點轉向股票和股票評價。

若你快速瀏覽《華爾街日報》，將看到各式各樣債券的報價。這麼多類型的債券似乎讓人困惑；但在現實世界裡，我們可根據少數特徵來區分各類型的債券。

當你讀完本章，你應能：
- 辨識出公司債和政府債不同的特性。
- 討論債券市場價格的訂定、利率和債券價格的關係，以及當債券接近到期日時，價格會如何隨著時間改變。
- 計算債券到期殖利率和可贖回債券在可贖回時的殖利率，以及求出「真正的」殖利率。
- 解釋債券投資人和發行者所面對的各類型風險。

9-1 誰發行債券？

債券（bond）是一種長期契約——借款人同意在特定日期對債券持有人支付利息和本金。債券是由尋求長期負債資本的企業和政府機關所發行；例如，在 2021 年 1 月 4 日，聯合食品為了借入 $1.7 億，便發行 $1.7 億的債券。為了方便起見，假設聯合食品發行面額 $1,000、170,000 張的債券；但實際上，它可能發行 17 張面額 $1,000 萬的債券，或是其他不同的組合方式，以募集 $1.7 億的資金。在任何情況下，聯合食品收到 $1.7 億；作為交換，它同意每年支付利息，並在特定到期日時支付 $1.7 億的本金。

直到 1970 年代，大部分的債券是以印刷精美的紙張形式存在，且它們的重要條款（如面額）是寫在債券之上。到了今天，幾乎所有債券都以電子數據的方式，儲存在安全的電腦裡——非常像銀行支票存款帳戶裡的「錢」。

債券可用不同的方式加以分類。其中之一為根據它的發行者：美國財政部、企業、州和地方政府、外國人。每一種債券的風險不同，因此預期報酬也會不同。

美國公債（Treasury Bond/Treasuries） 有時稱為政府公債（government bond），由聯邦政府發行。可以合理假設美國政府將會信守支付的承諾，所以美國公債沒有違約風險。然而，這些債券的價格的確會隨利率上揚而下跌，所以它們並非完全無風險。

公司債（corporate bond） 由企業發行。不像美國公債，公司會暴露在違約風險之下——若發行公司惹上麻煩，或許便不能如當初約定地支付利息和本金，債券持有人因而遭受損失。公司債有著不同的違約風險，取決於發行公司的特性和債券條款。違約風險通常稱為「信用風險」，且如第七章所述，風險愈大，則投資人要求愈高的利率。

市政債（municipal bond/munis） 是由州和地方政府發行的債券。像公司債那樣，市政債也暴露於某種程度的違約風險；但相對其他債券，它們有一項重要、獨特的優勢——若債券持有人是該州州民，則大部分市政債的利息收入，將不用支付聯邦和州所得稅。因此，市政債的市場利率，比相同風險的公司債還來得低。

外國債（foreign bond） 是外國政府或外國公司發行的債券；所有外國公司債和一些外國政府公債皆內含違約風險。事實上，最近市場擔憂許多國家可能違約，包括阿根廷、希臘、愛爾蘭、義大利、葡萄牙和西班牙。事實上，委內瑞拉在 2017 年 11 月發生違約。若債券計價貨幣不同於投資人母國的貨幣時，便存在額外的風險。例如，考慮某美國投資人買進以日圓計價的公司債，則到了某一時點，投資人想要結束投資，並將日圓轉換成美元。但若日圓無預期地相對美元貶值，則投

資人收到的實際美元會少於原先的預期。因此，即使此一債券並未違約，投資人仍會損失金錢。

> **課堂小測驗**
> - 何謂債券？
> - 債券的四個主要發行者是誰？
> - 美國政府公債為何不是完全無風險？
> - 除了違約風險外，投資於外國債券的投資人還會面對哪些重要風險？試解釋之。

9-2 債券的重要特性

雖然所有債券都有共同的特性，但不同種類債券仍存在不同的契約特性；例如，大部分的公司債有允許發行者提早償付本金的條款（「可贖回」之特性），但可贖回條款的設計在不同債券間可能大不相同。類似地，一些債券受到特定資產的擔保，若發行者發生違約，這些資產必須歸債券持有人所有；而其他債券則沒有如此的抵押品作為擔保。不同的契約條款和發行債券公司的不同財務狀況，導致了債券在風險、價格及預期報酬上的不同。為了解債券，你應先明瞭以下的術語。

9-2a 面額

面額（par value）是債券的定價；為了說明的目的，雖然 $1,000 的倍數（如 $10,000 或 $1,000 萬）皆可使用，但我們通常假設 $1,000 的面額。面額通常代表公司借入的金額，並承諾在到期日時償付的金額。

9-2b 票面利率

聯合食品的債券，要求公司每年支付固定金額的利息；這筆付款通常稱為**票息支付**（coupon payment）——在債券發行時即已設定，並在債券存續期間持續有效。一般而言，債券發行時，票息被定在某個水準，並讓投資人有意願以面額或接近面額的價格買進債券。本章大部分的例子和問題，聚焦於固定票面利率的債券。

將每年的票息支付金額除以面額，便得到**票面利率**（coupon interest rate）。例如，聯合食品債券的面額為 $1,000，每年支付 $80 的利息，則債券票息支付金額為 $80，其票面利率為 $80/$1,000 = 8%。從這個方面來說，若投資人投資此一債券，則 $80 為該投資人所收到的年度報酬。

聯合食品的債券屬**固定利率債券（fixed-rate bond）**，因它的票面利率在債券存續期間固定不變。然而，在某些情況下，債券的票息支付會隨著時間而改變。這些**浮動利率債券（floating-rate bond）**的運作方式如下：票面利率僅適用最初的週期（通常是六個月），在此之後則是根據某些公開市場利率，每六個月調整一次。例如，債券利率可以根據 10 年期公債利率加上 1.5% 的「利差」來調整。其他的條款也可納入公司債契約裡；例如，某些債券的持有人有權將浮動利率改為固定利率、某些浮動利率債券設有利率的上限和下限（利率只能在上下限內浮動）。

一些債券完全不支付票面利息，但以低於面額的價格賣出；因此，所提供的是資本利得，而非利息所得——這些債券稱為**零息債券（zero coupon bond/zero）**。也有其他債券雖支付票面利息，但仍不足以吸引投資人以面額價格購買。一般而言，任何債券最初的上市價格若低於面額，則稱為**折價發行債券〔original issue discount (OID) bond〕**。

9-2c 到期日

債券通常有特定的**到期日（maturity date）**，在該日必須償付面額。聯合食品在 2021 年 1 月 4 日發行的債券，將在 2036 年 1 月 3 日到期；因此，它是一個 15 年期的債券。多數債券的**原始到期日（original maturity）**——債券發行時設下的到期日，介於十至四十年，但法律上可接受任何年數的到期日。當然，債券發行後，有效到期日會隨著時間過去而愈來愈短；因此，聯合食品的原始到期日為十五年，但在 2022 年（亦即發行日的一年以後），它們將剩下十四年就到期；再過一年，將只有十三年的到期年數；以此類推。

9-2d 可贖回條款

許多公司債和市政債包含**可贖回條款（call provision）**，讓發行者有權利要求贖回債券。可贖回條款通常聲明：若發行者決定提前贖回，必須支付債券持有人高於面額的某個金額；該額外金額稱為**贖回溢酬（call premium）**，通常會等於一年的利息。例如，10 年期、面額 $1,000、每年 10% 票息的債券之贖回溢酬為 $100，這意謂若發行者想要贖回債券，則必須支付投資人 $1,100（面額加上贖回溢酬）。在大多數的情況下，債券契約條款的設定會讓隨著債券愈接近到期日，贖回溢酬便愈小。此外，雖然有些債券發行不久便被贖回，但多數的情況下，債券通常在發行數年以後才可贖回（一般是五至十年）。這稱為**延遲贖回（deferred call）**，且稱這樣的債券具有**贖回保護（call protection）**。

除非債券發行以後利息大幅下跌，否則公司不太可能執行提前贖回。假設某公司在利率較高時發行債券，以及該債券為可贖回，則這家公司可以在利率降低

時，賣出新發行的低殖利率證券，並使用新發行募集到的資金讓高利率發行債除役，來降低它的利息支出，這個過程稱為**再融資操作**（refunding operation）。因此，贖回的特權對公司是有益的，但對長期投資人有害；他們得將收到的資金再投資於新的、較低的利率產品。因此，新發行的可贖回債券利率會高於該公司新發行不可贖回債券的利率。例如，2021 年 4 月 30 日，太平洋木材公司賣出的新債券為可立即贖回、6% 殖利率的債券。在同一天，西北銑床公司賣出殖利率為 5.5%、十年內不得提前贖回、風險及到期日和太平洋木材公司類似的債券。投資人願意接受西北銑床公司低了 0.5% 的票面利率，以確保至少十年內、每年皆可賺到 5.5% 的利息。另一方面，太平洋木材公司必須支付 0.5% 額外的利率，以換取利率下跌時提早贖回債券的權利。

請注意：再融資操作類似於屋主在利率下跌後，對他的房貸進行再次融資。舉例來說，某屋主目前的房貸利率為 7%，若利率之後降到 4%，則此屋主可能會發現重新融資房貸會是個好主意。再融資涉及一些費用，但較低的利率足以補償這些費用。對屋主和企業而言，所需的分析基本上是一樣的。

9-2e 償債基金

一些債券包括**償債基金條款**（sinking fund provision），用來有秩序地讓債券除役。多年以前，公司被要求將錢存於受託管理人，管理人再將之進行投資，然後使用累積的金額償付債券到期時的本金。到了今天，償債基金條款要求發行者每年買回固定比率的債券。若不能滿足償債基金要求，便構成違約，這可能讓公司破產。因此，償債基金是一種強制性的支付。

假設某公司發行 $1 億、20 年期的債券，且被要求每年贖回 5% 的發行債券、亦即 $500 萬債券。在大部分的情況下，發行者可以使用以下兩種方式來處理償債基金的要求：

1. 贖回總共 $500 萬面額的債券；債券是以連續數字編號，信託管理人透過抽籤的方式決定要提早贖回的債券。
2. 公司可以在公開市場，購進所要求數量的債券。

公司將選擇成本最低的方法。若利率於債券發行後下降，債券將能以高於面額的價格賣出；在這個情況下，公司會使用贖回權。然而，若利率走升，債券的價格將低於面額，所以公司可用低於 $500 萬的價格，在公開市場購買面額總計 $500 萬的債券。請注意：償債基金贖回的目的，通常和再融資贖回的目的不一樣，這是因為大部分的償債基金贖回不需支付贖回溢酬。然而，只有很少比例的發行量，在某特定一年是可正常贖回的。

雖然償債基金的目的，在於確保債券能以有秩序的方式除役，以保護投資人；但當債券票面利率高於目前的市場利率時，償債基金反而對債券持有人有害。例如，假設債券票面利率為 10%，但類似債券目前的殖利率僅為 7.5%，則償債基金贖回會令長期投資人放棄支付 $100 利息的債券，轉而再投資於每年僅支付 $75 的債券。對那些被提早贖回的債券持有人來說，這顯然是一個壞消息。然而，整體而言，有償債基金條款的債券被視為較為安全；所以在發行當時，相較沒有償債基金條款的類似債券，償債基金債券的票面利率較低。

9-2f 其他特性

其他幾種債券也相當常見，值得我們探討。首先，**可轉換債券（convertible bond）**是債權持有人擁有以固定價格，有權將手上的債券轉換成普通股的債券。若股價上漲，可轉換債券提供投資人獲得資本利得的機會；但這個特性讓發行公司得以設定較低的票面利率（相較類似的不可轉換債券）。附有**認股權證（warrant）**的債券和可轉換債券相當類似，但不是給予投資人將債券換成股票的權利，而是讓投資人能以某特定價格購買股票的權利，因此若股價上升，則會產生資本利得。因為這個因素，附有認股權證的債券會像可轉換債券那樣，票面利率較低。

可贖回債券讓發行者有權利在到期前贖回負債，而**可賣回債券（putable bond）**允許投資人要求公司提早償付。若利率上揚，則投資人會將債券賣回給公司，並再投資於較高票息的債券。另一類型的債券是**收益債券（income bond）**，是只有在發行者的獲利足以支付利息時才支付利息的債券；因此，收益債券不會造成公司破產，但從投資人的角度來看，它們的風險比「正常」債券要高。再來是**指數債券（indexed bond）**或**購買力債券（purchasing power bond）**，它的利率是根據諸如消費者物價指數（consumer price index, CPI）的通貨膨脹指數；所以當通貨膨脹上升，支付的利息也會自動增加，因此保護債券持有人免於通貨膨脹。如我們在第七章所提及的，美國財政部是指數債券的重要發行者。

課堂小測驗

- 定義浮動利率債券、零息債券、可贖回債券、可賣回債券、固定收益債券和抗通貨膨脹債券（TIPS）。
- 若其他因素維持不變，可贖回債券與可賣回債券的風險何者較大？試解釋之。
- 一般而言，如何決定浮動債券的利率？
- 有哪兩種方式可以處置償債基金？若利率已上揚／下跌，則應分別選擇哪一個選項？

9-3 債券評價

任何金融資產的價值——股票、債券、租賃，甚至是諸如公寓或機器的實體資產——為這個資產預期產生之現金流量的現值。標準附息票債券的現金流量（如前述聯合食品的債券），包含債券十五年存續期裡的利息支付，加上到期日支付當初借入的金額（通常為面額）。若為浮動利率債券，利息支付金額將隨時間改變。就零息債券而言，因沒有利息支付，所以唯一的現金流量是債券到期時的面額。對如同聯合食品的債券那樣固定票面利率的「正常」債券，如下圖所示：

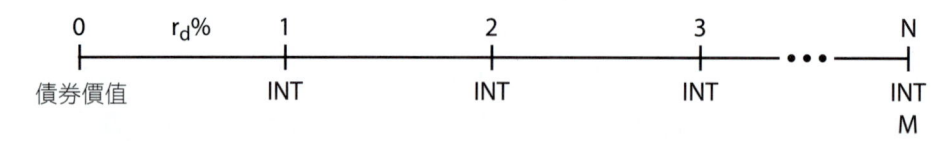

```
0    r_d%   1         2         3    ...    N
|----------|---------|---------|----------|
債券價值    INT       INT       INT        INT
                                           M
```

其中：

- r_d = 債券的市場利率，等於 8%。它是計算現金流量現值時的折現率；也是債券價格。我們在第七章，已討論過決定市場利率的種種因素。請注意：r_d 不是票面利率；然而，在債券發行當日，它應會等於票面利率。此外，若 r_d 和票面利率相等時，我們說債券以價平面額賣出。

- N = 債券到期之前的年數 = 15。債券發行以後，N 會隨著時間愈來愈小；所以債券剛發行時，還有十五年才到期（原先到期年數 = 15）；發行一年之後，N = 14；兩年之後，N = 13；以此類推。在此處，我們假設債券每年付息一次，所以 N 的單位為年。

- INT = 每年支付的利息，等於票面利率 × 面額 = 0.08($1,000) = $80。在計算機術語裡，INT = PMT = 80。若此債券每半年付息一次，則付款金額為每六個月 $40。若聯合食品當初發行的是零息債券，則利息支付將為 0；又若採浮動利率，則債券付息會隨時間改變。

- M = 債券的面額或到期價值 = $1,000；這個金額必須在到期時支付。在 1970 年代（含）以前，當人們仍使用紙本債券和紙本息票的時代，大部分債券的面額為 $1,000。到了現在，則以電腦登錄債券，買進的票面金額可以客製化。但為簡單起見，我們使用 $1,000 作為債券面額。

我們現在可以再次畫出時間線，以顯示除債券價值 V_B 之外的所有變數之數值；附帶一提，在均衡狀況下，債券價值 V_B 會等於債券價格：

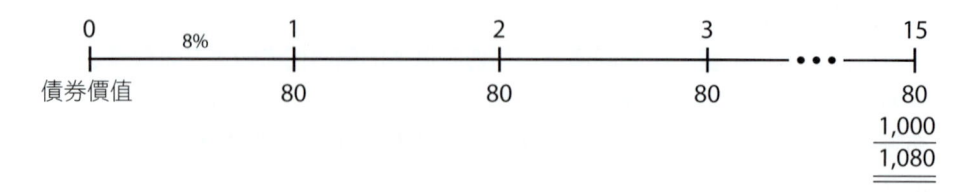

```
0    8%    1         2         3    ...   15
|----------|---------|---------|----------|
債券價值    80        80        80         80
                                         1,000
                                         ─────
                                         1,080
```

下述通用方程式可用以求解任何債券的價值：

$$債券價值 = V_B = \frac{INT}{(1+r_d)^1} + \frac{INT}{(1+r_d)^2} + \cdots + \frac{INT}{(1+r_d)^N} + \frac{M}{(1+r_d)^N}$$

$$= \sum_{t=1}^{N} \frac{INT}{(1+r_d)^t} + \frac{M}{(1+r_d)^N} \qquad 9\text{-}1$$

將聯合食品債券的數值代入，可得到

$$V_B = \sum_{t=1}^{15} \frac{\$80}{(1.08)^t} + \frac{\$1,000}{(1.08)^{15}}$$

現金流量包含 N 年期年金，加上在第 N 年末的單筆支付；請自行對照方程式 9-1。

我們可以將每一筆現金流量折現以求得其現值，再將這些現值加起來就會得到債券價值；所舉例子請參見圖 9.1。然而，這個程序不是非常有效率，特別是當債券到期日為許多年後的情況下更是如此。因此，我們使用財務計算機來解決這個問題，以下是它的設算：

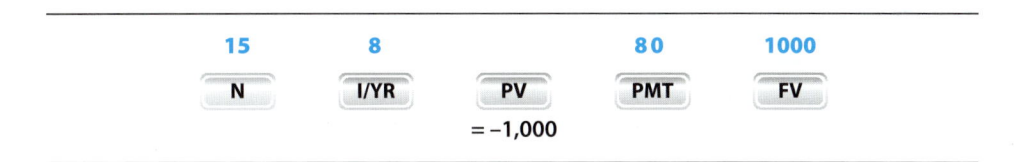

N	I/YR	PV	PMT	FV
15	8	= −1,000	80	1000

只需輸入 N = 15、r_d = I/YR = 8、INT = PMT = 80 和 M = FV = 1,000，接著按下 PV 鍵，就能求出債券的價值等於 $1,000。因 PV 為流向投資人的金額，所以財務計算機上顯示為負值。計算機被程式化以求解方程式 9-1：它先找出 15 年期、折現率 8%、每年 $100 的年金現值；接著求出到期日所支付 $1,000 的現值；最後將這兩個現值加在一起，便得到債券的價值。就聯合食品這個例子而言，債券的賣出價格正好等於它的面額。

每當債券市場利率 r_d 等於它的票面利率時，固定利率債券的買賣價格將會等於它的面額。通常情況下，債券發行時的票面利率，是設定等於發行當日的市場利率，使其上市價格等於面額。

在債券發行以後，票面利率仍固定不變，但市場利率上下移動。根據方程式 9-1，我們看到市場利率（r_d）上揚，將導致債券價格下跌；而利率下跌造成債券價格上升。例如，若市場利率在聯合食品發行後，便立刻上升到 12%，我們可以重新計算新市場利率的債券價格，如下所示：

N	I/YR	PV	PMT	FV
15	12	= −727.57	80	1000

圖 9.1　聯合食品債券的時間線（利率 = 8%）

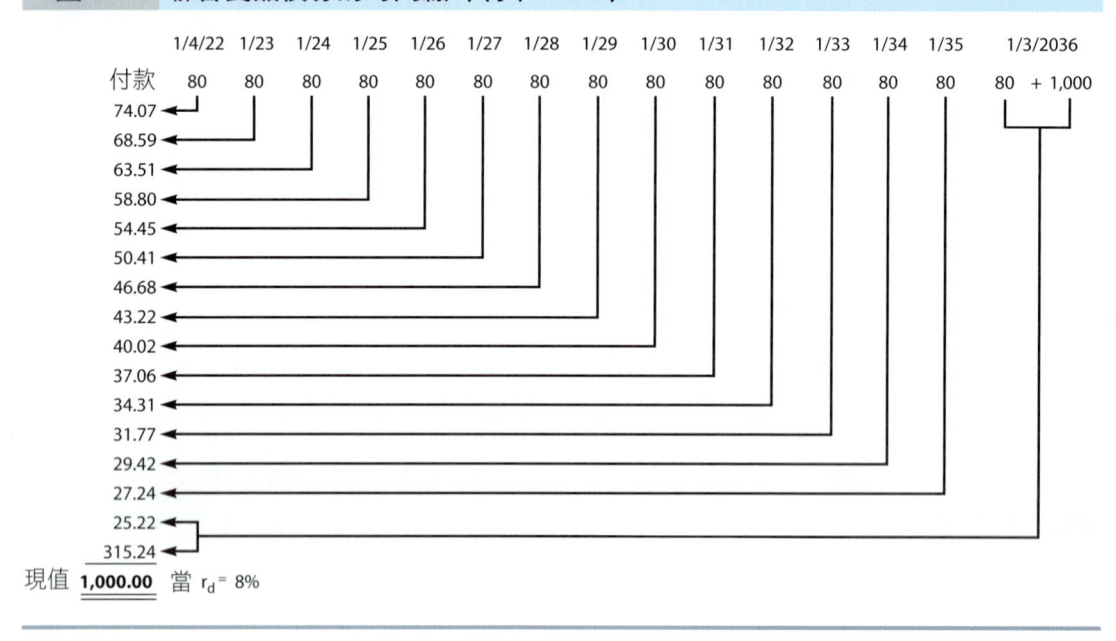

```
           1/4/22  1/23  1/24  1/25  1/26  1/27  1/28  1/29  1/30  1/31  1/32  1/33  1/34  1/35   1/3/2036
付款         80    80    80    80    80    80    80    80    80    80    80    80    80    80    80 + 1,000
     74.07 ←
     68.59 ←
     63.51 ←
     58.80 ←
     54.45 ←
     50.41 ←
     46.68 ←
     43.22 ←
     40.02 ←
     37.06 ←
     34.31 ←
     31.77 ←
     29.42 ←
     27.24 ←
     25.22 ←
    315.24 ←
現值 1,000.00    當 r_d = 8%
```

　　受到利率上揚的影響，債券價格將下降到 $727.57，顯著低於面額。只要當時的利率超過票面利率，則固定利率債券的價格將低於它的面額；這種債券稱為**折價債券**（discount bond）。

　　另一方面，當市場利率下跌，債券價格會上揚。例如，若市場利率在聯合食品發行後，便立刻降低到 4%，我們可再次重新計算它的債券價格，如下：

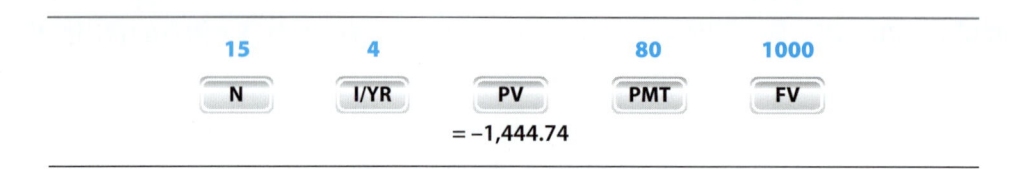

15	4		80	1000
N	I/YR	PV	PMT	FV

$$= -1{,}444.74$$

　　在這個狀況下，債券價格上升到 $1,444.74。一般而言，每當市場利率低於票面利率，則固定利率債券的價格將高於它的面額；這種債券稱為**溢價債券**（premium bond）。

　　上述結論彙整於下：

r_d = 票面利率，固定利率債券價格等於面額；因此，它是價平債券。
r_d > 票面利率，固定利率債券價格小於面額；因此，它是折價債券。
r_d < 票面利率，固定利率債券價格大於面額；因此，它是溢價債券。

快問快答

問題

你的朋友剛投資十年後才到期、年票面利率為 5% 的債券，這個債券的面額等於 $1,000，而目前的市場利率為 7%。你的朋友買進債券之價格為何？它是價平、折價或溢價債券？

解答

使用財務計算機，你的朋友為此一債券付出 **$859.53**。

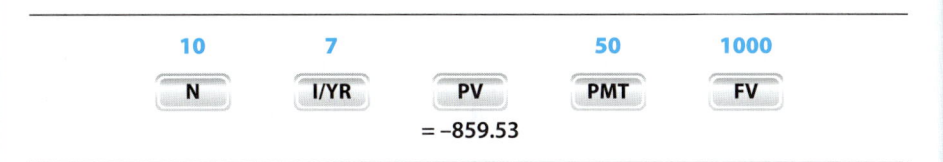

10	7		50	1000
N	I/YR	PV	PMT	FV

PV = −859.53

使用 Excel 的 PV 函數，我們可以求得債券價值如下：

= PV(0.07,10,50,1000)
PV(rate, nper, pmt, [fv], [type])

我們會得到 **$859.53** 的債券價值。

因債券 5% 票面利率低於 7% 的目前市場利率，這個債券為折價債券──反映自債券發行後，市場利率已經上升了。

課堂小測驗

- 債券八年後到期、面額為 $1,000、年債息 $70、市場利率為 9%，則它的價格為何？（**$889.30**）
- 若目前的市場利率為 8%，則面額 $1,000、年票面利率為 10%、十二年後到期的債券之價格為何？（**$1,150.72**）
- 上述哪一種是折價債券、哪一種是溢價債券？試解釋之。

9-4 債券收益

當你檢視《華爾街日報》的債券市場表，或債券經紀商提供的價格表時，通常會看到以下資訊：到期日、價格和票面利率。你也將看到殖利率的數字，它不像

票面利率是固定的。債券殖利率每日都在改變，取決於當時的市場狀況。

為了要盡可能有用處，債券收益的計算應讓我們獲得持有至到期日之報酬率的估計值。若債券不能提早贖回，則它剩餘生命為距離到期日的年數。若它能提早贖回，則剩餘生命為距離到期日的年數（若未被提早贖回），或距離提早贖回時點的年數（若被提早贖回）。下述各節將解釋這兩種情況下之可能報酬的計算方式，以及投資人比較可能處於哪種情況下。

9-4a 到期收益率

假設你以 $1,422.52 的價格，買進 14 年期、8% 年票面利率、$1,000 面額的債券，且若你持有至到期日，並收到承諾的利息和到期付款，則這項投資的報酬率為何？這個報酬率稱為該債券的**到期收益率**（yield to maturity, YTM）；YTM 是投資人經常談到的報酬率，也是《華爾街日報》和其他出版品所報導的報酬率。為了求解 YTM，你所需要做的是求解方程式 9-1 裡的 r_d：

$$V_B = \frac{INT}{(1+r_d)^1} + \frac{INT}{(1+r_d)^2} + \cdots + \frac{INT}{(1+r_d)^N} + \frac{M}{(1+r_d)^N}$$

$$\$1,422.52 = \frac{\$80}{(1+r_d)^1} + \cdots + \frac{\$80}{(1+r_d)^{14}} + \frac{\$1,000}{(1+r_d)^{14}}$$

你可以使用試誤法，直到找到一個數值，可以讓方程式裡現值之和等於 $1,422.52。然而，以這種方式求出 r_d 會是冗長、耗時的過程。不過你或許已能猜得出來，使用財務計算機會讓計算變得很簡單，以下是它的設算：

N	I/YR	PV	PMT	FV
14	4	−1422.52	80	1000

只要輸入 N = 14、PV = −1,422.52、PMT = 80、FV = 1,000，接著按下 I/YR 鍵，4% 的答案便出現了。

快問快答

問題

你剛以 $1,145.68 購買了 15 年期、面額 $1,000、年票息 $75 的債券，則該債券的到期收益率等於多少？

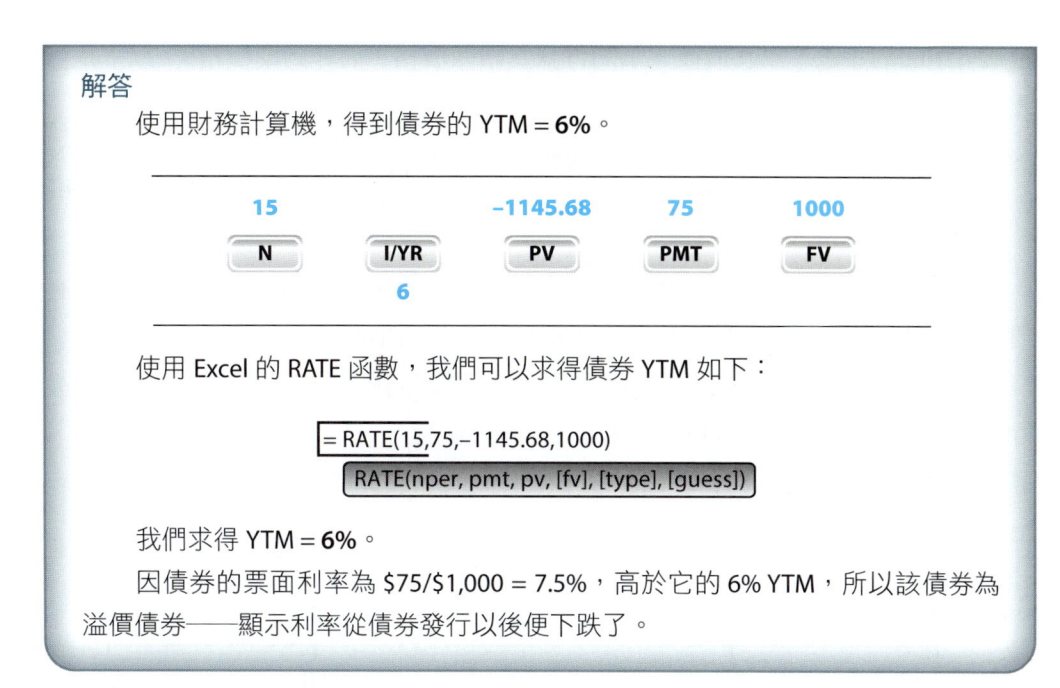

解答

使用財務計算機，得到債券的 YTM = **6%**。

N	I/YR	PV	PMT	FV
15	6	−1145.68	75	1000

使用 Excel 的 RATE 函數，我們可以求得債券 YTM 如下：

= RATE(15,75,−1145.68,1000)
RATE(nper, pmt, pv, [fv], [type], [guess])

我們求得 YTM = **6%**。

因債券的票面利率為 $75/$1,000 = 7.5%，高於它的 6% YTM，所以該債券為溢價債券──顯示利率從債券發行以後便下跌了。

到期收益率也可視為*債券承諾的報酬率*，它是在承諾付款皆實現的情況下，投資人獲得的報酬率。然而，只有在 (1) 違約機率為 0、(2) 債券不能被提前贖回，到期收益率才會等於預期報酬率。若存在違約風險、或債券可能會被提早贖回，則投資人有可能會收不到承諾的付款；在這樣的情況下，計算出來的到期收益率將超過預期報酬率。

請注意：每當經濟體的利率改變時，債券計算得到的到期收益率也會改變；這個改變幾乎每天都在發生。買進債券、並持有至到期日的投資人，將獲得購買當日的 YTM；但在購買日至到期日的這段期間裡，計算所得的債券殖利率會經常改變。

9-4b 贖回收益率

若你購買的是可贖回債券，且公司也真的提早贖回，你便沒有機會持有它直至到期日，因此不可能賺到期收益率。例如，若聯合食品的 8% 票面利率債為可贖回，以及利率從 8% 降至 4%，則公司會提早贖回此 8% 債券，而以 4% 債券替代，亦即每張債券每年會省下 $80 − $40 = $40 的利息。這對公司有益，但對債券持有人不利。

若目前的利率顯著低於未到期的債券票面利率，則可贖回債券很可能會被提早贖回；投資人會估計可贖回債券最可能的報酬率──**贖回收益率**（yield to call, YTC），而非到期收益率。為了計算 YTC，我們修改方程式 9-1，將 N 定義成現今

距離可贖回的年數，以及最後一筆的付款為贖回價格（而非到期價格）。以下是修改後的方程式：

$$債券價格 = \sum_{t=1}^{N} \frac{INT}{(1+r_d)^t} + \frac{贖回價格}{(1+r_d)^N} \qquad 9\text{-}2$$

其中，N 為現今距離公司可贖回的年數；贖回價格為公司為了提早贖回，必須付出的價格（它通常等於面額 + 一年利息）；r_d 為 YTC。

舉例說明如下：假設聯合食品債券內含延遲贖回條款，允許該公司在債券發行的十年後，有權以 $1,080 提早贖回；另假設在發行一年之後，市場利率下跌，導致該債券價格升高到 $1,422.52。以下是時間線和設算，讓你使用財務計算機求出債券的 YTC：

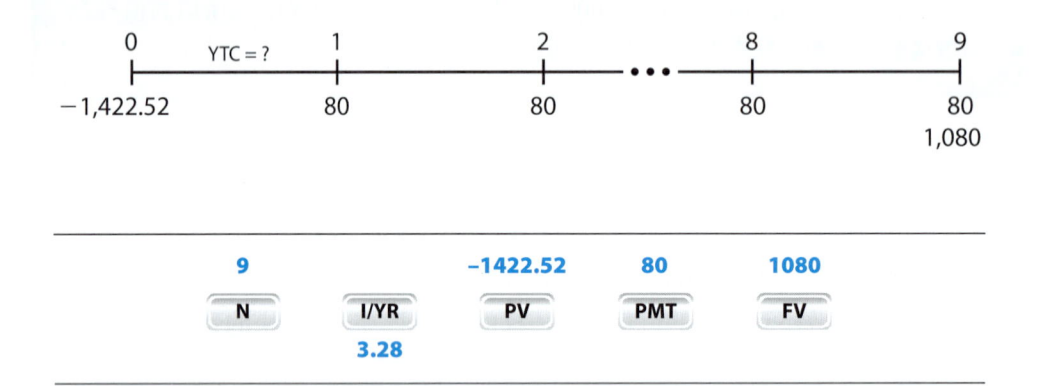

```
    0      YTC = ?    1           2      ...    8            9
    |────────────────|───────────|────────────|────────────|
-1,422.52            80          80           80           80
                                                          1,080
```

9		−1422.52	80	1080
N	I/YR	PV	PMT	FV
	3.28			

YTC = 3.28%——若你以 $1,422.52 買進聯合食品債券，且在距今九年後被提早贖回，這便是你可以賺到的報酬率。（在發行之後的十年內不可被贖回，一年已過去，仍有九年才有權行使提早贖回。）

當公司能以較低成本融資取代目前高票息負債時，他們將很可能贖回債券。廣義言之，若債券價格高於平價，也就是目前市場利率（到期殖利率）低於票面利率時，該債券較可能被贖回。當該 8% 債券變得可贖回時，你認為聯合食品是否會贖回？聯合食品的行動，將取決於該債券可贖回時的市場利率。若那時的市場利率還是 r_d = 4%，則聯合食品可省下 8% − 4% = 4%，或每張債券每年 $40；所以，它應會贖回 8% 債券，以新發行的 4% 債券替代。公司無疑需付成本來進行債券舊換新；但省下的利息應很可能超過成本，聯合食品應可能會採取再融資。因此，若你在前述條件下買入債券，應預期獲得的是 YTC = 3.28%，而非 YTM = 4%。

在本章的後續內容裡，除非特別提及，否則我們假設是不可提早贖回的債券。

快問快答

問題

你剛剛以 $1,145.68 購買尚未到期、面額 $1,000、年票息 $75 的 15 年債券。如前所述，它的 YTM = 6%。現在假設這個債券在七年後可用 $1,075 贖回，試求 YTC。若殖利率曲線在此期間，一直都維持在目前的水準，則你預期將會賺到的是 YTM 還是 YTC？

解答

使用財務計算機，我們得到該債券的 YTC = **5.81%**。

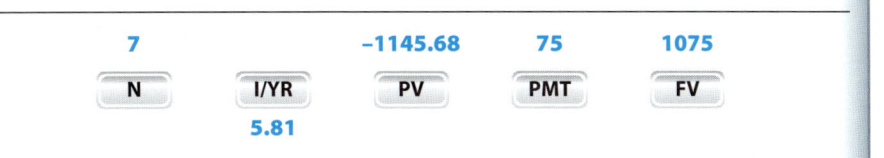

7		−1145.68	75	1075
N	I/YR	PV	PMT	FV
	5.81			

最後，使用 Excel 的 RATE 函數，我們可以求得債券 YTC 如下：

= RATE(7,75,−1145.68,1075)
RATE(nper, pmt, pv, [fv], [type], [guess])

我們求得 YTC = **5.81%**。

課堂小測驗

- 解釋 YTM 和 YTC 的差異。
- 哈利企業債券目前的售價為 $975、七年到期、每年債息 $90、面額 $1,000，則該債券的到期收益率為何？（**9.51%**）
- 韓德森公司債券的目前賣價為 $1,275，該債券支付 $120 的年票息、二十年到期、面額 $1,000、可在五年後以 $1,120 的價格贖回。試求 YTM 和 YTC。又若殖利率曲線在此期間，一直都維持在目前的水準，則投資人預期賺到的是 YTM 還是 YTC？（**8.99%**，**7.31%**；**YTC**）

9-5 債券價值隨時間改變

附息票債券的票面利率，通常設定在讓發行當時的債券市場價格等於它面額的水準。若設定的是較低的票面利率，則投資人應不會願意為該債券支付 $1,000；

若設定的是較高的票面利率，則投資人會搶著購買，並將價格炒高到超過 $1,000。投資銀行能夠相當精準地判斷出合適的票面利率，讓債券以等於其 $1,000 面額的價格賣出。

甫發行的債券稱為新債（new issue），已發行的則稱為舊債（outstanding bond/seasoned issue）。新發行債券的售價通常非常接近面額，但舊債價格可能大幅偏離面額。除了浮動利率債券外，債息付款是固定不變的；所以當經濟狀況改變，最初發行時附 $80 息票、以 $1,000 面額賣出的債券，在之後的售價可低於也可高於 $1,000。

在聯合食品所有舊債裡，目前有三種相同風險性、距到期日十五年的舊債：

- 聯合食品剛發行 8% 年票息、15 年期債券；它們以面額發行，這意謂發行當日的市場利率也是 8%。因票面利率等於市場利率，所以這些債券以面額或 $1,000 的價格交易。

- 聯合食品在五年前發行 5% 年票息、20 年期債券；這批債券離到期日還有十五年。它們最初是以面額發行，這意謂五年前的市場利率為 5%。目前，因該債券的票面利率小於 8% 的市場利率，所以它們以折價買賣。使用財務計算機或試算表，我們能很快知道該債券目前的價格為 $743.22。（設定 N = 15、I/YR = 8、PMT = 50、FV = 1,000，解出 PV 以計算價格。）

- 聯合食品在十年前發行 11% 年票息、25 年期債券；這批債券離到期日還有十五年。它們最初是以面額發行，這意謂十年前的市場利率必定為 11%。因該債券的票面利率高於目前的市場利率，所以它們能以溢價賣出。使用財務計算機或試算表，我們能得知該債券目前的價格為 $1,256.78。（設定 N = 15、I/YR = 8、PMT = 110、FV = 1,000，解出 PV 以決定價格。）

這三種債券都將在十五年後到期，並有著相同的信用風險和相同的市場利率 8%；然而，因不同票面利率之故，這些債券有著不同的價格。

現在讓我們考量──假設市場利率維持在 8%，且聯合食品未發生違約，則這三種債券的價格在未來十五年裡會如何變化呢？答案請參見表 9.1。一年之後，每一種債券的到期日均剩下十四年；換言之，N = 14。使用財務計算機，以 N = 14 取代 N = 15，並按下 PV 鍵，便讓你得到一年後每一種債券的價值。持續做下去，亦即逐步設定 N = 13、N = 12，……，N = 1，以得知價格如何隨著時間變化。

表 9.1 也顯示當期收益率（current yield，票面利息除以債券價格）、資本利得收益率和隨著時間改變的總報酬。就某一年而言，資本利得收益率（capital gain yield）等於債券價格的年度變化除以年初價格；例如，若某債券在年初和年末的賣

Chapter 9 債券和債券評價

表 9.1 當市場利率始終維持在 8% 時，5%、8% 和 11% 息票債券個別之當期收益率、資本利得收益率及總報酬率

距到期日的年數	5% 息票債券 債券價格	預期當期收益率	預期資本利得收益率	預期總報酬率	8% 息票債券 債券價格	預期當期收益率	預期資本利得收益率	預期總報酬率	11% 息票債券 債券價格	預期當期收益率	預期資本利得收益率	預期總報酬率
15	$743.22	6.7%	1.3%	8.0%	$1,000.00	8.0%	0.0%	8.0%	$1,256.78	8.8%	−0.8%	8.0%
14	752.67	6.6	1.4	8.0	1,000.00	8.0	0.0	8.0	1,247.33	8.8	−0.8	8.0
13	762.89	6.6	1.4	8.0	1,000.00	8.0	0.0	8.0	1,237.11	8.9	−0.9	8.0
12	773.92	6.5	1.5	8.0	1,000.00	8.0	0.0	8.0	1,226.08	9.0	−1.0	8.0
11	785.83	6.4	1.6	8.0	1,000.00	8.0	0.0	8.0	1,214.17	9.1	−1.1	8.0
10	798.70	6.3	1.7	8.0	1,000.00	8.0	0.0	8.0	1,201.30	9.2	−1.2	8.0
9	812.59	6.2	1.8	8.0	1,000.00	8.0	0.0	8.0	1,187.41	9.3	−1.3	8.0
8	827.60	6.0	2.0	8.0	1,000.00	8.0	0.0	8.0	1,172.40	9.4	−1.4	8.0
7	843.81	5.9	2.1	8.0	1,000.00	8.0	0.0	8.0	1,156.19	9.5	−1.5	8.0
6	861.31	5.8	2.2	8.0	1,000.00	8.0	0.0	8.0	1,138.69	9.7	−1.7	8.0
5	880.22	5.7	2.3	8.0	1,000.00	8.0	0.0	8.0	1,119.78	9.8	−1.8	8.0
4	900.64	5.6	2.4	8.0	1,000.00	8.0	0.0	8.0	1,099.36	10.0	−2.0	8.0
3	922.69	5.4	2.6	8.0	1,000.00	8.0	0.0	8.0	1,077.31	10.2	−2.2	8.0
2	946.50	5.3	2.7	8.0	1,000.00	8.0	0.0	8.0	1,053.50	10.4	−2.4	8.0
1	972.22	5.1	2.9	8.0	1,000.00	8.0	0.0	8.0	1,027.78	10.7	−2.7	8.0
0	1,000.00				1,000.00				1,000.00			

價分別為 $1,000 與 $1,035，則它該年的資本利得收益率為 $35/$1,000 = 3.5%。（若債券以溢價賣出，它的價值會逐年下跌，因此資本利得收益率會為負值，但會受到高的當期收益率補償。）債券的總收益率，等於當期收益率加上資本利得收益率。若不存在違約，並假設市場處於均衡狀態，則總報酬會等於 YTM 和市場報酬率；在我們的例子裡為 8%。

圖 9.2 根據表 9.1 的計算結果，繪出三種債券的預期價格。請注意：雖然債券可以有很不相同的價格路徑，但在到期日時，它們的價格都會等於 $1,000 的面額。以下是關於債券價格隨著時間變化的一些要點：

- 以面額交易的 8% 息票債券的價格，在市場利率維持 8% 不變的情況下，也將維持 $1,000 的交易價。因此，它每年的當期收益率會維持在 8%、資本利得收益率則始終為 0。
- 5% 債券以折價交易；但到了到期日，它的賣價必須等於面額，因公司需要在該日支付債券持有人 $1,000。因此，它的價格會隨著時間上升。
- 11% 債券以溢價交易；但到了到期日，它的賣價必須等於面額。因此，它的價格會隨著時間下跌。

雖然 5% 和 11% 的附息票債券，隨著時間向相反方向移動，但這兩種債券都提供投資人相同的總報酬 8%；這也是 8% 息票面額債券的總報酬。雖然折價債券的票

圖 9.2　當市場利率維持在 8% 時，5%、8%、11% 息票債券的時間路徑

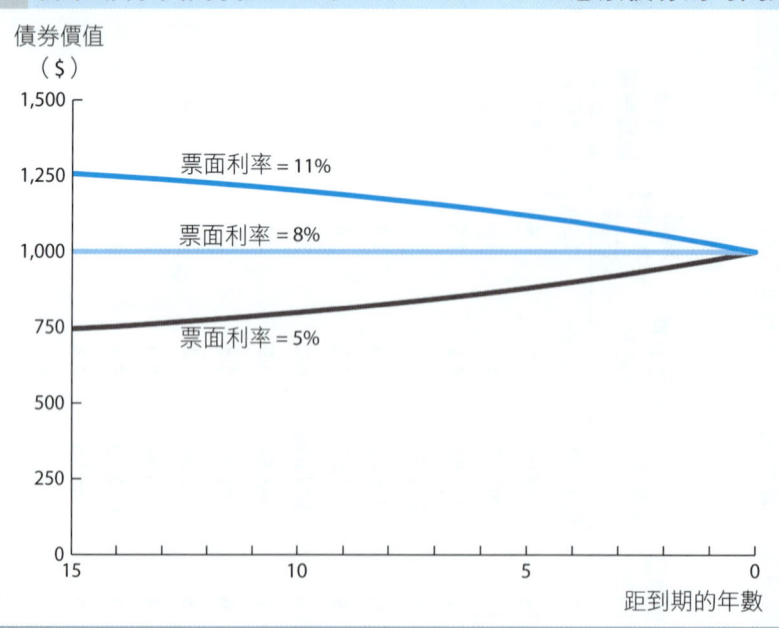

面利率和當期收益率低，但它每年提供高資本利得。對比來說，溢價債券雖有高當期收益率，但每年會有預期的資本利損。

> **課堂小測驗**
> - 何謂新債和舊債？
> - 某公司在去年發行 20 年期、$1,000 面額、8% 年票面利率的債券。
>   a. 假設一年後（將在十九年後到期）的市場利率變為 6%，則此債券價格為何？（**$1223.16**）
>   b. 假設一年後的市場利率變為 8%，則此債券價格為何？（**$832.70**）
> - 為何當預期的通貨膨脹率上揚，固定利率債券的價格會下跌？

9-6 評估債券風險

本節將辨識並解釋影響債券風險性的兩項重要因素，進一步加以區分，並討論你如何能極小化這些風險。

9-6a 價格風險

如在第七章所述，利率隨著時間上下波動，且當它們上揚時，舊債的價格會下跌。受到利率上升以致債券價值下跌的風險，稱為**價格風險**（price risk）或**利率風險**（interest rate risk）。為方便說明，請回到聯合食品債券的例子；再次假設 8% 年票息，以及你以面額 $1,000 的價格買了一張債券，且在你購進不久之後，市場利率從 8% 上升到 12%。如 9-3 節所述，利率上揚應導致債券價格從 $1,000 下跌到 $727.57；所以，你的債券讓你損失了 $272.43。因利率能夠也的確上升了，而利率上揚會造成債券持有人的損失；所以，投資債券的人們和公司曝露於利率上揚所帶來的風險。

相較不久之後就到期的債券而言，長到期日的債券有較高的價格風險。這是因為到期日愈久，則離債券被償付的時間愈長，且債券持有人愈能以較高票面利率的債券來取代之。這個論點舉例說明如下：1 年期、8% 年息票債券的價值是如何隨著 r_d 的改變而波動，接著將之與 15 年期債券的波動進行比較。在不同利率之下，1 年期債券的價值如下所示：

1 年期債券的價值：

$r_d = 4\%$：	1	4		80	1000
	N	I/YR	PV	PMT	FV

$$= -1{,}038.46$$

$r_d = 8\%$：	1	8		80	1000
	N	I/YR	PV	PMT	FV

$$= -1{,}000.00$$

$r_d = 12\%$：	1	12		80	1000
	N	I/YR	PV	PMT	FV

$$= -964.29$$

使用財務計算機便可得到對應於 $r_d = 4\%$ 的數值；亦即鍵入 N = 1、I/YR = 4、PMT = 80、FV = 1,000，接著按下 PV 鍵，便得到 $1,038.46。趁著所有數據仍暫存於計算機裡，輸入 I/YR = 8 取代舊的 I/YR = 4，接著按下 PV 鍵，便得到 8% 利率的債券價值；它下跌到 $1,000。接著輸入 I/YR = 12，並按下 PV 鍵，便得到 12% 利率的債券價值 $964.29。

利率上揚對 15 年期債券價值的效應，請參見 9-3 節的計算結果，然後與上述剛完成計算的 1 年期債券進行比較；比較結果顯示在圖 9.3 ──我們列出並畫出在幾個不同利率下的債券價格。與 1 年期債券相比，15 年期債券對利率的改變遠較為敏感。在 8% 的利率水準下，15 年期和 1 年期的價值皆為 $1,000；當利率上揚成為 12%，15 年期債券下跌到 $727.57、1 年期債券僅下跌到 $964.29。1 年期債券的價格下跌幅度僅 3.57%，但 15 年期債券則是 27.24%。

對有類似票面利率的債券而言，總是有著不同的利率敏感度──債券到期日愈久、回應利率改變的價格改變就愈大。因此，即使兩種債券的違約風險完全相同，有著較長到期日的債券，通常會因利率上揚而曝露在更高的風險之下。

對價格風險差異提出邏輯解釋並不困難。假設你買進 15 年期債券，它產生 8% 的報酬或每年 $80，並假設現在同等風險的債券利率上升到 12%；則你只能在未來十五年裡，每年收到 $80 的利息。另一方面，若你買進的是 1 年期債券，只會有一年賺取低報酬；到了年末，你應會回收 $1,000，接著便可以將之再投資，在未來的十四年，每年賺進 12% 或 $120。

圖 9.3　長期和短期 8% 年票息債券在不同利率下的價值

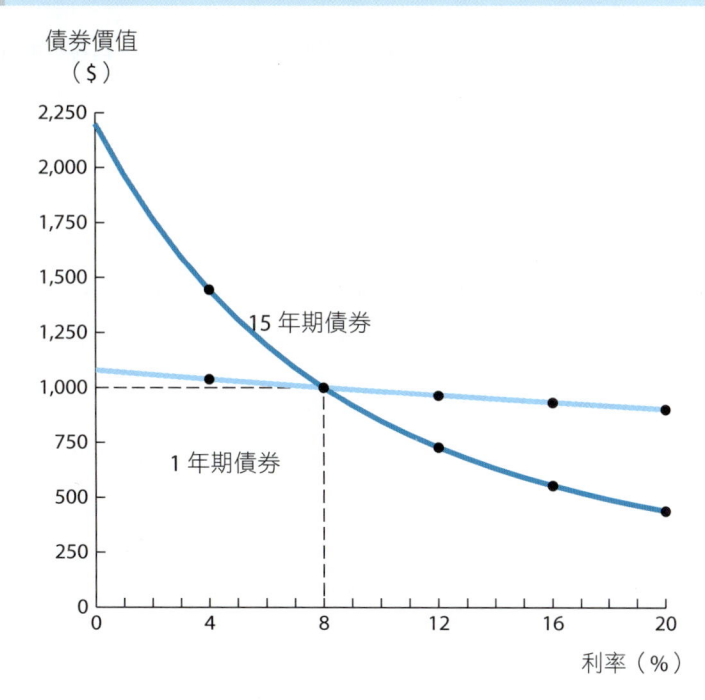

目前市場利率 r_d	價值 1 年期債券	價值 15 年期債券
4%	$1,038.46	$1,444.74
8	1,000.00	1,000.00
12	964.29	727.57
16	931.03	553.96
20	900.00	438.94

9-6b 再投資風險

如前一節所述，利率上升會傷害債券持有人，因它導致債券組合當期價值的滑落。那麼，利率下跌呢？利率下跌也會傷害債券持有人。因利率下跌，長期投資人將遭受所得減少的損失。例如，考量某退休人士擁有債券組合，並賴其收益為生。債券組合的平均票面利率為 8%；現在假設利率下滑到 4%，且債券組合裡的一些債券將到期或因故被提前贖回。若真發生這樣的狀況，則債券持有人將必須以 4% 的債券取代 8% 的債券。因此，這個退休人士將遭遇所得的減少。

因利率下跌導致所得減少的風險，稱為**再投資風險**（reinvestment risk）；該風險之重要性，自 1980 年代中期利率快速下跌，近幾年清楚地向債券持有人展現。就可贖回債券而言，它的再投資風險明顯較高。短期債券的再投資風險也會較

表 9.2　比較價格風險和再投資風險

債券	價格風險水準	再投資風險水準
較長到期債券	高	低
較高票面利率債券	低	高

高，這是因為若債券到期日愈短，則較高利率的舊債就必須愈早被低票息新債所取代。因此，若退休人士主要持有的是短期債或其他短期負債證券，則將會受到利率下跌很大的傷害；不過，不可贖回的長期債券持有人將繼續享有舊的高票息。

9-6c 比較價格風險和再投資風險

請注意：價格風險與債券組合的**當期市場價值**有關，而再投資風險和投資組合產生的收益有關。若你持有長期債券，將面對顯著的價格風險，因利率上揚將導致投資組合的價值下跌；但你不會面對太大的再投資風險，因你的利息所得是穩定的。另一方面，若你持有短期債券，將不會曝露在太大的價格風險下，但你的再投資風險卻很可觀。表 9.2 彙整債券到期日和票面利率，如何影響它的價格風險和再投資風險；例如，長期零息債的價格風險非常高，但再投資風險則相對較低。對比起來，高票面利率的短期債將有低的價格風險，但有顯著的再投資風險。

哪一種風險對投資人的「影響較大」？端視該投資人打算持有債券的時間──即**投資期限**（investment horizon）。舉例說明如下，請考量一年投資期限的某投資人──他計劃在一年後進入研究所就讀，因此需要準備學雜費。他可以不考慮再投資風險，因為幾乎沒有時間再投資；他藉由買進 1 年期聯邦政府證券便可消除價格風險，因他確定一年（他的投資期限）後將收到債券的面額。然而，若他購買的是長期公債，會承受相當大的價格風險；因當利率上揚，長期債的價格便下跌。因此，投資期限較短的投資人，應會認為長期債券的風險高於短期債券。

相比之下，對投資期限較長的投資人而言，短期債券內含的再投資風險就特別重要了。考量某個退休人士，她依賴投資組合收益為生。若她購買 1 年期債券，將必須每年「舊換新」；若利率下跌，她的所得在來年將因而減少。年輕夫婦為退休或子女的大學費用儲蓄會受到類似的影響；因他們若買進短期債券，也可能必須將以遠較為低的利率來更新投資組合。由於再投資現金流量所能賺取的利率難以準確估計，長期投資人應特別留意短期債券內含的再投資風險。

為解釋與債券到期和票面利率有關的效應，許多分析師聚焦於稱為存續期的指標。債券的**存續期**（duration），為債券投資人未來將收到的所有現金流量距今年數的加權平均（以現金流量作權重）。零息債券唯一支付的現金流量發生在到期

日,所以它的存續期等於它的到期年數。另一方面,息票債券的存續期便小於它的到期年數。你可以使用 Excel 的 DURATION 函數,來計算債券的存續期。

管理價格風險和再投資風險的方式之一,為買進存續期等於投資人投資期限之零息政府公債;買進到期日配合投資期限的零息債券,會是一個非常簡單的方法。例如,假設你的投資期限為十年,若你購買了 10 年期零息債,你將在十年之後收到等於債券面額的付款。此外,因沒有債息可做再投資,所以不存在再投資風險。這解釋為何有著特定目的之投資人,經常投資於零息債券。

如第七章所述,到期風險溢酬通常是正的;平均來說,這意謂投資人認為長期債券的風險高於短期債券,也意謂平均投資人較關心的是價格風險。然而,個別投資人應優先考慮自身狀況、了解不同到期日之債券的內含風險,以及建構一個可以有效處理投資人最在意的風險之投資組合。

> **課堂小測驗**
>
> - 區分價格風險和再投資風險。
> - 長期債券持有人較容易曝露於哪些類型的風險之下?短期債券持有人呢?
> - 哪一類型的證券可用於極小化固定投資期限投資人之價格風險和再投資風險?這類證券是否可以保障實質報酬?試解釋之。

9-7 違約風險

潛在的違約是債券持有人面對的另一項重要風險。若發行者違約,投資人將收到較當初承諾為少的收益。如第七章所述,報價利率包含違約風險溢酬——違約機率愈高,則溢酬和到期收益率便愈大。聯邦政府證券的風險為 0,但低評等公司債和市政債的違約風險不小。

舉例說明如下,假設兩種債券承諾給付相同的現金流量,亦即它們的票面利率、到期日、流動性和通貨膨脹曝險都相同;但其中之一有著較高的違約風險。投資人自然願意為較低違約債券付出較高價錢,結果便是較高違約風險債券有較高的市場利率:$r_d = r^* + IP + DRP + LP + MRP$。若債券違約風險改變,$r_d$ 和價格皆會受到影響;因此,若聯合食品債券的違約風險增加,它們的價格將下跌,到期收益率($YTM = r_d$)將上升。

9-7a 不同種類的公司債

發行者的財務狀況和債券契約條款，都會影響違約風險；例如，是否提供抵押品。本節描述一些重要類型債券的特性。

抵押債券

就**抵押債券**（mortgage bond）而言，企業以特定資產作為債券安全性的擔保。舉例說明如下，在2021年，比靈翰公司（Billingham Corporation）需要$1,000萬興建一個區域性的配銷中心；其中的$400萬來自發行由財產擔保的**第一質權**（first mortgage）債券，其餘的$600萬則來自股權資本。若比靈翰公司對債券違約，則債券持有人能取消公司對財產的贖回權，並將財產賣出，以滿足他們的請求權。

若比靈翰公司有需要，它還可以發行由同樣$1,000萬資產所擔保的**第二質權**（second mortgage bond）債券。若發生清算，第二質權的債券持有人對這個財產也有請求權，但是在對第一質權的債權持有人全額支付之後。因此，第二質權有時稱為**非優先質權**（junior mortgage），因它們的優先性在**優先質權**（senior mortgage）或第一質權債券之後。

所有的質權債券都受到正式契約所約束；**契約**（indenture）是一種法律文件，詳細列出債券持有人和企業的權利。許多大型企業的契約寫於二十、三十、四十年，甚或更久以前，這些契約通常是「開放式的」，亦即可根據這個相同契約一再發行新債券。然而，可發行的新債數量，通常被限定在占公司總「可發債資產」的一定比率之內；這些資產通常包括土地、廠房和設備。當然，舊債市場利率隨著時間改變，新債的票面利率也會隨之改變。

無擔保公司債

無擔保公司債（debenture）是一種無擔保債券，並未提供抵押品作為公司履行義務的保證。因此，無擔保公司債持有人是一般的債權人，他們的請求權僅限於未質押的財產。在實務上，無擔保公司債的使用取決於公司資產的特性，以及其一般的信用狀況。諸如GE和艾克森美孚等財務極為穩健的公司，便可使用無擔保公司債，因它們不需使用資產作為發債的保證。狀況差的公司也會發行無擔保公司債，因它們已將大部分的資產用作抵押貸款的擔保品，所以其無擔保債的風險很高，而這些風險將會反映在該債券的利率上。

Benmelech、Kumar和Rajan 2020年發表的研究指出，**擔保貸款**（secured financing）在過去一個世紀裡已日益不被使用。在1900年，擔保貸款比重高達98.5%，而這個比例在最近幾年已大幅降為15%。B、K和R對上述數據的解釋如

下：愈來愈多債券持有人認為在公司破產時，即便沒有額外擔保品，他們的債權應該也很可能獲得確保，所以他們愈來愈願意投資無擔保公司債。與此同時，債券發行人通常偏好無擔保債券，因他們想保留日後在其狀況不佳時發行擔保債的可能性。B、K和R的見解與以下事實一致：在經濟景氣不佳期間，擔保債比重的確上升了。

次順位無擔保公司債

次順位的意思是「在之下」或「劣於」，而在發生破產時，次順位債對資產的請求權只有在優先負債已完全清償後才能執行。**次順位無擔保公司債**（subordinated debenture）的優先順序可能低於選定的應付票據（通常是銀行貸款）或所有其他的負債。在發生清算或重組時，次順位無擔保公司債的持有人，在所有優先負債（列在契約裡的所有無擔保負債）被全額償付之前，都不會收到任何一毛錢。

9-7b 債券評等

自1900年代早期，債券已存在反映它們違約機率的品質評等。穆迪（Moody's Investors Service, Moody's）、標準普爾（Standard & Poor's Corporation, S&P）和惠譽（Fitch Investors Service）是三大信評機構；穆迪和標準普爾的信評等第參見表9.3。3A債券和2A債券是極為安全的；A和3B債券也很安全，因而也屬**投資等級債**（investment-grade bond），且它們是許多銀行及其他機構投資人被法律允許可以持有的最低信評債券；2B和以下等級的債券屬**投機等級債**（speculative-grade bond）或**垃圾債**（junk bond）──有顯著發生違約的機率。

表 9.3　債券評等、違約風險和殖利率

評等機構		幾年內的違約發生率		比率中位數		2019年		
S&P 和惠譽	穆迪	1年	5年	資本報酬率	總負債/總資本	降等	升等	報酬率
(1)	(2)	(3)	(4)	(5)	(6)	(7)	(8)	(9)
投資等級債								
AAA	Aaa	0.12%	0.65%	30.6%	14.7%	0.00%	NA%	2.55%
AA	Aa	0.05	0.06	23.6	29.2	8.51	0.71	2.40
A	A	0.05	0.46	20.7	33.8	2.07	0.52	2.65
BBB	Baa	0.13	1.34	13.2	43.5	2.04	2.03	3.19
垃圾債								
BB	Ba	0.62	4.96	10.9	52.2	8.48	5.60	3.77
B	B	1.96	10.22	7.8	75.2	12.87	5.43	5.28
CCC	Caa	22.12	36.19	2.7	98.9	31.71	12.20	11.78

與上述論點一致，表 9.3 顯示較低等級債常有較高違約率。表中數據是根據惠譽國際（Fitch Ratings）在過去數年評等債券的底層樣本而來。例如，0.46% 的 A 等級債於發行五年內發生違約，C 等級債的比例則是 36.19%。這些數據還一如預期，顯示較低等級債有較高殖利率，以及它們的發行公司有較高負債比。

債券評等標準

信評機構使用的架構，檢視質性和量化因素。量化因素連結到財務風險—檢視公司的財務比率（參見第四章）；當然，發表的數字是歷史數字，它們顯示公司過去的狀況。質性因素則包括對公司商務風險的分析，如在產業內的競爭力和管理品質。決定債券評等的因素如下：

1. **財務比率**。所有比率都有潛在的重要性，和財務風險有關的比率更是重要。信評機構的分析師參照第四章所提的內容，執行財務分析，並根據第六章的準則，預測未來的財務比率。

2. **質性因素：債券契約條款**。每一種債券在持有人和發行者之間，都有專屬、通常稱為 indenture 的契約。契約包含有關該債券的所有條件，如是否有擔保的抵押品、是否有償債基金條款、是否有較高信評者作為保證人等。其他的條款可能包括限制承諾（restrictive covenant）──如要求公司的負債比率不得超過約定的水準、公司的利息保障倍數不得低於某個水準。一些債券的契約可以長達數百頁，而其他債券契約則相當短，只包括貸款條件。

3. **其他的質性因素**。如公司盈餘對經濟狀況的敏感度、受到通貨膨脹影響的方式、是否有或是可能有勞資問題、國際營運的程度（包括營運國家的穩定性）、潛在的環境問題、潛在的反托拉斯問題。近期最重要的因素是對次級貸款的曝險，包括難以決定曝露程度（因次貸衍生出許多複雜性很高的資產）。

我們已知債券信評，取決於許多因素──一些是量化，另一些是質性或主觀。此外，信評過程是動態的，有時某一因素特別重要；其他時候，則是另一因素變得很重要。表 9.4 提供信評機構在評等公司債時所使用的總結性標準，a 圖顯示商務和財務風險如何決定建構基本債券評等的「標準」；b 圖進一步地說明該標準如何結合一組完整的其他因素，用以決定發行人最終的信用評等。

表 9.4　債券信用評等準則

a 圖：結合商務和財務風險狀況，以決定財務風險狀況的標準

商務風險狀況	財務風險狀況					
	極小	不太多	適中	顯著	偏積極	高度槓桿
極佳	AAA/AA+	AA	A+/A	A−	BBB	BBB−/BB+
很好	AA/AA−	A+/A	A−/BBB+	BBB	BB+	BB
令人滿意	A/A−	BBB+	BBB/BBB−	BBB−/BB+	BB	B+
不錯	BBB/BBB−	BBB−	BB+	BB	BB−	B
弱	BB+	BB+	BB	BB−	B+	B/B−
易受傷害	BB−	BB−	BB−/B+	B+	B	B−

b 圖：發行人信用評等

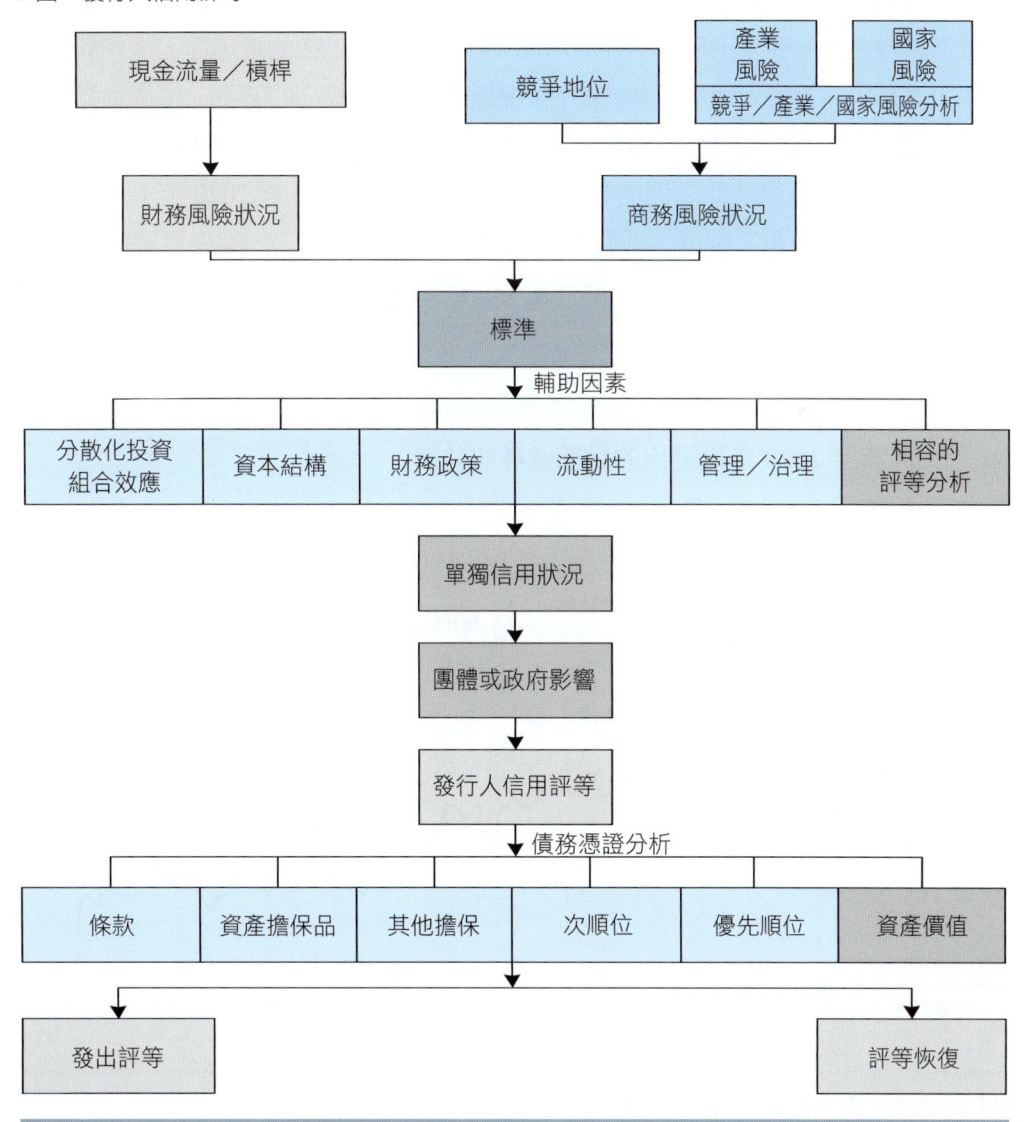

```
現金流量／槓桿                  競爭地位        產業風險   國家風險
    │                              │          競爭／產業／國家風險分析
    ▼                              ▼
財務風險狀況                  商務風險狀況
        └──────────┬──────────────┘
                   ▼
                 標準
                   │ 輔助因素
   ┌─────┬─────┬─────┼─────┬─────┬─────┐
分散化投資  資本結構  財務政策  流動性  管理／治理  相容的
組合效應                                            評等分析
                   ▼
              單獨信用狀況
                   ▼
             團體或政府影響
                   ▼
             發行人信用評等
                   │ 債務憑證分析
   ┌─────┬─────┬─────┼─────┬─────┬─────┐
  條款  資產擔保品  其他擔保  次順位  優先順位  資產價值
   │                                              │
   ▼                                              ▼
 發出評等                                       評等恢復
```

來源："Corporate Ratings Methodology," Standard & Poor's Ratings Services (McGraw-Hill Financial), April 2014.

債券評等的重要性

債券評等對公司和投資人而言都很重要。首先，因債券評等是違約風險的指標，所以信評結果對公司利率和負債成本，有直接和可測量的影響。第二，大部分的債券是由機構投資人所購買（而非個人），且許多機構投資人受限只能購買投資等級證券。因此，若公司的債券評等跌至 BBB 以下，則它將難以賣出新債，因許多潛在的投資人不被允許去購買。

受到較高風險和較受限制的市場之影響，較低評等債有較高的必要報酬率 r_d；圖 9.4 闡明這個論點。在圖中的任何一年，美國政府公債皆有最低的收益率，AAA 債券其次，BBB 債券的收益率則是最高。此圖也顯示這三種類型債券的收益間距會隨著時間改變，亦即成本差異或利差逐年波動。在最近金融危機之後，近來公司和政府證券之間的利差出現戲劇性的增加。在危機發生以後的數年裡，這些利差已減少，這是因為投資人慢慢地逐次開始更願意持有風險較高的證券。這個論點在圖 9.5 裡更加明顯，它分別繪出 2009 年 1 月和 2020 年 1 月，AAA、BBB 及政府公債三種債券的收益率與彼此之間的利差。首先請注意：圖 9.5 裡 2020 年 1 月的無風險利率，或縱軸截距之數值，低於 2009 年 1 月的數值。第二，圖中直線的斜率變小了。最後，值得注意的是，在 2020 年 1 月後數月裡，受到新冠疫情的經濟狀況影響，這些利差再次開始增加。

圖 9.4　1994 年至 2020 年挑選出的長期債券收益率

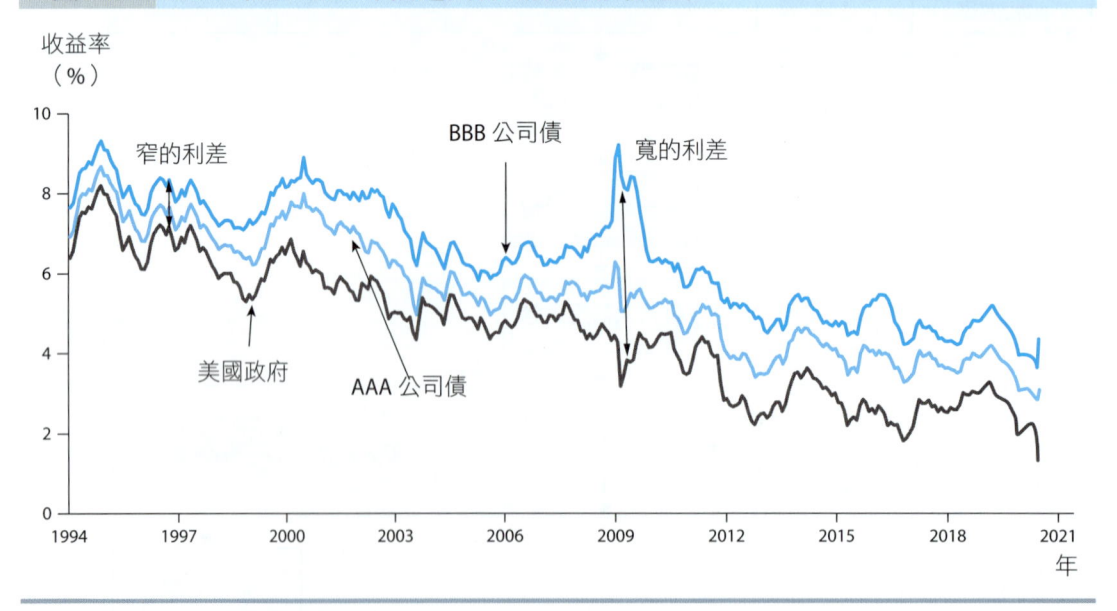

來源：FRED Economic Data, Federal Reserve Bank of St. Louis, fred.stlouisfed.org.

Chapter 9 債券和債券評價

圖 9.5　2009 年和 2020 年債券評等與債券收益率的關係

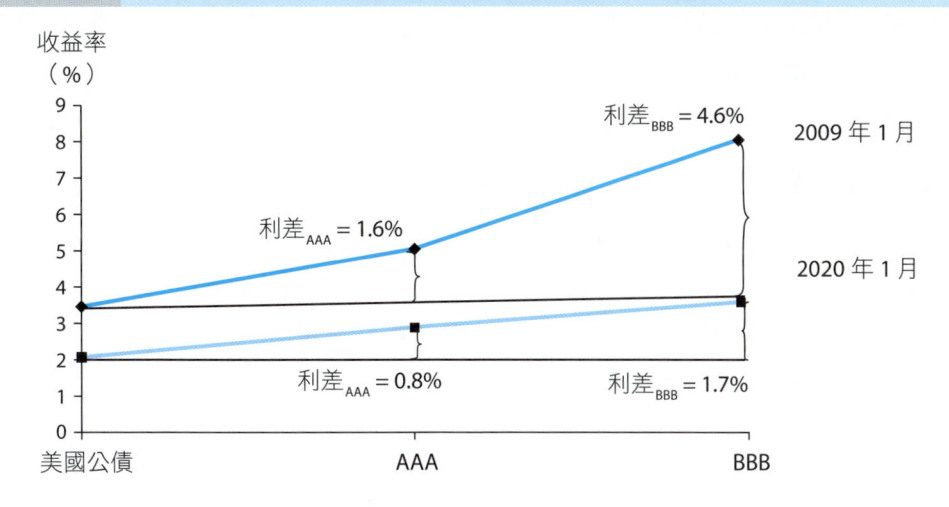

	長期公債 （無風險） (1)	AAA 公司債 (2)	BBB 公司債 (3)	利差 AAA (4) = (2) – (1)	利差 BBB (5) = (3) – (1)
2009 年 1 月	3.5%	5.1%	8.1%	1.6%	4.6%
2020 年 1 月	2.1	2.9	3.8	0.8	1.7

來源：FRED Economic Data, Federal Reserve Bank of St. Louis, fred.stlouisfed.org.

評等的改變

公司債券評等的改變，影響其借入資本和資本成本。信評機構週期性地檢視未到期債券的狀況，隨著發行人環境的改變，有時上調，有時下調債券評等。例如，2018 年 4 月 11 日，Moody 基於訂戶黏著度和預期營收成長，將 Netflix 的負債評等從 B1 上調至 Ba3。另一方面，Moody 在 2018 年 3 月 27 日將特斯拉（Tesla）的信用評等從 B2 降至 B3；Moody 表示特斯拉 Model 3 產量不足和緊縮的財務狀況作為降等的依據。表 9.3 提供 2019 年不同等級債券下調和升等的百分率。如該表所示，在 2019 年，除了 AAA 等級債外，其餘的每一級債券評等，降等的比率都高於升等的比率。

就長期而言，信評機構對衡量債券的平均信用風險，以及每當出現信用品質的重要變化時就改變評等，貢獻良多、績效卓著。然而，請注意：信評機構並未總是能立即反映信用品質的改變，而做出評等改變；在某些情況下，兩者間的時間差會相當大。例如，安隆債券在 2001 年 12 月某個星期五的評等仍為投資等級，但兩天之後，這家公司便宣布破產。前幾年，信評機構受到相當大的責難，因它們顯著

低估了許多由次貸擔保之證券的風險。許多人擔心信評機構欠缺適當的動機量測風險，因它們是由發行公司買單。為了回應這些憂慮，2010年實施的多德-法蘭克法案（Dodd-Frank Act），賦予證管會（SEC）對評等機構更大的監管權力，且該監管的確切性質仍在持續演進中。

9-7c 破產和重組

當企業變得無力償還（insolvent）時，它沒有足夠的現金維持利息和本金償付。必須決定解決方式——是要對這家公司進行清算（liquidation），或是允許它重組（reorganize）以繼續營運。這個議題可參見第九章和第十二章的相關討論，而最後的決定取決於聯邦破產法庭的判決。

迫使公司是清算或重組，取決於重組企業的價值是否很可能高於其資產分開變賣的總價值。重組時，公司的債權人會與管理階層商討潛在重組的條件；重組計畫可能要求重新建構（restructuring）負債——利率可能被調降、到期日被延長、一些負債可能變成股權。重新建構的目的在於降低財務負擔的水準，直到公司的預期現金流量可以支應為止。當然，普通股股東也必須「承受損失」；他們通常會眼見自己的股權被稀釋，因要用額外的股份交換債權人接受減少的負債本金和利息金額。法院可以指派受託管理人監督重組，但既存的管理階層通常被允許繼續管理公司。

若公司被認定「死了」比「活著」值錢，則會進行清算。若破產法庭命令清算，則資產會交付拍賣，得到的現金會依照破產法（Bankruptcy Act）進行分配。此時此刻，你應該知道：(1) 聯邦的破產法規處理重組和清算；(2) 破產經常發生；(3) 分配被清算公司的資產時，必須遵循設定的請求權之優先順序；(4) 債券持有人的待遇取決於債券的條款；(5) 一般而言，股東在重組時獲得很少、清算時則損失一切，這是因為資產價值通常少於負債金額。

課堂小測驗

- 區分抵押債券和無擔保債券。
- 寫下主要的信評機構，並列出影響債券信評的一些因素。
- 債券信評為何對公司和投資人是重要的？
- 債券信評是否會立即反應信用品質的改變？試解釋之。
- 區分第九章裡的清算和第十二章重組。一般而言，何時應使用清算、何時應使用重組？

結語

本章描述政府和企業所發行的各類型債券,並解釋債券價格的訂定,以及討論投資人如何預估債券的報酬率。此外,還探討債券投資人所面對的各種風險。

當投資人買進公司債,便對公司提供資本。此外,當公司發行債券,投資人對該債券所要求的報酬,代表公司的負債資本成本。本章發展出的概念,用於幫助公司決定資本的整體成本——這是資本預算程序裡的基本構成要素,第十一章會再次討論。

最近幾年,許多公司使用零息債券、募集數十億美元的資金;且破產對發行債券的公司和投資人而言,皆是重要考量。此外,存續期為涉及債券現金流量加權平均的量測。

自我測驗

ST-1 **償債基金** VD 公司正計劃發行 \$1 億、10 年期、年息 12%、每半年付息一次的債券,且契約內含償債基金條款。償債基金在每年年末時至少要回收 8% 的最初發行量,而最後一次償債基金的支付將完全回收最後一批債券。VD 公司可在公開市場買入債券,或是以面額加價 5% 的價格贖回債券。

a. 若 VD 公司 (1) 使用面額加價贖回或 (2) 決定在公開市場收購,則償債基金的支付金額為何?針對 (2) 小題,你只能使用日常語言加以回答。

b. 在它的十年生命期裡,每年的償債條件會有怎樣的變化?

c. 現在考慮另一個替代計畫——VD 公司設立一個償債基金,每年定額支付到銀行信託的償債基金帳戶裡,然後該銀行會用以購買 7% 年息的政府債券。償債基金每年的付款,加上累積的利息,在第十年末時加總起來必須等於 \$1 億,然後用於為此次的債券發行畫下句點。請問償債基金每年定額支付的金額為何?該金額可事先確定嗎?或者是會較高或較低?

d. 若根據 c 小題的信託安排,則每年履行償債義務的現金支出金額為何?(請注意:VD 公司必須對流通在外的債券支付利息,但不須對已回收債券支付利息。)回答此小題時請假設利率維持不變。

e. 在每年年末執行償債基金計畫時,在怎樣的利率條件下,VD 公司會在公開市場收購債券、而不採面額加價贖回?

問題

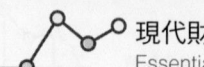

9-1 償債基金可用以下兩種方式之一加以建構：
- 公司每年支付受託者，該受託者接著將這筆錢投資於證券（通常是政府債），並使用累積的總金額在到期時贖回所有債券。
- 受託者每年將這筆錢用於回收一部分的債券——透過抽籤以特定價格強制贖回，或是在公開市場收購，端視哪一種方式的花費較省。

分別從公司和債券持有人的角度，說明上述程序各自的優缺點。

9-2 以下方程式是否可用在求解 N 年到期暨每年付息一次的債券價值？假設該債券發行於數年前。

$$V_B = \sum_{t=1}^{N} \frac{每年利息}{(1+r_d)^t} + \frac{債券面額}{(1+r_d)^N}$$

9-3 當利率改變時，流通在外債券的價格會隨之變動。一般而言，相較長期利率，短期利率的波動較大。因此，相較長期債券，短期債券的價格對利率的改變更為敏感。該陳述是對是錯？試解釋之。（提示：使用 1 年期和 20 年期債券建構一個「合理的」案例，用以回答這個問題。）

9-4 若利率在債券發行後上揚，則該債券價格和 YTM 將如何變化？利率變動時，到期時間長短是否影響債券價格？（再一次，實際範例應有助於回答）

9-5 美國國庫債券（Treasury security）通常被視為是一種無風險資產，但它在所有層面皆無風險嗎？

9-6 討論以下陳述：債券的到期收益率是該債券的承諾收益率，也就是該債券的預期收益率。

9-7 若你買下可贖回債券，且利率下跌。則相較其他條件皆相同的不可贖回債券，你的債券價格上漲幅度會較高？還是較低？

9-8 假設你預定的投資期限不超過一年，正考慮以下兩項投資：1 年期公債 vs. 20 年期公債，則哪一項投資的風險較高？試解釋之。

9-9 指出以下行動將增加或減少債券的 YTM？
a. 債券價格上揚。
b. 債券被評等機構降等。
c. 破產法修法讓廠商宣布破產後，債券持有人更難獲得本息給付。
d. 經濟狀況似乎由熱轉冷，討論這對廠商信用評等的影響。
e. 投資人發現他持有的債券順位低於新發行債券。

9-10　可贖回條款為何對債券發行人有利？發行人在怎樣的條件下會發動贖回？

9-11　從債券持有人觀點，相較無償債基金債券，具償債基金條款債券的風險較高？還是較低？

9-12　使用可贖回條款回收債券，和償債基金回收債券之間的差異為何？

9-13　相較類似典型債券，為何可轉債和附認股權證債券的票面利率較低？

9-14　解釋以下陳述為真或偽：只有狀況不佳的公司才會發行無擔保債券？

9-15　若經濟呈現朝衰退發展之勢，相同到期日之公司債和政府公債之間的利差將增加或減少？該利差變化是否和該公司的信用評等有關？請解釋。

9-16　債券的預期報酬，有時用 YTM 加以估計，有時用 YTC 加以估計。在何種條件下，YTM 可產生較佳估計？在何種條件下，YTC 可產生較佳估計？

9-17　以下債券何者有最大的價格風險？試解釋之。（提示：參考表 9.2。）

a. 票面利率 5% 的 7 年期債券。

b. 票面利率 12% 的 1 年期債券。

c. 票面利率 5% 的 3 年期債券。

d. 15 年期零息債券。

e. 票面利率 10% 的 15 年期債券。

9-18　以下債券何者有最大的再投資風險？試解釋之。（提示：參考表 9.2。）

a. 票面利率 5% 的 7 年期債券。

b. 票面利率 12% 的 1 年期債券。

c. 票面利率 5% 的 3 年期債券。

d. 15 年期零息債券。

e. 票面利率 10% 的 15 年期債券。

CHAPTER 10

股票和股票評價

尋找對的股票

投資人雖可從股市獲利,但市場報酬不定,且隨時變化。相較整個市場,個股報酬的波動性更大。投資個股想要獲利,應該選擇一家被「公平」(fair)評價的公司、而非僅是一家好公司。

例如,供應 Apple 手機相機之多片鏡片

來源:Taiwan Economic Journal.

的台灣塑膠鏡片製造商大立光，它的股價在 2017-2018 年經歷大幅變化。大立光的先進技術讓它在 2010 年代成為產業領導廠商，並成為 Apple 的主要供應商。投資人傾向相信該公司可以長期維持競爭主導地位，因而給它很高評價。

如附圖所示，大立光的報酬在 2017 年前八個月上漲約 60%，遠遠超過同時期臺股指數的漲幅，但其股價在 2017 年第 4 季大幅下跌，因競爭對手追上大立光的生產技術，生產出與其類似的多片鏡片產品。大立光股價的向下修正，意謂投資人在 2017 年中對它領導地位過度樂觀。換言之，那些在 2017 年中投資大立光的人，他們選了一家好公司、但購買價非屬公平價。

摘要

第九章檢視債券和債券評價，我們現在轉向股票——普通股和特別股。債券提供的現金流量明訂於契約裡，以致現金流量通常容易預測。特別股股利也明訂於契約內，故其評價方式和債券因而很類似。然而，普通股股利就不是如此了；它們取決於公司的盈餘，而盈餘取決於許多隨機的因素，這讓評價變得非常困難。折現股利模型十分簡單，可用來預測股票的內在價值或真值；且毫無疑問，若股價小於其內在價值之預測值便應買進，若超過其內在價值便應賣出。

當你讀完本章，你應能：
- 討論股東的法定權利。
- 解釋股價和其內在價值的不同之處。
- 學會能預測股票內在價值的折現股利模型。
- 列出特別股的重要特性，以及描述特別股的價值如何決定。

股票評價的本身就很有趣；但當你在從事資本預算分析、預測公司的資本成本時，也需要了解如何評價；資本預算分析是公司最重要的工作之一。

10-1 普通股股東的法定權利和特權

企業普通股股東是企業的擁有者；因此，他們有特定的權利和特權，如本節所討論。

10-1a 對公司的控制

公司的普通股股東有權選出它的董事，這些董事接著選出經理人來管理企業。就小型公司而言，主要的股東通常也是總裁和董事長。一般來說，上市櫃公司的經理人常會擁有一些股票，但個人持股通常不足以讓他們控制公司。因此，大部

分上市櫃公司的管理階層一旦管理不佳,就會被股東撤換。

　　州和聯邦法律規定股東如何控制公司。首先,企業必須定期選舉董事,通常每年一次在股東大會上進行投票;每一股的股票通常有一單位的投票權,因此持有 1,000 股的股東對每一位董事都擁有 1,000 單位的投票權。股東可親自出席股東大會現場投票,但他們通常以**委託書(proxy)**的方式將投票權轉移給另一個人。管理階層總是徵求股東委託書,且通常會收到委託。然而,若盈餘不佳讓股東感到不滿意,則公司外團體也可以徵求委託書,嘗試推翻管理階層和接管企業;這稱為**委託書大戰(proxy fight)**。在其他狀況裡,另一家公司可以藉著購買流通在外的多數股票來嘗試接管公司——這個行動被稱為**接管(takeover)**。過去數年知名接管的案例,包括 KKR 購併 RJR 納貝斯克公司(RJR Nabisco);雪佛龍(Chevron)購併海灣石油(Gulf Oil);QVC ／維康(QVC/Viacom)嘗試接管派拉蒙(Paramount)。在 2009 年 11 月,卡夫食品(Kraft Foods)以 $167 億,嘗試惡意接管英國一家巧克力和口香糖製造商吉百利(Cadbury);2010 年 1 月 19 日,吉百利的管理階層接受卡夫食品 $218 億買下全部股權的新提案,並同意對公司股東推薦這個方案。有趣的是,卡夫在 2015 年 3 月故技重施,宣布購併亨氏(Heinz);巴西私募股權廠商 3G 資本(3G Capital)和巴菲特的波克夏公司提供卡夫購併所需的部分資金。兩家公司在 2015 年 7 月完成合併,存續公司為卡夫亨氏公司(The Kraft Heinz Company)。值得一提的是,並非所有惡意接管都會成功。例如,在 2020 年 3 月,全錄(Xerox)宣稱因處於新冠疫情引發的艱困環境裡,故放棄它惡意接管惠普(HP)的計畫,並從以更換 HP 董事為目的的委託書大戰中撤離。

　　經理人若不能擁有其公司的半數股權,則會非常關切委託書大戰和接管;在過去,許多經理人嘗試獲得股東的同意以改變公司章程,讓接管變得較為困難。例如,一些公司已經誘使股東同意:(1) 每年僅改選三分之一的董事,而非每年改選所有的董事;(2) 要求 75% 的股東(而非 50%)才能通過購併案;(3) 要求對「毒藥丸」條款進行投票,這個條款讓被接管公司的股東有權以折價買入計畫接管公司的股份。毒藥丸讓購併變得沒有吸引力,因而有助於抵禦惡意接管的企圖;尋求這樣改變的經理人,常常訴諸股東對公司將被低價買走的恐懼,但多數經理人主要是為了自己的職位。

　　經理人嘗試讓接管變得更困難的行動,已受到股東、特別是機構投資人的反制;這些投資人不喜歡為保護不適任的經理人豎起障礙。例如,加州公務員退休系統(CalPERS)是最大型的機構投資人之一,曾和一些被 CalPERS 認為財務表現不佳的企業進行過委託書戰爭;CalPERS 希望公司可以增加外部(非管理階層)董事的權力,讓經理人對股東抱怨有更好的回應。

經理人的薪酬是另一項受爭論的議題。在某些案例裡，因執行長和公司董事會太過親密，以致執行長獲得過高薪酬。在其他案例裡，當執行長為股東利益努力時，開明的董事會樂意給予這些執行長獎勵，但當公司表現不佳時，執行長也得負責。CalPERS 和其他機構投資人已進一步鼓勵公司，讓它們的薪酬制度更加透明，並與股東利益相互一致。類似地，多德—法蘭克法案裡的條款，讓股東能夠對高階經理人的薪酬進行投票。雖然該條款不具強制性，但仍讓那些不願見到股東否決他們薪酬之經理人感到壓力。例如，在 2014 年，可口可樂在收到巴菲特和其他股東的負面回饋後，採取步驟調整高階經理人的薪酬制度。事實上，在 2018 年 4 月，從事財務規劃、資產管理和保險產品的阿莫普萊斯金融（Ameriprise Financial Inc.）之 75% 具投票權股東反對 2017 年的薪酬計畫。該投票結果雖不具強制性，但該公司董事會同意將此次投票結果納入考量，重新評估它的薪酬計畫，為股東創造更高價值。較近的案例是，受到來自紐約州退休基金（Common Retirement Fund）的壓力，可口可樂同意逐步縮減資深經理人和一般員工之間的薪資差異。

過去，證管會立法禁止諸如 CalPERS 的大型投資人，結合在一起來迫使企業經理人做出政策改變。不過，證管會在 1993 年改變法規，允許大型投資人合力迫使管理階層做出改變。這些法令有助於讓經理人聚焦在股東的利益上。的確，維權投資人仍持續奮進。近些年，Twitter 面對來自艾略特管理集團（Elliott Management Group）的巨大壓力；一些人猜測若 Twitter 在 2020 年經濟不景氣時不削減管理階層的薪酬，則很快將面對來自維權者的怒火。

10-1b 優先購買權

普通股股東通常擁有優先購買權（preemptive right）的權利，按照股權比率的大小購買公司額外發行的股票。在某些州，優先購買權自動納入每一家公司的章程裡；在另一些州，則是必須被具體納入章程裡。

優先購買權的目的有二。首先，避免讓企業管理階層發行大量額外的股份，以供自己購買；管理階層能使用這個策略獲取企業的控制權，並違背目前股東的意志。第二，也是更為重要的原因是，優先購買權保護股東免於價值的稀釋。例如，假設流動在外的普通股股數為 1,000 股，每股價值 $100，公司的總市值則為 $10 萬；若額外的 1,000 股以每股 $50，亦即 $5 萬售出，則會讓公司的市值增加到 $15 萬。當這個新的總市值除以流通在外的 2,000 股，則每股價值變成 $75。舊股東會因而遭受每股 $25 的損失，而新股東立即獲得每股 $25 的利潤；因此，以低於市價的方式發行新的普通股，會稀釋公司的價格，以及將財富從目前的股東轉移到被允許購買新股的人手中，而優先購買權可避免這樣的事情發生。

> **課堂小測驗**
>
> - 找出公司用以讓併購變得更加困難的行動。
> - 何謂優先購買權？有哪兩項主要因素可解釋它的存在？

「智慧貝它」（SMART BETA）基金是否是一個聰明想法

投資人可使用被動投資策略，將他們的部分財富買進諸如 S&P500 ETF、具良好分散化的指數型基金；相較主動型投資基金，這類被動型基金的交易成本較低。另一種投資策略是買進以下型態的指數投資組合基金──根據報酬驅動因子、而非公司市值來挑選投資標的，如市價淨值（MB）比、本益（PE）比和價格動量（price momentum）；這類基金被歸類於市場上相當受歡迎的「智慧貝它」（"smart beta"）基金。

智慧貝它投資組合通常追蹤某一基礎指數，並使用主動型基金經理人所採用的技術。例如，先鋒價值指數基金（Vanguard Value Index Fund ETF、VTV）追蹤大型公司價值指數（large-cap Value Index），並使用 MB、PE、股利股價比、股價銷售額比來建構投資組合。安碩羅素 1000 成長 ETF（iShare Russell 1000 Growth ETF、IWF）是根據 Russell 1000 Index，並藉由 MB 比、中期成長預測和銷售成長來選擇成分股。

附圖畫出於 2017 年 1 月到 2022 年 4 月期間，買進並持有 VTV、IWF 和 S&P500（SPDR）ETF 的報酬。這些報酬有著類似型態，其中 IWF 績效最佳、VTV 績效最糟，而根據五年期內的月數據計算，它們的貝它值分別是 1.07 和 0.92。

一些研究發現雖然大多數的智慧貝它基金短期績效超越 S&P 500，但要嘛有著較高風險，要嘛難以持續擊敗市場。這些基金顯然是追隨個人和機構投資人的情緒、而非根據經濟基本面，在此意義下，智慧貝它不是真聰明。

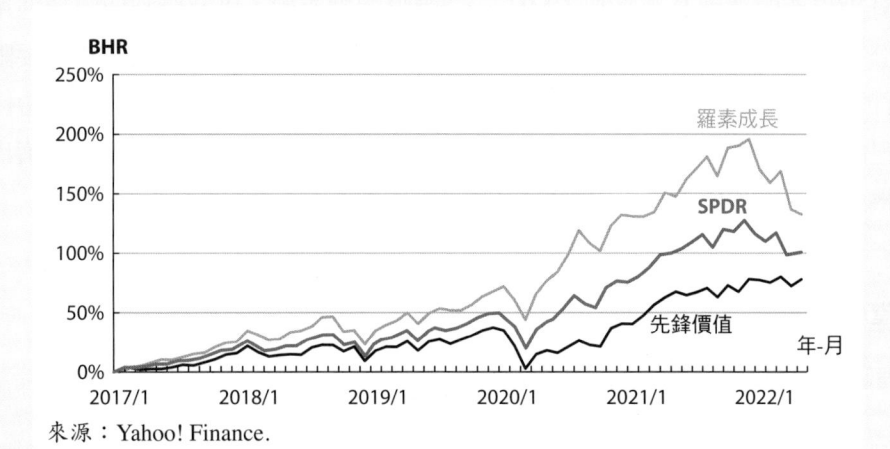

來源：Yahoo! Finance.

來源：Burton G. Malkiel, "Is Smart Beta Really Smart?" *Journal of Portfolio Management*, vol. 40(2014), pp. 127–134; Rahul Verma, Gökçe Soydemir, and Tzu-Man Huang, "Are Smart Beta Funds Really Smart? Evidence from Rational and Quasi-Rational Investor Sentiment Data," *Review of Behavioral Finance*, vol. 12(2020), pp. 97–118.

10-2 普通股的種類

雖然大部分的公司僅有一種普通股，但在某些情況下，**分類的股票（classified stock）**用於滿足特殊的需要。一般來說，在使用特殊的分類時，我們可使用類別 A（Class A）、類別 B（Class B），以此類推。小型新創公司在尋求外部資金時，經常使用不同種類的普通股。例如，當 Google 初次公開上市時，將類別 A 的股票賣給社會大眾，而將類別 B 股票保留給公司內部的人。重要的差異是，類別 B 每股有 10 單位的投票權，而類別 A 每股只有 1 單位投票權。自那以後，Google 母公司字母控股（Alphabet）也對公眾發行不具投票權的類別 C 股票。同樣地，當色拉布（Snap）在 2017 年首次公開發行（IPO）時，它的新股票也完全不具投票權。從廣義的角度來說，佛羅里達大學的 IPO 專家力特（Jay Ritter），估計在 2015-2019 年間首次公開發行的公司裡，其中 35.8% 的公司針對非內部人發行投票權受限的股票；非科技類公司的相應數字是 13.9%。

使用分類股票讓公司創辦人不需擁有大多數普通股的情況下，仍能維持對公司的控制權。基於此，這類的類別 B 股票有時又稱為**創辦人股份（founders' share）**。此兩類別股權結構有時會受到批評，因為其賦予關鍵內部人特殊的投票特權，可能讓內部人所做的決策違反大多數股東的利益。考慮到上述疑慮，S&P 道瓊指數最近宣布它不再讓具兩類別股權結構的公司加入 S&P 500 Index。

請注意：「類別 A」和「類別 B」這樣的分類，沒有標準意義。大部分的公司並沒有分類的股份；但有分類股票的公司，可指定類別 B 為創辦人股份、類別 A 是賣給社會大眾，也可做出相反的指定。公司也可將分類股票用於其他的目的；例如，當通用汽車以 $50 億購併休斯飛機公司（Hughes Aircraft）時，$50 億中的一部分來自新的類別 H 普通股 GMH——受限的投票權，以及股利取決於通用汽車子公司休斯飛機公司的表現。發行新股 GMH 的原因為：(1) 通用汽車想要限制 GMH 的投票權，因管理階層擔憂可能的接管；(2) 休斯飛機公司的員工希望會因公司自己的表現直接獲益，而不是透過一般的通用汽車股票。當通用汽車決定賣出休斯飛機公司，類別 H 的股票便消失了。

課堂小測驗

- 有哪些原因會讓公司使用分類股票？

10-3 股價 vs. 內在價值

如第一章所述,經理人應尋求極大化其公司股票的價值。本章強調股價和內在價值的不同之處。股價僅僅為目前的市場價格,且上市櫃公司的股價非常透明。相對來說,代表公司股票「真」值的內在價值,無法直接觀察到,只能加以預估。圖 10.1 再次闡明股價和內在價值之間的關聯。

如圖所示,市場均衡發生於股價等於其內在價值時。若股票市場的市場效率頗佳,股價和內在價值的差距不應非常大,不均衡狀態也不應持續太久。然而,在某些情況下,個別公司股價可能在很長一段時間遠高於或遠低於其內在價值。

以下是一個值得注目的案例:在 2007 年至 2008 年信用危機的前幾年,多數大型投資銀行的獲利和股價屢創新高。然而,這些獲利裡的大部分僅是幻影,因它們並未反映這些公司所購進的資產擔保證券之巨大風險。雖然是後見之明,但我們現在知道大部分金融機構的股價,在 2007 年之前不久時,便超過了它們的內在價值。接著,當市場了解到真正的狀況,這些股價急劇下跌;花旗集團、美林和其他金融機構,在短短幾個月內損失超過 60% 的市值;排名第五大的投資銀行貝爾斯登(Bear Stearns),股價從 2007 年的 $171 變成 2008 年 3 月中(就在其最終崩盤前夕)的 $2。這讓我們難免有時會質疑股價的合理性!

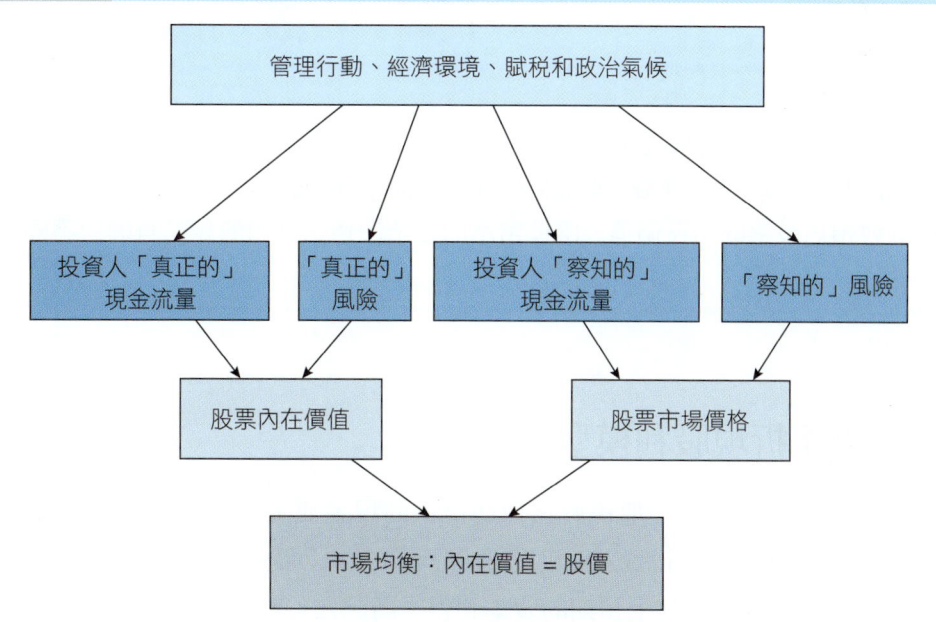

圖 10.1　影響內在價值和股價的因素

10-3a 投資人和公司為何在意內在價值？

本章後續部分，主要聚焦在預測股票真值的方式。在描述這個方式之前，我們先說明為何對投資人和公司來說，了解如何計算真值是一件重要的事情。

當投資普通股時，人們的目標是買進受到低估的股票（亦即價格低於該股的內在價值），並避免購買受到高估的股票。因此，華爾街分析師、共同基金和退休基金的機構投資人，以及許多個人投資人，都有興趣找出有助於預測股票內在價值的適當模型。

投資人明顯在意內在價值，但經理人也需要了解內在價值是如何被預測的。首先，經理人需要知道不同的行動可能會如何影響股價；以及本章的內在價值模型，如何有助於顯現管理決策和公司價值之間的關聯。第二，經理人在做出特定決策前，應考慮其股票目前是被顯著低估或高估。例如，若經理人認為其股票受到低估，則公司應審慎考慮發行新股的決策；經理人對股票內在價值的估計，左右公司發行新股的決策。

折現股利模型（discounted dividend model）和企業評價模型（corporate valuation model）常用於估計股票內在價值。股利模型聚焦於股利，而企業模型則是聚焦在銷售、成本和自由現金流量。雖然在許多方面，企業模型優於股利模型，但它相對較複雜。因企業模型在折價計算過程開始前，需預估未來銷售、成本和現金流量，所以本章略去企業模型，留待進階課程再討論。在以下數節，我們將對折現股利模型詳加描述。

課堂小測驗

- 股票價格和其內在價值之間的差異為何？
- 投資人和經理人為何需要了解如何估計公司的內在價值？
- 針對預估股票的內在價值，兩種常用的方法為何？它們的焦點有哪些不同之處？

10-4 折現股利模型

普通股每股的價值，取決於它預期提供的現金流量。這些流量包括兩個部分：(1) 作為股東身分之投資人每年獲得的股利；(2) 股票賣出時的價值。最終價格包括最初支付的價格，加上預期的資本利得。請記住：市場上有各式各樣的投資人，因此有著許多不同的預期。因此，不同投資人對股票真值及其適當價格，有著

不同的意見。實際決定股票價格之**邊際投資人**（marginal investor），他們所做的分析至關重要，但每個投資人（不管是不是邊際投資人）都不自覺地使用同樣類型的分析。

以下術語用於我們的分析裡：

- D_t = 股東預期在第 t 年年末收到的股利。D_0 是公司最近一次支付的股利，D_1 是新買主在第一年年末將收到的第一筆股利、D_2 是預期第二年年末之股利、D_3 是第三年股利，以此類推。D_0 是已知數字；但 D_1、D_2 和所有其他的未來股利則是預期值，且不同的投資人可以有不同的預期。重要的是，邊際投資人對 D_t 的預測。
- P_0 = 股票今天的實際**市場價格**（market price）。P_0 是已知的，但預測的未來價格則是不確定的。
- $\hat{P}_t$ = 投資人進行分析後發現，股票在第 t 年年末的預期價格和預期的內在價值（唸作"P hat t"）。它是根據投資人對股利流量的預測，以及這個流量的風險而來。市場上有許多投資人，所以有許多不同的 $\hat{P}_t$ 預測值。然而，對邊際投資人而言，P_0 必須等於 $\hat{P}_0$；否則不均衡便會存在。儘管如此，從邊際投資人的角度，市場的買賣將很快導致 P_0 等於 $\hat{P}_0$。
- g = 投資人預期的股利**成長率**（growth rate）。若股利預期會以固定速度成長，則 g 也應等於盈餘和股價的預期成長率。不同的投資人使用不同的 g 去評估公司的股票；但市場價格 P_0 應根據邊際投資人所預測的 g。
- r_s = 在考慮過風險性和可選擇之其他投資的報酬率後，股票的必要的**報酬率**（required rate of return，又稱最低可接受的報酬率）。不同投資人常有不同見解，但關鍵還是邊際投資人。影響 r_s 的因素包括實質報酬率、預期通貨膨脹和風險，詳見第八章。
- $\hat{r}_s$ = 投資人認為股票在未來將提供的**預期報酬率**（expected rate of return，唸作"r hat s"）。預期報酬率可高於或低於必要報酬；若 $\hat{r}_s$ 超過 r_s，則理性投資人買進股票；若 $\hat{r}_s$ 小於 r_s，則理性投資人賣出股票；若兩者相等，則是持有股票。再次強調，關鍵是邊際投資人，他們的觀點決定實際的股價。
- $\bar{r}_s$ = **實際或實現的報酬率**（actual or realized rate of return，唸作"r bar s"）。若你今天買進股票，你預期獲得 $\bar{r}_s = 10\%$ 的報酬；但若市場下跌，你的實際實現的報酬可能遠較為低，甚或為負。
- D_1/P_0 = 未來一年預期的**股利收益率**（dividend yield）。若 X 公司的股票預期在未來十二個月支付股利 $D_1 = \$1$，以及若 X 目前的價格 $P_0 = \$20$，則預期股利收益率將等於 $\$1/\$20 = 0.05 = 5\%$。不同投資人對 D_1 會有不同的預期，但邊際投資人才是關鍵。
- $(\hat{P}_1 - P_0)/P_0$ = 預期未來一年的股票資本利得**收益率**（capital gains yield）。若股票今天的價格為 $\$20.00$，預期到了年底將成為 $\$21.00$，則預期的資本利得收益率將為 $\hat{P}_1 - P_0 = \$21.00 - \$20.00 = \$1.00$，而預

> 期的資本利得收益率將為 $1.00/$20.00 = 0.05 = 5%。不同的投資人對 $\hat{P}_1$ 有不同的預期，但邊際投資人才是關鍵。
>
> 預期總報酬 = $\hat{r}_s$ = 預期股利收益率（D_1/P_0）加上預期資本利得收益率 [$\hat{P}_1 - P_0$]/P_0]。就我們的例子而言，**預期總報酬**（expected total return）= 5% + 5% = 10%。

所有積極投資人都希望達成超過平均的報酬——他們想要找出內在價值超過目前價格的股票，以及他們的預期報酬超過他們要求的必要報酬率。然而，請注意約半數的投資人很可能會對結果感到沮喪；理解本章論點，有助於你免於沮喪。

10-4a 作為股票評價基礎的預期股利

我們在第九章使用方程式 9-1，以找出債券的價值；這個方程式是債券生命期裡利息付款的現值，加上到期（或面額）價值的現值：

$$V_B = \frac{INT}{(1+r_d)^1} + \frac{INT}{(1+r_d)^2} + \cdots + \frac{INT}{(1+r_d)^N} + \frac{M}{(1+r_d)^N}$$

股價與債券類似，也等於現金流量的現值；基礎的股價評價方程式類似於債券評價方程式。企業提供股東的現金流量為何？為了回答這個問題，請想像自己是投資人，購買預期會永久存活公司（如 GE）的股票，且和家人決定永久持有該股票。在這個情況下，你和你的繼承人將收到一連串的股利；而今日的股票價值，可用時間無限長的股利流量之現值加以計算：

$$\text{股票價值} = \hat{P}_0 = \text{預期未來股利的現值}$$

$$= \frac{D_1}{(1+r_s)^1} + \frac{D_2}{(1+r_s)^2} + \cdots + \frac{D_\infty}{(1+r_s)^\infty}$$

$$= \sum_{t=1}^{\infty} \frac{D_t}{(1+r_s)^t} \tag{10-1}$$

若是更典型的狀況呢？你預期持有股票一段時間，然後賣出——則 $\hat{P}_0$ 等於多少？除非公司可以被清算或賣出後消失，否則股票的價值還是由方程式 10-1 來決定。說明如下：對任何個人投資人而言，預期現金流量包含預期股利，加上預期股票的賣出價格。然而，賣給目前投資人的價格取決於某些未來投資人所預期的股利，而這個未來投資人預期的賣價，也取決於未來的股利，以此類推。因此，對所有現在和未來投資人整體而言，預期現金流量必須根據預期的未來股利。換言之，除非公司被清算，或出於某些原因被賣掉，否則提供給股東的現金流量將只包含股利流量；因此，每股股票價值必須等於股票預期股利流量的現值。

> **課堂小測驗**
>
> - 解釋以下敘述:雖然債券包含支付利息的承諾,但普通股通常提供對股利和資本利得的期待(不是保證)。
> - 大部分股票的預期總報酬包含哪兩個部分?
> - 若 D_1 = \$2.00、g = 6%、P_0 = \$40.00,則該股未來一年的預期股利收益率、資本利得收益率和總預期報酬為何?(**5%;6%;11%**)
> - 若某支股票處於均衡狀態,是否所有的投資人都必須有著相同的預期?試解釋之。
> - 若「邊際投資人」檢視股票時發現它的內在價值高於目前的市場價格,則股票價格應會有怎樣的變化?

10-5 固定成長股

方程式 10-1 為通用的股票評價模型,亦即 D_t 的時間數列可以是任意數字:D_t 可以上揚、下跌或隨機波動,或連續幾年皆為 0。方程式 10-1 可應用在任何的狀況;若使用電腦試算表,我們能輕易地使用這個方程式找出股票的內在價值——只要先獲得未來股利的預測值。不過,準確預測未來股利並不是一件容易的事。

然而,對許多公司來說,預測股利會以固定速度成長相當合理。在這種狀況下,方程式 10-1 可以改寫成:

$$\hat{P}_0 = \frac{D_0(1+g)^1}{(1+r_s)^1} + \frac{D_0(1+g)^2}{(1+r_s)^2} + \cdots + \frac{D_0(1+g)^\infty}{(1+r_s)^\infty}$$

$$= \frac{D_0(1+g)}{r_s - g} = \frac{D_1}{r_s - g} \qquad \text{10-2}$$

方程式 10-2 裡的最後一項 D_1/r_s-g 是**固定成長模型**(constant growth model)或**高登模型**(Gordon model);之所以稱為高登模型,是因為這個模型主要由高登(Myron J. Gordon)發展出來,並廣為傳播。

方程式 10-2 裡的 r_s 項為**必要報酬率**(required rate of return),它是無風險利率加上風險溢酬。然而,我們已知若股票處於均衡狀態,則必要報酬率必須等於預期報酬率;預期報酬率為預期股利收益率加上預期的資本利得收益率。所以我們能解出方程式裡的 r_s;但現在加上帽號(hat),來指出我們所處理的是預期報酬率:

預期報酬率 = 預期股利收益率 + 預期成長率或資本利得收益率

$$\hat{r}_s \quad = \quad \frac{D_1}{P_0} \quad + \quad g \qquad \text{10-3}$$

下一小節將闡明方程式 10-2 和 10-3。

10-5a 對固定成長股的闡釋

表 10.1 顯示某證券分析師對凱勒醫療產品公司（Keller Medical Product）股票的分析結果；在此之前，該分析師參加 Keller 財務長召集的分析師和投資人會議。這個表看起來很複雜，但其實相當簡單。位於左上角的第一部分，提供一些基本的數據──最近一次支付的股利為 $1.00、股票最新的收盤價為 $20.80，以及處於均衡狀態。分析師根據 Keller 的歷史和可能未來之分析，預測盈餘和股利將每年成長 4%，股價也將以同樣比率成長。此外，分析師認為最適當的必要報酬率為 9%。不同的分析師可能使用不同的投入值；但我們假設因很多人追隨這個分析師，她的結果代表邊際投資人的看法。

請參見第 IV 部分，我們顯示各年預期的股利、股價、股利年報酬、資本利得收益率和預期總報酬。請注意：(6) 行的總報酬等於第一部分所顯示的必要報酬率。這指出股票分析師認為股票的定價是適當的；因此，它處於均衡狀態。分析師預測未來十年的數據，但理論上可以再往後預測，直至永遠。

第 II 部分顯示用在第 III 部分和第 IV 部分的計算公式；例如，D_1 為股票購買者會收到的第一筆股利，預測值為 $D_1 = \$1.00(1.04) = \$1.04$，至於 (2) 行其他股利的預測值也可用類似的方式計算。預測的內在價值顯示在 (3) 行，它是根據方程式 10-2 的固定成長模型加以計算：$P_0 = D_1/(r_s - g) = \$1.04/(0.09 - 0.04) = \$20.80$、$\hat{P}_1 = \$21.63$，以此類推。

(4) 行顯示股利收益率，它在 2022 年為 $D_1/P_0 = 5.0\%$；且這個數字自此之後都維持不變。2022 年預期的資本利得為 $\hat{P}_1 - P_0 = \$21.63 - \$20.80 = \$0.83$；將之除以 P_0，便得到預期的資本利得收益率 $\$0.83/\$20.80 = 4.0\%$。將股利收益率加上資本利得收益率，會得到總報酬 9.0%；總報酬是一個常數，且等於第 I 部分的必要報酬率。

最後，查看 (7) 行，我們將找到 (2) 行裡的每一個股利之現值（以必要報酬率折現計算）。例如，D_1 的 PV = $\$1.04/(1.09)^1 = \$0.95$、$D_2$ 的 PV = $\$1.08/(1.09)^2 = \$0.91$，以此類推。若你將這個表擴展到大約一百七十年（使用 Excel 將很容易算出），接著將股利的現值加起來，應會得到和使用方程式 10-2 得到的相同數字 $20.80。圖 10.2 以圖形顯示這個數字是如何得到的。我們將此表延展到二十年，並將 (2) 行的股利數字繪成上方的階梯函數曲線，以及將股利的現值繪成下方的曲線。這些現值的和，為股票內在價值的預測值。

注意表 10.1，預測的內在價值等於目前股價、預期總報酬等於必要報酬率。在這種情況下，分析師應會稱此股票「持有」，並建議投資人不要買，也不要賣。然而，若分析師比較樂觀，認為成長率可達 5.0%（而非 4.0%），則預測的內在價值

表 10.1　固定成長股的分析

	A	B	C	D	E	F	G	H	I
3									
4		I. 基本資訊：			II. 分析使用的公式：				
5		D_0 =	$1.00		第 t 年的股利 (2)			$D_{t-1}(1+g)$	
6		P_0 =	$20.80		第 t 年的內在價值（和價格）(3)			$D_{t+1}/(r_s-g)$	
7		g =	4.00%		股利收益率（常數）(4)			D_t/P_{t-1}	
8		r_s =	9.00%		資本利得收益率（常數）(5)			$(P_t-P_{t-1})/P_{t-1}$	
9					總報酬（常數）(6)			股利收益率 + 資本利得收益率	
10					以 9% 計算的股利現值 (7)			$D_t/(1+r_s)^t$	
11									
12	III. 例子：		(2)	D_1 = $1.00(1.04)			$1.04		
13			(3)	P_0 = $1.04 / (0.09 – 0.04)			$20.80		
14			(4)	第一年的股利收益率：$1.04 / $20.80			5.0%		
15			(5)	第一年的資本利得收益率：($21.63 – $20.80) / $20.80			4.0%		
16			(6)	第一年的總報酬：5.0% + 4.0%			9.0%		
17			(7)	以 9% 折價計算的 D_1 的現值			$0.95		
18									
19	IV. 不同時點的預測結果：								
20							以 9.0%		
21	年末	股利	價格*	股利收益率	資本利得收益率	總報酬	折價計算的現值		
22	(1)	(2)	(3)	(4)	(5)	(6)	(7)		
23	2021	$1.00	$20.80						
24	2022	$1.04	$21.63	5.0%	4.0%	9.0%	$0.95		
25	2023	$1.08	$22.50	5.0%	4.0%	9.0%	$0.91		
26	2024	$1.12	$23.40	5.0%	4.0%	9.0%	$0.87		
27	2025	$1.17	$24.33	5.0%	4.0%	9.0%	$0.83		
28	2026	$1.22	$25.31	5.0%	4.0%	9.0%	$0.79		
29	2027	$1.27	$26.32	5.0%	4.0%	9.0%	$0.75		
30	2028	$1.32	$27.37	5.0%	4.0%	9.0%	$0.72		
31	2029	$1.37	$28.47	5.0%	4.0%	9.0%	$0.69		
32	2030	$1.42	$29.60	5.0%	4.0%	9.0%	$0.66		
33	2031	$1.48	$30.79	5.0%	4.0%	9.0%	$0.63		
34	↓						↓		
35	∞				從 1 到 ∞ 的現值之和 = P_0 =		$20.80	2022 年 1 月 1 日時的價值	
36									

*因這是一個固定成長股，我們可以得到 P_t 等於 $P_{t-1}(1+g)$。例如，P_1 = $20.80(1.04) = $21.63；受到四捨五入的影響，這個數值不同於表上的數字，但你不需擔心四捨五入產生的不同。

將達 $26.25（使用方程式 10-2）；分析師因此會建議「買進」。若 g = 3.0%，則內在價值等於 $17.17，該股應被「賣出」。必要報酬率的改變，應會對預測的內在價值和由之而來的當期均衡價格造成類似的改變。

10-5b 股利 vs. 成長

方程式 10-2 所對應的折現股利模型，顯示若其他因素維持不變，則 D_1 愈大，股價愈高。然而，方程式 10-2 顯示愈高的成長率導致愈高的股價，但還請記住以下各點：

- 盈餘用以支付股利。
- 因此，股利成長要求盈餘成長。
- 長期的盈餘成長來自公司將保留盈餘再投資於公司。

圖 10.2　固定成長股的股利現值，其中 $D_0 = \$1.00$、$g = 4.0\%$、$r_s = 9.0\%$

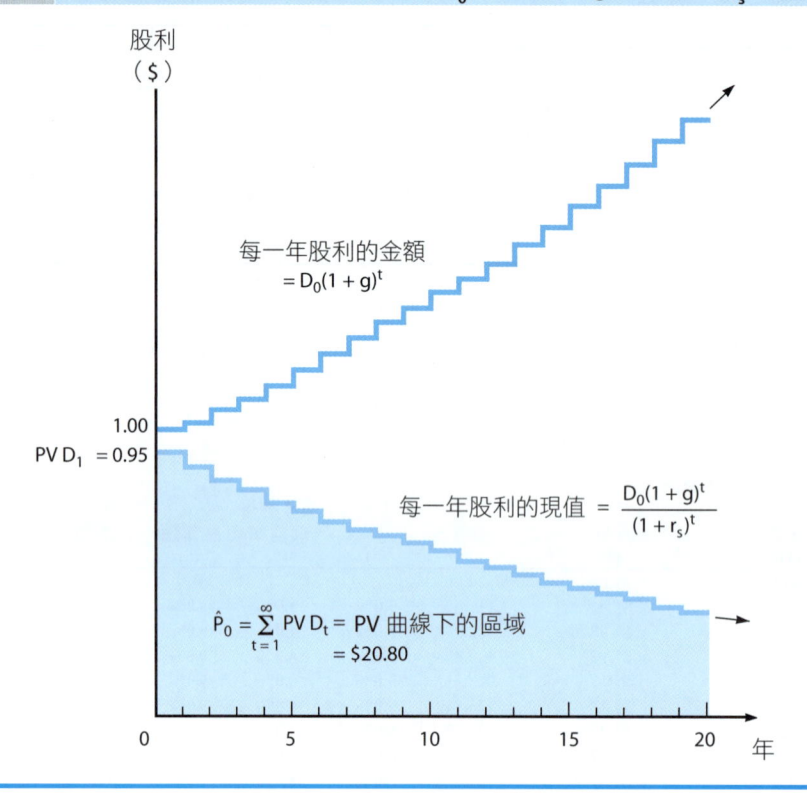

每一年股利的金額 $= D_0(1+g)^t$

每一年股利的現值 $= \dfrac{D_0(1+g)^t}{(1+r_s)^t}$

$$\hat{P}_0 = \sum_{t=1}^{\infty} PV\, D_t = PV\ 曲線下的區域 = \$20.80$$

- 因此，保留盈餘的比率愈高，成長率愈高。

舉例說明如下，假設你繼承某個擁有 $100 萬資產、無負債、$100 萬股份的企業。預期股權報酬率 ROE = 10.0%，所以未來一年的預期盈餘為 (0.10)($1,000,000) = $100,000。你可以將 $100,000 盈餘全數作為股利，或將部分盈餘再投入企業。若你使用所有的盈餘，則今年的股利會等於 $100,000；但股利將不會成長，因資產不會成長、盈餘也無法隨著資產增加而成長。

然而，若你決定發放 60% 的股利、保留 40% 的盈餘。則在這種情況下，第一年的股利將是 $60,000；但資產將增加 $40,000，且盈餘和股利將同步增長：

$$下一年盈餘 = 前一年的盈餘 + 預期股權報酬率 \times 保留盈餘$$
$$= \$100{,}000 + 0.1(\$40{,}000)$$
$$= \$104{,}000$$

下一年股利 $= 0.6(\$104{,}000) = \$62{,}400$

此外，你的股利所得在此之後，將每年持續成長 4%：

$$成長率 = (1 - 配息比率) \times 預期股權報酬率 \quad\quad 10\text{-}4$$
$$= (1 - 0.6)10.0\%$$
$$= 0.4(10.0\%) = 4.0\%$$

這顯示就長期而言,股利的成長主要取決於公司的配息比率和它的 ROE。

在我們的例子裡,我們假設其他因素維持不變,這是一個通常但不總是符合邏輯的假設。例如,假設公司發展出一個成功的新產品、聘請較優秀的執行長,或做了其他會增加 ROE 的改變。這些行動都能導致 ROE 的增加,並讓成長率上升。還請注意:新成立公司的盈餘在前幾年往往不高,甚或為負,然後接著便開始快速上升;最後隨著公司邁入成熟期,成長平穩下來。這樣的公司在成立的最初幾年,或許不會支付股利;接著才開始支付低股利,但隨後快速增加。最後當盈餘穩定下來,便支付正常金額的股利,且以固定的速度成長。在這樣的情況下,需使用非固定成長模型(nonconstant growth model),請參見其他的進階教科書。

10-5c 何者較佳:當期股利 vs. 成長?

如前一小節所述,若公司增加配息率,則可增加當期股利,但會降低股利成長率。所以,公司可以提供相對較高的當期股利,或相對較高的成長率,但不能兩者兼顧。那麼股東的偏好為何?答案並不明確。如第十六章所述,一些股東偏好當期股利,而其他則偏好較低的配息率和未來的成長率。哪一種策略才會極大化公司的股價,實證研究目前尚無定論;所以,股利政策是管理階層必須自行判斷的議題,而非一個數學公式。從邏輯來說,若該公司有非常棒的投資機會,股東應偏好公司保留較多的盈餘(因此付較少的當期股利);但若投資機會不佳,股東應會偏好高的配息率。除上述因素外,賦稅和其他因素讓情況變得更形複雜,詳見第十六章;但就目前來說,我們僅假設管理階層已經決定配息政策,並使用這個政策來決定實際的股利。

10-5d 固定成長模型的必要條件

使用方程式 10-2 的必要條件如下:首先,必要報酬率 r_s 必須大於長期成長率 g;在 g 大於 r_s 的情況下,得到的結果會是錯的、無意義和引人誤解的。例如,若我們例子裡的預測成長率為 10%,超過 9% 的必要報酬率,則方程式 10-2 所計算出來的股價為負的 $110.00。這是無意義的,因股價不能為負。此外,在表 10.1 裡,每一個未來股利的現值會超過之前的股利,若將這個狀況畫在圖 10.2 上,則股利現值的階梯函數曲線會遞增,而非遞減;所以現值的和將是無限大,意謂著無限高的股價。股價顯然不可能為無限大或為負數,所以除非在 $r_s > g$ 的情況下,否則不能使用方程式 10-2。

第二，除非公司未來的成長率被預期維持不變，否則固定成長模型方程式 10-2 便不是適當的。這個條件對新設公司幾乎完全不適用，但對某些成熟企業而言是成立的。事實上，諸如聯合食品和 GE 的成熟企業，通常被預期會以名目國內生產毛額成長的速度成長（也就是實質 GDP 成長率加上通貨膨脹率）。在這個基礎下，或許平均來說，「正常」公司的預期年成長率介於 3% 至 6%。

請注意：方程式 10-2 也可用於處理**零成長股（zero growth stock）** 的狀況，亦即股利預期會始終維持不變。若 g = 0，則方程式 10-2 簡化成方程式 10-5：

$$\hat{P}_0 = \frac{D}{r_s} \qquad \text{10-5}$$

這和第五章永續年金的方程式一模一樣，亦即將當期股利除以必要報酬率。最後，大多數的公司，即便是快速成長的新設公司，以及目前並未支付股利的其他公司，可被預期在未來某個時點將發放股利，到時固定成長模型便是適當的。對這樣的公司來說，方程式 10-2 可用在作為公司評價的一部分。

課堂小測驗

- 寫下並解釋固定成長股的評價公式。
- 描述零成長股的公式，如何從正常的固定成長股的公式推導得到。
- A 公司預期在年末時支付 $1.00 的股利、必要報酬率 r_s = 11%、其他因素維持不變，則成長率為 5% 時的股價為何？0% 時又為何？（**$16.67；$9.09**）
- 若 B 公司的 ROE = 12%，以及其他因素固定不變，且若它的配息率為 25% 時，預期的成長率為何？若配息率為 75% 呢？（**9%；3%**）
- 若 B 公司的配息率從 75% 降到 25%，導致成長率從 3% 增長到 9%，則這個行動是否必然會增加股票的價格？為什麼？

10-6 特別股

特別股是一種混合證券——在某些方面和債券類似，其他方面則和普通股類似。當我們嘗試從債券和普通股的角度，對特別股進行分類時，混合的本質便顯得很明顯。如同債券一樣，特別股有面額和固定的股利——在支付特別股股東後，才能支付普通股股東。然而，董事長可以刪去特別股股利，而不致讓公司破產。所以，雖然特別股像債券那樣要求固定金額的付款，但若跳過這期不付，也不致造成公司破產。

Chapter 10 股票和股票評價

如前所述,特別股持有人有權收到定期、定額的股利。若這個付款持續到永遠,則此特別股是一種永續年金,它的價值 V_p 如下:

$$V_p = \frac{D_p}{r_p} \qquad \text{10-6}$$

V_p 是特別股的價值、D_p 是特別股股利、r_p 是特別股的必要報酬率。聯合食品沒有流通在外的特別股,但研議要發行新的特別股,暫定每年 $10 股利。若必要報酬率為 10.3%,則特別股的價值為 $97.09,如下所示:

$$V_p = \frac{\$10.00}{0.103} = \$97.09$$

在均衡狀態時,$\hat{r}_p$ 必須等於必要報酬率 r_p。因此,若我們知道特別股目前的價格和股利,便能解出預期的報酬率如下:

$$\hat{r}_p = \frac{D_p}{V_p} \qquad \text{10-6a}$$

一些特別股有特定到期日,通常是五十年。假設我們用來說明的這支特別股,它將在五十年後到期、每年支付 $10 的股利、必要報酬率 = 8%,則能以如下的方式得到它的價格:鍵入 N = 50、I/YR = 8、PMT = 10、FV = 100,接著按下 PV 來找出價格 V_p = $124.47。若 r_p 上升到 10%,你可以將 I/YR 改為 10,最後得到 V_p = PV = $100。若你知道特別股每股價格,則能解出 I/YR 以求出預期報酬率 $\hat{r}_p$。

> **課堂小測驗**
>
> - 解釋以下敘述:特別股為混合證券。
> - 用於評價特別股的方程式,是較像評價債券所用的方程式呢?還是評價「正常」固定成長普通股的方程式呢?試解釋之。

結語

企業的決策應從不同行動選項如何影響公司價值的角度來加以分析;然而,在衡量某個決策會如何影響特定公司價值之前,必須先知道股價是如何建立的。本章討論普通股股東的權利和特權、顯示股票價值如何決定,以及解釋投資人如何預測股票的內在價值和預期報酬率。

本章所討論的折現股利模型，對成熟的穩定公司相當有用，且使用也容易上手。此外，我們也討論特別股，它是結合普通股和債券特性的混合證券；特別股的評價模型，類似於永續年金和「正常債券」的模型。

自我測驗

ST-1 **固定成長股票評價** F 公司的目前股價為 $36.00、最近一次的股利為 $2.40、必要報酬率為 12%。若未來的股利預期將以固定成長率成長、必要報酬率預期會維持在 12%，則 F 公司五年後的預期股價為何？

問題

10-1 經常被提到，優先購買權的目的之一是讓個人能夠維持他們的持股比例，以及對公司的控制。
   a. 對紐約證券交易所上市公司的一般股東而言，你認為他們會有多在意控制權？
   b. 公開上市公司股東還是閉鎖型公司股東對控制議題較感興趣？試解釋之。

10-2 對於固定成長股的價值而言，以下方程式是否適用？請解釋。

$$\hat{P}_0 = \frac{D_0}{r_s + g}$$

10-3 個股投資報酬包含股利收益和最終的資本利得。假設以下兩種股票：一種股票支付股利；另一種股票不支付股利，則這兩種股票有可能會有相等的投資報酬嗎？試解釋之。

10-4 兩位投資人正評估是否購買 GE 股票，他們相同的看法如下：D_1 的預期值、預期股利成長率和該股的風險性。然而，一個打算持股年二年、另一個十年。根據本章的分析方法，他們的 GE 股票願購價是否相同？請解釋。

10-5 永遠付息、無到期日的債券被稱為永續債券。在哪些層面上，永續債券會類似於零成長普通股？哪些特別股的評價方式類似於永續債券？哪些特別股評價方式則是類似於有到期日的債券？試解釋之。

PART 4 長期資產投資：資本預算

CHAPTER 11　資本成本
CHAPTER 12　資本預算
CHAPTER 13　現金流量預測和風險分析
CHAPTER 14　實質選擇權

CHAPTER 11

資本成本

為迪士尼創造價值

　　迪士尼（Walt Disney Co., DIS）是全球最成功的公司之一，儘管過去幾年的經濟狀況不佳，但 Disney 的經理人仍努力地將資金投資在獲利高於資本成本的計畫上，來為股東創造價值。例如，若專案的利潤為 20%，投資於該專案的資本成本為 10%，則執行此專案將增加公司價值和股價。

　　獲得資本的主要形式有三種：負債、特別股和普通股股權；股權來自保留盈餘和發行新股。Disney 的投資人預期至少可以賺得必要報酬率，而必要報酬率被視為公司的資本成本。很多因素會影響資本成本，其中一些因素是公司不能控制的，包括利率、州和聯邦稅、一般的經濟狀況等；然而，公司募集資本和投資決策，對資本成本也有很大的影響。例如，在 2019 年 3 月，Disney 買下 21 世紀福斯（21st Century Fox），改變了它資產的風險程度和資本結構，並讓其負債倍增。儘管負債比變大，但相對其主要競爭對手，Disney 的負債仍低。

　　預測 Disney 這類公司的資本成本，在概念上是簡單的。Disney 的資本來自負債加上普通股權益，所以其資本成本主要取決於經濟體的利率水準，和邊際股東對股權要求的必要報酬率。然而，Disney 在全球許多地方營運；所以這個企業類似於不同股票形成的投資組合，而每一支股票的風險都不同。參照前述，投資組合風險為組合裡不同股票相關風險的加權平均。

　　同樣地，Disney 各分支機構有其各自的風險水準和資本成本。因此，Disney 的總資本成本是分支機構成本的加權平均。例如，

Disney 旗下媒體網絡公司（包括 ABC 和 ESPN）的資本成本，應與它的主題樂園和遊憩休閒部門——包括迪士尼世界渡假村、迪士尼主題樂園、迪士尼郵輪、迪士尼渡假俱樂部和迪士尼冒險樂園——成本不同。即使是同部門的不同計畫，也可以有不同的資本成本，因某些計畫的風險高於其他計畫。此外，海外計畫的風險和成本，也異於國內計畫的風險和成本。

如本章和後續數章所述，資本成本是公司資本預算過程裡的基本元素。如上所述，當 Disney 計畫的報酬率高於資本成本，該計畫便創造價值。你應能想得到，最近的經濟動盪，讓預測資本成本和計畫評估變得更困難。雖然利率下跌，但各種風險因子還是導致許多廠商的資本成本上揚。與此同時，不確定的經濟情勢已減少對很多產品和服務的需求，因而降低許多提案計畫的預期報酬。事實上，Disney 的主題樂園營收大幅下跌、看電影的人變少、ESPN 的廣告收入減少。結果不令人意外，許多公司宣布削減資本投資，並希望這些僅是暫時性現象，擴張未來仍有利可圖。在接下來數章所學的，將能幫助經理人做出適當投資決策。

來源：Dan Gallagher, "Disney's Show Won't Go On Soon," *The Wall Street Journal* (wsj.com), May 5, 2020; and Erich Schwartzel, "Disney Takes $1.4 Billion Hit to Earnings As Coronavirus Takes Hold," *The Wall Street Journal* (wsj.com), May 6, 2020.

摘要

前幾章解釋風險如何影響股票和債券的價格和必要報酬率。公司的主要目標是極大化股東價值，主要的方式為將資金投資在比資本成本要高的計畫上。在接下來兩章，我們將會看到計畫的未來現金流量之預測，以及該現金流量的現值折算。接著，若未來現金流量的現值超過計畫成本，接受此一計畫將會增加公司的價值。然而，我們需要折現率以求出這些未來現金流量的現值；該折現率便是公司的資本成本。找出是否執行新計畫的資本成本，是本章的主要重點。

本章使用的公式，多數可參見第九章和第十章對股票與債券必要報酬率的討論。事實上，投資人對債券和股票要求的必要報酬率，代表公司取得那些證券的成本。如後所述，公司對其證券的必要報酬率進行預測、計算不同資本類別的加權平均成本，並將該平均資本成本用於處理資本預算上。

當你讀完本章，你應能：
- 解釋加權平均資本成本（WACC）為何用於資本預算上。
- 預測不同資本成分的成本，包括負債、特別股、保留盈餘和普通股。
- 結合不同成分的成本，以決定公司的 WACC。

上述概念對了解公司的資本預算程序是必要的。

11-1 加權平均資本成本綜論

表 11.1 顯示聯合食品的資產負債表，該表和第三章的資產負債表相同，但加上以下三個部分：(1) 投資人（銀行、債權人和股東）供給的實際資本，是以會計帳面價值來計算；(2) 投資人所供給資本的市場價值；以及 (3) 聯合食品在未來計劃使用的目標資本結構。

計算 WACC 時，我們著重在必須是投資人所提供的資本，包括需支付利息的負債、特別股和普通股股權。執行資本預算計畫時產生的應付帳款和應付費用，並沒有包括在投資人所供給的資本內，因它們不是直接來自投資人。探查表 11.1 的 (1) 行，我們看到若使用的是會計帳面價值，則聯合食品的資本包括 47.8% 的負債和 52.2% 的股權。

雖然這些會計數字很重要，但投資人更關心該公司負債和股權的市場價值；這顯示在表 11.1 的 (2) 行。為了讓事情變得簡單一些，我們假設聯合食品的負債等於它的帳面價值；換言之，假設它平均的未償還負債是以面額進行交易。股權的市場價值為流通在外的股票數目乘以目前的股價。如第三章所述，聯合食品有 7,500 萬普通股流通在外，且目前的股價為每股 $23.06；這意謂聯合食品股權的市場價值等於 $17.3 億。因該股權的市場價值超過帳面價值，我們看到聯合食品以市價計算的股權比重，相較帳面計算得到的 52.2%，市價股權有著較高的比率（66.8%）。

雖然這些市場數字是有用的起點，但真正重要的是**目標資本結構（target capital structure）**，指出聯合食品計劃如何來募集資本，以融資其未來計畫。第十五章將詳細說明公司如何決定其目標資本結構。如後所述，存在某個最適資本結構——負債、特別股和普通股股權的最適比例，讓公司價值極大化。如表 11.1 的 (3) 行所示，聯合食品認為其目標資本結構應包括 33% 的負債、2% 特別股和 65% 普通股股權；且它計劃在未來依照這個比率募集資本。因此，當我們計算聯合食品的加權平均資本成本時，會使用這些目標權重。換言之，聯合食品的整體資本成本，為它所使用之不同種類資本的加權平均資本成本。

課堂小測驗

- 當計算 WACC 時，哪一種資本應被排除在外？原因為何？
- 當計算某公司的 WACC 時，應使用帳面價值、市場價值，還是目標權重？試解釋之。
- 資本權重的不同，為何取決於帳面價值、市場價值或目標價值的選用？

表 11.1　聯合食品用於計算 WACC 的資本結構（$ 百萬）

2021/12/31 以帳面價計算的資產和對資產的請求權

投資人供給的資本：應付和應提被排除在外；因它們來自營運，而非投資人。

資產		請求權			帳面價值 (1)		市場價值 (2)		目標 (3)
現金	$ 10	應付帳款	$ 60	3.0%					
應收帳款	375	應付費用	140	7.0%					
存貨	615	應付票據	110	5.5%	$ 110		$ 110		
總流動資產	$ 1,000	總流動負債	310	15.5%					
淨固定資產	$ 1,000	長期負債	750	37.5%	750		750		
		總負債	$1,060	53.0%	$ 860	47.8%	$ 860	33.2%	33.0%
		特別股	–	0.0%	–	0.0%	–	0.0%	2.0%
		普通股	130	6.5%	130				
		保留盈餘	810	40.5%	810				
		總普通股股權	$ 940	47.0%	$ 940	52.2%	$1,730	66.8%	65.0%
合計	$ 2,000	合計	$2,000	100.0%	$1,800	100.0%	$2,590	100.0%	100.0%

11-2 基本定義

投資人供給的項目，包括負債、特別股和普通股股權，稱為**資本的成分**（capital component）；資產要增加，必須透過融資以增加這些資本成分。每一項成分的成本稱為成分成本（component cost）；例如，聯合食品以 8% 利率借入資金，所以負債的成分成本為 8%。這些成本接著被加總在一起，以形成資本的加權平均資本成本 WACC，並用於公司的資本預算分析裡。以下符號對應於每一種成分的成本和權重：

- r_d = 公司新債利率 = 負債的稅前成本。它可用幾種方式得到，包括計算公司目前仍未償還債券的到期收益率。
- $r_d(1-T)$ = 稅後負債成本。其中，T 是公司的邊際稅率，$r_d(1-T)$ 為計算加權平均資本成本時所使用的負債成本。如後所述，負債的稅後成本低於稅前成本，因債息可抵扣公司所得稅。
- r_p = 特別股的成本，為投資人預期從特別股賺到的收益。特別股不能抵稅；因此，特別股的稅前和稅後成本皆相同。
- r_s = 透過保留盈餘或內部股權產生的普通股股權成本，詳見第八章和第十章；本章的定義則是投資人對公司普通股所要求的報酬率。多數公司在茁壯有成後，便可以用保留盈餘的方式獲得需要的新股權；因此，r_s 是這些公司所有新股權的成本。

> r_e = 外部股權的成本或發行新股募集普通股股權的成本。如後所述，r_e 等於 r_s 加上某個反映發行新股成本的因子。然而請注意：諸如聯合食品的成熟企業很少發行新股；因此，除非談到的是非常年輕、快速成長的公司，否則 r_e 極少會被納入考慮。
>
> w_d、w_p、w_c = 負債、特別股和普通股股權的目標權重；普通股股權包括保留盈餘、內部股權、新普通股、外部股權。權重為公司未來募資時，計畫使用的不同資本類別的百分比；目標權重可以和目前實際的權重不同。
>
> WACC = 公司的加權平均資本成本或整體成本。

負債的目標比率（w_d）、特別股目標比率（w_p）和普通股股權比率（w_c），以及這些成分的成本，可用於計算公司的**加權平均資本成本（weighted average cost of capital, WACC）**。我們暫時假設所有新的普通股股權都來自保留盈餘——大部分公司的狀況便是如此；因此，普通股成本為 r_s。

$$\text{WACC} = (\text{負債的 \%})\left(\begin{array}{c}\text{負債的}\\\text{稅後成本}\end{array}\right) + (\text{特別股 \%})\left(\begin{array}{c}\text{特別股}\\\text{成本}\end{array}\right) + \left(\begin{array}{c}\text{普通股}\\\text{股權 \%}\end{array}\right)\left(\begin{array}{c}\text{普通股}\\\text{股權成本}\end{array}\right)$$

$$= w_d r_d (1-T) + w_p r_p + w_c r_s \qquad 11\text{-}1$$

請注意：只有負債才有所得稅調整因子 $(1-T)$。參見下一節的討論，這是因為負債利息可抵稅，但特別股股利和普通股報酬（股利和資本利得）則不能抵稅。本章後續內容仍會以聯合食品為例，討論這些定義和概念。第十五章會將討論延伸，指明最適證券組合如何極小化公司的資本成本、和極大化它的價值。

課堂小測驗

- 找出公司三項重要資本結構成分，以及賦予它們各自的成分成本和權重符號。
- 普通股為何可能有兩種不同的成分成本？通常的情況下，哪一種成分成本是較具重要性的？另一種成分成本最可能與哪一類型的公司相關？
- 若某公司目前的負債比率為 50%，但計畫在未來使用 40% 的負債融資，則在計算 WACC 時應使用何者作為 w_d？試解釋之。

11-3 負債成本

公司對新債必須支付的利息，為其**稅前負債成本（before-tax cost of debt, r_d）**；公司藉由詢問銀行放款的利率，或找出本身目前未到期債券的到期殖利率（參見第九章），便可估計 r_d。然而，**稅後負債成本〔after-tax cost of debt, $r_d(1-T)$〕**

應被用在計算加權平均資本成本。它是新債利率 r_d，減去因利息可抵稅所節省的所得稅：

$$稅後負債成本 = 新債利率 - 少繳的稅$$
$$= r_d - r_d T$$
$$= r_d(1 - T) \qquad 11\text{-}2$$

事實上，政府為負債支付部分的成本，因利息可抵稅之故。因此，若聯合食品以 8% 利率借錢、聯邦暨州政府之邊際稅率等於 25%，則它的稅後負債成本將等於 6%。

$$稅後負債成本 = r_d(1 - T)$$
$$= 8\%(1.0 - 0.25)$$
$$= 8\%(0.75)$$
$$= 6.0\%$$

我們使用稅後負債成本來計算 WACC，因目的在於極大化公司的股票價值，而股價取決於稅後的現金流量。由於我們在意的是稅後現金流量，又因現金流量和報酬率應以可比較的基礎加以計算，加上負債的稅務優惠，所以將利率下調。

請記得：負債成本為新債利率，而非舊債利率。我們對新債成本感到興趣，是因為關切會用在資本預算決策裡的資本成本。例如，新機器所賺取的報酬是否高於獲得這個機器的資本成本？回答這類的問題時，公司過去的借款利率是不相關的，因我們需要知道的是新資本的成本。基於這些原因，相較票面利率，舊債的到期收益率（它反映目前的市場狀況）是較佳的負債成本指標。請注意：若殖利率曲線是正斜率，而非負斜率，則長期負債和短期負債的成本將會不同。在這些情況下，公司長期負債的到期收益率常用於計算負債成本，因通常的情況是募集資本以支應長期的計畫。然而，如第十七章所述，某些公司經常使用長、短期負債組合，對公司計畫進行融資。所以，計算負債成本時，這些公司可以根據其計畫使用之長、短期負債的比率來計算負債的平均成本。

課堂小測驗

- 為何使用稅後負債成本，而非稅前負債成本，來計算 WACC？
- 負債的相關成本為何是新債的利率，而非舊債的利率？
- 公司舊債的到期收益率為何能被用於估計其稅前負債成本？
- 某公司未到期的 20 年期不可贖回債券之面額為 $1,000，年票面利率為 11%，市場價格為 $1,294.54。若公司發行新債，則這批新債利率的合理預測值為何？若公司稅率為 25%，則稅後的負債成本為何？（**8.0%**；**6.0%**）

11-4 特別股成本

用於計算加權平均資本成本的特別股成本（cost of preferred stock, r_p），等於特別股股利 D_p 除以特別股目前的價格 P_p：

$$\text{特別股成本} = r_p = \frac{D_p}{P_p} \qquad \text{11-3}$$

聯合食品目前沒有流通在外的特別股，但計劃在未來發行，因此將特別股也納入它的目標資本結構。聯合食品會將這批特別股賣給少數幾家避險基金——每股股利預計為 $10.00，每股定價為 $97.50。因此，聯合食品特別股的成本等於 10.3%：

$$r_p = \$10.00/\$97.50 = 10.3\%$$

如方程式 11-3 所示，計算特別股的成本相當容易；對傳統的、支付固定股利直到永遠的特別股來說，尤其如此。然而，某些特別股有特定的到期日；此外，特別股也可附加能轉換成普通股的選擇權，這造成另一層次的複雜性。這些將留待進階課程再討論。最後，計算 r_p 時不需預作稅金調整，因特別股不像負債的利息支付可以抵稅；因此，特別股不存在稅金上的節省。

> **課堂小測驗**
> - 特別股的成本是否需要先經稅負調整？為什麼？
> - 某公司特別股目前的市場價格為每股 $80，每年每股支付 $6 的股利，若忽略發行成本，則該公司的特別股成本等於多少？（**7.50%**）

11-5 保留盈餘成本

負債和特別股成本，是根據投資人對這些證券所要求的報酬；同樣地，普通股成本是根據投資人對該公司普通股所要求的報酬率。然而請注意：新普通股可用兩種方式募集：(1) 保留當期年度盈餘的一部分；(2) 發行新股。我們使用符號 r_s 來表示**保留盈餘成本**（cost of retained earnings）、r_e 表示**新發行普通股成本**（cost of new common stock）或外部股權成本；發行股票募集股權的成本高於保留盈餘而來的股權成本，因賣出新股會需要支付發行成本。因此，一旦公司已不再處於新設立的階段，通常會使用保留盈餘來獲得所有所需的新股權。

一些人認為保留盈餘應該是「免費的」，因它們是支付股利後「剩下」的金

錢。雖然保留盈餘不需支付直接成本，但這個資本仍有成本──機會成本。公司的稅後盈餘屬於它的股東。債券持有人獲得利息補償，特別股股東則是獲得特別股股利；支付利息和特別股股利後剩下的淨盈餘乃屬普通股股東所有，且這些盈餘用作對使用他們資本的補償。為股東工作的經理人，可用股利的形式發放盈餘，或將盈餘保留作為再投資之用。當經理人決定保留部分盈餘，他們應認知到這會涉及機會成本──股東原本能將以股利形式收到的盈餘，投資在其他股票、債券、房地產等之上。因此，公司使用保留盈餘賺取的報酬率，至少要等於股東對類似風險之其他投資所賺到的報酬率。

對類似風險的投資，股東的預期報酬率會等於多少？首先，如第十章所述，若股票常處於均衡狀態，則預期報酬率會等於必要報酬率，亦即 $\hat{r}_s = r_s$。因此，聯合食品的股東預期他們的資金能賺進 r_s；所以，若公司使用保留盈餘卻不能至少賺進 r_s，則應將這些資金支付給股東，讓他們直接投資於可產生 r_s 報酬率的股票或其他資產。

負債和特別股屬契約義務，它的成本因而清楚地陳述於契約裡，但股票卻沒有類似的書面報酬，這讓 r_s 難以量測。然而，我們能使用第八章和第十章發展的技巧，以對來自保留盈餘的股權成本產生合理、良好的預測。首先，之前曾提到若股票處於均衡狀態，它的**必要報酬率 r_s 必須等於預期報酬率 $\hat{r}_s$**。進一步而言，其必要報酬率等於無風險利率 r_{RF} 加上風險溢酬 RP，而股票的預期報酬等於預期股利收益率 D_1/P_0 加上預期成長率 g。因此，可以寫出下述方程式，並使用方程式等號左項、右項或左右兩項來預測 r_s：

$$\text{必要報酬率} = \text{預期報酬率}$$
$$r_s = r_{RF} + RP = D_1/P_0 + g = \hat{r}_s \qquad 11\text{-}4$$

左項是根據第八章的資本資產評價模型（CAPM），右項則是根據第十章的**折現股利模型**。除了根據公司本身負債成本的預測方式之外，我們還會討論這兩個模型，如以下小節所述。

11-5a 資本資產評價模型方法

預測普通股股權成本最廣泛使用的方法，為第八章發展出來的資本資產評價模型，可用以下步驟找出 r_s：

步驟 1：預測無風險利率 r_{RF}；我們通常使用 10 年期公債作為無風險利率的指標，但某些分析師使用短期的國庫券利率。

步驟 2：預測股票的貝它係數 b_i，並將之作為股票風險的指數值；i 代表第 i

家公司。

步驟 3：預測市場風險溢酬；等於投資人對某平均股票所要求之報酬率和無風險利率的差異。

步驟 4：將前述數值代入 CAPM 方程式，以預測該股票的必要報酬率：

$$r_s = r_{RF} + (RP_M)b_i$$
$$= r_{RF} + (r_M - r_{RF})b_i \qquad 11\text{-}5$$

因此，CAPM 產生的 r_s 預測值，等於無風險利率 r_{RF} 加上對平均股票的風險溢酬 $(r_M - r_{RF})$ 之調整，以反映該特定股的風險（由貝它係數 b_i 量測）。

假設目前市場的 r_{RF} = 4.5%、市場的風險溢酬 RP_M = 5.0%，且聯合食品的貝它值為 1.50。使用 CAPM 方法，聯合食品股權成本的預測值為 12.0%：

$$r_s = 4.5\% + (5.0\%)(1.50)$$
$$= 12.0\%$$

雖然 CAPM 似乎對 r_s 產生一個準確的、精準的預測，但仍存在一些潛在的問題。首先，如第八章所述，若公司的股東沒有好好分散化他們的資產時，或許考慮的是單一獨立風險，而不只是市場風險。在這樣的情況下，公司真正的投資風險應不能使用貝它值加以量測，且 CAPM 的預測會低估正確的 r_s。此外，即使 CAPM 理論仍然成立，仍難以對所需的投入值做出正確的預測，這是因為：(1) 該使用長期或短期政府債券收益率來估計 r_{RF} 尚無定論；(2) 投資人難以預測公司未來的貝它值；(3) 難以預測適當的市場風險溢酬。如之前指出，CAPM 雖廣為使用，但因為上述問題，分析師也會使用下述的其他方式來預測股權成本。

11-5b 債券收益率加風險溢酬方法

若使用 CAPM 所需的可靠投入值並不存在（如該公司沒有流通在外的股票），分析師經常使用某種程度的主觀程序來預測股權成本。實證研究指出公司股票的風險溢酬，通常比其債券要高出 3% 至 5%。是以，我們或許可以自行判斷，將該公司長期負債的利率加上 3% 至 5% 的溢酬，以估計它的股權成本。有著高風險、低信評和高利率負債的公司，也會有高風險、高成本的股權；公司的股權成本可使用上述邏輯，根據公司自身可輕易觀察得到的負債成本加以估計；例如，已知聯合食品債券收益率為 8%，則股權成本可以估計如下：

$$r_s = 債券收益率 + 風險溢酬$$
$$= 8.0\% + 4.0\% = 12.0\%$$

風險較高公司的債券會有較高的收益率，如 12%。則在此情況下，預測的股權成本應等於 16%：

$$r_s = 12.0\% + 4.0\% = 16.0\%$$

因 4% 的風險溢酬屬主觀預測，所以 r_s 的預測值也屬主觀判斷。因此，或許可使用 3% 至 5% 的區間來預測風險溢酬，便可得到聯合食品的股權成本介於 11% 至 13%。雖然這個方法不能產生精準的股權成本，但也「給我們一個正確的大略估計值」。

11-5c 股利收益率加成長率或折現現金流量方法

如第十章所述，普通股的價格和預期報酬率，最終取決於該股的預期現金流量。對預期能永續經營的企業來說，現金流量便是股利；另一方面，若投資人預期公司將被其他公司接管或清算，則現金流量將是一些年的股利，再加上預期接管日或清算日當時的股票價格。如大多數的公司那樣，聯合食品被預期會永遠存續，則我們可使用以下的方程式：

$$P_0 = \frac{D_1}{(1+r_s)^1} + \frac{D_2}{(1+r_s)^2} + \cdots + \frac{D_\infty}{(1+r_s)^\infty}$$

$$= \sum_{t=1}^{\infty} \frac{D_t}{(1+r_s)^t} \qquad 11\text{-}6$$

其中，P_0 是目前或當期的股價、D_t 為第 t 年年末的預期股利、r_s 為必要報酬率。若預期股利成長率為某個常數，則如第十章所示，方程式 11-6 可簡化成以下形式：

$$P_0 = \frac{D_1}{r_s - g} \qquad 11\text{-}7$$

我們能求解 r_s，以得到普通股股權的必要報酬率；對邊際投資人而言，它也會等於預期報酬率：

$$r_s = \hat{r}_s = \frac{D_1}{P_0} + \text{預期的 } g \qquad 11\text{-}8$$

因此，投資人預期收到股利收益率 D_1/P_0 加上資本利得 g，合起來產生總預期報酬率 r_s。且在均衡時，這個預期的報酬率也會等於必要報酬率 r_s。這個預測股權成本的方法，稱為**折現現金流量法**，或稱 **DCF 法**。自此之後，我們將假設均衡狀態存在，使 r_s 和 $\hat{r}_s$ 能交互使用。

股利收益率很容易計算；但因股價會波動，所以股利收益率每天都會不同，導致 DCF 股權成本的波動。此外，適當的成長率也難以決定。若過去的盈餘和股

利成長率相對穩定，以及投資人預期過去的趨勢會持續下去，則 g 可以是該公司的歷史成長率。若該公司由於獨特狀況或一般的經濟起伏，導致過去的成長率忽高忽低，則投資人便不會將歷史成長率延伸到未來；在這種情況下（聯合食品的狀況就是如此），則需使用其他的方式。

證券分析師常常透過觀察諸如預期銷售額、利潤率和競爭等因素，來預測盈餘和股利的成長率。例如，大部分圖書館都有的《價值線投資調查》，提供 1,700 家公司的成長預測；花旗集團、瑞銀、瑞士信貸、摩根史坦利和其他組織也有類似的預測。這些預測的平均值可參見 Yahoo! Finance 和其他網站。因此，若要預測公司的股權成本，可使用分析師的預測，取代一般投資人對成長率的預期值。接著，便能將這個 g 與當期股利收益率結合在一起，用以預測 $\hat{r}_s$：

$$\hat{r}_s = \frac{D_1}{P_0} + \text{證券分析師預估的成長率}$$

再次強調，這個 $\hat{r}_s$ 的預測值，是根據 g 預期將維持固定不變的前提下，否則我們應使用預期的未來成長率之平均值。

為了闡明 DCF 法，已知聯合食品目前價格為 \$23.06、預期下一次的股利將為 \$1.21，以及分析師所推估的成長率 5.5%；因此，聯合食品的預期報酬率和必要報酬率（亦即它的保留盈餘成本）之估計值會等於 10.7%：

$$\hat{r}_s = r_s = \frac{\$1.21}{\$23.06} + 5.5\%$$

$$= 5.2\% + 5.5\%$$

$$= 10.7\%$$

根據 DCF 法，10.7% 是保留盈餘應該獲得的最低報酬率，否則便不應將盈餘保留在企業內，而是應該將它們以股利形式發放給股東。換言之，若盈餘以股利方式發放時，因投資人有自己的管道可賺得 10.7% 的報酬，則從保留盈餘而來的股權成本會等於 10.7%。

11-5d 種種不同預測的平均

在我們的例子裡，CAPM 所預測的聯合食品的股權成本為 12.0%；債券收益加風險溢酬法的預測是 12.0%；DCF 法為 10.7%。公司該使用哪一種方法呢？若管理階層對某個方法有信心，則或許可單獨使用該方法預測；否則，應該使用這三個方法預測值的加權平均。

作為顧問，我們已經在許多不同的狀況下，預測許多公司的資本成本。我們

Chapter 11 資本成本

通常會使用這三種方法,但有時會高度依靠看起來最適合公司內外在狀況的某個方法。判斷是重要的,我們會依賴判斷——大部分的財務決策便是如此。此外,我們知道最終的預測值,幾乎注定不可能會完全正確。因此,我們嘗試使用區間預測,並且在判斷裡陳述股權成本的可能範圍。聯合食品管理階層偏好使用 CAPM,因而這家公司使用上述 12% 預測值,用以計算它的 WACC。

課堂小測驗

- 保留盈餘成本為何不為零?
- 預估普通股成本的三種方法為何?實務界最常使用哪一種方法?
- 找出 CAPM 的一些潛在問題。
- DCF 公式裡的股利報酬率或成長率,你認為何者較難以估計?原因為何?
- 債券收益加風險溢酬法背後的邏輯為何?
- 假設你是一個分析師,並取得以下數據:$r_{RF} = 5.5\%$、$r_M - r_{RF} = 6\%$、$b = 0.8$、$D_1 = \$1.00$、$P_0 = \$25.00$、$g = 6\%$、$r_d = $ 公司債券收益 $= 6.5\%$。試使用 CAPM、DCF、債券收益加風險溢酬法(使用風險溢酬之預測區間的中位值),計算公司的股權成本。(**CAPM = 10.3%;DCF = 10%;債券收益 + 風險溢酬 = 10.5%**)

11-6 新普通股的成本

公司發行新普通股、有時發行特別股或債券時,通常會透過投資銀行。投資銀行為了獲取佣金,會幫助公司建構契約條款、決定發行價格,以及將發行的證券賣給消費者。銀行的佣金稱為**發行成本**(flotation cost);募集資本的總成本為投資人的必要報酬率加上發行成本。

對大多數的公司來說,股票發行成本在多數時候都不是一個需要關切的議題,因大部分的股權來自保留盈餘。因此,本章到目前為止都忽略發行成本。然而,美國過去的經驗經常顯示,發行成本相當昂貴;所以,若公司真的計劃發行新股,便不能忽略這項成本。當公司使用投資銀行來募資,有兩種方法可用於計算發行成本,請參見下兩小節。

11-6a 將發行成本加到計畫成本

第十二章將指出典型或正常的資本預算計畫,涉及最初的現金支出,接著是一系列的現金流入。處理發行成本的第一個方法為,首先找出用在支持該計畫的負債、特別股及普通股的發行成本之和,然後將該成本之和納入最初的投資成本裡。

因投資成本增加，計畫預期報酬率便減少。例如，考慮某一年期計畫，不包括發行成本的最初成本為 $100 百萬，且一年後預期會產生 $115 百萬的流入；因此，它預期的報酬率等於 $115/$100 – 1 = 0.15 = 15.0%。然而，若該計畫要求公司募集 $100 百萬的新資本，但還需付出 $2 百萬的發行成本，則最初的成本將上升到 $102 百萬，這導致較低的預期報酬率 $115/$102 – 1 = 12.75%。

11-6b 資本成本的增加

第二種方式涉及調整資本成本，而非增加計畫的投資成本。若公司計劃未來仍繼續使用這個資本（如股權通常便是如此），則在理論上，第二種方式將會較適合。調整的過程是根據以下邏輯：若存在發行成本，則發行公司只會收到投資人所提供的大部分資本，剩下的則是付給券商。為了給投資人因提供資本所要求的報酬率，則公司實際收到的每一塊錢都必須「辛苦工作」；換言之，每一塊錢都必須賺得比投資人所要求之報酬率還高的報酬。例如，假設投資人對他們的投資要求 10.7% 的報酬，又發行成本占了募資總額的 10%。因此，公司實際上僅保有投資人提供的 90% 資金可用於投資。在這種情況下，公司必須讓可用資金賺取 11.3% 的報酬，以滿足投資人的必要報酬率 10.7%。這較高的報酬為經發行成本調整過後的股權成本。

DCF 法能用於預測發行成本的效應。以下是新普通股成本 r_e 的方程式：

$$\text{新股的股權成本} = r_e = \frac{D_1}{P_0(1-F)} + g \qquad \text{11-9}$$

其中 F 為賣出新股所需的**發行成本（flotation cost）**，為百分比，所以 $P_0(1-F)$ 為公司收到的每股淨金額。

假設聯合食品的發行成本為 10%，則它的新普通股股權成本 r_e 的計算如下：

$$r_e = \frac{\$1.21}{\$23.06(1-0.10)} + 5.5\%$$

$$= \frac{\$1.21}{\$20.75} + 5.5\%$$

$$= 5.8\% + 5.5\% = 11.3\%$$

比起 DCF 估計的 10.7% 股權成本要高出 0.6%，所以這個**發行成本調整（flotation cost adjustment）**等於 0.6%：

$$\text{發行成本調整} = \text{調整後的 DCF 成本} - \text{純 DCF 成本}$$

$$= 11.3\% - 10.7\% = 0.6\%$$

0.6% 的發行成本調整值可加到之前預測的 r_s = 12.0%（聯合食品管理階層使用 CAPM 方式估計得到的股權成本），導致新普通股或外部股權的成本等於 12.6%：

$$外部股權成本 = r_s + 發行成本調整$$
$$= 12.0\% + 0.6\% = 12.6\%$$

若聯合食品從賣出新股得到的資金之報酬率為 12.6%，則購買該股的投資人則是獲得 12.0% 的報酬──他們對投資所要求的必要報酬率。若聯合食品的報酬率超過 12.6%，它的股價會上揚；反之則會下跌。

11-6c 何時必須使用外部資本？

受到發行成本的影響，相較保留盈餘而言，透過賣出新股募集的資金必須更「辛苦工作」。此外，因保留盈餘不涉及發行成本，它的成本會低於新股。因此，公司應盡可能地優先使用保留盈餘；然而，若已使用保留盈餘融資，再加上這些保留盈餘所對應的負債和特別股，公司仍有更好的投資機會，則或許需要發行新的普通股。在新股發行前，可募集新資本的總額被定義為**保留盈餘突破點**（retained earnings breakpoint），計算方式如下：

$$保留盈餘突破點 = \frac{該年保留盈餘的增加值}{股權比重} \qquad 11\text{-}10$$

聯合食品在 2022 年保留盈餘的預期增加金額為 $66 百萬（請參見第六章）；它的目標資本結構包含 33% 的負債、2% 的特別股和 65% 的股權。因此，聯合食品 2022 年的保留盈餘突破點計算如下：

$$保留盈餘突破點 = \$66/0.65 = \$101.5（百萬）$$

為了證明這是正確的，請注意：$101.5 百萬的資本預算，可透過 0.33($101.5 百萬) = $33.5 百萬的負債、0.02($101.5 百萬) = $2.0 百萬的特別股，以及 0.65($101.5 百萬) = $66 百萬由保留盈餘而來的股權加以融資。最高可為資本預算募集到 $101.5 百萬總額的新資本，且不會用盡新增的保留盈餘，所以股權成本仍等於 12.0%。然而，若資本預算超過 $101.5 百萬，新增的保留盈餘將被用盡，則聯合食品必須透過發行新股來獲得股權，成本 r_e 等於 12.6%。

> **課堂小測驗**
>
> - 能用於將發行成本納入考量的兩種方法為何？
> - 某公司有許多好的投資機會，另一家公司則是有較少好的投資機會，則哪一家公司的配息率可能較高？試解釋之。
> - 某公司普通股的 $D_1 = \$1.50$、$P_0 = \$30.00$、$g = 5\%$ 和 $F = 4\%$，若必須發行普通股，則這個新的外部股權的成本等於多少？（**10.21%**）
> - 假設 A 公司計劃保留該年 $100 百萬的盈餘，以及想要使用目標資本結構（46% 負債、3% 特別股、51% 普通股）來融資其資本預算，則在需要發行新普通股之前，它的資本預算規模可以有多大？（**$196.08 百萬**）

11-7 資本複合成本或加權平均資本成本

聯合食品的目標資本結構，要求 33% 負債、2% 特別股和 65% 普通股股權。較早之前，我們已知負債的稅前成本為 8.0%、稅後成本為 $r_d(1-T) = 8.0\%(0.75) = 6.0\%$、特別股成本為 10.3%、從保留盈餘而來的普通股股權成本為 12.0%、邊際稅率等於 25%。當所有新普通股股權皆來自保留盈餘，則方程式 11-1 能用於計算它的 WACC：

$$\begin{aligned}
\text{WACC} &= w_d r_d(1-T) \quad + \quad w_p r_p \quad + \quad w_c r_s \\
&= 0.33(8\%)(0.75) \; + \; 0.02(10.3\%) \; + \; 0.65(12.0\%) \\
&= 10.0\% \text{ 若股權都來自保留盈餘}
\end{aligned}$$

在這樣的條件下，聯合食品募集的每 $1 的新資本，應包含 6% 稅後成本的 33% 負債、成本 10.3% 的 2% 特別股、來自成本 12.0% 保留盈餘的 65% 普通股股權。每 $1 的平均成本或 WACC，應等於 10.0%。

對聯合食品 WACC 的預測，是假設普通股完全來自保留盈餘。不過，若聯合食品必須發行新的普通股，則它的 WACC 將稍微較高，因需支付額外的發行成本。

$$\begin{aligned}
\text{WACC} &= w_d r_d(1-T) \quad + \quad w_p r_p \quad + \quad w_c r_e \\
&= 0.33(8\%)(0.75) \; + \; 0.02(10.3\%) \; + \; 0.65(12.6\%) \\
&= 10.4\% \text{ 透過賣出新股來募集股權}
\end{aligned}$$

課堂小測驗

- 寫下 WACC 方程式。
- A 公司的資料如下：目標資本結構包括 46% 負債、3% 特別股和 51% 普通股股權；稅率 = 25%；$r_d = 7\%$、$r_p = 7.5\%$、$r_s = 11.5\%$、$r_e = 12.5\%$。若 A 公司沒有發行新股，則它的 WACC 等於多少？（**8.51%**）
- 若 A 公司發行新股，則它的 WACC 等於多少？（**9.02%**）
- A 公司手上有十一個相同風險的資本預算計畫；每一項計畫的成本皆為 $19.608 百萬、預期報酬率都等於 8.25%。A 公司的保留盈餘突破點為 $196.08 百萬；A 公司使用 8.0% 的保留盈餘，但若必須發行新股時、保留盈餘必要報酬率將變為 8.5%。當預期報酬超過資本成本時會投資該計畫，則 A 公司應募集多少資本用於投資？原因為何？（**$196.08 百萬；第十一個計畫的 WACC 應會高於它的預期報酬率。**）

結語

本章一開始便討論加權平均資本成本的概念，接著討論資本的三項重要成分（負債、特別股和普通股），以及用於預估每一項成分成本的程序。接下來，我們計算 WACC，它是資本預算裡的重要元素，而重點則是求出 WACC 應該使用的權重。一般說來，公司會先考量一些因素，接著建立用於計算 WACC 所需的目標資本結構；第十五章將對目標資本結構和它如何影響 WACC 詳加討論。

資本成本是資本預算決策裡的重要元素，也是接下來數章裡的重心。事實上，若未先對資本成本做很好的預測，則資本預算便不太可能完成；所以在你繼續學習下一章（該章討論簡單的資本預算）之前，需掌握資本成本的概念。

自我測驗

ST-1　WACC　蘭卡斯特工程公司（LEI）有如下的資本結構，且 LEI 認為它是最適資本結構：

負債	25%
特別股	15
普通股	60
	100%

LEI 的淨所得為 $34,285.72，過往的配息率為 30%、州和聯邦稅率合計為 25%、投資人預期未來的盈餘和股利的成長率達 9%。LEI 去年每股配發 $3.60 的股利、目前股價為每股 $54.00，以及它可用以下方式來獲得新資本：(1) 特別股：可對社會大眾發行股利 $11.00、股價 $95.00 的新特別股；(2) 負債：可取得 12% 利率的負債。

a. 決定每一資本成分的成本。
b. 計算 WACC。
c. LEI 有下述的投資機會；這些計畫的風險皆屬平均風險：

計畫	時間 0 的成本	報酬率
A	$10,000	17.4%
B	20,000	16.0
C	10,000	14.2
D	20,000	13.7
E	10,000	12.0

假設 LEI 並不想要發行新普通股，則 LEI 應該採用哪一個計畫？為什麼？

問題

11-1 以下情境如何影響公司的負債成本 $r_d(1-T)$、股權成本 r_s 和 WACC？假設其他影響因子維持固定不變的前提下（即便在某些情況下這個假設並不合理），使用 (+)、(–) 或 (0) 表示該情境產生正向效應、負向效應或不確定的影響。對你的答案提出解釋，但請記住某些小題並沒有單一的正確答案，因這些問題被設計用來刺激思考和討論。

	產生的效應		
	$r_d(1-T)$	r_s	WACC
a. 企業稅率被降低。	_____	_____	_____
b. 聯準會緊縮信用。	_____	_____	_____
c. 公司使用更多負債，亦即增加負債比重。	_____	_____	_____
d. 增加配息率。	_____	_____	_____
e. 公司將本年募集資本金額上調兩倍。	_____	_____	_____
f. 公司向風險較高的新領域擴張。	_____	_____	_____
g. 公司和另一家公司合併，且第二家公司的盈餘表現和第一家公司／股票市場的趨勢相反。	_____	_____	_____

h. 股票市場劇烈下跌，且公司股價也隨之下跌。　_____　_____　_____
i. 投資人變得更不喜歡承擔風險。　_____　_____　_____
j. 某公司是一家偏重核能發電的電力公司，但美國　_____　_____　_____
　　數州正考慮是否要禁止使用核電。

11-2　假設無風險利率上揚，但市場風險溢酬仍維持不變，則會如何影響負債成本？如何影響股權成本？

11-3　應如何找出用於計算 WACC 的資本結構權重？

11-4　假設某廠商 WACC 的預測值為 10%，則是否可將之用於評估它的所有的潛在計畫（這些計畫風險不一）？若非，則分別對於一般計畫、高風險計畫和低風險計畫而言，「合理的」資本成為分別為何？

11-5　WACC 是負債、特別股和普通股成本的加權平均。相對於發行部分新股，若未來一年的額外股權僅來自保留盈餘，則兩者的 WACC 是否不同？計算得到的 WACC 是否取決於資本預算的規模？股利政策如何影響 WACC？

CHAPTER 12

資本預算

處於科技和市場情勢持續變動的環境中，公司掙扎著奮力進行投資

改變中的科技和市場情勢，通常會讓高階經理人看到重大投資機會，但這些計畫對公司未來持續成功的重要性，可能要經過一段長時間方會顯現。在過去數年，福特汽車（Ford）針對它極受歡迎的 F-150 輕型卡車，大轉彎地決定改採鋁材車身；Apple 在大張旗鼓後，推出 iPad 和 Apple Watch；Netflix 轉型成為一個 100% 的串流服務供應商；波音（Boeing）和空中巴士（Airbus、歐洲航太防衛暨太空公司 EADS 的一部分）都揭露了它們的新系列飛機計畫。

如你可預期，這些計畫需要數十億美元的資本；隨著計畫開展，針對研發成本、經營成本和預期需求這些重要因素的預測，公司需做出許多詳細計算。這些計算會因市場狀況於短時間內大幅變化而變得更複雜。例如，在 737MAX 發生迫降事件後，Boeing 必須從根本上修改它的計畫。更晚近發生的為因新冠疫情爆發，大部分公司處於經濟大幅停擺之中，被迫快速重新評估它們的投資計畫。

還值得注意的是，公司並非能以不變應萬變——它們的主要競爭對手常會做出相似決策，且未來的現金流量通常取決於誰發展出最佳產品和服務以「贏得遊戲」。在許多著名商戰中，三星（Samsung）、Apple 和其他廠商競爭發展智慧手機；許多科技公司和車廠目前正爭相開發無人汽車；以及 Airbus 和 Boeing 間正在進行激烈爭鬥——兩家公司最

近都鄭重宣布將投資下一代的飛機。

對於這些大型計畫，公司在頭幾年的現金流量通常為負值，希望接著將是一段長時間的正現金流量。諸如 Boeing 和 Airbus 這樣的競爭對手，會根據它們對現金流量的預測，決定是否將採納某特定計畫來增加該公司的內在價值。然而基於該產業的內在風險，以及飛機會彼此競爭的事實，Boeing 和 Airbus 的財務分析師都承認他們的預測存在可觀錯誤。此外，如《紐約時報》最近一篇報導所強調的，在決定建造何種機型時，這兩家公司通常發展出不同策略。

當這些大型計畫受到極大關注之時，許多公司正年復一年進行許多例行性投資決策，例如購買諸如新卡車、機器，以及優化其存貨管理所需的電腦和軟體等。雖然每一個計畫有其自身特性（如類型和大小），本章教授的技巧都適用。最後，值得指出的是，這些技巧對商界和個人都有用；個人有他們各自的計畫，如是否應該針對貸款進行再融資或提前償還？是否應該淘汰舊車、買輛新車？是否應辭職、返校念 MBA？針對上述個人計畫，我們也能利用本章所學工具，找出最佳行動方案。

來源："Airbus Unveils First Passenger-Ready A350 XWB Plane," CNN (cnn.com), January 2, 2014; Jack Harty, "Countdown to Launch: The Airbus A350 XWB," *Airways News* (airwaysnews.com/blog), May 8, 2013; Peter Sanders and Daniel Michaels, "Winds of Change for Boeing, Airbus," *The Wall Street Journal* (wsj.com), March 16, 2010; and Jad Mouawad, "Oversize Expectations for the Airbus A380," *The New York Times* (nytimes.com), August 9, 2014.

摘要

在前一章，我們討論資本成本。本章則要探討涉及固定資產的投資決策，亦即資本預算。在此，資本指的是用於生產的長期資產；預算則是在未來某段期間，描繪預期支出的計畫。因此，資本預算（capital budget）是長期資產計畫性投資的彙整，而資本預算的執行（capital budgeting）則是分析計畫、決定哪個計畫應包括在資本預算裡的整個過程。當決定是否接受或拒絕提議的資本支出時，Boeing、Airbus 和其他公司皆會使用本章的技巧。

當你讀完本章，你應能：
- 討論資本預算。
- 計算並使用重要的資本預算投資準則，包括 NPV、IRR、MIRR 和還本期。
- 解釋為何 NPV 是最佳的準則，以及它如何克服其他方法內含的問題。

若你能了解本章的資本預算理論（我們提供簡化的例子方便學習），將準備好前進下一章；第十三章討論現金流量預測、風險測量，以及資本預算決策。

12-1 資本預算綜述

用在證券評價的概念，也用到了資本預算上，但存在兩項主要差異。首先，股票和債券在證券市場裡買賣，且投資人從市場裡選擇他們想要購買的；然而，公司自行創造了資本預算計畫。第二，對大部分的證券來說，投資人對他們投資所產生的現金流量沒有影響力，而企業對計畫的結果有重要的控制力。然而，不論是證券評價，還是資本預算，我們都得預測一組現金流量，接著找出這些流量的淨現值，以及只有當流量的現值超過投資成本時才決定投資。

公司的成長，甚或維持競爭和存活的能力，取決於新產品的創意源源不絕、對現有產品的改善、更有效率地經營。因此，管理良好的公司會努力發展好的資本預算計畫；例如，某成功企業的執行副總曾表示該公司採取以下步驟來產生計畫：

我們的研發部門持續尋找新產品，以及改進現有產品的方法。除此之外，由行銷、生產和財務資深高階經理人所組成的高階經理人委員會，努力辨識出適當的產品和銷售市場，並為每一部門設定長期目標。這些目標將列入企業的**策略商務計畫**（strategic business plan）裡，成為負責執行的經理人必須努力達成的一般原則。營運經理人接著會尋找新產品、對現有產品設下擴張計畫，以及探尋降低生產和配銷成本的方式。因紅利和升職取決於每一部門是否達成或超越目標，這些經濟動機激勵我們的營運經理人尋求可獲利的投資機會。

雖然我們的資深經理人之薪酬是根據其部門的表現，不過即使他們未能達成目標，但若他們的建議導致可獲利的投資，仍可獲得紅利和股票選擇權。此外，我們保留某個比例的企業利潤，用以支付非主管員工，而且我們有員工股權計畫（Employees' Stock Ownership Plan, ESOP）來提供進一步的激勵。我們的目標是激勵所有員工一起努力思考好的想法，特別是會形成資本投資的想法。

分析資本支出提案並非零成本——雖可獲得利益，但分析也要成本。某類型的計畫需要極為詳盡的分析；而其他計畫或許使用簡單的程序便已足夠。因此，公司通常會對計畫分類，並以不同的方式對它們進行分析：

1. **取代：用以持續目前的營運**。包括用於取代耗損或損壞設備的支出，以維持有利可圖的生產。唯一的問題是，這個營運方式是否應持續下去；若是如此，則公司是否應使用相同的生產程序？若答案是肯定的，則不需經過冗長的決策過程，便可核准這個計畫。

2. **取代：降低成本**。這個類別包括取代堪用但過時設備的支出，因此有助降低成本。這些決策需審慎以對，因此通常需要相當詳盡的分析。

3. 既有產品或市場的擴張。這些是增加現有產品產出,以及擴張既有市場的零售點或配銷設施所形成的支出。因為必須預測需求的成長,擴張決策較為複雜,所以需要較詳盡的分析。決策是否執行通常由公司內的較高階層來決定。

4. 向新產品或市場擴張。這些投資涉及新產品或新地區,並涉及可改變企業根本性質的策略決策。詳盡的分析不可避免,而最後決策通常握在最高管理階層手中。

5. 安全和／或環境計畫。遵從政府法規、勞資協議或保單條款的必要支出。如何處置這些計畫,取決於它們的規模;這類的小型計畫之處置方式,與第一類計畫非常類似。

6. 其他計畫。剩餘的計畫包括諸如辦公大樓、停車場和高階經理人專機等;不同公司做法各異。

7. 併購。亦即一家公司購買另一家公司。買進整家公司不同於買進諸如機器的資產,也不同於投資於新的飛機,但涉及的原則是相同的;資本預算的概念是併購分析的基礎。

一般來說,更替決策涉及相較簡單的計算,且只需少數文件支持,特別是有獲利之工廠的維修投資更是如此。對降低成本計畫、既有生產線擴增計畫,以及特別是對新產品或地區的投資,則需要較詳盡的分析。此外,在每一類別裡,計畫會根據成本規模再加以分群:較大額的投資要求較多的分析和較高層的批准。因此,工廠經理人被授權可用較不複雜的分析,對 $1 萬以下的維修支出做出決定;但超過 $100 萬的支出金額,或涉及新產品或新市場的擴張計畫,或許會需要經過董事會的同意。

若公司擁有具有能力和想像力的經理人與員工,且激勵系統正常運作,則會產生許多關於資本投資的想法;其中一些想法很棒,另一些則不然。因此,公司必須建立程序以過濾計畫。公司使用一些準則來決定接受或拒絕計畫,如下所列:

1. 淨現值(NPV)。
2. 內部報酬率(IRR)。
3. 修正的內部報酬率(MIRR)。
4. 一般還本期或還本期。
5. 折現還本期。

NPV 是最佳的方法,主要是因為它直接處理財務管理的重要目標——極大

化股東財富。然而,這些方法都提供有用資訊,且在某種程度上皆用於公司理財實務上。

> **課堂小測驗**
> - 資本預算和證券評價的類似之處為何?相異之處為何?
> - 公司有哪些方法可以產生關於資本計畫的想法?
> - 找出主要的計畫分類類型,並解釋它們如何使用及為何被使用?
> - 何者是單一最佳資本預算決策準則?試解釋之。

12-2 淨現值

如第三章所述,現金流量和會計所得是不同的;且投資人對自由現金流量(free cash flow)特別關心。因自由現金流量代表在考慮必要的固定資產(資本支出)投資,和淨經營營運資本的投資後,剩餘且為投資人所有的、可用的淨現金金額。

第十章闡明了公司的價值,會等於其為投資人所產生的自由現金流量的現值。類似地,計畫的價值等於它的淨現值(net present value, NPV),為以資本成本折現的計畫之自由現金流量的淨現值。NPV 告訴我們某個計畫對股東財富的貢獻——NPV 愈大,則計畫的附加價值愈高;而高附加價值意謂較高股價。因此,NPV 是計畫的最佳挑選準則。

資本預算裡最困難的工作為預測相關的現金流量;為簡化說明,本章將現金流量視為事先給定,以便聚焦於從事資本預算決策的準則。至於現金流量之預測,將留待第十三章詳細說明。

我們使用表 12.1 裡 S 計畫和 L 計畫的數據,以說明計算過程;S 代表短(short)、L 代表長(long)。S 計畫是一個短期計畫,亦即它較早便有現金流入;L 計畫有較長期的現金流入,但發生在計畫的較晚期。我們假設這兩個計畫的風險相同,皆有 10% 的資本成本;現金流量已經過調整來反映折舊、稅金和殘值;投資支出為 CF_0,包括固定資產和任何所需的營運資本投資;現金流量發生在每年年末。最後,我們以「Excel 的輸出形式」來顯示表 12.1——意謂只將行、列標題加入「正常」試算表內。所有的計算都可使用財務計算機輕鬆完成,但因考量有些學生會想使用 Excel,我們便顯示該問題可以如何使用 Excel 來設算;然而,並非一定需要使用 Excel 不可。

表 12.1　S 計畫和 L 計畫的數據

	A	B	C	D	E	F	G
13	兩個計畫的 WACC =		10%				
14		起始成本	稅後、年末現金流入，CF_t				總流入
15	年：	0	1	2	3	4	
16	S 計畫	-$1,000	$500	$400	$300	$100	$1,300
17	L 計畫	-$1,000	$100	$300	$400	$675	$1,475

我們可用以下方式求出淨現值：

1. 以計畫經風險調整後的資本成本折現計算（本例 r = 10%），求出每一個現金流量的現值。
2. 這些折現現金流量的和，定義為這個計畫的 NPV。

將 S 計畫的數據代入 NPV 方程式，結果如下：

$$NPV = CF_0 + \frac{CF_1}{(1+r)^1} + \frac{CF_2}{(1+r)^2} + \cdots + \frac{CF_N}{(1+r)^N}$$

$$= \sum_{t=0}^{N} \frac{CF_t}{(1+r)^t} \qquad \text{12-1}$$

$$NPV_S = -\$1,000 + \frac{\$500}{(1.10)^1} + \frac{\$400}{(1.10)^2} + \frac{\$300}{(1.10)^3} + \frac{\$100}{(1.10)^4}$$

$$= -\$1,000 + \$454.55 + \$330.58 + \$225.39 + \$68.30$$

$$= \$78.82$$

其中，CF_t 為時間 t 的預期現金流量、r 為該計畫經風險調整後的資本成本（或 WACC）、N 是它的壽命。計畫通常要求起始投資──例如，產品開發、購買產品製造設備、興建工廠和建立存貨。起始投資為一個負的現金流量。對 S 計畫和 L 計畫來說，只有 CF_0 是負的；但對諸如波音夢幻客機（Dreamliner）或空中巴士 A350 XWB 這樣的大型計畫，要持續支出數年，然後才有現金流入。

圖 12.1 顯示 S 計畫的現金流量時間線、每一個現金流量的現值、現值的和（定義為淨現值），以及在時間 0 的成本 –$1,000。第一個正的現金流量為 $500；使用一般的計算機，你會得到它的現值等於 $500/(1.10)^1 = $454.55（你也可使用財務計算機）。其他的現值可用類似方式求出，而最後的結果顯示在該圖 B 行。這些數字的加總結果為 $78.82，亦即 NPV_S = $78.82；請注意，–$1,000 的起始成本並未被折現，因它發生在時間 0。同樣地，我們可求出 L 計畫的 NPV_L = $100.40。

圖 12.1　求解 S 計畫和 L 計畫的 NPV

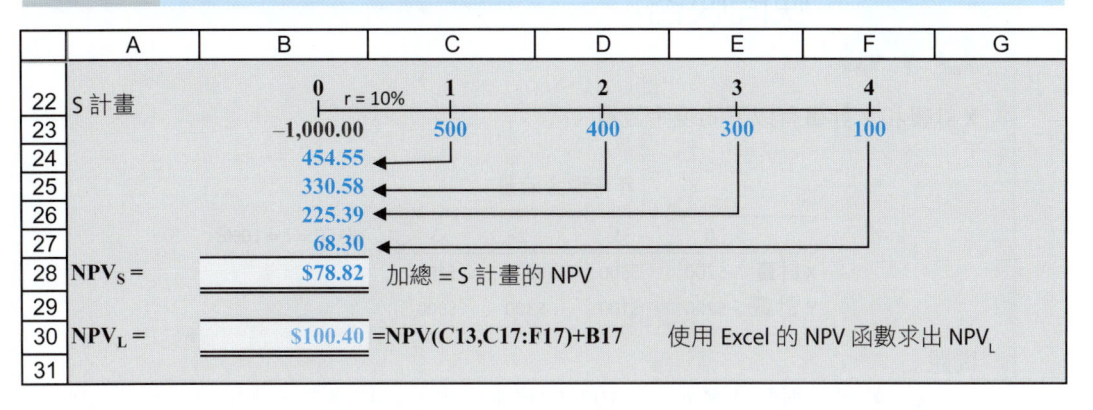

	A	B	C	D	E	F	G
22	S 計畫		0　　r = 10%	1	2	3	4
23		−1,000.00	500	400	300	100	
24		454.55 ←					
25		330.58 ←					
26		225.39 ←					
27		68.30 ←					
28	NPV$_S$ =	$78.82	加總 = S 計畫的 NPV				
29							
30	NPV$_L$ =	$100.40	=NPV(C13,C17:F17)+B17	使用 Excel 的 NPV 函數求出 NPV$_L$			
31							

顯示在圖 12.1 的逐步程序，有助於說明 NPV 的計算方式；但在實務上或考試時，使用財務計算機或 Excel 會極有效率。不同計算機的設定會有一些差異；但如第五章所述，它們都提供「現金流量登錄」功能，可用於評估諸如 S 計畫和 L 計畫的不均等現金流量。方程式已內建在這些計算機裡，你只要鍵入現金流量（注意正確的正負號），以及鍵入 r = I/YR = 10。一旦鍵入所有數據，並按下 NPV 鍵，螢幕上便會出現 78.82 的答案。

若你熟悉 Excel，可使用 Excel 的 NPV 函數來找出 S 計畫和 L 計畫的淨現值：

$$NPV_S = \$78.82$$

$$NPV_L = \$100.40$$

上述淨現值的計算過程，可參見本章 Excel 模型，如圖 12.1 所示。若你想要更清楚 Excel 的計算方式，則應該檢視這個模型，因這是大多數人在實務上求解 NPV 所使用的方法。

在將這些 NPV 使用於決策過程之前，我們需要先知道 S 計畫和 L 計畫是獨立（independent）或互斥（mutually exclusive）。獨立計畫是指彼此的現金流量不會相互影響；若沃爾瑪正考慮是否在博伊西或亞特蘭大展店，則這個計畫是彼此獨立的，且若兩個計畫都有正的淨現值，沃爾瑪應兩者都接受。另一方面，互斥的計畫為若接受其中一項計畫，便得拒絕另一項計畫。倉庫裡移動物品的輸送帶系統和用於同樣目的之堆高機車隊，應屬互斥——接受其中之一意謂拒絕另一個。

若 L 計畫和 S 計畫彼此獨立，則決策為何？在這種情況下，兩者都該接受，因兩者都有正的淨現值，因而替公司增加價值。不過，若它們互斥，則應選擇 L 計畫，因它有較高正 NPV，因而為公司產生較高價值。以下是 NPV 決策準則的彙整：

快問快答

X 計畫和 Y 計畫有以下的現金流量：

年末現金流量

	0	1	2	3	
X 計畫	−$700	$500	$300	$100	WACC = r = 10%
Y 計畫	−$700	$100	$300	$600	

問題

a. 若對此兩個計畫而言，10％的資本成本都是適當的，則它們各自的 NPV 為何？

b. 若 X 計畫和 Y 計畫彼此獨立，你應接受哪個／哪些計畫？若它們彼此互斥，則應接受哪個／哪些計畫？

解答

a. $NPV_X = -\$700 + \$500/(1.10)^1 + \$300/(1.10)^2 + \$100/(1.10)^3$

   $= -\$700 + \$454.55 + \$247.93 + \$75.13$

   $= \$77.61$

   $NPV_Y = -\$700 + \$100/(1.10)^1 + \$300/(1.10)^2 + \$600/(1.10)^3$

   $= -\$700 + \$90.91 + \$247.93 + \$450.79$

   $= \$89.63$

b. (1) 若這兩個計畫彼此獨立，則因都有正的淨現值，所以都應被接受。

   (2) 若這兩個計畫彼此互斥，則因 Y 計畫的淨現值較大，所以只接受 Y 計畫。

- 獨立計畫：若 NPV 大於 0，接受這個計畫。
- 互斥計畫：接受有最高之正 NPV 的計畫；若沒有任何計畫的 NPV 大於 0，則全部拒絕。

因計畫必須是獨立或互斥，則上述兩個規則裡必定有一個適用。

課堂小測驗

- NPV 為何是主要的資本預算決策準則？
- 區分獨立和互斥計畫。

12-3 內部報酬率

第九章討論債券的到期收益率（YTM），並解釋若你持有債券至到期日，該投資將為你賺進 YTM；YTM 為迫使現金流入的現值等於債券價格的折現率。當我們計算某計畫的**內部報酬率**（internal rate of return, IRR）時，也使用相同的概念：

> 計畫的 IRR 為迫使其現金流入的現值等於其成本的折現率。這等同於讓 NPV 等於 0。IRR 是對計畫報酬率的預測，它類似於債券的 YTM。

為了計算 IRR，我們從淨現值方程式 12-1 開始，將分母的 r 以 IRR 替代，並令 NPV 等於 0。這讓方程式 12-1 轉變成可求解出 IRR 的方程式 12-2；IRR 為令計畫淨現值為 0 的報酬率／折現率。

$$NPV = CF_0 + \frac{CF_1}{(1+IRR)^1} + \frac{CF_2}{(1+IRR)^2} + \cdots + \frac{CF_N}{(1+IRR)^N} = 0$$

$$0 = \sum_{t=0}^{N} \frac{CF_t}{(1+IRR)^t} \qquad 12\text{-}2$$

$$NPV_S = 0 = -\$1{,}000 + \frac{\$500}{(1+IRR)^1} + \frac{\$400}{(1+IRR)^2} + \frac{\$300}{(1+IRR)^3} + \frac{\$100}{(1+IRR)^4}$$

圖 12.2 闡明求出 S 計畫之 IRR 的過程；用了以下三道程序：

1. **試誤**：我們能使用試誤法——嘗試某個折現率，看看是否讓方程式為 0；若不能，則試試不同的折現率，直到找出讓計畫 NPV = 0 的折現率，而該折現率便是 IRR。S 計畫的 IRR = 14.489%。然而請注意：在電腦和財務計算機出現前，因使用試誤法極為耗時，以致極少使用 IRR，但現在能輕易使用計算機或 Excel 來做實際運算。

2. **計算機方案**：如之前求 NPV 那樣，將現金流量鍵入計算機的現金流量登錄區，接著按下 IRR 鍵，便會立刻得到 IRR。以下是 S 計畫和 L 計畫的內部報酬率數值：

$$IRR_S = 14.489\%$$
$$IRR_L = 13.459\%$$

3. **Excel 方案**：使用 Excel 的 IRR 函數求解 IRR 會更為容易，如圖 12.2 的 Excel 模型所示。

為何導致計畫 NPV = 0 的折現率如此特別？因為 IRR 是對計畫報酬率的預測；若該報酬高於對計畫融資的資金成本，則兩者的差距將會給股東額外報酬（意

圖 12.2　求解 S 計畫的 IRR

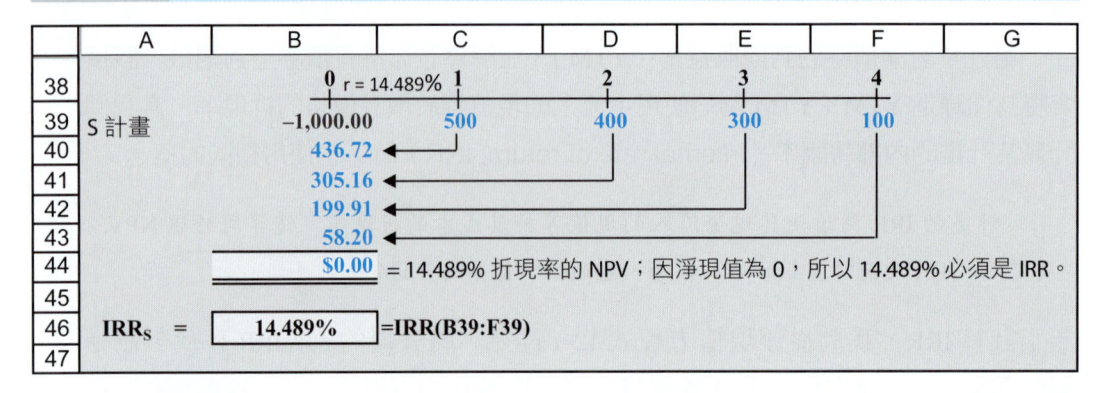

	A	B	C	D	E	F	G
38			0　r = 14.489%　1	2	3	4	
39	S 計畫	−1,000.00	500	400	300	100	
40		436.72 ←					
41		305.16 ←					
42		199.91 ←					
43		58.20 ←					
44		$0.00	= 14.489% 折現率的 NPV；因淨現值為 0，所以 14.489% 必須是 IRR。
45							
46	IRR$_S$ =	14.489%	=IRR(B39:F39)				
47							

快問快答

X 計畫和 Y 計畫的現金流量如下：

年末現金流量

	0	1	2	3	WACC = r = 10%
X 計畫	−$700	$500	$300	$100	
Y 計畫	−$700	$100	$300	$600	

問題

a. 計畫的 IRR 為何？

b. 若計畫彼此獨立，以及公司資本成本等於 10%，則使用 IRR 法會挑出哪個／哪些計畫？若計畫彼此互斥，則又如何？

解答

a. 使用財務計算機，你將每一個現金流量鍵入計算機的現金流量登錄區，按下 IRR 鍵後便可獲得答案。

　　X 計畫

　　在你的財務計算機，鍵入以下數據：CF_0 = − 700、CF_1 = 500、CF_2 = 300、CF_3 = 100，按下 IRR 鍵，求得 IRR = **18.01%**。

　　Y 計畫

　　首先確定已清除登錄區紀錄，然後在你的財務計算機鍵入以下數據：CF_0 = − 700、CF_1 = 100、CF_2 = 300、CF_3 = 600，按下 IRR 鍵，求得 IRR = **15.56%**。

b. (1) 若兩個計畫彼此獨立，且只要兩個計畫的 IRR 都大於該公司的 WACC，則這兩個計畫都可被接受。

　　(2) 若兩個計畫彼此互斥，IRR 法結果指出應選擇 X 計畫，這是因為 X 計畫的 IRR 高於 Y 計畫的 IRR，也高於該公司的 WACC。請留意，這或許不是極大化股東財富的正確選擇，參見進階教科書。

思是「紅利」),並使股價上升。S 計畫有 14.489% 的預期報酬和 10% 的資本成本,所以它在 10% 的資本成本之上,提供 4.489% 的額外報酬。另一方面,若 IRR 小於資本成本,則股東必須彌補這個短缺,因此會有損股價。

請再次注意方程式 12-2 的 IRR 公式,只是用以解出令 NPV = 0 的折現率之簡單的 NPV 公式(方程式 12-1)。因此,兩個方法都使用相同的重要方程式,唯一的差別在於 NPV 法是給定折現率以求解 NPV;而 IRR 法是令 NPV = 0 來求出特定的利率,亦即是 IRR。

如前所述,計畫的接受或拒絕,取決於它們的 NPV 是否為正。然而,IRR 有時被(我們認為是不適當地)用在計畫排序和資本預算決策;以下是相關的決策準則:

- **獨立計畫**:若 IRR 超過計畫的 WACC,則接受該計畫;若 IRR 小於計畫的 WACC,則拒絕之。
- **互斥計畫**:接受有最高 IRR 的計畫,但該計畫的 IRR 必須高於 WACC;若最佳的 IRR 仍低於 WACC,則拒絕所有計畫。

IRR 在邏輯上非常吸引人——知道投資案的報酬率是件好事;然而,在 12-6 節,

NPV 為何比 IRR 來得好?

巴菲特大學(Buffett University)最近為經理人舉辦一場關於商務方法的研習班。某金融系教授主講資本預算,解釋如何計算 NPV,並主張應使用 NPV 法來挑選潛在計畫。在 Q&A 時段,某電子公司的會計威爾森(Ed Wilson)說:他的公司主要使用 IRR 法,因財務長和董事懂得根據 IRR 來做計畫選擇,但不

L 計畫	S 計畫
$CF_0 = -\$100{,}000$	$CF_0 = -\$1.00$
$CF_{1-10} = \$50{,}000$	$CF_{1-10} = \$0.60$
I / YR = 10	I / YR = 10
NPV = $207,228.36	NPV = $2.69
IRR = 49.1%	IRR = 59.4%

了解 NPV。威爾森曾嘗試解釋為何 NPV 較佳,但他卻讓每一個人變得更困惑,所以公司繼續採用 IRR。公司即將舉行資本預算的會議,所以威爾森請求教授針對為何 NPV 較佳,提供一個簡單的解釋。

教授建議以下的極端例子。某公司有足夠管道獲得資本,且為兩個相同風險、互斥計畫都指定 10% 的 WACC。L 計畫要求投資 $100,000,然後在未來十年每年會收到 $50,000;而 S 計畫則只要求投資 $1,然後在未來十年每年會收到 $0.60。附表顯示該兩項計畫的 NPV 和 IRR,IRR 建議選擇 S 計畫,但 NPV 則建議 L 計畫。直覺上,公司應選擇金額較大的計畫(雖然它的 IRR 較低);在資本成本僅為 10% 的情況下,$10 萬的 49% 報酬率,比 $1 的 59% 報酬率的獲利要高得多。

威爾森在討論資本預算的經理人會議裡，以上述例子提出報告。財務長認為這個例子太過極端和不切實際，所以不會有人因 S 計畫有較高的 IRR 便選擇 S 計畫。威爾森同意財務長的見解，但反問實際例子和不實際例子的界線。當沒有人回應後，威爾森接著說：(1) 這條分界線不容易畫出；(2) NPV 總是較佳的方法，因它告訴我們每一項計畫為公司帶來多大的價值，而價值正是我們要極大化的目標。總裁聽進去了，他表示威爾森是對的；公司現在以 NPV 取代 IRR，威爾森則成為財務長。

我們會看到 NPV 和 IRR 有時對互斥計畫的選擇上會產生相衝突的結論；且當發生衝突時，NPV 通常是較佳的方法。

> **課堂小測驗**
> - 在哪些意義上，計畫的 IRR 會類似債券的 YTM？

12-4 再投資報酬率假設

　　NPV 的計算，是根據現金流入後可用計畫經風險調整後的 WACC 再行投資的假設；IRR 計算則是根據再投資報酬率為 IRR 的假設。為了說明起見，請考量下圖，它在第五章也曾出現，用以說明當利率為 5% 時，$100 的 FV。

```
                    0         5%      1       5%       2       5%       3
                    ├──────────────────┼──────────────────┼──────────────────┤
從 PV 到 FV：   PV = $100.00 ──→ $105.00 ──→ $110.25 ──→ $115.76 = FV
```

請注意到 FV 的計算，假設了每一年所賺取的利息，在接下來的時間裡，可用每年 5% 的相同報酬率進行再投資。

　　還記得求解 PV 時，我們反轉了上述過程；以 5% 折現，而非複利計算。下圖用於闡明這個論點：

```
                    0         5%      1       5%       2       5%       3
                    ├──────────────────┼──────────────────┼──────────────────┤
從 FV 到 PV：   PV = $100.00 ←── $105.00 ←── $110.25 ←── $115.76 = FV
```

得到以下結論：當我們計算淨值時，內隱地假設現金流量能以特定利率再行投資（在我們的例子裡為 5%）。這也可應用在 S 計畫和 L 計畫：當我們計算它們的淨

現值時，以 10% 的 WACC 折現，這意謂我們假設它們的現金流量能以 10% 報酬率再行投資。

現在考慮 IRR；在 12-3 節，我們畫出現金流量圖，來顯示當以 IRR 折現時的現金流量之現值。我們看到 14.489% 折現率的現值之和等於成本，所以根據定義，14.489% 為 IRR。現在我們要問以下問題：IRR 內含的再投資報酬率為何？

因以某特定利率折現，便假設現金流量的再投資報酬率會等於該利率，因此 IRR 法假設現金流量是以 IRR 進行再投資。

NPV 假設以 WACC 再行投資，而 IRR 假設是以 IRR 進行再投資。哪一個假設較為合理？對大部分的公司來說，假設能以 WACC 進行再投資是較為合理的，理由如下：

- 若公司有不錯的管道可以接觸資本市場，便能以當時的市場利率募集所有所需資本，而在我們的例子裡為 10%。
- 因公司可以用 10% 獲得資本，所以若投資機會可產生正的 NPV，則該選擇它們，並以 10% 的成本融資這些計畫。
- 若公司使用內部、過去計畫所產生的現金流量，而非使用外部資本，則可省下 10% 的資本成本。因此，10% 是現金流量的機會成本，且是再投資所用資金的有效報酬。

為了闡明這個論點，假設某計畫的 IRR 為 50%、公司的 WACC 為 10%，以及公司有足夠管道接觸資本市場。因此，公司可用 10% 的利率募集所需的資本。但除非該公司為寡占公司，否則 50% 的報酬應會吸引競爭者，這應讓它難以找到仍有 50% 報酬的新計畫；這正是 IRR 法所假設的。此外，即使公司真的找到這樣的計畫，它也可使用 10% 的外部成本來融資這些計畫。合乎邏輯的結論是原先計畫的現金流量將省下外部資本的 10% 成本，而這正是這些流量的有效報酬。

若公司難以取得外部資本，且它有許多高 IRR 的潛在計畫，則或許可以合理假設，計畫的現金流量能以接近其 IRR 之報酬率再行投資。然而，這種情況極為少見：有良好投資機會的公司，通常會有好的管道以利用負債和股權市場。

我們的結論是：IRR 內含的假設——現金流量能以 IRR 再投資是有問題的，而 NPV 內含的假設——現金流量能以 WACC 再投資則通常是對的。此外，若真正的再投資報酬率低於 IRR，則該計畫或投資的真正報酬率就必須低於計算得到的 IRR；因此，作為計畫獲利性指標的 IRR 會導致誤解，我們將在下一節進一步討論這個論點。

> **課堂小測驗**
>
> - 當我們求解未來現金流量現值時，為何內隱地假設某個再投資報酬率？若不明確指定某內隱的再投資報酬率，是否可以找出終值的現值？
> - 什麼樣的再投資報酬率內建在 NPV 計算裡？IRR 計算呢？
> - 對於有足夠管道接觸資本市場的公司而言，使用 WACC 或 IRR 作為再投資報酬率比較合理？試解釋之。

12-5 修正內部報酬率 [1]

經理人自然會想知道投資的預期報酬率，這正是 IRR 應該告訴他們的。然而，IRR 是根據計畫現金流量可用 IRR 再行投資這樣的假設；但這個假設通常是不正確的，並導致 IRR 高估了計畫的真正報酬。有鑑於這個根本上的缺點，是否有比一般的 IRR 更好的評估方法？有的——我們可以修改 IRR，讓它成為對獲利性的一個較佳指標。

這個新的衡量方式為**修正內部報酬率法**（modified IRR, MIRR），以圖 12.3 裡的 S 計畫為例說明如下。除了假設現金流量的再投資報酬率為 WACC（或其他更加合理的利率）外，它類似於一般的 IRR。當你閱讀以下 MIRR 的建構過程時，可同時參見圖 12.3。

圖 12.3 求解 S 計畫的 MIRR（WACC = 10%）

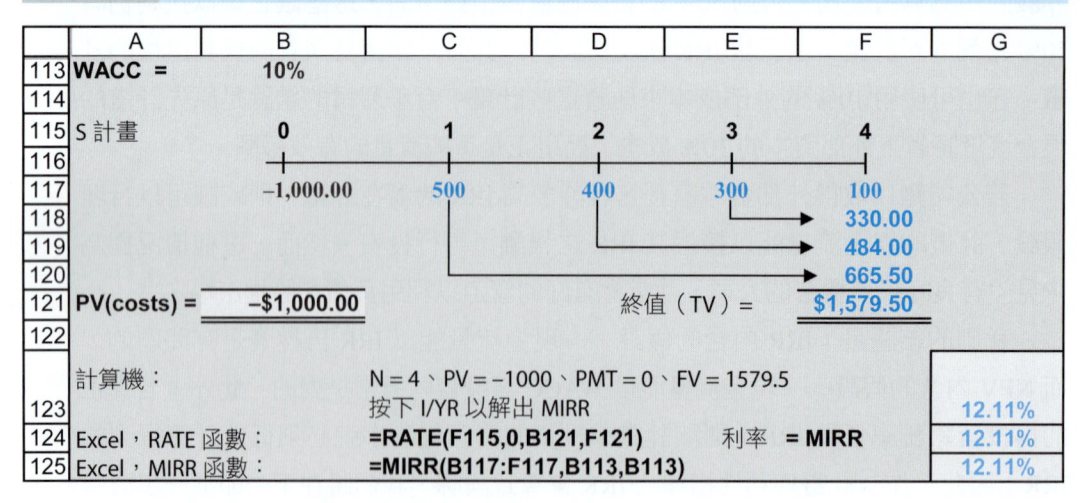

	A	B	C	D	E	F	G
113	WACC =	10%					
114							
115	S 計畫	0	1	2	3	4	
116							
117		−1,000.00	500	400	300	100	
118						330.00	
119						484.00	
120						665.50	
121	PV(costs) =	−$1,000.00			終值（TV）=	$1,579.50	
122							
123	計算機：		N = 4、PV = −1000、PMT = 0、FV = 1579.5 按下 I/YR 以解出 MIRR				12.11%
124	Excel，RATE 函數：		=RATE(F115,0,B121,F121)		利率 = MIRR		12.11%
125	Excel，MIRR 函數：		=MIRR(B117:F117,B113,B113)				12.11%

---

[1] 本節較偏技術面，且不會影響連貫性，可略。

1. S 計畫只有一筆現金流出，為發生在時間 0 的 –$1,000；因它發生在時間 0，便不需折現，故它的 PV = –$1,000。若這個計畫還有額外的現金流出，我們可以求出每一個現金流出在時間 0 的 PV，並把它們加起來，就得到用於 MIRR 計算之總成本的 PV。

2. 接下來，我們求出每一個現金流入，以 WACC 複利計算直到「計畫結束該年」的 FV；計畫結束時會收到最後一筆的現金流入，以及我們假設現金流量是以 WACC 進行再投資。對 S 計畫而言，第一筆現金流入 $500，以 WACC = 10% 複利計算三年，將成長到 $665.50；第二筆現金流入 $400，成長為 $484.00；第三筆現金則成長為 $330.00。最後一筆現金流入發生在計畫結束時，所以不需複利計算。這些 FV 之和為 $1,579.50，稱為「終值」（terminal value, TV）。

3. 我們現在有著時間 0 的成本 –$1,000，以及在第四年的 TV $1,579.50；某個折現率可讓 TV 的 PV 等於成本——這個折現率定義為 MIRR。若使用計算機，鍵入 N = 4、PV = –1,000、PMT = 0、FV = 1,579.50，接著按下 I/YR 鍵，將立刻得到 MIRR = 12.11%。

4. 還有其他方式可求解 MIRR。圖 12.3 闡明 MIRR 的計算過程：我們對每一個現金流入複利運算，將它們加總得到 TV，接下來求出讓 TV 的 PV 等於成本的利率 12.11%。某些計算機內建 MIRR 函數，可以簡化這個過程。在 Excel 裡，你可使用 RATE 或 MIRR 函數來計算 MIRR，如圖 12.3 所示。我們解釋如何使用計算機函數，也解釋如何使用本章的 Excel 模型求解 MIRR。[2]

相對一般 IRR，MIRR 有兩項重大改善。首先，一般 IRR 假設從計畫而來的現金流量可用 IRR 再投資，而 MIRR 假設現金流量是以資本成本（或其他明確的利率）來進行再投資。因以 IRR 再行投資常常是不正確的，MIRR 通常是對計畫之真正獲利性的一個較佳指標。第二，IRR 法可能產生數個 IRR，但 MIRR 法絕對

---

[2] 方程式 12-2a 彙整這些步驟。

$$\sum_{t=0}^{N} \frac{COF_t}{(1+r)^t} = \frac{\sum_{t=0}^{N} CIF_t(1+r)^{N-t}}{(1+MIRR)^N}$$

$$PV \text{ 成本} = \frac{TV}{(1+MIRR)^N} \qquad \text{12-2a}$$

其中，COF_t 為時間 t 的現金流出、CIF_t 為時間 t 的現金流入。等號左項為投資支出的 PV（以資本成本折現計算）；右項的分子為現金流入經複利計算的價值（假設以資本成本再行投資），MIRR 為令 TV 的 PV 等於成本之 PV 的折現率。

快問快答

A 計畫和 B 計畫的現金流量如下：

	年末現金流量		
	0	1	2
A 計畫	−$1,000	$1,150	$100
B 計畫	−$1,000	$100	$1,300

它們的資本成本等於 10%。

問題

a. 計畫的 NPV、IRR 和 MIRR 等於多少？

b. 若為互斥計畫，則上述三種方法會各自選擇哪一項計畫？

解答

a. A 計畫

NPV：−$1,000 + $1,150/(1.10)^1 + $100/(1.10)^2 = **$128.10**

或是將現金流量鍵入財務計算機如下：

CF_0 = −1,000、CF_1 = 1,150、CF_2 = 100、I/YR = 10，按下 NPV 鍵，求得 NPV = **$128.10**。

IRR：將現金流量鍵入財務計算機如下：

CF_0 = −1,000、CF_1 = 1,150、CF_2 = 100，按下 IRR 鍵，求得 IRR = **23.12%**。

MIRR：

```
   0            1            2
   |------------|------------|
-$1,000      $1,150       $ 100
                × 1.10
                         $1,265
─────────                ──────
-$1,000                TV = $1,365
```

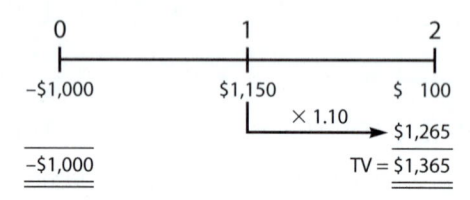

使用財務計算機，鍵入以下數據：N = 2、PV = −1,000、PMT = 0、FV = 1,365，求解得到 I/YR = MIRR = **16.83%**。

B 計畫

NPV：−$1,000 + $100/(1.10)^1 + $1,300/(1.10)^2 = **$165.29**

或是將現金流量鍵入財務計算機如下：

CF_0 = −1,000、CF_1 = 100、CF_2 = 1,300、I/YR = 10，按下 NPV 鍵，求得 NPV = **$165.29**。

IRR：將現金流量鍵入財務計算機如下：

CF_0 = −1,000、CF_1 = 100、CF_2 = 1,300，按下 IRR 鍵，求得 IRR = **19.13%**。

MIRR：

```
         0              1              2
         |──────────────|──────────────|
       -$1,000         $100          $1,300
                        × 1.10
                                     $  110
       ─────────                     ─────────
       -$1,000                      TV = $1,410
```

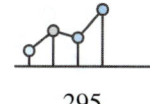

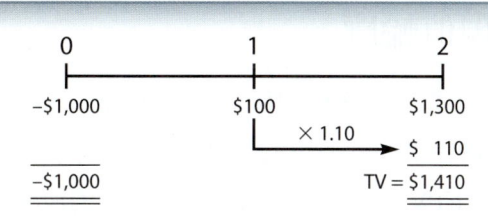

使用財務計算機，鍵入以下數據：N = 2、PV = –1,000、PMT = 0、FV = 1,410，求解得到 I/YR = MIRR = **18.74%**。

b. 以下是結果的彙整。每一種方法所挑選出的計畫以長方形框表示。

	A 計畫	B 計畫
NPV	$128.10	**$165.29**
IRR	**23.12%**	19.13%
MIRR	16.83%	**18.74%**

使用 NPV 和 MIRR 準則，你會選擇 B 計畫；然而，若你使用 IRR 準則，應選擇 A 計畫。因 B 計畫讓公司增加最多的價值，所以應選擇 B 計畫。

不會解出超過一個 MIRR；這個 MIRR 可以和資本成本相比，以決定接受或拒絕該計畫。

我們的結論為 MIRR 要比 IRR 來得好；然而，MIRR 是否和 NPV 一樣好呢？以下是我們的結論：

- 對有著正常現金流量（normal cash flow）的獨立計畫而言，NPV、IRR 和 MIRR 總是獲得相同的接受／拒絕結論；所以當評估獨立計畫時，這三個準則不分軒輊。
- 然而，若計畫彼此互斥、規模不一，則可能產生不同結果。在此情況下，NPV 是最佳準則，因它選擇極大化公司價值的計畫。
- 我們的整體結論如下：(1) 作為計畫「真正」報酬率的指標，MIRR 優於 IRR；(2) 當評估相互競爭的計畫時，NPV 比 IRR 和 MIRR 都來得好。

課堂小測驗

- MIRR 和一般 IRR 的主要差異為何？
- MIRR 或一般的 IRR，何者對計畫的「真正」報酬率提供較佳的預測？試解釋之。

12-6 淨現值輪廓

圖 12.4 描繪 S 計畫的**淨現值輪廓**（net present value profile）；為了製作這個圖像，我們求出計畫在不同利率下的 NPV，接著將這些數值繪於圖上。請注意：當資本成本為 0 時，NPV 等於未經折現之現金流量的淨總額，亦即 $1,300 − $1,000 = $300；這個值對應於縱軸截距。如前所述，IRR 為令 NPV = 0 的折現率，所以輪廓線與橫軸相交處的折現率為計畫的 IRR。當我們將資料點連在一起，便得到 NPV 的輪廓線。

現在請考量圖 12.5，它顯示兩條 NPV 輪廓線（分別對應 S 計畫和 L 計畫），並請注意以下重點：

- IRR 是固定的，且不論資本成本為何，S 計畫都有較高的 IRR。
- 然而，NPV 的大小取決於實際的資本成本。
- 當資本成本為 11.975% 時，這兩條 NPV 輪廓線彼此相交，稱為**交叉利率**（crossover rate）。藉由計算計畫現金流量差異之 IRR，即可求出交叉利率如下：

圖 12.4　S 計畫的淨現值輪廓

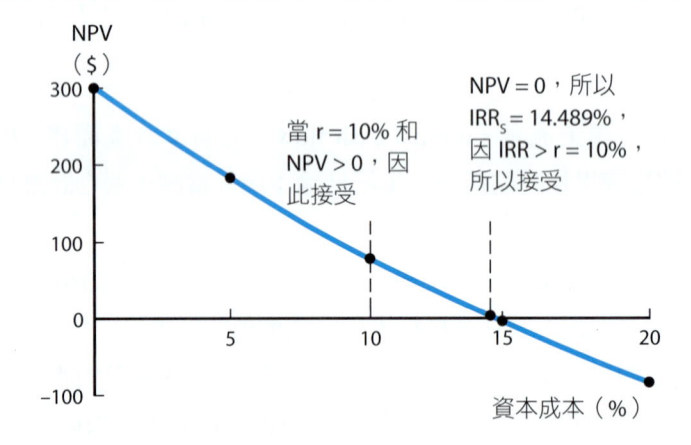

資本成本	NPV$_S$
0%	$300.00
5	180.42
10	78.82
14.489	0.00　NPV = $0，所以 IRR = 14.489%
15	−8.33
20	−83.72

圖中標示：當 r = 10% 和 NPV > 0，因此接受；NPV = 0，所以 IRR$_S$ = 14.489%，因 IRR > r = 10%，所以接受。

Chapter 12 資本預算

	0	1	2	3	4
S 計畫	−$1,000	$500	$400	$300	$100
− L 計畫	−$1,000	$100	$300	$400	$675
Δ = $CF_s − CF_L$	$ 0	$400	$100	−$100	−$575
IRRΔ =	11.975% = 交叉利率				

- 若資本成本小於交叉利率，L 計畫有較高的 NPV；若資本成本大於交叉利率，S 計畫有較高的 NPV。

請留意：L 計畫有較陡的斜率，顯示一單位資本成本的增加所導致 NPV_L 的下降幅度，會高於 NPV_S 的下降幅度。要了解為何如此，請回想相較 S 計畫，L 計畫的現金流量出現得較晚；因此，L 計畫是一項長期計畫，而 S 計畫則是短期計畫。

圖 12.5　S 計畫和 L 計畫的淨現值輪廓線

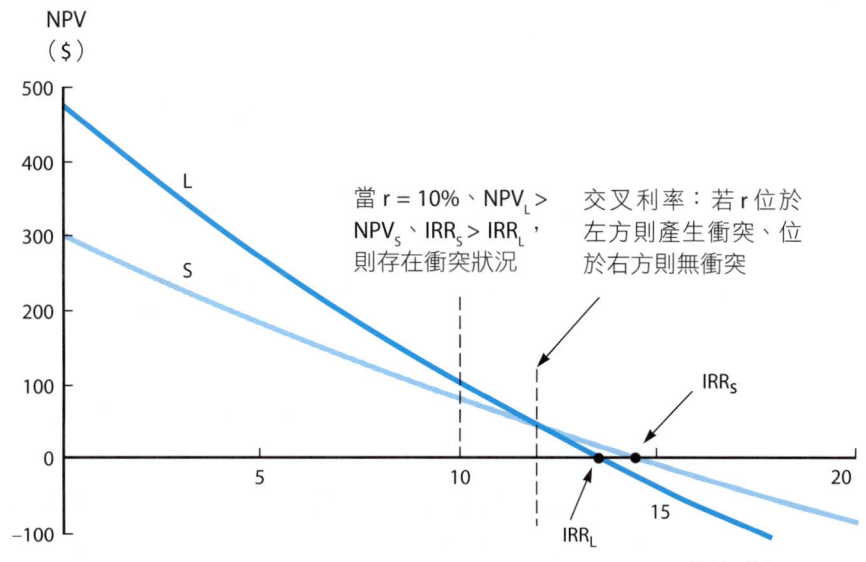

資本成本	NPV_S	NPV_L
0%	$300.00	$475.00
5	180.42	268.21
10	78.82	100.40
交叉利率 = 11.97	42.84	42.84
IRR_L = 13.55	15.64	0.00
IRR_S = 14.49	0.00	−24.37
15	−8.33	−37.26
20	−83.72	−151.33

接下來，根據 NPV 方程式：

$$NPV = CF_0 + \frac{CF_1}{(1+r)^1} + \frac{CF_2}{(1+r)^2} + \cdots + \frac{CF_N}{(1+r)^N}$$

我們可以了解當資本成本上升，距今愈遠的現金流量受到愈大的衝擊，如下所示：

雙倍 r 對第一年現金流量的影響：

$$1\text{年到期 }\$100\text{ 的 PV}（r=5\%）=\frac{\$100}{(1.05)^1}=\$95.24$$

$$1\text{年到期 }\$100\text{ 的 PV}（r=10\%）=\frac{\$100}{(1.10)^1}=\$90.91$$

$$\text{雙倍 r 導致的 PV 下跌}（\%）=\frac{\$95.24-\$90.91}{\$95.24}=4.5\%$$

雙倍 r 對第二十年現金流量的影響：

$$20\text{ 年後到期 }\$100\text{ 的 PV}（r=5\%）=\frac{\$100}{(1.05)^{20}}=\$37.69$$

$$20\text{ 年後到期 }\$100\text{ 的 PV}（r=10\%）=\frac{\$100}{(1.10)^{20}}=\$14.86$$

$$\text{雙倍 r 導致的 PV 下跌}（\%）=\frac{\$37.69-\$14.86}{\$37.69}=60.6\%$$

因此，折現率加倍僅導致一年後現金流量 PV 下跌 4.5%；但同樣的折現率改變，卻引起二十年後現金流量 PV 下跌超過 60%。因此，若某計畫的現金流入大部分出現在較晚的時點，則它的 NPV 將因資本成本增加而快速下滑；但對現金較早流入的計畫，將不會受到高資本成本的嚴重損害。L 計畫的現金流入較晚發生；所以若資本成本變高，L 計畫受到的損害會高於 S 計畫。因此，L 計畫的輪廓線有較陡的斜率。

有時 NPV 法和 IRR 法會產生衝突的結果，我們能使用 NPV 輪廓線來判斷是否會產生衝突。

受評估的獨立計畫若有著正常現金流量，則 NPV 和 IRR 準則總會導致相同的接受／拒絕的決定：若 NPV 判斷該接受，則 IRR 也會斷定接受；反之亦然。欲了解原因，請細查圖 12.4 並注意到：(1) 若計畫的資本成本小於 IRR 或位於 IRR 的左方，則 IRR 法會判定接受；(2) 若資本成本小於 IRR，則 NPV 為正。因此，若資本成本小於 14.489%，NPV 法和 IRR 法都將推薦計畫 S；但若資本成本高於

14.489%，則這兩種方法皆會主張拒絕計畫 S。我們可對 L 計畫或是其他的正常計畫，畫出一個類似的圖來，且總會得到相同的結論：對於正常、獨立的計畫而言，若 IRR 判定接受，則 NPV 也將如此。

假設 S 計畫和 L 計畫是互斥的、非獨立的；因此，我們只能二擇一或拒絕兩者，但不能兩者都接受。請探查圖 12.5，並注意以下重點：

- 只要資本成本高於 11.975% 的交叉利率，則兩種方法都會判定 S 計畫較佳；亦即 $NPV_S > NPV_L$ 和 $IRR_S > IRR_L$。因此，若 r 大於交叉利率，則不發生衝突。
- 然而，若資本成本小於交叉利率，則會發生衝突；L 計畫的淨現值較高，但 S 計畫的 IRR 較大。

兩個基本條件導致 NPV 輪廓線相交，並因而導致衝突：

1. 時間差異。若其中一項計畫的現金流量發生在較早時點，而另一項計畫則是發生在較晚時點，分別如 S 計畫和 L 計畫，則 NPV 輪廓線可能相交和導致衝突。
2. 計畫規模差異。若其中一項計畫的投資金額較大，也會導致輪廓線相交和導致衝突。

當發生規模或時間差異，則公司在不同年份裡可以投入多少金額的資金，端視它對互斥方案的選擇結果。若它選擇了 S 計畫，它在第一年便有較多的可用投資資金，因 S 計畫在該年便有較高的流入。同樣地，若其中一項計畫的成本較另一項為高，則若公司選擇規模較小的計畫，則它在時間 t = 0 便有較多的資金可供投資。

鑑於這樣的情況，能用於再投資的不同現金流量之報酬率便是重要議題。如前所述，NPV 假設以資本成本再投資（這通常是最佳的假設）；因此，當互斥計畫選擇的衝突存在時，應使用 NPV 法。

課堂小測驗

- 使用文字描述如何建構淨現值輪廓，以及如何決定縱軸和橫軸的截距？
- 何謂交叉利率？如何將交叉利率的數值與資本成本做比較，以決定 NPV 和 IRR 之間是否存在不一致？
- 評估互斥計畫時，哪兩項重要特性會導致 NPV 和 IRR 之間的衝突？

12-7 還本期

NPV 是現今資本預算最常用的方法；但從歷史的角度，**還本期（payback period）** 是第一個被選擇使用的準則，為從計畫現金流量回收投資金額所需之年數。方程式 12-3 可用於計算還本期，這個過程繪於圖 12.6。我們從計畫成本開始（一個負值），然後將之加上每一年的現金流入，直到累積的現金流量轉為正值。還本年數為即將全部回收的前一年，加上該前一年年末剩下未回收的金額除以完全回收當年的全年現金流量：

$$\text{還本年數} = \text{完全回收之前一年數} + \frac{\text{完全回收該年年初尚未回收的成本}}{\text{完全回收該年的現金流量}} \quad \text{12-3}$$

還本期愈短，計畫愈佳。因此，若公司要求至多三年便需回收投資，則可接受 S 計畫，但應拒絕 L 計畫。又若為互斥計畫，因 S 計畫的還本期較短，所以 S 計畫排在 L 計畫之前。

還本期法有三項缺點：(1) 不同時點收到的金錢都給予相同權重（換言之，忽略貨幣的時間價值）；(2) 還本期之外的現金流量不納入考慮，不論它們的金額有多大；(3) 不像 NPV 可告訴我們計畫增加多少財富，也不像 IRR 可告訴我們計畫超出資本成本的收益有多少，還本期只告訴我們何時可以回收投資。在還本年數和投資人財富極大化之間，不存在必要的關係，所以我們不知道可接受的還本期需為多長的年數。公司可能使用二年、三年或其他年數作為最低的可接受還本年數；但這樣的選擇是任意的。

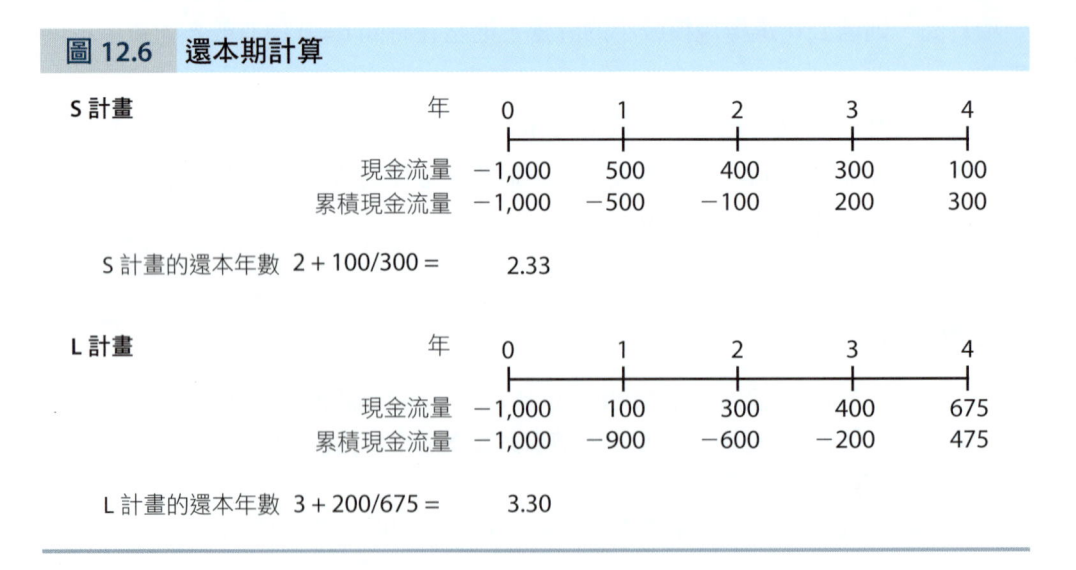

圖 12.6　還本期計算

S 計畫

年	0	1	2	3	4
現金流量	−1,000	500	400	300	100
累積現金流量	−1,000	−500	−100	200	300

S 計畫的還本年數　2 + 100/300 =　2.33

L 計畫

年	0	1	2	3	4
現金流量	−1,000	100	300	400	675
累積現金流量	−1,000	−900	−600	−200	475

L 計畫的還本年數　3 + 200/675 =　3.30

為了解決第一項缺點，分析師發展出**折現還本期法（discounted payback）**；現金流量以 WACC 來折現，接著使用這些折現現金流量來找出還本期。在圖 12.7，我們假設兩者的資本成本皆為 10%，用以計算 S 計畫和 L 計畫的折現還本期。每一筆流入都除以 $(1 + r)^t = (1.10)^t$，其中 t 為現金流量發生的時點（以年為單位）、r 為計畫的資本成本，這些現值可用來求出折現還本期。S 計畫的折現還本年數等於 2.95，L 計畫為 3.78。

請注意：還本期為一種「收支平衡」的計算，亦即若現金流量在預期的時點流入，則計畫便會收支平衡。然而，因簡單的還本期法未考慮資本成本，所以它並未找出真正的收支平衡年。折現還本期的確考慮資本成本，但它仍對還本期間以外的現金流量棄之不顧；這是一項嚴重的缺點。此外，若互斥計畫的規模不一，則這兩種還本期法會與 NPV 法相衝突，而可能導致差勁的選擇。最後，沒有方式可以知道還本年數到底要多低，才足以證明接受計畫是恰當的。

雖然作為排序準則的還本期法有這些缺點，但它們對流動性和風險提供資訊。若其他因素維持不變，則還本期愈短，計畫的流動性愈大。對較小型的公司而言，因它們在資本市場籌資困難，這個因素便通常是很重要的。此外，遙遠未來的預期現金流量之風險，通常比近期的現金流量要來得高；所以，還本期被用作風險指標。

圖 12.7　折現還本期計算（資本成本 = 10%）

S 計畫

年	0	1	2	3	4
現金流量	−1,000	500	400	300	100
折現現金流量	−1,000	455	331	225	68
累積折現現金流量	−1,000	−545	−215	11	79

S 計畫的折現還本年數　2 + 215/225 =　2.95

L 計畫

年	0	1	2	3	4
現金流量	−1,000	100	300	400	675
折現現金流量	−1,000	91	248	301	461
累積折現現金流量	−1,000	−909	−661	−361	100

L 計畫的折現還本年數　3 + 361/461 =　3.78

課堂小測驗

- 相較於其他的資本預算決策方法，哪些資訊是僅能由還本期法所提供的？
- 一般還本期法的三項重要缺點為何？折現還本期法是否也存在這三項缺點？試解釋之。
- P 計畫的投資成本為 $1,000、未來三年每年現金流入 $300、第四年預計收到 $1,000、計畫的資本成本等於 15%，則 P 計畫的還本年數和折現還本年數為何？（**3.10**；**3.55**）若公司要求三年內必須還本，是否該接受這個計畫？從 NPV 和 IRR 的觀點，這個還本期的接受／拒絕決定是否為一個好的決策？（**NPV = $256.72；IRR = 24.78%**）

結語

本章描述五種技巧──NPV、IRR、MIRR、還本期和折現還本期──來評估提案的資本預算計畫。NPV 是最佳的單一指標，因它告訴我們每一項計畫對股東財富的貢獻。因此，在做資本預算決策時，應賦予 NPV 法最大的權重。然而，其他的方法也提供有用的資訊，且在電腦時代，我們得以輕易地使用所有方法。因此，經理人通常同時檢視這五種方法的結果，以對互斥計畫做出選擇。

在本章，我們視現金流量為既定，並使用它們來闡明不同的資本預算方法。預測現金流量會是一項重要工作，詳見第十三章。然而，本章建立的架構對健全的資本預算分析極為重要；所以學到這裡，你應該能：

- 了解資本預算。
- 知道如何計算和使用主要的資本預算決策準則，包括 NPV、IRR、MIRR 及還本期。
- 了解 NPV 為何是最佳方法，以及它如何克服其他方法的內在缺點。
- 認知到雖然 NPV 是最佳方法，但其他方法也確實會提供有用資訊。

自我測驗

ST-1 資本預算準則 你必須分析 X 計畫和 Y 計畫；它們的成本皆為 $10,000。公司的 WACC = 12%，且預期的現金流量如下：

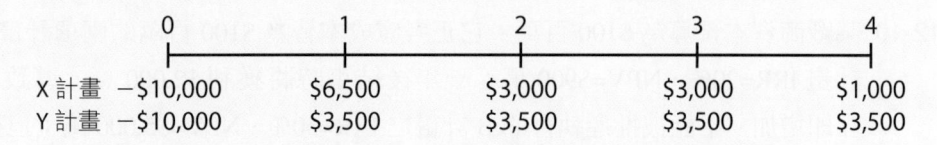

```
            0           1           2           3           4
X 計畫   −$10,000     $6,500      $3,000      $3,000      $1,000
Y 計畫   −$10,000     $3,500      $3,500      $3,500      $3,500
```

a. 計算每一個計畫的 NPV、IRR、MIRR、還本期和折現還本期。
b. 若為獨立計畫,則該接受哪一個或哪些計畫?
c. 若為互斥計畫,則該接受哪一個或哪些計畫?
d. WACC 的改變是否會導致 NPV 和 IRR 對 X 計畫與 Y 計畫的排序結果產生不一致?若 WACC = 5% 時,NPV 和 IRR 之間是否會有衝突?(提示:畫出 NPV 輪廓線;交叉利率為 6.21875%。)
e. 預測結果不一致的原因為何?

問題

12-1 計畫分類是如何被用在資本預算過程裡?

12-2 一般還本法的三項潛在缺失為何?折現還本法是否得以免除這三項缺失?請解釋。

12-3 為何相對較短期計畫,相對較長期的計畫(有比較多的現金流量發生在遙遠未來)之 NPV,對 WACC 的改變有較高的敏感度?

12-4 何謂互斥計畫?經理人如何針對互斥計畫排序?

12-5 若對兩個互斥計畫加以比較,高資本成本對較長期計畫或較短期計畫較有利?若資本成本減少,則公司會偏好投資較長期計畫或較短期計畫?WACC 的減少(或增加)是否會導致互斥計畫的 IRR 排序結果改變?試解釋之。

12-6 討論以下陳述:若某廠商只有一些獨立計畫,一個固定的 WACC 和計畫具正常現金流量,則 NPV 和 IRR 法將總是產生相同的資本預算決策。關於對 IRR 和 NPV 的選擇,上述意謂著什麼?若改變前述三項假設其中之一(每次改變一項假設),則你的答案將如何改變?

12-7 為何對於一個沒有管道使用資本市場的小型公司而言,優先使用還本期法(而非 NPV 法)是理性的?

12-8 X 計畫 NPV=$300 萬且風險極高,Y 計畫 NPV=$250 萬且非常安全。它們屬互斥計畫,且計畫風險皆在 NPV 分析裡被適當考慮。該選擇何項計畫?請解釋。

12-9 NPV、IRR 和 MIRR 法裡內建的再投資報酬率之假設為何?請解釋你的答案。

12-10 某廠商資本預算為 $100 百萬。它正考慮成本皆為 $100 百萬的兩項計畫。A 計畫 IRR=20%、NPV=$900 萬；一年後結束時將獲利 $2,000 萬，導致 EPS 立即增加。不能被推遲執行的 B 計畫之 IRR=30%、NPV=$5,000 萬；但接受 B 計畫將導致該廠商短期 EPS 的減少，因會有好幾年都無收入。

a. 對 EPS 的短期效應是否影響對這兩項計畫的選擇？
b. 若使用還本期法，該廠商將做何選擇？

CHAPTER 13

現金流量預測和風險分析

家得寶審慎評估新投資機會

家得寶（HD）在過去三十年間成長快速。1990年初，HD有118家分店、年營收 $28億；到了2020年初，它有2,291家分店、年營收 $1,110億。股東因而大幅受益——經股票分割後調整的股價，從1990年的 $1.87，上升到2020年5月的 $226。

然而，在此期間的消息並不總是正面消息。如你可預期到的，公司在2008年與2009年金融危機和房市不景氣期間陷入困境。HD在2009年的年度報告裡，提到需要奮鬥求生；該公司的經理人有以下的觀察：

在2008會計年度，公司縮減平方呎成長計畫，以改善自由現金流量、提供較高的報酬；並投資現有分店，以持續改進消費者的購物經驗。HD執行分店合理化計畫，決定不再執行在美國開設約50家新店的計畫；並在2008年第二季，關閉業績不佳的15家美國分店。HD打算在未來分批處分這些分店土地或將之出租。

上述年度報告發布後的十幾年內，HD在那些它認為大有可為之地緩慢持續進行展店計畫。與此同時，HD還努力升級其舊店，並採取種種措施以強化它的線上和數位商務。上述策略是HD近年2019年度報告的重頭戲：

在過去數年，包括消費者對如何購物、何時購物和何處購物之預期的零售環境，出現持續快速變化。為了面對挑戰，對於改變中之競爭環境和消費者偏好的回應，已經必須變得更加敏捷。結果是，在2017年末，

我們開始進行轉型，創造 One Home Depot 購物經驗；我們的願景是建構一個彼此相連和無摩擦的購物經驗，讓消費者可以無縫接軌虛與實的世界。我們對 HD 店、合作者、數位連結經驗、顧客良好經驗、服務商業、供應鏈、產品和創新進行投資；產品和創新是為我們的顧客、合作者、供應商和股東提供價值。

HD 在評估新投資時顯然非常審慎。這很容易理解，畢竟展店往往需要花費數百萬美元來購買土地、興建新店，並準備存貨。因此，公司執行財務分析，以確認潛在分店的預期現金流量能否超過成本便非常重要。

HD 利用既有分店的資訊，來預測新店的預期現金流量。目前為止，HD 的預測結果始終相當正確，但風險總是存在。首先，分店的營收可能低於預期，特別當經濟狀況不佳時。第二，某些 HD 的消費者可以完全跳過 HD，直接透過網路向製造商訂購。第三，新店或許會「同類相食」，也就是分食其他 HD 分店和線上銷售的收入。此外，這些風險受新冠疫情的嚴重經濟後患影響，被進一步複雜化了。

理性的擴張決策需要對預測的現金流量詳盡評估，以及衡量不能實現預測營收時的風險。這些資訊能用於決定每一個潛在計畫經風險調整後的 NPV。本章描述預測計畫現金流量的技巧，以及計畫的風險。諸如 HD 這樣的公司，在做資本預算決策時，經常會使用這些技巧。

來源："Annual Report 2019," ir.homedepot.com, March 25, 2020.

摘要

資本預算的基本原則，請參見第十二章。若已知計畫的預期現金流量，便能輕易使用主要的決策準則——淨現值 NPV，以及其他如內部報酬率 IRR、修正的內部報酬率 MIRR、還本期和折現還本期的輔助準則。然而，在真實世界，現金流量的數字必須根據不同來源的資訊加以估計。此外，預測的現金流量並不是一個確定的數字，且某些計畫有較大的不確定性，亦即它們是風險較高的。本章檢視一些例子，以闡明要如何預測計畫的現金流量；討論量測的技巧，並接著處理風險；以及討論一旦計畫開始執行，又該如何評估。

當你讀完本章，你應能完成以下事項：
- 找出「相關的」現金流量，並決定是否將之納入資本預算分析。
- 預測計畫的相關現金流量，並將它們放置在時間線格式裡，以利計算計畫的 NPV、IRR 和其他資本預算指標。
- 解釋風險的測量方式，並使用這個衡量方法調整公司的 WACC，以納入不同的計畫風險。
- 正確地計算有著不同壽命之互斥計畫的 NPV。

13-1 現金流量預測的概念性議題

在介紹現金流量預測的過程之前，我們需要討論一些重要的概念性議題。若不能適當地處理這些議題，則會計算出錯誤的計畫 NPV，因而導致不佳的資本預算決策。

13-1a 自由現金流量 vs. 會計所得

第十二章指出計畫的 NPV 會等於折現自由現金流量的現值。如前所述，自由現金流量的定義為：

$$FCF = [EBIT(1 - T) + 折舊和攤提] - [資本支出 + 淨經營營運資本]$$

典型或正常的計畫為公司在時間 t = 0 時支出金錢，投資在固定資產和淨經營營運資本上。在某些情況下，公司也許需要在計畫的生命期裡持續地投資；特別是成長型計畫——需要穩定地隨著時間添購固定資產和存貨。為簡化起見，除非特別提到，否則我們假定對固定資產和淨經營營運資本（NOWC）的投資，都只發生在 t = 0。

在投入起始投資後，便希望在計畫的營運期裡能產生正的現金流量。上述自由現金流量方程式裡第一個中括號 [EBIT(1 − T) + 折舊和攤提]，代表的是計畫的營運現金流量。在大部分的情況下，這個現金流量會隨著時間而改變。

一旦計畫結束，公司賣出該計畫的固定資產和存貨，收進現金。從某些角度來看，我們能視計畫結束時賣出的固定資產為負的資本支出——沒有使用現金去購買固定資產，而是公司賣出資產以產生現金。

公司在計畫結束時賣出固定資產的價格，通常稱為殘值（salvage value）；若資產殘值超過它的帳面價值，則公司必須支付所得稅：

$$殘餘資產的所得稅 = 稅率 \times (殘值 - 帳面價值)$$

其中，帳面價值等於資產的最初價格減去資產的總累積折舊。請注意：上述方程式指出公司出售資產的價格若小於它的帳面價值，則所得稅為負，亦即公司獲得所得稅抵免。雖然折舊不是一項現金支出，但它的確會影響公司所得稅。基於此，重點是公司會計人員為了稅金目的，會使用何種折舊速度。在許多情況下，這些折舊速度和殘值與公司財務報表使用的一般公認會計原則，兩者產生的數字也許有相當大的不同。

例如，2017 年減稅和工作法案（TCJA）允許廠商在一些情況下、於成本發生時，抵減計畫最初全部的固定資產支出。然而，GAAP 準則仍要求對這些成本進行

折舊。根據 TCJA，某些 2017 年 9 月 27 日至 2023 年 1 月 1 日期間，啟用新和舊商業資產的全部成本，可以立即被費用化。2023 年 1 月 1 日至 2027 年 1 月 1 日啟用的資產，則只有 80% 的成本可被費用化。2027 年 1 月 1 日之後立即費用化便全然失效。該「折舊紅利」通常適用於壽命低於二十年的資產。除非特別指明，我們將假設受檢視的計畫適用折舊紅利，也就是購進資產之全部成本，在購買之時就可完全抵稅。因此，購買時，該資產帳面價值為零。

如前所述，計畫一開始通常會要求增加淨經營營運資本 NOWC。假設家得寶正考慮某個展店計畫，公司預估需要 $500 萬的新存貨，其中的 $300 萬存貨透過新的應付帳款來融資，剩下的 $200 萬則以現金支付。若所有的營運資本成分維持不變，則此計畫將增加公司的流動營運負債達 $300 萬，NOWC 則因展店增加 $500 萬的現金。若存貨金額和應付帳款維持不變，則在整個計畫的生命期裡，NOWC 也就不會有額外的改變。一旦這個計畫結束（亦即關店），則最後的 $500 萬存貨將被售出，且公司將支付 $300 萬應付帳款。公司將收到剩下的 $200 萬現金，這對應於導致 NOWC 改變的計畫初始投資。

13-1b 現金流量的時點

理論上，資本預算分析應在現金流量發生時便確實處理；所以每日現金流量理論上應優於年現金流量。然而，預測和分析每日現金流量的成本很高，且這樣做未必比年預測來得更準確，因我們就是不能準確預測如十年之後的日流量。因此，我們通常假設所有的現金流量皆發生在年末；不過還請注意，若計畫產生高度可預測的現金流量時，假設現金流量每半年，甚至每季或每月發生一次應會很有用；但對大多數的目的來說，假設年末流動便已足夠。

13-1c 增量現金流量

增量現金流量（incremental cash flow）是若且唯若某特殊事件發生時，才會發生的現金流量；就資本預算而言，當發生公司接受計畫時，才會導致產生計畫的增量現金流量。諸如投資於建物、設備和營運資本的計畫投資，所產生的現金流量明顯是增量的，而這些計畫的營收和經營成本也會是這樣。然而，某些項目並非如此明顯，如後所述。

13-1d 更替計畫

計畫可區分為以下兩種類型：擴張計畫，如 HD 展店的公司投資；以及更替計畫——公司替換現有資產，通常用於降低成本，如 HD 正考慮將部分的貨車換新，以降低油耗和維修費用，且閃亮的新車應有助於提升公司形象和降低汙染。更替分析很複雜，因幾乎所有的現金流量都是增量的；增量可藉由將舊成本數字減去

新成本數字而得到。因此，若較佳效率新貨車的每年油耗成本為 $10,000、舊車為 $15,000，省下的 $5,000 為應使用在更替分析裡的增量現金流量。同樣地，我們還需要找出折舊差異，和其他因素之差異對現金流量的影響。一旦我們求解出增量現金流量，便可用於「正常的」NPV 分析裡，以決定是否換新或持續使用該舊資產。

13-1e 沉沒成本

沉沒成本（sunk cost）為過去發生的支出，且不論計畫接受與否，都不能在未來回收的成本。在資本預算裡，我們關心的是未來的增量現金流量——想要知道新的投資是否會產生足夠的增量現金流量，以支持這個增量投資。因沉沒成本發生在過去，且無論接受或拒絕該計畫，該成本都不能回收，所以它們與資本預算分析便毫無相關。

為了說明這個概念，假設 HD 花費 $200 萬在探查潛在的新店，以及獲得興建許可，則這 $200 萬便是沉沒成本——這筆錢花了就是花了，不論新店是否興建都無法回收。

若不能適當處置沉沒成本，便會導致不正確的決策；例如，假設 HD 在花費 $200 萬完成店址分析後，發現還需要額外的 $1,700 萬才能開設新店。假設 HD 以 $1,900 萬作為初始投資金額，計算所得到的新店 NPV 預估值為 –$100 萬，HD 將拒絕這項新店計畫。然而，這是一個不佳的決策。真正的重點在於額外的 $1,700 萬，是否可產生足夠的增量現金流量以造成正的 NPV。若棄置 $200 萬的沉沒成本，事實上也應該如此，則新店真正的 NPV 會等於 $100 萬。因此，若不能適當地處置沉沒成本，則會導致拒絕原本會增加 $100 萬股東財富的計畫。

13-1f 公司擁有之資產的機會成本

另一項議題是公司已擁有之資產的機會成本（opportunity cost）。例如，若 HD 擁有市場價值 $200 萬的土地，並決定用於興建新店。若 HD 決定繼續執行計畫，則只需要額外的 $1,500 萬，因它不需要花錢購買土地。這是否意謂 HD 應使用 $1,500 萬作為新店的成本？答案是否定的！若不建新店，HD 可以將這筆土地賣出，並收到 $200 萬的現金流量；這 $200 萬是一個機會成本——若土地用於興建新店時，則它不會收到的現金。因此，$200 萬必須納入新計畫成本；若非如此，則將人為地和錯誤地增加新計畫的 NPV。

進一步考慮以下的例子，假設公司所擁有的某一建物和設備之市場價值為 $1,000 萬，目前閒置未用，且公司正考慮如何將之用在新計畫裡。唯一額外需要的投資為 $10 萬的營運資本。這個新計畫每年會產生 $5 萬，直到永遠。若公司的 WACC = 10%，且僅以 $10 萬的營運資本作為必要投資來評估這個計畫，則此一計

畫的 NPV = $50,000/0.10 － $100,000 = $50 萬 － $10 萬 = $40 萬。這是否意謂該計畫是一個好的計畫？答案是否定的！公司可以用 $1,000 萬賣出這些資產，$1,000 萬可比 $40 萬大得多。

13-1g 外部性

另一個潛在問題測及外部性——計畫對該廠商其他部門或環境的影響。以下介紹三種類型的外部性：公司內部的負向外部性、公司內部的正向外部性和環境外部性。

公司內部的負向外部性

如前所述，當諸如 HD 這樣的零售商開設之新店太接近既有分店時，會產生顧客的分食現象。在這種情況下，即使新店的現金流量為正，它的存在某種程度上降低該公司的現金流量；這種類型的**外部性（externality）**稱為**同類爭食（cannibalization）**，因新事業分食公司既有的業務。例如，當星巴克評估是否開家新店，它將提案新店會減少它附近咖啡店營收納入考量。這些損失的現金流量應被納入考量，亦即當分析提案新店時將之視為成本。

適當處理負向外部性是需要技巧的。若星巴克因同類爭食效應，決定不開新店，而它的競爭對手若考慮在同一地點開設新店，則不論星巴克是否開新店，都會讓既存店損失營業額？順理成章，星巴克必須檢視所有狀況，這將多於簡單的機械分析。要做出良好決策，對產業的經驗和知識是絕對必要的。

1970 年代，電晶體讓個人電腦成為可能，IBM 對此做出的反應為一個極佳案例。IBM 的大型電腦是產業裡的明星，它們產生巨大的利潤；IBM 也擁有得以進入個人電腦市場的技術，且曾經是個人電腦產業的領導公司。然而，高階經理人決定緊縮個人電腦部門，因為害怕將會傷害更有利可圖的大型電腦事業。這個決定為微軟、英特爾、戴爾、惠普和其他公司打開大門，並使 IBM 從全世界最賺錢的公司變成為生存奮戰的公司。IBM 也有做得好的地方，它成功轉型，現在業務聚焦於提供廣泛的科技和商業服務。儘管如此，這個經驗彰顯以下事實：雖然了解財務學理論是重要的，但了解企業環境也同等重要，包括競爭者可能如何回應公司的行動；要做出好的財務決策，需要許多的正確判斷。

公司內部的正向外部性

當新產品和舊產品相互競爭時，便發生了分食。然而，新、舊計畫也可互補；亦即當引入新計畫時，舊營運的現金流量也會增加。例如，蘋果 iPod 本來就是一個可獲利的產品，但當蘋果投資另一項新計畫—— iTunes 音樂商店，又提高 iPod 的銷售。 若對提議的音樂商店進行分析而發現負的 NPV，但這個分析尚未加

上音樂商店所產生之 iPod 部門的增量現金流量，則該分析並未完成，該增量現金流量可能將計畫原本的負 NPV 變成正的 NPV。

環境外部性

負向外部性最常見的型態為計畫對環境的衝擊。政府法規和管制限制公司可做的事情；但公司在處理環境議題時，有某種程度的彈性。例如，假設某製造商正研究是否要興建新廠時，發現可以只花 $100 萬便能滿足環境規範，但排出的煙塵仍會讓周遭居民感到不悅。這些不好的感受不會出現在現金流量分析，但仍應納入考慮。或許多花一點額外的支出，就可以顯著減少排放，讓工廠成為附近工廠的模範生，且這個善意或許會有助於公司未來的銷售，以及與政府機構的協商。

當然，每個人的利益都取決於地球維持在健康狀態，所以公司有動機採取保護地球環境的行動，即使這些行動非法規所要求。然而，若某家公司決定採取對環境有益而成本極高的行動，則它的產品必然反映這些較高的成本；競爭者若決定使用較低成本而較不友善環境的工序，則可以訂出較低的價格和賺進更多的利潤。當然，較友善環境的公司也可廣告它們的環境努力，而這不一定彌補較高的產品價格。上述說明不論是國家或國際觀點，政府管制都是必要的；金融、政治和環境彼此相互關聯。

> **課堂小測驗**
> - 當決定計畫的淨現值時，公司為何應使用該計畫的自由現金流量、而非會計所得呢？
> - 解釋以下的術語：增量現金流量、沉沒成本、機會成本和同類爭食。
> - 試提供一個「好的」外部性的例子；換言之，會增加計畫真正 NPV 的例子。

13-2 擴張計畫的分析

第十二章分析了 S 計畫和 L 計畫；在已知現金流量的前提下，使用它們來說明 NPV、IRR、MIRR、還本期和折現還本期的計算方式。在真實世界裡，計畫的現金流量極少為已知的，通常的情況下是財務人員需要蒐集相關資訊；這些資訊來自公司內部不同的來源。例如，行銷部門可以提供銷售預測、公司的工程師可以預測成本、會計同仁能提供稅和折舊的資訊。

為了說明，我們假設聯合食品正考慮一個新的擴張計畫——正是第十二章裡

的 S 計畫。S 計畫是關於聯合食品考慮引進市場的某個新的健康食品。在一段時間的準備後，聯合食品財務部門人員已獲得大量的資訊，其中的重要資訊如下：

- S 計畫要求聯合食品在 2022 年（t = 0）購進 $120 萬的設備。
- 存貨將增加 $17.5 萬、應付帳款增加 $7.5 萬；其他營運資本成分仍維持不變。所以，淨經營營運資本（NOWC）的改變在 t = 0 時為 $10 萬。
- 計畫將持續四年。公司的銷售預測如下：將在 2023 年賣出 2,720,000 單位的產品、2024 年 2,640,000 單位、2025 年 2,515,000 單位、2026 年 2,430,000 單位；單位售價為 $2。
- 生產產品的固定成本為每年 $200 萬；單位變動成本從 2023 年的 $1.0196，上升到 2026 年的 $1.1973。
- 稅率預測值為 25%。
- 該設備適用 100% 紅利折舊，所以它的稅後成本為 $1,200,000 × (1 − T) = $1,200,000(0.75) = $900,000。
- 當計畫在 2026 年（t = 4）結束，公司預測設備的殘值為 $5 萬，並將完全回收 $10 萬的 NOWC。因該設備將在 2022 年完全費用化，則其帳面價值為零，所以 2026 年收到的 $5 萬已折舊回收（depreciation recapture），並將被課稅。
- 根據察知的風險，計畫的 WACC 預測值為 10%。

為了讓事情簡化，財務人員將所有重要數據組織在試算表內，如表 13.1 所示。請留意：銷售相關的數量和金額（除了單價和每單位產量之變動成本外）的單位為 1,000；我們刪去三個 0，以簡化頁面上的數字。

表 13.1 將計畫的現金流量分成三個部分：

1. 時間 t = 0 時的起始投資，包括資本支出和淨經營營運資本的變化（ΔNOWC）。請注意關於稅後資本支出的計算，我們假設該計畫符合紅利折舊，也就是該設備成本在 t = 0 時便被扣除了。
2. 在計畫生命期裡，公司收到的營運現金流量。
3. 計畫結束時所實現的最終現金流量，包括設備的稅後殘值和回收的 NOWC。

使用 Excel 製作表 13.1。我們建議若你有電腦並熟習 Excel，則試著根據此模型一步一步得出該表。現今在實務界從事資本預算的專業人士將會使用這樣的模型，而若你需要分析真實計畫時，我們的模型提供了一個參考模板或起點。

表 13.1 行頭 A 至 I 行及列頭 12 至 45 列，標示每個含有計畫數據的儲存格。

Chapter 13 現金流量預測和風險分析

表 13.1　擴張 S 計畫的現金流量預測和分析

	A	B	C	D	E	F	G	H	I
					0	1	2	3	4
12									
13	時間 0 的投資支出								
14	CAPEX＝設備＝成本×（1－稅率）				－$900				
15	△NOWC＝額外所需的淨經營運資本				－100				
16	計畫生命期內的營運現金流量（時間＝1－4）								
17	銷售數量					2,720	2,640	2,515	2,430
18	銷售價格					$2.00	$2.00	$2.00	$2.00
19	單位變動成本					$1.0196	$1.0404	$1.0457	$1.1973
20	銷售所得＝數量×價格					$5,440	$5,280	$5,030	$4,860
21	變動成本＝數量×單位變動成本					2,773	2,747	2,630	2,909
22	扣除折舊後的固定經營成本					2,000	2,000	2,000	2,000
23	折舊：表下方之加速折舊					0	0	0	0
24	總經營成本					$4,773	$4,747	$4,630	$4,909
25	EBIT（或經營所得）					$667	$533	$400	－$49
26	經營所得稅率　　25%					167	133	100	－12
27	EBIT(1－T)＝稅後計畫經營所得					$500	$400	$300	－$37
28	將折舊加回					0	0	0	0
29	EBIT(1－T)＋折舊					$500	$400	$300	－$37
30	在 t＝4 的最終現金流量								
31	殘值（以一般所得方式課稅）								50
32	殘值所得稅＝0.4×(t＝4 設備的 SV－BV)								13
33	稅後殘值								37
34	△NOWC＝淨經營運資本回收的金額								100
35	計畫的自由現金流量＝EBIT(1－T)＋DEP－CAPEX－△NOWC				－$1,000	$500	$400	$300	$100
36									
37	另一種折舊			直線		1	2	3	4
38		成本：	$1,200	折舊率		25%	25%	25%	25%
39				折舊		$300	$300	$300	$300
40	計畫評估 @WACC＝				10%				
41			加速		公式			直線	
42		NPV	$78.82		＝NPV(D40,F35:I35)＋E35			$16.56	
43		IRR	14.489%		＝IRR(E35:I35)			10.700%	
44		MIRR	12.106%		＝MIRR(E35:I35,D40,D40)			10.349%	
45		還本期	2.33		＝G12＋(－E35－F35－G35)/H35			2.67	

例如，S 計畫所需設備的成本為 $1,200，然而該設備適用 100% 紅利折舊，所以該設備的稅後成本為 $900；這個數字以負值顯示於儲存格 E14。在計畫四年生命期的最後時刻，設備預期的 $50 殘值顯示在儲存格 I31；新計畫要求 $100 的淨經營運資本，這個負數（因是成本之故）顯示在儲存格 E15；接著以正數型態（因是第四年末的回收金額）顯示在儲存格 I34；時間 0 的總投資為 $1,000，顯示在儲存格

E35。

　　S 計畫的銷售數量顯示在列 17，它們被預期會隨著時間微幅下跌；銷售價格維持在 $2，顯示在列 18；預估的單位變動成本顯示在列 19──通常會因原物料和勞動成本的預期上漲而增加；銷售數量乘以價格計算得到的銷售營收，顯示在列 20；總變動成本等於銷售數量乘以單位變動成本，顯示在列 21；排除折舊的固定成本 = $2,000，顯示在列 22。

　　每年的折舊如列 23 所示，但根據 TCJA，該設備在 t = 0 時便折舊完畢，因此列 23 未列出年度折舊金額。然而，若基於某些因素，廠商決定使用直線折舊法，則可每年沖銷 $300（$1,200/4 計算得到）。使用立即費用化，它的總現金流量在整個四年期間都將相同，但在直線折舊狀況下，折舊的現金流量將均攤在四年內，而在立即費用化情境下，折舊的現金流量將被立刻獲取。

　　我們計算 S 計畫四年期間的年現金流量，分別顯示在行 F、G、H 和 I，而列 29 顯示營運現金流量。我們納入最終一年、第四年的現金流量，求得列 35 之計畫的自由現金流量。這些數字和用於第十二章裡 S 計畫的現金流量一模一樣，所以這裡的 NPV、IRR、MIRR 還本期（參見儲存格 C42-C45），與第十二章計算得到的也就完全相同了。

13-2a 不同折舊率的效果

　　若國會撤銷 TCJA，並以直線折舊取代，則該設備不再於 t=0 時折舊完畢，而是每年固定折舊 $300。結果便是有著相同的總現金流量之列 35 的自由現金流量時間線。然而，在直線法下，折舊的現金流量均分於四年，而在立即費用化下，折舊的現金流量將立即被獲取。基於貨幣的時間價值，較早獲取之金錢現值高於較晚獲取的。因此，若廠商將設備立即完全折舊，則 S 計畫會有較大的 NPV。這些效應的確切狀況顯示在表 13.1 的計畫評估區塊：相較紅利折舊的 NPV=$78.82、直線折舊的 NPV=$16.56 低了 79%。

13-2b 同類爭食

　　S 計畫並不涉及任何的分食效應；然而，假設 S 計畫會降低另一部門每年稅後 $50 的現金流量，且公司若拒絕這個計畫，也沒有其他公司採納這個計畫。在這種情況下，我們應會在列 28 加上一列，並每年減去 $50；若真是這樣，S 計畫的淨現值將變成負的，因此該拒絕。另一方面，若 S 計畫導致其他部門產生額外的現金流量（正向外部性），這些稅後流入應納入 S 計畫的分析裡。

13-2c 機會成本

現在假設顯示在表 13.1 的 $900 初始成本，是根據以下假設：計畫會使用公司現有設備以省下資金，又若這個計畫遭到拒絕，則公司可以將這些設備賣出，稅後淨所得為 $100。這筆 $100 為機會成本，應反映在我們的計算裡。我們應將 $100 加回計畫成本。結果 NPV 會等於 $78.82 – $100 = –$21.18，所以應拒絕這個計畫。

13-2d 沉沒成本

現在假設公司已花費 $150 在行銷調查，以預測潛在的銷售狀況；不論接受或拒絕該計畫，這筆 $150 都不能回收。當為了資本預算目的求解它的 NPV 時，是否應將這 $150 納入計畫成本？答案是否定的！我們在意的僅是增量成本，但這 $150 不是增量成本，而是沉沒成本。因此，它不應納入分析裡。

沉沒成本的另一項額外重點如下：若這筆 $150 的支出實際發生在最後的分析時，S 計畫會變成一個輸家——它的 NPV 應等於 $78.82 – $150 = –$71.18。若出於某種原因，我們能往後退一步，在實際支出 $150 之前就重新考慮這個計畫，應該發現要拒絕它。然而，在做決策的時點不可能退後一步，我們只能放棄計畫或支出 $1,000 來執行計畫；若選擇讓計畫繼續走下去，我們將收到 $78.82 的增量 NPV，這應將我們的損失從 –$150 減少到 –$71.18。

13-2e 投入的其他改變

除了折舊以外的變數也可改變，而這些改變應會改變計算得到的現金流量、NPV 和 IRR。例如，我們可以增加或減少預估的銷量、售價、變動成本、固定成本、最初的投資成本、經營資本要求、殘值，以及甚至稅率（若我們認為有可能增稅或降稅）。這樣的改變在 Excel 模型裡可輕易做到，讓我們立即看到 NPV 和 IRR 的變化，這稱為**敏感度分析**（sensitivity analysis）；在 13-5 節，當我們逐步衡量計畫風險時，會再次使用到敏感度分析。

課堂小測驗

- 求解出某個計畫的現金流量表，在哪些層面會類似於預估某一新的、單一產品公司的損益表呢？這兩個報表又有哪些不同之處？
- 若某一公司使用紅利折舊，則相較於使用直線折舊，該公司的計畫淨現值會較高還是較低？試解釋之。
- 表 13.1 的分析能如何修改，以納入同類爭食、機會成本和沉沒成本的考量？
- 表 13.1 裡的淨經營營運資本，為何有時為正，有時又為負？

13-3 更替分析

13-2 節假設 S 計畫是一個全新的計畫，所以它所有的現金流量皆為增量，且只有在公司接受這個計畫時才會發生現金流量。這對擴張型計畫而言是真的；但對更替計畫來說，我們必須找出新、舊計畫的現金流量差量（differential），因這些差量才是我們要分析的增量現金流量。

我們在表 13.2 評估更替決策，它的設算與表 13.1 非常類似，但呈現的是某新的、高效率機器（將於 t=0 時完全折舊）和舊機器（已採直線折舊）的數據。在表 13.2 裡，我們找出若公司繼續使用舊機器時的現金流量，以及決定購買新機器時的現金流量。最後，將新機器現金流量減去舊機器現金流量，便得到增量現金流量。我們在分析時使用 Excel（我們將本章此一模型貼上「更替分析」標籤）；當然，也可使用計算機或紙筆來計算和分析。以下是用於分析的重要投入，且假設不需使用額外的經營營運資本。

可應用在新、舊機器的數據：	
營收（應維持不變）	$2,500
新、舊機器的預期壽命	4 年
用於分析的 WACC	10%
稅率	25%
舊機器專屬數據：	
舊機器的今日市場價值或殘值	$400
舊機器每年的勞動、原物料和其他成本	$1,140
舊機器每年折舊	$100
新機器專屬數據：	
新機器成本	$2,000
新機器每年的勞動、原物料和其他成本	$400

這裡的重點是求解出增量現金流量。如前所述，我們先找出使用舊機器產生的現金流量，接著找出新機器的現金流量，然後再求出兩現金流量的差量；這正是我們在表 13.2 的第 I 至 III 部分所做的。因購買新機器會需要額外的支出，這個成本顯示在儲存格 E24。這裡的金額是對應在 t = 0 時完全折舊下之機器的稅後成本。然而，我們可以將舊機器賣得 $400──這個現金流入顯示在儲存格 E25。在時間 t = 0 時的現金支出為 $1,600，顯示在儲存格 E35。

根據顯示在列 22 的舊機器現金流量、列 35 的新機器現金流量，我們在列 37 顯示不更替和更替狀況下的現金流量差量──它們是用於求解更替方案 NPV 所使用的增量現金流量。當我們評估增量現金流量，得到更替計畫的 NPV 為 $80.03，所以舊機器應替換。

表 13.2　更替計畫 R 的現金流量分析

	A	B	C	D	E	F	G	H	I
12					0	1	2	3	4
13		第 I 部分	\multicolumn{2}{l}{在更替前的自由現金流量：舊機器（CAPEX 和 ΔNOWC = 0）}					
14	銷售所得					$2,500	$2,500	$2,500	$2,500
15	折舊以外的成本					1,140	1,140	1,140	1,140
16	折舊					100	100	100	100
17		總經營成本EBIT				$1,240	$1,240	$1,240	$1,240
18		（或經營所得）				$1,260	$1,260	$1,260	$1,260
19		25%				315	315	315	315
20	EBIT(1 – T) = 稅後經營所得					$945	$945	$945	$945
21	將折舊加回					100	100	100	100
22	更替前的自由現金流量 EBIT(1 – T) + DEP – CAPEX – ΔNOWC					$1,045	$1,045	$1,045	$1,045
23		第 II 部分	\multicolumn{2}{l}{更替後的自由現金流量：新機器（ΔNOWC = 0）}					
24		新機器成本			–$2,000				
25		舊機器稅後殘值			400				
26		CAPEX			–$1,600				
27	銷售所得					$2,500	$2,500	$2,500	$2,500
28	折舊以外的成本					400	400	400	400
29	折舊					0	0	0	0
30		總經營成本EBIT				$400	$400	$400	$400
31		（或經營所得）				$2,100	$2,100	$2,100	$2,100
32	25%					525	525	525	525
33	EBIT(1 – T) = 稅後經營所得					$1,575	$1,575	$1,575	$1,575
34	將折舊加回					0	0	0	0
35	更替後的自由現金流量 EBIT(1 – T) + DEP – CAPEX – ΔNOWC				–$1,600	$1,575	$1,575	$1,575	$1,575
36	第 III 部分　增量 CF 和評估：								
37		增量 CF = CF 更替後 – CF 更替前			–$1,600	$530	$530	$530	$530
38									
39	計畫評估使用 WACC =				10%				
40				NPV =	$80.03				
41				IRR =	12.29%				
42				MIRR =	11.35%				
43				還本期 =	3.02				
44	第 IV 部分　針對增量 CF 的另一種簡化的計算：								
45		新機器成本			–$2,000				
46		舊機器殘值			400				
47		新機器淨成本			–$1,600				
48	成本節省 = 舊 – 新					$740	$740	$740	$740
49	稅後節省 = 成本節省 × (1 – T)					555	555	555	555
50	Δ折舊 = 新 – 舊					–100	–100	–100	–100
51	折舊稅金節省 = Δ折舊 × 稅率					–25	–25	–25	–25
52	增量 CF = 稅後成本節省 + 折舊稅金節省				–$1,600	$530	$530	$530	$530
53									

在某些情況下，更替新機器不只降低了經營成本，也會增加產品功能。若是如此，則在第 II 部分的銷售金額應會增加；此外，若導致淨經營營運資本增加，則這個數字應顯示在時間為 0 時的支出，再加上於計畫生命結束時的回收金額。當然，這些改變應反映在列 37 的差量現金流量。

最後，值得注意的是，這裡對更替計畫的評估分析，也能被用於公司以下決策：是否應以較低利率的新債取代較高利率舊債券。

課堂小測驗

- 在更替分析裡，增量現金流量的角色為何？
- 若你在分析更替計畫時，突然發現舊設備的市場價格不是原先認為的 $100，而是 $1,000，則這個新資訊是否會讓更替計畫變得更有吸引力？試解釋之。
- 在表 13.2 裡，我們假設若舊機器被置換，產出並不會因而改變。但假設產出實際上倍增，則如何以表 13.2 裡的架構處理這樣的改變？

13-4 資本預算的風險分析 [1]

計畫的風險不同，且風險應反映在資本預算決策裡。然而，風險難以衡量，特別是過去從未出現的全新計畫。基於這個原因，經理人以許多不同的方式處理風險——從幾近完全主觀的判斷，到涉及電腦模擬和複雜分析。

計畫的風險，包括以下三大類型：

1. **單一獨立風險（stand-alone risk）**：這類計畫風險假設：(a) 它是公司擁有的唯一資產；(b) 該公司是每一位投資人組合裡的唯一一支股票；(c) 它的風險使用計畫預期報酬的變異度來量測。亦即，**完全忽略分散化**。
2. **企業內（公司內）風險〔corporate (or within-firm) risk〕**：它是企業（而非投資人）面對的計畫風險。公司內部風險考量該計畫僅是公司資產組合裡之一項資產的事實；因此，該風險的一部分，可透過公司內部分散化來加以消除。對這個風險的量測，使用該計畫對公司未來報酬不確定性的衝擊程度。
3. **市場（貝它）風險〔market (or beta) risk〕**：此為已做到良好分散化之股東的風險。他們對該計畫的風險有以下認知：(a) 計畫僅是公司的資產之一；

---

[1] 13-4 節和 13-5 節為選讀內容，任課教師可跳過或選擇部分內容教授；我們努力讓這兩節的內容盡可能地簡單清楚，有興趣的學生也可自行閱讀。

(b) 該公司的股票只是其投資組合裡的一部分。因此，計畫的市場風險為量測其對公司貝它係數的影響。

即便所接受之計畫有很高的單一獨立風險或企業風險，也不必然會影響公司的貝它值。然而，若該計畫有高的單一獨立風險、它的報酬與該公司其他資產報酬之間高度相關，也與經濟體裡大多數的其他股票報酬高度相關，則該計畫的三項風險都很高。理論上，市場風險為這三種風險裡最值得注意的，因它反映了股價。不幸的是，市場風險也最難以預測，這主要是因為新計畫尚無連結股市報酬的「市場價格」。因此，大部分的決策者會針對單一獨立風險進行定量分析，然後從定性的角度考量其他兩種風險的衡量。

計畫通常分成數種類型，然後以公司整體的 WACC 為起點，將**經風險調整的資本成本（risk-adjusted cost of capital）**分別指定給各類型的計畫。例如，公司可以對計畫建立三種不同風險群，將企業的 WACC 指定給一般風險計畫、WACC + 5% 指定給高風險計畫、WACC − 2% 給低風險計畫。在這樣的安排下，若公司整體的 WACC 為 10%，則 10%、15% 和 8% 分別用於評估一般風險計畫、高風險計畫與低風險計畫。雖然這樣做，或許比沒有任何風險調整來得好，但這些調整仍高度主觀，並難以證明為適當。不幸的是，對高或低風險的調整，並不存在完美方式。

> **課堂小測驗**
>
> - 計畫的風險有哪三種類型？
> - 哪一種類型的風險，在理論上是最重要的？為什麼？
> - 何者是公司最常使用的分類機制，以得到經風險調整的資本成本？

13-5 衡量單一獨立風險

計畫的單一獨立風險，反映出其現金流量的不確定性。見表 13.1，S 計畫的必要投資、銷量、售價和經營成本，都有某種程度的不確定性。第一年的銷售預估為 2,720 單位（每單位 = 1,000，所以實際上為 2,720,000；我們將它簡化成 2,720 以利計算和分析）。然而，銷量幾乎注定會在某種程度上高於 2,720 或低於 2,720；每單位售價也幾乎不太可能會等於 $2。類似地，其他變數也應不同於表 13.1 的數字。事實上，所有的投入值皆為預期值，實際值可不同於預期值。

評估單一獨立風險的技巧有三：(1) 敏感度分析；(2) 情境分析；(3) 蒙地卡羅模擬，以下分別討論這三種技巧。

13-5a 敏感度分析

直覺上，我們知道重要投入變數（如銷量和售價）的改變，將導致不同的 NPV。**敏感度分析（sensitivity analysis）**假設其他變數維持不變的情況下，量測某投入值改變某特定百分比時，NPV 相應百分比的改變。敏感度分析是目前最常用的風險分析方法，且被大多數公司採用。它從一個基準情境開始，然後使用這個基準情境的投入變數值求出計畫的 NPV。以下是 S 計畫的重要投入名單：

- 設備成本
- 淨經營營運資本的改變
- 銷售量
- 售價
- 每單位變動成本
- 固定經營成本
- 稅率
- WACC

我們在表 13.1 裡使用的數據，是最可能或基準情境的數值；因而求出 $78.82 的 NPV，也稱為**基準情境淨現值（base-case NPV）**。投入值的改變很容易想像，而這些改變會導致不同的淨現值。

資深經理人檢視資本預算過程時，會對基準情境 NPV 感到興趣，但也會接著詢問財務分析師一連串「如果……則……」的問題：若真實的銷量低於基準情境水準 25%，則會如何？若市場條件迫使我們將價格訂在 $1.8，而非 $2？若變動成本比我們預期的高？敏感度分析可解答這樣的問題——讓其他變數維持在基準情境水準，再對某一變數的預期值進行增減，接著使用這個變動的投入值來計算 NPV。最後，畫出對應任一變數改變後的 NPV，以顯示 NPV 對每一變數改變的敏感度。

圖 13.1 顯示 S 計畫的六個重要變數之敏感度圖形。圖下方表裡的數字，為對應不同投入值的 NPV；然後將這些 NPV 畫在圖上。圖 13.1 顯示隨著銷售數量和售價的上揚，計畫的 NPV 跟著增加；而其他四個變數（變動成本、固定成本、設備成本和 WACC）的增加，會導致 NPV 的減少。表中的 NPV 變動範圍和圖中的直線斜率，顯示 NPV 對任一變數改變的敏感度。圖 13.1 的直線斜率，指出 NPV 對每一投入變數的敏感程度：變動範圍愈大／變數斜率愈陡，則 NPV 對該變數的改變愈敏感。我們看到 NPV 對售價的改變非常敏感、對變動成本的改變相當敏

圖 13.1　S 計畫的敏感度圖形

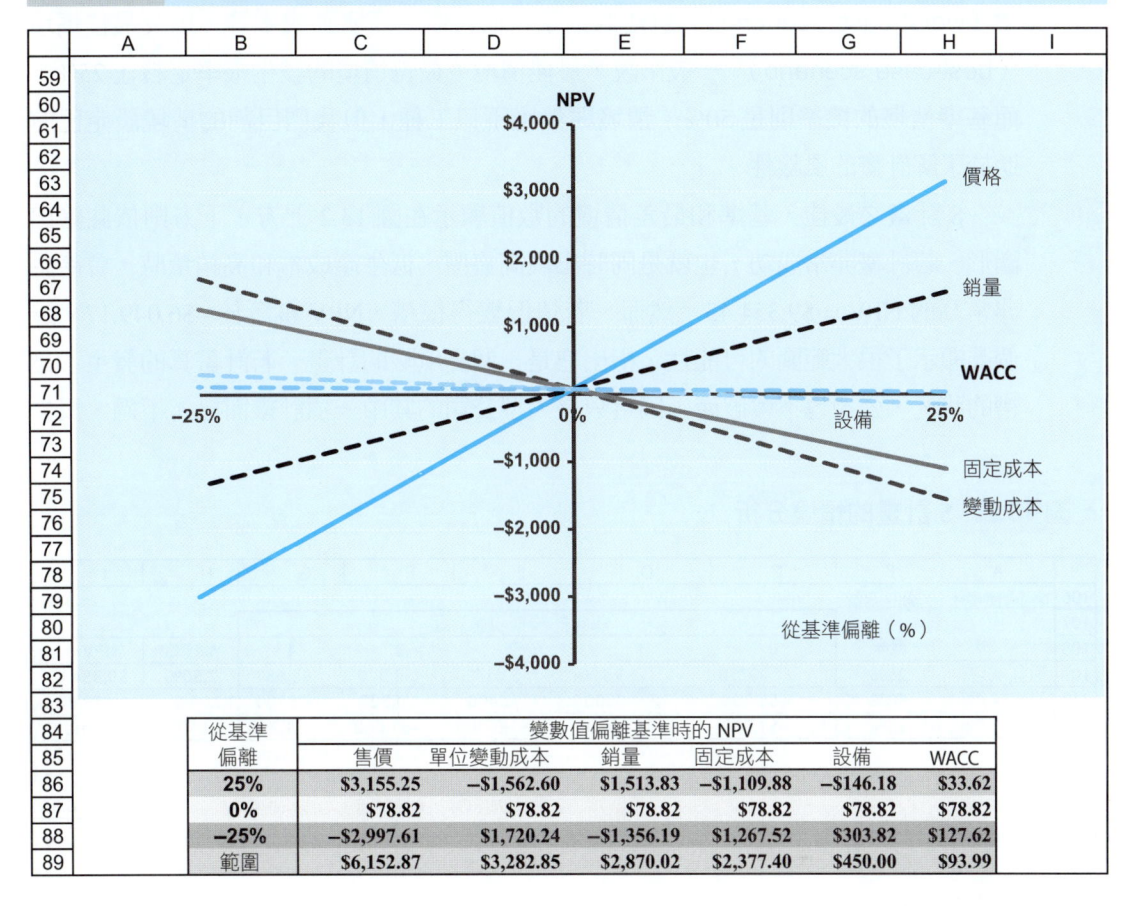

從基準偏離	變數值偏離基準時的 NPV					
	售價	單位變動成本	銷量	固定成本	設備	WACC
25%	$3,155.25	−$1,562.60	$1,513.83	−$1,109.88	−$146.18	$33.62
0%	$78.82	$78.82	$78.82	$78.82	$78.82	$78.82
−25%	−$2,997.61	$1,720.24	−$1,356.19	$1,267.52	$303.82	$127.62
範圍	$6,152.87	$3,282.85	$2,870.02	$2,377.40	$450.00	$93.99

感、對銷量和固定成本的改變有些敏感，以及對設備成本或 WACC 的改變幾乎不敏感。

若我們比較兩項計畫，在其他因素維持不變下，則有著較陡敏感度線的計畫之風險較高，因投入變數較小的改變就可以產生 NPV 較大的改變。因此，敏感度分析對計畫的風險程度提供有用的資訊。

13-5b 情境分析

在敏感度分析裡，我們一次僅改變某個變數的值。然而，若可以知道當所有變數都比預期來得好或來得差時，對計畫 NPV 產生怎樣的影響也是很有用的。此外，我們可分別對好的情境、壞的情境及最可能發生（或基準）的情境指定發生的機率，接著求出 NPV 的預期值和標準差。情境分析（scenario analysis）允許這樣的擴展──它讓我們一次可以變動數個變數，並納入重要變數發生改變的機率。

在情境分析裡，我們從基準情境（base-case scenario）開始，它使用最可能

的一組投入值。接著詢問行銷、工程和其他部門的經理人，請他們告訴我們**最差情境**（worst-case scenario），包括低銷量、低售價、高變動成本等，以及**最佳情境**（best-case scenario）。一般來說，最佳情境或最差情境的發生機率定義在 25%，而基準情境的機率則是 50%。情境顯然應不只三種，但我們目前的情境設定已有助於了解計畫的風險性。

　　S 計畫之最佳、基準和最差情境的數值顯示在圖 13.2 上方，下方則依此繪出圖形。若計畫非常成功，也就是同時出現高售價、低生產成本和高銷量時，會產生非常高的 NPV = $9,354.43。然而，若情況變得很糟，NPV 會等於 –$6,049.17。這個圖顯示了很大範圍的可能性，指出它是一個高風險的計畫。若計畫真的發生了最糟的狀況，公司也不會破產，因這只是大型公司的其中一項計畫而已。不過，損失

圖 13.2　S 計畫的情境分析

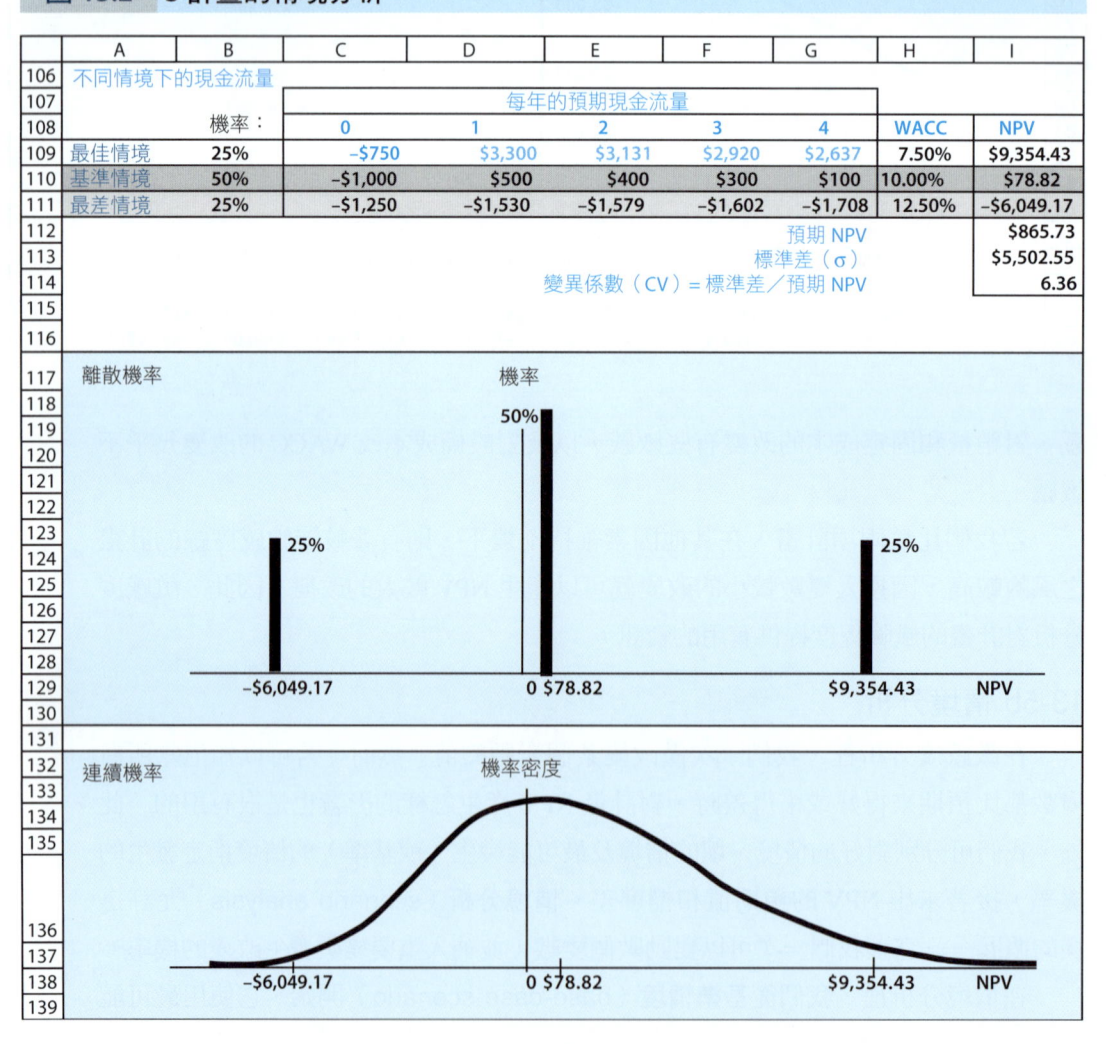

	A	B	C	D	E	F	G	H	I
106	不同情境下的現金流量								
107					每年的預期現金流量				
108		機率：	0	1	2	3	4	WACC	NPV
109	最佳情境	25%	–$750	$3,300	$3,131	$2,920	$2,637	7.50%	$9,354.43
110	基準情境	50%	–$1,000	$500	$400	$300	$100	10.00%	$78.82
111	最差情境	25%	–$1,250	–$1,530	–$1,579	–$1,602	–$1,708	12.50%	–$6,049.17
112							預期 NPV		$865.73
113							標準差（σ）		$5,502.55
114						變異係數（CV）＝標準差／預期 NPV			6.36

離散機率：–$6,049.17 (25%)、0 $78.82 (50%)、$9,354.43 (25%)　NPV

連續機率：機率密度曲線，–$6,049.17、0 $78.82、$9,354.43　NPV

$6,049.17（真實的損失是 $6,049,170，因單位為千）仍會傷害公司股價。

若我們將每一情境的機率乘上該情境下的 NPV，並將這些乘積加總起來，則得到該計畫預期的 NPV 為 $865.73，如圖 13.2 所示。請留意：預期 NPV 不等於基準情境 NPV；這不是一個數學上的錯誤，它們通常不會相等。我們還計算預期 NPV 的標準差，為 $5,502.55。當我們將標準差除以預期 NPV，則得到 6.36 的變異係數 CV——為單一獨立風險的量測值。該公司的平均風險計畫之變異係數約為 2.0，所以 CV = 6.36 指出這個計畫的風險遠高於該公司大部分計畫的風險。

該公司的 WACC 為 10%，所以這個 10% 的 WACC 應用於求解平均計畫的 NPV。S 計畫的風險高於平均，所以應使用較高的折現率來找出它的 NPV。「正確的」折現率不可能被找出——這是一個需要主觀判斷的工作。然而，一些公司在評定計畫的風險後，會就計畫的風險上調或下修企業的 WACC。當使用 12.5% 的 WACC 重新計算淨現值時，基準情境 NPV 從 $78.82 下跌到 $33.62；所以，當它的預期現金流量使用經風險調整的 WACC 進行折現計算，該計畫仍有正的 NPV。

請注意：不論使用敏感度分析，還是使用情境分析，基準情境的結果都會一樣；但情境分析的最差狀況會遠遠糟於敏感度分析，而最佳狀況則是更好。這是因為在情境分析裡，所有變數都被設定在它們最佳或最差的數值，而敏感度分析裡只有一個變數受到調整，其他變數則維持在基準值不變。

13-5c 蒙地卡羅模擬

蒙地卡羅模擬（Monte Carlo simulation）的命名，源自該分析從賭場賭博的數學裡發展出來；它是情境分析的複雜版本。在這裡，計畫使用大量的情境或「回合」加以分析。在第一回合，電腦為每一個變數——銷量、售價、單位變動成本等——隨機選了一個數值，接著使用這些數值來計算 NPV，並將得到的 NPV 存在電腦記憶體裡。下一步，隨機選擇第二組的投入值，並計算第二個 NPV。這個程序或許會重複 1,000 次，產生 1,000 個 NPV。這 1,000 個 NPV 的平均值，將用於衡量計畫預期的獲利性；NPV 的標準差或變異係數則用在衡量風險。

蒙地卡羅模擬在技術層面上較情境分析來得複雜，但模擬軟體讓這個過程變得很簡單。模擬是有用的；但基於它的複雜性，詳盡討論便留待進階的財務課程。

課堂小測驗

- 簡要解釋如何進行敏感度分析？敏感度分析可以告訴我們哪些資訊？
- 何謂情境分析？它能告訴我們什麼？以及它和敏感度分析的差異為何？
- 何謂蒙地卡羅模擬？這個模擬分析和一般的情境分析差別何在？

結語

本章聚焦在預測資本預算分析所使用的自由現金流量、評估這些流量的不確定性，以及當風險存在時求解 NPV。以下是本章的主要結論：

- 某些現金流量是相關的，因此應納入資本預算分析，而其他則不應納入。重要的問題是：現金流量是否為增量？也就是若且唯若計畫被接受，它才會發生？
- 沉沒成本不是增量成本，因它們不受是否接受計畫的影響。另一方面，同類爭食和其他外部性則為增量——若且唯若計畫被接受，才會發生這些現金流量。
- 用作計畫分析的現金流量不同於計畫的淨所得。
- 許多計畫要求額外的淨經營營運資本。當計畫開始時，淨經營營運資本的增加會是一項額外支出；但在計畫結束回收資本時，它便是一筆現金流入（換句話說，當計畫完成時，投資在淨經營營運資本的金額便減少了）。
- 我們考慮兩種類型的計畫——擴張和更替。對更替計畫來說，我們找出當公司繼續使用舊資產或使用新資產之自由現金流量的差量。若差量的現金流量之 NPV 是正的，則該做出更替決定。
- 預測的自由現金流量、NPV 和其他產出，都僅是預測值——最終可能發現它們並不正確，而這意謂著風險。
- 風險有三種：單一獨立、公司內部和市場／貝它風險。理論上，市場風險是最重要的；但因大部分計畫的市場風險都無法估計，因此單一獨立風險就成為我們通常聚焦的對象。然而，公司會主觀地考量公司內部和市場風險，因它們絕對不能被忽略。不過請注意：因這三種風險彼此之間通常為正相關，所以單一獨立風險通常為其他風險的絕佳替代物。
- 我們可使用敏感度分析、情境分析和蒙地卡羅模擬來分析單一獨立風險。
- 一旦找出計畫的相關風險，我們可使用經風險調整的 WACC 來評估這個計畫。

自我測驗

ST-1 **計畫和風險分析** 作為財務分析師，你必須評估印表機碳粉匣的生產計畫。包括裝機的設備購價 $65,000 將在 t=0 時完全折舊、預計每年以 $50 的單價賣出 4,000 單位的碳粉匣、計畫將在三年後結束、流動資產增加 $5,000、應付帳款增加 $3,000。到了第三年年末，設備可以用 $10,000 的價格賣出。變動成本占 70% 的銷售所得、固定成本為每年 $30,000、稅率為 25%、企業 WACC 為 11%。

a. 若採紅利折舊，則必要投資的金額等於多少？換言之，計畫在 t = 0 時的現金流量？

b. 該計畫每年的現金流量為何？

c. 若計畫為平均風險，則它的 NPV 為何？是否應接受這個計畫？

d. 假設管理階層不確定會有多少單位的銷售量。若實際銷售量低於預期值 20%（其他的預測投入值都很準確），則此計畫的 NPV 為何？這會導致決策改變嗎？試解釋之。

e. 財務長要求你使用以下投入值，進行情境分析：

	機率	銷售量	變動成本（%）
最佳情境	25%	4,800	65%
基準情境	50%	4,000	70%
最差情境	25%	3,200	75%

其他變數維持不變，則它的預期 NPV、標準差（SD）和變異係數（CV）為何？（提示：在做情境分析時，你必須讓銷售量和變動成本的數值等於每一情境指定的數值，接著求出情境的現金流量，並求出每個情境的 NPV。最後，計算計畫的預期 NPV、SD 和 CV。這個工作雖不算難，但它涉及一大堆的計算；你可能會想先看看解答，但還是必須真正學會它是如何計算得到的。）

f. 公司計畫的 CV 通常介於 1.0% 至 1.5%。若最初的 CV 超過 1.5，則將 3% 的風險溢酬加到 WACC；若 CV 小於或等於 0.75，則從 WACC 減去 0.5%。然後，我們就得到修正後的 NPV。當計畫風險經適當地考慮，則此一計畫應使用的 WACC 為何？修正後的 NPV、SD 和 CV 等於多少？你是否推薦這個計畫？試解釋之。

ST-2 **壽命不同的計畫** 威斯康辛乳業正為來年的資本預算計畫傷腦筋。其中，它考慮以下兩台機器 W 和 WW，W 的成本為 $500,000，並將在未來兩年每年產生預期稅後現金流量 $300,000；WW 的成本也是 $500,000，但它將在未來四年每年產生預期稅後現金流量 $165,000。兩項計畫的 WACC 都為 10%。

a. 若計畫彼此獨立且不可延至日後再執行，該公司應接受哪個或哪些計畫？
b. 若計畫彼此互斥且不可延至日後再執行，該公司應接受哪個或哪些計畫？

問題

13-1 表 13.1 列出的是營運現金流量，而非會計所得，為何在資本預算裡，我們在意的是現金流量，而非淨所得？

13-2 解釋為何沉沒成本不應被包括在資本預算分析裡？但機會成本和外部性則應該？各舉一例加以說明。

13-3 解釋為何淨經營營運資本會被納入資本預算分析裡，以及它是如何在計畫終了時被回收。

13-4 當計畫的現金流量被用於資本預算分析計算時，為何利息支出不被減除？

13-5 大部分的公司每天都有現金流入，而非只在每年年末發生一次。在資本預算分析裡，我們是否應基於上述事實，改採計畫的每日現金流量預測值，並使用它們進行分析？若不如此做，我們的結果是否存在偏誤？若存在偏誤，計算得到的 NPV 是向上偏誤還是向下偏誤？試解釋之。

13-6 更替計畫分析和新擴張計畫分析之間的差異為何？

13-7 針對納入資本預算考量的計畫，請對它的貝它（市場）風險、企業內部風險、單一獨立風險加以區別。

13-8 理論上，市場風險應是唯一「相關」風險。然而，公司同等看重單一獨立風險。請說明單一獨立風險為何重要？

13-9 定義 (a) 敏感度分析、(b) 情境分析和 (c) 模擬分析。若 GE 正考慮以下兩項計畫：使用 $5 億發展衛星通訊系統與使用 $3 萬購買一輛新卡車。GE 較可能針對哪一項計畫使用模擬分析？

13-10 若你是公司 CFO，因而每年必須對數百個潛在計畫做出決策。你想要使用敏感度分析和情境分析？或是因所涉及的數學計算過於耗時以致無效率而不用？行銷、會計和產線等非財務人員，在資本預算分析裡扮演的角色為何？

CHAPTER 14

實質選擇權

安海斯－布希使用實質選擇權增加其價值

2008年，安海斯－布希（Anheuser-Busch, AB）登上頭條，因它同意比利時英博（InBev）的收購；InBev是全球最大的啤酒製造商，擁有許多知名品牌，像是貝克（Becks）和時代（Stella Artois）。在合併之前數年，AB才剛開始採取一些溫和的步驟，以增加國際營運；現在看起來，這些步驟以某些方式，對公司嘗試進入新市場時所面對的種種風險和機會，做了有趣的闡明。

AB成立於1875年，到了1990年成為美國最大的啤酒公司。然而，它的成長最終還是減緩了，且幾乎沒有海外銷售。到了1990年代中期，事情有了轉變，AB開始在數個國家進行審慎的投資，這些海外投資產生很棒的成長和獲利。

大部分的資本投資，特別是在母國以外地區的投資有很高的風險。AB審慎地進行國際化；但啤酒產業需要大規模的經營——在阿根廷、巴西、智利建立足夠規模的營運，在其他國家耗資數百萬美元來興建必要的啤酒廠、配銷系統和建立品牌所需的行銷。此外，時機也必須跟得上擴張速度；因為要花上數年的時間，才可能看到投資所產生的顯著現金流量。最後，當公司嘗試打入新市場時，往往會犯下所費不貲的錯誤。

AB的管理階層認知到這些問題，因此認為不應直接、大舉進入目標市場，而打算進行較小型的投資——將$200萬至$300萬的資金投入當地小型的啤酒製造商，採合資方式做生意。AB提供製造和行銷啤酒的專業，而這個新夥伴提供母國的相關資訊，包括文化和政治體系。因而讓AB得以一邊熟悉這個

國家及其習俗，一邊教導夥伴製造和行銷啤酒。隨著問題逐一克服——若選擇正確的夥伴則進展會很快—— AB 計劃增加投資、找出該國其他的啤酒製造商，以及借鏡在美國的成功經驗，在當地行銷。

AB 投資外國公司時，買下一些實質資產，但最重要的是獲得實質選擇權（而非義務）——商務發展順利便可進一步投資的權利。AB 某些最初的投資乍看起來相當有問題——「正常的」資本分析顯示低的，甚至是負的 NPV。但若將實質選擇權納入考慮，AB 的高階經理人便能看到非常吸引人的潛在報酬，且只需承擔不算大的風險。

AB 最初的投資提供的是成長或擴張選擇權；其他類型的選擇權包括：若現金流量變得過低則可停止營運的權利（放棄選擇權）；延期潛在投資直到有更多資訊時再做決策（投資時點選擇權）；在計畫開始後改變投入或產出（彈性選擇權）。如後所述，這些選擇權皆有可能增加計畫預期的 NPV，並同時降低它的風險。

摘要

第十二章和第十三章討論資本預算的基本原則，現在則檢視一項很重要的延伸——實質選擇權，並舉例說明其重要性。

當你讀完本章，你應能做到以下：
- 解釋實質選擇權。
- 了解實質選擇權如何影響資本預算。
- 分析實質選擇權。

14-1 實質選擇權綜論

傳統的**折現現金流量（DCF）**分析——預測計畫的現金流量然後進行折現計算，以求出預期的 NPV，自 1950 年代以來，已經成了資本預算的基石。然而，在最近幾年，證據顯示 DCF 技術不總是導致適當的資本預算決策。

DCF 技術最初發展出來，是為了評價諸如股票和債券的證券。它們屬被動投資（passive investment）；亦即一旦做了投資，大部分投資人對該證券產生的現金流量便沒有任何影響力。然而，實質資本不屬被動投資——即使計畫已啟動，經理人仍可以採取行動去改變現金流量，而這樣的改變機會稱為**實質選擇權（real option）**，「實質」是用來和金融選擇權（如 GE 的股票選擇權）做區隔；「選擇權」是因它們提供的是權利，而非義務，得在未來採取某些行動。實質選擇權是有

價值的,但這個價值並未納入傳統的 NPV 分析裡。因此,實質選擇權的價值必須單獨予以分析。

實質選擇權有數種類型:(1) 成長或擴張(growth or expansion)──若需求高於預期,則該計畫可選擇擴張;(2) 放棄/中止(abandonment/shut down)──若現金流量太低,則該計畫可中止;(3) 投資時點(investment timing)──計畫可延期,直到關於需求和/或成本的資訊出現為止;(4) 產出彈性(output flexibility)──若市場改變則產量可改變;(5) 投入彈性(input flexibility)──若投入價格改變,則生產過程所使用的投入(如用於發電的石油與天然氣)可改變。

> **課堂小測驗**
>
> - 何謂實質選擇權?
> - 為何 DCF 技術未能產生適當的資本預算決策呢?
> - 相較使用傳統方式,若能認知到實質選擇權的存在,為何可能會增加,而非減少該計畫的淨現值呢?
> - 實質選擇權有哪五種?前文中 AB 的狀況,以哪一種實質選擇權來描述最為適當?

14-2 成長(擴張)選擇權

AB 在南美的投資策略,闡明**成長(擴張)選擇權**〔growth (expansion) option〕;另一個例子是像海水淡化新科技這樣的「策略性投資」。假設 GRE 公司正考慮某個投資,詳見使用 Excel 製作的圖 14.1。第 I 部分的投資分析並未納入內含的實質選擇權。GRE 公司在時間 0 做了 $300 萬稅後投資。因這是一個風險較高的投資,所以使用 12% 的 WACC。成功機率為 50%;在這個情況下,未來三年每年將流入 $150 萬。但有 50% 的機會出現不佳的結果,也就是未來三年每年僅流入 $110 萬。若這個計畫成功,則 NPV = $60.3 萬;失敗則 NPV = –$35.8 萬。將每一個 NPV 乘以它對應的 50% 機率,則得到預期 NPV 等於 $12.2 萬。所以,看起來應接受這個計畫;然而,根據它的變異係數,該計畫的風險頗高,所以又或許應該選擇拒絕。

現在考慮第 II 部分──我們已知成長選擇權的存在。因而到了第一年年末,公司應會知道情況是否良好,以決定是否在 t = 2 時投入另一筆 $100 萬來進行擴張。這個擴張投資應會在未來幾年產生現金流量;在第三年年末,這個現金流量的

金額估計為 $500 萬。我們接著將新的現金流量加到原先的現金流量,以得到「最佳情境現金流量」,如列 19 所示,而它們的 NPV = $336.4 萬。最差情境現金流量會如同第 I 部分的現金流量,因此 NPV = –$35.8 萬。現在,我們便能求解出計畫的預期價值為 $150.3 萬。變異係數非常小,指出相較無成長選擇權的計畫來說,該計畫的風險遠較為低。

第 III 部分顯示**選擇權的價值**(option value),為計畫在選擇權存在時的額外價值。若有選擇權和沒有選擇權的計畫預期 NPV 皆為正,如我們的例子那樣,則選擇權的價值將等於該選擇權產生的額外預期 NPV:

$$選擇權價值 = 有成長選擇權的預期 NPV - 無成長選擇權的預期 NPV$$
$$= \$150.3 - \$12.2 = \$138.1(萬)$$

若無選擇權的預期 NPV 為負,而有選擇權的預期 NPV 為正,則選擇權價值就會等於有選擇權的預期 NPV——之所以等於選擇權的價值,是因若沒有它,該計畫不會有正的 NPV,而會被拒絕。

一旦我們完成如圖 14.1 的分析,就必須考慮獲得選擇權所涉及的所有成本。例如,假設為了能夠執行擴張,GRE 公司應在 t = 0 支出額外的 $30 萬購買土地,因擴張時會需要土地。我們可以將這項成本納入第 II 部分的分析;然而,我們也可一開始便選擇對此成本不加理會,直接求出選擇權的價值(完全不納入獲得選擇權所需的額外成本),然後將選擇權的價值和成本加以比較。兩種程序皆可使用,但我們偏好第二種。不過,請注意該計畫真正的預期 NPV,應等於預期 NPV 減去獲得選擇權的成本,也就是 $108.1 萬。

必須指出的是,透過假設所有現金流量皆採同一資本成本(計畫的 WACC)做折現,讓分析得以大幅簡化。在大多數的案例裡,你可預期與成長選擇權有關的現金流量較難確定,因而你會想用較大的折現率。基於上述,實務上許多分析師使用選擇權定價理論的洞見,幫助預測不同型態實質選擇權的價值。此外,考慮公司極少在理想世界裡經營,這些分析將變得更複雜——在許多案例裡,它們和其他公司激烈競爭,而那些公司也將相同的選擇權方法用於評估未來的擴張選項。因此,公司成長選擇權的價值,很大程度上取決於它們重要競爭對手隨時間推移所做出類似投資的可能性。

最後要提的是,需要了解成長選擇權的重要性和結構會隨不同公司而不同。對於那些必須經常評估研發投資水準和時點的產業,實質選擇權特別重要。例如,大型公用事業公司、南方公司(Southern Company)在其網站,清楚扼要描述它如何使用選擇權來評估各式各樣的潛在投資案:

圖 14.1　成長選擇權分析（單位：$ 千）

第 I 部分　無成長選擇權的計畫

結果	機率	期末稅後現金流量 0	1	2	3	NPV@ 12%
佳	50%	−$3,000	$1,500	$1,500	$1,500	$603
差	50%	−$3,000	$1,100	$1,100	$1,100	−$358
					預期 NPV	$122
					標準差（σ）	$480
				變異係數 = CV = σ／預期 NPV		3.93

第 II 部分　有成長選擇權的計畫

		期末稅後現金流量 0	1	2	3	NPV@ 12%
現金流量，初始投資		−$3,000	$1,500	$1,500	$1,500	
現金流量，成長投資				−$1,000	$5,000	
佳	50%	−$3,000	$1,500	$500	$6,500	$3,364
差	50%	−$3,000	$1,100	$1,100	$1,100	−$358
					預期 NPV	$1,503
					標準差（σ）	$1,861
				變異係數 = CV = σ／預期 NPV		1.24

第 III 部分　選擇權的價值

有成長選擇權的預期 NPV		$1,503
無成長選擇權的預期 NPV		$122

狀況 1：若無成長選擇權的預期 NPV 為正，則
選擇權價值 ＝ 有成長選擇權的預期 NPV － 無成長選擇權的預期 NPV ＝ $1,381

狀況 2：若無成長選擇權的預期 NPV 為負，則
選擇權價值 ＝ 有成長選擇權的預期 NPV － 0 ＝ NA

注意：若無成長選擇權的預期 NPV 為負，則該計畫便不應執行。在這種情況下，該計畫對公司價值沒有影響（NPV = 0）。

選擇權價值	＝	$1,381

　　南方公司企業策略的第三暨最後一個層面，是在變幻莫測的公用事業產業裡依靠「選擇權」方法以求發展。如前述及，沒有人可以正確預測 10-15 年以後的石油產業將有何種風貌，所以我們必須發展出選項，用以處理種種不同的潛在未來。得出選項的其中一種方式是透過研發計畫──我們正深度關注那些可能從根本上改變能源供應方式、或使用在家庭與企業的科技；即便這些科技的市場成功率很低或是遙遠未來才將成熟。如氫燃料不會很快就成為重要能源來源，但愈往未來看，氫就愈來愈成了吸引人的選項。

> **課堂小測驗**
>
> - 若公司未考量成長選擇權，會導致高估或低估該計畫的淨現值嗎？試解釋之。

14-3 放棄／中止選擇權

在資本預算裡，常假設公司會持續執行計畫，直到該計畫生命期結束；然而，這不總是一個最佳的行動方案。若公司的計畫擁有**放棄選擇權（abandonment option）**，亦即讓該計畫在生命期結束前便中止，會增加預期獲利和降低風險。例如，假設 GRE 公司正考慮另一項計畫──和重要的供應商協商購電成本與供電量。一般來說，電力公司在架設電纜線前會要求保證最低購買電量，因電廠想確保投資不會虧損。若 GRE 公司執行此計畫，它將被迫不能中斷，直至計畫四年後結束為止。

GRE 公司計畫的細節，請參見 Excel 試算表產生之圖 14.2 的第 I 部分。起始投資為 t = 0 時的 $100 萬，以及會產生三種可能的結果：(1) 對應列 6 現金流量的最佳情境結果；(2) 對應列 7 現金流量的基準或平均情境結果；(3) 對應列 8 每年皆產生損失的最差情境結果。基準情境、最佳情境和最差情境的發生機率分別為 50%、25% 與 25%。一開始，這個計畫被認為風險較低，所以資本成本為 10%。每一種情境下的 NPV，顯示在 H 行，而預期 NPV = $14,000。因此，該計畫屬勉強可接受。

現在考量第 II 部分，針對放棄是可行方案的分析。最佳情境、基準情境和最差情境數據來自於第 I 部分，並分別顯示在列 16、17 和 18。同時，我們在列 19 顯示 GRE 公司放棄計畫後的狀況；我們假設若 GRE 公司看到第一年的情況很糟時，它可以決定結束營運，以及可在第二年賣出價格 $200,000 的設備（第三年和第四年將無現金流量）。這個新的最差情境 #2 的 NPV = –$1,089,000 ──雖然還是不好，但遠較「不能放棄」的最差情境 #1 為佳。

GRE 公司擁有放棄選擇權，應永遠不會選擇最差情境 #1；因若實際狀況不佳，它應會選擇最差情境 #2 和放棄計畫。所以，當我們計算預期 NPV 時，設定最差情境 #1 的機率為 0、最差情境 #2 則是 25%。結果便得到預期 NPV = $214,000 ──比若無放棄選擇權的預期 NPV = $14,000 要高出許多。請注意：若計算變異係數，便會發現計畫風險大幅下降；這符合我們的預期，因存在放棄的可能性，大幅改善最差情境的結果，故降低計畫風險。

圖 14.2 放棄選擇權（單位：$ 千）

	A	B	C	D	E	F	G	H	I
3	第 I 部分　不能放棄								
4					期末稅後現金流量			NPV @	
5	結果	機率	0	1	2	3	4	10%	
6	最佳情境	25%	–$1,000	$400	$600	$800	$1,300	$1,348	
7	基準情境	50%	–$1,000	$200	$400	$500	$600	$298	
8	最差情境	25%	–$1,000	–$280	–$280	–$280	–$280	–$1,888	
9							預期 NPV	$14	
10							標準差（σ）	$1,179	
11						變異係數 = CV = σ／預期 NPV		83.25	
12									
13	第 II 部分　可以放棄								
14					期末稅後現金流量			NPV @	
15	結果	機率	0	1	2	3	4	10%	
16	最佳情境	25%	–$1,000	$400	$600	$800	$1,300	$1,348	
17	基準情境	50%	–$1,000	$200	$400	$500	$600	$298	
18	最差情境 #1	0%	–$1,000	–$280	–$280	–$280	–$280	–$1,888	不使用
19	最差情境 #2	25%	–$1,000	–$280	$200	$0	$0	–$1,089	使用
20							預期 NPV	$214	
21							標準差（σ）	$866	
22						變異係數 = CV = σ／預期 NPV		4.05	
23									
24	第 III 部分　選擇權的價值								
25							有放棄選擇權的預期 NPV	$214	
26							無放棄選擇權的預期 NPV	$14	
27			狀況 1：若無放棄選擇權的預期 NPV 為正，則						
28	選擇權價值	=		有放棄選擇權的預期 NPV	–	無放棄選擇權的預期 NPV		$200	
29									
30			狀況 2：若無放棄選擇權的預期 NPV 為負，則						
31	選擇權價值	=		有放棄選擇權的預期 NPV	–	0		NA	
32									
33	注意：若無放棄選擇權的預期 NPV 為負，則該計畫便不應執行。在這種情況下，該計畫對公司價值沒有影響（NPV = 0）。								
34									
35							選擇權價值 =	$200	

在第 III 部分，我們計算放棄選擇權的價值，這個價值為預期 NPV 的增加（$200,000）。GRE 公司值得支付電廠最多 $200,000，以換取中止最低用電量約定，並因此能在狀況轉壞時，放棄這個計畫。

> **課堂小測驗**
>
> - 你預期放棄選擇權會增加或減少計畫的預期淨現值和風險（以變異係數來衡量）？試解釋之。
> - 假設某計畫的預期「不能放棄」NPV = –$14、預期「可以放棄」NPV = $214，則此放棄選擇權的價值為何？（**+$214**）

14-4 投資時點選擇權

傳統上，NPV 分析假設計畫不是被接受，就是被拒絕，也就是若它們現在不能執行，就永遠不能執行。然而在實務上，公司通常還有第三種選擇——將這個決策推遲到有更多資訊可用時。這樣的**投資時點選擇權（investment timing option）**，可以影響計畫預期的獲利性和風險。

為了闡明時點選擇權，假設 GRE 公司正考慮某個三年計畫，如圖 14.3 所示。該計畫有著較短的生命期，這是因為 GRE 公司判斷三年後科技將有重大改變，迫使公司必須朝向不同的方向發展。對該計畫的目前預測如下：在 t = 0 的初始投資為 $300 萬、未來三年都會產生正現金流量，以及它的風險高於平均的風險（所以 WACC = 12%）。每年的現金流量規模，將取決於未來的市場狀況。如第 I 部分所示，市場狀況好的機率為 50%——計畫每年產生 $200 萬的現金流量；需求不佳的機率為 50%——計畫每年僅產生 $45 萬的現金流量。若市場情況佳，則 NPV = $180.4 萬；但若需求不振，則 NPV = –$191.9 萬。假設現在就開始執行計畫，則預期 NPV = –$5.8 萬；所以，應拒絕該計畫。

現在探查第 II 部分，我們假設 GRE 公司可以將決定推遲到明年，那時對市場狀況會有較多的資訊。因預期科技將出現重大突破，以致若計畫決策被推遲一年，在完成最初投資後，現金流量將只再持續兩年。因此，推遲決策意謂著放棄一年的正現金流量。但若市場狀況佳，公司會在一年後開始執行計畫，並因而獲得 $33.9 萬的 NPV；但若情況不佳，它可選擇不進行投資（NPV = 0）。這兩種結果各自的發生機率為 50%，則在 t = 0 時的預期 NPV = $17 萬，因此應接受這個計畫。

在做出最終接受／拒絕決定前，也應將一些其他因素納入考慮。首先，若 GRE 公司決定等待，便可能失去最早進入市場的策略優勢。此外，成本也可能增加，這會降低計算得到的 NPV。一般而言，未來市場狀況的不確定性愈多，等待的吸引力就愈大。然而，風險降低的可能代價是失去「先占優勢」。

> **課堂小測驗**
> - 簡要描述何謂投資時點選擇權，以及投資時點選擇權為何會有價值。
> - 解釋以下敘述為何為真：一般來說，若其他因素維持不變，則對未來市場條件的不確定性愈高，投資時點選擇權的價值便愈高。

Chapter 14 實質選擇權

圖 14.3 投資時點選擇權分析（單位：$ 千）

	A	B	C	D	E	F	G	H
3	第 I 部分	無投資時點選擇權的計畫						
4					期末稅後現金流量			NPV@
5		結果	機率	0	1	2	3	12%
6		市場佳	50%	–$3,000	$2,000	$2,000	$2,000	$1,804
7		市場差	50%	–$3,000	$450	$450	$450	–$1,919
8							預期 NPV	–$58
9							標準差（σ）	$1,861
10						變異係數 = CV = σ／預期 NPV		–32.23
11								
12	第 II 部分	推遲決策直到清楚知道市場狀況						
13					期末稅後現金流量			NPV@
14		結果	機率	0	1	2	3	12%
15		市場佳	50%	$0	–$3,000	$2,000	$2,000	$339
16		市場差	50%	$0	$0	$0	$0	$0
17							預期 NPV	$170
18							標準差（σ）	$170
19						變異係數 = CV = σ／預期 NPV		1.00
20								
21	第 III 部分	選擇權的價值						
22						有投資時點選擇權的預期 NPV		$170
23						無投資時點選擇權的預期 NPV		–$58
24								
25				狀況 1：若無投資時點選擇權的預期 NPV 為正，則				
26		選擇權價值	=	有投資時點選擇權的預期 NPV	–	無投資時點選擇權的預期 NPV		NA
27								
28				狀況 2：若無投資時點選擇權的預期 NPV 為負，則				
29		選擇權價值	=	有投資時點選擇權的預期 NPV	–	0		$170
30								
31	注意：若無投資時點選擇權的預期 NPV 為負，則該計畫便不應執行。在這種情況下，該計畫對公司價值沒有影響（NPV = 0）。							
32								
33						選擇權價值	=	$170
34								
35	請注意：在推遲決策狀況下，我們仍是必須找出 t = 0 時的 NPV。若我們設定 t = 0 時的現金流量為 $0，接著使用計算機或 Excel，便自動得到 t = 0 時的 NPV。然而，若我們設 CF₀ = –3000、CFⱼ = 2000、Nⱼ = 2 和 I/YR = 12，則計算得到之市場佳時的 NPV = $380，以及預期 NPV = $190。但請留意，這些是 t = 1 時的 NPV，我們必須以 12% 對之進行折現一次才能獲得正確答案，且才能和未推遲計畫決策時的 NPV 做比較。							

14-5 彈性選擇權

彈性選擇權（flexibility option）允許公司在計畫執行期間，得以改變其投入或產出。BMW 在美國南卡羅萊納州斯巴達堡（Spartanburg）的汽車裝配廠，便是一個很好的例子。當 BMW 興建這間工廠時，原先計劃只生產運動轎跑車；若當初按原定計畫，則興建成本將會極小，NPV 將會極大。然而，BMW 認知到對不同車款的需求會隨著時間改變；這意謂在某個時點，BMW 或許想要改生產另一類型的汽車。但該工廠若專為生產運動轎跑車而建，則這樣的轉換將會很困難。因此，BMW 決定花費額外的資金來興建較為彈性的工廠——當需求改變時，這間工廠有

圖 14.4　彈性選擇權（單位：$ 千）

	A	B	C	D	E	F	G	H	I	J
3	第 I 部分　無彈性選擇權的計畫						期末稅後現金流量			NPV@
4	結果				機率	0	1	2	3	12%
5	強勁需求				50%	–$5,000	$2,500	$2,500	$2,500	$1,005
6	需求不振				50%	–$5,000	$1,500	$1,500	$1,500	–$1,397
7									預期 NPV	–$196
8										
9	第 II 部分 有彈性選擇權的計畫						期末稅後現金流量			NPV@
10	結果				機率	0	1	2	3	12%
11	強勁需求				50%	–$5,100	$2,500	$2,500	$2,500	$905
12	需求不振		產品轉換		50%	–$5,100	$1,500	$2,250	$2,250	–$366
13									預期 NPV	$270
14										
15	第 III 部分 選擇權的價值									
16									有彈性選擇權的預期 NPV	$270
17									無彈性選擇權的預期 NPV	–$196
18										
19				狀況 1：若無彈性選擇權的預期 NPV 為正，則						
20				選擇權價值　＝　有彈性選擇權的預期 NPV　－　無彈性選擇權的預期 NPV						NA
21										
22				狀況 2：若無彈性選擇權的預期 NPV 為負，則						
23				選擇權價值　＝　有彈性選擇權的預期 NPV　－　0						$270
24										
25	注意：若無彈性選擇權的預期 NPV 為負，則該計畫便不應執行。在這種情況下，該計畫對公司價值沒有影響（NPV＝0）。									
26										
27									選擇權價值　＝	$270

能力生產數種不同的車款。無疑，事情總在改變──對運動轎跑車的需求下降了，而對敞篷車的需求卻上升了。但 BMW 已經做好準備，斯巴達堡的工廠正大量生產熱銷的敞篷車。因此，BMW 藉著興建較彈性工廠所產生的現金流量，會遠比沒有彈性選擇權的情況下來得高。

諸如佛羅里達電力公司（Florida Power & Light, FPL）的公用事業公司，對如何將投入彈性納入資本預算計算提供一個很好的例子。FPL 能夠興建石油和天然氣兩用的發電廠；這兩種燃料的價格會隨著時間改變，取決於伊朗、伊拉克等地情勢的發展，以及改變的環境政策等因素。多年前，幾乎所有的發電廠都設計為只能使用某種燃料，以使建造成本達到最低。然而，隨著燃料價格波動性的增加，電力公司開始興建較高成本、也更彈性的發電廠，以允許視相對價格的變化，在這兩種燃料間反覆切換。

圖 14.4 由 Excel 產生，它闡明彈性選擇權的分析。第 I 部分顯示若對產品（如轎車）的需求結果不如預期，則預期的 NPV 為一個負值。然而，如第 II 部分所示，若工廠有足夠的彈性將生產轉換成另一種產品（如敞篷車），則預期 NPV 將為正數。在我們分析任何的投入彈性時，設算皆會很類似；舉例來說，如果石油價格上漲得比天然氣快，則電廠可以將燃油發電轉換成天然氣發電。彈性選擇權當然有成本，但這些成本應與計算得到的選擇權價值做比較。

> **課堂小測驗**
> - 何謂投入彈性選擇權？何謂產出彈性選擇權？
> - 彈性選擇權如何影響計畫的淨現值和風險？

結語

本章聚焦在資本預算裡一個很重要的面向：實質選擇權及其對計畫價值的效應。在接下來的數章裡，我們將討論目標資本結構的建立，以及資本結構對公司資本成本和最適資本結構的影響。然後，我們探討與之相關的股利政策議題。

自我測驗

ST-1　放棄選擇權　你的公司正考量有著以下現金流量的計畫：

		每年預測的現金流量			
		0	1	2	3
最佳情境	25%	($25,000)	$18,000	$18,000	$18,000
基準情境	50%	(25,000)	12,000	12,000	12,000
最差情境	25%	(25,000)	(8,000)	(8,000)	(8,000)

你已知公司可以出於自己的選擇，在營運一年後放棄該計畫。在這樣的情況下，它可以在第二年年末賣出資產，並收到 $15,000 的現金。假設所有的現金流量皆為稅後，並令 WACC = 12%。

a. 若不存在放棄選擇權，該計畫的預期 NPV 等於多少？
b. 在擁有放棄選擇權的情況下，這個計畫的預期 NPV 等於多少？
c. 放棄選擇權的價值為何？

問題

14-1 使用白話解釋以下實質選擇權的意義，以及它如何改變計畫的 NPV 和計畫的相應風險（相對於該選擇權不被納入考量時的情況）。
   a. 放棄。
   b. 時點。
   c. 成長。
   d. 彈性。

14-2 公司經常必須得增加初始投資成本來獲得實質選擇權。為何如此？公司又如何判定為獲得實質選擇權付出成本是值得的？

14-3 廠商 WACC 會如何受到它資本預算規模的影響？

PART 5 資本結構、股利政策和營運資本管理

CHAPTER 15 資本結構和財務槓桿
CHAPTER 16 股東所得：股利和庫藏股
CHAPTER 17 營運資本管理

CHAPTER 15

資本結構和財務槓桿

馬來西亞航空和全亞洲航空受 Covid-19 疫情嚴重影響

為了成長，廠商需要負債或股權形成的資本。資本採負債融資具兩項重要優勢：(1) 支付的利息可抵稅、而股利不可抵稅，相對股權成本，這降低了負債成本；(2) 債權人收到固定的負債報酬，因此若公司極度成功，股東不需與債權人分享利潤。

然而，負債也有不利之處：(1) 負債愈高則廠商風險愈高，它負債和股權成本都因而增加；(2) 若公司於不景氣時陷入麻煩，且它的經營所得不足以支付利息，則該廠商可能破產。或許好日子即將到來，但過多負債可能讓公司撐不到時來運轉。在 2020 年，基於經濟崩潰和新冠疫情產生的不確定性，這些考慮更形重要。

因為使用負債帶來額外風險，有著不穩定盈餘和營運現金流量的廠商傾向限制使用它們。另一方面，有著低商務風險和穩定營運現金流量的公司，會因採較高負債而獲益。廠商了解到當壞日子來臨，利息仍需被支付，所以它們必須瘦身以強化財務狀況，以及維持其信用評等不墜。在 2020 年，兩家亞洲大型航空公司全亞洲航空（AirAsia X、AAX、亞航 X）和馬來西亞航空（Malaysia Airlines, MAS），發現自己陷入泥沼。

這兩家公司的日常業務在疫情期間未能產生足夠現金，以致難以償還它們的負債融資。回應 Covid-19 疫情施加的旅遊限制，以致大部分飛機停飛，以及 AAX、MAS 和許多業者暫停營運。航班大幅減少導致許多分析師認為 AAX 和 MAS 應無足夠現金以償還它們巨額負債；航空服務業者、租賃業者和關鍵供應商是航空公司的重要債權人。事實是，

新冠疫情並未完全結束，沒有人可以確定航空業何時將再次恢復全速營運。

因旅遊禁令和之後全球旅行需求的下滑，以致若它們的債務重整計畫不能成功，則 AAX 和 MAS 將處於破產風險之中。為在這樣充滿挑戰的環境下存活，兩家航空公司必須重整負債和改變承諾。例如，MAS 必須與債權人（包括租賃業者、航空維修廠商和重要供應商）協商延期支付利息。另一方面，AAX 必須要求它信用貸款債務人勾銷總計 634.9 億馬幣的債權，並同時要求它有擔保品的債權人同意重整。

有擔保的債權人掌控公司資產，且於公司清算時，在信貸債權人之前獲得清償。有擔保債權人包括銀行，而信貸債權人包括信貸業者、供應商和顧客。

來源：Kang Siew Li, "Creditors to Decide Fate of MAS, AirAsia X," *The Edge Malaysia*, October 12, 2020.

摘要

當我們在第十一章計算加權平均資本成本（WACC）時，假設公司有特定的目標資本結構。不過，目標資本結構通常會隨著時間改變，並進而影響每一種資本類型的風險和成本，最終則影響了 WACC。此外，WACC 的改變將影響資本預算決策和股價。

許多因素會影響資本結構決策；如下所述，你將會了解最適資本結構決策並不屬精確的科學。因此，即使同一產業的公司通常也會有差異很大的資本結構。本章考慮負債對風險和最適資本結構的效應。

當你讀完本章，你應能做到以下：

- 解釋分別以帳面價值、市場價值和目標結構作為基礎來計算公司的資本結構時，可能會產生差異的原因。
- 分辨商務風險和財務風險，以及解釋負債融資對公司預期報酬和風險的效應。
- 討論決定最適資本結構的分析架構。
- 討論資本結構理論，並用以解釋不同產業的公司有不同資本結構的原因。

15-1 帳面、市場或「目標」權重

資本（capital） 指的是投資人提供的資金，包括負債、特別股、普通股和保留盈餘；應付帳款和應提費用並不在其中，因它們不是由投資人提供的，而是來自於供應商、員工和國稅局（透過正常營運）。公司的**資本結構（capital structure）**，通常是指投資人提供之每一種資本類型的百分比（加總得到 100%）。**最適資本**

結構（optimal capital structure）是負債、特別股和普通股股權的最適組合，能極大化股票的內在價值。如下所述，極大化內在價值的資本結構，也同時極小化 WACC。

15-1a 衡量資本結構

一開始，我們必須先回答以下問題：如何衡量資本結構？我們是否該使用由會計師提供且呈現在資產負債表上的帳面價值來衡量？是否應使用負債、特別股和普通股股權的市場價值？或其他組數字？為了解會涉及哪些因素，請參見表 15.1，該表根據開拓重工（Caterpillar, CAT）最近的財務報表，比較帳面價值和市場價值。

1. 在這個範例裡，我們假設投資人提供的負債包括應付票據和長期負債，以及負債的市場價值通常相當接近它的帳面價值；所以簡化起見，我們在帳面價值和市場價值欄位上使用相同的負債金額。
2. 然而，在進行分析當時，普通股每股市場價值為 $147.68，而帳面價值僅 $26.52。流通在外的股票數目為 5.501 億股，所以股票總市場價值為 $812 億（= 147.68 × 550,100,000），而帳面價值則是 $146 億。

表 15.1 開拓重工 2019 年 12 月 31 日之帳面價值、市場價值和目標資本結構的「快照」（單位：$ 十億）

資產負債簡表 資產和對資產請求權之帳面價值					投資人提供的資本：應付帳款、應計費用和其他負債被排除，因它們來自營運、而非來自投資人			
資產			請求權		帳面價	市場價	目標 %
現金	$8.3	應付帳款	$6.0	7.7%	— —	— —	—
應收帳款	17.9	應提準備	5.4	6.9%	— —	— —	—
存貨	11.3	其他流動負債	3.8	4.8%	— —	— —	—
其他流動資產	1.7	應付票據（短期負債）	11.4	14.5%	$11.4　22%	$11.4　10%	5%
總流動資產	$39.2	總流動負債	$26.6	33.9%			
		其他長期負債	10.9	13.9%			
		長期負債	26.3	33.5%	26.3　50%	26.3　22%	35%
固定資產	$12.9	總負債	$63.8	81.4%	$37.7　72%	$37.7　32%	40%
其他長期資產	26.3	普通股	$5.9	7.5%	$5.9		
		保留盈餘	8.7	11.1%	8.7		
		總普通股股權	$14.6	18.6%	$14.6　28%	$81.2　68%	60%
總資產	$78.4	總請求權	$78.4	100%	$52.3　100%	$118.9　100%	100%

註：在進行分析當時，開拓重工有 5.501 億股流通在外，每股帳面價值為 $26.52，每股市場價值 $147.68。因不知道它的管理階層所設定的目標資本結構為何，我們判斷 40% 的負債比應是一個合理的數字。15-3 節裡介紹的程序，顯示開拓重工可能如何建立它的目標資本結構。

來源：Caterpillar's 2019 SEC Form 10-K Annual Report.

Chapter 15 資本結構和財務槓桿

3. 從資本結構目的之角度來看,發行新股和保留盈餘的股權是一樣的。這兩種資本都由股東提供——購買新發行股票;或允許經理人保留盈餘,而非將盈餘以股利發給股東。
4. 開拓重工未使用特別股;若它發行特別股,則市場價值的計算方式,會與普通股股權的市場價值之計算方式相同。
5. 根據大部分的財務理論學者,使用市場價值會比使用帳面價值來得好。然而,多數財務分析師報告裡的數據是帳面數字,而且債券評等機構重視帳面價值的程度絕不亞於市場價值。此外,股價的波動性相當高;所以,若我們使用市場價值,則用於計算 WACC 之權重的波動性也會很高。基於這些原因,一些分析師主張使用帳面價值。
6. 在一個完美的世界裡,公司應根據市場價值來決定最適資本結構、募集資本以維持這個結構,以及使用最適權重來計算它的 WACC。然而,我們的世界不是一個完美的世界,不可能找出精確的最適結構;又因金融市場所內含的波動性,所以即使可能找出最適結構,也不可能始終保持在最適目標。結果是,大部分的公司聚焦於目標負債比區間(target debt ratio range),而非單一數字。
7. 一般來說,財務長(CFO)會將公司的資本結構與標竿相比,並執行分析——參見本章後續內容。
8. 假設開拓重工的管理階層認為公司最適資本結構為 40% 負債,並設定 35% 至 45% 的最適負債比區間。股權區間因而為 (1 − 負債 %),或是介於 55% 至 65%。為了簡化起見,假設短期負債和長期負債的平均利率為 5%、股權成本 11%,以及企業稅率為 25%。使用表 15.1 的權重,以下計算顯示資本預算的不同選擇,導致 WACC 預估值的顯著差異:

$$WACC_{帳面} = w_{d(帳面)}(r_d)(1-T) + w_{c(帳面)}(r_s)$$
$$= 0.72(5\%)(1-0.25) + 0.28(11\%) = 0.0270 + 0.0308 = 5.78\%$$

$$WACC_{市場} = w_{d(市場)}(r_d)(1-T) + w_{c(市場)}(r_s)$$
$$= 0.32(5\%)(1-0.25) + 0.68(11\%) = 0.0120 + 0.0748 = 8.68\%$$

$$WACC_{目標} = w_{d(目標)}(r_d)(1-T) + w_{c(目標)}(r_s)$$
$$= 0.40(5\%)(1-0.25) + 0.6(11\%) = 0.0150 + 0.0660 = 8.10\%$$

股票帳面價值和市場價值之間的差異愈大,則計算得到之 WACC 的差異愈大。

9. 使用 40% 中間值作為目標負債比，我們對開拓重工之 WACC 平均風險計畫的預測為 8.10%。

若實際負債比顯著低於目標區，公司或許應發行債券來募集資本；若負債比高於目標區，則或許應使用股權。還請注意：隨著情勢改變，目標區很可能會隨時間改變。

15-1b 隨著時間改變的資本結構

基於兩項相當不同的原因，公司實際的資本結構會隨時間改變：

- **蓄意行動（deliberate action）**：若公司目前偏離目標，可以蓄意地募集新資金，讓實際結構朝向目標移動。
- **市場行動（market action）**：公司會因高利潤或遭遇損失，造成資產負債表上股權帳面價值的顯著改變，以及股價下跌。類似地，雖然公司負債的帳面價值或許不會改變，但利率會因一般利率水準的改變而改變；和／或公司違約風險的改變，也能導致其負債市場價值的顯著改變；這樣的負債和／或股權市場價值的改變，能造成公司量測之資本結構的大幅改變。如本章開場文所強調的那樣，當公司在 2020 年經歷股票市價急遽下跌時，該下跌導致以市價為基礎計算得到的負債比大幅上揚。

然而，在任何時點，大部分公司的心中有著特定的目標區間。若實際負債比超越目標值，則公司可發行新股，並利用賣股所得來減少負債；若股價上升，使負債比低於目標，它能發行債券，並使用這筆收入來回購股票。當然，公司可透過每年資本預算所需的融資，來逐漸朝向目標結構。

課堂小測驗

- 定義「帳面價值資本結構」、「市場價值資本結構」和「目標資本結構」，並解釋它們之間為何會有差異。
- 股市處於多頭還是空頭時，比較容易讓市場價值負債比高於帳面價值負債比？試解釋之。
- 若股價超過帳面價值時，為何根據 WACC 計算的市場價值，會高於使用帳面價值計算所得到的？
- 你認為以下何者較不會隨著時間變化：公司的帳面價值或市場價值的資本結構？試解釋之。

15-2 商務和財務風險

第八章從個別投資人的觀點檢視風險，因而分辨出兩種風險：單一獨立風險——對該資產現金流量的分析；投資組合脈絡下的風險——對某資產組合的現金流量進行分析。在投資組合脈絡下，我們了解資產的風險能被分成兩種成分：可分散風險，因它能被分散，所以不為大部分投資人所關注；以及市場風險，它是由貝它係數所衡量，反映不能透過分散化所消除的廣泛市場移動，因而受到投資人的關注。第十三章則從企業的觀點檢視風險，並考慮資本預算決策會如何影響公司的風險程度。

現在介紹風險的兩個新面向：

1. **商務風險**：在未使用負債的情況下，公司資產的風險。
2. **財務風險**：因使用負債，對普通股股東造成的額外風險。

15-2a 商務風險

商務風險（business risk）是影響資本結構的最重要單一因素，它代表即使在未使用負債情況下，公司營運內含的風險程度。商務風險常用的指標為公司投資資本的報酬（ROIC）的標準差，ROIC 定義如下：

$$\text{ROIC} = \text{EBIT}(1-T) / \text{投資人提供的資本}$$

ROIC 量測公司提供給所有投資人的稅後報酬。因 ROIC 不隨資本結構改變，ROIC 的標準差量測公司在負債融資效應前的根本性風險，所以可作為商務風險的絕佳衡量指標。

我們使用無負債的大蜂電子（Bigbee Electronics）來闡明商務風險。圖 15.1 的上圖顯示大蜂電子在 2012 年至 2020 年的投資資本報酬趨勢，即 ROIC。證券分析師和經理人藉此知道 ROIC 在過去是如何變化，因此未來可能如何變化。圖 15.1 的下圖則根據左上方 2012 年至 2020 年的數據，顯示大蜂電子 ROIC 的機率分配。

許多因素導致大蜂電子的 ROIC 變動，包括經濟景氣狀態、成功導入新產品、競爭者、勞工罷工、重要工廠發生火災等。值得注意的是，這些數字還建議儘管在新冠疫情期間 2020 年不景氣時期，大蜂電子表現還是很好。未來無疑仍將發生其他事件，若真發生，實現的 ROIC 將高於或低於預期的 9.0%。此外，總是存在某種可能——遭受長期性的損害，永久壓縮公司的盈餘能力。例如，競爭者可能引入某個新產品，讓大蜂電子的產品完全過時，並使得公司停業——這與汽車發明後，製造輕便馬車公司的下場非常相像。

圖 15.1　2012 年至 2020 年投資資本的報酬（ROIC）

a. 隨時間變化的 ROIC：商務風險指標

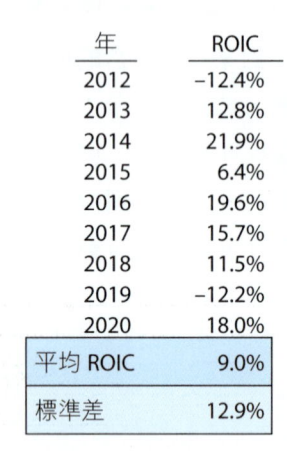

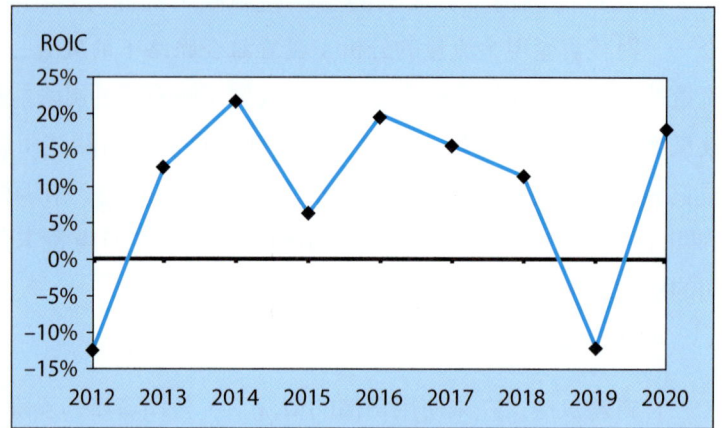

年	ROIC
2012	−12.4%
2013	12.8%
2014	21.9%
2015	6.4%
2016	19.6%
2017	15.7%
2018	11.5%
2019	−12.2%
2020	18.0%
平均 ROIC	9.0%
標準差	12.9%

b. ROIC 的機率分配：商務風險的另一個指標

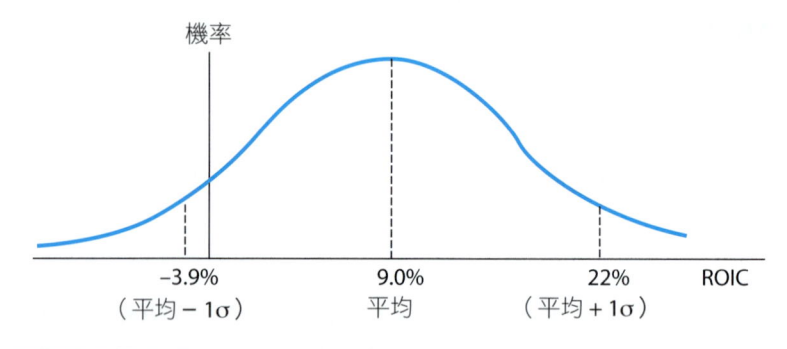

−3.9%（平均 − 1σ）　　9.0% 平均　　22%（平均 + 1σ）

註：既然大蜂電子無負債，它的 ROIC 等於其 ROE；因此，我們能以 ROE 取代 ROIC。然而，一旦使用負債，ROE 和 ROIC 將不相等。

對未來 EBIT（因此 ROIC）的不確定性愈高，則公司的商務風險愈高。大蜂電子沒有負債，所以股東目前僅面對商務風險；若它發行債券，股東不只面對既有的商務風險，還得面對一些額外的財務風險。各產業的商務風險並不相同，甚至產業內公司之商務風險也有所不同；此外，公司的商務風險會隨著時間改變。例如，電力公司常被視為有著極低的商務風險；但在過去數十年裡，它們面對日益增加的競爭，以及潛在環境法規帶來愈大的不確定性，這兩者在某種程度上增加產業的風險。到了今天，卡夫和皮爾斯伯里（Pillsbury）這樣的食品加工企業成為低商務風險的例子；新創公司的商務風險則很高。

15-2b 影響商務風險的因素

商務風險受到下列因素的影響：

1. 競爭。若公司對某一必需品有獨占權，則從競爭而來的風險很小，因此營收和售價皆會很穩定。然而，獨占性公司的價格通常受到管制，它們可能無法提高售價到足以支付上升的成本；不過，若其他因素維持不變，則較低的競爭會降低商務風險。
2. 需求變異性。對該公司產品的需求愈穩定，若其他因素維持不變，則它的商務風險愈小。
3. 售價變異性。若其他因素維持不變，相較產品價格穩定的公司，在波動性大的市場銷售產品的公司，會暴露在較大的商務風險裡。
4. 投入成本變異性。投入成本愈不確定的公司，有著愈高的商務風險。
5. 產品過時。諸如製藥和電腦的高科技公司，有賴於穩定地推出新產品。若產品愈快過時，則該公司的商務風險愈大。
6. 國外風險暴露。海外營收比重大的公司，會受到匯率波動帶來的營收下降的風險；它們也暴露於政治風險之下。
7. 管制風險和法律暴露。高度受管制產業內的公司（如金融服務業和公用事業），會受到管制環境改變的影響；管制環境可能對公司目前和未來的獲利能力產生深遠效應。面對顯著法律暴露的公司也會受到損害，如果它們若是被迫支付大筆和解費用。例如，2016年4月，在墨西哥灣發生深海鑽油平台漏油事件後，英國石油（British Petroleum, BP）在達成刑事和解和支付罰款後，同意支付55億美元民事損害和解金，並分16年分期給付。
8. 固定成本的比重：營運槓桿（operating leverage）。若公司固定成本的比例很高，以致當需求減少時，成本難以下降，則會增加該公司的商務風險。這個因素稱為營運槓桿，並將在下一小節討論。

上述任何一個因素，都會受到產業特性和管理決策的影響。例如，大蜂電子透過協商長期勞動和供應契約，便可降低成本變異性；但這或許會讓大蜂電子付出比目前市場價值為高的代價，才能取得這些契約。

15-2c 營運槓桿

如前所述，部分的商務風險取決於公司營運的固定成本程度——即使銷售所得僅小幅下跌，高固定成本也會造成ROIC的大幅減少，所以若其他因素維持不變，公司的固定成本愈高，則它的商務風險愈大。自動化程度愈高、資本愈密集的公司和產業，它們的固定成本通常較高。然而，聘僱高技術勞工的公司，在景氣衰退時仍需留住人才並支付薪水的情況下，也會有相對較高的固定成本；研發成本高的公司也是如此，因研發費用的攤提屬固定成本。

當公司的固定成本占其總成本很高的比重時，則該公司就有高的**營運槓桿（operating leverage）**。在物理學裡，leverage 這個字意謂著使用槓桿，以很小的力量便能舉起重物；在政治學裡，若人們擁有 leverage，則他們透過言語和行動便可成就大事。在商業語言裡，高程度的營運槓桿，在其他因素維持不變的情況下，意謂較小的銷售改變，便會導致 ROIC 較大的改變。

圖 15.2 比較大蜂電子使用不同程度營運槓桿的預期結果，以闡明營運槓桿的概念。A 計畫要求較少的固定成本金額 $25,000；A 計畫未使用太多的自動化設備，所以它的折舊、保養維修、財產稅等都會較低，但總經營成本線有較陡的斜率，顯示相較使用較高營運槓桿的公司，它的單位變動成本較高。B 計畫要求較高水準 $70,000 的固定成本，也就是該公司大幅使用自動化設備（付出相同薪資聘僱一位操作員，即可產出更多產量）。B 計畫的損益平衡點（break-even point）較高，為 70,000 單位產量；A 計畫則僅為 50,000。

我們可計算損益平衡產量；**損益平衡（operating breakeven）**產量發生在當息前稅前盈餘（EBIT）= 0 時：

$$EBIT = PQ - VQ - F = 0 \qquad \text{15-1}$$

其中，P 是每單位產出的平均售價、Q 是產出量、V 是每單位變動成本、F 是固定經營成本。若求解損益平衡產量 QBE，會得到以下方程式：

$$Q_{BE} = \frac{F}{P - V} \qquad \text{15-1a}$$

因此，A 計畫：

$$Q_{BE} = \frac{\$25,000}{\$2.00 - \$1.50} = 50,000 \text{ 單位}$$

B 計畫：

$$Q_{BE} = \frac{\$70,000}{\$2.00 - \$1.00} = 70,000 \text{ 單位}$$

營運槓桿如何影響商務風險？若其他因素維持不變，則公司損益兩平產量愈高，商務風險便愈高。這個論點如圖 15.3 所示——我們針對 A 計畫和 B 計畫，給定 ROIC 的機率分配。

圖 15.3 的上圖，畫出對應於圖 15.2 中銷售金額的機率分配。銷售之機率分配取決於產品需求的變動，與該產品是由 A 計畫或 B 計畫所生產無關；因此，這兩個生產計畫皆使用同樣的銷售機率分配。這個分配的銷售金額分布在 0 到 $400,000 之間、預期銷售金額為 $200,000、銷售的標準差銷售 = $98,793。

Chapter 15 資本結構和財務槓桿

圖 15.2　營運槓桿圖解

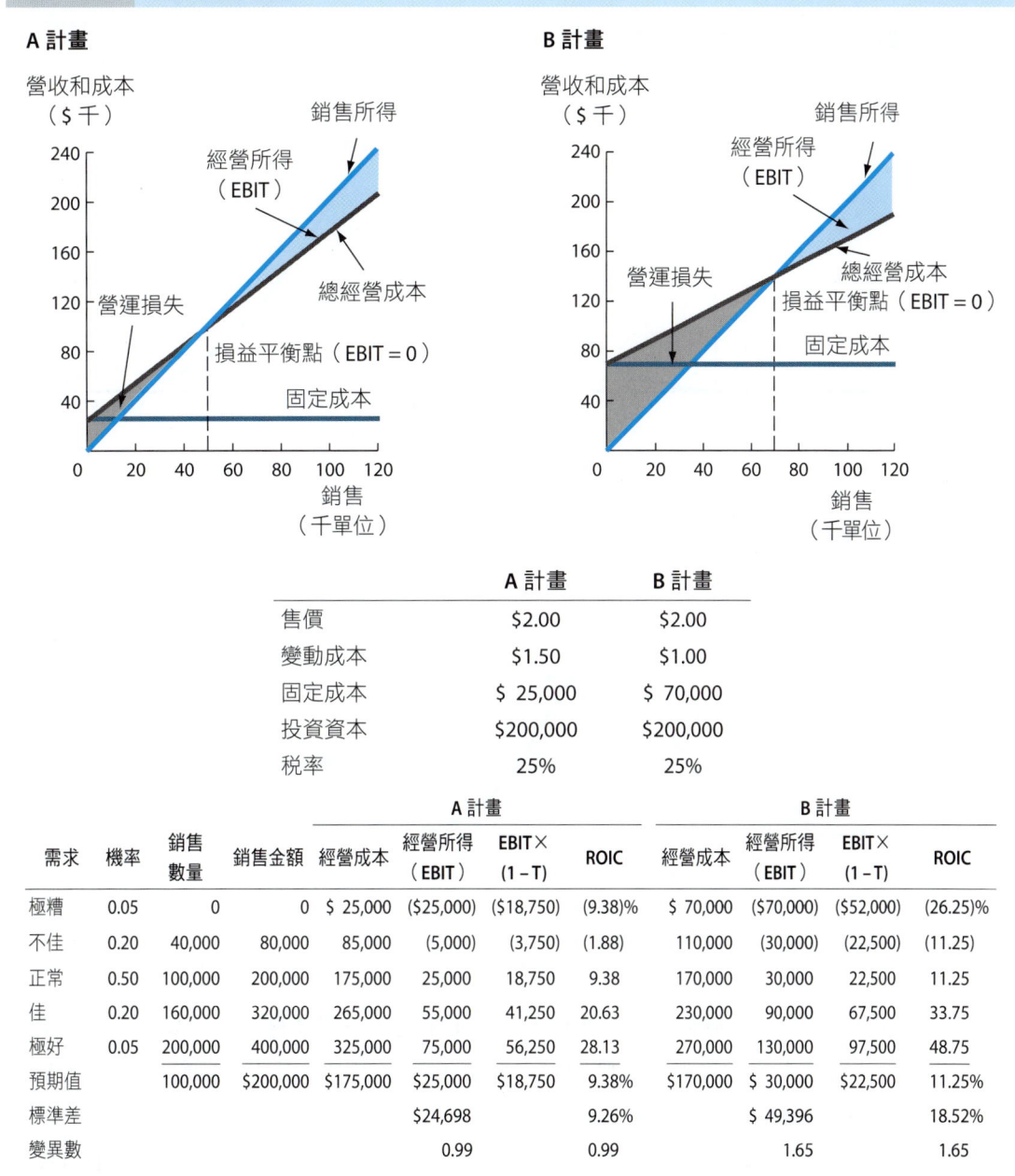

A 計畫

營收和成本（$千）

[圖形：A計畫營運槓桿圖，顯示銷售所得、經營所得（EBIT）、總經營成本、固定成本、營運損失、損益平衡點（EBIT = 0），橫軸為銷售（千單位）0~120，縱軸為0~240]

B 計畫

營收和成本（$千）

[圖形：B計畫營運槓桿圖，顯示銷售所得、經營所得（EBIT）、總經營成本、固定成本、營運損失、損益平衡點（EBIT = 0），橫軸為銷售（千單位）0~120，縱軸為0~240]

	A 計畫	B 計畫
售價	$2.00	$2.00
變動成本	$1.50	$1.00
固定成本	$ 25,000	$ 70,000
投資資本	$200,000	$200,000
稅率	25%	25%

				A 計畫				B 計畫			
需求	機率	銷售數量	銷售金額	經營成本	經營所得（EBIT）	EBIT×(1－T)	ROIC	經營成本	經營所得（EBIT）	EBIT×(1－T)	ROIC
極糟	0.05	0	0	$ 25,000	($25,000)	($18,750)	(9.38)%	$ 70,000	($70,000)	($52,000)	(26.25)%
不佳	0.20	40,000	80,000	85,000	(5,000)	(3,750)	(1.88)	110,000	(30,000)	(22,500)	(11.25)
正常	0.50	100,000	200,000	175,000	25,000	18,750	9.38	170,000	30,000	22,500	11.25
佳	0.20	160,000	320,000	265,000	55,000	41,250	20.63	230,000	90,000	67,500	33.75
極好	0.05	200,000	400,000	325,000	75,000	56,250	28.13	270,000	130,000	97,500	48.75
預期值		100,000	$200,000	$175,000	$25,000	$18,750	9.38%	$170,000	$ 30,000	$22,500	11.25%
標準差					$24,698		9.26%		$ 49,396		18.52%
變異數					0.99		0.99		1.65		1.65

註1：經營成本＝變動成本＋固定成本。
註2：因該公司沒有負債，所以淨所得＝EBIT(1－T)、ROE＝ROIC。

　　我們使用銷售機率分配，以及在不同銷售水準之下的經營成本，繪出 A 計畫和 B 計畫的 ROIC 機率分配圖——顯示在圖 15.3 的下方部分。B 計畫有較高的預期 ROIC，但這個計畫也有較高的損失機率；固定成本和營運槓桿較高的 B 計畫，

圖 15.3　商務風險分析

a. A 計畫和 B 計畫的銷售額機率分配

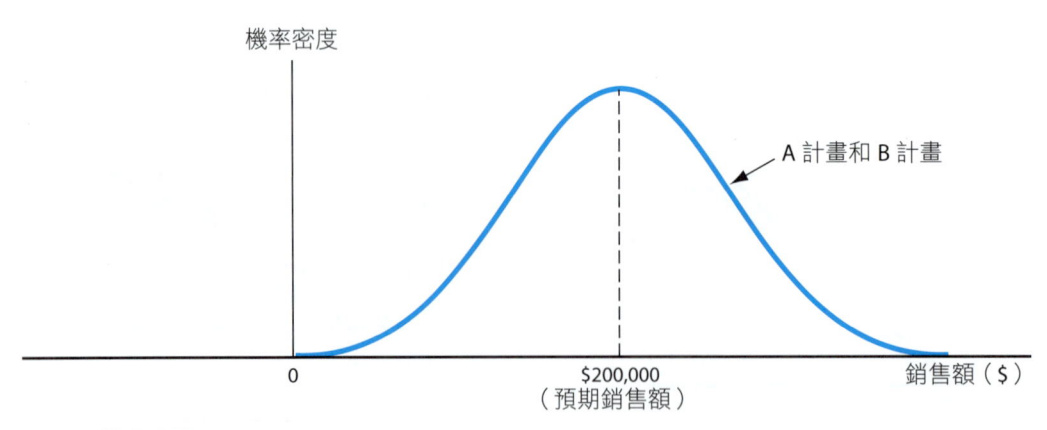

（機率密度曲線，A 計畫和 B 計畫，預期銷售額 $200,000）

b. ROIC 機率分配

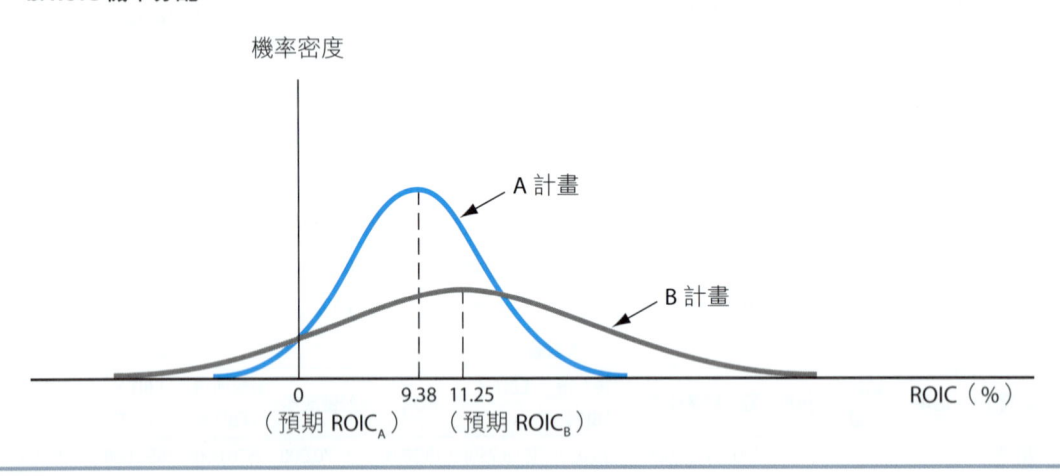

（機率密度曲線，A 計畫預期 ROIC$_A$ = 9.38，B 計畫預期 ROIC$_B$ = 11.25）

註：我們使用連續分配來近似圖 15.2 的離散分配。

風險明顯較高。一般來說，若其他因素固定不變，營運槓桿愈高，公司商務風險愈高。在接下來的討論裡，我們假設大蜂電子決定使用 B 計畫，因管理階層認為較高的預期報酬足以補償較高的風險。

公司在何種程度上可控制其營運槓桿？在很大程度上，營運槓桿是由科技所決定。電力公司、電信公司、航空公司、鋼鐵公司、化工公司必須大量投資固定資產，這導致高的固定成本和營運槓桿。同樣地，製藥、汽車、電腦和其他公司必須大量投資在研發新產品上，而產品研發費用增加營運槓桿。另一方面，雜貨店和諸如會計師事務所、顧問公司等服務業，通常有顯著較低的固定成本，以及較低的營運槓桿。然而，雖然產業因素確實有著重大影響，但任何公司對它們的營運槓桿仍有一定程度的控制權。例如，電力公司可興建天然氣發電廠或核電廠來增加其發電

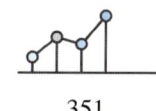

量。核電廠會要求較大的投資和產生較高的固定成本，但它們的變動經營成本卻相對較低。另一方面，天然氣發電廠會要求較少的投資，因而有較低的固定成本，但變動成本（天然氣的成本）會較高。所以，透過資本預算決策，公用事業公司或任何其他公司能影響其營運槓桿和商務風險。

營運槓桿的概念，最初因資本預算決策的需要而發展出來。涉及某產品、不同生產方法的互斥計畫，通常會有不同的營運槓桿，以及由之而來的不同損益平衡點、不同程度的風險。大蜂電子和其他公司經常會對每一個提案計畫，執行損益平衡分析（敏感度分析請參見第十三章）——這是一般資本預算過程裡的一部分。然而，企業營運槓桿一旦建立，這些因素便會對其資本結構決策產生重大影響。

15-2d 財務風險

財務風險（financial risk）是採取負債融資導致普通股股東承受的額外風險。在概念上，股東面對公司經營上內生之某種程度的風險——商務風險，定義為未來經營所得預測之內含的不確定性。若公司使用負債（財務槓桿），將使商務風險更集中於普通股股東身上。說明如下，假設某十個人決定成立企業，以持有和經營某大型公寓大樓，則這個營運存在一定程度的商務風險。若該公司完全以股權融資，以及每人皆擁有 10% 的股權，則每位投資人將均分商務風險。然而，假設該公司資本為 50% 負債和 50% 股權，亦即其中五位投資人為債權人，另五位為股東，則債權人將收到固定付款，且這個付款發生在股東收到任何可分配金額之前。此外，若公司破產，在股東收到任何金額之前必須先償付債權人。在這種情況下，這五位股東將承受所有的企業風險；所以，此時普通股的風險將是無負債時的兩倍。*因此，使用負債或**財務槓桿（financial leverage）**，將讓公司的商務風險更集中在股東身上。*

為了說明商務風險的集中化，我們延展大蜂電子的例子。到目前為止，這家公司從未使用負債，但財務主管正考慮改變公司的資本結構。如前所述，負債的改變不會影響 ROIC，但會影響該公司股東所承受的風險程度。更具體來說，負債使用的改變，應會改變每股盈餘（EPS）和風險，而這兩者皆會影響股價。為了解財務槓桿和 EPS 之間的關係，首先考慮表 15.2，它顯示大蜂電子的負債成本會如何隨著不同的負債占固定資本金額比例而改變。資本結構的負債比愈高，負債的風險愈高；基於此，放款人要求的利率便愈高。

我們在此假設只有兩種融資選擇——100% 股權，或負債和股權各 50%。我們也假設大蜂電子沒有負債、流通在外的普通股為 10,000 股，以及若它決定改變資本結構，可用目前每股 $20 的股價買回股票。現在考慮表 15.3，它顯示融資決策會如何影響大蜂電子的獲利性和風險。

表 15.2　大蜂電子在不同負債資本比下的借款利率

借款金額	負債／資本	所有負債的利率 r_d
$20,000	10%	4.0%
40,000	20	4.3
60,000	30	5.0
80,000	40	5.8
100,000	50	7.2
120,000	60	10.0

　　首先，聚焦於第 I 部分，它假設大蜂電子完全未使用負債，因此負債和利息皆為 0；是以，淨所得等於 EBIT(1 – T)、ROIC 等於 EBIT(1 – T) 除以投資資本。大蜂電子的 $200,000 投資資本會等於股權，因它未使用負債。接著將淨所得除以 $200,000 的股權，便得到 ROE。簡化起見，我們假設公司在損失發生當年獲得稅額抵減。在現實世界，這些損失被用於抵減未來的獲利。對應每一銷售水準的 ROE 乘以該銷售水準的發生機率，便得到預期 ROE=11.25%；注意圖 15.2 裡 B 計畫的預期 ROIC 也是 11.25%。最後，因沒有負債，ROIC 該行的百分比數字，和 ROE 該行的數字完全相同。

　　該表第 I 部分還計算在每一種情境下，大蜂電子無負債時的 EPS；淨所得除以流通在外之普通股 10,000 股，就得到 EPS。若需求極糟，EPS = –$5.25；若需求極佳，EPS 上升到 $9.75。每一種銷售水準下的 EPS 乘以相對應的機率，便可計算預期的 EPS，它等於 $2.25。若大蜂電子未使用負債，我們也能計算 EPS 的標準差和變異係數，以衡量零負債公司的風險：σ_{EPS} = $3.70 和 CV_{EPS} = 1.65。

　　現在查看第 II 部分，大蜂電子決定使用利率為 7.2% 的 50% 負債。銷售額或經營成本都不會受到負債的影響——不論是 0 負債或 50% 負債，EBIT、EBIT(1 – T) 和 ROIC 行的數字皆維持不變。然而，公司現在有利率 7.2%、$100,000 的負債；因此，它的利息支出為 $7,200，且任何經濟狀況下都需支付利息——若付不出利息，公司將被迫破產，而股東會被掃地出門。因此，對所有的銷售水準來說，(6) 行的成本皆為 $7,200。(7) 行顯示淨所得；當淨所得除以股權投資——現在僅是 $100,000，這是因 $200,000 投資資本裡的 $100,000 是採負債融資——我們求出不同需求狀況下的 ROE。若需求極糟、銷售額為 0，則會產生非常大的損失，以及 ROE = –57.90%。然而，若需求極佳，ROE=92.10%。若使用 50% 負債，則機率加權平均的預期 ROE=17.10%。注意：當公司的資本結構裡含有負債，ROE 和 ROIC 便不再相等了。

　　一般來說，使用負債會增加投資的預期報酬率。然而，負債也會增加普通股

表 15.3　大蜂電子 0 負債或採 50% 負債融資的財務槓桿效應

第 I 部分　零負債

負債／資本比	0%
稅率	25%
投資資本	$200,000
負債	$0
股權	$200,000
流通在外股數	10,000

對產品的需求 (1)	機率 (2)	EBIT (3)	EBIT(1−T) (4)	ROIC (5)	利息 (6)	淨所得 = (EBIT−I)(1−T) (7)	ROE (8)	EPS* (9)
極糟	0.05	($70,000)	($52,000)	(26.25)%	$0	($52,000)	(26.25)%	($5.25)
不佳	0.20	(30,000)	(22,500)	(11.25)	0	(22,500)	(11.25)	(2.25)
正常	0.50	30,000	22,500	11.25	0	22,500	11.25	2.25
佳	0.20	90,000	67,500	33.75	0	67,500	33.75	7.75
極佳	0.05	130,000	97,500	48.75	0	97,500	48.75	9.75
預期值		$30,000	$22,500	11.25%	$0	$22,500	11.25%	$2.25
標準差							18.52%	$3.70
變異係數							1.65	1.65

第 II 部分　50% 負債

負債／資本比	50%
稅率	25%
投資資本	$200,000
負債	$100,000
利息	7.2%
股權	$100,000
流通在外股數	5,000

對產品的需求 (1)	機率 (2)	EBIT (3)	EBIT(1−T) (4)	ROIC (5)	利息 (6)	淨所得 = (EBIT−I)(1−T) (7)	ROE (8)	EPS* (9)
極糟	0.05	($70,000)	($52,000)	(26.25)%	$7,200	($57,900)	(57.90)%	($11.58)
不佳	0.20	(30,000)	(22,500)	(11.25)	7,200	(27,900)	(27.90)	(5.58)
正常	0.50	30,000	22,500	11.25	7,200	17,100	17.10	4.42
佳	0.20	90,000	67,500	33.75	7,200	62,100	62.10	12.42
極佳	0.05	130,000	97,500	48.75	7,200	92,100	92.10	18.42
預期值		$30,000	$22,500	11.25%	$7,200	$17,100	17.10%	$3.42
標準差							37.05%	$7.41
變異係數							2.17	2.17

*EPS 也可使用下述公式來計算：

$$EPS = \frac{(銷售額 - 固定成本 - 變動成本 - 利息)(1-稅率)}{流通在外股數} = \frac{(EBIT-I)(1-T)}{流通在外股數}$$

股東的風險。這個情況如我們的例子所示——使用財務槓桿會將預期 ROE，從 9% 增加到 13.68%，但它也增加投資風險，如 ROE 的變異係數所示（從 1.65 上升到 2.17）。圖 15.4 繪出表 15.3 裡的數字，顯示使用財務槓桿會增加預期 ROE，但也會讓機率分配變得更平、增加大幅損失的發生機率，以及因此增加股東承受的風險。

若大蜂電子使用 50% 負債，我們也能計算其 EPS；負債 = $0，將有 10,000 股流通在外；但若半數股權被負債取代（負債 = $100,000），則只會有 5,000 股流通在外。在不同資本結構下，我們可對每一種可能的需求水準找出對應的 EPS：若無負債，需求極糟時的 EPS = –$5.25、正常需求的 EPS = $2.25、極佳需求的 EPS = $9.75；若負債為 50%，需求極糟時的 EPS = –$11.58、正常需求的預期 EPS = $3.42、極佳需求的 EPS = $18.42。所以，無負債的預期 EPS = $2.25，使用 50% 財務槓桿的預期 EPS = $3.42。雖然使用槓桿導致遠較為高的 EPS，但低，甚或負的 EPS 之發生機率或風險也會較高。

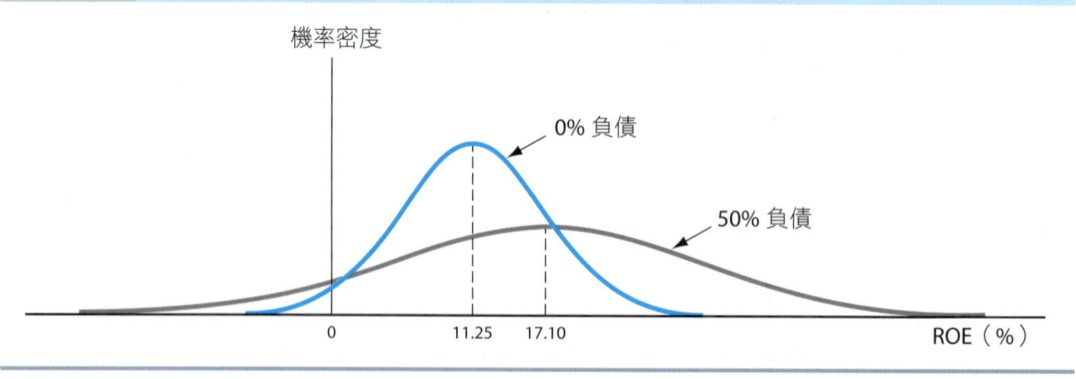

對預期 EPS、風險和財務槓桿之間關係的另一種觀點，請參見圖 15.5。圖中下半部表中數據的計算，和表 15.3 的計算方式相同，並將這些數據繪於圖 15.5 的上半部。我們看到預期 EPS 上揚，直到在 50% 負債時才停止。利息支出增加，但隨著負債替代股權，利息效應超過流通在外股數減少的效應。EPS 的最高點發生在 50% 的負債比；超過這個負債比後，利率快速上揚，以致儘管流通在外股數也減少，EPS 仍然下跌。圖 15.5 的右圖以 EPS 的變異係數來衡量風險；隨著負債取代股權，該變異係數以愈來愈快的速度持續變大。

這些例子清楚顯示使用財務槓桿會有正、反面的效應：愈高的財務槓桿增加預期 EPS（在上述例子是直到負債／資本比等於 50%），但也增加風險。大蜂電子在決定最適資本結構時，必須平衡槓桿的正面和負面效應。這個議題請參見下一小節。

圖 15.4　大蜂電子使用和不使用財務槓桿時的 ROE 機率分配

Chapter 15 資本結構和財務槓桿

圖 15.5 預期 EPS、風險和財務槓桿之間的關係

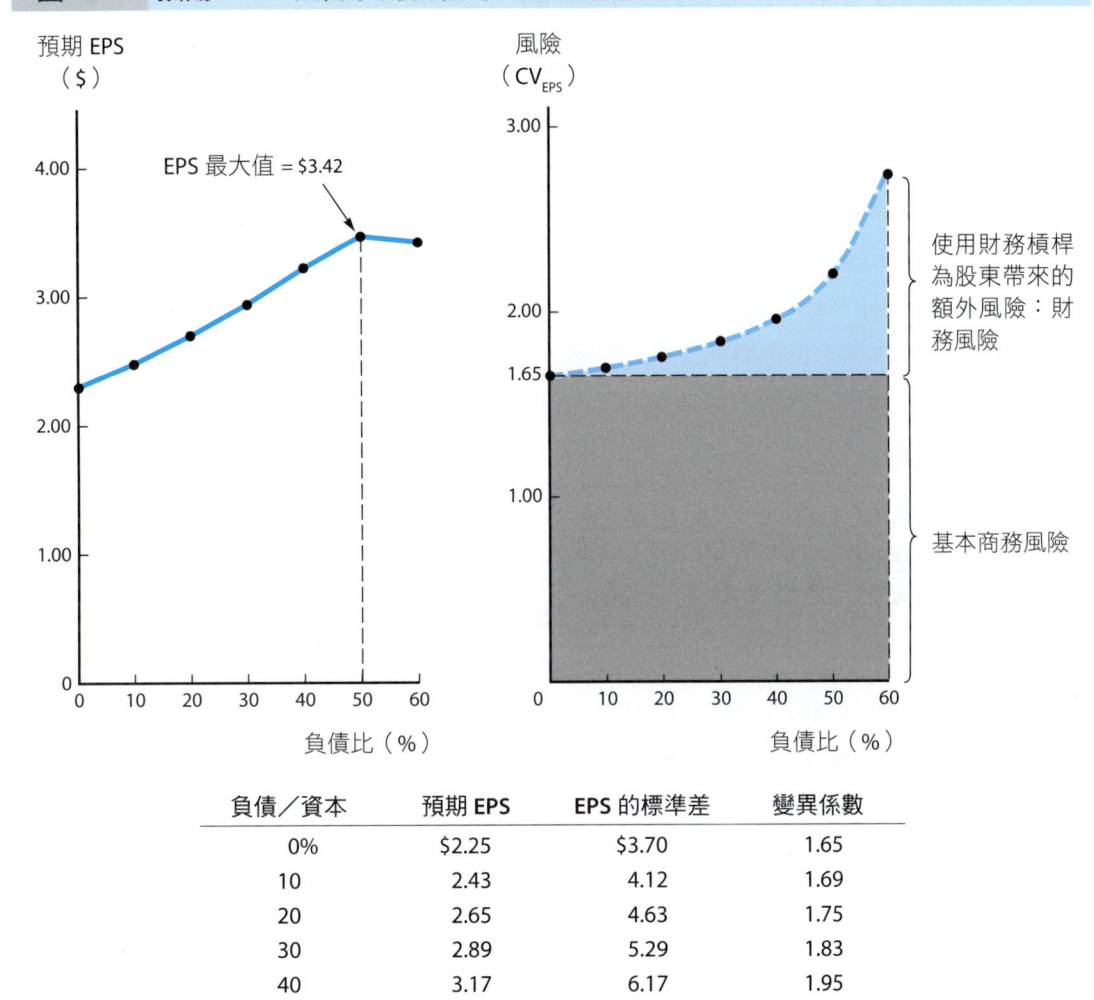

預期 EPS（$）圖：EPS 最大值 = $3.42（於負債比 50%）

風險（CV_{EPS}）圖：基本商務風險 1.65；使用財務槓桿為股東帶來的額外風險：財務風險

負債／資本	預期 EPS	EPS 的標準差	變異係數
0%	$2.25	$3.70	1.65
10	2.43	4.12	1.69
20	2.65	4.63	1.75
30	2.89	5.29	1.83
40	3.17	6.17	1.95
50	3.42	7.41	2.17
60	3.38	9.26	2.74

課堂小測驗

- 何謂商務風險，以及如何加以衡量？
- 影響商務風險的因素為何？
- 不同的產業為何會有不同的商務風險？
- 何謂營運槓桿？
- 營運槓桿如何影響商務風險？
- 何謂財務風險？為何會產生財務風險？
- 解釋以下敘述：使用財務槓桿會產生有益和有害的效應。

15-3 決定最適資本結構

如圖 15.5 所示，大蜂電子的預期 EPS 在 50% 負債／資本比時達到最大。這是否意謂大蜂電子的最適資本結構為 50% 負債？答案絕對是否定的。最適資本結構為讓公司股價極大化的資本結構，而這通常意謂最適負債／資本比會低於極大化預期 EPS 的負債資本比。

我們知道股價和預期盈餘正相關，但與較高的風險負相關。因此，在一定範圍內，愈高的負債水準會增加預期 EPS，以及財務槓桿可導致股價上揚；然而，較高的負債水準，也會增加公司的風險，因而提高股權成本和降低股價。所以，就我們的例子而言，即使負債／資本比從 40% 增加到 50% 可提高 EPS，卻不足以抵銷風險的增加。

15-3a WACC 和資本結構改變

經理人應設定目標資本結構，讓負債─股權組合得以極大化公司的股價。然而，資本結構的改變將如何影響股價難以預測。結果是，極大化股價的資本結構也會極小化 WACC；在某些時候，預測資本結構的改變會如何影響 WACC，比預測如何影響股價要來得容易。因此，許多經理人使用資本結構和 WACC 的預期關係，指導資本結構決策。

如第十一章所述，當公司未使用特別股，WACC 會等於：

$$WACC = w_d(r_d)(1 - T) + w_c(r_s)$$

其中，w_d 和 w_c 分別為公司資本結構裡負債與股權的比重，而它們的和等於 1.0。請注意：表 15.4 負債／資本比的增加，會增加負債成本和股權成本。〔負債成本 r_d 來自於表 15.2，乘上 (1 − T) 便得到稅後的數字。〕債券持有人知道公司若有較高的負債／資本比，會增加其財務困境風險，因而導致較高的利率。

實務上，財務經理人使用財務報表預測模型，以確認負債資本比的改變，將如何影響流動比率、利息保障倍數和 EBITDA。他們接著和銀行與債券評等機構討論公司的預測比率，而銀行與評等機構會提出深入犀利的問題，也可能調整公司的預測。銀行與評等機構會比較公司與產業內其他公司的比率，以獲得「如果……則……」的評等和相應的利率。此外，若公司計劃對大眾發行債券，證管會將要求它告知投資人：在賣出新債券後，對他們的保障會有怎樣的更動。基於此，老練的財務經理人會使用他們預測的比率，判斷銀行和其他放款人會如何評估公司的風險與負債成本。有經驗的財務經理人和投資銀行家，能相當準確地判斷資本結構對負債成本的效應。

15-3b 哈瑪達方程式

增加的負債比，提高債權持有人的風險及負債成本；愈多的負債也增加股東承受的風險，因而提高股權成本 r_s。雖然槓桿對股權成本的效應難以量化，但下述理論公式有助衡量這個效應。

首先如第八章所述，股票的貝它值（貝它）衡量良好分散化投資人的風險。此外，貝它隨著財務槓桿而增加；哈瑪達（Robert Hamada）以下述方程式來量化分析這個效應：

$$b_L = b_U[1 + (1 - T)(D/E)] \qquad 15\text{-}2$$

其中，b_L 為公司目前的貝它——對應於某種程度的財務槓桿；b_U 為公司無負

表 15.4 使用不同的負債／資本比預測大蜂電子的股價和 WACC

$w_d =$ 負債／資本 (1)	負債／股權[a] (2)	$r_d(1-T)$ (3)	預期 EPS（和 DPS）[b] (4)	預期貝它[c] (5)	$r_s = [r_{RF} + (RP_M)b]$[d] (6)	預期股價[e] (7)	P/E 比 (8)	WACC[f] (9)
0%	0.00%	3.00%	$2.25	1.375	11.25%	$20.00	8.89 倍	11.25%
10	11.11	3.00	2.43	1.490	11.94	20.38	8.38	11.04
20	25.00	3.23	2.65	1.633	12.80	20.72	7.81	10.88
30	42.86	3.75	2.89	1.817	13.90	20.81	7.19	10.86
40	66.67	4.35	3.17	2.063	15.38	20.62	6.50	10.97
50	100.00	5.40	3.42	2.406	17.44	19.61	5.73	11.42
60	150.00	7.50	3.38	2.922	20.53	16.44	4.87	12.71

註：

[a] $D/E = \dfrac{w_d}{1 - w_d}$，其中 $w_d =$ 負債／(負債＋股權)＝負債／資本。

[b] 大蜂電子將所有盈餘用來支付股利，所以 EPS = DPS。

[c] 公司未使用槓桿的貝它為 $b_U = 1.375$，其他的貝它值則使用哈瑪達公式來計算。

[d] 我們假設 $r_{RF} = 3\%$ 和 $RP_M = 6\%$；因此，當負債／資本＝0 時，$r_s = 3\% + (6\%)1.0 = 9\%$，以此類推。

[e] 因所有盈餘都發給股東，沒有保留盈餘可供再投資，則 EPS 和 DPS 的成長率為 0。因此，第十章的零成長股價模型能用來預測大蜂電子的股價。例如，在負債／資本＝0 時：

$$P_0 = \frac{DPS}{r_s} = \frac{\$1.80}{0.09} = \$20$$

其他股價以此類推。

[f] (9) 行的數字是使用第十一章的 WACC 方程式計算得到：

$$WACC = w_d(r_d)(1 - T) + w_c(r_s)$$

例如，當負債比為 30% 時：

$$WACC = 0.3(5.0\%)(0.75) + 0.7(13.90) = 10.86$$

債或未使用槓桿時的貝它[1]。當公司無負債，則其貝它將完全取決於其商務風險，因此為公司「基本商務風險」的衡量指標。哈瑪達方程式裡的 D/E 為財務槓桿指標；T 為企業稅率。

還記得股權成本的 CAPM 版本如下：

$$r_s = r_{RF} + (RP_M)b_i$$

請注意，貝它是股權方程式裡，唯一受管理階層控制的變數。變數 r_{RF} 和 R_{PM} 則是受市場力量所決定，不受公司控制；但 b_L 會受到公司營運決策的影響——如前所述，營運決策會影響其基本商務風險，以及影響其負債比（D/E）所反映的資本結構決策。

我們能對方程式 15-2 求解，以找出**未使用槓桿的貝它**（unlevered beta, b_U），如下所示：

$$b_U = b_L/[1 + (1 - T)(D/E)] \qquad 15\text{-}2a$$

因目前（使用槓桿）的貝它、稅率和負債／資本比為已知，我們能將這些已知的數字代入方程式 15-2a，便可得到未使用槓桿的貝它。這個未使用槓桿的貝它可用在方程式 15-2，求出種種不同負債水準下的貝它；而這個使用槓桿的貝它，可求出不同負債水準下的股權成本。

我們使用大蜂電子來闡明以上論點。首先，假設無風險報酬率 r_{RF} = 3%、市場風險溢酬 R_{PM} = 6%。接下來，我們需要知道未使用槓桿的貝它 b_U。因大蜂電子沒有負債（D/E = 0），因此其目前的 1.375 貝它也是未使用槓桿的貝它，即 b_U = 1.375。已知 b_U、r_{RF} 和 R_{PM}，我們能使用方程式 15-2 預測大蜂電子在不同財務槓桿程度下的貝它值，以及由之而來的股權成本。

大蜂電子在不同負債／股權比的貝它，顯示在表 15.4 的 (5) 行。目前的股權成本 11.25%，為 (6) 行的最上方數字：

$$r_s = r_{RF} + 風險溢酬$$
$$= 3\% + (6\%)(1.375)$$
$$= 3\% + 8.25\% = 11.25\%$$

從該方程式，我們看到 3% 為無風險利率，而 8.25% 為公司的風險溢酬。因大蜂電子目前未使用負債，它沒有財務風險，是以 8.25% 的風險溢酬完全可歸責於

---

[1] 方程式 15-2 為哈瑪達當初所提出的方程式，它根據下述重要假設：(a) 公司負債的貝它為 0；(b) 負債水準維持不變；(c) 公司的稅盾價值是以負債稅前成本進行折現。

其商務風險。

若大蜂電子透過增加負債，改變了資本結構，這應會增加股東必須承受的風險；反而會導致較高的風險溢酬。概念上來說，公司的股權成本包含以下成分：

$$r_s = r_{RF} + 商務風險溢酬 + 財務風險溢酬$$

圖 15.6 是根據表 15.4 中 (6) 行的數據所畫出，它顯示大蜂電子在不同負債比之下的股權成本。如圖所示，r_s 包含 3% 的無風險利率、固定不變的 8.25% 商務風險溢酬，以及變動的財務風險溢酬（隨著負債比增加，以愈來愈快的速度從 0 開始增加）。

圖 15.6　大蜂電子在不同負債水準下的股權必要報酬率

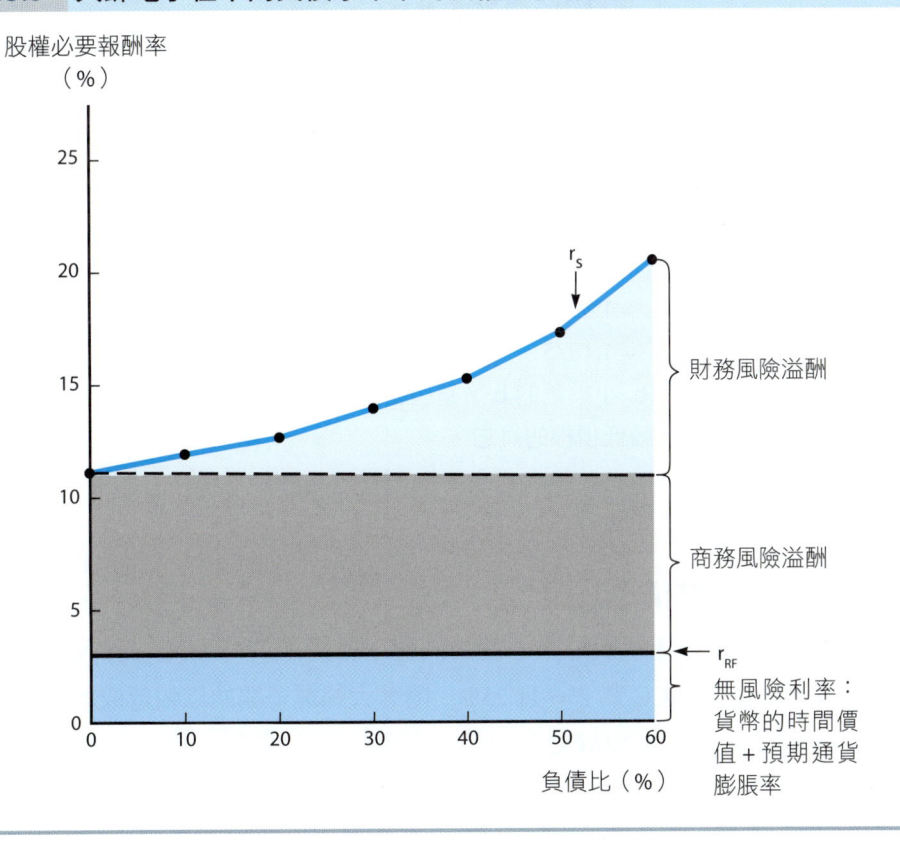

> **快問快答**
>
> **問題**
>
> 邦尼公司目前的資本結構包括 40% 負債和 60% 普通股、公司稅率為 25%，公司股票目前使用槓桿的貝它（b_L）等於 1.5。
>
> a. 公司未使用槓桿的貝它（b_U）為何？
>
> b. 若邦尼公司將資本結構，改變成 20% 負債和 80% 普通股，則該公司的貝它（b_L）為何？
>
> **解答**
>
> a. 公司未使用槓桿的貝它計算如下：
>
> $$b_U = b_L / [1 + (1 - T)(D/E)]$$
> $$= 1.5 / [1 + (0.75)(0.4/0.6)]$$
> $$= 1.0$$
>
> 請注意：$b_U < b_L$，b_U 為公司無負債時的貝它。因貝它為風險衡量指標，所以在無負債的情況下，我們會預期 $b_U < b_L$。
>
> b. 使用上述計算得到的未使用槓桿貝它後，該公司使用新槓桿的新貝它（20% 負債和 80% 股權）之計算如下：
>
> $$b_L = b_U [1 + (1 - T)(D/E)]$$
> $$= 1.0 [1 + (0.75)(0.2/0.8)]$$
> $$= 1.1875$$
>
> 再次注意：新的 b_L 小於舊的 b_L。這個結果與負債水準降低一致；風險降低，便反映在新的、較低槓桿的貝它。

15-3c 最適資本結構

表 15.4 的 (9) 行顯示大蜂電子在不同資本結構下的 WACC。它目前無負債，所以負債比為 0，WACC 為 r_s = 11.25%。隨著大蜂電子開始以較低成本的負債來取代較高成本股權，它的 WACC 下跌了。然而，隨著負債比上升，負債和股權成本皆會增加；一開始慢慢增加，但接著以愈來愈快的速度增加。最終，這兩項成本導致的成本上揚，抵銷較高比例、低成本負債的使用。事實上，負債水準達 30% 時，WACC 來到 10.68% 的最小值；之後，WACC 隨著負債比的進一步增加而上揚。

從另一個角度來看，注意到即使股權成本高於負債成本，但如只使用較低成本的負債仍不會極大化價值，這是因負債對負債成本和股權成本的反饋效應。例

如，若大蜂電子使用超過 30% 的負債（如 40%），其資本結構裡應有較多的較便宜的資本成分，但這個好處不足以抵銷額外負債所增加的負債成本和股權成本。

最後且仍很重要的是，之前提過極小化 WACC 的資本結構也會極大化公司的股價。大蜂電子將所有盈餘都以股利形式分配給股東，所以未使用盈餘再行投資，這造成盈餘和股利的預期成長率皆為 0。因此，就大蜂電子的例子來說，我們能使用第十章的零成長股價模型去預測不同資本結構下的股價；這些預測顯示在表 15.4 的 (7) 行。我們看到股價先隨著財務槓桿的增加而上升，在 30% 負債比時達到最高的 $20.81，接著便開始下跌。因此，大蜂電子的最適資本結構發生在 30% 負債比時，而這個負債比同時讓股價極大化和成本極小化。

表 15.4 的 EPS、資本成本和股價數據，描繪於圖 15.7。如此圖所示，極大化大蜂電子 EPS 的負債比為 50%；然而，負債比 30% 時，預期股價極大、WACC 極小。因此，大蜂電子的最適資本結構要求 30% 負債和 70% 股權。管理階層應將目標資本結構設定在該比率上；若目前的比率偏離目標，則該公司在發行新證券時，應朝這個目標比率調整。

課堂小測驗

- 當負債比率上揚時，負債和權益的成分成本會有怎樣的變化？
- 使用哈瑪達方程式，解釋財務槓桿對貝它值的影響。
- 哪一個方程式可用於計算公司之未使用槓桿的貝它值？
- 使用哈瑪達方程式計算 X 公司未使用槓桿的貝它；相關的數據如下：$b_L = 1.25$、$T = 25\%$、負債／資本 = 0.42、股權／資本 = 0.58。（**$b_U = 0.8101$**）
- 若 X 公司的股權／資本比分別為 1.0（無負債）和 0.58 時，並假設 $r_{RF} = 5\%$、$RP_M = 4\%$，則它的股權成本分別等於多少？（**8.24%；10%**）
- 使用圖形和假設性的數據，討論在不同負債水準下之財務風險和商務風險溢酬；這些溢酬是否會隨負債水準而改變？試解釋之。
- 預期 EPS 是否通常會在處於最適資本結構時極大化？試解釋之。

15-4 資本結構理論

商務風險是影響最適資本結構的重要因素。此外，不同產業的公司有著不同的商務風險。所以，我們預期不同產業會有相當不同的資本結構，而事實也是如此。例如，生技公司和食品加工公司間有著非常不同的資本結構。此外，同一產業內的公司之間也存在相當不同的資本結構，這就有點難以解釋了。哪些因素可以解

圖 15.7　資本結構對 EPS、資本成本和股價的影響

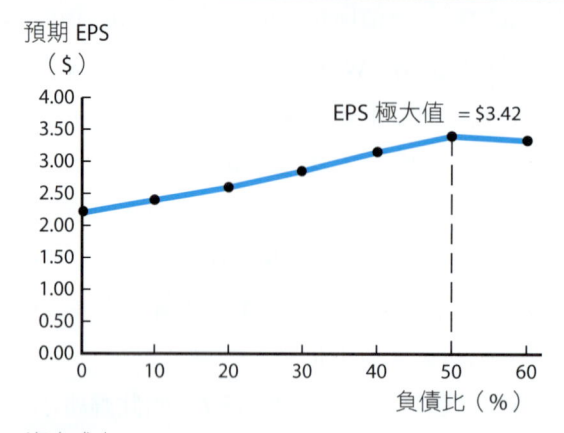

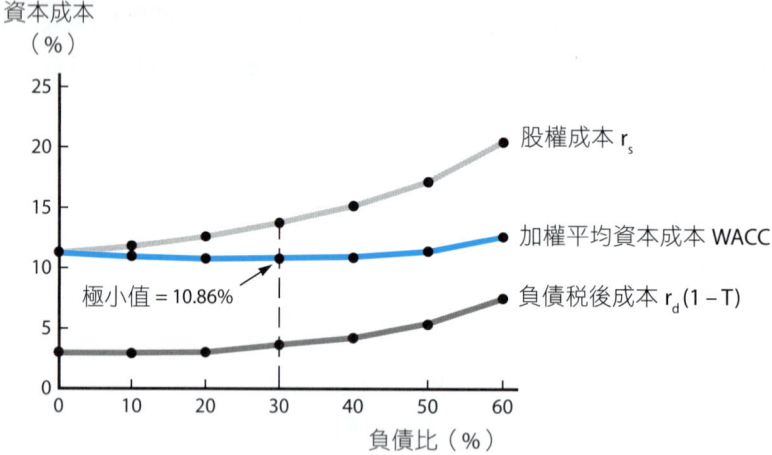

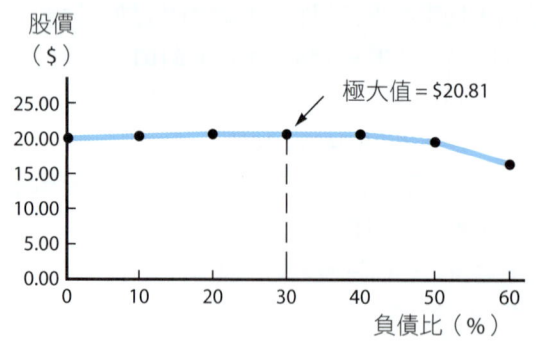

預期 EPS（$）

EPS 極大值 = $3.42

負債比（%）

資本成本（%）

股權成本 r_s

加權平均資本成本 WACC

極小值 = 10.86%

負債稅後成本 $r_d(1-T)$

負債比（%）

股價（$）

極大值 = $20.81

負債比（%）

釋這些差異呢？為了試著回答這個問題，學者專家已經發展出一些理論。

現代資本理論始於 1958 年——莫迪利亞尼（Franco Modigliani）和米勒（Merton Miller）教授（以下合稱 MM）發表被譽為史上最具影響力的財務論文[2]。

---

[2] Franco Modigliani and Merton H. Miller, "The Cost of Capital, Corporation Finance, and the Theory of Investment," *American Economic Review*, vol. 48, no. 3 (June 1958), pp. 261-297. 附帶一提，他們兩位是諾貝爾獎經濟學獎得主。

在一組相當嚴格的假設之下，MM 證明公司價值不會受到其資本結構的影響。換句話說，MM 的結果指出公司如何融資其營運並不重要——資本結構因而是無關的。然而，MM 所用的假設和實際不符，所以他們的結果是有問題的；他們的部分假設如下：

1. 佣金成本為零。
2. 零稅率。
3. 無破產成本。
4. 投資人的借款利率和企業相同。
5. 對於公司未來的投資機會，投資人和管理階層有著同樣的資訊。
6. 負債的使用不影響 EBIT。

儘管其中一些假設是不切實際的，但 MM 的不相關結論卻是極其重要；他們指出在哪些情況下，資本結構是不相關的，因此對哪些因素會影響資本結構和公司價值提供線索。MM 的研究成果標示著現代資本結構研究的開端，而隨後的研究聚焦在放寬 MM 的假設，以發展出更加穩固和實際的理論。此一研究領域的文獻不計其數，當中重要的理論已彙整在以下各小節。

15-4a 稅的效應 [3]

MM 最初在 1958 年發表的論文受到嚴苛的批評，因此他們在 1963 年發表另一篇論文，放寬關於企業稅的假設。他們體認到稅法允許企業將利息支出列為費用，但對股東的股利支出卻不可以抵稅。這樣不同的待遇鼓勵企業在資本結構裡使用負債。事實上，MM 闡明若其他的假設皆維持不變，這個差異性的處理方式會導致最適資本結構為 100% 使用負債。

數年後，米勒（這一次莫迪利亞尼未參與）將 1963 年發表的論文加以修改後發表；他將個人所得稅的效應納入模型。米勒注意到債券支付利息，但個人的公司債息所得要支付至多 37% 的稅。股票所得一部分來自股利，另一部分來自資本利得，而大部分的長期資本利得最多被課徵 15% 的稅（2020 年，高所得納稅人得交 20% 的資本利得稅），且可延遲到股票賣出、入袋為安時才課徵。若直至死亡，一直持有該股票，則不需支付資本利得稅。所以，綜合起來，相較負債報酬，普通股報酬的有效稅率較低。

基於稅的關係，米勒主張相對債券的稅前報酬，投資人願意接受股票較低的稅前報酬。例如，37% 邊際稅率的投資人或許只要求大蜂電子債券給予 10% 的稅前報酬，這相當於 10%(1 − T) = 10%(0.63) = 6.30% 的稅後報酬。大蜂電子的股票

---

[3] 本小節內容相當技術性，可作為選讀課程。

風險高於其債券,所以投資人會要求較高的稅後報酬(舉例來說 8%)。因股票報酬(股利或資本利得)的稅率僅為 20%,因此 8%/(1 – T) = 8%/(0.80) = 10.0% 的稅前報酬就可提供 8% 的稅後報酬。在這個例子裡,債券利率等於 10%,和股票的必要報酬率 r_s 相等。因此,對股票所得的賦稅優惠愈多,愈能讓投資人接受相同的股票和債券稅前報酬。

米勒指出:(1) 利息可抵稅讓負債融資的使用變得有吸引力;但 (2) 對股票所得的賦稅優惠愈多,股票必要報酬率將愈低,因而讓使用股權變得更有利。很難確切指出這兩項因素的淨效應,但多數觀察家認為利息的可抵稅性有較強的效應,因此我們的賦稅體系激勵企業的負債使用。不過,這個效應會受到低股票所得稅率的削弱。確實如此,杜克大學的格雷漢(John Graham)教授估算負債融資的整體賦稅利益,結論道:負債融資的賦稅利益占平均公司價值的 7%;因此,若尚未使用槓桿的公司決定使用平均的負債水準時,則它的價值應增加 7%。

15-4b 潛在破產效應

MM 的不相關結果也有賴於以下假設:公司不會破產,因此破產成本是無關的。然而,在實務上,破產確實存在,且成本相當高。破產公司有高額的法律和會計支出,而且它們難以留住顧客、供應商和員工。此外,破產通常會迫使公司以比實際價值低的價格賣出資產;諸如公司和設備的資產之流動性通常不高,這是因它們當初專為滿足公司的個別需求所設計,而且它們難以拆解和移動。

也請注意並非破產本身,而是**破產威脅**(treat of bankruptcy)產生這些問題。若公司的未來堪憂,重要員工會先「棄船逃生」、供應商開始拒絕提供信用、消費者開始尋求更加穩定的來源,而放款者開始要求較高的利率和施加更嚴格的貸款條件。

破產相關的問題,可能會增加公司資本結構裡的負債比率。因此,破產成本遏阻公司將負債使用推向過高的水準。還請注意,破產相關成本有以下兩項成分:(1) 它們發生的機率;(2) 當發生財務危機時所招致的成本。在其他條件相同的情況下,若公司的盈餘波動性較高,則面對的破產機率愈高,因而比起較穩定的公司而言,它們應該使用較少的負債。這和我們之前的論點一致——使用高營運槓桿的公司(因而較高的商務風險)應限制財務槓桿的使用。類似地,可能會面對「跳樓拍賣價」之資產流動性低的公司,應限制它們的負債融資。

15-4c 權衡理論

前述論點導致所謂「槓桿權衡理論」的發展;該理論認為,公司在負債抵稅利益和潛在破產所造成的問題之間求取平衡。圖 15.8 彙整權衡理論(trade-off theory），以下是對該圖的一些觀察體認：

1. 利息支付是一種可抵稅的支出，讓負債成本低於普通股或特別股成本。事實上，政府分擔部分的負債成本；換句話說，負債提供**稅盾效益**（tax benefit）。因此，使用較多負債降低所得稅，並讓公司可以將更多的經營所得分配給投資人。MM 所關心的這項因素，往往會讓股價上揚。事實上，根據 MM 原始論文裡的假設，股價的極大值發生在 100% 的負債。圖 15.8 對應於「納入企業所得稅效應的 MM 結果」的那條直線，表示在 MM 假設下的股價和負債之關係。

2. 在真實世界，公司目標負債比會小於 100%，以限制潛在破產的不利效應。

3. 圖 15.8 裡的 D_1 為臨界負債水準。小於 D_1 的負債比，其破產機率低到可忽略；若超過 D_1，則破產相關成本就開始變得愈來愈重要，以致會開始抵銷負債的稅盾效益。若處於 D_1 和 D_2 之間的範圍內，破產相關成本會導致價值的減損，但不會完全抵銷負債的稅盾效益；所以隨著負債比增加，股價以愈來愈慢的速度上揚。然而，若負債比超越 D_2，破產相關成本將超過稅盾效益；所以從這個臨界點以上，負債比愈高，股價愈低。因此，D_2 是最適資本結構，亦即讓股價極大化之負債比。當然，D_1 和 D_2 的位置會隨公司而改變，這取決於商務風險和破產成本；此外，公司的風險和成本會隨著時間的改變而改變。

圖 15.8　財務槓桿對大蜂電子股票價值的效應

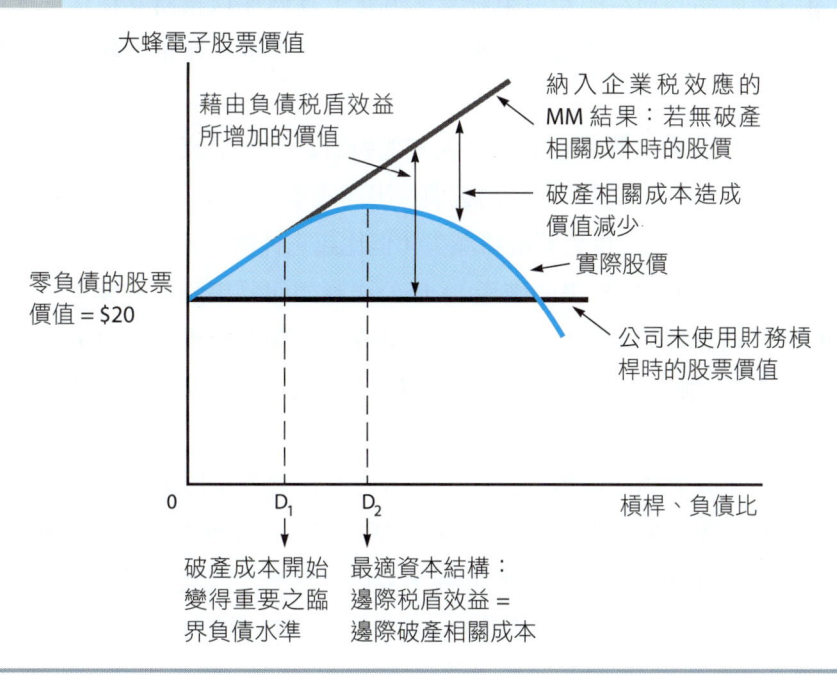

4. 雖然理論和實務的研究的確支持圖 15.7 和圖 15.8 的曲線形狀，但僅能視這些圖為近似圖，而不是精確定義的函數。圖 15.7 的數字經四捨五入，僅保留小數點以下兩位數字，不過只是為方便說明起見——這些數字談不上準確，這是因該圖是根據預測所畫。

5. 圖 15.8 裡的資本結構理論有令人難以理解的另一層面：在真實世界裡，許多大型成功公司（如英特爾和微軟）使用的負債水準遠小於理論的預測。這導致信號理論的發展，見下一小節的討論。

15-4d 信號理論

MM 假設每一個人（投資人和經理人）對公司的未來展望有著相同的資訊——這稱為**對稱資訊**（symmetric information）。然而，事實上，經理人通常比外部投資人掌握更多資訊，這稱為**不對稱資訊**（asymmetric information），且將對最適資本結構產生重要影響。為何如此呢？請考慮兩種情境，其中之一是公司經理人知道未來的前景極佳（F 公司）；另一則是經理人知道未來展望不佳（U 公司）。

現在假設 F 公司的研發實驗室剛發現一種未申請專利的感冒藥。他們想要盡可能地不曝光這個新產品的祕密，以延緩競爭者進入市場的時間。F 公司必須建造新工廠來製造新產品，所以必須募集資本。但 F 公司應如何募集所需資本呢？若它賣出股票，則當從新產品而來的利潤開始流入，股價將急劇上揚，買進該新股者將有意想不到的獲利。目前的股東（包括經理人）也將因而獲益，但獲利程度比不上公司在股價上揚前、一開始就未募集新股的狀況。在這樣的情況下，他們應不會想要將新產品的利益與新股東分享。因此，我們可以預期有極佳前景的公司會避免賣出新股，反而是使用新債來募集所需的新資本，即使這讓它的負債比超過目標水準。

現在考慮 U 公司，假設它的經理人知道新訂單將大幅衰退，因某競爭者採取新科技，改善其產品的品質。U 公司必須付出高成本來升級設備，以維持目前的銷售額。結果是，U 公司的投資報酬將減少（但比起它什麼都不做要來得強，因為什麼都不做將會導致 100% 損失的破產）。U 公司應如何募集所需的資本？這裡的情境正好和 F 公司面對的情境相反——U 公司將想要賣出股票，以致某些不利結果將由新投資人來承擔。因此，有著不利前景的公司應會想要以股票融資，這意謂帶進新投資人來分享損失。

結論如下：有著極佳前景的公司不會偏好使用發行新股來融資，而有著不佳前景的公司則會喜歡外部股權融資。作為一個投資人，你應如何回應上述結論？你應該會說：「若我看到公司計劃發行新股，我應該擔憂。因我知道管理階層若認為未來展望不錯，是不會想要發行新股的。然而，若事情展望不佳，則管理階層應想

要發行新股。因此，若其他因素維持不變，且它計劃發行新股，則我應降低對該公司價值的預測。」

若你的答案如上所述，則你的觀點將和老練的投資組合經理人一致。簡言之，發行新股的宣告，通常被視為是管理階層認為公司前景不佳的**信號（signal）**。這指出當公司宣布發行新股時，經常的狀況會是股價將下跌。實證研究已經顯示，這樣的狀況確實存在。

上述結論對資本結構決策的意涵為何？發行新股發出負面信號，並往往因而壓低股價；所以即使公司前景相當不錯，在平時也應維持**備用舉債能力（reserve borrowing capacity）**；當某些絕佳投資機會出現時，便可使用到這個備用舉債能力。這意謂公司在平常時期，應使用比圖 15.8 權衡理論所建議的更多股權和更少負債。

15-4e 使用負債融資去限制經理人

第一章提到，若經理人和股東的目標不同，將產生利益衝突。當公司擁有的現金超過支持核心營運所需時，這樣的衝突特別容易發生。經理人經常使用過剩的現金，去融資自己想做的計畫，或是獲得諸如豪華辦公室、企業專屬噴射機、球場包廂等額外福利，而這些福利對股價幾乎沒有幫助。相反地，自由現金流量較受限的經理人較不可能從事浪費支出。

公司可以使用種種方式來降低過剩的現金流量。其中之一是透過較高的股利或實施庫藏股，將一部分的現金流量返還股東；另一種方式則是朝較多負債的目標資本結構調整，希望較高的負債限制能迫使經理人更有紀律。若負債未能如期償付，則公司將被迫破產，而經理人也將失業。因此，若公司有大額的負債償付義務，則經理人較不可能購買昂貴的噴射客機。

槓桿收購（leveraged buyout, LBO）是降低過剩現金不錯的方式之一──舉債收購另一家公司的大部分股份。事實上，為了減少無聊浪費並產生預期節約，已出現一些槓桿收購。如前所述，在 LBO 之後的高負債義務，會迫使經理人消除不必要的支出以保有現金。

當然，負債增加和自由現金的減少也有其不利之處：破產風險增加了。經濟學者柏南克（Ben Bernanke）（聯準會前主席）認為，將負債加入公司的資本結構裡，就如同將短劍放入汽車方向盤；這把短劍──朝向你的胸口，讓你更加小心駕駛；但若有其他汽車撞來，你仍可能被刺，即使你已很小心。這個比喻可應用在企業身上：較高負債迫使經理人審慎使用股東的錢；但良好經營的公司在面對超出控制的事件時（如戰爭、地震、罷工或景氣衰退），也可能面對破產（被刺）。總結來說，資本預算決策就是決定要使用多大的短劍，以讓經理人和股東保持一致。

若你覺得資本結構理論的討論充滿不精確和讓你感到困惑，這很正常。事實上，就連聯準會前主席也不知道要如何找出公司精確的最適資本結構，或如何測量資本結構改變對股價和資本成本的影響。實務上，資本結構決策必須同時使用主觀判斷和數值分析。不過，對本章理論議題的了解，會有助於你對資本結構議題做出更好的判斷。

15-4f 融資順位假說

可以影響資本結構的另一項因素為當必須募集資本時，經理人心中對融資順位（pecking order）有了定見，而此融資順位又會影響資本結構決策。我們知道公司通常以下述順位融資：資金的首先來源為應付帳款和應提費用；今年產生的保留盈餘應是第二順位來源；接著，若保留盈餘不足以滿足資本需求，則公司會發行負債；最後的順位，則是發行新的普通股。

為何公司遵從這個融資順位是符合邏輯的呢？首先，以自發的信用或保留盈餘來募集資本，不會產生發行成本；而發行新債的成本較低。然而，新股的發行成本相當高，且不對稱資訊／信號效應的存在，讓新普通股融資變得更加不利。所以，融資順位理論是符合邏輯的，且它會影響公司的資本結構；雖然其相對重要性仍存在爭議。

15-4g 機會之窗

若公司股票的市場價格不同於其內在價值，則公司經理人可以調整資本結構，以從錯誤定價中獲利。當公司股票被高估（市場價格高於它的內在價值），經理人可以趁市場價格較高的時機發行新股；同樣地，當公司股票被低估時，經理人可以選擇回購股票。貝克（Malcolm Baker）和伍爾格勒（Jeffrey Wurgler）的研究證實許多公司會利用此機會之窗（windows of opportunity）；他們認為這些利用市場時機的嘗試，已對這些公司的資本結構產生深遠的效應。

課堂小測驗

- 為何在有稅負的情況下，MM 理論會建議使用 100% 的負債？
- 企業稅負增加為何往往會影響平均公司的資本結構？若增加的是個人所得稅率呢？
- 解釋不對稱資訊的意義，以及訊號是如何可以影響資本結構決策。
- 何謂備用舉債能力？為何它對公司是重要的？
- 負債的使用如何能讓經理人有所警惕？
- 何謂融資順位假說？它如何影響公司的資本結構？
- 「機會之窗」如何影響公司的資本結構？

尤吉‧貝拉和 MM 論點

某位女服務生詢問尤吉‧貝拉（Yogi Berra），披薩想切成四塊還是八塊？貝拉回應道：「最好是四塊，我可吃不下八塊。」貝拉是紐約洋基隊棒球名人堂的傳奇捕手。

貝拉的妙答傳達了 MM 的基本洞察。公司槓桿的選擇分割了未來的現金流量，就如同切披薩那樣。MM 認知到若公司未來的投資是固定的，就會像披薩大小維持不變；無資訊成本意謂每一個人看見相同的披薩；0 稅率意謂美國國稅局沒有分到任何一部分的披薩；沒有「契約」成本意謂刀叉上未沾上任何披薩碎屑。

所以，貝拉的用餐內容實質上不受披薩被切成幾塊所影響；經濟的實質狀況在 MM 假設下，也不會受到資產負債表上負債比率的影響。然而，請注意：雖然美國國稅局沒有吃到貝拉的披薩，但它仍然可能分得公司所得的一部分。貝拉的假設比 MM 的假設更為實際。

來源：Lee Green, Sportswit (New York: Fawcett Crest, 1984), p. 228; and Michael J. Barclay, Clifford W. Smith, and Ross L. Watts, "The Determinants of Corporate Leverage and Dividend Policies," *Journal of Applied Corporate Finance*, vol. 7, no. 4 (Winter 1995), pp. 4–19.

結語

當我們研讀第十一章的資本成本時，視公司有既定的資本結構，然後計算資本成本。在第十二、十三和十四章，我們描繪資本預算技巧，這些技巧以資本成本作為輸入。資本預算決策決定公司所接受的計畫類型，而這些計畫能影響公司的資產特性和商務風險。在本章，我們將過程反過來，視公司有既定的資產和商務風險，然後嘗試找出融資這些資產的最佳方式。更具體來說，本章檢視財務槓桿對每股盈餘、股價和資本成本的效應，以及討論數種資本結構理論。

不同的理論會導致不同的最適資本結構結論，但沒有人能證明何者是最佳的理論。因此，我們不可能很精準地預測公司的最適資本結構。所以，財務經理人通常將最適資本結構視為介於某個區間內（如 30% 至 40% 的負債），而不是精確位在某個如 35% 的點上。本章討論的概念可作為指引，有助於經理人在決定目標資本結構時，知道應將哪些因素納入考慮。

自我測驗

ST-1 營運槓桿和損益平衡分析 O 公司生產單價 P=$100 的電子零件，它的固定成本為 $200,000、變動成本是每單位 $50，每年生產並售出 5,000 個零件，EBIT 目前是 $50,000、資產（全由股權融資）是 $500,000。O 公司能藉由增加 $400,000 資產和 $50,000 固定成本來改變它的生產流程，這個改變應會 (1) 讓每單位變動成本減少 $10；(2) 增加 2,000 單位產出；但 (3) 所有零件的單價都因增產而降至 $95。O 公司因稅損結轉導致其稅率為零，它沒有負債，以及它的平均資本成為 10%。

a. O 公司是否應改變生產流程？請解釋。
b. 若改變生產流程，則 O 公司的損益平衡點是增或減？
c. 假設 O 公司不能募得額外的股權，因而必須以 10% 利率借入 $400,000 進行投資。使用杜邦（DuPont）方程式求解該投資的預期 ROA。若必須使用負債融資，則 O 公司是否應改變生產流程？請解釋。

ST-2 最適資本結構 C 公司目前只有普通股，正試著決定它的最適資本結構。該公司將在它的資本結構裡加入負債，若如此做可以極小化它的 WACC，便完全不考慮使用特別股。此外，該公司的規模將維持不變，也就是負債獲得的資金將全用於回購股票；回購股票的比例將等於負債佔該公司資本結構的比例。（換言之，若該公司負債資本比從 0 增加到 25%，則回購的股份將占流通在外股份的 25%。）在過去三年，C 公司年均營業額低於 $2,500 萬，因而被歸類為不受利息抵稅限制的小型廠商。

公司的財務人員諮詢投資銀行。根據雙方的討論，財務人員製作下表，顯示不同負債水準時的負債成本：

負債資本比 (w_d)	股權資本比 (w_c)	負債股權比 (D/E)	債券評等	負債的稅前成本 (r_d)
0.00	1.00	0.0000	AA	5.0%
0.25	0.75	0.3333	A	6.0
0.50	0.50	1.0000	BBB	8.3
0.75	0.25	3.0000	BB	11.0

公司的總資本和流通在外的普通股分別為 $500 萬與 200,000 股。不論負債水準為何，它的 EBIT 始終是 $500,000。C 控股公司使用 CAPM 來預測它普通股成本 r_s，預測的無風險利率為 3.5%、市場風險預測值為 4.5%，以及稅率為 25%。C 控股公司目前的貝它為零負債的 $b_U = 1.25$。

a. 針對上表的每一個資本結構，計算該公司的利息支出、淨所得、流通在外

股數和 EPS。

b. EPS 何時達到極大？在該資本結構下的 EPS 為何？

c. 針對前表的每一個資本結構，計算稅後負債成本 $[r_d(1-T)]$、貝它（b_L）、權益成本（r_s）及 WACC。

d. 僅考慮上頁表裡的資本結構，哪一個資本結構極小化 WACC？在該資本結構下的 WACC 為何？

e. 哪一個資本結構極大化該公司的股東價值？b 小題和 d 小題的資本結構答案相同嗎？試解釋之。

f. 作為一個分析師，針對資本結構，你對該公司管理階層的推薦為何？

問題

15-1 銷售的改變會導致利潤改變。若公司增加營運槓桿，則銷售改變引發的利潤改變會變得較大或較小？請解釋。

15-2 以下各項將對廠商損益平衡點（銷量）產生正向、負向或不確定的效應？
   a. 單位成本不變、售價上升
   b. 變動成本減少但固定成本增加
   c. 其他因素維持不變、僅勞動變動成本減少

15-3 討論以下陳述：若其他因素維持不變，則有著相較穩定銷售的公司能夠使用較高的負債比。該陳述對或錯？試解釋之。

15-4 國會增加個人所得裡利息、股利和資本利得的稅率，但同時降低企業所得稅率，則會對一般公司的資本結構產生哪些影響？

15-5 以下何者較會鼓勵公司增加資本結構裡的負債？
   a. 企業所得稅率增加。
   b. 個人所得稅率增加。
   c. 受到市場影響，公司資產的流動性變差。
   d. 破產法修正後，讓公司的破產成本變低。
   e. 公司的銷售金額和營收變得更不穩定。

15-6 公用事業廠商為何常和生技公司使用不同的資本結構？

15-7 EBIT 為何通常被認為獨立於財務槓桿？為何當負債水準夠高時，EBIT 仍可能會受到財務槓桿的影響？

15-8 極大化廠商預期 EPS 的負債水準，該負債水準是否也會極大化其股價？請解釋。

15-9 若某公司從零負債逐步轉為較高水準的負債,你為何預期它的股價會先漲後跌?

15-10 當 Bell System 被分拆時,舊 AT&T 被分拆成新 AT&T 和 7 家地區電話公司。分拆為的是增加電話通訊產業的競爭程度;AT&T 之前壟斷市話、長途電話和電話公司所需設備的製造,因此預期分拆將讓上述多數市場產生競爭。法院設定分拆規範、存續公司的資本結構被事先指定,且許多人關注電話通訊產業未來競爭是否增加。關於分拆前後最適資本結構是否改變?請解釋你的觀點。

15-11 某公司將讓資產增加一倍,以服務快速成長的市場,它必須在高度自動化生產程序和較低自動化程序之間做出選擇,還必須為了融資該擴張而選擇資本結構。資產投資和融資決策必須合在一起或可獨立分開?這兩個決策如何互相影響?槓桿概念如何能被用於幫助管理階層分析這個狀況?

CHAPTER 16

股東所得：股利和庫藏股

馬來西亞國家能源有限公司和它的股利政策

公司有權決定如何將利潤以股利或庫藏股的方式分配給股東。基於許多因素，企業可將利潤分配給股東；然而，也可基於其他不同原因，偏好持有盈餘。

一般而言，仍處於創始期和成長期的公司，不需將盈餘分配給股東，這是因為要追求成長，公司需盡可能將盈餘用於再投資。保留盈餘被用作資本以獲得新資產、展開新計畫，甚至是考量公司的策略成長計畫，而用在買下另一家公司。

決定完全不發放股利，並將所有盈餘用於再投資的公司，也可以考慮發行潛在高成本的新股，以募集新的資本。通常為了避免支付新股高成本，公司將選擇保留所有的盈餘。

另一方面，有著穩定獲利和有限商務成長機會的公司，可以選擇定期將盈餘分配給股東。盈餘可透過許多方法分配給股東，而發放股利是最普遍的方式。事實上，將企業盈餘分配給股東，公司也能因此受益如下：首先，許多投資人會感激能定期獲得固定金額的股利；其次，股東可能將規律的股利支付視為公司管理良好和未來持續獲利的信號。這兩項關於公司股利支付的正向感受，讓目前和潛在股東受到吸引，最終導致對該公司股票較大的需求，因而讓股價上揚。

這正是發生在馬來西亞國家能源有限公司（Tenaga Nasional Berhad, TNB）的故事。TNB是一家位於馬來西亞，東南亞最大的電力公司，資產預估價值達MYR 990.3億。TNB的核心業務是在馬來西亞全國生產、傳輸和配銷電力。在2000年以前（成立滿五十年），許多人將TNB視為是一家成熟

型公司,這是因它的營運集中在馬來西亞,欠缺機會進行擴張。此外,在過去數年,現金流量和盈餘都很穩定。注意到這些事態發展,TNB 的高階管理階層在 2000 年初,確立每年規律的股利支付政策。儘管已努力將現金歸還給股東,但該公司仍保有從目前經營而來的很大一筆現金。受到缺乏追求成長的投資機會所影響,並回應來自股東的要求,TNB 在 2010 年初採每半年支付股利一次的政策,以加速將盈餘分配給股東。

然而,TNB 在 2018 年開始大量投資於再生能源計畫,以降低對它最重要電力來源(煤)的依賴。這些重大資本支出和進口煤成本上揚,導致該公司利潤微幅下滑。作為回應,TNB 必須重新審視它的股利政策──之前多年持續每半年支付優厚股利。因此,從 2019 年起,TNB 股東收到較少股利。

在本章,我們討論會影響公司將現金分配給股東的因素。TNB 案例顯示有穩定現金流量和有限成長機會的公司,傾向將顯著一部分的現金透過發放股利歸還給股東。然而,TNB 針對需求改變,也會相應改變它的股利政策。相對而言,有良好投資機會的快速成長型公司,往往將大部分的現金用於新計畫,而非支付股利。

來源:Tenaga Nasional Berhad (various annual reports)

摘要

成功企業賺進所得,這些所得能再投資於營運資產、償還負債或配發給股東。若決定將所得配發給股東,會產生三項重要議題:(1) 應配發多少?(2) 是否應以股利形式配發,或應藉由回購股票來將現金返還股東?(3) 是否應採穩定配發?換言之,每年配發的資金是否應滿足股東想要的穩定和可靠的股利?或應從經理人的角度,也就是應取決於公司的現金流量和投資需求?

這三項議題是本章的重點。當你讀完本章,你應能:
- 解釋為何某些投資人希望公司配發較多股利,而另一些投資人則偏好公司再行投資,以產生資本利得。
- 討論公司嘗試建立最適股利政策時,所面對的種種取捨。
- 從投資人和公司角度,分別列出回購股票與發放股利的優缺點。

16-1 投資人偏好:股利 vs. 資本利得

決定配發多少現金時,財務經理人必須記住公司的目標為極大化股東價值。目標配息率(target payout ratio)的定義為現金股利占淨所得的百分比──很大程度上應根據投資人對股利或資本利得的偏好:投資人偏好收到股利,或偏好公司

將這些現金再投入商務，以產生資本利得？這個偏好可以用固定成長股價評價模型加以描述：

$$\hat{P}_0 = \frac{D_1}{r_s - g}$$

若公司增加配息率，這將增加 D_1，而使股價上揚（假設其他因素固定不變）。然而，若 D_1 增加，則可用於再投資的資金便減少了，這將使預期成長率下跌，進而使股價下跌。因此，配息政策的改變會產生兩個相反效應，結果是**最適股利政策**（optimal dividend policy）必須在目前股利和極大化股價的未來成長之間取得平衡。接下來的各小節將討論重要的理論，以解釋投資人如何看待目前股利和未來成長。

16-1a 股利無關理論

米勒和莫迪利亞尼教授（以下合稱 MM）發展出**股利無關理論**（dividend irrelevance theory）──股利政策對公司股價與資本成本皆無影響。他們根據一組嚴格的假設發展出這個理論，在這些假設下，他們證明公司的價值僅受其根本盈餘能力和商務風險所決定；換言之，公司價值只取決於其資產產生的所得，與所得在股利和保留盈餘之間的分配方式無關。然而，請注意 MM 的一部分假設如下：股利所得不需支付稅金、股票買賣沒有交易成本、投資人和經理人對公司未來盈餘有著相同資訊。

基於這些假設，MM 認為每一位股東可以建構自己的股利政策。例如，若公司未配發任何股利，則想要 5% 股利的股東可以藉著賣出 5% 的股票，來「創造」5% 的股利；相反地，若公司配發的股利高於投資人的需要，則投資人能將不需要的股利用來購買額外的該公司股票。然而請注意，在真實世界裡，想要額外股利的個別投資人，賣出持股時必須付出交易成本；不想要股利的投資人，必須對不想要的股利支付稅金，然後再拿稅後股利購買股票（買入也得負擔交易成本）。因稅負和交易成本確實存在，股利政策因此是關係重大的，而投資人應會偏好能有助於減少稅金與交易成本的政策。

MM 為他們的理論做辯護：許多股票由機構投資人所擁有，他們不需支付稅金，且能以非常低的交易成本買賣股票。對這些投資人而言，股利政策或許是無關的；以及若這類投資人主導市場並成為「邊際投資人」的情況下，則儘管存在某些不實際的假設，MM 的理論可能依然有效。還請注意，對支付稅金的投資人來說，稅金和交易成本取決於該投資人的所得水準，及其打算持有該股的時間長短。結果是，當談到投資人對股利的偏好時，並不存在一體適用的說法。接下來，我們探討為何某些投資人偏好股利，而其他人則偏好資本利得。

16-1b 投資人偏好股利的原因

MM 股利無關理論的重要結論是,股利政策不影響股價或必要報酬率 r_s。早期對 MM 理論的批評指出,投資人偏好今日確定的股利,而不是未來不確定的資本利得。特別是柯登(Myron Gordon)和林特納(John Lintner),他們主張 r_s 會隨著配息率增加而減少──因相對目前會收到的股利支付,投資人對源自保留盈餘的資本利得有較高的不確定感。

MM 不同意,認為 r_s 與股利政策無關;這意謂投資人在股利和資本利得之間(或 D_1/P_0 和 g 之間)沒有感到差別。MM 將柯登—林特納論點稱為一鳥在手謬誤(bird-in-the-hand fallacy)。因從 MM 的觀點,大部分的投資人計劃將所獲之股利再投資於相同或類似公司的股票;以及在任何情況下,公司支付投資人現金流量的長期性風險,取決於經營產生之現金流量的風險,而非配息政策。

然而請記住,MM 的理論有賴於稅金和交易成本不存在的假設,這意謂偏好股利的投資人可以輕易地創造出自己的股利政策──賣出一定比例的股票,所以尋求穩定所得流量的投資人,應自然而然地偏好公司經常性地支付股利。例如,一點一滴累積財富的退休者,因為現在就需要從投資獲得每年的收入,所以可能偏好支付股利的股票。

16-1c 投資人偏好資本利得的原因

雖然尋求從投資而來之穩定所得的投資人,可因公司配發股利降低交易成本;但對長期未來進行儲蓄的投資人而言,股利增加交易成本。這些長期投資人想要將獲得的股利進行再投資,而這會產生交易成本。基於這個考量,一些公司建立股利再投資計畫,用以幫助投資人自動地將其股利再行投資。

此外(或許更重要的是),美國的稅法鼓勵許多投資人較偏好資本利得,而非股利。其中一項有利因素是收到股利當年必須付稅,但資本利得稅直到股票賣出時才需支付。受到時間價值的影響,未來支付的 1 元相較今天支付的 1 元,其有效成本較低。除了這項優點之外,股利的稅率通常高於資本利得稅率。例如,在 2003 年以前,股利是採一般所得的稅率,因而可能高達 38.6%,而長期資本利得的稅率僅為 20%。這個稅率差異在 2003 年時被消除了,股利和長期資本利得的最高稅率都被設定為 15%。然而,在 2013 年初,美國國會針對高所得納稅人,將其股利和長期資本利得的最高稅率都提高到變為 20%。

課堂小測驗

- 簡要解釋股利無關理論背後的想法。
- 當米勒和莫迪利亞尼（MM）發展出股利無關理論時，他們對稅負與券商手續費的假設為何？
- MM 為何將柯登和林特納的股利論點，稱作一鳥在手謬誤？
- 為何一些投資人會偏好支付高股利的股票？
- 為何其他投資人會偏好支付低股利的股票？

16-2 其他股利政策議題

在討論實務上如何決定股利政策之前，我們先檢視會影響股利政策的其他兩項議題：(1) 資訊要旨或信號假說；(2) 族群效應。

16-2a 資訊要旨或信號假說

股利增加通常會伴隨股價上升，而股利減少通常將造成股價下跌。這個觀察被用於駁斥 MM 無關理論——反對方主張股利配息率改變後產生股價變化，顯示投資人較偏好股利，而非較偏好資本利得。然而，MM 的論點卻不同，他們注意到企業不願意減少股利，也不會提高股利，除非它們預期未來能有較高盈餘以支撐較高股利。因此，MM 認為高於預期的股利增加，會讓投資人認為管理階層判斷未來將有很不錯的盈餘。相反地，股利減少或低於預期的股利增加所產生的信號，預示著管理階層不看好未來的盈餘。若 MM 的論點是對的，在股利增加或減少後的股價改變，不會顯示出對股利的偏好勝過對保留盈餘的偏好。更確切地說，股價改變明確地指出，股利宣告對未來盈餘產生**資訊（信號）要旨**〔information (signaling) content〕。

相較一般的投資人，經理人對未來股利的展望通常有著較佳的資訊，所以股利宣告無疑含有某些資訊要旨。然而，股利增減之後的股價變化，到底只是反映了如 MM 所主張的信號效應，或是同時反映了信號與股利偏好，實難以分辨。不過，公司在思考股利政策改變之時，應考慮信號效應。例如，若公司有不錯的長期展望，或許會減少股利以增加可用在投資的資金；然而，這個行動也可能造成股價下跌，因股利下跌被視為未來盈餘可能減少的信號——只是與之完全相反的狀況也可能是真的。所以，當經理人設定股利政策時，應考慮信號效應。

16-2b 族群效應

如前所述，不同的股東群體或**族群**（clientele）偏好不同的配息率政策。例如，退休族、退休基金和大學校務基金通常會偏好現金所得，所以通常希望公司分配較高比率的盈餘。這類投資人通常適用低稅率或零稅率，因此不太在意稅負。另一方面，處於收入高峰期的股東應偏好再投資，因他們不太需要目前的投資所得，所以會在支付所得稅和券商手續費後，將收到的股利再行投資。

若公司保留並再投資盈餘，而非支付股利，則那些目前就需要所得的股東便處於不利地位，他們的股票價值會增加，但會被迫花時間和金錢賣出部分持股以獲得現金。此外，法律或許會禁止一些機構投資人（或個人的信託人）賣出股票，然後接著「虛擲資本」。另一方面，將股利存下來的股東，會偏好低股利政策：公司配發的股利愈少，這些股東必須支付的當期所得稅愈低，也愈可少花精力和金錢以再投資他們的稅後股利。因此，想要當期投資所得的投資人應持有高股利配息率公司的股票；反之則應持有低股利配息率公司的股票。例如，尋求高現金所得的投資人應投資杜克能源（Duke Energy）這家電力公司，它在 2020 年中的配息率幾近 74%，每股配發 $3.75；而偏好成長型公司的投資人可以考慮投資奧多比系統（Adobe Systems），它是從未支付股利的一家電腦軟體公司。

上述顯示**族群效應**（clientele effect）的確存在，意謂公司有不同的股東族群，而各自有著不同偏好；因此，股利政策的改變可能會讓多數族群感到不滿，並對股價產生負面效應。這顯示公司應遵循一個穩定和可靠的股利政策，以避免激怒它的顧客／股東。

從行為財務學而來的概念，某些近期研究顯示投資人對股利的偏好會隨時間而改變。貝克和伍爾格勒針對股利提出**迎合理論**（catering theory）──投資人有時強烈偏好安全和高配息率股票；有時則是較為積極，尋找有資本利得潛力的低配息率股票。貝克和伍爾格勒認為，會接納投資人常常改變偏好的企業經理人，當投資人喜歡高股息股票時，愈可能開始發放股利；又當投資人顯現對資本利得有著較大偏好時，愈可能停發股利。

> **課堂小測驗**
> - 定義 (1) 資訊要旨和 (2) 族群效應，並解釋它們如何影響股利政策。
> - 何謂「迎合理論」，以及它如何影響公司的股利政策？

16-3 建立股利政策的實務

投資人可以偏好股利，也可偏好資本利得；然而，受到族群效應影響，投資人幾乎都會偏好可預測的股利。基於這樣的狀況，公司應如何設定基本股利政策呢？特別是，公司應如何決定配發股東的盈餘比？又該以何種形式分配？是否應穩定配發？本節描述大部分的公司會如何回應這些問題。

16-3a 設定目標配息率：剩餘股利模型

公司決定配發現金給股東時，應考量以下兩個論點：(1) 最重要的目標為極大化股東價值；(2) 公司的現金流量是屬於股東的，所以管理階層不應保留所得，除非其再投資的報酬率高於股東自行投資的報酬率。另一方面，根據第十一章所述，內部股權（保留盈餘）的成本低於外部股權（新普通股），所以若有好的投資機會，則最好使用保留盈餘（而非新股）來融資。

股利政策並非一體適用。一些公司產生大量現金，但投資機會有限——對成熟產業裡的賺錢公司而言便是如此，它們沒有太多的成長機會。這樣的公司通常將很高比例的現金配發給股東，因而吸引偏好高股利的投資人族群。某些其他公司則有許多好的投資機會，但目前卻未能產生附加的現金，或僅能產生很少的現金。這樣的公司通常配發極少或不配發股利，但享有上揚的盈餘和股價，因而吸引偏好資本利得的投資人。

過去數十年，證券交易所出現許多年輕的高成長公司。法默（Eugene Fama）和法蘭奇（Kenneth French）的研究顯示，支付股利的公司比率已大幅下滑；主要交易所裡支付股利公司的比率，從 1978 年的 66.5% 下降到 1999 年的 20.8%。他們的分析顯示，比率之所以下跌，部分是受到交易所公司型態的改變所致。然而，他們的研究還指出，不論新、舊公司都變得較不願意支付股利。

受到 2003 年賦稅改變的影響，許多公司開始配發股利或增加配息率，以回應股利稅率的降低。例如，在 2002 年，只有 113 家公司開始配發或提高股利；到了 2003 年，這個數字卻增加到 229 家。在此之前，這些公司比較傾向回購股票；到了 2019 年 11 月，S&P 500 裡有 422 家公司支付股利。在最近幾年，新冠疫情導致經濟減速，已讓一些公司改弦易轍，改採減少或暫停支付股利。事實上，到了 2020 年 6 月，40 家 S&P500 公司宣布暫停股利、18 家宣布降低股利。

如表 16.1 所示，大型企業間的股利支付和股利殖利率大不相同。一般而言，處於穩定和有著源源不絕現金產業的公司（如公用事業、食品和菸草），支付較高股利；快速成長產業的公司（如電腦軟體和生技）則傾向支付較低股利。不同產業的平均股利也不相同。某些國家有較高配息率，原因之一為：相對再投資所得，盈

餘配發的現金股利之稅率較低。

對某一特定公司，最適配息率受到下列四項因素影響：(1) 管理階層對於投資人偏好股利／資本利得的看法；(2) 公司的投資機會；(3) 公司的目標資本結構；(4) 外部資本的可及性和成本。這些因素都納入**剩餘股利模型**（residual dividend model）裡。首先，根據這個模型，假設投資人對股利和資本利得不存在偏好。接著，公司遵循以下四個步驟來找出目標配息率：(1) 決定最適資本預算；(2) 根據目標資本結構，決定需要多少股權以融資該計畫；(3) 盡可能先使用保留盈餘去滿足上述的股權融資要求；(4) 當盈餘高於支持最適資本預算所需時才發放股利。residual 這個字意謂著「剩餘」，因此 residual 政策意指股利是由「剩餘」盈餘來支付。

若公司嚴格遵守剩餘股利政策，任一特定年度的股利支付可用以下方程式來表示：

$$\text{股利} = \text{淨所得} - \text{融資新投資所需的保留盈餘}$$
$$= \text{淨所得} - [(\text{目標股權比率})(\text{總資本預算})]$$

例如，假設公司有 $100 百萬盈餘，股權比為 60%，並計劃花費 $50 百萬於資本計畫上。在這種情況下，它會需要 $50 百萬 ×0.6 = $30 百萬的普通股，加上 $20 百萬的負債以融資資本預算。這應產生 $100 百萬 – $30 百萬 = $70 百萬可用於

表 16.1　2020 年股利配息率

公司	產業	股利配息率	股利殖利率
I. 支付高股利的公司			
Weyerhaeuser Company	木業	277.55%	15.99%
Nokia Corporation	網路 & 科技	161.11	5.10
Canon Inc.	影印機 & 印表機	149.23	6.70
ExxonMobil Corporation	石油	130.34	7.57
International Paper Company	紙 & 包裝	121.99	5.81
II. 未支付股利的公司			
Adobe Systems	電腦軟體	0.00%	0.00%
Amazon.com Inc.	線上零售	0.00	0.00
Biogen Inc.	生物科技	0.00	0.00
Facebook Inc.	網際網路通訊服務	0.00	0.00
Unisys Corp.	電腦	0.00	0.00

來源：*Yahoo! Finance* (finance.yahoo.com), June 22, 2020.

配發股利，意謂著 70% 的配息率。

融資資本預算所需的股權數量可以超過淨所得。在前述例子裡，若資本預算為 $100 百萬／股權比 = $100 百萬／0.6 = $166.67 百萬，則不支付股利；若資本預算超過 $166.67 百萬，則公司還必須發行新普通股，以維持它的目標資本結構。

大部分公司的目標資本結構都包含一些負債，所以新融資採用部分負債和部分股權。只要公司以最適負債和股權組合來融資，並只使用內部產生的股權（保留盈餘），則每 1 元新資本的邊際成本將被極小化。所以，內部產生的股權可提供新投資所需之某特定數量的融資；但超過這個特定數量，公司必須轉向較昂貴的新普通股。到了必須發行新股的臨界點後，股權成本和資本的邊際成本都將上升。

為了闡明這些論點，考慮德州和西部運輸公司（Texas and Western, T&W）的案例。T&W 的資本整體複合成本為 10%；然而，這個成本假設所有新股權都來自保留盈餘。若公司必須發行新股，則它的資本成本將會較高。T&W 的淨所得為 $60 百萬，目標資本結構為 60% 股權和 40% 負債。假設它不支付現金股利，則 T&W 可用於淨投資（除了因折舊而產生資產替換以外的投資）的金額為 $100 百萬，包括保留盈餘提供的 $60 百萬，和受到保留盈餘支持的 $40 百萬新負債（10% 的資本邊際成本）。若資本預算超過 $100 百萬，則所需的股權成分會超過淨所得，亦即是超過保留盈餘的最大可能金額。在這種情況下，T&W 必須發行新普通股，因而讓資本成本超過 10%。

在 T&W 的規劃初期，財務人員考量所有的提案計畫。若預測 IRR 高於經風險調整的資本成本，所有獨立計畫皆可接受；就互斥計畫進行選擇時，則是接受有最高正 NPV 的計畫。資本預算代表融資所有被接受計畫所需的資本金額。若 T&W 嚴格遵守剩餘股利政策，則我們從表 16.2 可以看到，預估的資本預算對它的股利配息率會有深遠的影響。若投資機會不佳，則資本預算僅為 $40 百萬；為了維持目標資本結構，則必須有 0.6×$40 百萬 = $24 百萬的股權，而其餘的 $16 百萬則是負債。若 T&W 嚴格遵守剩餘政策，它應支付 $60 百萬 – $24 百萬 = $36 百萬

表 16.2　T&W 擁有 $60 百萬淨所得並面對不同投資機會時的股利配息率（$ 百萬）

	投資機會		
	差	平均	佳
資本預算	$40	$70	$150
淨所得（NI）	$60	$60	$ 60
必要股權（0.6× 資本預算）	24	42	90
配發股利（NI – 必要股權）	$36	$18	($ 30)
股利配息率（股利／NI）	60%	30%	0%

的股利；因此，它的配息率應等於 $36 百萬／$60 百萬 = 0.6 = 60%。

若公司的投資機會屬一般狀況，它的資本預算為 $70 百萬。這會要求 $42 百萬的股權，而股利等於 $60 百萬 – $42 百萬 = $18 百萬、配息率等於 $18 百萬／$60 百萬 = 30%。最後，若存在好的投資機會，資本預算會等於 $150 百萬，並需要 0.6×$150 百萬 = $90 百萬的股權；因此，所有的淨所得都會被保留，股利為零，且公司必須發行新普通股以維持目標資本結構。

在剩餘模型下，我們看到股利和配息率會隨著投資機會而改變；以及若盈餘波動，股利也會發生變化。因投資機會和盈餘會隨著時間改變，所以嚴格遵守剩餘股利政策應導致不穩定的股利；公司某一年不發股利，因它需要資金以融資好的投資機會，但接下來的一年可能會支付高股利，因投資機會不佳，不需保留太多盈餘。同樣地，即使投資機會很穩定，波動的盈餘也應會導致變動的股利。因此，遵從剩餘股利政策，幾乎必然導致波動和不穩定的股利。若投資人不在意不穩定的股利，這不算壞事；但因投資人的確偏好穩定和可靠的股利，所以每一年嚴格遵守剩餘模型應不是最適當的策略。公司平衡這些考量的其中一個可能策略如下：

1. 預測盈餘和投資機會；一般來說，宜就未來五年進行預測。
2. 使用預測的資訊，以求出使用剩餘模型，在規劃期間應支付的平均股利和相應配息率。
3. 根據預測數據，設定目標配息政策。

因此，公司應使用剩餘政策協助長期目標配息率的設定，而不是作為每一年配息金額的指引。

多數大型公司從概念上的層次使用剩餘股利模型，並以電腦化的財務預測模型加以執行。將預測的資本支出、必要的營運資本、銷售預測、邊際利潤率、折舊和其他預測現金流量所需的元素輸入模型，加上特定的目標資本結構後，模型即可產生必要的負債和股權金額，能用以滿足資本預算要求，且同時維持目標資本結構。

將股利支付導入模型；配息率愈高，必要外部股權愈多。大部分的公司使用這個模型求解預測期間（通常為五年）的配發股利金額，以致能提供足夠的股權（不需發行新普通股，或不讓資本結構位於最適範圍之外）來支持資本預算。本章的 Excel 模型包括對這個過程的介紹；最後，請參見下述財務長發給董事長的備忘錄：

我們預測公司產品的總市場需求、可能的市占率，以及對資本資產和營運資本的必要投資，據以發展出 2022 年至 2026 年的預測資產負債表和損益表。

我們在 2021 年的股利總計 $50 百萬，或每股 $2.00。根據預測的盈餘、現金流量和資本要求，預測期間裡每年可以增加 6% 的股利；在平均的意義上，這和 42%

Chapter 16 股東所得：股利和庫藏股

的配息率相互一致。股利成長率若高於 6%，我們就必須發行新普通股、降低資本預算或提高負債比。任何較慢的成長率，將導致普通股股權比的增加。因此，我建議董事會在 2022 年增加 6% 的股利，亦即每股發放 $2.12，且計劃在未來也有類似的股利增長。

未來五年發生的事件，不可避免地會使預測結果和實際結果有所差異。當這些事件發生時，我們應重新檢視自身的狀況。然而，我相信增加借款便可滿足隨機發生的現金短缺——我們擁有未使用的舉債能力，這賦予我們處理的彈性。

我們在不同情境下執行企業模型。若經濟狀況極其糟糕，我們的盈餘將不能支付股利。然而，在所有可能的情境下，我們的現金流量應足以支付建議發放的股利金額。我了解董事會不願意讓股利增加到某個水準，避免在經濟狀況不佳時就得大幅削減股利。然而，我們的模型結果指出，$2.12 的股利在任何合理的情境下皆可維持。只有當我們將股利增加到超過 $3.00 時，才會陷入必須降低股利的風險中。

我還注意到大部分分析師的報告，預估我們的股利將年成長 5% 至 6%。因此，若我們配發 $2.12 的股利，則是位於該預估範圍的頂點，這會推升我們的股價。既然被購併的謠言滿天飛，讓股價上揚一些將讓我們有更大的喘息空間。

最後，我們還考慮透過回購股票計畫將現金返還股東；我們可降低股利配息率，並用省下的資金買回公司在公開市場上的股票。這樣的計畫有優點，也有缺點，所以此時此刻我並不推薦實施庫藏股。然而，若我們的自由現金流量超乎預期，我會建議使用這些額外的盈餘來買回股票。此外，我計劃持續關注一般的庫藏股計畫，或許未來時機成熟時會加以推薦。

上述這家公司的營運非常穩定，所以可以相當精確地規劃股利。但特別是屬景氣循環產業的公司，便會難以在經濟衰退時維持股利（股利比起景氣好時要少得多）。這類公司通常設定非常低的「正常」股利，並在景氣好時加發額外的股利——被稱為**低正常股利加額外股利（low-regular-dividend-plus-extras）**的股利政策。公司根據在極糟環境下，計算得到和宣告低正常股利，並讓股東對這個金額產生信賴。然後，當經濟狀況佳時，利潤和現金流量跟著水漲船高，公司應配發清楚指定的額外股利。因投資人了解這個額外股利在未來可能不會持續，便不會將額外股利視為公司股利會永久較高的信號，也不會將額外股利的消失視為負面信號。

有時候，公司可能會出於短期的現金需要，暫時中止支付股利；但股東會期望狀況回復正常後能發放正常股利。例如，在墨西哥灣漏油危機事件發生期間，英國石油屈服於政治壓力，因而在 2010 年前三季暫停發放股利，並將這筆現金作為公司的清理經費。英國石油在 2010 年第四季重新發放股利，但金額低於漏油事件發生前。

Covid-19 疫情期間的特殊股利政策

馬來西亞的 Top Glove（TG）是全球最大的醫療手套製造商，在新冠疫情期間獲利豐厚，且許多分析師認為它的股價仍將繼續上揚。單在2020年，根據 Refinitiv 數據平台，該公司在馬來西亞證券交易所的股價上漲超過225%；另在新加坡的掛牌價上漲超過256%。

TG 傑出的財務績效導致其股價大幅上揚。相較去年同期，它 3-5 月的淨利增加 366%、達到 3.479 億馬幣——幾乎等於前一年整年 3.675 億馬幣（8,600 萬美元）的利潤。該季 16.9 億馬幣（3.955 億美元）營收創歷史新高——相較去年同期增長 413%。

受惠新冠疫情，全球各地對手套需求的增長，將 TG 月盈餘推升至其平均月盈餘的 180%——史無前例的成長。受惠於這個優異的財務表現，TG 董事會宣布 2020 年 6 月時的每股股利為 0.93 馬幣，相較一年前增加 600%。馬來西亞另外兩家手套大廠也是如此，在同一時期，Supermax Corporation Berhad 和 Hartalega Holdings Berhad 宣布它們的月股利，分別將史無前例增加 200% 和 300%；手套製造商和它們的股東無疑因疫情而受益。

來源：Investing DotCom (investing.com); MalaysiaStock.Biz (malaysiastock.biz).

16-3b 盈餘、現金流量和股利

我們通常認為盈餘為決定股利的最重要因素，但其實現金流量才是最重要的。這個論點請參見圖 16.1，它繪出艾克森美孚（ExxonMobil）在 1998 年至 2019 年的數據資料。a 圖顯示 ExxonMobil 每股股利（DPS）於 1998 年至 2019 年間緩慢上揚；每股盈餘（EPS）也呈現相同趨勢，只是波動性較大，會隨著油價而變化。盈餘配息率（定義為 DPS/EPS）在此二十二年裡的平均值為 50%，但在 2016 年和 2019 年超過 100%。

每股現金流量（CFPS）和 EPS 非常一致，兩者之間的相關係數高達 0.99。然而，CFPS 總是高於 EPS，且總是顯著高於股利。此外，現金股利是以現金支付，所以即使當盈餘不足以支付股利，現金流量便可補其不足，讓公司得以維持穩定的股利政策。

現在看到圖 b，圖中盈餘配息率的波動性極大，但現金流量配息率（定義成 DPS/CFPS）則相對穩定，並總是低於 100%。這些穩定的（和高的）現金流量指出，ExxonMobil 的股利是較為安全的，以及投資人可信賴日後仍將獲得相對穩定的股利。事實上，既然每股現金流量很高，則明顯的和持續的股利增長（或大量回購股票）便成為可能——只要石油市場不要發生很糟糕的事。儘管受到新冠疫情影

圖 16.1　ExxonMobil 在 1998 年至 2019 年的盈餘、現金流量和股利

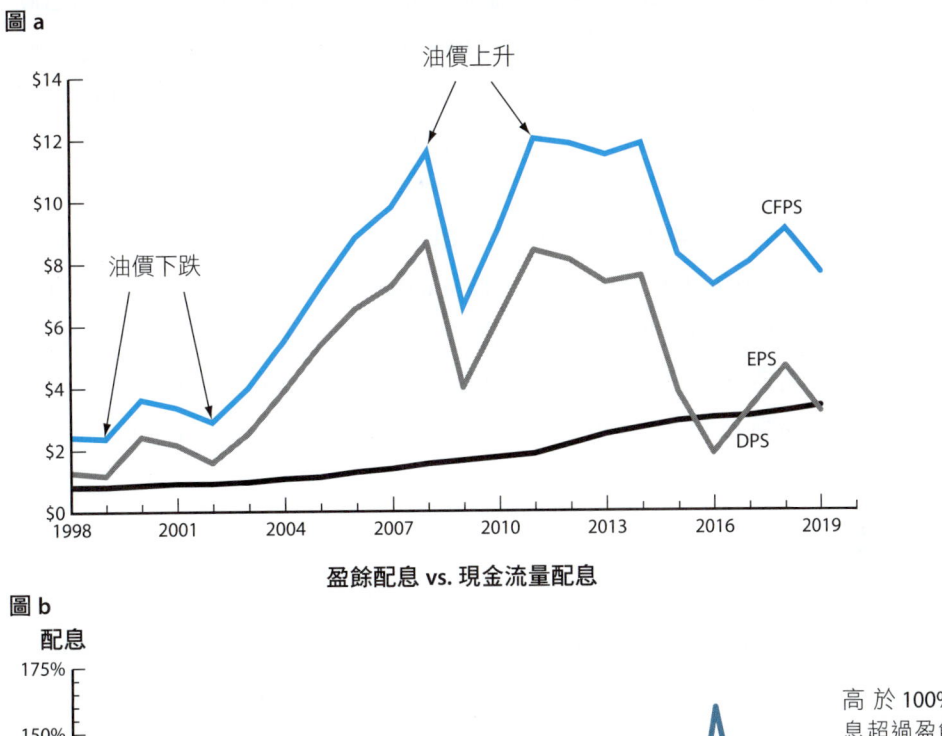

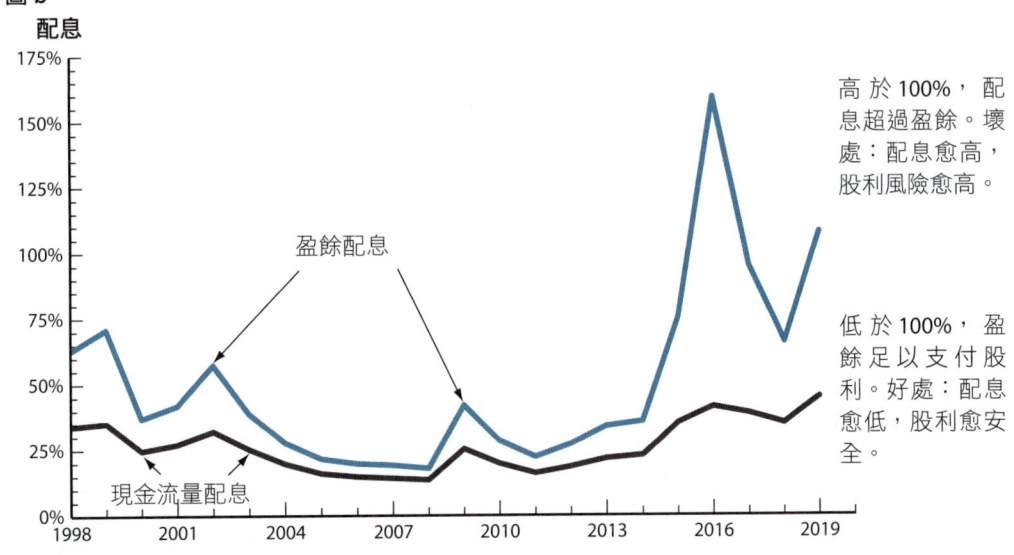

圖 a

盈餘配息 vs. 現金流量配息

圖 b

高於 100%，配息超過盈餘。壞處：配息愈高，股利風險愈高。

低於 100%，盈餘足以支付股利。好處：配息愈低，股利愈安全。

來源：改編自 *Value Line Investment Survey*, various issues.

響，它的營收因石油需求降低而減少，但 ExxonMobil 並未下調股利——不像其競爭對手殼牌（Royal Dutch Shell）那樣發生自 1945 年以來第一次減少股利。

ExxonMobil 是許多大型、體質佳公司的典型例子，它的股利是可靠的，並以穩定的速度成長。盈餘的波動性雖較大，但現金流量則較為穩定，而這些穩定的現金流量有助於配發穩定的股利。當盈餘大幅改變（不論向上或向下），以及當管

理階層深思這個改變是否可能持續時,股利的改變就有可能會慢上幾步。因此,ExxonMobil 在 2001 年至 2002 年發生盈餘短暫下滑,而股利仍微幅上調;2002 年至 2008 年出現大量的盈餘和現金流量。ExxonMobil 的盈餘和現金流量在 2009 年經濟衰退時下跌;在 2010 年至 2011 年回到較高的水準;在 2012-2013 年下跌;2014 年盈餘和現金流量微幅反彈,但仍低於它 2011 年水準;2015-2016 年盈餘和現金流量減少,但現金流量高於其 2009 年水準;2017-2019 年盈餘和現金流量出現增長,雖現金流量持續高於其 2009 年水準,但盈餘僅在 2018 年高於 2009 年水準;然而,除了 2016 年和 2019 年外,ExxonMobil 的 DPS 顯著低於它的 CFPS 和 EPS,這顯示股利、回購股票及可獲利的新投資機會仍將持續。因 ExxonMobil 的產品是石油,而這種產品有時會有意想不到的事情發生!事實上,新冠疫情導致需求減少,加上俄羅斯和沙烏地阿拉伯競相提高產量,2020 年 4 月原油價竟然出現負值。

16-3c 支付程序

公司通常每季支付股利;且若情況許可,則股利每年會調高一次。例如,凱茲企業(Katz Corporation)在 2021 年每季支付 $0.50 股利,亦即每年 $2.00;使用普通的財務語言,我們說凱茲企業慣常的每季股利(regular quarterly dividend)為 $0.50,年度股利(annual dividend)為 $2.00。到了 2021 年末,凱茲企業的董事會開會,審查 2022 年的各項預估值,決定將 2022 年的股利維持在 $2.00 的水準。董事會宣告 $2.00 的股利,所以股東可預期會收到 $2.00,除非公司經歷未預料到的營運問題。

實際的支付程序如下:

1. **股息宣告日**:董事在**股息宣告日(declaration date)**(如 11 月 4 日)開會,並宣告正常股利。他們發出類似下述的聲明:「2021 年 11 月 4 日,凱茲企業召開董事會,宣告每股 $0.50 的慣常每季股利;股利將發給在 12 月 9 日營業結束時仍列在名冊上的股東,並將在 2022 年 1 月 3 日配發股利。」出於會計目的,宣告股利成為在宣告日時發生的實際負債;建構資本負債表時,($0.50)×(流通在外股數)應出現在流動負債裡,而保留盈餘也將相應減少。

2. **過戶基準日**:在**過戶基準日(holder-of-record date)**營業結束時,即 12 月 10 日,公司關閉過戶記錄簿,並據以製作該日的股東名冊。若凱茲企業在 12 月 9 日營業結束前接到完成交易的通知,則新股東將會收到股利。

3. **除息日**:假設秦買在 12 月 6 日從強賣那裡購買 100 股的股票,則公司是否

會及時收到過戶通知，將秦買列入股東名冊，並將股利支付給他？為了避免衝突，證券業已設定慣例——在過戶基準日的前兩個交易日以前就持有股票者，將擁有獲得股利的權利；但在過戶基準日的前兩個交易日才持有股票者，將沒有獲得股利的權利——上述過戶基準日之前兩個交易日稱為**除息日（ex-dividend date）**。在這個例子裡，除息日是 12 月 9 日的前兩個交易日，即 12 月 7 日。

在此日或之前便買進股票可配發股利	12 月 6 日
除息日：買方不會收到股利	12 月 7 日
買方不會收到股利	12 月 8 日
過戶基準日；股東通常不會關心	12 月 9 日

因此，若買方想要收到股利，則必須在 12 月 6 日（含）以前買進；若買方於 12 月 7 日或之後才買進，則賣方將收到股利，因賣方還是官方名冊上的股東。

凱茲企業的股利金額為 $0.50，所以除息日是重要的。若不考慮股票市場的波動性，在正常情況下，我們可期望除息日股價的下跌金額約等於股利的金額。因此，若凱茲企業在 12 月 6 日的收盤價為 $30.50，則在 12 月 7 日的開盤價大概會等於 $30。

4. 股息發放日：公司實際寄出支票給過戶基準日名冊上所列股東的日子，即 1 月 3 日，為**股息發放日（payment date）**。

> **課堂小測驗**
> - 解釋剩餘股利模型的邏輯、公司實施時可採取的步驟，以及為何它較可能用於建立長期的配息率目標，而不是用於設定實際的逐年配息率。
> - 公司如何使用長期規劃模型以幫助設定股利政策？
> - 獲利還是現金流量對股利決策會有較大影響？
> - 解釋用於實際支付股利的程序。
> - 何謂除息日？為何投資人會關心除息日？
> - 某公司有 $30 百萬的資本預算、$35 百萬的淨所得，以及 45% 負債和 55% 股權的目標資本結構。若使用剩餘股利政策，則該公司的股利配息率等於多少？（**52.86%**）

16-4 庫藏股

數年以前，《財星》(*Fortune*) 雜誌裡的〈實施庫藏股打敗大盤〉(Beating the Market by Buying Back Stock) 一文指出，在某一年有超過 600 家的大型企業回購顯著數量的自家股票。此外，文中還介紹某些公司的庫藏股計畫，以及這些計畫對股價的影響。這篇文章總結：「企業實施庫藏股會讓未將持股賣回給公司的股東獲得金錢利益。」

Apple 自 2012 年起，開始實施庫藏股。它最近的行動是大趨勢的一部分；許多重量級公司已開始回購股票。《華爾街日報》2018 年 7 月報導美國企業回購股票創歷史新高。然而，市場對 2018 年回購股票的反應並非總是正面：「350 餘家 S&P500 公司曾在 2018 年回購股票，其中 57% 公司的股價表現不如 S&P500 指數上漲 3.2%，這是自 2008 年金融危機發生以來，有最高比例的公司股價表現低於參考指標表現。」為何發生上述現象？除了實施庫藏股對的股東效應外，其中一個解釋是許多公司以過高價格買回它們的股票。在對股東的影響之外，一些人認為公司應將這筆錢用在投資於新計畫或為員工加薪。根據上述議題，我們在本節剩下內容討論：庫藏股計畫的效果如何，以及它們在過去幾年為何變得如此盛行？

回購股票（stock repurchase）有三種主要類型：(1) 公司擁有可分配給股東的現金時，採取回購股票（而非支付現金股利）的方式來分配這些現金；(2) 公司認為它的資本結構太過偏重股權，因而賣出債券，並將所得收入用在回購自家股票；(3) 公司提供員工股票選擇權，當員工執行這個選擇權時，該公司在公開市場回購所需的股票。

公司回購的股票，稱為**庫藏股（treasury stock）**。若公司買回流通在外的部分股票，則流通在外的股數會因此變得較少。假設回購並不會對公司未來的盈餘產生不利影響，則剩下股權的每股盈餘將會增加，使每股市場價格提高。因此，資本利得應能取代股利。

16-4a 庫藏股效應

最近幾年，許多公司都回購過自家股票。如之前曾概略提到，蘋果在 2012-2018 年買回價值 $800 億的自家股票。《華爾街日報》最近的報導指出，DirecTV 在 2006 年至 2013 年初這段期間，回購 57% 的股票——這是 S&P 500 成分股於同一時期的最高比例回購。在過去，其他大型庫藏計畫還包括寶僑、戴爾、家得寶、德州儀器（Texas Instruments）、IBM、可口可樂、美德（Teledyne）、大西洋富田公司（Atlantic Richfield）、固特異和全錄。事實上，近幾年回購股票極為風行：2018 年總共花費 $8,064 億用於回購股票、相較前一年增加 55%；2019 年回購股票

熱潮回落，該年 S&P500 公司回購 4,800 億股票。從某個層面來說，如之前提及，這對股東是件好事，因宣布實施庫藏股後，股價往往上揚。與此同時，某些批評認為公司過於仰賴回購股票，將對未來計畫投資不足。

我們以美國開發公司（American Development Corporation, ADC）的資料為例，來闡明庫藏股的效應。ADC 預期在 2021 年賺進 $4.4 百萬，並計劃使用半數金額買回自家普通股。流通在外的股數為 1.1 百萬股，股價為每股 $20，ADC 相信它能使用 $2.2 百萬，以每股 $20 的價格買回 110,000 股的股票。

實施庫藏股對 EPS 的效應，以及對剩餘股票每股市價的效應，分析如下：

1. 當期 EPS = 總盈餘 / 股數 = $4.4 百萬 /1.1 百萬 = 每股 $4.00
2. 當期本益比（P/E ratio）= $20/$4 = 5 倍
3. 買回 110,000 股之後的 EPS = $4.4 百萬 /0.99 百萬 = 每股 $4.44
4. 回購之後的本益比 = $20/$4.44 = 4.50 倍

在上述例子裡，我們假設回購股票的價格為目前股價（每股 $20）；因而得到公司 EPS 的增加，以及本益比相應的減少。本益比下降的其中一個原因是，回購股票會增加公司的負債比（因現在流通在外的股票數目變少了）。受到高負債的影響，股東會認為股票的風險變高了；結果是未來盈餘應以較高利率折現，因而導致本益比的下跌。

在現實世界，公司通常必須支付溢價，才能讓股東將持股賣回給公司。若 ADC 必須支付每股 $22 買回股票（而非原先的 $20），便只能買回 100,000 股。在這種情況下，EPS 會變得比較小（$4.40 = $4.4 百萬／ 100 萬股），而本益比會再次等於 5.0。（這假設在回購之後，股價仍維持在每股 $22。）

基於一些原因，股價可以隨著回購行動而改變；若投資人認為是利多則股價上揚，視為利空則股價下跌。關於這些因素，詳見下述。

16-4b 庫藏股的優點

庫藏股的優點如下：

1. 回購宣告也許被投資人視為正面信號，因回購通常發生在管理階層認為自家股票被低估時。
2. 當公司藉由買回股票來分配現金時，股東擁有賣或不賣的選擇權利。另一方面，若配發現金股利，則股東只能接受股利並支付稅金。因此，需要現金的股東能賣回部分持股，不需要額外現金的股東則可保留持股。從稅負的觀點，回購讓上述兩種類型的股東都可以獲得他們想要的。

3. 回購能移除「突出」在市場裡的大量股票；這些股票壓抑股價上漲。
4. 股利在短期具「僵固性」，因股利的增加在未來若難以持續，則管理階層將不願意提高股利——管理階層不喜歡減少股利，因股利的降低會被視為負面信號。是以，若過剩的現金流量增加被預估僅是暫時現象，管理階層或許會偏好實施庫藏股，而不是增加無法維持的現金股利。
5. 公司能使用剩餘股利模型去設定目標現金分配水準，接著將這筆現金分成股利和回購股票兩種成分。股利配息率可以較低；但股利本身將會相對安穩，且它會隨著流通在外股數的減少而成長。這讓公司擁有更多彈性來調整現金分配（若 100% 採現金股利則較無彈性），因每年買回股票的金額可以不同，卻不會產生負面信號。這個程序非常值得推薦，也是造成庫藏股數量大量增加的一個重要因素。IBM、前身為 FPL 集團的新紀元能源公司（NextEra Energy）、沃爾瑪和多數大型公司，都以這種方式來實施庫藏股。
6. 回購可讓資本結構產生大規模的改變。例如，多年前，聯合愛迪生電力公司（Consolidated Edison）認為自身的負債比過低，以致未能極小化 WACC，便借入 $400 百萬，並將這筆資金用於買回發行在外的普通股，這導致它立即從非最適變成最適資本結構。
7. 使用股票選擇權作為員工薪酬重要組成的公司，可以買回股票，並在員工執行選擇權時再次使用這些股票。這避免必須發行新股，以及因而導致的盈餘稀釋。微軟和其他高科技公司近幾年已使用這個程序。

16-4c 庫藏股的缺點

庫藏股的缺點如下：

1. 股東可能對股利或是資本利得的偏好不同，以及現金股利（而非回購股票）可能對股價的幫助較大。現金股利通常是可信賴的，但回購股票卻不是。
2. 賣出股票的股東可能對公司回購股票的用意一知半解，或他們對企業現在和未來行動的重要資訊欠缺全盤了解——特別是當管理階層有很好的理由相信，股價顯著低於其內在價值時更是如此。不過，公司在回購股票前，通常會公告庫藏股計畫，以避免和股東潛在的訴訟。
3. 企業可能為買回股票付出過高的價格，讓剩下的股東遭受損失。若它的股票流動性不佳，以及若公司想要買回大量的股票，則股價可能被推升到高於內在價值，然後在公司停止回購操作後下跌。

16-4d 小結

考慮庫藏股所有的優缺點之後,我們該採何種立場呢?關於庫藏股的重要結論彙整如下:

1. 因資本利得可以延遲繳稅,當將公司所得分配給股東時,相較現金股利,回購股票具稅負優勢。此外,公司回購股票讓想要現金的股東獲得現金,並讓目前不需要現金的股東可延遲收取。另一方面,股利是較為可靠的,因而較為適合那些需要穩定所得來源的投資人。
2. 鑑於信號效應,公司不應該支付起伏很大的股利——這會降低投資人對公司的信心,並對公司的股權成本和股價產生負面影響。然而,現金流量會隨著時間而改變,投資機會也會隨之改變,剩餘股利模型裡的「適當」股利也因此會隨著時間而變化。為了克服這個問題,公司可將股利設定在某個夠低的水準,讓股利支付不會對營運造成影響,並可視狀況藉由實施庫藏股來分配多餘現金。這樣的程序除了能提供需要現金的股東額外的現金流量外,還可提供慣常、可靠的股利。
3. 當公司想要大幅和快速地改變資本結構、將一次性事件(如賣掉某個部門)產生的現金分配出去,以及為了取得員工選擇權計畫所需的股票,實施庫藏股是很有幫助的。

對回購股票的批評

如本章所強調的那樣,如果正確使用,回購股票將讓公司有效地將現金返還股東。因此,巴菲特長期以來強烈支持回購股票。他認為當股價被低估時,回購將非常適當,並可讓公司免於將多餘現金投資在無利可圖的計畫上。

然而,愈來愈多的人質疑股票回購。其中一項批評是某些經理人可能利用回購,提升諸如每股盈餘但不利企業長期價值的短期指標。例如,Almeida、Fos 和 Kronlund 於 2016 年的研究指出「EPS 驅動的回購常伴隨雇用和投資的減少,以及現金存量的減少。」考慮到此一可能性,巴菲特理解並非所有的股票回購都有道理,所以當股價高於其內在價值時,他會嚴厲批判回購該股。換言之,用高於它真值的價格買回自身股票,毫無道理可言。

其他批評採較寬廣的社會視角,他們主張雖然回購常有利於股東,但若該現金是被用於加薪和/或投資新計畫,社會將獲益。

上述觀點受到一些人的嚴厲批判,他們認為公司的主要責任在於股東,因而主張企業應聚焦於投資在對股東產生正淨現值的計畫。

在 16-3A 小節,我們提及 2020 年經濟衰退,導致許多公司削減或暫停支付股利,

以在非常不確定時期保留現金。基於同樣原因，許多公司對回購股票施以限制。另一項考慮是，一些產業正尋求政府紓困，許多政治領袖因而限制收取政府金援的公司，將政府資金用於回購股票。認知到環境的改變，巴菲特在 2020 年波克夏股東大會上，承認反對回購股票為「十足的政治正確。」

來源：Eric Rosenbaum, "Warren Buffett Explains the Enduring Power of Stock Buybacks for Long-Term Investors," *CNBC* (cnbc. com), September 1, 2018; Heitor Almeida, Vyacheslav Fos, and Mathias Kronlund, "The Real Effects of Share Repurchases," *Journal of Financial Economics*, vol. 119, no. 1 (January 2016), pp. 168–185; Chuck Schumer and Bernie Sanders, "Opinion: Schumer and Sanders: Limit Corporate Stock Buybacks," *The New York Times* (nytimes.com), February 3, 2019; Richard E. Thornburgh, "Here's Why Sens. Schumer and Sanders Are Wrong on Stock Buybacks," *CNBC* (cnbc.com), May 15, 2019; Matt Phillips, "The Stock Buyback Binge May Be Over. For Now.," *The New York Times* (nytimes.com), March 24, 2020; and William Watts, "Warren Buffett: 'It's Very Politically Correct' to be against Buybacks," *MarketWatch* (marketwatch.com), May 2, 2020.

課堂小測驗

- 解釋實施庫藏股如何能 (1) 有助於股東減少稅負，以及 (2) 有助於公司改變資本結構。
- 何謂庫藏股？
- 公司能使用哪三個程序買回它的股票？
- 庫藏股的優缺點為何？
- 實施庫藏股如何能幫助公司遵循剩餘股利政策的經營方式？

結語

公司一旦開始獲利，便需決定如何處理產生的現金。公司可以選擇保留現金，並將之用於購買額外的營運資產、償還既有負債或併購其他公司；另一種選擇則是將現金還給股東。請記住：管理階層選擇保留下來的每一塊錢，原本都是股東應該收到並能將之轉投資的錢。因此，經理人應保留盈餘，若且唯若他們將錢投資在公司內的報酬超出股東在公司外的投資報酬。因此，擁有良好計畫的高成長公司，往往保留高比率的盈餘；而擁有許多現金、投資機會受限的成熟公司，往往有豐厚的現金配發政策。

自我測驗

ST-1 **另類股利政策** 零組件製造公司（Components Manufacturing Corporation, CMC）的資本結構僅包含普通股股權；流通在外的普通股達 200,000 股，每股市價 $2。當 CMC 的創辦人暨研發主管和非常成功的發明家，出乎預期地在 2021 年底退休，並搬到南太平洋時，投資人突然之間永久地顯著調降對該公司的成長預期，且預期公司的絕佳新投資機會也隨之減少。不幸的是，該創辦人對公司的貢獻是無可取代的。在此之前，CMC 認為有必要將大部分的盈餘再行投資以融資成長──原先預期的年成長率為 12%。未來 6% 成長率被認為是可行的，但這個成長水準導致需要增加股利配息率。此外，目前看起來股東可接受的 $r_s = 14\%$ 之新投資計畫，預估在 2022 年僅需 $800,000 的預算，但預期的淨所得高達 $2,000,000。若維持目前的 20% 現金配息率，保留盈餘在 2022 年將達 $1,600,000；但如前所述，只有 $800,000 的投資應能高於 14% 的資本成本。

好消息是從既存資產而來的高盈餘預期將持續，以及 2022 年預期仍有 $2,000,000 的淨所得。鑑於創辦人退休這個戲劇性的變化，CMC 的管理階層正檢討公司的股利政策。

a. 假設被接受的 2022 年投資計畫，應完全可用該年的保留盈餘來融資，以及 CMC 使用剩餘股利模型，試計算 2022 年的 DPS。

b. 根據 a 小題計算得到的答案，求解 2022 年的配息率。

c. 若在可預見的未來，60% 的配息率是可持續的，則你對目前普通股每股市價的預估為何？根據前述假設，公布創辦人退休消息之前的股價應等於多

少呢？針對公布前後的內在價值 P0 的不相等，解釋原因。

d. 若仍使用舊的 20% 現金配息率，則股價會如何變化？假設若維持這個配息率，則保留盈餘的平均報酬率將下降到 7.5%，以及新成長率將如下：

$$g = (1.0 - 配息率)(ROE)$$
$$= (1.0 - 0.2)(7.5\%)$$
$$= (0.8)(7.5\%) = 6.0\%$$

問題

16-1 董事會正式宣告公司未來之股利政策的優缺點為何？

16-2 保留盈餘的成本低於發行新股成本。因此，廠商在同一年裡賣出新股和支付現金股利是全然不理性的。討論上述陳述的意義。

16-3 公司借錢發放股利有可能出於理性考量嗎？試解釋之。

16-4 Modigliani and Miller（MM）和 Gordon and Lintner（GL）對股利政策如何影響廠商資本成本和價值，都曾提出強有力的觀點。

a. 本質上，MM 和 GL 認為股利政策對資本成本與股價的影響為何？

b. MM 如何使用資訊內容、訊號和假說，以回應其反對者的論點？若你正與 MM 辯論，你將如何應戰？

c. MM 如何使用族群效應概念去應對反對者的論點？若你正與 MM 辯論，你將如何進行辯駁？

16-5 若其他因素維持不變，則以下的改變通常會如何影響總合（亦即所有企業的平均）配息率？解釋你的答案。

a. 個人所得稅率上揚。

b. 聯邦所得稅法放寬折舊規定──換言之，允許較快的折舊。

c. 利率上揚。

d. 企業利潤增加。

e. 投資機會減少。

f. 如處理利息支出那樣，讓企業可以將股息列為支出用以抵稅。

g. 稅法改變，以致讓任一年之實現和未實現的長期資本利得，依照一般所得的稅率加以課稅。

16-6 財務文獻的某項看法主張，廠商應將它們的剩餘所得用在支持新投資。

a. 解釋剩餘股利政策是什麼？請使用表格來顯示不同的投資機會是如何導致不同的股利配息率。

b. 在第十五章曾提及資本結構和資本成本的關係。若 WACC vs. 負債比的圖形像一個 V 型或 U 型，對是否應按照剩餘政策設定股利之意涵，兩者有何不同？

16-7 高階經理人的薪水被證明和公司規模（而非利潤率）較為相關。若董事會受到管理階層（而非外部董事）控制，則相較從股東觀點得到的保留盈餘比率，該公司可能保留較多盈餘。根據以上陳述，(1) 討論資本成本、投資機會和新投資之間的關係；以及 (2) 解釋股利政策和股票價格的隱含關係。

16-8 指出下列敘述的真偽，若敘述為偽，試解釋原因。
a. 若公司在公開市場買回自家股票，則賣出股票的股東需支付資本利得稅。
b. 某些股利再投資計畫，會增加公司可用的股權資本數量。
c. 賦稅法規激勵公司將大部分的淨所得採股利方式分配。
d. 若股東多屬偏好大額股利的族群，則該公司不太可能採取剩餘股利政策。
e. 若其他因素維持不變，且公司遵循剩餘股利政策，則當它的投資機會變好時，股利配息率往往會因而增加。

16-9 什麼是迎合理論？它如何影響公司的股利政策？

CHAPTER 17

營運資本管理

成功企業有效管理營運資本

　　營運資本管理包括找出最適現金水準、有價證券、應收帳款和存貨,以及使營運資本融資成本最小化。有效的營運資本管理能產生很多的現金。

　　所有的小企業主都會這樣告訴你:產生現金的方法之一,是讓顧客付錢的速度快過支付供應商貨款的速度。這個論點也適用於大型企業,亞馬遜透過有效的營運資本管理,創造強大的競爭優勢。消費者從亞馬遜訂購書籍時,必須提供信用卡卡號。亞馬遜接著在第二天便收到現金,甚至是在產品寄出前和支付供應商款項之前。

　　營運資本管理的另一項關鍵是有效地使用存貨。百思買(Best Buy)和其他公司,也對存貨特別留意。百思買是一家消費電子零售商,為了支持銷售,各分店必須準備好消費者想要的商品存貨,這涉及找出哪些新產品是熱銷商品、決定可從哪裡以最低成本進貨,以及將它們及時運送到各分店。通訊和電腦科技的大幅改善,讓百思買得以用之來管理存貨——蒐集各店的即時銷售數據,且電腦可以自動下訂單,好讓貨架上擺滿商品。此外,若某些商品的銷售不佳時,則會降價求售,以免發生日後必須大幅降價的情況。

　　在 2020 年新冠疫情引發的下滑經濟環境裡,營運資本管理變得困難重重。一些公司有

許多賣不出去的存貨；另一些公司不願購買額外的存貨，除非它們清楚看到消費者的支出已經回復。還有一些公司發現，它們的供應鏈嚴重斷鏈，讓它們更難獲得所需貨物、零件和其他存貨，以滿足顧客需求。此外，在經濟不景氣時期，一些公司發現金融機構不太願意提供短期貸款，所以它們愈來愈依賴供應商提供的信用交易作為融資的替代形式。

與此同時，許多供應商面臨困境——為了有新訂單，必須提供顧客慷慨的付款條件——但如此做，又擔心在不景氣的狀況下，其中一些顧客可能不會準時付款。

你將會了解，有效的營運資本管理是一種持續尋求平衡的行動，它對公司價值影響重大。讀完本章後，你應能了解如何管理營運資本，才能極大化利潤和股價。

摘要

典型工業或零售公司資產的半數，是以營運資本的形式持有；許多學生的第一份工作，則與營運資本管理有關。對創造大多數新工作的較小型企業而言，這是無庸置疑的。

當你讀完本章，你應能做到：

- 解釋流動資產和流動負債的不同金額，會如何影響公司的獲利與股價。
- 討論如何決定現金循環週期、如何建構現金預算，以及這兩者如何應用於營運資本管理中。
- 解釋公司如何決定每一種流動資產的適當數量——現金、有價證券、應收帳款和存貨。
- 討論公司如何設定信用政策，並解釋信用政策對銷售額和利潤的效應。
- 描繪銀行貸款和商業本票的成本如何決定，以及那些資訊如何影響營運資本融資決策。
- 解釋公司如何使用證券來降低其短期信用成本。

17-1 營運資本背景資料

營運資本（working capital）一詞源自於舊洋基時代沿街叫賣小販，他將貨物滿載馬車上，並沿街叫賣。這些商品稱為「營運資本」，因小販藉著將之實際售出或「周轉」（turn over）以產生利潤。馬車和馬是小販的固定資產，他通常擁有馬和馬車（所以它們是以「股權」資本融資），但他以信用交易方式買進商品（換言之，向供應商賒帳），或使用銀行貸款。這些貸款稱為**營運資本貸款**，且必須在每一次旅行後償還，以顯示這個小販有償付能力，並值得獲得新貸款。遵循這個程序

的銀行,被認為使用「健全的銀行業實務」。小販每年的旅行次數愈多,則他的營運資本周轉愈快、利潤也愈高。

這個概念可應用到現代企業,如本章所示。本章以第三章曾提到的三個重要定義作為開始,如下所述:

1. **營運資本**。流動資產通常稱為流動資本,因這些資本「周而復始」(亦即經使用後再遭替換)。
2. **淨營運資本**(net working capital)定義為流動資產減去流動負債;如第三章所述,聯合食品有 $690 百萬的淨營運資本。

$$淨營運資本 = 流動資產 - 流動負債$$
$$= \$1,000 - \$310 = \$690（百萬）$$

3. **淨經營營運資本**(net operating working capital, NOWC)代表用於營運目的之營運資本;如第十章和第十三章所述,NOWC 是公司自由現金流量裡的重要成分。NOWC 不同於淨營運資本之處,在於計算 NOWC 時,將需支付利息的應付票據從流動負債裡扣除;因為多數分析師將需支付利息的應付票據視為融資成本(類似於長期負債),而非公司營運的自由現金流量。對比而言,其他的流動負債(應付帳款和應提費用)被視為公司營運的一部分,因此含括在自由現金流量裡。以下是聯合食品於 2021 年的淨經營營運資本(關於聯合食品,請參見第三章):

$$淨經營營運資本 = 經營流動資產 - 經營流動負債$$
$$=（流動資產 - 多餘現金）-（流動負債 - 應付票據）$$
$$=(\$1,000 - \$0) - (\$310 - \$110) = \$800（百萬）$$

> **課堂小測驗**
> - 營運資本一詞的來源為何?
> - 區別營運資本和淨營運資本。
> - 區別淨營運資本和淨經營營運資本。

17-2 流動資產投資政策

本節討論流動資產持有量如何影響獲利。作為開始,圖 17.1 顯示有關持有流動資產之規模的三種政策。位於最上方的直線有最陡的斜率,顯示相對其銷售

圖 17.1　流動資產投資政策（$ 百萬）

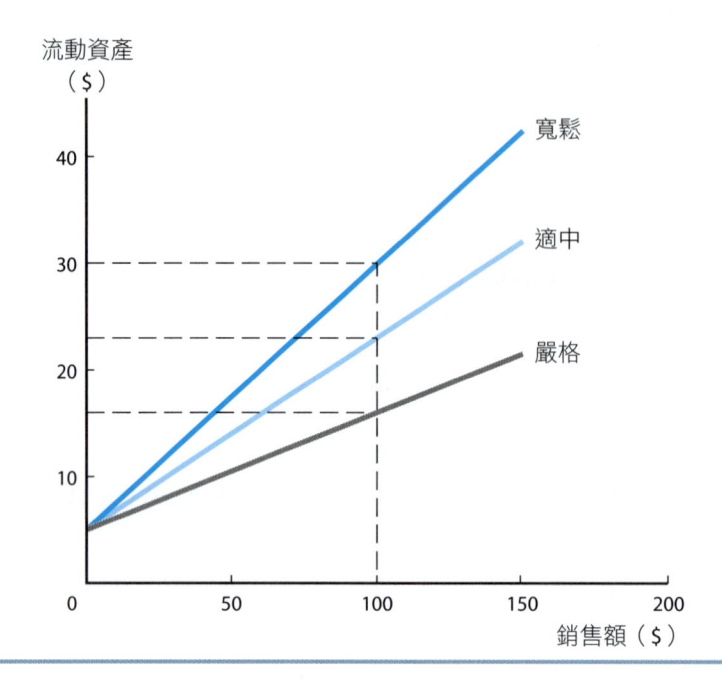

```
流動資產
 ($)
 40                              寬鬆
 30                              適中
 20                              嚴格
 10
  0    50   100  150  200
              銷售額（$）
```

額，公司持有大量現金、有價證券、應收帳款和存貨。當應收帳款很高，則公司採行寬鬆的信用政策，因而導致應收帳款的較高水準；這是一種**寬鬆的投資政策**（relaxed investment policy）；另一方面，當公司採行**嚴格的投資政策**（restricted investment policy）時，持有極小化的流動資產；**適中的投資政策**（moderate investment policy），則介於兩個極端之間。

我們可以使用杜邦方程式，來闡明營運資本管理如何影響 ROE：

$$ROE = 銷售利潤率 \times 總資產周轉率 \times 股權乘數$$

$$= \frac{淨所得}{銷售額} \times \frac{銷售額}{資產} \times \frac{資產}{股權}$$

嚴格政策表明低水準資產（故總資產周轉率高），在其他因素維持不變下，會產生高的 ROE。然而，這個政策也會讓公司暴露於風險之中；這是因為短缺會導致停工、消費者不悅及嚴重的長期問題。寬鬆政策極小化這類的營運問題，但會導致低周轉率，接著造成低 ROE。適中政策介於兩種極端之間。最適政策為極大化公司長期盈餘、股票內在價值的政策。

注意到日新月異的科技能導致最適政策的改變。例如，某新科技讓製造商得以用五天（而非原先的十天）來生產產品，則工作進程所需的存貨便可減半。類似地，零售商典型的存貨管理系統，使用條碼以便收銀台讀取所有商品資訊；這些資

訊傳輸到電腦裡——電腦記錄著每一品項的剩餘存貨，當存貨低於特定水準時，電腦將自動向供應商下單。這個過程降低「安全存量」，因而降低利潤極大化的存貨水準；存貨數量高於安全存量可避免缺貨情況發生。

> **課堂小測驗**
> - 找出並解釋三種不同的流動資產投資政策。
> - 使用杜邦方程式，顯示營運資本政策如何影響公司的預期 ROE。

17-3 流動資產融資政策

投資流動資產時需要融資；資金的主要來源包括銀行貸款、供應商提供的信用（應付帳款）、應提負債、長期負債和普通股權益。各種資金來源有其優缺點，所以公司必須決定最適合自己的資金來源。

首先，請注意大部分的企業會經歷季節性或循環性的波動。例如，營建商往往夏天最忙、零售商在聖誕節期間生意最好，營建商和零售商的供應商也會有與之相應的模式。類似地，幾乎所有企業的銷售額會隨經濟轉強而增加，因此在景氣好時累積了流動資產；但景氣不佳時，存貨和應收帳款皆會下降。然而，請注意，流動資產不會降為零——公司會維持一些**永久性流動資產**（permanent current asset），它是景氣循環最低點時所需的流動資產。然後當景氣復甦，銷售額增加，流動資產也跟著增加——這些額外的流動資產則稱為**暫時性流動資產**（temporary current asset）。對這兩類流動資產進行融資的方式，稱為公司的**流動資產融資政策**（current assets financing policy）。

17-3a 到期日配適或「自償性」方法

到期日配適或「自償性」方法（maturity matching or "self-liquidating" approach），要求配適資產和負債到期日，見圖 17.2。所有的固定資產和永久性流動資產是使用長期資本來融資，但暫時性流動資產則是以短期負債來融資。預計在 30 天之內賣出的存貨應以 30 天期的銀行貸款來融資、預期可使用五年的機器應使用 5 年期貸款、壽命二十年的建物應使用 20 年期的房貸抵押債券，以此類推。實際上，兩項因素妨礙精確的到期日配適：(1) 資產壽命的不確定性；例如，某公司以 30 天期銀行貸款來融資存貨，預期將以賣出存貨後的現金來償付貸款，但若銷售不如預期，則現金便來得較遲和較少，以致公司不能在到期日償還貸款；(2) 必

圖 17.2　可供選擇的流動資產融資政策

a. 適中取向（到期日配適）

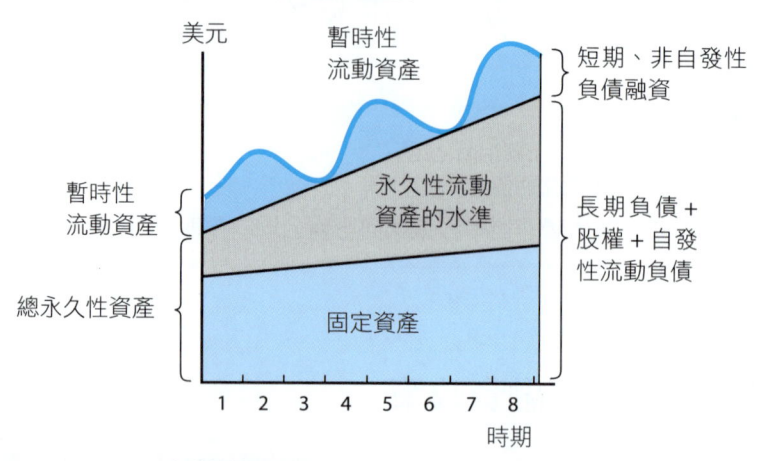

b. 相對積極取向

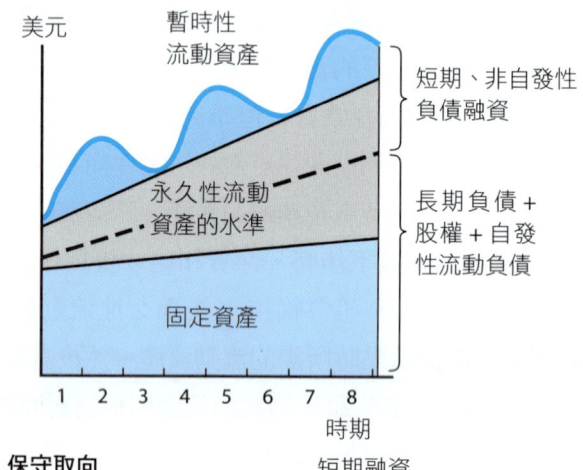

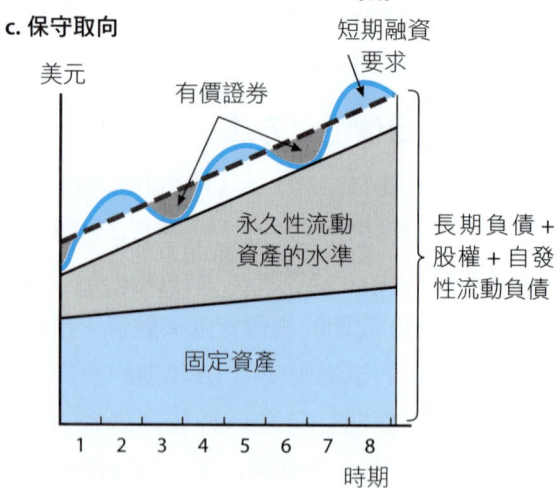

c. 保守取向

須使用一些普通股，而普通股沒有到期日。最後，當公司試著配適資產和負債的到期日時，便稱公司採用適中的流動資產融資政策（moderate current asset financing policy）。

17-3b 積極取向

圖 17.2b 闡明較積極公司以短期負債融資部分永久性資產的狀況。注意：圖 17.2b 的標題使用相對這個詞，因積極程度可以有差別。例如，圖 17.2b 的虛線可以位於表示固定資產之直線的下方，亦即所有的流動資產（永久性和暫時性）及部分固定資產都以短期信用來融資。這個政策應屬高度積極或極度非保守，且公司會承受重新貸款和利率上揚問題的風險。然而，短期利率通常低於長期利率，某些公司願意犧牲一些安全性來換取產生較高利潤的機會。

採取積極政策的原因，是利用殖利率曲線通常是正斜率此一事實，因此短期利率通常低於長期利率。然而，以短期負債融資長期資產的策略的確有相當風險。說明如下：假設某公司借入 1 年期 $100 萬，並使用這筆資金購買機器；該機器在未來十年每年可節省 $20 萬的勞動成本。該設備產生的現金流量不足以在第一年末償付貸款，所以這筆貸款必須續借。若公司遭遇暫時性的財務問題，放款人可能會拒絕續借，公司則可能因而破產。若公司選擇配適到期日，以 10 年期貸款來融資這間工廠，則所需的貸款還款應較佳地與現金流量相互配適，而不會產生貸款續借問題。

17-3c 保守取向

圖 17.2c 顯示虛線位於表示永久性流動資產之直線的上方，意謂長期資本用於融資所有的永久性資產，並滿足部分的季節需要。在這種情況下，公司使用少量的短期信用來滿足尖峰需求，但它也使用有價證券的「儲存流動性」來滿足部分的季節性需要。虛線上方的山峰代表短期融資，而虛線下的山谷則代表持有短期證券。這是一個非常安全、保守的融資政策。

17-3d 從兩種取向間做選擇

因殖利率曲線通常為正斜率，短期負債的成本因而通常低於長期負債成本。然而，短期負債的風險較高，原因有二：(1) 若公司使用長期借款，其利率將持續相對穩定，但若使用短期信用，其利息支出可能大幅變動，利率或許會高到讓利潤消失的程度；(2) 若公司高度依賴短期借款，則暫時性的衰退可能對其財務比率產生負面影響，並讓公司無法償還負債。基於上述論點，若借款人的財務部位不佳，則放款人可能不願意續借，而迫使借款人破產。許多公司因 2007-2008 年金融危機

遍尋不著短期借款來源，而有了面對這個負面效應的第一手經驗。

還請注意：短期貸款協商所花的時間通常短於長期貸款。放款人在延展長期信用時，需要從事較為周密的財務檢視，且貸款協議必須詳盡，因十年至二十年的貸款期間裡可以發生許多事情。

最後，短期負債可以提供彈性。若公司認為利率太高了，可在換約時選擇短期信用以獲得彈性。此外，公司需要的資金若具季節性或循環性的特性，則可能不會想要使用長期負債。雖然償還長期負債的條款能納入合約，但提早還款的懲罰通常也會寫入長期負債合約裡，以允許放款人回收開辦費用。最後，長期負債協議通常包含一些要求——限制公司未來的行動以保護放款人；而短期信用協議的限制條款通常較少。

短期負債和長期負債的相對利益很可能會隨時間改變。例如，最近金融危機引發的信用緊縮，讓許多公司發現自己難以在短期負債到期時續借。或許其中一些公司會後悔未採較保守的取向來管理營運資本。然而，在危機發生前，因短期負債成本持續低於長期負債，且信用隨處可得、續借風險低，過度依賴長期負債的保守公司，通常發現自己處於不利的競爭位置。

考慮所有因素後，仍難以斷言長期負債和短期負債何者為佳，公司的特性和經理人的偏好將影響選擇。樂觀、積極的經理人可能較中意短期信用，以獲得利息成本優勢；較為保守的經理人會傾向長期融資，以避免潛在的貸款續借問題。這裡討論的種種因素的確應納入考慮，但最後的決策仍取決於經理人的個人偏好和判斷。

課堂小測驗

- 區分永久性流動資產和暫時性流動資產。
- 何謂到期日配適？這種融資政策的優點是什麼？
- 本節所討論的短期負債和長期負債，各自的優缺點為何？

17-4 現金循環週期

所有公司都會遵循「營運資本循環」（working capital cycle）——公司購買或生產存貨，持有一段期間，接著賣掉它們並收到現金。這個過程和洋基小販的商務之旅相當類似，又稱為**現金循環週期**（cash conversion cycle, CCC）。

17-4a 計算目標 CCC

假設大時尚公司（Great Fashions Inc., GFI）是一家新創公司，它向中國製造商買進女子高球裝，並在美國、加拿大和墨西哥的高級高爾夫俱樂部的專賣店販售。公司的營業計畫要求每月月初購入價值 $10 萬的商品，以及在 60 天內將之賣出。公司在 40 天的信用期截止時才需支付供應商貨款，而它給顧客 60 天的信用期。GFI 預期在一開始便能損益兩平，所以某月的銷售額將為 $10 萬，與購貨金額相等。支持營運所需的所有資金都來自銀行，而這些貸款在有現金進帳時便需盡快償付。上述資訊可用以計算 GFI 的現金循環週期，而這個週期可細分成以下三個時期：

1. **存貨轉換期間**（inventory conversion period）：對 GFI 來說，需要 60 天來賣出商品，所以存貨轉換期間為 60 天。
2. **平均收款期間**（average collection period, ACP）：這是在貨品銷售後，消費者付款的平均所需時間，又稱為**銷售流通天數**（days sales outstanding, DSO）。GFI 的商務計畫要求 60 天的 ACP，和它的 60 天信用條件一致。
3. **應付帳款展延期間**（payables deferral period）：供應商讓 GFI 延遲付款的時間長度（本例為 40 天）。

在第一天，GFI 購買商品，並預期在 60 天內賣出貨品，同時將之轉換成應收帳款。公司應需要額外的 60 天才會收到現金付款，這讓收到商品和收到現金之間的時差達 120 天。然而，GFI 可以延遲對供應商的付款（原本設定為 40 天）。我們結合上述三個期間，可以找出預估的現金循環週期，見方程式 17-1 和圖 17.3。

存貨轉換期間 + 平均收款期間 − 應付帳款展延期間 = 現金循環週期　　　17-1

　　　　60　　+　　60　　−　　40　　=　　80 天

雖然 GFI 必須在 40 天後支付供應商 $10 萬，但在此循環週期內，並不會收到任何現金，必須等到 60 + 60 = 120 天以後。因此，GFI 在第 40 天必須向銀行借入 $10 萬的商品成本，且在第 120 天之前、在從顧客那裡獲得現金之前，都不可能償還貸款。因此，現金循環週期為 120 − 40 = 80 天；GFI 將欠銀行 $10 萬並支付利息。CCC 愈短愈好，因為這會降低利息支出。請注意：GFI 若能早些賣出商品、快點收現，以及在不損害銷售或增加經營成本的情況下延遲付款，則它的 CCC 會下降、利息支出會減少、利潤和股價應會改善。

圖 17.3　現金循環週期

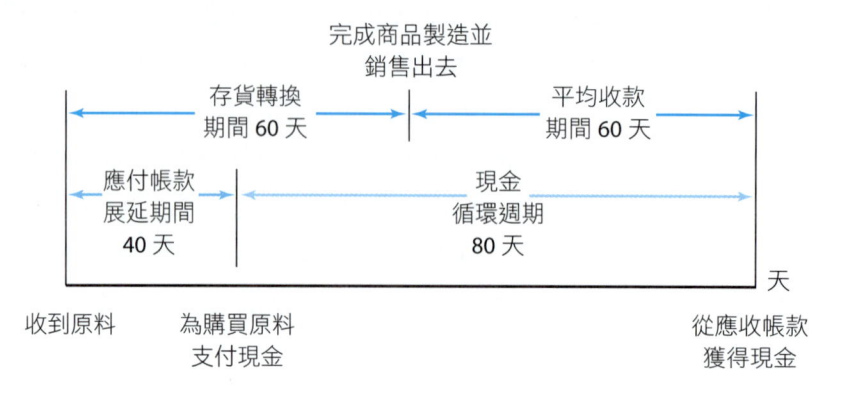

```
                    完成商品製造並
                    銷售出去
         ←—存貨轉換——→|←—平均收款——→
            期間 60 天  |   期間 60 天
    ←應付帳款→|←————現金————→
     展延期間  |      循環週期
      40 天   |       80 天
                                              天
  收到原料  為購買原料            從應收帳款
           支付現金              獲得現金
```

17-4b 從財務報表計算 CCC

前一小節從理論上闡明了 CCC；但在實務上，我們應能根據公司財務報表計算 CCC。此外，實際 CCC 應該會和理論預估值不相等，這是因為現實世界是非常複雜的（如發生運輸延遲、銷售減慢、消費者延遲付款等）。此外，諸如 GFI 的公司在前一個循環結束前便會開始新的循環，而這也會增加複雜度。

為了解實務上如何計算 CCC，假設 GFI 已營業數年，現在事業穩固——下單、產生銷售、獲得現金收入，以及在循環的基礎上支付供應商。以下數據來自 GFI 最新的財務報表：

每年銷售金額	$1,216,666
售出商品的成本	1,013,889
存貨	250,000
應收帳款	300,000
應付帳款	150,000

我們首先計算存貨轉換期間：

$$存貨轉換期間 = \frac{存貨}{售出商品的日成本} \quad\quad 17\text{-}2$$

$$= \frac{\$250,000}{\$1,013,889/365} = 90 \text{ 天}$$

因此，GFI 平均需要 90 天才能賣出商品，而非原先商業計畫裡設想的 60 天。還請注意存貨也有成本，所以方程式的分母為售出商品的（進貨）成本，而非銷售額。

現金循環週期的實際案例

下表彙整六類產業裡 12 家公司的近期現金循環週期（CCC）預測。第一個表列出經計算而得的 2019 財政年度年末數據。如你所預期，零售業的 CCC 往往較高，因為需要較多的存貨。還好，許多零售商受益於低的 DSO，因為顧客多使用現金或信用卡付款（信用卡收款期並不長）。產業內各公司的 CCC 也會有很大差異；例如，相較 Coke，Pepsi 的存貨轉換期間為一半多一些、應付帳款展延期間高出 17%，以致 Pepsi 有遠較為低的 CCC。事實上，Pepsi 的 CCC 為負值，意謂不需支出現金、營運資本反而會對該廠商提供現金；Apple 和 HP 的 CCC 也為負。然而，表中所列 3 家服飾零售商中的 Abercrombie &Fitch，因其持有大量存貨導致它極長的 CCC，這無疑會是該公司經營管理的重點之一。

第二個表顯示和上表相同公司之 2020 年 7 月的相應數據。這些數據根據之前的十二個月，亦即它們顯示這些公司於 2019 年 7 月到 2020 年 7 月期間的 CCC。值得注意的是，上一表根據新冠疫前的數據計算，而本表則包括 2020 年上半年疫情產生的經濟效應。粗略比對此二表，將會看到新冠疫情期間的有趣結果。例如，Coke 的 CCC 由正轉負，而 Pepsi 的負值 CCC 變得更小。若我們細看此二表，將會注意到如它們存貨轉換期間那樣，Coke 和 Pepsi 的平均收款期間也增加了。然而，應付帳款展延期間顯著增長──這解釋為何是負 CCC。事實上，EuroFinance 對食品和消費者產品跨國企業的調查指出，60% 的公司正在面對營運資本的日增壓力、超過 25% 公司說供應鏈曾被斷鏈。這些公司的最初反應是延展優惠貸款，以及修復營運資本。

現金循環週期：2019 年真實案例

公司	產業	存貨轉換期間	平均收款期間 = DSO	應付帳款展延期間	現金循環週期（CCC）
Coke	飲料	76.71	36.08	78.67	34.12
Pepsi	飲料	39.16	34.04	92.22	−19.02
Abercrombie &Fitch	服飾零售	108.13	7.73	55.39	60.47
American Eagle Outfitters	服飾零售	57.04	4.67	34.48	27.23
Gap	服飾零售	76.33	7.52	40.95	42.90
Best Buy	電腦零售	57.50	9.05	57.29	9.26
Apple	電腦和周邊	9.09	32.35	115.20	−73.76
HP	電腦和周邊	45.24	34.61	113.56	−33.71
CVS Health Corp.	食品和生活必需品零售	29.34	9.68	16.77	22.25
Walmart	生活和必需品零售	41.02	4.38	43.49	1.91
Alcoa Corp.	金屬製造	64.87	24.07	62.09	26.85
U.S. Steel Corp.	金屬製造	58.56	40.00	69.32	29.24

來源：以上公司最新財政年度年末數據來自 morningstar.com, July 7, 2020.

現金循環週期：根據過去 12 個月數據的真實案例

公司	產業	存貨轉換期間	平均收款期間 = DSO	應付帳款展延期間	現金循環週期（CCC）
Coke	飲料	84.06	40.66	291.68	−166.96
Pepsi	飲料	42.71	43.36	191.00	−104.93
Abercrombie &Fitch	服飾零售	111.69	9.23	44.57	76.35
American Eagle Outfitters	服飾零售	58.30	8.29	27.16	39.43
Gap	服飾零售	83.66	–	36.87	–
Best Buy	電腦零售	50.48	6.71	50.25	6.94
Apple	電腦和周邊	9.04	20.98	69.17	−39.15
HP	電腦和周邊	46.71	33.75	111.46	−31.00
CVS Health Corp.	食品和生活必需品零售	27.49	10.35	15.69	22.15
Walmart	生活和必需品零售	38.87	3.54	40.34	2.07
Alcoa Corp.	金屬製造	66.39	24.01	55.78	34.62
U.S. Steel Corp.	金屬製造	66.69	43.44	74.17	35.96

來源：以上公司過去 12 個月數據來自 morningstar.com, July 7, 2020.

平均收款期間或應收帳款周轉天數的計算如下：

$$\text{平均收款期間} = \text{ACP（或 DSO）} = \frac{\text{應收帳款}}{\text{銷售額}/365} \qquad 17\text{-}3$$

$$= \frac{\$300{,}000}{\$1{,}216{,}666/365} = 90\text{ 天}$$

所以，GFI 在銷售發生後的第 90 天才會收到現金，而非商業計畫裡預估的 60 天。因為應收帳款是採銷售價格記錄，所以我們在分母使用銷售額，而非售出商品的成本：

$$\text{應付帳款展延期間} = \frac{\text{應付帳款}}{\text{日購買金額}} = \frac{\text{應付帳款}}{\text{售出商品的成本}/365} \qquad 17\text{-}4$$

$$= \frac{\$150{,}000}{\$1{,}013{,}889/365} = 54\text{ 天}$$

GFI 應該在 40 天內支付供應商貨款；但它是一個延遲付款者——平均延遲到第 54 天才付款。

我們能結合這三個期間，計算 GFI 的實際現金循環週期：

$$\text{現金循環週期（CCC）} = 90\text{ 天} + 90\text{ 天} - 54\text{ 天} = 126\text{ 天}$$

Chapter 17　營運資本管理

GFI 實際的 126 天 CCC，和計畫裡的 80 天有著相當大的差距。公司花了比預期還長的時間才賣出商品、消費者支付的速度比應付速度慢，以及 GFI 對供應商的支付速度也比約定要慢。結果是：實際 CCC 為 126 天，而預期的 CCC 僅 80 天。

雖然預期的 80 天 CCC 相當合理，但實際的 126 天則是太高了。財務長應催促銷售人員加快銷售、信用經理加速收款；此外，採購部門應嘗試獲得較長的支付條件。若 GFI 能在不損害銷售和經營成本的情況下做到上述事項，則應能改善利潤和股價。

善（Hyun-Han Shin）教授和索隆（Luc Soenen）教授研究 2,900 多家公司在二十餘年裡的狀況，他們發現縮短現金循環週期會帶來較高利潤和較佳股票表現。他們的研究指出，良好的營運資本管理對公司的財務部位和表現影響很大。

快問快答

問題

家具直銷公司有以下數據：

年度銷售額	$10,000,000
售出商品成本	6,000,000
存貨	2,547,945
應收帳款	1,643,836
應付帳款	1,200,000

公司現金循環週期為何？

解答

在計算公司的現金循環週期前，我們必須計算它的存貨轉換期間、平均收款期間和應付帳款展延期間。

$$存貨轉換期間 = \frac{存貨}{售出商品的日成本}$$

$$= \frac{\$2,547,945}{\$6,000,000/365} = 155 天$$

$$平均收款期間 = \frac{應收帳款}{銷售額／365}$$

$$= \frac{\$1,643,836}{\$10,000,000/365} = 60 天$$

$$\text{應付帳款展延期間} = \frac{\text{應付帳款}}{\text{售出商品的成本}/365}$$

$$= \frac{\$1{,}200{,}000}{\$6{,}000{,}000/365} = 73\text{天}$$

$$\text{現金循環週期} = \text{存貨轉換期間} + \text{平均收款期間} - \text{應付帳款展延期間}$$

$$= 155 + 60 - 73 = 142\text{天}$$

課堂小測驗

- 定義以下的專業術語:存貨轉換期間、平均收款期間和應付帳款展延期間;以及解釋這些術語如何用於形成現金循環週期。
- 現金循環週期的減少如何增加獲利?
- 公司可採取哪些行動以縮短現金循環週期?

17-5 現金預算

公司需要預測其現金流量。若很可能需要額外現金,則應預做準備;另一方面,若很可能產生多餘現金,則應計劃如何更有效地使用。**現金預算(cash budget)** 為主要的預測工具,如表 17.1 所示,它是使用本章 Excel 模型所製成。

現金預算的時間長度沒有一定,但公司通常針對未來一年發展出如表 17.1 的每月現金預算,並在每月月初發展出每日的現金預算。每月的預算適合年度計畫;而每日預算能以較精確的圖像描繪實際現金流量,適合逐日安排實際的付款。

月現金預算的製作自預測每月銷售額和何時發生實際收款開始,接著依序預測原料採購,然後是對原料、勞工、租賃、新設備、稅金和其他支出的付款預測。當預測的收款扣除預測的付款後,便得到每月預期的淨現金利得或利損;這個利得或利損將加入或從最初的現金餘額中減去,最後得到公司每月月末持有的現金金額(假設沒有借款或投資)。

我們以聯合食品的例子闡明現金預算,為了讓例子簡短一些,我們僅處理 2022 年的下半年。聯合食品的主要客戶為食品雜貨連鎖店;2022 年的預期銷售額為 \$3,300 百萬。如表 17.1 所示,銷售額在暑假開始增加,最高峰落在 9 月,接著在整個秋天持續減少。所有的銷售使用 2/10、淨(net)30 的條件,亦即若在 10 天

內付款，則給予 2% 的折扣；即便客戶不想要折扣，也必須在 30 天內支付全額。然而，如同大部分的公司，聯合食品發現到某些顧客會延遲付款。經驗顯示，20% 的顧客在銷售當月付款——這些是享有折扣的顧客；其他的 70% 在銷售後的第一個月付款；10% 則是遲付，在銷售後的第二個月才付款。

食材、香料、防腐劑和包裝材料成本，占聯合食品銷售金額的七成。聯合食品通常在預期賣出製成品的一個月前購買原料，其供應商則同意延遲付款 30 天。預期 7 月的銷售額為 \$300 百萬；所以 6 月的採購金額會等於 \$210 百萬，且必須在 7 月支付全額。

表 17.1　聯合食品 2022 年現金預算（\$ 百萬）

列	A 項目	數值	說明
5	投入數據		
6	銷售當月的收款	20%	假設為常數，不改變。
7	銷售後第一個月的收款	70%	假設為常數，不改變。
8	銷售後第二個月的收款	10%	等於 100% − (20% + 70%) − 壞帳比率。
9	壞帳比率	0%	可加以改變，以了解其效應。
10	對當月收款的折扣	2%	可加以改變，以了解其效應。
11	採購占下一個月銷售額的比率	70%	可加以改變，以了解其效應。
12	租賃付款	\$ 15	可加以改變，以了解其效應。
13	新廠的建造成本（10 月）	\$ 100	可加以改變，以了解其效應。
14	目標現金餘額	\$ 10	可加以改變，以了解其效應。
15	銷售額的調整因子（從基準值的偏離）	0%	從基準值增加或減少的比率，以了解其效應。

列	現金預算	5月	6月	7月	8月	9月	10月	11月	12月
20	銷售額（毛額）	\$200	\$250	\$300	\$400	\$500	\$350	\$250	\$200
21	收款								
22	當月銷售：0.2 (銷售額)(0.98)			\$59	\$78	\$98	\$69	\$49	\$39
23	銷售後第一個月：0.7（一個月前的銷售額）			175	210	280	350	245	175
24	銷售後第二個月：0.1（二個月前的銷售額）			20	25	30	40	50	35
25	收款總額			\$254	\$313	\$408	\$459	\$344	\$249
26	採購：次月銷售額的 70%		\$210	\$280	\$350	\$245	\$175	\$140	
27	付款								
28	支付原料：上一個月的採購			\$210	\$280	\$350	\$245	\$175	\$140
29	薪資			30	40	50	40	30	30
30	租賃付款			15	15	15	15	15	15
31	其他支出			10	15	20	15	10	10
32	稅金					15			10
33	新廠建造付款						100		
34	付款總額			\$265	\$350	\$450	\$415	\$230	\$205
35	淨現金流量：								
36	每月的淨現金流量（NCF）：列 25 − 列 34			(\$11)	(\$37)	(\$42)	\$44	\$114	\$44
37	累計的 NCF：一個月以前的累計 NCF + 本月 NCF			(\$11)	(\$48)	(\$90)	(\$46)	\$68	\$112
38	現金盈餘（或貸款需要）								
39	目標現金餘額			\$10	\$10	\$10	\$10	\$10	\$10
40	現金盈餘（或貸款需要）：列 37 − 列 39			(\$21)	(\$58)	(\$100)	(\$56)	\$58	\$102
41	必要貸款的最大值（所示為負值）			(\$100)					
42	投資的最大可用金額			\$102					

薪酬和租賃付款也納入現金預算，如聯合食品預估的稅金支出——9月15日到期$15百萬、12月15日到期$10百萬。此外，10月必須支付新工廠$100百萬，其他雜項的必要付款也顯示在預算裡。聯合食品的**目標現金餘額（target cash balance）**為$10百萬，它計劃借款以滿足這個目標，或當所產生的現金超過需要時將多餘資金進行投資。

我們使用表17.1上方的資訊，以預測7月至12月每月現金剩餘或不足；以及聯合食品需要借入的金額，或可用於投資的金額，以讓每月月末的現金餘額等於目標水準。預測所需的投入值（這些僅是假設，不一定正確），見列6至列15——這些數字用於現金預算的計算。列20列出5月至12月各月的銷售額預估值；5月和6月的銷售額決定7月和8月的收款金額，而列22至列25與收款金額有關。列22顯示20%的月銷售額會在該月完成收現。然而，當月付款的消費者享有折扣，所以該月的收款金額會少2%。例如，7月收款金額會等於該月$300百萬銷售金額的20%再減去2%折扣，亦即等於0.2($300百萬) – 0.2($300百萬)(0.02) = $58.8百萬，或四捨五入為$59百萬。列23顯示自前一個月銷售而來的收款。例如，6月銷售額$250百萬的70%，即$175百萬，應在7月收款。列24顯示自兩個月前銷售所產生的收款。因此，在7月，5月銷售的收款應等於(0.10)($200百萬) = $20百萬。每一個月的收款總額顯示在列25。因此，7月的收款金額包括7月銷售額的20%（扣掉2%的折扣）、6月銷售額的70%，以及5月銷售額的10%——總計$254百萬。

原料成本為次月銷售額的70%，顯示在列26。7月銷售額的預期值等於$300百萬，所以6月的採購金額為0.7($300百萬) = $210百萬。這筆$210百萬必須在7月付款，所以這個金額顯示在列28。以此類推，可得到8月預期銷售額為$400百萬，所以聯合食品必須在7月購買0.7($400百萬) = $280百萬的原料，且這筆金額必須在8月付款。其他必要的付款，包括勞工成本、租賃付款、稅金、建造成本和雜支，顯示在列29至列33；所有的付款總額則顯示在列34。

接下來，在列36，我們顯示每個月的淨現金流量（NCF），它等於列25的收款總額減去列34的付款總額。7月的NCF為 – $11百萬；因秋收和加工導致現金流量持續為負，直到10月才開始由負轉正。

每月的現金流量接著用於計算累計的淨現金流量，如列37所示。以下我們加總每一個月的NCF，以得到累計的NCF。因在7月初時，尚無之前累計的NCF，則7月累計的NCF僅是該月的NCF，–$11百萬。就8月而言，我們將該月的NCF加到7月底累計的NCF，即–$11百萬 + (–$37百萬)，就得到8月底累計的–$48百萬NCF。9月的現金流量仍為負，所以累計的NCF上升到–$90百萬的高

點。然而，10 月時的 NCF 為正；所以，這個累計數字降到 -$46 百萬。累計 NCF 在 11 月時由負轉正，12 月時仍維持正值。

聯合食品的目標現金餘額為 $10 百萬——它想要始終都能維持這個餘額。聯合食品計畫在分析初始便借入 $10 百萬，我們在列 39 顯示這個金額。因預計聯合食品在 7 月將損失現金 $11 百萬，並因其在 7 月初借入 $10 百萬，所以到了 7 月底，貸款未償餘額合計為 $21 百萬，如列 40 所示。聯合食品在 8 月和 9 月又發生額外的現金短缺，以致必要的貸款金額持續增加，到了 9 月底來到 $100 百萬的高峰。不過，10 月開始產生正的現金流量；它們可用來減少貸款金額，而到了 11 月底便完全清償，且公司有了可供投資的資金。事實上，到了 12 月底，聯合食品的借款餘額為 0，且擁有 $102 百萬可供投資的資金。

針對這半年期間，列 41 顯示最大所需的貸款金額 $100 百萬；列 42 顯示最大的預期現金結餘 $102 百萬。聯合食品的財務主管將需要安排信用額度，讓公司可以至多借到 $100 百萬；視資金需要、隨著時間增加貸款金額，並在之後當現金流量轉正時償付貸款。在協商信用額度時，財務主管應對銀行揭露現金預算，因放款人應會想要知道聯合食品預期需要多少貸款、何時需要，以及何時償還。放款人和聯合食品高階主管皆會針對預算質問財務主管——若銷售額高於或低於預期，會對預測產生何種影響？當顧客付款改變時，會如何影響預測？他們會想要知道這些問題的答案。這些質問會聚焦在下述兩類問題：預測的準確度如何？預測誤差會產生何種影響？

請注意：若每月的現金流入和流出並非平穩地發生，則實際所需資金可能與上述預測金額大不相同。表 17.1 的數據顯示每月最後一天的狀況，我們看到預期所需最大的貸款金額為 $100 百萬。然而，若所有的付款必須在每月的第一天支付，而大部分的收款則發生在每月的 30 日，則聯合食品在 7 月收到 $254 百萬之前，就必須先支付 $265 百萬。在這種情況下，聯合食品應需要借入 $275 百萬，而非表 17.1 裡的 $21 百萬；每日的現金預算將會揭露這樣的狀況。

表 17.1 的製作使用了 Excel，以利改變假設。因此，我們能檢視銷售額、目標現金餘額、顧客付款等改變對現金流量的影響；此外，信用政策改變和存貨管理改變的效應，也可透過現金預算來加以檢視。

課堂小測驗

- 當與銀行協商貸款條件時，可如何利用現金預算呢？
- 假設每日公司的現金流量起起伏伏，這會對根據每月現金預算、得到的預測借款金額之準確性，產生怎樣的影響？公司可以如何處理這個問題？

17-6 現金和有價證券

當人們提到現金，多半意指貨幣（紙幣和錢幣）和銀行活期存款。不過，當企業財務主管使用這個詞，通常指的是貨幣、活期存款，以及非常安全、高度流動和可在市場買賣的證券，也就是可以快速以預期價格賣出，並將之轉換為銀行存款的證券。因此，資產負債表上的「現金」，通常包括又稱為「約當現金」（cash equivalent）的短期證券。

注意：公司持有的有價證券，可分成兩種類型：(1) 營運短期證券（operating short-term security）主要是為了提供流動性，以及透過買、賣提供營運所需資金；(2) 其他短期證券是支持正常營運所需金額以外所持有的短期證券。諸如微軟這類高獲利性公司，持有的證券通常遠超過維持流動性所需。這些證券終究要賣出，所得到的現金將用於支付大額一次性股利、回購股票、償還負債、併購其他公司或融資重大擴張計畫等。這個分析不會出現在資產負債表裡，但財務經理知道能滿足營運和其他目的之需要的證券量。在我們對淨營運資本的討論裡，聚焦於持有證券以提供營運所需的流動性。

17-6a 貨幣

速食店、賭場、旅館、電影院和少數其他企業，持有大量的貨幣；但因信用卡、借記卡（debit card）和其他支付機制的興起，貨幣變得愈來愈不重要。諸如麥當勞這樣的公司需要持有足夠貨幣以支持營運；但它們若持有較多貨幣，則會提高資本成本和吸引搶匪。最適水準由公司自行決定；但即使對零售商而言，貨幣通常代表所持有現金裡的一小部分而已。

17-6b 活期存款

對大部分的企業來說，活期或支票存款遠比貨幣來得重要。這些存款用在交易（transaction）上──支付員工和原料、購買固定資產、支付稅金、償還負債、支付股利等。然而，商業的活期存款通常沒有利息；所以，公司嘗試在仍能確保及時支付供應商、拿到交易折扣，以及利用特價採購的條件下，極小化其帳戶金額。以下技巧可最適化活期存款餘額：

1. 持有有價證券，而非活期存款，以提供流動性。當公司持有有價證券，則對活期存款的需求便減少了。例如，若突然得立即支付大額帳單，則財務主管可以聯絡券商賣出證券，並將資金存入該公司的支票存款帳戶（這些事一天內便可完成）。證券支付利息、活存卻不付利息，所以持有證券來取代活期存款可增加利潤。

2. **短時間內完成借款**。公司可以建立信用額度，以便在需要額外現金時，透過一通電話便可借錢。然而請注意：它們或許必須事先支付一些費用；因此，當決定使用借款額度來提供流動性，這些費用的成本也應納入考慮。
3. **更精確預測付款和收款**。公司愈能準確預測自己的現金流入和流出，則愈不會需要資金來滿足未預期到的資金需求。因此，改善流入／流出預測，放寬持有流動性資產的需要，並因而降低所需的營運資本數量。現金預算為改善現金預測的重要工具。
4. **加速收款**。公司可採取行動，讓收現的速度加快。例如，公司可以使用銀行內的**郵政信箱**（lockbox）。假設某紐約公司的顧客遍布全國，在它寄出帳單、消費者開立支票支付紐約總部的過程裡，等待郵件、拆開信封、將支票存入銀行、等待銀行進行清算以確定不是芭樂票，都相當耗時。為了加速這個過程，公司能讓消費者直接將付款寄到該消費者當地的郵政信箱，並讓銀行每日數次收取回郵，以便開始收款程序。若公司每天平均收到$100萬，且若使用郵政信箱，可讓不能利用的現金從5天減少到1天，則該公司空轉的資金將從$500萬減少成$100萬，並因而收到$400萬有效現金的注入。這是一次性的利益，但公司將持續從這個$400萬賺取報酬。
5. **使用信用卡、借記卡、電匯和直接轉帳**。若公司從原先的信用交易，轉而接受信用卡或借記卡，將在第二天收到現金，並獲得前述的現金流量利益。類似地，要求顧客以電匯支付也會加速收款、增加自由現金流量和降低必要持有的現金。許多公司已善加利用新科技，例如使用PayPal、Square和Apple Pay，讓銷售更有效率。此外，一些公司發展出它們自己的系統，例如Starbuck的行動支付app就非常成功。
6. **同時化現金流量**。若公司可以同時化本身的現金流入和流出，將可降低對現金餘額的需要。例如，公用事業、石油公司、百貨商店等，通常使用「計費週期」（billing cycle），也就是不同的消費者在不同的日子接到帳單，讓每月的現金流入均勻分布。這些公司接著建立自己的付款期程，以與其現金流入相互配適。這個方式降低平均的現金餘額，就如同當你獲得所得的時點與必要付款的時點相同時，個人的平均月餘額會減少之道理一致。

銀行有專家可以幫助公司最適化現金管理程序；銀行會對這項服務收費，但良好現金管理系統的利益必高於其成本。

17-6c 有價證券

為營運目的所持有的有價證券，和活期存款的管理必須同步——兩者的管理

必須相互協調。當營運累積了現金，公司會購買有價證券；當它們需要現金時，則賣出這些證券。最近，為了維持彈性和／或需要資金以面對未來的經濟下滑，許多公司持續持有大量現金和有價證券。根據聯準會，非金融機構的公司所持有之現金和有價證券的總額超過 $4.6 兆——接近這些公司在資產負債表裡所有資產的 10%。例如，Microsoft 和 Apple 持有超過 900 億美元的現金和有價證券。近幾年，這些現金很大一部分為海外資產。在 2017 年 12 月通過 TCJA 法案前，美國公司持有 1.5-2.5 兆美元海外資產。公司傾向將盈餘留在海外，因它們將資金匯回美國時需支付 35% 的稅。藉由將資金留在海外，便可延遲支付稅金。TCJA 針對現金和非現金／流動資產，僅分別課徵一次性的 15.5% 和 8% 的稅。結果是，到了 2019 年 12 月，美國企業已將超過 1 兆美元的海外利潤匯回美國。

　　鑑於公司持有有價證券的規模和重要性，管理方式將會明顯影響利潤，也會涉及風險和報酬的取捨——公司想要賺取高利潤，但因持有有價證券多是為了提供流動性，以致財務主管想要持有能以已知價格快速賣出的證券，這意謂高品質和短期的工具；長期政府公債雖然安全，但不適合放入有價證券組合裡，因為它們的價格會隨著利率上揚而下跌。同樣地，高風險公司發行的短期證券也不適合，因發行者的問題一旦惡化，價格也會隨之下跌。國庫券、大部分的商業本票（見 17-11 節）、銀行定存單和貨幣市場資金為適合持有的有價證券。

　　值得注意的是，安全證券不總是安全的。在 2007 年，建立在次級貸款之上、價值數十億美元的 Aaa 評等商業本票，在擔保房貸開始出現違約時，也為持有人帶來許多麻煩。某商業本票在一天之內，評等從 Aaa 降等到 Ba，而那些原本認為持有安全和高度流動性本票的投資人，發現這些本票完全沒有流動性且其價值也變得難以確定。你可能會如此猜測，在發生房貸違約前，房貸背書的商業本票會支付較高的報酬——事實是 3.505%；國庫券所擔保的本票則是 3.467%。尋求較高報酬的投資人，通常必須承受更高的風險。

　　公司和銀行的關係——特別是短期間內完成借款的能力——會顯著影響公司對活期存款和有價證券的需求。若公司的信用額度堅實，亦即一通電話便可得到資金，它便不會需要流動性高的儲備。確實如此，許多人認為對銀行提供信用額度之意願的擔憂，已經導致一些公司增加所持有的現金和有價證券。

　　最後，較大的企業在全球市場買賣證券，它們購進經風險調整後最高報酬率的證券。這些買賣往往導致全球利率的均等化——若對於相等風險的證券，歐洲的利率高於美國的利率，則公司會買進歐洲證券，導致歐洲證券價格上升和報酬率下跌，直到均衡再次建立；我們已活在全球化的經濟裡。

> **課堂小測驗**
>
> - 兩個最常見的現金定義為何？
> - 區分為了營運（交易）目的所持有的有價證券與其他原因所持有的證券。
> - 現金卡和借記卡的發展，如何影響公司的貨幣持有？
> - 信用卡的使用會如何影響公司的現金循環週期（假設它之前提供消費者 30 天的寬限期）？
> - 公司借款的能力如何影響其現金和證券的最適持有？
> - 在紐約證券交易所交易的普通股之流動性頗佳，亦即它們在很短時間內便可被賣出並轉換成現金。股票是否適合納入公司有價證券的組合之內？請解釋之。

17-7 存貨

存貨包括：(1) 供應品；(2) 原料；(3) 半成品；(4) 製成品，它們幾乎是所有企業營運的關鍵之一。最適存貨水準取決於銷售額，所以在建立目標存貨前便需預測銷售額。此外，存貨水準若設定錯誤，會導致銷售機會喪失或持有成本（carrying cost）過高，因此存貨管理相當重要。是以，公司會使用先進電腦系統來監管存貨。

諸如百思買、沃爾瑪和家得寶等零售商，通常讓電腦依照品項大小、形狀及顏色來追蹤每一種存貨；收銀台蒐集的條碼資訊會更新存貨紀錄。當電腦紀錄的存貨低於設定水準時，會自動向供應商發送訂購明細；電腦也會告知商品售出的速度，若售出速度過慢，電腦將建議降價來清庫存，以避免該商品變得過時而沒人要。製造商使用類似系統來追蹤品項，有需求時便下訂單。

存貨管理十分重要，由生產部門經理和行銷人員控制，而非屬財務經理的職權。不過，財務人員也會參與存貨管理：第一，裝設和維護追蹤存貨所用的電腦系統非常昂貴，必須以資本預算分析決定最佳系統。第二，若公司決定增加存貨水準，財務經理必須募集額外存貨所需的資本。第三，財務經理必須就財務比率和其他程序與標竿公司相比較，以找出影響公司整體獲利性的弱點。因此，財務長應比較分析公司自身和標竿公司的存貨／銷售額比率，以了解事情是否看起來是「合理的」。因存貨管理不是財務學的主流，本書就不再贅述。

> **課堂小測驗**
>
> - 關於存貨管理，財務經理的三項主要工作為何？

17-8 應收帳款

雖然某些銷售仍採現金付款，但到了今天，大部分的銷售是採信用交易。因此在典型的情況下，商品運送出去、存貨減少，創造出**應收帳款**（account receivable）。最終，客戶付款，公司收到現金。應收帳款主要受到公司的信用政策所影響，而信用政策處於財務長的行政控制之下。此外，信用政策是影響銷售額的重要因子，所以業務部門和行銷部門主管都會很關心，因此本節首先討論信用政策。

17-8a 信用政策

信用政策（credit policy）包含以下四個變數：

1. **信用期間**（credit period）為提供買方的付款期限；例如，信用期間或許可以是 30 天。消費者偏好較長的信用期間，所以延長期限可以刺激銷售。然而，較長的信用期間延長現金循環週期，因此將較多的資本綁在應收帳款上，導致成本增加。此外，應收帳款的回收時間愈長，客戶違約的機率愈高，帳款變成壞帳的機會也隨之增加。

2. **折扣**（discounts）是對較早付款的降價。折扣具體指出降價的百分比，以及享有折扣的付款期限。例如，若客戶在 10 天之內付款，便通常可得到 2% 的折扣。提供折扣有兩項優點：首先，折扣相當於降價，這將刺激銷售；第二，折扣鼓勵客戶較早付款，這有助於縮短現金循環週期。然而，折扣也意謂較低的價格和較低的營收，除非銷售數量的增加足以補償單價下跌。建立信用政策時，必須權衡折扣的利益和成本。

3. **信用標準**（credit standards）指的是可給予信用交易之客戶的必要財務健全度。針對企業客戶的信用標準，納入考量的因素包括該公司的負債比、利息保障倍數、過去的信用狀況（該公司是否準時付款或傾向拖欠）等。對個人客戶而言，信用評等機構的信用分數（credit score）則是關鍵。不論客戶對象，重要的問題為客戶是否願意並能夠按照既定時程支付所要求的金額？請注意：當標準設定過低，壞帳將過高；另一方面，當標準設定過高，公司會喪失太多銷售機會和隨之而來的利潤，所以必須權衡較緊縮信用標準的利益和成本。

4. **收款政策**（collection policy）指的是用於過去已到期之帳款的收款程序，包括過程裡的嚴格或寬鬆手段。在某個極端，公司可以在相當長的拖延後，對客戶寄出一連串很客氣的信件；在另一極端，則是較快地將拖欠帳

款轉由收帳公司處理。公司應該要態度堅定，但過度的壓力會讓有能力付款的客戶投向其他公司的懷抱。再次強調，必須權衡不同收款政策的利益和成本。

公司通常會公布**信用條件（credit terms）**，亦即公布其信用期間和折扣政策。因此，聯合食品可能公布 2/10、淨 30 的信用條件，意謂若在購買後的 10 天內支付貨款，則給予 2% 的折扣；若不使用折扣條件，則仍必須在 30 天內付清全額。信用標準和收款政策是較為主觀的，所以通常不會出現在公布的信用條款裡。

17-8b 設定和執行信用政策

信用政策十分重要，主要原因有三：(1) 它對銷售額影響重大；(2) 它影響綁在應收帳款上的資金多寡；(3) 它影響壞帳損失。因信用政策的重要性，公司的高階經理人委員會（通常包括總裁、財務副總裁和行銷副總裁）對設定信用政策有最終決策權。政策一旦建立，信用經理（通常直屬於財務長）必須執行信用政策並監管它的效應。管理信用部門需要快速、準確和最新的資訊；諸如益百利（Experian）、易速傳真（Equifax）和環聯（TransUnion）等組織，則使用電腦網路來蒐集、儲存及散播信用資訊。針對企業，鄧白氏（Dun & Bradstreet）在使用者付費的基礎下，於網路上提供詳盡的信用報告；該報告內容包括以下資訊：

1. 資產負債表和損益表的摘要彙整。
2. 針對一些重要財務比率提供趨勢資訊。
3. 供應商提供的公司數據，據以了解該公司是否準時付款，以及它最近是否出現未能付款的狀況。
4. 以文字描繪公司營運的實體條件。
5. 以文字描述公司擁有者的背景，包括過往破產、訴訟或離婚等問題。
6. 給予 A 至 F 的總結性評等；A 代表最佳的信用條件，最糟的 F 則是很可能將發生違約。

信用分數（credit scores）是根據統計分析所得到的數值分數，用來評估某潛在消費者某項付款會發生違約的機率。電腦化分析系統有助於做出較佳的信用決定，但在最後一步，多數信用決策仍是由人們根據手上資訊做出判斷。

如前所述，給予信用是有成本的。不過，採信用交易賣出商品，並對未償付的應收帳款收取附加費用（carrying charge），可能會比採現金交易的利潤更高。諸如汽車和家電等消費者耐久財便是如此，某些工業設備也是如此。因此，GE 底下的金融部門奇異資本公司（General Electric Capital Corporation, GECC），因融資家

庭家電設備而高度獲利；其他公司的信用子公司也是如此。實際上，一些公司在信用交易上賺的錢超過其現金交易，且旗下銷售人員以貸款方式賣出商品時可賺取較高的佣金。

對消費者未償付餘額的附加費用，名目利率通常達 18%，也就是每月 1.5%（1.5%×12 = 18%）；這等於有效年利率 $(1.015)^{12} - 1.0 = 19.6\%$。未償付應收帳款可賺取超過 18% 的年報酬是高度有利可圖的，除非發生太多的壞帳損失。

設定信用政策時，也需納入法律的考量。根據羅賓森—帕特門法案（Robinson-Patman Act），公司對消費者的價格歧視是違法的，除非不同的價格是反映不同的成本。對信用交易也是如此，對某位消費者或某族群的消費者提供有利的信用條件是違法的，除非差異來自於成本考量。

17-8c 監管應收帳款

某一時點未償付應收帳款的總金額，由信用銷售金額、銷售與收款之間的時距來決定。例如，假設波士頓木材公司（Boston Lumber Company, BLC）是一家木材產品的躉售商，每日銷售額為 \$1,000（完全採信用交易），並要求在 10 天內付款；BLC 沒有壞帳或延遲付款的客戶。在這些條件下，它必須有足夠資本以支持 \$10,000 的應收帳款：

$$應收帳款 = 日銷售額 \times 收款期間 \qquad 17\text{-}5$$
$$= \$1{,}000 \times 10 \text{ 天} = \$10{,}000$$

若銷售額或收款期間有所改變，則應收帳款也會改變。例如，若銷售成長為每日 \$2,000，則應收帳款也會加倍；公司應會需要額外的 \$10,000 去融資這個增長。同樣地，若收款期間延長為 20 天，也會讓應收帳款加倍且需額外資本。

若管理階層不夠小心，收款期間將會慢慢發生變化——好的顧客拖得較久才付款，以及給予較差客戶信用交易（其往往很晚付款或是完全不付，以致產生壞帳）。所以，監管應收帳款十分重要。某個簡單的監管技巧涉及 DSO，以下是聯合食品的 DSO（詳見第四章）：

$$DSO = 平均收款天數 = \frac{應收帳款}{日均銷售額} = \frac{應收帳款}{年銷售額/365}$$
$$= \frac{\$375}{\$3{,}000/365} = \frac{\$375}{\$8.2192} = 45.625 \text{ 天} \approx 46 \text{ 天}$$

產業平均 = 36 天

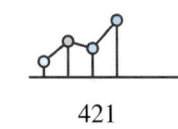

聯合食品的日均銷售額（ADS）為 $8.2192 百萬，且這些銷售在 45.625 天後才付款。若我們將 DSO 乘以 ADS，便得到綁在應收帳款上的資本：

$$應收帳款 = (ADS)(DSO)$$
$$= (\$8.2192)(45.625) = \$375（百萬）$$

然而請注意：若聯合食品能更快回收應收帳款，並將 DSO 降低到產業平均的 36 天，則它的應收帳款會下降到 $295.89 百萬（亦即減少 $79.11 百萬）。DSO 也可和該公司自己的信用條件做一比較；聯合食品以淨 30 的條件進行銷售，所以它的 DSO 應不超過 30 天。很明顯地，一些客戶延遲付款，所以收款政策和實務操作仍存在改善空間。

課堂小測驗

- 何謂信用條件？
- 四種信用政策的變數為何？
- 定義銷售流通天數（DSO）；DSO 提供哪些資訊，以及它如何受到季節性銷售額變動的影響？
- 何謂信用品質？如何衡量？
- 收款政策如何影響銷售額、收款期間和壞帳損失比率？
- 現金折扣如何能用於影響銷售量和 DSO？
- 法律的考量如何影響公司的信用政策？

17-9 應付帳款（賒帳交易）

公司向其他公司採購時通常採信用交易，並將這筆負債記做**應付帳款**（account payable）。應付帳款或**賒帳交易**（trade credit）是短期負債裡比重最大的，約占平均企業流動負債的 40%。例如，若公司根據淨 30 的條件購買 $1,000 的貨品，則它在發票日期之後的 30 天內必須付款。若平均而言，公司每日購買 $1,000 的貨品，便從供應商那裡獲得 $30,000 的借款。若銷售額和隨之而來的採購金額加倍，則公司的應付帳款也會加倍成為 $60,000。所以，僅是藉著業績成長，公司自發地產生另外 $30,000 的融資。類似地，若公司採購的信用條件從 30 天放寬到 40 天，它的應付帳款將從 $30,000 增加到 $40,000。因此，擴增銷售額和延長信用期間會產生額外的融資。

賒帳交易可以是免費的，或是得付出成本。若賣方不提供折扣，則信用是免費的，因為使用它是沒有成本的。然而，若有提供折扣，狀況則會變得較為複雜。說明如下：假設 PCC 公司以 $100 的定價和 2/10、淨 30 的條件，每天買進二十個微晶片。在這些條件下，晶片「真正的」價格為 0.98($100) = $98，因在 10 天內付款只需支付 $98。因此，$100 的定價包含兩個成分：

$$\text{定價} = \$98\text{「真正的」價格} + \$2\text{ 融資費用}$$

若 PCC 決定選擇折扣，將在第 10 天付款；應付帳款將等於 $19,600：

$$\text{應付帳款（選擇折扣）} = (10\text{ 天})(20\text{ 個晶片})(\text{每個晶片 }\$98)$$
$$= \$19,600$$

若它決定延遲付款直到第 30 天，賒帳金額將等於 $58,800：

$$\text{應付帳款（未選擇折扣）} = (30\text{ 天})(20\text{ 個晶片})(\text{每個晶片 }\$98)$$
$$= \$58,800$$

若不選擇折扣，PCC 可獲得額外 $39,200 的賒帳金額，但這個金額是需付出成本的，因公司必須放棄折扣才能獲得。是以，PCC 必須回答以下問題：我們是否可以從其他來源（如銀行），以較低的成本獲得 $39,200？

為了闡明這個狀況，假設 PCC 每年營運 365 天，每天以 $98 真正單價買進二十個晶片。因此，每年的晶片購買金額為 20($98)(365) = $715,400；若它未採折扣，則晶片成本為 20($100)(365) = $730,000，即需額外支付 $14,600。這個 $14,600 為取得 $39,200 額外信用的年度成本。將 $14,600 的成本除以 $39,200 額外信用，得到賒帳交易的名目年成本為 37.24%：

$$\text{賒帳交易的名目年成本} = \frac{\$14,600}{\$39,200} = 37.24\%$$

若 PCC 可以從銀行或其他來源以低於 37.24% 的成本借款，則它應選擇折扣，並僅使用 $19,600 的賒帳金額。

我們可使用下述方程式，得到同樣答案：

$$\text{賒帳金額的名目年成本} = \frac{\text{折扣\%}}{100 - \text{折扣\%}} \times \frac{365}{\text{應收帳款賒帳期間} - \text{折扣期間}} \quad 17\text{-}6$$

$$= \frac{2}{98} \times \frac{365}{20} = 2.04\% \times 18.25 = 37.24\%$$

第一項裡的分子為折扣%，它是每 $1 賒帳金額的成本，而分母的 100 − 折扣 % 代表若不接受折扣時可獲得的資金，因此第一項的 2.04% 為每一期賒帳交易

一個困難的平衡抉擇

在艱困的經濟狀況下，許多公司發現要貸款融資營運資本並不容易；所以，它們愈來愈依賴賒帳交易。通常，供應商非常樂意提供賒帳信用，因有助於維持寶貴的客戶關係。

但如最近一篇在 *CFO* 雜誌上的文章所指出，當顧客延遲付款時，供應商經常面臨困難的平衡抉擇。一方面，你不想要咄咄逼人、強迫付款，因為擔心會失去這個客戶；但另一方面，客戶愈晚付款，你的現金會有愈高的比重綁在應收帳款上，且客戶違約的風險也愈高。

這篇文章引用某外包公司總裁克朗克（Pam Krank）和其他人的意見。克朗克建議信用部門必須緊盯客戶的 DSO，以衡量付款的及時性。她指出，「若你的客戶的客戶不能在 80 天內付款，則你不可能在 30 天內獲得付款。」與此同時，克朗克主張在必須對延遲付款的客戶提高警覺時，也不能與其斷絕生意往來，特別是在經濟狀況不佳時。她聲稱：「你不能說它們的風險很高，就不再賣東西給它們。」回應克朗克的觀點，信用風險監控（Credit Risk Monitor）總裁弗朗（Jerry Flum）也主張，和延遲付款客戶繼續做生意有時仍有必要，特別是當公司從這些銷售獲得高利潤率時更是如此。

《華爾街日報》上刊登的一篇文章，也提及類似的議題，文章指出在最近的經濟衰退期間，無論公司規模皆需以不同的方式平衡這些考量。在這段經濟下滑期間，銷售額超過 $50 億的公司已稍微加快收款速度；平均帳單收款日數從 2008 年的 41.9 天降到 2009 年的 41 天。然而，平均付款日數卻從 2008 年的 53.2 天增加到 2009 年的 55.8 天。對比之下，營業額低於 $50 億之公司的狀況則正好相反。這些公司支付帳單的速度從 2008 年的 41.9 天縮減為 2009 年的 41 天；但它們的客戶付款卻顯著變慢了，從 2008 年 54.4 天增加到 2009 年的 58.9 天。

十多年以後，許多小型和大型企業在經歷新冠疫情引發的艱困經濟環境裡，再一次得做出平衡抉擇。從更廣的意義來說，這些抉擇已不只是是否準時支付供應商，事實上，在經濟下滑時，許多企業正嚴肅考量類似議題，如決定是否能準時支付房租，和／或是否能持續支付薪資。

來源：Vincent Ryan, "Slow Burn: What Should You Do When Customers Are Slow to Pay?" *CFO* (cfo.com), April 1, 2010; and Serena Ng and Cari Tuna, "Big Firms Are Quick to Collect, Slow to Pay," *The Wall Street Journal* (online.wsj.com), August 31, 2009.

的成本。第二項的分母為若未選擇折扣時，額外賒帳金額的天數，所以整個第二項顯示每期成本在一年裡反覆出現的次數──例子裡為 18.25 次。

根據上述，我們能定義兩種類型的賒帳交易──免費的和有成本的：

1. **免費的賒帳交易**（free trade credit）為不需付出成本便可獲得賒帳，它是

在不需犧牲折扣情況下，所擁有的全部賒帳金額。在 PCC 這個案例中，當它以 2/10、淨 30 的條件進行採購，則購進後的前十天，或 $19,600 是免費的。

2. **有成本的賒帳交易（costly trade credit）**為超過免費賒帳交易期間的任何賒帳交易。對 PCC 來說，額外的 20 天或 $39,200 並非是免費的，因接受額外的信用，意謂著放棄折扣。

公司應總是使用免費的成分，唯不能從其他來源獲得較低成本時，才使用有成本的成分。

快問快答

問題

黛安娜服裝設計公司最近在佛羅里達州東北部開了一家旗艦店，負責人正嘗試決定是否接受供應商提供的折扣，或是到了月底才付款。供應商提供 3% 的折扣，若它在 15 天內付款；否則，需在購買之後的 30 天內付款。黛安娜賒帳交易的名目年成本和有效年成本為何？

解答

$$\text{賒帳交易的名目年成本} = \frac{\text{折扣 \%}}{100 - \text{折扣 \%}} \times \frac{365}{\text{應收帳款賒帳期間} - \text{折扣期間}}$$

$$= \frac{3}{97} \times \frac{365}{30 - 15} = 3.093\% \times 24.333 = 75.26\%$$

$$\text{賒帳交易的有效年成本} = (1.03093)^{24.333} - 1.0 = 109.84\%$$

賒帳交易的有效年成本顯然非常高。所以，若黛安娜有能力在 15 天內付款，絕對該接受供應商提供的 3% 折扣。

課堂小測驗

- 何謂賒帳交易？
- 免費賒帳交易和有成本的賒帳交易之差異為何？哪一個公式可用於求解賒帳交易的名目年成本？賒帳交易的名目成本是否會低估它的有效成本？試解釋之。

17-10 銀行貸款

銀行貸款是企業和個人短期融資的另一項重要來源，本節將討論其重要特性。

17-10a 期票

銀行貸款的條件會詳列在**期票**（promissory note）上；大部分的期票有以下重要特徵：

1. 金額。明確寫下借款金額。
2. 到期日。雖然銀行也提供較長期的貸款，但大部分的放款屬短期性質——約三分之二的銀行貸款到期日不超過一年。長期貸款總是有特定的到期日，而短期貸款可以有，也可以沒有特定到期日。例如，貸款可在 30 天、90 天、六個月或一年到期；或也可視需求來要求還款——貸款可維持未償還狀態，只要借款人想持續使用這筆資金且銀行也同意。銀行對企業的貸款通常約定為 90 天，所以貸款必須在第 90 天償還或續借。通常可預期貸款將可續借；但若借款人的財務狀況惡化，銀行便會拒絕續借，這會導致借款人破產——這是因為銀行通常不會要求還款，除非借款人的信譽惡化了。一些「短期貸款」會持續數年，而它們的利率是隨著經濟體的利率浮動。
3. 利率。利率可以是固定或浮動的。對較大金額的貸款，通常是根據銀行基準利率和國庫券利率加、減碼。期票上會指出銀行是使用每年 360 天或 365 天來計算利息。期票上標示的利率為名目利率，而有效年利率一般會較高。
4. 只付利息 vs. 分期償還。貸款可以是只付利息，意謂在貸款期間只需付利息，而本金則是在到期日償還；分期償還（amortized or installment loan）則是每一次付款時便償還部分本金。
5. 支付利息的頻率。若期票註記為採用只付利息的方式，則它將指出支付利息的頻率。利息通常每日計息，但每月支付一次。
6. 貼現利息（discount interest）。大部分的貸款要求借款人在賺取利息之後才需支付利息，但銀行有時也會使用貼現基礎來放款——利息事先支付。對於貼現貸款，貸款人實際收到的借款低於貸款面額，這增加它的有效利率。
7. 外加貸款（add-on loan）。車貸和其他消費者分期付款，通常使用外加貸款，亦即將計算得到的貸款生命期裡的所有利息費用和貸款的面額加在一起。因此，借款人對所收到的資金、加上貸款生命期裡必須支付的所有利息，都得付款償還。這個外加特性，提高貸款的有效成本。
8. 抵押品（collateral）。若貸款由設備、建物、應收帳款或存貨所擔保，也會

記載於期票上。

9. 限制條款（restrictive covenant）。期票上也可註明必須讓某些財務比率維持在某特定水準之上；以及若借款人未能做到時，將會面臨何種懲罰。違約條款通常讓放款人可要求立即償還全部的貸款餘額；此外，貸款利率也可能調升。

10. 貸款保證（loan guarantee）。若借款人是小型企業，則銀行可能堅持其大股東對貸款背書保證。有時，經營不善的業者會將公司資產轉移給親戚或他們所擁有的其他實體，所以銀行藉著取得個人保證來保護銀行利益。

17-10b 信用額度

信用額度（line of credit）是銀行和借款人之間的協議，指出銀行願意提供給借款人的最大放款金額。例如，銀行放款主管可能在 12 月通知財務經理：銀行認為在借款人的財務狀況「未惡化」之前提下，該公司在未來一年最多可適用 $80,000 的信用額度。若財務經理在 1 月 10 日簽下 90 天期 $15,000 的期票，這指的是「取用」$15,000 的信用額度。$15,000 將會匯進公司的支票存款帳戶；在公司償付這筆負債前，它仍能借進額外的 $65,000，總計 $80,000。這樣的信用額度是非正式和無約束力的；但銀行也提供正式和具約束力的信用額度，參見下一小節。

17-10c 循環信用協議

循環信用協議（revolving credit agreement）是正式的信用額度。闡明如下：德州石油公司在 2021 年和銀行團協商 $1 億的循環信用協議；銀行團正式承諾在四年內，德州石油若有資金需求時，最高可借貸 $1 億。德州石油公司對於未動用的餘額，每年則需支付 0.25% 的費用，以補償銀行對這個循環協議的付出。因此，若該公司在一年內完全未使用當初承諾的 $1 億，則依協議必須支付 $250,000 的年費，通常為每月支付 $20,833.33。若它在協議的第一天便借了 $5,000 萬，信用額度未使用部分會減少成 $5,000 萬，年費也將隨之降為 $125,000。當然，針對公司實際借款部分也必須支付利息。在這個案例裡，「循環信用」的利息採釘住 1 年期國庫券；所以貸款成本會隨時隨著利率改變而改變。

循環信用協議和非正式的信用額度相當類似，但重要差別在於：銀行在法律上有義務履行循環信用協議，且會收到承諾費（commitment fee）；但對非正式的信用額度來說，法律義務和承諾費則不存在。

伊伐許納（Victoria Ivashina）和夏夫斯坦（David Scharfstein）的研究指出，信用額度在 2007-2008 年的金融危機裡扮演重要角色。他們認為許多企業借款人擔心危機若變得更糟，銀行有可能放棄放款承諾，因此急忙把信用額度借滿。在這樣

的情況下，在銀行最需要資金時，寶貴的資金卻流出銀行；此外，資金流出應會降低銀行提供新貸款的能力。

17-10d 銀行貸款成本

不同借款人的銀行貸款成本會不同；以及對所有借款人而言，貸款成本還會隨著時間改變。風險高的借款人利率較高；愈小額的貸款利率愈高，因放款涉及固定成本。若某公司因規模和財務狀況，被認為是信用極佳的客戶，則可用**基準利率**（prime rate）借款；基準利率曾是銀行提供的最低放款利率，而其他貸款的利率通常是根據基準利率加碼。但對大型、良好客戶的貸款則是根據 LIBOR 加碼，而這些貸款成本通常顯著低於基準利率。

> 2020 年 7 月 8 日的利率：3.25% 的基準利率 vs. 3 個月期 LIBOR 的 0.26838%

對較小型、風險較高之借款人的利率，通常會像是「基準利率 + 2.5%」；但對諸如德州石油公司這樣的較大型借款人，通常則是像「基準利率 - 1.0%」。

銀行利率隨著時間會有很大變化，取決於經濟狀況和聯準會政策。當經濟發生衰退時，貸款需求通常不高、通膨處於低檔，以及聯準會將大筆金錢注入經濟體系，因此所有類型的貸款利率都會較低。相反地，當經濟狀況佳，貸款需求通常很強、聯準會將限制貨幣供給以對抗通膨，結果利率便會提高。以下顯示利率在短期內便可以有相當大幅的改變：1980 年的基準利率在四個月內從 11% 上揚到 21%，1994 年則是從 6% 變為 9%。

計算銀行的利息費用：一般或簡單利息

銀行計算利息的方式有好幾種，以下解釋大部分企業貸款所用的程序。為了說明，我們假設 $10,000，利率等於基準利率（目前為 3.25%），一年等於 360 天的貸款；利息必須逐月支付，以及當銀行想要回收放款時，便需償還本金。這樣的貸款稱為**一般或簡單利息的貸款**（regular, or simple, interest loan）。

首先，我們將名目利率（本例為 3.25%）除以 360，以計算每天的利率；這個利率並非以百分比表示，而是採小數（decimal fraction）表示：

$$\text{簡單日利率} = \frac{\text{名目利率}}{\text{一年的天數}}$$

$$= 0.0325/360 = 0.00009027778$$

為了求出每月的利息支出，我們將日利率乘以貸款金額，然後再乘上付息期間的天數。在我們的例子裡，每日的利息會等於 $0.902777778，而該月 30 天的利息等於 $27.08：

$$月利息 = (日利率)(貸款金額)(該月天數)$$
$$= (0.00009027778)(\$10,000)(30\text{ 天}) = \$27.08$$

貸款的有效利率（effective interest rate），取決於支付利息的頻率──頻率愈高、有效利率愈高。若利息每年支付一次，名目利率將等於有效利率；然而，若採每月支付利息，則有效年利率將等於 $(1 + 0.0325/12)^{12} - 1 = 3.2989\%$。

計算銀行的利息費用：外加利息

銀行和其他放款人通常會對汽車、其他類型的分期付款使用**外加利息（add-on interest）**。add-on 一詞指的是將計算得到的利息加到借款金額，以決定貸款的面額。說明如下：假設你以外加的方式和 3.00% 的名目利率借了 $10,000，用以購買汽車；這筆貸款的償還是採十二個月的分期方式。針對 3.00% 的外加利率，你的總利息支出會等於 $10,000(0.03) = $300。既然這筆貸款是採每月償付的分期付款，所以只有第一個月的可用金額為全額的 $10,000；之後未償餘額會隨時間減少，直到最後一個月僅剩下十二分之一的原始貸款金額尚未償還。職是之故，因平均可使用的資金僅約為 $5,000，也就是你支付 $300 的利息僅是為了取得半數的貸款金額。因此，能計算得到近似的年利率 6.0%：

$$\text{近似年利率}_{外加} = \frac{\text{支付的利息}}{\text{收到的金額}/2} \qquad 17\text{-}7$$

$$= \frac{\$300}{\$10,000/2} = 6.0\%$$

附帶一提，銀行提供給借款人的年百分比利率（annual percentage rate, APR）為 5.49%，真正的有效年利率為 5.63%，這兩個利率都遠高於 3.00% 的名目利率。

課堂小測驗

- 何謂期票？哪些條款常會寫入期票裡？
- 何謂信用額度？何謂循環信用協議？
- 對銀行而言，簡單利息和外加利息的差異為何？
- 若某公司以 10% 的簡單利率，每月支付利息，一年採 365 天，借入 $500,000，則對於一個月 30 天的月分，必須支付多少利息？若利息採每月支付，則有效年利率會等於多少？（**$4,109.59；10.47%**）

- 若這筆貸款採 10% 的外加利息，在未來十二個月的月底分期還款，則每月的還款金額為何？年百分比利率和有效年利率分別等於多少？（**$45,833.33；17.97%；19.53%**）
- 通常如何將有成本的賒帳交易之成本，與短期銀行貸款的成本進行相互比較？

17-11 商業本票

商業本票（commercial paper）是期票的一種，是由大型、體質佳的公司（金融機構占大部分）為了取得短期負債所發行的證券。商業本票主要賣給其他公司、保險公司、退休基金、貨幣市場共同基金和銀行；它的面額至少為 $100,000。商業本票通常是無擔保的，但也存在由信用卡負債和其他小型短期貸款所擔保的「資產抵押本票」。此外，（還產生很壞的後果）在 2007 年，諸如花旗等金融機構的子公司賣出大量的商業本票，並使用所得款項購買由次級貸款所擔保的債券，這導致短期商業本票是由長期負債來擔保──且還是品質極差的負債。當投資人了解真實狀況後，商業本票持有人在到期時便拒絕續借，讓發行該本票的金融機構被迫賣出房貸擔保的債券，通常遭致巨額損失。這迫使花旗和其他機構對旗下子公司進行紓困，因而損失數十億美元。

商業本票絕大部分為金融機構所發行；非金融機構的公司也會發行很多本票，但它們的短期資金需求通常較為依賴銀行貸款。例如，美國聯準會在 2020 年 5 月的報告指出，非金融公司發行的商業本票合計約為 $2,820 億；但在同一月，商業銀行承作之商業和工業貸款的總金額約為 $3.0301 兆。

課堂小測驗

- 何謂商業本票？
- 哪些類型的公司會使用商業本票來滿足短期的融資需要？

結語

本章討論流動資產的管理，包括現金、有價證券、存貨和應收帳款。流動資產十分重要，但持有它們也需要成本。所以，若在不會傷害銷售額的前提下，公司若能降低流動資產，便可增加獲利。投資流動資產必須憑藉融資——可採長期負債、普通股和／或短期信用。公司通常會使用賒帳交易和應提費用（見第三章），它們還可使用銀行負債或商業本票。

雖然可採本章所述的方法，分析流動資產的融資和融資程序，但決策通常是在公司整體財務計畫的脈絡下做成的。

自我測驗

ST-1 **流動資產投資政策** C公司正考慮修改流動資產投資政策。固定資產價值 $60 萬、銷售預估金額為 $300 萬、EBIT／銷售的比率預估值為 15%、所有負債的利率都為 10%、聯邦暨州政府稅率為 25%，以及打算維持 50% 的負債比。C公司考慮以下流動資產投資計畫的三個方案：分別是預估銷售金額的 40%、50% 和 60%，則這三個方案之股權的預期報酬為何？

ST-2 **流動資產融資** V出版公司和H出版公司在 2021 年 12 月 31 日的資產負債表（千美元）如下：

	V出版公司	H出版公司
流動資產	$ 100,000	$ 80,000
固定資產（淨值）	100,000	120,000
總資產	$ 200,000	$ 200,000
短期負債	20,000	$80,000
長期負債	80,000	20,000
普通股	50,000	50,000
保留盈餘	50,000	50,000
總負債和股權	$ 200,000	$ 200,000

兩家廠商的息前稅前盈餘皆為 $30 百萬、聯邦 + 州的有效稅率為 25%。

a. 若短期負債利率為 2%、長期負債利率為 5%，則兩家廠商的股權報酬分別為？

b. 假設短期利率上升成為 9%、長期負債利率上升成為 7%，但既存長期負債利率維持不變，則兩家廠商的股權報酬將分別為？

c. 哪一家廠商處於較高風險中？請解釋。

問題

17-1 相對銷售金額，持有高額流動資產的優缺點為何？使用杜邦方程式進行說明。

17-2 寫下 CCC 的定義，並說明若其他因素不變下，為何降低 CCC 會增加獲利？

17-3 寫下本章提到現金的兩種定義，企業財務長為何通常使用現金的第二種定義？

17-4 現金預算是什麼？它如何被用於幫助降低廠商所需持有的現金？日現金預算和月現金預算各自的優缺點為何？當廠商與銀行協商貸款時，現金預算如何產生幫助？

17-5 公司信用政策裡的四項關鍵因素為何？寬鬆政策和嚴格政策有哪些不同之處？針對寬鬆和嚴格政策，舉例說明這四項因素的可能不同之處，並比較寬鬆政策和嚴格政策對銷售與利潤的影響。

17-6 何謂採到期日配適針對資產（包括流動資產）融資？相對積極或相對保存方式，到期日配適方式的不同之處在於？它們各自如何影響預期利潤和風險？一般而言，哪一種方式較佳？

17-7 為何某些賒帳信用被認為是免費的，而另一些信用則被視為需付出成本？若某一公司根據 2/10、淨 30 的信用條件進行採購，在第 30 天時付款，以及它資產負債表上的應付帳款金額通常是 $30 萬，則此 $30 萬全為免費信用、全為有成本的信用，或部分免費和部分需支付成本？試解釋之（不需計算）。

17-8 定義以下貸款條件，並解釋它們之間的關係：基準利率、商業本票利率、月計息簡單利率計算的銀行貸款、採外加利息之分期付款利率。若上述四種利率皆為 5%，則它們的有效年利率分別是？請解釋。

17-9 使用（+）增加、（-）減少、（0）不確定，指出以下事件會對應收帳款、銷售金額和利潤造成何種影響？

	應收帳款	銷售金額	利潤
廠商緊縮其授信政策	_____	_____	_____
交易條件從 2/10, net 30 改成 3/10, net 30	_____	_____	_____
交易條件從 2/10, net 30 改成 3/10, net 40	_____	_____	_____
信用經理對過期未償客戶態度變得較強硬	_____	_____	_____

PART 6 財務管理專題

CHAPTER 18 衍生性商品和風險管理
CHAPTER 19 跨國財務管理
CHAPTER 20 混合融資：特別股、租賃、權證和可轉換證券
CHAPTER 21 併購

CHAPTER 18

衍生性商品和風險管理

使用衍生性商品管理風險

　　東南亞銀行裡資產最多的新加坡開發銀行（Development Bank of Singapore、DBS）是一家全方位銀行，它提供各式各樣的服務，包括消費金融、企業金融、投資銀行、私人銀行和財富管理服務。在 2019 年，它成為全球第一家獲得三項（Euromoney、Global Finance、The Banker's）最佳銀行大獎的銀行。它也被 Global Finance 連續十年評為「亞洲最安全銀行」。該銀行的 AA- 和 Aa1 評等為全球最高評等之一。在 2022 年，Celent 認可 DBS 為該年全球風險管理典範。

　　強力、有效和完整的企業全面風險管理系統，無疑是 BBS 高評等和獲得風險管理典範獎背後的重要原因。風險決策委員會（Risk Executive Committee, EXCO）下轄六個各自負責不同風險層面的次委員會，它監管 DBS 的風險管理。負責 DBS 風險管理的風險長（CRO）為集團行政委員會（Group Executive Committee）的一員，他獨立於業務營運之外，直接向董事會風險管理委員會（BRMC）主席和執行長報告。

　　DBS 的風險管理包括風險限額設定，以及對四項重要風險類型（市場風險、信用風險、流動風險、營運和聲譽風險）之起動和控制的設定。

　　市場風險為所有銀行風險管理架構裡的重要成分，它可源自使用外匯衍生性商品、利率衍生性商品、大宗商品衍生性商品，以及由銀行為幫助它客戶規避財務風險而客製化的金融風險管理方案。反過來，多種衍生性商品被銀行用來，管理它對客戶提供避險服務和銀行間市場所引發的風險部位；銀行

自身的財務風險源自於它銀行業務、整體資產負債結構和交易組合。銀行最常使用遠期合約、期貨、交換和選擇權（本翻譯版重心放在期貨和選擇權），從事風險管理。

為了量測從所採金融部位而來的各種風險，DBS 使用被稱為風險價值（Value at Risk, VaR）的統計性風險指標，用來量測利率、匯率、股價、信用利差（credit spread）和大宗商品價格發生不利變化時的潛在損失。VaR 的值取決於所持有的資產種類、它們的波動性和所持資產之間的關聯性。資產的高波動性和資產之間較高的關聯性，將導致較大的 VaR。DBS 使用預期損失（Expected Shortfall, ES）進行預警；ES 為在 97.5% 信心水準下持有一天計算得到的 VaR。DBS 2021 年度報告裡的數據指出，它 2021 年的 ES 低於 2020 年，這是因為相較 Covid-19 疫情發生的第一年、2020 年，2021 年金融市場狀況較佳。

本章首先討論廠商為何從事風險管理、而非將之轉移給股東。接著，概述選擇權和期貨，並說明公司如何使用這些工具用於降低它們的風險。最後，本章以廠商風險管理政策、風險管理的本質和用於管理風險的一般程序作結。

來源：DBS Group Holdings Ltd Annual Report 2021 (dbs.com/iwov-resources/images/investors/annual-report/dbs-annual-report-2021.pdf ?pid=sg-group-pweb-investors-pdf-2021-new-initiatives-new-growth); dbs.com/newsroom/DBS_named_Worlds_Best_Bank_by_Euromoney_ magazine; celent.com/awards/model-risk-manager/winners.

摘要

本章討論風險管理，它對財務經理的重要性與日俱增。風險管理一詞可意謂許多事情，但就企業而言，它涉及找出會產生負面財務後果的事件，接著採取行動以避免這些事件帶來的損害。過去，企業風險經理主要處理保險——他們必須確保有足夠的火險、竊盜險，並對其他意外有足夠的保障。最近，風險管理的範圍擴大到包括控制重要投入的成本，如藉著買進石油期貨來控制石油成本，或藉由在利率或外匯市場的交易來降低利率和匯率變動的風險。此外，風險經理還需要確保所採取的行動能有效避險，而非實際上增加風險。

當你讀完本章，你應能做到：
- 找出在何種情境下，公司應選擇管理風險。
- 描繪不同的衍生性商品，並解釋它們如何用在風險管理。
- 使用二項定價模型來評價選擇權（註：選讀）。

18-1 為何需要管理風險？

我們知道投資人不喜歡風險，還知道多數投資人持有良好分散的投資組合，所以至少在理論上，唯一「有關的風險」為系統性風險。若你詢問企業高階經理人最關心什麼類型的風險，你可以預期答案應為「貝它」。然而，這通常不會是你實際獲得的答案。若你詢問執行長對風險的定義，最可能的答案會像是：「風險是未來盈餘和自由現金流量顯著低於預期水準的機率。」例如，考慮製造汽車儀表板、內部車門鑲板和其他塑膠零組件的 P 公司；石油是塑膠的重要原料，因而占總成本很大的比重。P 公司和汽車廠簽訂三年合約，以單價 $80，每年交貨 500,000 個車門鑲板。公司簽下這個合約時，石油價格為每桶 $47，並預期石油價格在未來三年將維持在這個水準。若油價下跌，P 公司的利潤和自由現金流量將高於預期；但若油價上漲，則利潤減少。P 公司的價值取決於其利潤和自由現金流量，所以油價的變化會導致股東比預期賺得更多或更少。

假設 P 公司宣布計劃以每桶 $47，零保證成本的價格鎖住未來三年的石油供應，則該公司的股價會漲還是會跌？乍看之下，答案應該是肯定的！但或許不是如此，因股票的長期價值，取決於預期未來自由現金流量以加權平均資本成本（WACC）折現的現值。在鎖住石油價格成本下股價上揚，若且唯若：(1) 預期未來現金流量增加；或 (2) WACC 下跌。

首先，考慮自由現金流量。在鎖住石油成本宣告前，投資人便根據每桶 $47 的預期油價，預測未來自由現金流量。因此，雖然鎖住每桶 $47 油價將降低預期未來自由現金流量的風險，但它不會改變現金流量的大小；這是因為投資人已預期油價每桶將為 $47。

WACC 又是如何呢？只有在鎖住油價導致負債成本、股權成本或目標資本結構改變時，才會造成 WACC 的改變。假設油價的可預測上漲，並不足以導致破產，P 公司的負債成本和目標資本結構應不至於改變。針對股權成本，第八章曾提到多數投資人持有良好分散的組合，這意謂股權成本應只取決於系統風險。此外，即使油價上漲對 P 公司股價產生負面影響，也不會對所有公司股票產生負面影響。事實上，石油生產者應有高於預期的報酬和股價。假設 P 公司的投資人持有良好分散的組合，包括石油公司的股票，則沒有充分理由能預期它的股權成本會下降。底線是若 P 公司預期的未來現金流量和 WACC，不會因消除油價上漲的風險而有顯著改變，則它的股票價值也不應有顯著改變。

我們將在下一節討論期貨合約和避險，但現在假設 P 公司並未鎖住油價。因此，若油價上漲，它的股價將下跌。不過，股東知道會有這樣的狀況發生，所以他

們可建立投資組合——包括油價期貨，它的價值將隨油價上升或下跌，並因而抵銷 P 公司股價改變的效應。藉由選擇期貨合約正確的口數，投資人能「保護」其投資組合，並完全消除油價改變帶來的風險。避險是有成本的；但大型、老練投資人的成本約略和 P 公司相當。若投資人可自行對油價上揚避險，則他們為何要為 P 公司的股票付出較高價格，只是因該公司已消除了這個風險？

上述討論顯示除非還有其他考量，公司避險並沒有太大的道理。然而，2009 年對財務長的問卷調查（針對 49 個國家，超過 4,000 家的非金融企業；詳見專欄），顯示這些公司大多有從事不同的風險管理操作，所以公司避險顯然有其理由。其中一個解釋是即使避險對提升企業價值幫助很少，但經理人仍經常使用避險；另一個或許也是最可能的解釋則是：避險創造出其他利益，帶來較高的現金流量和／或較低的 WACC。以下是公司需要管理風險的一些理由：

1. **舉債能力**（debt capacity）。風險管理能降低現金流量的波動性，並降低破產機率。如在第十五章所討論，營運風險較低的公司可使用較多負債，帶來較高股價，這是因為利息支出產生所得稅抵扣效應。

2. **始終維持最適資本預算**。根據第十一章和第十五章，因高發行成本和市場壓力，公司不願意發行新股。這意謂資本預算的融資，通常是使用負債和內部產生的資金——主要是保留盈餘和折舊。在內部現金流量過低的年分，公司的金額可能不足以支持最適資本預算，導致其降低投資到低於最適水準，或是因募集外部股權而產生高成本。透過現金流量的平穩化，風險管理可以減輕這類問題。

3. **財務困難**。財務困難（和它的結果——包括憂心的股東、負債的利率較高、消費者背叛和破產）與現金流量低於預期水準有關。風險管理可以減少低現金流量，和隨之而來財務困難的發生機率。

4. **避險的比較利益**。許多投資人不能像公司那樣有效地執行個人的避險計畫。首先，公司通常因較大量的避險行動而有較低的交易成本。第二，存在不對稱資訊的問題——相較於外部投資人，經理人對公司風險暴露的狀況知道的更多，因此經理人能夠創造較有效的避險。第三，有效風險管理需要專業技巧和知識，而公司通常較具備這樣的條件。

5. **借款成本**。如本章之前所述，公司有時能降低投入成本，特別是負債利率。任何的成本減少，都可增加公司的價值。

6. **稅負效應**。盈餘波動性愈高的公司，付出愈多的稅金，這是因為對可抵稅金的處理方式，以及企業虧損後抵（loss carry-forwards）的法規所致。此外，當波動性大的盈餘導致破產時，稅負的虧損後抵通常便享受不到了。

因此，我們的賦稅制度鼓勵風險管理以穩定盈餘。

7. **薪酬制度。** 許多薪酬制度對紅利建立「地板」和「天花板」，或獎賞完成目標的經理人。說明如下，假設某公司的薪酬制度要求淨所得若低於 $100 萬，經理人將不會收到紅利；當所得介於 $100 萬到 $200 萬之間時，紅利為 $1 萬；當所得超過 $200 萬時，則紅利為 $2 萬。此外，當實際所得至少達到 $100 萬預期水準的 90% 時，經理人將收到額外的 $1 萬。現在考慮以下兩種狀況：首先，若每年的所得穩定維持在 $200 萬，經理人每年收到 $3 萬的紅利、兩年則是 $6 萬。然而，若第一年的所得為 0、第二年為 $400 萬，經理人第一年和第二年的紅利分別為 $0 與 $3 萬，兩年合計 $3 萬。所以，即使公司在這兩年期間有著相同的總所得，經理人的紅利在穩定盈餘的情況下會較高。因此，即使避險對投資人不會產生太多好處，也或許有利於經理人。

風險管理最重要的層面應涉及到衍生性商品；下一節將解釋**衍生性商品（derivatives）**，這些證券的價值由一些其他資產的市場價格所決定。衍生性商品包括選擇權（option），它的價值取決於一些標的資產（underlying asset）的價格；利率和匯率期貨（interest rate and exchange rate futures）的價值有賴於利率和匯率水準；大宗商品期貨（commodity future）的價值取決於該商品價格。

課堂小測驗

- 解釋使用財務理論、結合良好分散的消費者和「自行避險」，為何可能導致風險管理不會替公司增加太多的價值。
- 列出並解釋公司可以使用的風險管理技巧。

18-2 衍生性商品的背景

研究衍生性商品時，歷史視角頗有助益。小麥期貨市場為衍生性商品最早的正式市場之一。農夫關心當秋天賣出小麥時會收到什麼樣的價格，磨坊主關心必須支付購買小麥的價格；若兩方在該年較早時就已協商好價格，他們的風險都能降低。因此，磨坊經紀人會到小麥生產地和農夫接觸，要求農夫以事先約定的價格賣出穀物。雙方皆會因這個交易獲利，因為他們的風險都降低了。農夫得以專心於種植穀物，而不必擔心穀物價格；磨坊主則能專心於磨坊營運。因此，使用**期貨避險**

CFO 對風險管理成本和利益的評估

Henri Servaes 教授、Ane Tamayo 教授和 Peter Tufano 教授在 2009 年所做調查的結果（問券使用 6 點量表、0 代表不重要、5 代表很重要），可一窺 CFO 們對風險管理的態度。在此，我們只摘錄其中一些有趣觀點。

1. CFO 認為的風險管理利益，多與本章內容相符。針對每一項目獲得 4 或 5 評分的比率，整理於表 1。結果指出提升整體決策、維護公司聲譽和降低盈餘波動，是風險管理的主要益處。
2. CFO 判定的風險管理成本，彙整於表 2。購買風險管理工具屬重大成本。
3. 關於 CFO 所使用的風險管理工具，彙整於表 3。結果顯示絕大多數公司或多或少會從事風險管理；它們使用各式各樣的產品，其中一些產品的介紹可參見本章內容。

表 1　風險管理利益

要素	獲 CFO 評分 4 或 5 的比率
提升公司整體決策	63%
維護公司聲譽	43%
降低盈餘波動	37%
穩定營收	36%
降低財務困境的成本	36%
改善現金管理決策	28%
改善資本結構決策	28%
計畫和穩定投資型態	27%
改善定價政策	26%
債權人需求	25%
監理機關的需求	24%
管理並減少支付稅賦	24%
探查可獲利的交易機會	17%

表 2　風險管理成本

要素	獲 CFO 評分 4 或 5 的比率
購買保險的直接成本	23%
風險管理產品的直接成本	19%
長期機會成本	16%
持續商務服務的成本	15%
難以向董事會說明	13%
維持經營風險管理群的成本	13%
短期機會成本	12%
法遵和報告成本	10%
與交易活動有關的風險	9%
難以向投資人說明	7%
投資人的反對	5%

表 3　風險管理工具

產品	獲 CFO 選擇產品的比率
保險政策	83%
匯率衍生性商品	82%
利率衍生性商品	79%
財務保證	47%
外幣計價負債	45%
營運替代	44%
大宗商品衍生性工具	32%
結構化產品	13%
股權衍生性商品	12%
信用衍生性商品	12%
多重風險商品	8%

來源：改寫自 Henri Servaes, Ane Tamayo, and Peter Tufano, "The Theory and Practice of Corporate Risk Management," *Journal of Applied Corporate Finance*, vol. 21, no. 4 (Fall 2009), pp. 60–78.

降低經濟的整體風險。

　　早期期貨買賣由交易雙方直接協商。不過，中間商很快便出現了，因而建立了期貨交易。芝加哥期貨交易所（Chicago Board of Trade, CBT）是最早出現的市場之一，而**期貨交易商**（futures dealers）有助於為期貨合約創造市場。因此，農夫能在交易所賣出期貨；磨坊主則能在那裡買進期貨，這改善避險操作的效率，並降低成本。

　　很快地，第三個族群——**投機者**（speculator）出現了。如下一節所述，包括期貨的大部分衍生性商品都使用高度槓桿，意謂標的資產價格的小幅改變，將讓該衍生性商品的價格大幅變化。這個槓桿對投機者很有吸引力。乍看之下，你或許認為投機者的出現應會增加風險，但事實不然。投機者增加市場的資本和參與者，而使市場變得更穩定。當然，衍生性商品市場內含很大的波動性，這是因使用槓桿之故；因此，投機者面臨相當高的風險。不過，由投機者承受風險，可讓避險者面對較穩定的衍生性商品市場。

　　自然避險（natural hedge）是當透過兩方（稱為**交易對手**）的衍生性商品交易，達到降低整體風險的狀況；自然避險發生在許多商品、外幣、不同到期日證券利率的衍生性商品，甚至是普通股股票——投資組合經理「想要就選股進行避險」。當期貨交易發生在棉花農夫和棉花廠之間、銅礦和銅加工製造之間、進口商與國外製造商之間的匯率、電廠和煤礦主、石油公司和使用者之間，便產生自然避險。在這些情況下，避險降低整體風險，因而有益整個經濟體。

　　避險也可出現在不存在自然避險的情況下。在這樣的情況裡，一方想要降低某種風險，而另一方同意賣出合約，讓對方免於特定事件或狀況的發生；保險即為此類型避險的一個明顯例子。然而請注意，在**非對稱性避險**裡，風險通常**被轉嫁**，而非消除。即使在這樣的情況下，保險公司透過分散化仍能降低某些類型的風險。

　　基於一些原因，衍生性商品市場近幾年的成長速度已超越其他的主要市場。首先，布萊克（Fischer Black）和休斯（Myron Scholes）發展出布萊克—休斯選擇權定價模型（Black-Scholes Option Pricing Model，譯註：涉及較艱深的數學，所以本翻譯版未納入），可分析以決定「合理的」價格。對定價避險有了較佳基礎後，交易對手對交易更感放心。第二，電腦和電子通訊讓交易對手處理雙方交易極為容易。第三，全球化大幅提高貨幣市場的重要性，也提高想要降低隨著全球貿易而來之匯率風險的需求。最近的趨勢和發展註定將持續（即使不會加快速度），所以使用衍生性商品來管理風險會愈來愈普遍。

　　然而請注意：衍生性商品有著潛在的缺點。這些工具高度使用槓桿，所以些微的計算偏差便會導致重大損失。此外，因為它們相當複雜，大部分的人都不太了

解。因此，比起較不複雜的工具，更可能因它們而發生錯誤，這讓公司高階經理人更難以對衍生性商品交易執行適當的控制。某位在遠東工作、職位較低的員工，因從事衍生性商品交易導致英國最古老銀行〔霸菱銀行（Barings Bank）〕破產；附帶一提，霸菱銀行是有英國女王帳戶的古老銀行。在霸菱銀行出問題的不久之前，美國加州橘郡因其財政局長從事衍生性商品投機交易而宣告破產；針對衍生性商品引發的損失，寶僑對信孚銀行（Bankers Trust）進行令人不快的的抗衡。與此類似，因衍生性商品市場產生的壞帳，讓著名的避險基金——長期資本管理公司（LTCM）幾近崩潰。在數年之後的 2001 年，安隆破產了，許多人將它的隕落部分歸責於其規模過大的衍生性商品部位，而這些部位讓該公司得以遮掩某些虧損和某些不賺錢之商業活動所導致的負債。針對 2007 年至 2008 年金融危機，評論認為新奇（exotic）衍生性工具的互通交易是引發這場危機的要角。

在這些事件發生之後，許多人主張衍生性商品應受到管制以保護社會大眾。然而，衍生性商品多用於避險，有害的投機比重微乎其微，但這些有益的交易卻不會出現在媒體頭條。所以，雖然恐怖的報導指出高階經理人應嚴格管控處理衍生性商品的員工，但並不意謂應消滅衍生性商品。本章採取平衡描述，討論公司如何管理風險，以及如何將衍生性商品用於風險管理。

> **課堂小測驗**
>
> - 何謂「自然避險」？試舉一些例子（不能是本章出現的例子）。
> - 非對稱性避險和自然避險的差異為何？試提供一個非對稱性避險的例子。
> - 最近幾年，衍生性市場的成長為何比其他的主要市場來得快？試列出三個理由。

18-3 選擇權

選擇權（option）是一種契約，讓持有人有權利在一定期限內，以某個約定價格，購買或賣出某特定數量的資產。財務經理從事風險管理，是應該了解選擇權理論。此外，這樣的了解有助於他們建構權證和可轉債融資，見第二十章。

18-3a 選擇權種類和市場

選擇權種類和選擇權市場眾多。以下舉例闡明選擇權的運作。假設你擁有 100 股的臉書（FB），並在 2020 年 8 月 27 日星期四，以每股 $294.19 賣出。你也可

將購買該股的權利賣給某個人——例如能在未來七個月的任何時點，以每股 $300 購買你所擁有的 100 股 FB 股票；$300 稱為**履約價格（strike price or exercise price）**。這樣的選擇權的確存在，並在一些交易所裡交易，而芝加哥選擇權交易所（Chicago Board Options Exchange, CBOE）是最古老和最大的交易所。這種類型的選擇權稱為**買權（call option）**，因買方對 100 股的股票「可加以要求」。選擇權的賣方稱為選擇權讓與人（option writer）；若以他手中持股來「讓與」買權的投資人，稱為賣出有擔保選擇權（covered option）；若售出選擇權時手中並無持股，則稱為無擔保選擇權（naked option）。當履約價格高於目前股價，則此買權稱為價外（out-of-the-money）；當履約價格低於目前股價，則此買權為價內（in-the-money）。

表 18.1 根據 MSN Money 網站，列出 FB 在 2020 年 8 月 27 日的某些選擇權（買權和賣權）報價。如第一行所示，FB 的最後成交價為 $294.19，這意謂表中列出的前兩個選擇權為價內買權，而最後的兩個則是價外交易。仔細探查，便會發現 FB 在 2020 年 9 月 18 日 $300 的買權售價為 $17.20，因此為 $17.20(100) = $1,720；若你在 2020 年 9 月 18 日最後期限前買進這個選擇權，就有權以每股 $300 購買 100 股 FB 股票。若履約日的股價低於 $300，則選擇權將因到期而變得毫無價值；你怎會願意以 $300 執行選擇權買進股票，畢竟你可在股票市場買到較便宜的相同股票？所以，在這種情況下，你將會損失 $1,720。另一方面，若 FB 股價漲到 $330，則你花在買權上 $1,720 的投資，在不到 30 天的時間裡，便增加了 ($330 – $300)(100) = $3,000 的價值——這會得到一個很棒的年化報酬率。

在這個例子裡，你能看到標的資產（本例為 FB 股票）價格增加時，持有買權的投資人會因而獲利。相反地，若投資人相信 FB 股價將下滑，則應賣出該股買權。在這樣的情況下，選擇權買方支付你目前的選擇權價格；作為回報，你同意以履約價格將該股票賣給買方。如上一段所述，買權買方只有在股票賣出價格高於履約價格時，才會選擇執行選擇權。例如，若你出售 2020 年 9 月 18 日 $300 的買權，在你成為買權賣方時便會立刻收到 $1,720。若 FB 股價直到 2020 年 9 月 18 日始終低於 $300，選擇權將到期且將一文不值；然而，若股票價格上升到 $330，選擇權持有人應會選擇執行買權，以每股 $300 買進 100 股——這意謂身為買權賣方的你，會被迫以 $300 的股價賣出 100 股；即使市價是 $330。在這種情況下，買權賣方最後的淨付款等於 –$1,280。（買權賣方收到 $1,720，加上當選擇權被執行時的 $3,000 損失。）

從股價下滑而獲利的另一種方式是買進**賣權（put option）**；也就是讓你擁有在未來某段時期內，以特定價格賣出股票的權利。例如，假設你認為 FB 的股票在未來一個月內，很可能會低於目前股價 $294.19；表 18.1 列出 FB 的賣權數據，你可

表 18.1　2020 年 8 月 27 日的 FB 選擇權報價

		買權			賣權		
最後成交價	履約價格	9/18/20	12/18/20	3/19/21	9/18/20	12/18/20	3/19/21
294.19	230.00	73.50	78.41	85.05	0.62	7.05	11.85
294.19	255.00	50.50	60.15	64.00	1.59	12.12	18.75
294.19	300.00	17.20	33.70	41.78	13.40	29.20	38.00
294.19	330.00	7.19	21.03	28.45	33.00	47.85	54.20

以用 $159（$1.59×100）買進 1 月期的賣權（2020 年 9 月 18 日賣權），讓你擁有以 $255 的履約格價賣出 100 股的權利（你不一定需事先擁有這些股票）。假設你買進 100 股的合約後，FB 股價跌到 $245，則你可以每股 $245 買進，並執行賣權，以每股 $255 賣出股票。執行選擇權產生的毛利為 ($255 − $245)(100) = $1,000，扣掉取得選擇權的成本 $159，你的稅前、佣金前的利潤會等於 $841。

除了個股有選擇權外，諸如 NYSE 指數、道瓊工業指數、S&P 100 及 S&P 500 等股價指數，也存在相應的選擇權。指數選擇權讓個人得以對整體市場和一組股票的漲跌，進行避險或從事賭博。

選擇權交易是美國非常熱門的財務行為，因涉及使用槓桿，投機者可用幾美元就能在一日之間賺到很多錢。此外，投資人能以持股為擔保，賣出選擇權，並即使在股價固定不變的情況下，賺進選擇權的價值（得扣掉付給券商的佣金）。然而更重要的是，選擇權可用來提供避險，以保護個股或投資組合的價值。本章稍後將討論避險策略。

傳統選擇權的有效期間通常不超過七個月，但另一種類型，稱為**長天期權益選擇權**（long-term equity anticipation security, LEAPS）也在交易所交易。像傳統選擇權那樣，交易所的 LEAPS 也是與個股或股價指數做連結；主要的差異在於，長期選擇權到期日最長可達三年。1 年期 LEAPS 的成本約為 3 月期選擇權的兩倍；但因它們遠較為長的到期日，LEAPS 提供買方更大的獲利潛力，以及對投資組合提供更好的長期保護。

選擇權裡的標的企業和選擇權市場毫無關聯，企業不能從選擇權市場募集資金，也沒有涉及任何的直接交易。此外，選擇權持有人沒有資格選舉企業董事或收取股利。美國證管會和其他機構進行研究，以了解選擇權交易是否有助於股票市場的穩定，以及是否會妨礙企業尋求募集新資本。這些研究尚無定論；但選擇權交易已被許多人視為「城市裡最刺激的遊戲」。

18-3b 影響買權價值的因素

對表 18.1 的研究，可對買權評價提供一些洞見。首先，我們看到至少有三項因素會影響買權價值：(1) 股價愈高於履約價格，買權價格就愈高。因此，FB 2020 年 9 月 18 日 $330 買權的售價為 $7.19，而 FB 2020 年 9 月 18 日 $230 買權的售價為 $73.50，這個差異的產生，是因為 FB 目前的股價為 $294.19。(2) 履約價格愈高，則買權價格愈低。因此，表中所示的所有 FB 買權，不論履約月分，都會隨著履約價格的增加而下跌。(3) 選擇權期限愈長，則選擇權價格愈高。這是因為距離到期日的天數愈多，股價愈有可能發生上揚到顯著高於履約價格的狀況；因此，選擇權價格會隨著到期日愈久遠而增加。如表 18.1 所示，2021 年 3 月 19 日到期的選擇權之價格，都會高於 2020 年 9 月 18 日或 2020 年 12 月 18 日到期的選擇權。影響選擇權價值的其他因素，特別是標的股票價格的波動性，將在後續內容予以討論。

18-3c 履約價值 vs. 選擇權價格

市場如何決定買權的實際價格？先建立一些基本的概念，將有助於回答這個問題。首先，我們定義買權**履約價值**（exercise value）如下：

$$\text{履約價值} = \text{目前股價} - \text{履約價格} \qquad \text{18-1}$$

履約價值為若你必須立刻履約時的選擇權價值。例如，若股票能以 $50 售出、選擇權履約價為 $20，你藉著執行該選擇權便能以 $20 購買股票；你擁有的是價值 $50 的股票，卻只需支付 $20。因此，若你選擇立刻執行，則選擇權的價值為 $30。請注意：計算得到的買權履約價值可以為負值，但實際上選擇權的最低「真正」價值為 0，因沒有人願意執行價外選擇權。還請注意：選擇權的履約價值僅是選擇權的第一項近似值──它僅提供找出選擇權實際價值的起點。

現在考慮圖 18.1，它繪出太空科技公司（Space Technology Inc., STI）的一些數據；STI 是一家新上市的公司，它的股價在短暫的交易歷史裡大幅變動。表中數據的 (3) 行顯示 STI 買權在不同股價下的履約價值；(4) 行為選擇權的實際市場價格；(5) 行顯示實際選擇權價格高出履約價格的溢價。在股價低於 $20 時，履約價值被設定為 0；但超過 $20，股價每增加 $1，就會讓選擇權履約價值增加 $1。然而請注意：對任何普通股股價而言，買權的實際市場價格位在履約價值的上方。例如，當股價為 $20，選擇權履約價值為 0 時，而它的實際價格和溢價為 $9。接著當股價上揚，履約價值的增加會以 $1 對 $1 的方式隨著股價上揚；但選擇權的市場價值上升速度較慢，導致溢價減少。當股價為每股 $20，溢價為 $9；但當股價上升到

Chapter 18 衍生性商品和風險管理

圖 18.1　太空科技公司的選擇權價格和履約價值

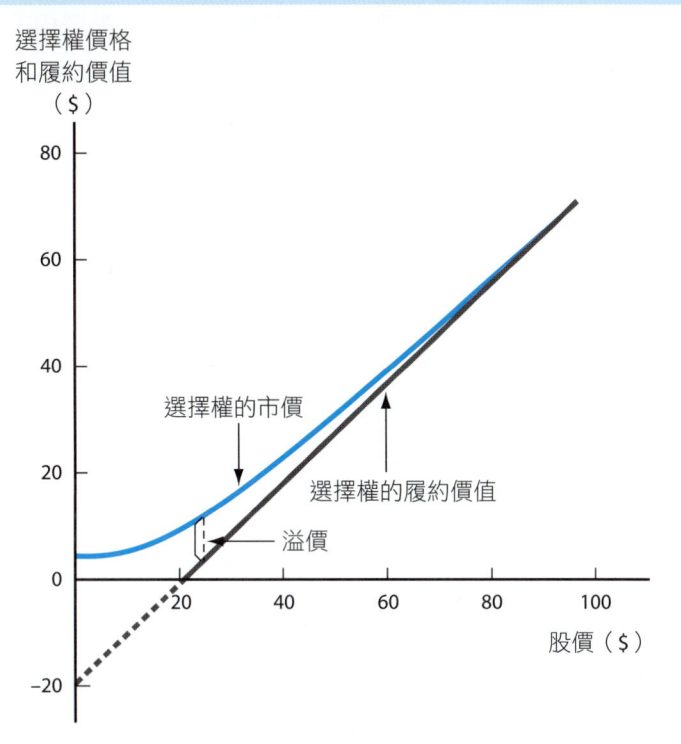

股價 (1)	履約價格 (2)	選擇權履約價值 (1) – (2) = (3)	選擇權市價 (4)	溢價 (4) – (3) = (5)
$20.00	$20.00	$ 0.00	$ 9.00	$9.00
21.00	20.00	1.00	9.75	8.75
22.00	20.00	2.00	10.50	8.50
35.00	20.00	15.00	21.00	6.00
42.00	20.00	22.00	26.00	4.00
50.00	20.00	30.00	32.00	2.00
73.00	20.00	53.00	54.00	1.00
98.00	20.00	78.00	78.50	0.50

每股 $73，溢價下跌到只剩 $1；當股價高於 $73，溢價幾乎可略而不計。

為何會出現這樣的模式呢？為何買權的價格總是高於它的履約價值呢？以及溢價為何會隨股價上揚而減少呢？部分的原因在於選擇權的投機訴求——它們讓買進證券者獲得高的個人槓桿。說明如下：假設 STI 的選擇權售價等於其選擇權價值，以及假設你正考慮是否要以目前每股 $21 的價格投資公司的普通股。若買進一股，且股價上升到 $42，則你的資本利得為 100%。然而，若你以履約價值（$1，當股價為 $21 時）買入選擇權，則你的資本利得為 $22 – $1 = $21；投資金額為 $1，所以報酬率為 2,100%。與此同時，選擇權的潛在總損失僅為 $1，購買股票的

潛在損失則達 $21。選擇權有潛在的巨額資本利得且損失有限，故具有價值——投資人實際的認知價值會等於溢價金額。然而請注意：購買選擇權的風險高於購買 STI 股票，因選擇權發生金錢損失的機率較高。例如，當 STI 的股價跌落到 $20，則若你買進的是股票，損失僅是 4.76%；若你投資的是選擇權，則損失達 100%。

溢價為何會隨著股價上揚而減少？部分的原因是在高股價時，槓桿效應和損失保護特性都變得較弱。例如，當 STI 股價為 $73，你考慮購入該股，則選擇權履約價值會等於 $53；若股價再上漲一倍來到 $146，你會有 100% 的資本利得，而此時的履約價值會從 $53 增加到 $126，亦即僅增加了 138%（之前股價較低時的例子，獲利高達 2,100%）。還請注意：當選擇權是在高價時售出時，則該選擇權每 1 元的潛在損失會遠較為高。槓桿效應減少和大額損失之發生機率增加，有助於解釋為何溢價會隨著普通股股價增加而減少。

除了股價和履約價格外，選擇權的價格取決於其他三項因素：(1) 選擇權距離到期日的時距；(2) 股價的變異度；(3) 無風險利率。請參見下述論點：

1. 買權愈久才到期，它的價值愈高，溢酬也愈大。若選擇權在今天下午四點到期，則該股股價大幅上漲的機會便不高；所以，選擇權的價格必須非常接近它的履約價值，溢價因而會很小。另一方面，若到期日是一年以後，股價有可能在一年內大幅上揚，因此推升買權的價值。

2. 股價高度波動的選擇權，其價格會高於股價平穩的選擇權。當股價很少變動，則發生較高獲利的可能性很小；然而，當股價的波動性極大，選擇權很容易會變得很有價值。與此同時，選擇權的損失是有限的——你最多只會損失為取得選擇權所付出的成本。因此，股價大幅下跌對選擇權持有者不會產生相應的巨額損失。受到獲利無限、損失有限的影響，股票的波動性愈高，則選擇權的價值愈高。

3. 相較前兩項論點，無風險利率對買權的效應較不明顯。公司股價的預期成長率會隨著利率上升而增加，但未來現金流量之現值卻會下降。前一個效應往往導致買權價格的增加，而第二個效應通常為負面效應。最後的結果是，第一個效應超越第二個效應，所以買權價格總是會隨著無風險利率的增加而增加。

基於論點 1 和 2，所以如果選擇權的生命期愈長，則圖 18.1 裡的選擇權市價線便愈高於履約價值線。同樣地，標的股票的股價之波動性愈高，則市價線也會愈高。

課堂小測驗

- 何謂選擇權、買權、賣權？
- 定義買權的履約價值。買權的實際市場價格為何常常高於它的履約價值？
- 有哪些因素會影響買權的價值？
- UW 科技股票目前的股價為每股 $30。目前，履約價格為 $25 的買權價格為 $12，則這個買權的履約價值為何？買權的溢價為何？（**$5；$7**）

18-4 選擇權定價模型導論[1]

選擇權定價模型幾乎都是根據**無風險避險（riskless hedge）**的概念。為了闡明無風險避險如何運作，考量以下例子：投資人買了 WC 的股票，並同時賣出該股的買權。若股價上漲，投資人將從股票賺得利潤，但會因賣出買權而產生虧損。（如前所述，當投資人同意賣出買權時，若股價上漲則會虧錢，反之則會賺錢。）相反地，若股價下跌，投資人手中的股票會招致損失，但會從賣出買權而獲利。職是之故，透過買股票和賣買權的組合，可以讓投資人處於無風險的位置；亦即不論股價如何變化，投資人的投資組合價值將維持不變。因此，無風險投資可被創造出來。

若投資是無風險的，則在均衡時，必須產生無風險利率。若選擇權提供較高報酬，套利者應會買進，這個買進過程持續下去將促使報酬下降；若它提供的報酬低於無風險利率，則情況剛好顛倒過來。給定股價、潛在的波動性、選擇權的履約價格、選擇權的生命期和無風險利率，在滿足均衡條件的前提下（包含股票和買權的投資組合之報酬率等於無風險利率），則只會存在某一特定選擇權的價格。建構在這些想法之上，我們使用以下步驟預測選擇權目前的價值：

1. **範例假設。** 手機製造商 WC 公司的股價為每股 $40，以及存在讓持有人可用每股 $35 履約價格購買 WC 股票的選擇權。該選擇權將在一年後到期；那時的股價若不是 $30，就是 $50。此外，無風險利率為 8%。根據這些假設，我們必須求解選擇權的價值。請注意：在設定上假設一年後的股價只存在兩種情境，以讓事情較為簡單。基於這個原因，這個方法有時稱為**二項選擇權定價模型（binomial option pricing model）**。

2. **找出到期日的價值分布範圍。** 當選擇權在一年後到期時，WC 的股價只有兩

---

[1] 本節內容較偏技術性，且不致影響後續學習，故可選讀。

種可能──$30 或 $50，以下是對應這兩種情境的選擇權價值：

	選擇權結束時 的股價	−	履約價值	=	選擇權結束時 的選擇權價值	
	$30.00	−	$35.00	=	$ 0.00	（選擇權無價值； 最低價值為 0。）
	50.00	−	35.00	=	15.00	
範圍	$20.00				$15.00	

3. **讓股票報酬幅度等於選擇權報酬幅度。** 如上述，每股股票和選擇權報酬幅度分別是 $20 和 $15。為了建構無風險投資組合，我們需要讓這兩個幅度相等。我們可以藉由購買 0.75 股股票並賣出 1 股選擇權（或是 75 股股票和 100 股選擇權），以產生下述情況──結束時的股價報酬幅度和選擇權報酬幅度皆等於 $15：

	選擇權結束時 的股價	×	0.75	=	選擇權結束時 的股票價值	選擇權結束時 的選擇權價值
	$30.00	×	0.75	=	$22.50	$0.00
	50.00	×	0.75	=	37.50	15.00
幅度	$20.00				$15.00	$15.00

4. **創造無風險的避險投資。** 我們現在可以創造一個無風險的投資組合──買進 0.75 股的 WC 股票，並賣出一個買權。參見下述：

選擇權結束時 的股價	×	0.75	=	選擇權結束時 組合裡的股票價值	+	選擇權結束時 組合裡的選擇權價值	=	選擇權結束時 投資組合的總價值
$30.00	×	0.75	=	$22.50	+	$0.00	=	$22.50
50.00	×	0.75	=	37.50	+	−15.00	=	22.50

組合裡的股票價值為 $22.50 或 $37.50，取決於一年後的股價。若 WC 的股價跌到 $30，則買權售價將不會影響投資組合的價值，因買權不會被執行，它將過期而變得毫無價值。然而，若最後的股價是 $50，則選擇權持有人將選擇執行，也就是支付 $35 的履約價以取得市價 $50 的股票；所以在這種狀況下，選擇權對投資組合持有人的成本會等於 $15。

現在請注意：不論 WC 的股價是上漲還是下跌，投資組合的價值等於 $22.50。所以，該投資組合完全沒有風險。某個避險被創造出來，以免除股價上漲或下跌的影響。

5. **買權定價。** 到目前為止，我們尚未提到創造無風險避險之買權的價格。其售價會如何呢？顯然賣方會希望賣一個好價錢，但買方應希望可用低價購

買;公平的均衡價格為何?為了找出這個價格,請參見下述步驟:
a. 不論一年後的股價有什麼樣的變化,投資組合的價值都將等於 $22.50;這個 $22.50 是無風險的。
b. 無風險利率為 8%,所以一年後無風險 $22.50 的現值會等於:

$$PV = \$22.50/1.08 = \$20.83$$

c. 因 WC 股票目前價格為 $40、投資組合包含 0.75 股 WC,因此投資組合的股票成本如下:

$$0.75(\$40) = \$30.00$$

d. 若你為股票支付 $30,且投資組合的現值為 $20.83,則該選擇權應以 $9.17 售出。

$$\text{選擇權價格} = \text{股票成本} - \text{組合現值}$$
$$= \$30 - \$20.83 = \$9.17$$

若這個選擇權以高於 $9.17 的價格賣出,其他投資人便能使用如前所述的方法創造出一個無風險組合,並賺進超過無風險利率的報酬。投資人應能創造出這樣的組合——和選擇權,直到它們的價格跌回 $9.17,然後市場再度回到均衡狀態。相反地,若選擇權的售價低於 $9.17,投資人會拒絕創造無風險組合,而這個供給短缺應讓價格上升到 $9.17。因此,投資人或套利者應持續在市場買或賣,直到選擇權的價格再次回到均衡為止。

這明顯是一個過度簡化的範例;因 WC 一年後的股價幾乎可以是任何數值,以及你不能購買 0.75 股的股票(但可以用買進 75 股,賣出 100 股選擇權代替)。然而,這個範例的確闡明投資人在理論上藉著買進股票和賣出該股的買權,創造出無風險投資組合;而這個組合的報酬率應等於無風險利率。若買權的價格不能反映這樣的條件,套利者將積極交易股票和選擇權,直至選擇權的價格反映均衡條件為止。

課堂小測驗

- 描述如何使用股票和選擇權創造出無風險投資組合。這樣的投資組合如何能用於預測買權的價值?

股票選擇權費用化

第一章提到許多公司給予資深經理人股票選擇權，作為其薪酬的一部分。原因之一是，選擇權讓經理人有強烈動機去提升公司股價；另一項好處則是選擇權為薪水的替代品，這降低公司的現金要求，因而對年輕的、現金短缺的新創公司來說特別重要。然而，選擇權對發行公司來說並不是免費的──它們有著極為真實的成本，因為會導致流通在外股數的增加，並因而減少公司每股盈餘。

過去，公司之所以喜歡發行股票選擇權，還有另一項重要原因。支付薪水的現金必須出現在損益表的費用項下，因而降低報表上的利潤。相對而言，在 2006 年之前，股票選擇權（即使價值高達數百萬美元）仍未被要求一定得出現在損益表上（利潤便不會因此減少）。雖然微軟、思科、花旗集團和 GE 等公司，已自願將其高階經理人的股票選擇權費用化，但是許多其他公司依然抗拒。

公司不願意將選擇權費用化，是基於兩項原因。首先，經理人通常不喜歡導致報表利潤減少的任何行動，因為他們的薪水、紅利和未來可購買的選擇權，通常是根據報表盈餘加以計算。最近的研究指出，平均 S&P 500 公司的報表利潤，在選擇權費用化後會降低約 15%；且對某些公司來說，這個降幅超過 50%。第二，公司不確定該如何評價選擇權。

雖然會計師和企業經理人並不情願，但已開始面對投資人的強大壓力；投資人主張，約略正確會比絕對的錯誤來得好。回應這些壓力，FASB 發布新的財報準則，要求公開發行公司將每一年發行的股票選擇權費用化。某些人批評，這些準則仍給予公司太大空間，讓它們自行決定如何評價這些選擇權的價值；但多數人已相當滿意，因為這至少向正確方向跨出第一步。

來源：Elizabeth MacDonald, "A Volatile Brew: Easing the Impact of Strict New Stock Option Rules," *Forbes*, August 15, 2005, pp. 70–71; and Anthony Bianco, "The Angry Market," *Business Week*, July 29, 2002, pp. 32–51.

18-5 遠期合約和期貨合約

遠期合約（forward contract）是某種協議：一方同意在未來某日以特定價格購買商品，而另一方同意賣出；在遠期合約下，財貨真正被交割。除非兩方的財務都很健全，否則存在違約的風險，特別是當協議簽訂後，商品價格有大幅改變時。

期貨合約（futures contract）和遠期合約相當類似，但仍有以下三項重要差異：(1) 期貨合約每日都在市場交易，意謂著可清楚知道利得和利損，因此必須使用金錢來解決虧損，這通常可以降低存在於遠期合約裡的違約風險；(2) 對於期貨合約，不需要對標的資產進行實質交割──雙方僅針對到期日時的合約價格和實際

價格之差異，以現金支付結算；(3) 期貨合約通常是在交易所交易的標準化工具，遠期合約則通常是客製、雙方協商，且在簽訂後就不能再進行交易的商品。

期貨和遠期合約最初應用在諸如小麥這樣的商品上，當農夫將遠期合約賣給磨坊主時，雙方便鎖住價格，並因而降低他們的風險暴露。商品合約雖仍然重要，但是到了今天，匯率和利率期貨成為主流。為了闡明匯率合約的使用，假設 GE 向德國製造商買進電機，交易條件要求 GE 在 180 天內支付 €100 萬。GE 當然不想放棄免費的賒帳交易；但若歐元在未來六個月相對美元升值，則 €100 萬的美元成本將會增加。為了對這個交易避險，GE 可購買遠期合約——它同意以固定的美元價格在 180 天後買進 €100 萬，這將會鎖住電機交易的美元成本。這個交易很可能會透過貨幣中心銀行，該銀行會試著找到一家在六個月後需要美元的德國公司（「交易對手」）。另一種選擇是，GE 可以在交易所購買期貨合約。

利率期貨代表另一種巨大和成長中的市場。例如，假設 S 企業決定以 $2,000 萬的成本建造新工廠，並計劃以 8% 利率（今天發行的利率）的 10 年期債券來融資這個計畫；然而，S 企業在七個月後才會需要這筆錢。S 企業可以現在就發行 10 年期債券，鎖住 8% 的利率，但卻在需要金錢之前便擁有資金，所以必須將這筆資金投資在短期證券（利率應不到 8%）。然而，若 S 企業等到七個月後才發行債券，利率有可能比今日還高，因而必須對債券支付較高的利息成本，或許高到新建該工廠將無利可圖。

解決 S 企業困境的方案之一，涉及美國 10 年期中期公債（T-note）的利率期貨（interest rate future）；它是根據 6% 半年付息一次的虛擬 10 年期公債。若經濟體的利率上揚，則這個虛擬的中期公債價格將下跌；反之亦然。在我們的例子裡，S 企業擔憂利率上揚；若利率上揚，則虛擬中期公債的價值會下跌。因此，S 企業可以賣出在七個月後交割的 10 年期中期公債期貨，以遮蔽該部位的風險。若利率在七個月後上揚，則 S 企業必須為發行債券付出更多；然而，它將從期貨部位獲得利潤，因為相對 S 企業的購買成本，它是以較高價格將中期公債預售出去。當然，若利率下跌，S 企業的期貨部位將有所損失，但會被以較低利率發行債券的利益所抵銷。

期貨合約分成兩大類：**大宗商品期貨或商品期貨（commodity future）**和**金融期貨（financial future）**。商品期貨包括石油、不同的穀物、歐洲油菜、牲畜、肉類、纖維、金屬和木材；它們在 1800 年代中期開始在美國交易。最早於 1975 年開始交易的金融期貨，包括國庫券、中期公債、長期公債、定存單、歐洲美元存款、外幣和股價指數。

為了闡明期貨合約的運作，考慮 CBOT 美國 10 年期中期公債的期貨合約。

該合約為虛擬 6% 票面利率 $100,000 的中期公債——到期日為十年、半年付息一次。表 18.2 摘錄《華爾街日報》網站 2020 年 8 月 27 日的中期公債期貨表（該數據在 2020 年 8 月 28 日發布）。

第一行顯示交割月份；接下來的三行是開盤價、當天最高價和當天最低價；再接下來的兩行分別為結算價（settlement price、或稱最後交易價格），以及其與前一交易日收盤價（closing price）的差價；最後一行顯示「未平倉量」，亦即流通在外的合約數。本表數據為 2020 年 8 月 27 日該交易日收盤時的數據。2020 年 12 月合約結算價為 138-265，也就是該 100,000 合約價值的 138 + 26.5/32%；所以價格為面額的 138.8281250%。

我們以 2020 年 9 月交割的 10 年期公債加以闡明。它最近一次的交易價格為 138-310，或 $100,000 合約價值的 138 + 31/32%。因此，可以用面額的 138.96875% 或 1.3896875 ($100,000) = $138,968.75，買進面額 $100,000、6% 票面利率、2020 年 9 月交割的 10 年期公債。相較上一次的最後成交價，它的合約價格下跌 $100,000 的 1% 的 11/32，或 $343.75。所以若你以上一次的價格買進，則將損失 $343.75。流通在外的合約數量為 950,559，這代表約 $1,320.98 億的總價值。

請注意：合約價格在這個特定日子裡下跌 11/32%。這個 10 年期公債的期貨合約為何下跌呢？因利率上揚，債券價格便會下跌，所以利率在該日上升了。此外，我們可以計算期貨合約內含的利率；之前提過這個合約的標的為虛擬的 10 年期、6% 票面利率、每半年付息一次的中期公債。最後一次的成交價為面額的 138-310 或 138.96875%。使用財務計算機，我們能使用下述方程式求解 r_d：

$$\sum_{t=1}^{20} \frac{\$30}{(1 + r_d/2)^t} + \frac{\$1,000}{(1 + r_d/2)^{20}} = \$1,389.6875$$

因此解得六個月的利率為 0.8689248%，等同於 1.7378495% 或 1.74% 的名目年利率。因債券的價格在該日下跌了 11/32，我們可以找出之前的合約價格和它隱

表 18.2　利率期貨報價（2020 年 8 月 27 日）

芝加哥期貨交易所 CBT 美國中期公債（Treasury Notes、T-Notes）── 面額 $100,000; 100% 的 32 分之一

月分	開盤價	最高價	最低價	結算價	改變量	未平倉量
九月	139－105	139－200	138－285	138－310	－11.0	950,559
十二月	139－055	139－160	138－240	138－265	－11.0	2,626,682

來源："Futures Contracts Section: Interest Rate Futures," *The Wall Street Journal*, August 28, 2020, p. B8.

含的利率——1.71%。因此，利率從1.71%上揚3個基本點到1.74%，這足以讓合約價格下跌$343.75。

因此，2020年9月交割的期貨合約——虛擬10年期中期公債，售價$138,968.75，面額$10萬，它的到期年殖利率約等於1.74%；這個殖利率反映投資人對2020年9月利率水準的看法。2020年8月末的10年期中期公債殖利率約為1.40%，所以期貨市場的邊際交易人預測在未來一個月殖利率將上升34個基本點；當然，這個預測到最後有可能會是錯的。

現在假設在一個月後，期貨市場的利率從原先的水準下跌了，如從1.74%變成1.6%。利率的下跌，意謂債券價格上揚，則我們計算得到的9月份合約將會值$140,511.23。因此，合約價值增加$140,511.23 – 138,968.75 = $1,542.48。

買賣期貨合約時，買方並不需要拿出全額，只要拿出初始保證金（initial margin）；對10年期中期公債期貨合約來說，每$10萬合約將需要$1,500。然而，投資人依規定在保證金帳戶裡維持某特定金額——**維持保證金**（maintenance margin）。芝加哥期貨交易所的10年期美國政府中期公債合約，維持保證金為每$10萬需$1,000。若合約價值下跌，持有人可能被要求得在保證金帳戶存入額外的資金；合約價值跌得愈凶，必須增加的額外資金就愈多。合約價值在每一個營業日結束時會受到檢視，並同時對保證金帳戶進行調整，稱為「按市價計值」（marking to market）。若某投資人在2020年8月27日買進上述舉例的合約，並在一個月後的9月份以$142,785.80賣出（假設利率下跌至1.4%），則他投資$1,500就賺得$3,817.05的利潤，或是一個月內獲得約154%的報酬。因此，期貨合約顯然提供相當大的槓桿。當然，若利率上揚，則合約價值會下跌，投資人能輕易地損失$1,500，甚或更多。期貨合約的結算並不涉及證券的交割；相反地，將交易反過來便完成交易，也就是將合約賣回給原賣方。當期貨合約結束時，便會實現真實的利潤和利損。

上述例子顯示遠期合約和期貨如何用於避險或減輕風險。下一節將詳述期貨如何用於規避不同的風險。預估超過95%的期貨交易用在避險，而銀行和期貨經紀人充當避險雙方的中間人。當然，利率和匯率期貨還能用在投機目的；我們可以購買10年期中期公債合約——面額$10萬的公債只需$1,500的保證金，在這樣的情況下，利率的些微改變將導致很大的利得或利損。不過，絕大多數的交易參與者是為了規避風險，而非創造風險。

期貨和選擇權兩者很類似，以致人們經常會發生混淆。因此，比較這兩個工具是相當有用的。期貨合約是一種明確的協議，它讓某一方以特定價格在預定日期購買某樣東西，而另一方則是同意依據相同的條款將之賣出。不論價格的變化如

何，兩方必須根據彼此同意的價格對合約進行結算。另一方面，選擇權賦予某個人有權購買（買權）或有權賣出（賣權）某項資產，但選擇權持有人並不需要一定得完成交易。還請注意：選擇權可針對個股和一「綑」股票（如 S&P 和 Value Line 指數），但通常不包括商品；另一方面，期貨可用在商品、負債證券和股價指數上。

> **課堂小測驗**
>
> - 何謂遠期合約？
> - 何謂期貨合約？遠期合約與期貨合約的重大差異為何？
> - 期貨合約與選擇權的重大差異為何？
> - 就期貨合約而言，初始保證金和維持保證金的差異為何？
> - 假設你買進 12 月的期貨合約，標的為虛擬 10 年期、半年付息一次、6% 票面利率，以及今日的結算價為 125-060；你繳給交易所初始保證金（$100,000 合約 $1,500）。則上述結算價所隱含的名目到期年殖利率會等於多少？若利率下跌到 2.4%，則你能從一口期貨合約賺到多少報酬率？若利率上揚至 3.2%，則這口合約的報酬率為何？（**3.06%；343.31%；–192.45%**）

18-6 使用衍生性商品降低風險

公司承受金融市場裡與利率、股價和匯率變動有關的各種風險。對投資人而言，降低財務風險最為明顯的方式之一，是持有廣泛分散的股票和負債證券投資組合，包括國際證券和不同到期日的負債。然而，衍生性商品也能用於降低與金融和商品市場相關的風險。

18-6a 證券價格暴露

當以投資組合方式持有證券及發行證券時，公司會因證券價格改變而暴露於虧損風險中。此外，若公司使用浮動利率負債去融資會產生固定所得流量的投資時，也會暴露於風險中。像這樣的風險，通常可以使用衍生性商品加以紓解。如前所述，衍生性商品是一種證券，它的價值源自於或是從其他資產的價值而來。因此，選擇權和期貨合約是衍生性商品，因它們的價值取決於某些標的資產的價格。接下來，我們將進一步探討如何使用期貨（某種衍生性商品），管理某些類型的風險。

18-6b 期貨

期貨可用在投機和避險。**投機**（speculation）涉及賭未來的價格移動，亦即

Chapter 18 衍生性商品和風險管理

使用期貨是因該合約內含的槓桿。另一方面，**避險（hedging）**則是公司或個人為了保護自己，免於價格改變對利潤產生的負面效應。例如，上揚的利率和商品（原物料）價格，如有害的貨幣波動那樣，可以損害利潤。若兩方有著鏡像風險，他們可以透過交易消除，而非移轉風險，這稱為**自然避險（natural hedge）**。當然，期貨交易的一方可以是投機者，另一方是避險者。投機者增加了參與市場的人數，並讓避險變得可能，因而有助於尋求減少風險的人。

避險有兩種基本類型：(1) **多頭避險（long hedge）**——因預期價格上揚或為了避免價格上揚產生損失，所買進的期貨合約；(2) **空頭避險（short hedge）**——公司或個人賣出期貨合約，以防範價格下跌。如前所述，利率上升會降低債券價格，因而減少中期公債的期貨合約價值。因此，若公司或個人需要防範利率上揚，則應使用當利率上升會賺到錢的期貨合約；這意謂賣出或作空期貨合約。闡明如下，假設在 6 月初，卡森食品正考慮在 9 月發行 $1,000 萬、10 年期債券，以融資資本支出計畫。若在今天發行，則半年付息一次的年利率將為 6%；且在此利率下，該計畫會有正的淨現值。然而，利率可能在未來四個月上升；因此拖到那時才發行，利率可能顯著高於 6%，使該計畫成為一個不被接受的投資。卡森食品透過在期貨市場避險，可保護自己免於利率上升的傷害。

在這種情況下，卡森食品會因利率上升而受到傷害；所以可使用空頭避險，也就是可以選擇某期貨合約，它須近似於計劃發行的 10 年期債券。在這個案例中，卡森食品也許會以美國 10 年期中期公債期貨避險。因它計劃發行 $1,000 萬的債券，可以賣出 $10,000,000/$100,000 = 100 口在 9 月交割的中期公債合約。卡森食品必須支付 100($1,500) = $150,000 的保證金，並支付券商佣金。為了說明的目的，我們使用表 18.2 的數字，我們看到每一個 9 月份合約都有 138-265 或 138 + 26.5/32% 的價值，所以 100 口合約的總價值等於 1.388281250($100,000)(100) = $13,882,812.50。現在假設卡森食品擔憂四個月後續借時，會因通膨推升利率，以致卡森食品負債利率上揚 100 個基本點，到達 7%。在這樣情況下，若卡森食品仍發行 6% 的半年息票債券，則每一張債券僅會帶來 $928.94。因投資人現在要求 7% 的報酬，因此，卡森食品每張債券將損失 $71.06，若乘上 10,000 張債券，則因延遲融資產生的總損失達 $710,600。然而，利率上升也會影響卡森食品在期貨市場的空頭部位價值，因利率已上揚，所以期貨合約的價值會降低；以及若期貨合約利率的增加程度也是 100 個基本點，亦即從 1.75% 到 2.75%，則合約價值會降至 $12,824,586.90。卡森食品能夠以 $12,824,586.90，再行購買之前以 $13,882,812.50 賣出的空頭合約，結束期貨市場的部位，而獲得 $1,058,225.60 的利潤（忽略佣金）。

因此，若我們忽略佣金和保證金的機會成本，卡森食品可抵銷延遲發行債券的損失。事實上，在我們的例子裡，卡森食品不僅彌補損失，還倒賺 $347,625.60。當然，若利率下跌，卡森食品的期貨部位會產生損失；但這個損失應能被卡森食品債券的較低票面利率所抵銷。

若期貨合約的標的物為卡森食品的負債，且即期市場的利率和期貨市場利率同步移動，則公司可建構一種完全避險（perfect hedge），也就是期貨合約的利得會正好抵銷債券的損失。在現實世界裡，幾乎不可能建構完全避險。因在大部分的情況下，標的資產不會等於期貨資產；即便兩者相同，即期和期貨市場的價格（和利率）也可能不會同步移動。

還請注意：若卡森食品計劃發行新股，且其股票的移動若往往緊密地貼近某個股票指數，則該公司藉著賣空指數期貨，便可規避股價下跌的風險。更棒的是，若卡森食品股票選擇權是在選擇權市場交易，或許應使用選擇權（而非期貨），以對股價下跌做避險。

選擇權和期貨市場讓金融交易的時點有了彈性，因公司至少可以部分地規避做成決策和完成交易的時距影響。然而，這個保護有成本——公司必須支付佣金，而這個成本是否值得，則需要加以判斷。避險決策也取決於管理階層的風險趨避程度，以及公司承擔相關風險的力量與能力。在理論上，避險交易產生的風險降低，其價值應等於避險的成本；因此，公司應不會在意是否避險。然而，許多公司相信避險是值得的。德州大型房地產開發商 Trammell Crow，曾使用國庫券期貨鎖住浮動利率營建貸款的利率成本；卡夫食品使用歐洲美元期貨去保護其有價證券組合；摩根史坦利和其他的投資銀行從事大型承銷時，會在期貨和選擇權市場進行避險交易以求自保。

18-6c 商品價格暴露

如前所述，遠在金融工具出現前，期貨市場就開始交易許多商品。我們以 Porter Electronics（PE）為例來闡明存貨避險，PE 使用大量的銅和一些貴金屬。假設在 2020 年 8 月底，PE 預測在 2021 年 5 月會需要 10 萬磅的銅，以生產賣給美國政府的太陽能電池（這是一個固定價格合約）。PE 的經理人擔心智利銅礦工人會罷工，因此會提高全球市場的銅價，並讓銷售太陽能電池的預期利潤變成損失。

PE 當然能事先買進執行合約所需的銅；但若如此做，將會產生顯著的存貨成本。另一個選項是，公司可使用期貨市場來規避銅價上揚。芝加哥商品交易所（Chicago Mercantile Exchange, CME）交易的標準銅期貨合約為每口 25,000 磅。因此，PE 能買進在 2021 年 5 月交割的 4 口合約（作多）；這些合約在 8 月底的交

易價格為每磅 $3.0820，而同一日現貨價則為每磅 $3.0410。若在未來九個月裡，銅價持續顯著上漲，則 PE 銅期貨的多頭部位之價值將增加，因此抵銷該商品價格上揚的一部分效應。當然，若銅價下跌，PE 會因它的期貨合約損失金錢，但公司可在即期市場買進較便宜的銅，太陽能電池銷售會帶來超乎預期的報酬。因此，銅期貨市場的避險，鎖住原料的成本，以及消除公司原先得面對的一些風險。許多製造商（如美國鋁業公司和 ADM 穀物公司）經常使用期貨市場，以降低原物料價格波動性的風險。

18-6d 衍生性商品的使用和誤用

大部分衍生性商品的新聞報導總是關於金融災難，僅極小部分是在談論衍生性商品的好處。然而，因為有這些好處，超過九成的美國大型企業經常使用衍生性商品。在現今市場裡，老練的投資人和分析師會要求公司使用衍生性商品來規避某些風險。所以，若公司能夠安全且不昂貴地規避風險，則它便該如此做。

然而，使用衍生性商品也有不利之處。衍生性商品避險總是被官方認為是「好的」使用方式，而衍生性商品投機則通常被認為是「壞的」使用方式。某些人和組織可以承受衍生性商品投機帶來的風險，但其他人對所承擔的風險沒有足夠認識、或一開始便不應該承受這樣的風險。大部分的人應會同意典型的企業只有在避險時才使用衍生性商品，而不是透過投機來努力增加利潤。避險讓經理人聚焦在經營核心商務，而不需擔憂利率、貨幣和商品價格的變異性。然而，當避險未經適當建構，或當企業財務主管積極使用衍生性商品進行投機以獲得帳面上的較高報酬時，問題將會很快發生。

> **課堂小測驗**
> - 解釋公司如何使用期貨市場，針對利率上揚進行避險？
> - 解釋公司如何使用期貨市場，針對上揚的原料價格進行避險。
> - 衍生性商品應如何用於風險管理？會產生哪些問題？

結語

公司每天都面對種種的風險,因它若不承受任何風險便不可能成功。第八章討論風險和報酬的抵換關係;當某些行動可以降低風險且不會導致報酬大幅減少,則該行動便能增加價值。本章繼續聚焦在風險和報酬,描繪公司面對的各類型風險,以及企業風險管理的基本原則。管理風險的某個重要工具為衍生性商品市場;此外,本章還提供衍生性商品的簡介。

自我測驗

ST-1　二項模型　股票目前價格為 $32;在一年後,股價若不是 $30,就是 $55;無風險年利率為 4.50%。試使用二項模型,求解該股票的買權(履約價格 $35,一年到期)價格為何?

問題

18-1　列出風險管理應會增加公司價值的七項理由。

18-2　為何選擇權賣出價通常高於它的履約價?

18-3　討論可用於降低風險暴露的一些技巧。

18-4　解釋期貨市場如何能用於降低利率風險和原物料價格風險。

18-5　為何股東對持有現金流量波動性大的公司股票,和持有穩定現金流量的公司股票,可能不會感到有所差異?試舉兩項理由說明之。

CHAPTER 19

跨國財務管理

亞洲公司擴張海外商務

過去，多數跨國企業（multinational corporation, MNC）的母國為已開發國家，包括美國、歐盟會員國和日本。這些 MNC 包括非常知名的企業——雀巢、GE、飛利浦電子、本田汽車和豐田汽車。

在過去數十年，已開發國家的 MNC，通常視除了日本以外的亞洲國家，為可進一步擴張商務的市場；MNC 通常藉其在先進科技和服務品質的競爭優勢，來執行並實現商務目標。已開發國家為 MNC 的母國，亞洲則為 MNC 的地主國，這樣的感受深植人心。不過，這樣狀況已成昨日黃花；現況是亞洲國家的 MNC 已然蛻變，其跨國經營變得更積極，且能見度更高。

許多亞洲國家正轉變為 MNC 國外直接投資（Foreign Direct Investment, FDI）的重要來源。來自亞洲地區 MNC 的成長，反映這些國家快速的經濟發展和成長。南韓、香港、台灣和新加坡是四個新進工業化經濟體，其人均所得水準正趨近已開發國家的人均所得水準。隨著財富增加，這些國家或地區已富有到能出口資本。然而，亞洲國家跨國企業的成長，並未侷限在這些成功、已完成工業化的發展中經濟體；除了中國、印度、南韓和馬來西亞這些新進工業國外，各個亞洲國家也都有自己的 MNC。事實上，其中一些公司，例如南韓的三星和現代、印度的塔塔和馬來西亞的森那美，是真正的全球企業，因它們的營運已遍及全球。

亞洲開發中國家之一的馬來西亞，長久

以來就是已開發國家 FDI 的標的。然而，馬國公司自 1970 年代中也已開始對外直接投資（OFDI）；馬國跨國企業自 1990 年代起開始日益增加對外投資。根據 UNCATD，從 1990-2014 年，馬國 OFDI 從 1.29 億美元增長到 164 億美元。馬來西亞是亞洲開發中國家裏積極從事 OFDI 的國家。

馬國 OFDI 的增長，顯示馬來西亞公司有能力和意願投資海外，以及對從事海外風險投資愈來愈有自信。幾家積極 OFDI 的馬來西亞 MNC，已被納入百大非金融跨國企業（Non-Financial Transnational Corporations、TNC）。根據在外國資產金額，馬來西亞國家石油（PETRONAS）排名全球第 84 名，也是馬國唯一入榜全球非金融 TNC 百大的公司。使用外國資產排序，還有四家馬國公司為開發中國家裡百大非金融 TNC，包括排第 31 的楊忠禮集團（YTL Corporation Berhad）、38 名的雲頂集團（Genting Berhad）、46 名的森那美（Sime Darby）和 57 名的馬來西亞電訊公司（Telekom Malaysia Berhad）。

「全球公司」的出現，讓政府得面對許多問題。例如，應偏愛本國公司，或是只要該公司提供本地工作機會，則它的國籍就不重要？公司是否應致力於將工作留在母國？或選擇在總生產成本最低處從事生產？政府如何控管 MNC 發展出來，特別是可用在軍事用途的科技？當它在其他國家經營時，該 MNC 是否必須嚴格遵守母國的法規？最後，我們將在本章討論以下重大議題，對全球化力量已存在愈來愈多的反彈，特別是在新冠疫情創傷之後，全球化力量是否仍將日益重要？當你閱讀本章時，請將上述問題謹記在心。當你讀完本章，對政府面臨的問題，以及 MNC 經理人面對困難但可獲利的機會，將有更深的了解。

來源：A.N. Bany-Ariffin, M. Hisham, and C.B. McGowen, "Macroeconomic Factors and Firm's Cross-Border Merger and Acquisitions," *Journal Of Economics and Finance*, vol. 40, (2016), pp. 277–298; UNCTAD *World Investment Report* (2015).

摘要

跨國公司經理人必須處理廣泛的議題；這些議題是因跨國經營所產生。本章闡明跨國企業和本土企業的重要差異，並討論這些差異對跨國商務之財務管理的影響。

當你讀完本章，你應能做到：
- 找出公司選擇走向「全球」的主要原因。
- 解釋匯率如何運作，並解釋不同的匯率報價。
- 闡述當投資人進行海外投資時，所面對的機會和風險。

19-1 跨國或全球企業

跨國或全球企業（multinational or global corporation）一詞，描繪以整合方式在一些國家營運的公司。過去二十餘年，嶄新和本質上不同型態的國際商務活動被發展出來，大幅增加全球經濟和政治的互相依賴。不只是從國外購買原料、將財貨賣給外國，跨國企業現已能使用完全整合的方式進行直接投資——從取得原料進行製造，最終將產品配銷給全球客戶。今日，跨國企業的網絡控制了大部分的全球科技、行銷和生產資源，且仍在成長中。

美國和其他國家的公司走向「全球」，背後有七項主要理由：

1. *提升生產效率。*隨著國內市場競爭的增加，以及其他市場需求的增加，公司通常會認為必須在海外生產它們的產品。位於高成本母國的公司，有強烈動機將生產移往較低成本的地區──若這個地區有足夠技術、充沛的勞工供給，且有足夠的交通基礎建設。例如，Nike 在 41 個國家設有工廠；與之類似，日本製造商將部分的生產移往較低成本的亞太國家和美國；BMW 為了因應德國的高生產成本，已在美國和其他國家建立裝配廠。最近，Apple 和其他電子製造商的大型台灣供應商富士康，已在美國威斯康辛州破土興建工廠。上述範例闡明公司以最低的總單位落地成本（landed cost），來努力保持競爭力；手段包括在全球尋找合適的生產基地，並將產品運往重要市場以滿足顧客需求。

2. *避免政治、貿易和管制的障礙。*政府有時會對進口商品和服務，施加關稅、配額和其他限制，以增加收入、保護國內工業，以及追求各式各樣的政治和經濟政策目標。為了克服政府的障礙，公司通常將生產設施外移；例如，日本汽車公司將生產移往美國的主要原因，是為了繞過美國的進口配額。到了今天，本田、日產、豐田、馬自達和三菱已在美國組裝汽車。這也是印度在 1970 年代的狀況，它採用某些發展策略，讓本土公司有能力和進口品競爭。促使美國製藥商 SmithKline 和英國 Beecham 合併的其中一個原因，是為了避免在最大市場（西歐和美國）發生取得許可與管制的延遲。2000 年由葛蘭素威康（Glaxo Wellcome）和史克美占（SmithKline Beecham）合併變成的葛蘭素史克（GlaxoSmithKline），現已將自己定位為屬於歐洲與美國的企業。近些年前，哈雷機車（Harley-Davidson）宣布為回應歐盟因報復川普總統對歐洲貨物所徵關稅而加徵的關稅，打算將它部分設施移出美國。在 2019 年 7 月，歐盟同意哈雷機車從泰國進口機車，取消了該年預計需繳 1 億美元關稅裡的大部分。

3. **擴展市場**。在公司母國市場飽和後，國外市場的成長機會通常較佳。根據經濟學的產品生命週期理論，公司一開始在母國市場進行生產，為的是發展出更佳產品和滿足當地消費者的需要。這吸引了競爭者；但當母國市場快速擴張，新的消費者會提供必要的營收成長。然而，隨著母國市場的飽和，總需求成長趨緩，競爭日益激烈。與此同時，國外對該產品出現需求；這為在外國生產以滿足外國需求、降低生產和運輸成本，使公司得以維持競爭力創造有利條件。因此，諸如 IBM、可口可樂和麥當勞以母國為主的公司，正積極地擴張海外市場；近些年，Netflix 正快速向全球擴張，在 2020 年中，它在近 200 個國家有超過 1.9 億位客戶；外國廠商索尼和東芝，在美國的消費電子市場已有一席之地。最後，隨著產品變得愈來愈複雜，研發變得愈來愈昂貴，則愈來愈有必要銷售更多數量以支付固定成本；所以，較大的市場變得愈來愈重要。

4. **尋求原料和新科技**。許多重要原料的供給分散在世界各地；所以不論在這些原料生產地營運會遭遇多少困難，公司仍必須前往。例如，重要石油儲藏位於阿拉斯加州北部海岸、西伯利亞、中東沙漠和加拿大的油砂，這些都帶來獨一無二的挑戰。因此，諸如艾克森美孚的石油公司，需要在全球廣設生產設施，以確保獲得永續經營所需的基本投入資源。因艾克森美孚擁有煉油廠、配銷設施和油田，這類型的投資型態稱為**垂直整合投資（vertically integrated investment）**——公司藉著確保能以穩定價格獲得所需投入的供給，因而進行的投資。

5. **保護製程和產品**。公司通常擁有特殊的無形資產，包括品牌、科技和行銷竅門（know-how）、管理專業和優越的研發能量。不幸的是，涉及無形資產的財產權通常不易保護，特別是在外國市場更是如此。公司有時直接在國外投資，而非授權外國當地公司，以保護生產製程、配銷系統或產品本身的祕密。一旦公司的配方或生產製程為其他當地公司所知曉，則這些公司可以更輕易地發展出類似產品或製程，因而對原始公司的銷售造成傷害。例如，可口可樂為了保護配方，在外國市場建立裝瓶工廠和配銷網絡，但從美國進口濃縮液或糖漿以製造可樂。在 1960 年代，可口可樂面對印度政府強大的壓力，要求透露配方才能繼續在印度經營。公司並未揭露配方，而是選擇從印度撤資，直到該國投資環境改善為止。

6. **分散化**。藉著建立全球生產設施和市場，公司能減輕在任何單一國家經營所面對之不佳經濟條件的影響。例如，有著頗多海外經營的美國企業，會因美元貶值而受益。一般而言，投入和產出在地理上的分散化之所以會帶

COVID-19 和它帶來的半導體供應鏈浩劫

新冠疫情對半導體供應鏈帶來史無前例的破壞。因大部分的電子裝置內置晶片，以致供應鏈斷鏈，減慢全球電子裝置的生產。斷鏈的其中一個原因是，半導體進出口的重要港口因政府為對抗疫情而關閉，包括美國的長堤港和洛杉磯港，以及中國的上海港、鹽田港和寧波舟山港，導致了半導體物流的延遲。例如，中、美點到點的平均運輸時間，大幅增加至 73 天（相對疫情前的 40 天）。該延遲對電子產業產生重大衝擊，另因政府管制造成馬來西亞、越南和菲律賓半導體設施的關閉，削減了生產能量。雖然上述國家並非是主流半導體生產國，但它們是半導體測試、組裝和封裝裡相當重要的供應商。

導致斷鏈的另一個原因是，未能估算到對半導體需求的大幅增長，導致半導體生產規模縮減。廣泛採用在家工作推升對所有電子設備的需求，且生產者可能也低估科技進步（如物聯網、AI 和機器人），帶來對半導體需求的結構性增長；這些科技變革在疫情前便已出現。

來源：Bjorn van Roye, Brendan Murray, and Tom Orlik, "Supply Chain Crisis Risks Taking Global Economy Down with It," *The Edge Malaysia*, November 8, 2021, pp. 58–59.

來利益，是因為不同國家之間的經濟波動和政治變化通常不會完全相關。因此，公司的海外投資可受益於分散化，就如同個人會因包含不同股票的投資組合而受益。然而，因個人股東可以自行從事國際分散投資，這讓公司不該只為了分散化目的而從事國外投資。然而請注意：在那些對外國人股票所有權設下限制的國家，或沒有在國際上發行股票之公司的國家，企業的分散化是說得通的，因公司能做到股東無法輕易為其投資組合想做的事情。

7. **保住顧客。**若公司走向海外，並建立生產或配銷營運，則在這些新地點將需要投入和服務。若它能從也在當地營運的母國供應商獲得所需的投入和服務，則關係管理將變得較為容易，且會更可能獲得經濟規模和其他綜效。因此，提供投入和服務的供應商若也隨之移往海外，將能更容易保住與已走向全球之客戶的商務關係。諸如花旗、摩根大通等大型銀行，最初是為了對長期顧客提供服務而向海外擴張，但它們很快便利用其全球網絡來發展新的顧客關係，同樣的故事也適用於會計、法律、廣告和類似的服務提供者。

在過去十年至二十年裡，我們看到愈來愈多的外國企業在美國投資，也看到美國企業大舉投資國外。這個趨勢顯示於圖 19.1；這是很重要的，因它意謂著對美

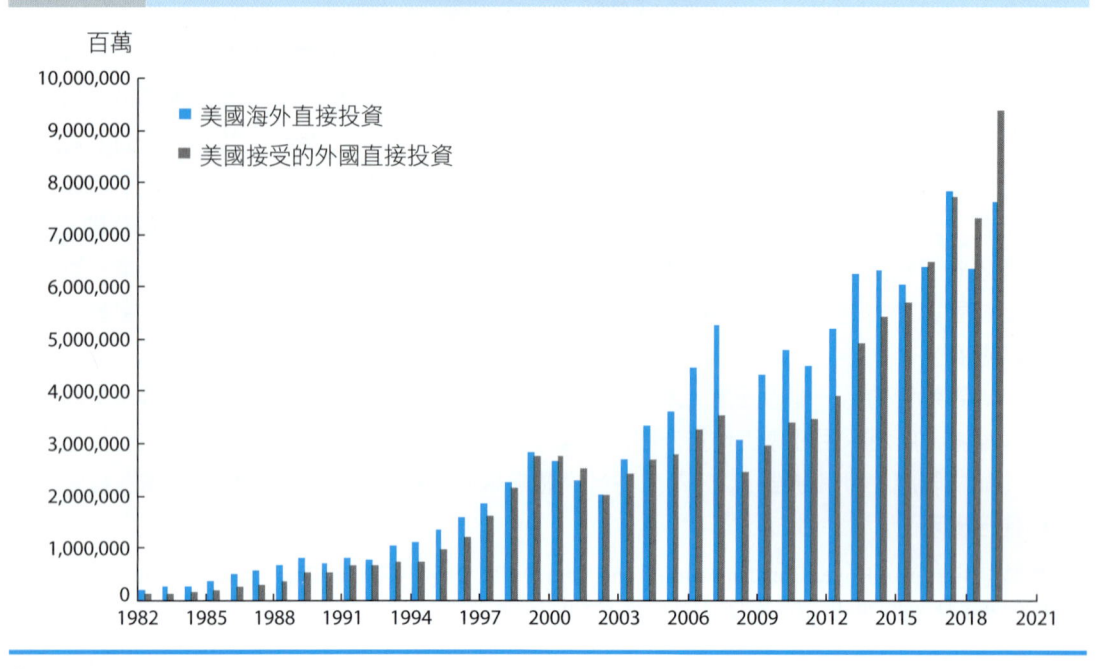

圖 19.1　1982 年至 2019 年以市價計算的直接投資部位

來源："Table 2.1. U.S. Direct Investment Positions at the End of the Period," *Bureau of Economic Analysis*, apps.bea.gov/international/bp_web/tb_download_type_modern.cfm?list=5&RowID=148, June 30, 2020.

國傳統獨立和自給自足政策特徵的侵蝕。擁有大量海外營運的美國公司，被認為會使用它們的經濟力量，對全球大部分的地主國施加顯著的經濟和政治影響；而這樣的認知讓人們擔心外國企業也正獲得對美國政策的影響力。這些發展顯示，國家與企業之間的相互影響和依賴程度日增，而美國也不能置身事外。圖 19.1 也顯現國外投資的水準會隨著景氣循環而變化，通常在全球經濟不佳時減少。在 2007-2008 年衰退時期，美國境內和境外的國外直接投資都急劇下跌。在 2017 年，美國收到的 FDI 稍低於美國對外 FDI，但在 2018 年和 2019 年，美國對外 FDI 都超過收到的 FDI。受到新冠疫情的全球性衝擊，預測 2020 年的全球 FDI 將減少 4 成。

課堂小測驗

- 何謂跨國企業？
- 公司如何「走向全球」？
- 討論以下敘述：美國的經濟和政治政策，不可能不受外國企業的影響。

19-2 跨國 vs. 單一國家財務管理

理論上，前十八章所討論的概念和程序，皆可應用在本國和跨國經營。然而，當公司在全球經營時，必須將一些額外的因素納入考量。以下列出其中五項因素：

1. **不同的計價貨幣**。跨國企業系統裡不同部門的現金流量，會採不同貨幣計價。因此，所有的財務分析都必須納入匯率。

2. **政治風險**。國家可以對現金移轉或企業資源的使用設下限制，以及它們可在任何時間改變管制和賦稅法規，甚至徵收境內的資產。因此，政治風險（political risk）有多種型態。當然，在單一國家經營的企業也會面對政治風險；但跨國公司得面對不同國家、不同型態的政治風險；在考慮財務風險時，都必須將政治風險納入考量。

3. **經濟和法律的分歧**。每一個國家有其獨特的經濟和法律系統，因此當企業嘗試協調和控制全球營運時，這些差異會導致顯著的問題。例如，不同國家間稅法的差異會讓經濟交易有很大不同的稅後效應，取決於交易在何處發生。類似地，地主國法律體系的差異，如英國的普通法與法國大陸法，讓事情變得複雜，包括從簡單的商務交易簿記到解決衝突的司法體系。這些差異會限制跨國企業使用資源的彈性，以及讓公司在某些部門裡合法的程序，在其他部門卻變得不合法。這些差異也讓某個國家訓練出來的高階經理人，難以輕易轉往其他國家工作。

4. **政府角色**。美國發展的財務模型，多假設競爭市場的存在，交易條件因而由買賣雙方所決定。政府透過權力所建構的基本法規，將涉及整個交易過程；但除了稅賦外，它的角色其實並不重要。因此，市場提供衡量成功的晴雨計，且對於如何維持競爭力提供最佳線索。前述觀點在美國和西歐是正確的，但對世界上其他地方便談不上準確了。雖然市場的缺陷會讓決策過程變得複雜，但在某種程度上卻是有價值的，因某些公司能克服這些缺陷，而其他競爭者卻仍難以越過這些進入障礙。經常發生的狀況是，公司競爭的條件、必須避免的行動和種種交易條件，不是由市場所決定，而是由地主國政府和跨國企業直接協商所決定。這基本上是一種政治過程，且也應該被視為是政治過程。因此，傳統的財務模型必須加以修正，將政治和其他非經濟層面納入決策。

5. **語言和文化差異**。在所有的商務交易裡，溝通的能力極為重要。就這個層面而言，美國公民通常處於劣勢，因他們通常只會說英語。另一方面，歐

洲和日本的商務人士通常會說好幾種語言，包括英語。與此同時，甚至在被視為相對均質的地理區域裡，不同國家的獨特文化傳承能形塑和影響企業行為的價值。跨國企業會發現不同國家間的不同事物會有很大影響，包括定義公司適當的目標、對風險的態度、績效評估、薪酬系統、和員工的互動，以及削減不賺錢的營運。

這五項因素讓財務管理變得複雜，並增加跨國公司的風險。然而，高報酬的前景和其他因素，讓公司甘冒風險，以及學會如何管理它們。

全球化的新紀元？

在本書，我們強調在過去數十年裡，全球化已對個人、企業和金融市場產生重大影響，包括較能以較低價格購買貨物、較高的機會從事分散化投資、較容易取得全球人才和科技，以及應該也提高了全球平均生活水準。其中一項預設的全球化好處是，它促進國家間相互依賴和合作，有助於降低全球衝突。

與此同時，我們認知到並非所有人皆因全球化受益。例如，若某公司將它的經營移往國外或從不同國家僱用員工，便可能讓這家公司更有效率和以較低價格賣出它的產品。雖然這些行動可以令海外勞工、國內股東和消費者受益，但國內勞工卻可能因此失去工作，以致生活水準下降。

最近幾年，跡象顯示對全球化力量有著愈來愈多的反彈。2007-2008 年金融危機迫使許多全球級銀行和跨國廠商減少對國外的放款和投資。在歐洲，歐盟奮力維持團結，許多歐洲國家也盡力吸納在敘利亞內戰此悲劇事件之後，愈來愈多逃往歐洲的難民。此外，因中國對貿易的操作，加上最近發生在香港和印度的衝突，已導致許多公司和國家考慮去中國化。除此，新冠疫情帶來的旅遊限制進一步瓦解許多國家的對外連結，都讓人們覺得在海外做生意的風險變得更高。

認知到上述效應，《經濟學人》2020 年 5 月封面故事為「全球化已死」("Goodbye Globalisation")。其中一篇文章標題〈Covid-19 殺死全球化？〉，表達了對目前環境的關切，以及警告「向全球化的最偉大世紀告別—並需擔憂隨後的演變。」當然，那些反全球化人士對最近趨勢之觀點自是不同。這些目前事件只是全球化長期持續正向發展中的暫時性曲折、或我們已開始進入去全球化的新世紀，端視未來發展而難以判定。

來源："Has Covid-19 Killed Globalisation?" *The Economist* (economist.com), May 14, 2020.

課堂小測驗

- 找出並簡要討論會導致跨國企業財務管理複雜化的五項要素。

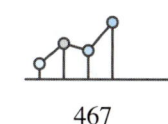

19-3 國際貨幣體系

每一個國家有其貨幣體系和貨幣主管機關。聯準會是美國貨幣主管機關，任務為限制通貨膨脹，並同時促進經濟穩定和成長。若國家彼此貿易，則必須設計某種體系，以有助於跨國間的支付。**國際貨幣體系**（international monetary system）為決定匯率的架構，將全球貨幣、金錢、資本、房地產、商品和實體資產市場，與金融機構和工具網絡連結起來；它受到跨國協議的規範，並受到每一個國家獨特的政治和經濟目標所驅動。

19-3a 國際貨幣術語

討論國際貨幣體系前，了解某些重要概念和術語有其助益：

1. **匯率**（exchange rate）是以他國貨幣計價的某國貨幣價值。例如，在 2020 年 8 月 7 日星期五，$1 能買進 £0.7663、€0.8484、1.3384 加幣。

2. **即期匯率**（spot exchange rate）為「立刻交割」或在很短時間內便要交割的每單位外幣的報價。英鎊匯率報價為 £0.7663/$——它是 2020 年 8 月 7 日的即期匯率收盤價。

3. **遠期匯率**（forward exchange rate）為在未來某特定日交割之每單位外幣的報價。若今天是 2020 年 8 月 7 日，且我們想要知道 2021 年 2 月 3 日 $1 可以預期收到多少英鎊，則應查看 6 月期的遠期匯率，它等於 £0.766683/$ vs. £0.7663/$ 的即期匯率。因此，預期美元在未來六個月裡，將相對英鎊升值。還請注意：8 月 7 日的**遠期外匯合約**將鎖住這個匯率，但直到 2021 年 2 月 3 日真正交割前都不需支付金錢。2 月 3 日的即期匯率可能和 £0.766683 有著相當大的不同；換言之，購買遠期合約應會產生利潤或虧損。

4. **固定匯率**（fixed exchange rate）是由政府所設定，僅受允許在設定匯率（被稱為牌告價）的上下區間微幅浮動（經允許變動的情況下）。例如，貝里斯（Belize）採 BZD 2.00/$1 的固定匯率，並從 1978 年起便始終維持在這個價位。

5. **浮動匯率**（floating or flexible exchange rate）不受政府管制，所以市場供需決定貨幣價值。美元和歐元為自由浮動貨幣的例子。若相較對歐洲的出口，美國消費者從歐洲進口較多貨物，他們應必須淨購入歐元和淨售出美元，這將導致歐元相對美元升值。然而請注意：即使外匯市場基本上是浮動的，但中央銀行的確有時會干預市場，以輕輕推動匯率的改變。

6. 貨幣的**降值**（devaluation）或**增值**（revaluation）是一個專業術語，指的

是某個價值已固定的貨幣，其牌告價的減少或增加。這個決策是由政府負責，但通常是突然宣布。例如，在 2005 年 7 月 21 日，中國政府突然宣告人民幣相對美元增值 2.1%（新的匯率為 CNY 8.1097/$）。即使大家都認為人民幣受到顯著低估，但這次增值讓很多人感到訝異，因人民幣以 CNY 8.2781/$ 的固定匯率釘住美元已近十年。在該日同等重要的是，中國政府放棄對美元的嚴格釘住，改採較為彈性的制度，讓人民幣釘住一籃子採貿易權重計算的國際貨幣（包括美元）。在接下來的十年裡，人民幣穩定地相對美元升值，且中國政府還宣布它將慢慢增加匯率彈性。在 2015 年 5 月 29 日，匯率為 CNY 6.2004/$；所以，相較 2005 年 7 月 21 日，兌換 $1 只需原先 76.5% 的人民幣。然而，僅在兩個半月後，中國政府出人預料地宣布將在 2 日內讓人民幣貶值 3.5%。這次貶值是為了弭補經濟成長趨緩，以及為了拯救大跌中的中國股市，數日後匯率停駐在 CNY 6.38948/$。中國人民銀行持續操縱人民幣匯率，到了 2018 年 7 月 26 日，IMF 出使中國的首席代表 James Daniel，判斷人民幣最近的貶值是回應中美持續惡化的貿易戰，且目前的匯率水準是合理的；從浮動匯率觀點，人民幣價值最近的波動是可預期的。在 2020 年 7 月 7 日，匯率成為 CNY 6.9678/$。

7. **貨幣的貶值（depreciation）或升值（appreciation）**，分別指的是浮動匯率貨幣價值的減少或增加。這些改變是由市場力量所造成，而非政府干預。

19-3b 目前的貨幣安排

在最基本的層次上，我們能將貨幣制度分成兩大類：浮動匯率和固定匯率。在這兩種制度裡，根據它們和標竿立場的差別多寡，又可細分成一些次級制度。首先，浮動匯率又可分成以下兩小類：

1. **自由浮動**。匯率由對該貨幣的供給和需求所決定。在**自由浮動制度（freely floating regime）**下，政府可偶爾干預市場，藉著買進或賣出貨幣以穩定波動，但並不會嘗試改變匯率的絕對水準。這種政策位於匯率制度的某個端點；例如，澳洲、巴西、菲律賓和其他許多國家，都對貨幣採最低干預的浮動制度。

2. **管理浮動**。政府藉由操縱貨幣的供需，進行相當高度的干預，以管理匯率。例如，哥倫比亞、以色列和波蘭政府管理各自的貨幣浮動。政府使用**管理浮動制度（managed-float regime）**時，很少會揭露目標匯率水準，因為如此做將會讓貨幣投機者輕易賺到錢。

大部分已開發國家採用自由浮動或管理浮動制度。少數開發中國家也如此做，但通常是受到市場力量所迫使，因而放棄固定匯率。

固定匯率制度有著以下三種次級類型：

1. **不存在當地貨幣**。最極端的狀況是該國沒有自己的當地貨幣，而是使用他國貨幣作為法償貨幣；如厄瓜多、特克斯和凱科斯群島（Turks and Caicos Islands）就使用美元。當地政府使用這種安排，便放棄使用匯率來修補它們的經濟。
2. **貨幣發行局制度**。該國在技術上雖有自己的貨幣，但採固定匯率來兌換某特定外國貨幣；為第一種次級制度的變形。這讓該國必須對本國貨幣施加限

英國脫歐震撼歐洲

當英國選民在 2016 年 6 月投票通過脫歐，震撼了許多外界人士。英國在 1973 年加入歐洲共同體，但在接下來的四十餘年裡，對英國是否應連結歐洲，爭論不歇。受到許多歐洲國家揮之不去的負債危機影響、對來自布魯塞爾歐盟領袖強加管制的抱怨，以及隨著大量新移民和難民湧入歐洲大陸，這些爭論在最近大幅升溫。

前英國卡麥隆（David Cameron）首相是英國留歐的最堅定支持者。但因持續承受壓力，他最終同意交由選民決定，並在 2016 年 2 月宣布將於四個月後的 6 月舉行公投。儘管民調顯示勝負難料，但大部分分析師和賭盤認為選民應會選擇留歐。該判斷被證明有誤，英國脫歐（Brexit）派險勝。該突如其來的勝利震撼了英國、歐洲和美國。事實上，許多人認為導致英國脫歐的全球性因素，也導致該年 11 月川普總統出人意料的勝利。

在英國脫歐投票後，英鎊應聲貶值：英鎊相對美元貶值 12%、相對歐元貶值 10%。不久之後，卡麥隆首相辭職，脫歐大將梅伊（Theresa May）繼任。有趣的是，脫歐後的英國股市（FTSE 100）重整旗鼓，脫歐投票的立即經濟衝擊並不那麼戲劇化。

然而，脫歐的特定細節帶來相當大的挑戰，即使在脫歐支持者裡，對於該如何進行脫歐還存在歧見。一些人主張一乾二淨或強硬退出、另一些人主張軟退出。讓事情變得更複雜的是，歐盟領袖不太甩英國領導者，導致英國加速脫歐。

在梅伊第三次嘗試讓國會通過草約失敗後，她在 2019 年 7 月辭去首相，強生（Boris Johnson）接任。一年之後，該黨仍未和歐盟達成協議。2020 年 7 月 *Bloomberg* 的一篇文章，報導了正在進行中的協商如何破裂，以及計畫恢復談判的歐盟和英國顯得貌合神離。無疑，觀察英國和歐洲大陸最終如何收場，將會很有趣。

來　源：Ian Wishart, "Brexit Talks End Early as EU, U.K. Say Major Hurdles Remain," *Bloomberg* (bloomberg.com/news/articles/2020-07-02/brexit-talks-end-early-as-eu-u-k-say-big-differences-remain), July 2, 2020.

制，除非它有足夠的外國貨幣儲量來支應所有的兌換要求，這稱為**貨幣發行局制度（currency board arrangement）**。阿根廷在 2002 年 1 月的危機之前，曾實施貨幣發行局制度；該危機迫使它降低披索價值，以及對負債違約。

3. 固定—釘住制度。在**固定—釘住制度（fixed-peg arrangement）**下，國家將其貨幣採固定匯率鎖住或「釘住」另一國的貨幣或一籃子的貨幣。這讓該國貨幣僅能微幅偏離設定的匯率；且若匯率超出設定的範圍時（通常設定成目標匯率的 1%），中央銀行將進行干預，迫使貨幣重新回到範圍內。以中國為例，目前人民幣已不再釘住美元，而是釘住一籃子採貿易加權的國際貨幣。其他的例子還包括不丹的貨幣，它釘住印度盧比；福克蘭群島（Falkland Island）的貨幣釘住英鎊；巴貝多（Barbados）的貨幣釘住美元。為了保護它的經濟免受歐債危機影響，瑞士法朗在 2011 年 9 月 6 日被設定釘住歐元。但到了 2015 年 1 月 15 日，瑞士中央銀行放棄釘住，宣稱該政策已無必要。

其他不同的次級制度也曾出現過，也隨時可能出現新的匯率制度。全球大部分國家所使用的體系，為固定匯率加上非經常性的干預。所以，因大部分最重要的貨幣（以交易量來衡量）是採允許浮動，國際貨幣體系也就常被稱為浮動制度；但多數國家貨幣在某種程度上是固定的，且偶爾會受到某些方式的操縱。

課堂小測驗

- 何謂國際貨幣體系？
- 即期和遠期匯率的差異為何？
- 浮動和固定匯率的根本性差異為何？
- 區分貨幣的降值／增值與貨幣的貶值／升值的差異。
- 貨幣制度可分成哪兩大類？又可再細分為什麼樣的次類別？

19-4 匯率報價

《華爾街日報》、其他重要出版品和網站上可找到匯率報價。匯率以兩種不同的方式來呈現，如表 19.1（摘錄自《華爾街日報》網站）所示，(1) 行為「等值美元」匯率、(2) 行為「每單位美元外幣」匯率。例如，1 加幣的價值等於 $0.7472、或 $1 等於 1.3384 加幣。請注意：若外匯市場處於均衡狀態（重要的交易貨幣通常

會如此），這兩種貨幣的報價必須是彼此互為倒數，如加幣例子所示：

加幣：1/0.7472 = 1.3384

1/1.3384 = 0.7472

19-4a 交叉匯率

表 19.1 裡的所有匯率都和美元有關。但假設某德國高階經理人因公赴東京出差，則他有興趣的匯率不是歐元兌換美元匯率或日圓兌換美元匯率，而是每單位歐元可以兌換成多少日圓。這稱為**交叉匯率**（cross rate），能使用表 19.1 裡 (2) 行的數據來加以計算：

	即期匯率
歐元	€0.8484/$1
日圓	¥105.93/$1

因報價有著相同 $1 的分母，我們能藉著使用 (2) 行的報價，計算這些貨幣和其他貨幣之間的交叉匯率。就例子裡的德國人而言，他想要知道的交叉匯率如下：

表 19.1　2020 年 8 月 7 日星期五的樣本匯率

	直接報價：買進每單位外幣所需的美元金額 (1)	間接報價：每單位美元等同的外幣金額 (2)
澳幣	0.7157	1.3972
巴西里拉	0.1839	5.4381
英鎊	1.3050	0.7663
加幣	0.7472	1.3384
人民幣	0.1435	6.9678
丹麥克朗	0.1582	6.3200
歐元	1.1788	0.8484
匈牙利幣	0.00340507	293.68
以色列幣	0.2932	3.4107
日圓	0.00944	105.93
墨西哥披索	0.0447	22.3873
南非幣	0.0567	17.6397
瑞典幣	0.1143	8.7509
瑞士法郎	1.0959	0.9125

來源：摘錄自 *The Wall Street Journal* (wsj.com), August 7, 2020.

$$歐元／日圓匯率 = \frac{歐元／\$}{日圓／\$}$$

當我們消去美元符號時,就剩下每單位日圓能兌換的歐元金額:

$$€0.8484/¥105.93 = €0.0080/¥$$

或是我們能求解出每單位歐元能兌換的日圓金額:

$$日圓／歐元匯率 = \frac{日圓／\$}{歐元／\$}$$

$$¥105.93/€0.8484 = ¥124.8586/€$$

注意這兩個交叉匯率互為倒數。

諸如《華爾街日報》的金融出版品,以及彭博、雅虎和 wsj.com 網站,都提供重要貨幣之間交叉匯率的列表。表 19.2 裡所選定之重要貨幣的交叉匯率來自表 19.1 的數據。請注意:當你計算交叉匯率時,會因個別報價採四捨五入的方式而導致些微的數值差異;貨幣交易者的報價包含小數點以下共計十二個位數。

19-4b 銀行間外幣報價

表 19.1 和表 19.2 來自《華爾街日報》的報價,已足夠用於許多目的。然而,對於其他目的,額外的術語和常規十分有用。有兩種方式陳述兩種貨幣之間的匯率——**美式**(American terms)或歐式。因此,我們需要指定其中一種貨幣為「本國」貨幣,另一種為「外國」貨幣;這個指定是任意的。每單位外幣的本國幣價格稱為**直接報價**(direct quotation);因此,若認為美國為「本國」,則美式代表直接報價。另一方面,每單位本國幣的外幣價格稱為**間接報價**(indirect quotation);美國居民的歐式報價屬於間接報價。請注意:若視角改變,本國貨幣不再是美元,

表 19.2　2020 年 8 月 7 日星期五的一些重要貨幣交叉匯率

	美元 (1)	歐元 (2)	英鎊 (3)	瑞士法郎 (4)	披索 (5)	日圓 (6)	加幣 (7)
加拿大	1.3384	1.5776	1.7466	1.4667	0.0598	0.0126	—
日本	105.9300	124.8586	138.2357	116.0877	4.7317	—	79.1467
墨西哥	22.3873	26.3877	29.2148	24.5340	—	0.2113	16.7269
瑞士	0.9125	1.0756	1.1908	—	0.0408	0.0086	0.6818
英國	0.7663	0.9032	—	0.8398	0.0342	0.0072	0.5725
歐元區	0.8484	—	1.1071	0.9298	0.0379	0.0080	0.6339
美國	—	1.1788	1.3050	1.0959	0.0447	0.0094	0.7472

來源:摘錄自表 19.1 的數據

Chapter 19 跨國財務管理

則直接和間接的指定將會改變。在本章後續內容裡，除非特別提及，否則將假定美國為「本國」，美元因而是本國貨幣。

> **課堂小測驗**
> - 解釋直接和間接報價的差異。
> - 何謂交叉匯率？
> - 假設今天的 1 加幣等於 $0.75，則使用 $1 可換到多少加幣？（**1.333**）
> - 假設 $1 等於 ¥105 或 €0.80，則歐元／日圓匯率為何？（**€0.007619/¥**）

19-5 外匯交易

進出口業者、觀光客及政府會在外匯市場買進和賣出貨幣。例如，當一個美國貿易商從日本進口汽車，而付款可能採日圓計價。進口者透過銀行在外匯市場購買日圓，非常像你從紐約證交所購買普通股股票，或是在芝加哥商品交易所購買豬腹肉一樣。然而，股票和商品交易所有著有組織的交易大廳；外匯市場則實際上包括位於紐約、倫敦、東京及其他金融中心的中介商和銀行所組成的網絡。大部分的買賣訂單是透過電腦和電話來執行。

19-5a 即期匯率和遠期匯率

表 19.1 和表 19.2 的匯率稱為**即期匯率**（spot rate），意謂「立即」以這個匯率進行交割；或在現實世界，交易後不超過兩天。對全球大部分的主要貨幣而言，買賣雙方也可能在未來約定的日子進行交割──通常是交易日之後的第 30、90 或 180 天；這個匯率則稱為**遠期匯率**（forward exchange rate）。

例如，假設美國公司必須在 30 天內支付日本公司 ¥500 百萬、目前即期匯率為 $1 兌 ¥105.93。除非即期匯率改變了，美國公司在 30 天內將支付日本公司相當於 $4.7201 百萬（¥500 百萬除以 ¥105.93）。但若即期匯率跌到 $1 兌 ¥104，美國公司將必須支付等同於 $4.8077 百萬。美國公司的財務主管藉著買進 30 天期遠匯合約，便可避免這個即期匯率變動的風險；這個合約保證在 30 天內，以 $1 兌 ¥105.921168 的保證價格，將日圓交割給該美國公司。財務主管簽下合約時是不需支付現金的，不過這個美國公司必須提供一些抵押品，以保證不會發生違約。因公司可使用支付利息的工具作為抵押品，達成這個要求的成本並不昂貴。遠匯的交易對手必須在 30 天內將日圓交割給美國公司，且美國公司有義務以之前約定的 $1 兌

表 19.3　2020 年 8 月 7 日某些即期和遠期匯率（$1 可兌換的外幣數量）

	即期匯率	遠期匯率 30 天	遠期匯率 90 天	遠期匯率 180 天	溢價或折價遠期匯率
英鎊	0.7663	0.766364	0.766492	0.766683	折價
墨西哥披索	22.3873	22.478509	22.662042	22.940156	折價
日圓	105.93	105.921168	105.903508	105.877022	溢價
瑞士法郎	0.9125	0.911928	0.910784	0.909072	溢價

來源："Forward Rates Calculator," investing.com/tools/forward-rates-calculator, August 7, 2020.

¥105.921168 買進 ¥500 百萬。因此，美國公司財務主管能鎖住等同於 $4.7205 百萬的付款，不論即期匯率將如何變化；這個技巧稱為「避險」。

30 天、90 天和 180 天交割的遠期匯率，以及一些經常交易的貨幣之即期匯率，見表 19.3。若我們在遠匯市場用 $1 獲得比即期市場還多的外幣，則遠期外幣的價值低於即期外幣的價值，這個遠期外幣便稱為以**折價（discount）**賣出。相反地，若我們在遠匯市場用 $1 獲得比即期市場較少的外幣，則遠期外幣的價值高於即期外幣的價值，這個遠期外幣便稱為以**溢價（premium）**賣出。因此，因相較即期市場，遠期市場的 $1 只能買到較少的日圓和瑞士法郎，則稱遠期日圓和遠期瑞士法郎是以溢價賣出。另一方面，若在遠期市場，$1 能買到較多的澳幣和英鎊，則稱遠期澳幣與遠期英鎊是以折價賣出。

課堂小測驗

- 解釋以折價和溢價賣出遠期貨幣的意義。
- 假設某家美國公司必須在 90 天之內，支付某瑞士公司 200 百萬的瑞士法郎；簡要解釋該公司應如何使用遠期匯率，以「鎖住」這個應付帳款的價格。
- 使用表 19.3 的數據，若這個美國公司簽訂 90 天期的遠期合約，則需要多少美元才能對 200 百萬瑞士法郎在到期時履約？（$219,591,034）

19-6 國際貨幣和資本市場

美國公民投資全球市場的某個方式為購買美股，或購買直接在外國投資的跨國企業股票；另一種方式則是購買外國證券——股票、債券或外國公司所發行的貨幣市場工具。證券投資以組合投資（portfolio investment）而聞名，且它們不同於

美國企業對實體資產的**直接投資**（direct investment）。

在第二次世界大戰之後的某段時期裡，美國資本市場主宰全球市場。然而，到了今天，美國證券的價值是所有證券價值的三分之一。基於此，對企業經理人和投資人來說，了解國際市場十分重要。此外，這些市場也常常提供較國內為佳的機會，以募集資本或進行資本投資。

19-6a 國際信用市場

國際信用市場（international credit market）有以下三種主要類型。第一種類型是稱為**歐洲信用**（eurocredits）的浮動利率銀行貸款市場，它的利率與 LIBOR 綁在一起。LIBOR 是倫敦銀行間拆款利率（London Interbank Offer Rate），也就是大型、體質佳的銀行對大額存款所提供的利率。在 2020 年 8 月 7 日，3 個月期 LIBOR 利率為 0.25250%。歐洲信用往往採固定期間和無提早償還的方式發行；歐洲信用最古老的例子為**歐洲美元**（eurodollar）存款，它是美國境外銀行的美元存款。到了今天，多數重要交易貨幣都在歐洲信用市場交易。值得注意的是，英國當局在 2017 年 7 月宣布 LIBOR 在 2021 年末之前將逐步淡出，被新指數替代；最近發生的 LIBOR 聯合壟斷定價醜聞是上述政策的部分原因。華爾街正努力尋找 LIBOR 的替代品，其中最受矚目的是有抵押隔夜融資利率（Secured Overnight Financing Rate, SOFR）：由聯邦準備銀行紐約分行，根據真實隔夜交易（金融機構使用公債或政府負債作為擔保進行的借款）所發布。因 SOFR 是根據真實交易，所以相對 LIBOR，它較難以作假，這是 SOFR 的主要優點。

第二種類型的市場稱為歐洲債券市場。**歐洲債券**（eurobond）是一種由國際銀行承銷的國際債券，其銷售對象為該債券計價貨幣之外其他國家的投資人。因此，美元歐洲債券不在美國銷售、英鎊歐洲債券不在英國銷售、日圓歐洲債券不在日本銷售。這些債券是真正的國際債券工具，且通常採無記名方式發行，亦即持有人的身分不需註冊，因而不會讓人得知身分。為了獲得利息支付，持有人必須附上息票，到指定的任何一家支付銀行獲得付款。大部分的歐洲債券並沒有接受如 S&P 或穆迪等信評機構的評等，但已有一些歐洲債券開始接受評等。歐洲債券發行時可採固定利率息票和浮動利率息票，取決於發行者的偏好與到期日長短。

第三種類型的市場為外國債券市場。**外國債券**（foreign bond）是採某外國貨幣計價，並在該外國發行的債券，且承銷商為該外國的投資銀行；然而，借款人的總部卻位在不同國家。例如，加拿大公司可以在紐約發行美元計價債券，以融資其在美國營運。在美國發行的外國債券有時也稱為「洋基債券」（Yankee bonds）；類似地，在倫敦發行的外國債券又稱為「牛頭犬」（bulldogs）；東京的外國債券又稱

為「武士債券」（samurai bonds）。外國債券可採固定利率息票或浮動利率息票，而它們必須和相同到期日的純本土債券競爭資金。

19-6b 國際股票市場

在國際市場發行新股的原因很多。例如，土耳其的公司可以在美國賣出股權，因相較在土耳其，可在美國募集遠較為多的資本。此外，美國公司或許會利用土耳其市場，因為想要在股權市場掛牌，以融資它在土耳其的營運。大型跨國公司偶爾會在多個國家同時發行新股。例如，阿爾坎鋁業（Alcan Aluminum）的加拿大籍公司在每個市場使用不同的承銷團，同時在加拿大、歐洲和美國發行新股。

除了發行新股外，大型跨國公司流通在外的股票，偶爾也會在數個國際交易所掛牌交易。例如，IBM 股票在紐約證交所、芝加哥證交所和倫敦證交所都有交易。在美國掛牌的外國股票約 500 檔，其中一個例子為荷蘭皇家石油公司（Royal Dutch Petroleum），它是在紐約證交所交易。投資人也可藉由美國存託憑證

全球股票市場指數

第二章描繪了美國主要的股票市場指數。每一個重要的全球金融中心，也存在類似的市場指數。本專欄內附圖的相應數字對其中四種指數（日本、德國、英國和印度）與美國道瓊工業指數做比較。

香港

恆生指數為香港的主要股價指數，是由 HSI 服務有限公司所製作。恆生指數反映香港股票市場的表現，是由 50 檔境內股票組成（約占市場總市值的六成），並分成以下四種次級指數：工商業、金融、公用事業和房地產。

德國

XETRA DAX 是德國股票市場的重要指標，包含 30 檔德國藍籌股。這些股票在法蘭克福的交易所掛牌交易，也是德國經濟工業結構的代表。

英國

FT-SE 100 指數（唸作 "footsie"）是英國股權投資最被廣泛接受的指標，由倫敦證交所百大公司的加權股價所組成，且在交易時段裡，其數值每隔一分鐘便更新一次。

日本

在日本，股票績效的主要晴雨計為日經 225 指數（Nikkei 225 Index）。在交易時段裡，它的數值每隔一分鐘計算一次，包含一些高度流動性、被認為能代表日本經濟的股票。

智利

聖地牙哥股票交易所有三種主要指數：一般股價指數（IGPA）、選擇股價指數（IPSA）和 INTER-10 指數。IPSA 反映大部分活躍股票的價格變化度，是由交易所最活躍的 40 檔股票組成。

印度

印度有 22 家股票交易所，孟買股票交易所（Bombay Stock Exchange, BSE）是當中最大的交易所，有超過 5,500 檔股票掛牌，並占全印度總交易量的三分之二。它建立於 1875 年，是全亞洲最古老的交易所。它的指數為 BSE Sensex 指數（在它和 S&P 道瓊指數合作後，被重新命名為 S&P BSE Sensex），包含 30 家上市公司，而這 30 家公司的市值約占孟買股票交易所總市值的 40%。

西班牙

西班牙的 IBEX 35 是官方指數，用以衡量股權市場表現。這個指數包含馬德里股票交易所中，一般指數裡 35 檔最活躍的證券。

一些國際股票指數——從 1995 年 1 月以來的複利報酬

相對價值（%）

來源：摘錄自雅虎金融歷史報價，參見 finance.yahoo.com。

（American Depository Receipt, ADR）投資外國公司，它是代表持有信託形式的外國股票之證明文件。美國境內可買到約一千七百種的 ADR，且大多是在櫃台買賣市場進行交易。然而，愈來愈多的 ADR 在紐約證交所掛牌，包括英國的英國航空、日本的本田汽車和義大利的飛雅特集團（Fiat Group）。

課堂小測驗

- 國際信用市場的三種主要類型為何？
- 何謂 LIBOR？
- 何謂 ADR？

19-7 投資海外

投資人投資海外，應考慮額外的風險因素。首先是**國家風險**（country risk），指的是涉及投資特定國家的風險；這個風險取決於該國的經濟、政治和社會環境。一些國家提供較安全的投資環境，因而國家風險較低。國家風險的例子包括財產在沒有足夠補償下遭到徵收，以及稅率、政府法規和貨幣匯回母國的規則改變所帶來的風險；還包括地主國對於當地產品和聘僱之要求條件改變的風險，以及因內部爭鬥產生損害的風險（包括陷入癱瘓的罷工、恐怖主義和內戰）。

特別要記住的是，投資海外時，證券的計價貨幣通常不是美元，這意謂投資報酬取決於匯率的變化狀況；這稱為**匯率風險**（exchange rate risk）。例如，若美國投資人購買日本債券，則利息可能以日圓支付，因此在投資人能將投資所得用於美國之前，必須先將之轉換成美元。若日圓相對美元貶值，則會換成較少的美元，因而在匯回美國時也將收到較少美元。然而，若日圓走強，有效投資報酬將會增加。職是之故，外國投資的報酬有賴於外國證券在該國的績效，以及匯率的改變。

課堂小測驗

- 何謂國家風險？
- 何謂匯率風險？
- 哪兩項因素會影響外國投資的報酬？

全球觀點

量測國家風險

各種不同的預測服務，量測不同國家的國家風險水準，並對該國預期經濟表現、全球資本市場的可近性、政治穩定性和國內衝突狀況，提供相應指標。國家風險分析使用複雜模型來量測風險，因而提供企業經理人和投資人，判斷在不同國家進行投資之相對和絕對風險的一種方式。《機構投資人》(*Institutional Investor*) 在 2016 年發布樣本國家的風險預測，如附表所示。國家分數愈高，則該國風險愈低；100 為最高分數。

有最低風險的一些國家，都擁有堅強的市場經濟基礎、隨時可使用全球資本市場、較少的社會動亂、穩定的政治氛圍、較低的通貨膨脹和良好的貨幣。瑞士排名第一，或許會讓你訝異，但這是源自於該國堅實的經濟表現和政治穩定。你或許會對美國僅排名第七而感到不解；排名後段的國家，較符合我們的預期。這些國家存在相當大的社會和政治動亂，且缺乏市場經濟體系。在這些國家進行投資，無疑會是高風險的提案。

排名	國家	總分（最高分數 = 100）	排名	國家	總分（最高分數 = 100）
1	瑞士	95.4	44	哥倫比亞	62.9
3	挪威	93.8	57	印尼	56.9
7	美國	93.3	59	巴西	55.7
11	澳洲	90.5	62	俄羅斯	54.4
14	紐西蘭	87.1	65	南非	51.9
18	南韓	83.5	100	埃及	32.3
21	日本	80.5	129	希臘	27.1
23	智利	78.0	148	伊拉克	21.4
27	中國	75.9	149	古巴	20.8
28	愛爾蘭	74.6	169	阿富汗	14.2
35	以色列	71.2	179	索馬尼亞	5.7
36	墨西哥	70.6			

來源："The 2016 Country Credit Survey September Global Rankings," *Institutional Investor* (institutionalinvestor.com), September 2016.

全球觀點
投資全球股票

在 2019 年末,美國股票市場占全球股票市場的 54.4%,許多美國人仍選擇持有一些外國股票。分析師長久以來持續宣揚海外投資的益處,主張外國股票提供分散化和良好的成長機會。當投資於國際股票時,你需要認知到投資的不只是外國市場,還包括外國貨幣。表 19.4 顯示 2019 年許多國家的股價表現。該表第二行顯示以美元計算的各國股價表現,第三行則是以當地貨幣計算的各國股價表現。例如,瑞典 2019 年股價上漲 30%、瑞典克朗貶值約 5.3%,導致因 1 克朗能買到的美元少了 5.3%,所以有效報酬僅是 23.1%。職是之故,投資外國的績效,取決於外國市場狀況和匯率變化。事實上,當你投資海外時,你下了兩個層面的賭注:(1) 外國股票在當地市場價格上揚、(2) 你所支付的貨幣將相對美元升值。

表 19.4　2019 年全球股價指數(排名根據美元計算)

國家	美元計算的報酬(%)	當地貨幣計算的報酬(%)	國家	美元計算的報酬(%)	當地貨幣計算的報酬(%)
拉脫維亞	48.6	51.3	法國	22.9	25.2
希臘	46.3	49.0	中國	19.3	18.6
俄羅斯	41.8	29.4	德國	18.6	20.8
巴哈馬	37.1	37.2	以色列	18.4	13.0
阿根廷	32.5	110.6	澳洲	18.3	18.5
紐西蘭	30.7	29.9	英國	18.1	13.5
荷蘭	30.6	33.0	日本	16.6	15.5
愛爾蘭	30.0	32.4	奧地利	15.6	17.7
羅馬尼亞	29.3	35.3	斯拉維尼亞	15.2	17.3
瑞士	29.2	26.9	匈牙利	13.8	19.5
台灣	28.6	25.5	新加坡	13.5	12.1
美國	28.4	28.4	土耳其	12.0	25.3
哥倫比亞	27.2	28.5	泰國	11.9	3.2
科威特	26.9	26.7	挪威	10.0	11.6
肯亞	26.6	26.0	墨西哥	9.9	5.4
巴西	26.0	30.6	西班牙	8.6	10.6
埃及	25.4	13.4	南非	8.6	5.5
丹麥	25.3	27.8	摩洛哥	8.0	7.9
加拿大	25.3	19.0	芬蘭	8.0	10.0
義大利	24.5	26.8	菲律賓	7.7	3.8
瑞典	23.1	30.0	南韓	7.2	11.1
比利時	23.1	25.4	印尼	7.1	3.4

國家	美元計算的報酬（%）	當地貨幣計算的報酬（%）	國家	美元計算的報酬（%）	當地貨幣計算的報酬（%）
印度	6.1	8.5	斯里蘭卡	−4.0	−4.8
香港	5.1	4.6	阿曼	−5.3	−5.3
越南	3.6	3.5	波蘭	−5.6	−4.9
愛脫維亞	3.4	5.3	約旦	−5.7	−5.8
突尼西亞	3.0	−4.5	巴基斯坦	−6.6	4.2
祕魯	2.2	2.0	保加利亞	−7.1	−5.4
阿拉伯聯合大公國	0.8	0.8	塞浦路斯	−10.1	−8.5
			盧森堡	−10.9	−9.2
哈薩克	0.2	0.7	烏克蘭	−12.0	−24.4
模里西斯	−0.4	5.2	黎巴嫩	−18.1	−17.7
捷克	−0.8	−0.2	孟加拉	−18.2	−17.2
馬來西亞	−1.0	−2.0	智利	−18.5	−11.7
卡達	−1.9	−1.9	奈及利亞	−19.7	−19.8

來源："Country-by-Country Derby," *The Wall Street Journal*, January 2, 2020, p. R11; "Market Boxscores," *The Wall Street Journal*, January 2, 2020, p. R11; and "Dow Jones Global Index,"MarketWatch (marketwatch.com), December 31, 2018 and December 31, 2019.

結語

過去二十年，全球經濟日益整合，愈來愈多的公司從海外經營獲得更多的利潤。在許多層面，前十八章所發展的概念仍可應用在跨國公司。然而，相較只在母國市場營運的公司，跨國企業有更多的機會，但也面對不同的風險。本章討論會影響現今全球市場的許多重要趨勢，以及描繪跨國財務管理和國內財務管理之間的重要差異。

自我測驗

ST-1　**交叉匯率**　假設美元和歐元之間的匯率為 €0.85 = $1.00、美元和加幣則是 $1.00 = C$1.34，則歐元和加幣的交叉匯率為何？

問題

19-1　為何能在國內興建工廠的美國企業，卻選擇在國外興建工廠？

19-2　若歐元相對美元貶值，則 1 美元可買較多、還是較少歐元？請解釋。

19-3　若美國的進口超過出口，外國人通常會因此持有多餘的美元。這將如何影響美元相對外幣的價值？又將如何影響外國在美國的投資？

19-4　相對本國計畫，廠商是否應對國外計畫要求較高報酬率？請解釋。

19-5　何謂歐洲美元？若某法國公民在紐約的大通曼哈頓銀行存入 $10,000，則是否創造出歐洲美元？若這筆錢是存入倫敦的巴克萊銀行呢？存入大通曼哈頓巴黎分行呢？歐洲美元市場的存在，讓聯準會控制美國利率的工作變得較難還是較容易？試解釋之。

CHAPTER 20

混合融資：特別股、租賃、權證和可轉換證券

特斯拉投資人偏好可轉換證券

雖然大部分的公司主要依賴傳統負債和股權融資，但已有不少公司還使用不完全屬於負債或股權的「混合型」投資。其中之一是可轉換證券（convertible securities）──通常是能被轉換成發行公司普通股的債券或特別股。

2020年7月，在公開市場交易的可轉換證券金額超過2,500億美元，且投資人對可轉債持續保有興趣。最近的報告指出可轉換證券的發行達到十數年來的新高，許多公司於新冠疫情的經濟下滑期間，依賴發行新可轉債取得融資。

為何公司大量使用可轉換證券？為了回答這個問題，請先認知可轉換證券的票面利率幾乎總是低於一般的債券或特別股。因此，若某公司發行可轉債以籌資$5億，利息支出將低於使用一般傳統債券。但為何在較低的現金收入下，投資人願意購買可轉債？答案在於可轉換的特性。若發行者股價上揚，則轉換成普通股的權利會變得更有價值，這也將增加此可轉換證券的價值。可轉換證券讓投資人擁有資本利得的機會，以致公司可使用較低的現金融資成本。

在2014年，特斯拉（Tesla）發行$20億可轉債時，吸引大量關注。該公司計劃將這筆資金用於支付價值$50億、生產電池的

「千兆工廠」（gigafactory）。該批債券受到市場極大歡迎；事實上，該次發行比特斯拉原先預估的金額還多出 25%。三年之後的 2017 年，特斯拉成功地發行另一輪的可轉債，用以強化它的資產負債表，並為生產廣受期待的 Model 3 提供資金。不久之後，特斯拉在 2019 年 5 月，又發行了約 18 億美元的可轉債。

特斯拉第一輪發行的可轉債於 2019 年到期，第二、第三輪可轉債於 2020 年時還未到期。不令人意外，隨著特斯拉股價飆升，這些可轉債價格也隨之大漲。事實上，在 2020 年 7 月中，特斯拉第二輪和第三輪可轉債的市場價格，約為其上市價的 5 倍。

可轉債只是混合型融資的一個例子。在本章，我們將討論混合型投資裡的四種特定類型：特別股、租賃、權證和可轉換證券；每一種都有獨屬的有趣特性。我們將對每一種混合證券提供簡介，然後強調它們各自為發行者和投資人所帶來的機會。

來源：Kate Duguid, "Tesla Seen Finding Ample Appetite for Its Newest Convertible Bond," *Reuters* (reuters.com), May 2, 2019; Steven Russolillo, "Tesla's Convertible Bonds: A Positive Economic Indicator?," *The Wall Street Journal* (wsj.com), March 5, 2014; and "Tesla Announces Offerings of Common Stock and Convertible Senior Notes," *MarketWatch* (marketwatch.com), March 15, 2017.

摘要

前幾章檢視普通股和不同類型的長期負債。本章將檢視四種其他類型的長期資本：(1) 特別股──介於負債和普通股股權的混合證券；(2) 租賃──財務經理融資固定資產的另一種手段；(3) 權證──公司發行的衍生性證券，用以促進某些其他類型證券的發行；(4) 可轉換證券──結合負債（或特別股）和權證的特性。本章討論這些融資工具如何能以較低成本，有效募集資本；並討論投資人應如何評價它們的使用。

當你讀完本章，你應能做到：
- 找出特別股的基本特性，並解釋其優缺點。
- 分辨不同類型的租賃、討論租賃對財務報表的影響，和評價租賃。
- 解釋什麼是權證、如何使用它們，並分析公司的成本。
- 解釋什麼是可轉換證券、如何使用它們，並分析公司的成本。

20-1 特別股

特別股為混合證券──在某些層面類似債券，另一些層面則像普通股。會計師認為特別股為股權的一種；因此，它們顯示在資產負債表的股權帳上。然而，從財務學的角度來說，特別股介於負債和普通股。它產生固定的費用，所以提高了公

Chapter 20 混合融資：特別股、租賃、權證和可轉換證券

司的財務槓桿。然而，不支付特別股股利卻不會迫使公司破產。以下描繪特別股的基本特性、解釋它的優缺點，然後討論某些不同類型的特別股。

20-1a 基本特性

特別股有面額或變現價格，通常是 $25 或 $100。股利為面額的百分比、每股多少美元，或同時採上述兩種方式來陳述。例如，克朗代克紙業公司（Klondike Paper Company）在數年前以每股 $100 的面額，發行 150,000 股的永續特別股，總計募資 $1,500 萬。這個特別股每年的票面股利為每股 $12；所以在發行時，該特別股的股利報酬率為 $12/$100 = 0.12 或 12%。股利在發行時便已固定下來，在未來將不會改變。因此，若特別股的必要報酬率為 r_p，在發行後就不再是 12%──實際上的確會改變──該特別股市場價格將增加或減少。目前，克朗代克紙業公司的 r_p 為 9%，則該特別股的價格將從 $12/0.12 = $100，上揚至 $12/0.09 = $133.33。

若公司未能賺夠到足以發放特別股股利，則不必發放。然而，大部分發行的特別股具**累積**（cumulative）性質，也就是必須先支付所有未支付的特別股股利，否則不能支付普通股股東股利。未支付的特別股股利稱為**欠款**（arrearage），而公司對該欠款不需支付利息；因此，它們不會以複利的方式增加，只會隨著額外未支付的特別股股利的增加而增加。此外，許多特別股的股利欠款僅存在一定年數（例如三年），意謂累積特性在三年後便停止了。但股利欠款直到被支付前，依然有效。特別股通常沒有投票權。然而，大部分的特別股規定若公司未發放特別股股利，則特別股股東可以選出少數董事（如 10 人董事會裡的 3 人）。擁有三哩島（Three Mile Island, TMI）核電廠部分股權的澤西中央電力（Jersey Central Power & Light），曾發行如下的特別股：若連續四季未支付股利，則流通在外的特別股之股東可選出多數的董事。即使在三哩島核電事件後的黑暗時期，澤西中央電力仍然持續支付特別股股利；若不是特別股股東可以選舉多數董事，恐怕該公司就不會支付股利了。

雖然不支付特別股股利並不會讓公司破產，但發行特別股的企業仍打算盡可能支付股利。即使中止支付股利並不會讓特別股股東控制公司，但不支付特別股股利，便排除了普通股股利的支付。此外，中止股利讓公司難以透過發債來募集資本，也幾乎不可能發行更多的特別股和普通股。然而，有流通在外的特別股的確可讓公司有機會克服難關──若當初使用的是債券，而非特別股，澤西中央電力可能會處於破產中，也不太可能有機會用時間來慢慢解決面臨的難題。因此，從企業的觀點，相較債券，特別股的風險較低。

不過，對投資人而言，特別股的風險高於債券：(1) 當發生清算時，特別股的請求權低於債券持有人；(2) 在艱困時期，相較特別股股東，債券持有人較可能持

續收到付款。因此,投資人會對特別股要求較高的稅後報酬率。然而,因 50% 的特別股股利不需支付企業所得稅,特別股對企業投資人便有很大的吸引力。稅負方式導致差異;傳統上,多數流通在外不可轉換之特別股是由企業和其他機構所持有,因為它們可利用 50% 股利不需繳稅的優勢,獲得較高的特別股稅後報酬率(相較債券)。

一些特別股和永續債券相當類似,因為它們沒有到期日;但是到了今天,新發行的特別股已有特定到期日。例如,許多特別股有償債基金條款——要求每年償還原始發行量的 2%,亦即最長五十年便會「到期」。此外,許多特別股為可提前贖回,這也會限制特別股的壽命。

對發行者而言,相對負債,特別股的不利之處在於利息費用可抵稅,但特別股股利不行。然而,低稅率的公司或許有動機去發行特別股,賣給高稅率的企業投資人;企業投資人的 50% 股利是不需繳稅的。若公司的稅率低於潛在的企業買家,則相較發行負債,公司發行特別股會較有利;重點在於高稅率企業的稅負利益高於低稅率發行者的賦稅負擔。說明如下,假設在一個沒有賦稅的世界裡,若基於負債和特別股的風險差異,要求發行者將新債利率設定在 10%、新特別股股利殖利率則是 12%。然而,若將賦稅納入考慮,稅率 25% 的企業買方,可能願意以 8.75% 的稅前殖利率買進特別股,而這意謂著特別股稅後報酬率會等於 8.75% (1 − 有效 T) = 8.75%[1 − 0.50(0.25)] = 7.65625%〔負債的稅後報酬率等於 10% (1 − 0.25) = 7.5%〕。若發行者屬低稅率(如 10%),則它負債的稅後成本為 10% (1 − T) = 10%(0.90) = 9%,特別股則是 8.75%。因此,特別股對發行者不僅有著較低風險,也有較低的成本。這樣的情況,讓特別股成為符合邏輯的融資選擇。請注意,隨著減稅和工作法案 TCJA 的實施,加上股利免除所得稅的比例下調,以致企業購買特別股的好處不如以往。

20-1b 可調整利率的特別股

除了最基本款的特別股外,還存在數種「變型」。**可調整利率的特別股(adjustable-rate preferred stock)** 便是其中之一,它的股利與 LIBOR、政府證券利率,甚至有時候和週期性舉行的競標相連結。不幸的是,在 2008 年,競標利率證券市場急凍,許多企業不能獲得現金以支付帳單;這些企業當初在投資這些證券時,並不清楚風險狀況。在 2011 年,一些金融機構被迫接受罰款與和解,因之前不適當地行銷和出售這類證券。

最近數年裡發行的「正常、固定利率」特別股的半數,已經轉換成為發行公司的普通股。關於可轉換證券的細節,請參見 20-4 節。

特別股適合個人投資人嗎？

本文中提到，不可轉換的股票傳統上主要是由機構投資人所持有，因它們享有 50% 的特別股股利免稅額。不過，對某些個人而言，特別股仍然是有吸引力的投資工具——當個人的稅率較低時更是如此。此外，許多分析師建議，個人投資人在投資特別股時要多加小心。賦稅體系通常很複雜，又時時改變，且「印刷精美」的協議也是相當複雜、難以理解的。

近幾年，一些投資人選擇使用指數基金（exchange traded fund, ETF），這是一種投資特別股的簡便方式。例如，在《華爾街日報》2011 年的一篇專欄裡，茲威格（Jason Zweig）強調了對特別股 ETF 的關注，還特別提出像是 iShares S&P 美國特別股指數基金的績效表現。

這篇 2011 年的文章接著指出，雖然投資特別股的績效頗佳，但仍存在顯著風險。這些風險和賦稅制度的可能改變有關，還存在發行者提前贖回的風險，以及和發行公司表現有關的根本性風險。此外，投資基金雖然比持有一檔特別股要安全得多，但有些可能並未做到良好分散。事實上，在 2011 年早期，iShares 基金持有的資產中，超過 80% 的特別股是由金融機構所發行。富國銀行（Wells Fargo）的分析師布希（Mariana Bush）因而得到以下結論：「若你在金融業工作，就絕對不該買特別股。」與這個觀點相互呼應，茲威格表示：「若你的生涯取決於金融業的健全狀況，就不應該將更多的錢放在同一個地方。」

在這篇文章發表之後的九年裡，該 ETF 的價格已回升。最近，隨著 2020 年股市的變動，它的價值也隨之出現很大的波動性。事實上，當新冠疫情最初嚴重影響美國經濟之時，該 ETF 在 2020 年 3 月跟著大跌。但隨著整體股市回穩，該 ETF 在幾個月內便快速回檔。但在 2020 年 7 月，它的交易價格仍低於年初價。總之，特別股市場仍由金融議題主宰。因此，古有云：「買方小心」，在這裡是無庸置疑的。

來源：Jason Zweig, "Preferred Stock: Are Those Juicy Yields Worth the Extra Risk?," *The Wall Street Journal* (online.wsj.com), February 5, 2011.

20-1c 特別股的優缺點

以特別股融資有優點，也有缺點，以下是從發行者觀點來看的重要優點：

1. 中止特別股股利不能迫使公司破產，而付不出債券利息卻可能導致破產。
2. 公司藉由發行特別股，避免發行普通股產生的股權稀釋。
3. 因特別股有時沒有到期日；又若存在償債基金，付款通常會延續一段很長的時間。因此，發行特別股能降低因償付負債本金所產生的大額現金流出。

存在兩項主要缺點：

1. 對發行者而言，特別股股利支出不能抵稅，因此特別股的稅後成本通常高於負債的稅後成本。然而，購買特別股的企業會獲得稅負上的好處，因會降低稅前成本和因而產生的有效成本。
2. 雖然特別股股利可中止，但投資人仍預期會收到股利，而公司在條件許可下也願意支付股利；因此，特別股股利被視為固定成本。職是之故，它們的使用會像負債那樣，增加公司的財務風險及其普通股股權成本。

課堂小測驗

- 特別股應被視為股權或負債？試解釋之。
- 誰是「正常」特別股的主要買家？稅負考量如何影響購買動機？
- 從發行者的觀點而言，特別股的優缺點為何？

20-2 租賃

公司通常擁有固定資產，並將之納入資產負債表裡；但本質上重要的是建物和設備的使用，而非其所有權人。獲得資產使用的其中一個方式為買下它們，但租賃則是另一種選項。租賃的兩方分別為 (1) **承租人（lessee）** 為使用租賃物的一方、(2) **出租人（lessor）** 為租賃物所有權人。租賃最初和房地產（土地和建物）連在一起；然而，到了今天，幾乎任何種類的固定資產都可以租賃。

接下來，我們將簡要描述購買 vs. 租賃的選擇，如何影響財務報表。然後再介紹當決定採購買或租賃資產時，承租人必須考慮的因素。

20-2a 對財務報表的影響

在許多層面上，購買或租賃資產的經濟效應相當類似，但直到最近，對購買和租賃的會計處理才變得很是不同。舉例而言，B 公司選擇借錢購買某設備，用在未來五年製造某個產品，而 L 公司選擇採用租賃。這兩家公司都能取得同樣的設備，且它們各自承擔正在進行中的固定責任——對 B 公司來說是每年的負債利息、L 公司則是每年的租賃付款。

從會計學角度，購買設備將增加 B 公司的淨固定資產，並相應增加它的負債，結果是，負債融資購買資產，會增加 B 公司的負債比。在損益表上，B 公司會有較高的利息支出。在過去，租賃付款顯示在公司損益表上的營運費用；在某些

新租賃會計準則：ASC 842

財務會計標準委員會（FASB）在 2016 年 1 月下旬發布租賃的新會計準則。上市公司最遲自 2018 年 12 月 15 日開始實施，但 FASB 在 2020 年 4 月開會決定，私人公司和某些非營利公司，可延至 2021 年 12 月 15 日才實施。

新準則不再依照財務或營運來區分租賃。若它符合以下五個標準之一，它便屬財務租賃（finance leasing）：

1. 在租賃合約結束時，出租人將所有權轉移給承租人。
2. 租賃合約讓承租人有權購買資產，且承租人被預期應很可能如此做。
3. 租賃期涵蓋該租賃標的物剩餘經濟生命裡的大部分。
4. 租賃付款與承租人所保證的任何殘值（該殘值並未反映在租賃付款）之和的現值，應等於或顯著高於該資產的所有公平價值。
5. 在租賃結束時，因該資產的特殊特性，預期出租人對該資產沒有其他用途。

若租賃完全不符上述標準，則這類租賃被稱為營運租賃（operating lease）。

ASC 842 消除資產負債表外融資，除非該營運融資的支付期間少於十二個月。所以，付款期少於十二個月的營運租賃不會出現在資產負債表上，但該租賃費用作為營運費用會顯示在損益表上。

所有其他的租賃應會被「資本化」，並被記入廠商的資產負債表內。承租廠商將記入某個「有權使用」的資產，資產負債表上的相應負債會等於該租賃付款之和的現值。用於計算租賃付款現值的折現率，等於出租人收取的報酬率（若承租人知道該報酬率）；否則，承租人應使用它的增額借款利率（incremental borrowing rate）作為它稅前折現率。資產和負債會被攤銷。付款期超過十二個月之營運租賃的承租人，應將租賃付款記入損益表裡的租賃費用（營運費用）。另一方面，財務租賃的承租人，應在損益表裡記下利息和攤銷費用；攤銷費用應被視為營運費用（類似於對折舊的處理方式），而利息費用為融資費用，被顯示在損益表裡經營所得之下。結果是，相較營運租賃，財務租賃的承租人將有較高的息前、稅前、折舊前和攤銷前盈餘（EBITDAs）。

新租賃準則的目的，在於將租賃交易的實質、而非形式納入考量。會計報導的改變並不會影響美國聯邦所得稅的計算方式。然而，當公司朝新準則過渡時，租賃會計政策、租賃條款和條件的改變，可能影響遞延稅的會計和州稅等等。結果便是，投資人應有較佳和較透明的資訊，可用於對不同廠商進行比較和做出較佳投資決策。

來源：參考 "ASC Topic 842: Lease Accounting, The FASB's New Guidelines and Their Effects on Leasing Arrangements," *MossAdams* (mossadams.com), November 2018; Daniel Smith, "Tax Impacts of the New Lease Accounting Standard ASC 842," *Marcum Accountants & Advisors* (marcumllp.com/insights/tax-impacts-of-the-new-lease-accounting-standard-asc-842), August 22, 2019; and "FASB Votes to Defer the Effective Date of ASC 842," *BDO* (bdo.com), April 8, 2020.

情況下，租賃合約裡的資產和負債並不會出現在公司的資產負債表上。基於此，租賃通常稱為**資產負債表外融資（off-balance-sheet financing）**。

因此，在前述範例裡，報表裡的 L 公司有較高的營運費用（和 B 公司有較高利息費用類似），但它的資產負債表和負債比例通常會維持不變。許多評論者認為這樣的差別對待並不適當，因這兩家公司有著類似的財務風險、但非常不同的可被觀察到的負債曝露和負債比。實際上，雖然從財務安全觀點，相對 B 公司，但採租賃之 L 公司的法定義務可能等於或更較危險；但只要 L 公司能讓租賃不出現在它資產負債表上，則帳面上的負債比會較低。

為了克服這個問題，FASB 在 2018 年 12 月實施現稱為會計準則彙編主題 ASC 842（Accounting Standards Codification Topic 842）。這個新準則消除資產負債表外融資，除非該營運融資的支付期間少於十二個月。結果是，付款期少於十二個月的營運租賃不會出現在資產負債表上，但該租賃費用作為營運費用會顯示在損益表上。然而，所有其他的租賃應會被「資本化」，並被記入廠商的資產負債表內。具體來說，承租廠商將記入某個「有權使用」的資產，資產負債表上的相應負債會等於該租賃付款的現值。用於計算租賃付款現值的折現率，等於出租人收取的報酬率（若承租人知道該報酬率）；否則，承租人應使用它的增額借款利率（incremental borrowing rate）作為它稅前折現率。

新準則的目的在於增進透明度，以及有效將長期租賃採「等同負債」處理。所以，在此新準則下，B 公司和 L 公司現在應（適當地）有非常類似的負債比。然而，值得注意的是，會計準則的改變不會回溯影響過去的財務報表。因此，當評估經常使用租賃之企業的新準則實施前、後趨勢時，分析師需多加小心。例如，在實施新準則後，某公司的負債比可能出現大幅增長；但記住該改變很可能源自會計準則的改變，並不必然反映企業政策的改變、或該公司真正潛在財務風險的增加。

20-2b 承租人的評價

任何計畫中的租賃，都必須由承租人和出租人加以評價。承租人必須確認租賃資產的成本，是否比貸款購買來得便宜；出租人必須確認租賃是否將提供合理的報酬率。因我們的焦點主要在財務管理（而非投資）上，故以承租人的角度加以分析。

在一般狀況下，遵循如下所述的事件指引，便可推導出是否該採租賃協議。關於評估租賃與購買決策的正確方式，理論文獻數量可觀，且發展出一些非常複雜的決策模型來幫助分析。不過，針對我們遇到的所有案例，這裡的分析方式都會產生正確的決策。

Chapter 20 混合融資：特別股、租賃、權證和可轉換證券

1. 公司決定要獲得某特定建物或某項設備，這項決策是使用一般的資本預算程序，且在租賃分析開始前，獲得這項資產已是確定之事。換言之，該資產有正 NPV。因此在租賃分析裡，我們所關心的僅是應使用租賃或貸款來融資該資產。
2. 一旦公司決定獲得資產，接下來的問題是如何融資。良好經營的企業手上並沒有多餘的現金，所以新資產必須以其他方式加以融資。
3. 購買資產的資金，可以來自貸款、保留盈餘或發行新股。租賃是另一種選項。因 ASC 842 要求租賃資本化和揭露化，所以租賃和貸款會有相同的資本結構。

如前所述，租賃相當於貸款，因公司必須支付一系列特定的付款，且若未能支付這些款項則可能導致破產。因此，比較租賃成本和負債融資成本是非常適當的。以下就米契爾電子公司（Mitchell Electronics Company）的數據，闡明租賃與貸款購買分析；我們還假設以下條件：

1. 米契爾電子公司計劃獲得五年壽命的設備，包含 $1,000 萬運送和裝機的成本。該設備準用 100% 紅利折舊，它因而在購買當時便完全折舊。米契爾有效聯邦暨州稅稅率為 25%，所以該設備的稅後成本等於 $10,000,000(1−T) = $7,500,000。
2. 米契爾電子公司可以使用 10% 的貸款獲得 $750 萬，並分期五年償還。
3. 另一選項為米契爾電子公司使用五年期的租賃合約，每年年末支付 $270 萬的租金，且出租人在租賃到期時仍將擁有該資產。租賃付款時程是由潛在的出租人所決定；米契爾電子公司可以接受、拒絕或協商不同的條款。
4. 設備將使用五年，到了那時，預期的殘值等於 $71.6 萬。米契爾電子公司並未計劃五年過後仍繼續使用該設備，所以若米契爾電子公司一開始便買下設備，它預期在五年後賣出時將收到稅前 $71.6 萬，這是該資產的殘值。
5. 租賃合約要求出租人養護維修該設備；若米契爾電子公司貸款買下，將擔負維修保養成本。這項服務會由設備製造商提供，而米契爾電子公司於每年年末支付固定的合約價 $50 萬。

淨現值分析

表 20.1 顯示這兩種計畫的每年現金流量；這個表建立兩個現金流量的時間線，其中一個是顯示在列 51 的貸款購買，另一個則是列 57 的租賃。所有的現金流量皆發生在年末。

列 38 至列 41 顯示分析所使用的投入。列 43 顯示每年的貸款付款——以 10% 利率分期償還 $7,500 千的貸款。每年的貸款付款金額可使用計算機加以計算；輸入 N = 5、I/YR = 10、PV = –7,500 和 FV = 0，便得到 PMT = $1,978.48 千；或是使用 Excel，如表 20.1 所示。

接下來，列 46 至列 52 顯示擁有（廠商借錢購買設備）的成本分析。列 46 至列 50 顯示個別現金流量項目；列 51 為時間線，彙整米契爾電子公司若以貸款融資設備的每年現金流量。因該設備準用 100% 紅利折舊、年度折舊費用為零，所以

表 20.1　租賃 vs. 購買分析（$ 千）

	A	B	C	D	E	F	G	H
37	投入（所有的數字之單位為 $ 千）							
38	稅後設備成本		$7,500		稅率		25%	
39	新設備壽命		5		貸款利率		10%	
40	殘值		$716		稅後成本率		7.50%	= G39*(1-G38)
41	每年維修保養成本		$500		每年租賃付款		$2,700	
42								
43	貸款付款		$1,978.48	= PMT(G39,C39,-C38)				
44								
45	擁有設備成本		年 =	0	1	2	3	4	5
46	設備稅後成本		($7,500)					
47	養護成本			($500)	($500)	($500)	($500)	($500)
48	養護成本的稅盾金額			125	125	125	125	125
49	折舊產生的稅盾金額			0	0	0	0	0
50	稅後殘值							$537
51	現金流量		($7,500)	($375)	($375)	($375)	($375)	$162
52	擁有設備成本的現值（折現率=7.5%）	($8,643)						
53	維修保養稅負的節省 = 維修保養成本×稅率							
54	租賃成本							
55	租賃付款			($2,700)	($2,700)	($2,700)	($2,700)	($2,700)
56	稅盾金額 = 租賃付款 * 稅率			675	675	675	675	675
57	現金流量		$0	($2,025)	($2,025)	($2,025)	($2,025)	($2,025)
58	租賃成本的現值（折現率=7.5%）	($8,193)						
59	租賃成本							
60	成本比較							
61	擁有成本的現值（折現率=7.5%）		($8,643)					
62	租賃成本的現值（折現率=7.5%）		($8,193)					
63	租賃淨利益 NAL		$450	租賃成本較低，所以應採租賃				
64								
65	設備準用 100% 紅利折舊，所以沒來自折舊的稅盾效應							
66								
67	問題：在 NAL 變成負數前，租賃付款金額最高等於？							
68	答案：使用 Goal Seek 找出讓 NAL=0 的租賃付款金額：							
70				租賃付款的最大值	($2,848)			

Goal Seek
Set cell: D63
To value: 0
By changing cell: G41
OK　Cancel

Chapter 20 混合融資：特別股、租賃、權證和可轉換證券

列 49 顯示從折舊而來的稅盾金額為零。米契爾電子公司未計劃在五年後持續使用該設備，因而將收到該設備稅後殘值的流入。該 $716,000 殘值高於帳面價 $0（該設備在購買時便完全折舊），所以它得支付 $179,000 的稅金。因此，將在第五年收到 $716,000 − $179,000 = $537,000 的現金流入，如列 50 所示。這些現金流量的現值，參見儲存格 C52；這個數字為**擁有設備的成本現值**。（請注意：我們也可用財務計算機來計算，也就是將列 56 裡的現金流量輸入現金流量登錄區、輸入利率 I/YR = 7.5，然後按下 NPV 鍵，便得到擁有設備的成本現值。）

列 55 至列 58 計算租賃成本的現值。每年租賃付款為 $2,700 千；本例裡的租賃付款包括養護（並非所有的租賃都是如此），是由出租人提供給米契爾電子公司的。若米契爾電子公司接受這項租賃，租賃付款的全額都將是可抵稅費用，所以稅負節省會等於（稅率）×（租賃付款）= 0.25($2,700 千) = $675 千；這個金額顯示在列 55 和列 56。列 57 顯示租賃產生的每年現金流量，而儲存格 C58 則顯示租賃成本的現值。（若使用財務計算機，我們可將列 57 的現金流量輸入現金流量登錄區、輸入利率 I/YR = 7.5，然後按下 NPV 鍵，便可得到租賃設備成本的現值。）

用於對現金流量折現的利率是一個重要議題。我們知道現金流量的風險愈高，則用於求解現值的折現率便愈大，這個原則也適用於租賃分析。但這些現金流量的風險有多高呢？大部分的現金流量較為確定，至少和資本預算分析裡的現金流量預測值相比時確實如此。例如，租賃、貸款和維修保養支出是由合約訂定，折舊費用受到法律規範而不太可能改變。稅負節省則有些不太確定，因稅率可能改變，但稅率卻不可能常常改變。殘值預測值（$716 千）是現金流量裡最不確定的，但它也是根據歷史經驗值加以預測的。

因租賃和貸款購買這兩個選項的現金流量，可合理地加以確定，因而可以使用較低的利率來折現。大部分的分析師推薦使用公司的負債成本，就此例而言，這個折現率看起來相當合理。此外，既然所有現金流量都是採稅後基礎，則應使用負債的*稅後成本* 7.5%。因此，在表 20.1，我們使用 7.5% 的折現率來求解現值；導致較小成本現值的融資方法，正是我們應該選擇的方法。在此例中，相較購買，租賃擁有淨利益：租賃成本的現值比貸款購買的成本現值要低 $450 千，所以米契爾電子公司應選擇租賃設備。

在表 20.1 分析裡的最後一部分（列 67-77），使用 Excel 的 Goal Seek 功能求解租賃付款的損益平衡點；損益平衡時租賃付款金額將讓決策者對購買設備或租賃設備無偏好，也就是 NAL=0。使用 Excel Goal Seek，藉著改變儲存格 G41（每年租賃付款金額），讓儲存格 D63（NAL）被設定為零。在這個例子裡，若租賃付款被設定為 $2,848，則米契爾對購買或租賃設備均無偏好。

20-2c 影響租賃決策的其他因素

表 20.1 設定的基本分析足以處理多數情況，然而以下兩項因素值得額外關注。

預測的殘值

值得注意出租人在租賃期滿後將擁有該財產，而租賃期滿剩餘價值的預測值稱為**殘值（residual value）**。從表面上看來，若預測的殘值夠大的話，貸款購買將優於租賃。然而，若殘值預測值很大的話──某些類型的設備和房地產的價格上揚相當快──租賃公司之間的競爭，將迫使租賃利率降至某個臨界值，讓潛在的殘值被全額納入租賃合約裡。因此，大額設備殘值的存在不太可能讓租賃處於不利的決策位置。

增加可獲得的信用

如之前討論過的，對尋求財務槓桿極大化的公司而言，租賃或許會帶來益處。因某些租賃不會出現在資產負債表上，因而在表面上的信用分析裡，租賃融資會讓公司顯得有較佳的財務狀況，以致允許它使用比所能用（若未使用租賃）還要高的財務槓桿。這對較小型的公司來說應是如此；但較大型的公司被要求將其主要租賃資產化，並將之納入資產負債表裡，所以這個論點未必成立。ASC 842 消除了被適當地歸類為短期營運融資以外之資產負債的表外融資。

課堂小測驗

- 購買資產或租賃資產的經濟效應是否類似？請解釋。
- ASC 842 的實施，如何改正資產負債的表外融資議題？
- ASC 842 這個新準則的目的為何？。
- 列出發生在承租人身上的一系列事件，最終導致簽訂租賃協定。
- 為何比較租賃融資和負債融資的成本是適當的？

20-3 權證

權證（warrant）是公司發行的一種長期選擇權，持有人有權在特定期間，以特定價格購買該公司一定數量的股票。一般來說，權證隨負債一起發行；公司以權證誘使投資人購買較低票面利率的長期負債（若無權證，則票面利率不可能這麼低）。例如，當一家快速成長的高科技公司──資訊學企業（Infomatics

Corporation），想要在 2021 年賣出 $5,000 萬、20 年期債券；而投資銀行告訴該公司管理階層，除非票面利率達 10%，否則債券不可能賣得出去。然而，作為另一選項，投銀認為若公司針對 $1,000 的債券提供 20 單位權證、每單位權證的壽命期為十年，並讓持有人在未來十年裡的任何時間，以每股 $22 履約價購買 1 股普通股，則投資人願意接受只有 8% 票面利率的債券。目前的股價是每股 $20，以及權證若始終未被執行，則將於 2031 年到期。

由於權證納入套裝證券中，因此投資人願意在 10% 的市場裡，購買只有 8% 殖利率的資訊學債券。權證屬長期買權，它的價值建立在持有人可用履約價買進該公司的普通股，不論當時股票的市價有多高。這個選擇權彌補了債券的低利率，並讓投資人受到低殖利率債券和權證套裝證券的吸引（選擇權詳見第十八章）。

20-3a 附權證債券的最初市場價格

若資訊學企業採正統或純粹債券形式發行債券，則利率為 10%。然而，因附加權證，債券可用 8% 殖利率賣出。以 $1,000 初始上市價格買進債券的投資人，因而會收到包含一張 8%、20 年期債券，加上 20 單位權證的套裝證券。因當時和資訊學企業有同樣風險債券的利率為 10%，我們能求解正統債券的價值；為簡化計算，假設每年支付債息一次：

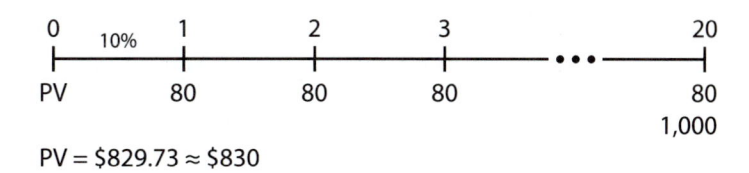

```
0      10%    1      2      3            20
├─────────────┼──────┼──────┼── ••• ──────┤
PV            80     80     80            80
                                          1,000
```

PV = $829.73 ≈ $830

使用財務計算機，輸入 N = 20、I/YR = 10、PMT = 80 和 FV = 1,000，接著按下 PV 鍵，即可獲得債券價值為 $829.73，或約 $830。因此，於最初上市時買進債券的人，支付 $1,000，用以交換價值約 $830 的正統債券、再加上 20 單位的權證——價值應約等於 $1,000 − $830 = $170。

附權證債券價格	=	正統債券價值	+	權證價值	20-1
$1,000	=	$830	+	$170	

因投資人每張債券會獲得 20 單位權證，則每單位權證的價值為 $170/20 = $8.50。

一般而言，這 20 單位權證為**可分離權證**（detachable warrant）；換言之，它們可和債券分離、兩種證券能分開交易。若債券和權證的定價是正確的，則債券可隨即在次級市場以 $830 賣出、每單位權證則能以 $8.50 賣出，亦即這個套裝證券

應處於上市價格 $1,000 的均衡狀態。

然而，投資銀行有可能做出錯誤定價；它們可以對正統債券正確定價，但要預估權證的適當價格是較為困難的。例如，若投資銀行對權證價值的預測偏低，或許認為每單位權證的價值僅為 $6，因而對每張債券附加 $170/$6 = 28.3333 單位的權證。然後當對社會大眾公開發行時，它的價格會從 $1,000 的上市價上揚到：

債券市場價格 = $830 + $8.50(28.3333) = $1,070.83

因此，公司以 $1,000 賣出的套裝證券，其實可以賣到 $1,070.83。因有著比必要還多的權證流通在外；所以當這些權證被執行時，則對原始股東的股權造成較大、不必要的稀釋。另一方面，若投資銀行高估了權證價值（或許預估為 $10 而真正為 $8.50），則這個發行將會失敗——不可能用 $1,000 的上市價賣出，公司因而得不到所需要的資金。所以，正確評價權證是很重要的。

即使正確評價權證並不容易，但投資銀行能夠詢問潛在買主，以及將新權證和流動在外的權證加以比較，以預估它們的價值。此外，公司和投資銀行可利用「巡迴推介」（road show）來進行徵詢——公司經理人和投資銀行人員巡迴各地，與潛在投資人座談；公司經理人對該公司和這次發行提供客觀事實、回答問題，並詢問潛在買主在不同上市條款下（票面利率、權證數目、權證生命期等）所願意購買的股數（本例為債券）。投資銀行人員負責「記錄」，寫下潛在買主的姓名和價格。既然銷售新債給買方時將使用這些資訊，則潛在買主應會誠實地表露他們的意圖。在任何情況下，好的投資銀行能將新發行價格設定得非常接近均衡價格。

20-3b 使用權證融資

小型、快速成長公司出售債券或特別股時，通常將權證用做「增甜劑」。這樣的公司常被投資人視為有著高風險，所以它們的債券只能以高票面利率和限制很多的契約款條來發行。為了避開這些代價，諸如資訊學企業之類的公司便通常使用附加權證的債券。這種套裝證券讓投資人可分享公司的成長（假設它確實成長興盛）；因此，投資人願意接受較低的利率、和對公司限制較寬鬆的契約條款。附權證債券有債券的一些特性和股權的一些特性；它是一種混合證券，讓財務經理有機會擴張公司發行的證券組合，以及因而吸引較廣泛的投資族群。

到了今天，幾乎所有的權證皆屬可分離。因此，在附權證債券賣出後，權證可從債券分離和分開交易。此外，即使權證經執行，這個低票面利率債券仍可維持在外流通。

權證的履約價通常設定為高於債券發行時之股票市價 15% 至 30%。若公司成長、日益興旺，且若股價上揚到履約價以上時，權證持有人能執行權證，並以履約

Chapter 20 混合融資：特別股、租賃、權證和可轉換證券

價買進股票。然而，如我們對純粹選擇權的了解，若缺乏某些動機，權證在到期日前將不會被執行——它們在公開市場的價值至少會等於，也許會超過被執行後的價值；所以持有人應賣出權證，而非執行。三種情況會鼓勵持有人執行權證：(1) 若權證即將到期且股票市場價格高於履約價，則權證持有人執行並買進股票；(2) 若公司將普通股股利增加到一定金額，則權證持有人會自願執行；因權證不會賺到任何股利，也就是它沒有提供任何當期所得。若普通股配發高股利，便提供有吸引力的股利報酬，公司也因而保留較少盈餘，使未來的股價成長受限，這都會誘使權證持有人執行選擇權來購買股票；(3) 權證有時具有**階梯狀遞增的履約價格（stepped-up exercise price）**，激勵持有人執行選擇權。例如，W科技公司流通在外權證，在2022年12月31日之前的履約價為$25，但在該日履約價就上升到$30。若普通股股價在2022年12月31日不久之前就超過了$25，則許多權證持有人將執行他們的選擇權，以避免階梯狀遞增價格的出現，因此導致權證價值下跌。

權證吸引人的另一項特性為，通常只在需要資金時產生資金。若公司持續成長，將可能需要新的股權資本。與此同時，成長將導致股價上揚，以致權證被執行；因此，公司將獲得額外的現金。若公司經營得不太成功，以及不能因使用額外金錢而獲利，則股價或許將不會上升到足以誘使選擇權的執行。

20-3c 附權證債券的成本成分

當資訊學企業發行附權證負債，將收到總計$5,000萬或每張債券$1,000。與此同時，公司有義務在未來二十年每張每年支付$80利息，加上到了二十年年末的$1,000。若未附加權證，則資金的稅前成本為10%；然而，每一張資訊學企業債券有20單位的權證，而每單位權證讓持有人能夠以$22購買1股股票。則這筆$5,000萬的百分率成本（%）為何？如下所述，這個成本顯著高於債券的8%票面利率。首先，請注意當權證在十年後到期時，股價預期將為$51.87——根據$20的初始價和10%的預期成長率：

$$P_{10} = \$20(1.10)^{10} = \$51.87$$

所以，投資人會執行權證，並對所執行的每單位權證收到價值$51.87的1股股票。因此，若投資人持有完整的套裝證券，則在第十年，投資人每1單位權證會得到 $51.87 - $22 = $29.87 的獲利。因每張債券附有20單位權證，故在第十年末，每張債券會產生 20($29.87) = $597.40 的獲利。以下是投資人的現金流量時間線：

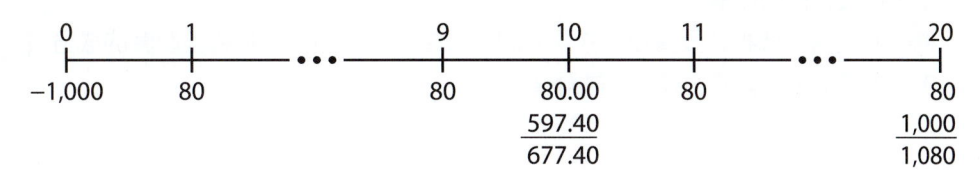

```
     0       1           9      10      11           20
     |-------|----···----|------|-------|----···----|
   -1,000   80          80    80.00    80          80
                              597.40                1,000
                              677.40                1,080
```

這筆現金流量的 IRR 為 10.66%，它是投資人投資套裝證券的整體稅前報酬；這個報酬比正統債券的 10% 要高上 66 個基本點。對投資人而言，這個附權證債券的風險高於正統債券，因部分的報酬來自預期股價的上揚，而這部分的報酬之風險高於債券的利息付款。公司的稅前成本和投資人的稅前報酬相同——這對普通股、正統債券和特別股來說是對的；且對附權證的債券而言也是正確的。

20-3d 權證發行的問題

雖然投資人購買權證時，預期將收到與所購買之套裝證券整體風險相襯的報酬；但總事與願違。例如，在 1989 年，索尼花費 $34 億買下美國的哥倫比亞電影公司（Columbia Pictures）。為了融資這項交易，索尼在 1990 年賣出 $4.7 億、極低 0.3% 票面利率、附權證的 4 年期債券。這個利率如此之低，是因為它附加了 4 年期的權證，讓投資人可用每股 ¥7,670 購買索尼股票——該履約價僅高於發行此套裝證券時之股價的 2.5%。

投資人踴躍認購，而且許多權證被「撕了下來」，在公開市場單獨賣出。權證買方明顯認為索尼的股價將大幅超越履約價。從索尼的觀點，附權證債券提供非常低成本的「過渡性貸款」（bridge loan）；當權證在四年後被執行時，這筆貸款終將被股權融資所取代。這個非常低成本的資本，鼓勵日本公司併購外國公司，以及大量投資在新廠房和設備。

然而，當日本股價下跌 40%，投資人購買日本權證的意願遭到重擊。到了 1994 年，當權證到期，索尼的股價為 ¥5,950 與 ¥7,670 的履約價；所以權證未被執行。因此，索尼注入股權資本的計畫便從未實現，且必須發行遠較為高的利率來再融資這個 4 年期債券。

這場交易讓索尼和投資人雙輸。投資人的損失來自於沒有獲得預期的報酬；索尼的損失則是因為必須改變融資計畫，且必須對負債支付高利率。儘管公司和投資人都有著良好的規劃，但這個附權證債券的發行和其他許多類似發行，並沒有產生預期的結果。

課堂小測驗

- 何謂權證？
- 描述如何評價附權證的新債券。
- 企業融資如何使用權證？
- 權證的使用降低相應負債發行的票面利率，這是否意謂負債加權證配套的成分成本，會低於純粹負債的成本？試解釋之。

Chapter 20 混合融資：特別股、租賃、權證和可轉換證券

- 某公司最近發行附權證債券，這個債券加權證之套裝證券以 $1,000 面額賣出。債券在十年後到期，票面利率為 6%；公司目前也還有 10 年期的純粹債券（亦即未附權證）流通在外，到期殖利率為 8%。則正統債券的價值為何？附權證債券之權證價值為何？（$865.80；$134.20）

20-4 可轉換證券

可轉換證券（convertible security）為債券或特別股，在特定條件和情況下，能在持有人的選擇下轉換成普通股。不像權證的執行，能為公司帶來額外的資金；轉換並不會提供新資本：負債或特別股僅僅是由資產負債表上的普通股所取代。當然，降低負債或特別股將改善公司的財務狀況，並讓它較容易募集額外的資本，但募集額外資本會需要其他的單獨行動。

20-4a 轉換率和轉換價格

轉換率（conversion ratio, CR）是可轉換證券最重要的條款之一，是債券持有人在轉換時會收到的股數。和轉換率相關的是**轉換價格**（conversion price, P_c），是投資人透過可轉換證券購買普通股所支付的有效價格。轉換率和轉換價格之間關係之闡釋，可參見矽谷軟體公司在 2021 年 9 月所發行的 $1,000 面額之可轉債：在 2041 年 9 月 15 日到期日前的任何時刻，該可轉債持有人可將債券交換 20 股的普通股；因此，轉換率 CR = 20，而債券在發行時的購買成本為 $1,000 的面額。將 $1,000 面額除以獲得的 20 股（CR），就得到每股的轉換價格 P_c = $50。

$$轉換價格 = P_c = \frac{放棄的債券之面額}{轉換時收到的股數} \quad \text{20-2}$$

$$= \frac{\$1,000}{CR} = \frac{\$1,000}{20} = \$50$$

相反地，我們將 $1,000 面額除以每股 $50 的轉換價格 P_c，就會得到轉換率。

$$轉換率 = CR = \frac{放棄的債券之面額}{轉換價格} \quad \text{20-3}$$

$$= \frac{\$1,000}{P_c} = \frac{\$1,000}{\$50} = 20$$

一旦設定 CR，便得到 P_c 的值；反之亦然。

如同權證的履約價格，轉換價格通常設定為發行當時普通股市價的 115% 至

130%。在檢視公司使用可轉換證券的一些理由後，便會清楚了解轉換價格是如何決定的。

一般而言，轉換價格和轉換率在債券的生命期裡是固定不變的，雖然偶爾也會使用階梯式轉換價格。例如，布瑞登工業（Breedon Industries）在 2021 年發行的可轉換證券，是直至 2031 年以前可轉換為 12.5 股普通股、2032 年至 2041 年則是 11.76 股、2042 年至 2051 年的到期日則是 11.11 股。相對應的轉換價格，則是從最初的 $80 上升到 $85，最後上升到 $90。如同大多數的可轉換證券，布瑞登工業的可轉換證券在前十年有不得提前贖回的條款。

或可導致轉換價格和轉換率改變的其他因素，會寫在幾乎是所有可轉換證券契約裡：避免可轉換證券受到股票分割的稀釋、配發股利和以低於轉換價賣出普通股所產生的傷害。這些標準條款的內容通常如下：若普通股以低於轉換價賣出，則轉換價格必須降低到新股的發行價格，並相應提高轉換率。此外，若股票被分割或若宣告股票股利，則轉換價格必須根據股票股利或分割比例來降低轉換價格。例如，若布瑞登工業在可轉換證券生命期的前十年裡，將股票一分為二，則轉換率應自動地從 12.5 調整到 25、轉換價格則是從 $80 降低到 $40。若這個保護條款未納入合約，則公司能使用股票分割和配發股利的方式來阻撓轉換；權證也有類似的反稀釋條款。

然而，上述反稀釋的標準保護（如反制低於轉換價格發行新股），會讓公司陷入困境。例如，假設布瑞登工業的股價在發行可轉換證券時為每股 $65、市場景氣急劇反轉讓其股價跌到 $50，又若公司需要新股權來支撐營運，則發行新股會要求公司將可轉債的轉換價格從 $80 降至 $50。這會提高可轉換證券的價值，因而實際上將目前股東的財富轉移給可轉換證券持有人。正在考慮使用可轉換證券或附權證債券的公司，應將這些潛在問題牢記於心。

20-4b 可轉債的成本成分

在 2021 年春天，矽谷軟體正評估是否發行可轉債（參見前述）。這次發行為 20 年期，每張債券售價 $1,000；該債券面額和到期價格也是 $1,000。該債券支付 10% 年票面利率，或每年 $100；每一張債券可轉換為 20 股股票，所以轉換價格為 $1,000/20 = $50；該股預期在來年支付 $2.80 股利，目前股價為每股 $35；股價預期每年固定成長 8%。因此，$r_s = \hat{r}_s = D_1/P_0 + g = \$2.80/\$35 + 8\% = 8\% + 8\% = 16\%$。若債券不是以可轉債形式存在，便必須提供 13% 的報酬率（根據它們的風險性和一般市場利率水準）。該可轉債在前十年不可提前贖回，之後就可用 $1,050 贖回，且這個贖回價格將每年減少 $5。若在十年後，轉換價值高於贖回價格至少 20%，管理階層應可能贖回債券。

Chapter 20 混合融資：特別股、租賃、權證和可轉換證券

圖 20.1 顯示某平均投資人和公司的預期，以下是對該圖的幾點觀察結果：

圖 20.1　矽谷軟體的可轉債模型

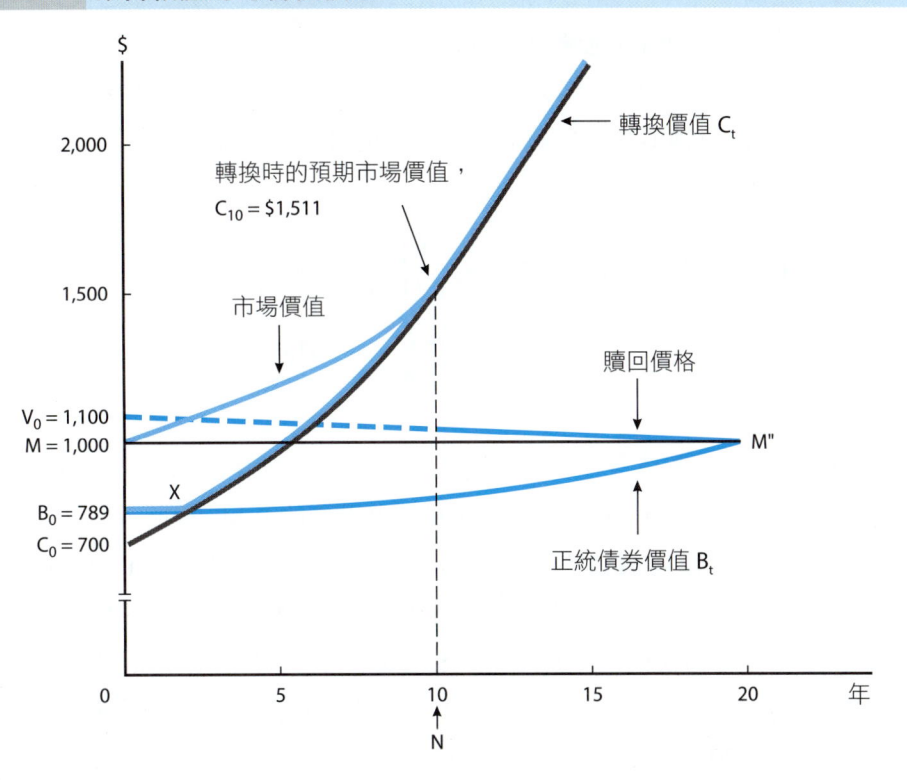

圖中標示：
- 轉換價值 C_t
- 轉換時的預期市場價值，$C_{10} = \$1{,}511$
- 市場價值
- 贖回價格
- 正統債券價值 B_t
- $V_0 = 1{,}100$
- $M = 1{,}000$
- $B_0 = 789$
- $C_0 = 700$
- M"
- X
- N (對應 10 年)

年	純粹債券價值 B_t	轉換價值 C_t	到期價值 M	市場價值	最低價	溢酬
0	$789	$700	$1,000	$1,000	$789	$211
1	792	756	1,000	1,023	792	231
2	795	816	1,000	1,071	816	255
3	798	882	1,000	1,147	882	265
4	802	952	1,000	1,192	952	240
5	806	1,092	1,000	1,241	1,029	212
6	811	1,111	1,000	1,293	1,111	182
7	816	1,200	1,000	1,344	1,200	144
8	822	1,296	1,000	1,398	1,296	102
9	829	1,399	1,000	1,453	1,399	54
10	837	1,511	1,000	1,511	1,511	0
11	846	1,632	1,000	1,632	1,632	0
⋮	⋮	⋮	⋮	⋮	⋮	⋮
20	1,000	3,263	1,000	3,263	3,263	0

1. M = $1,000 的水平線代表面額和到期價值。此外，$1,000 也是債券最初公開上市的價格。
2. 債券在前十年不可贖回；最初的贖回價為 $1,050，且從那之後每年減少 $5。因此，贖回價對應圖中 V_0M'' 的實線部分。
3. 因可轉債有著 10% 的年票面利率，且因類似風險純粹債券的殖利率為 13%，所以可轉債裡「正統債券」的價值 B_t 必須低於面額。在發行時，B_0 等於 $789，計算如下：

$$\text{發行時的純粹負債價值} = B_0 = \sum_{t=1}^{N} \frac{\text{票面利息}}{(1+r_d)^t} + \frac{\text{到期價值}}{(1+r_d)^N} \quad \text{20-4}$$

$$= \sum_{t=1}^{20} \frac{\$100}{(1.13)^t} + \frac{\$1,000}{(1.13)^{20}} = \$789$$

然而請注意：該債券在將要到期時的純粹負債價值必須等於 $1,000，所以純負債價值將隨時間而上升；$B_t$ 的軌跡為圖中的 B_0M'' 線所示。

4. 債券最初的**轉換價值**（conversion value, C_t），或債券在 t = 0 時進行轉換，投資人會收到的股票價值為 $700：債券轉換價值等於 $P_t(CR)$；所以當 t = 0 時，轉換價值 = $P_0(CR) = \$35(20\,\text{股}) = \$700$。因預期股價每年增長 8%，轉換價值應以同樣速度上揚。例如，在第五年，它應等於 $P_5(CR) = \$35(1.08)^5(20) = \$1,029$。不同時間的預期轉換價值線，如圖 20.1 的 C_t 線所示。

5. 債券的實際市場價格既不能低於純粹負債價值，也不能低於其轉換價值。若市場價格低於正統債券價格，那些想要擁有債券的人會認知到這是一筆好交易，並將可轉債當成普通純粹債券來購買。同樣地，若市場價格低於轉換價值，人們應會購買這個可轉債、執行它們來獲得股票，然後將股票賣出獲利。因此，圖中債券價值和轉換價值曲線較高者，代表債券的最低價格。在圖 20.1 裡，這個最低價線為 B_0XC_t。

6. 債券市場價格通常會超過最低價（floor value）。它會高於正統債券價值，因轉換的選擇權是有價值的──具轉換可能性的 10% 債券之價值，高於無此選擇權的 10% 債券。可轉債的價格也會超過它的轉換價值，因持有可轉債就如同持有買權；在到期日前，選擇權的價值高於其到期價值或轉換價值。我們難以指出市場價值線的確切位置，但我們的確知道它將位於最低價線（含）之上；最低價線是由正統債券和轉換價值線所決定。

7. 在某些時點，市場價值線將碰觸轉換價值線。這個收斂是基於下述兩項原

Chapter 20 混合融資：特別股、租賃、權證和可轉換證券

因：首先，股價股利應會隨著時間增加，但可轉債的利息付款卻固定不變。例如，矽谷軟體的可轉債每年支付 $100 債息，而若最初便進行轉換，則收到的 20 股股利應為 20($2.80) = $56；然而，以8%的速度成長的股利，在十年後將成為 $120.90，但債券利息仍將是 $100。因此，在某一時點，上升的股利將預期會讓固定利息付款相形失色，導致溢價消失、投資人自願轉換。第二，一旦債券變成可贖回，它的市價就不能超過轉換價值和贖回價格，否則投資人便需面對贖回風險。例如，假設發行的十年後，當債券成為可贖回，該債券的市場價格為 $1,600、轉換價值為 $1,500、贖回價格為 $1,050；若公司在你以 $16,000 買進 10 張債券的那天要求贖回，你會被迫將它們轉換成價值 $15,000 的股票；所以，你每張債券將損失 $100，或一天之內損失 $1,000。認知到這個風險，你和其他投資人在債券成為可贖回後，是不願在贖回價格或轉換價值（視兩者中何者為高）之上付出太多溢酬的。因此，在圖 20.1，我們假設市場價格線在第 10 年、當債券變為可贖回時，觸及轉換價值線。

8. 投資人預期在第 N 年行使轉換，無非是受到股利上揚而自願如此；或是因公司贖回該可轉債，藉著以股權替代負債來強化資產負債表。在我們的例子裡，假設 N = 10，也是最早的可贖回年份。

9. 既然 N = 10，在第十年的預期市場價格會等於 $35(1.08)^{10}(20) = $1,511。投資人可以求出該可轉債的預期報酬率 r_c——根據下列現金流量求解 IRR：

```
   0      1           9      10
   ├──────┼────●●●────┼──────┤
 −1,000  100         100    100
                            1,511
                            1,611
```

答案是 r_c = IRR = 12.8%。

10. 可轉債的預期報酬，部分來自利息所得、部分來自資本利得；在這種情況下，總預期報酬為 12.8%，其中 10% 代表利息所得、2.8% 為預期的資本利得。利息成分是相對較確定的，而資本利得成分的風險較高。因此，可轉債的預期報酬比純粹債券的風險要高，這讓我們認為 r_c 應大於純粹負債成本 r_d。因此，看起來矽谷軟體的可轉債之預期報酬率 r_c，應介於其純粹負債成本 r_d = 13% 和普通股成本 r_s = 16% 之間。

11. 投資銀行使用本節所描繪的模型，加上對市場的知識，以設定可轉債的條件（轉換率、票面利率、贖回保護期間），讓該證券剛好可以用上市價 $1,000 來「結清市場」。在我們的例子裡，所要求的條件並不存在——計算

得到的可轉債報酬率僅為 12.8%，低於 13% 的純粹負債成本。因此，債券條件應改得更吸引投資人；矽谷軟體應必須增加該可轉債的票面利率到超過 10%、提高轉換率超過 20（因此將轉換價格從 $50 降低到接近 $35 市價的水準）、延長贖回保護期間，或合併使用這些條件，以讓可轉債的預期報酬介於 13% 至 16%。

20-4c 使用可轉債融資

從發行人觀點，可轉債有兩項優勢：(1) 可轉債如同附權證債券，提供公司有機會以低利率賣出債券，以交換參與公司成功的機會——若真的經營得很好；(2) 在某種意義下，可轉債提供比目前價格要高的價格賣出普通股的方式；一些公司想要賣出普通股，而非債券，但認為目前股價暫時受到壓抑。例如，管理階層可以知道盈餘受到壓抑，因某一新計畫的初始成本很龐大；所以，他們預期盈餘在下一年將大幅成長，並因而提升股價。因此，若公司現在就賣出股票，則它必須為了募集特定金額資金而賣出比必要還多的股數。然而，若它將轉換價格設定在高於目前股價的 15% 至 30%，則相對現在就直接發行股票，債券轉換時的股數將相對減少 15% 至 30%。然而請注意：管理階層將希望寄託於股價超過轉換價格，好讓債券轉換變得有吸引力。若盈餘並未增加、股價也未上揚（轉換因而未發生），公司將在低盈餘的狀況下承擔負債，這可能會是一場災難。

若股價上升到超過轉換價格時，公司如何能確定將發生轉換？一般來說，可轉債包含贖回條款，會讓發行公司可迫使持有人執行轉換。假設轉換價格為 $50、轉換率為 20、普通股市價上揚至 $60，以及可轉債贖回價格為 $1,050。若公司要贖回債券，則債券持有人能將債券轉換成市價 20($60) = $1,200 的普通股，或允許公司以 $1,050 贖回債券；顯然債券持有人會偏好 $1,200，而非 $1,050，所以會發生轉換。贖回條款讓公司有方法來強迫轉換，只要股票市價高於轉換價格。然而請注意：大部分的可轉債有相當長的贖回保護期間——通常是十年；因此，若公司想要能夠迫使早些發生轉換，必須設定較短的贖回保護期。但這將使公司必須設定較高的債券票面利率或較低的轉換價格。

從發行人的觀點，可轉債有三項不利之處：(1) 雖然可轉債的使用可讓公司有機會以高於目前股價賣出股票，但若股價大幅增加，公司使用純粹負債（儘管利率較高）、之後再賣出普通股以再融資負債，可能會比使用可轉債還要來得好；(2) 可轉債通常有低的票面利率，但當發生轉換時，低利率的好處便消失不見了；(3) 若公司真的想要募集股權資本，且若股價並未在債券發行後適度上升，則公司得與負債（而非想要的股權）共生。

20-4d 可轉債能降低代理成本

債券持有人和股票持有人之間潛在的代理問題是資產替代。股東有與「選擇權相關的」動機而採納高獲利潛力的計畫，即使這些計畫會增加公司風險；當採取這樣的行動，則財富可能從債券持有人那裡移轉給股東。然而，當發行可轉債，會增加公司風險的行動也可以增加可轉債的價值；因此，股東從採納高風險計畫而來的一些獲利，就必須與可轉債持有人分享。這個利益分享降低代理成本；同樣的邏輯可應用在可轉換特別股和附權證債券上。

課堂小測驗

- 何謂轉換率？轉換價格？純粹債券價值？
- 可轉債的最低值之意義為何？
- 從發行者的觀點，可轉債的優缺點為何？從投資人的觀點呢？
- 可轉債如何降低代理成本？
- 可轉債面額為 $1,000，轉換價格為 $40，目前股價為每股 $30，則在 t = 0，該債券的轉換率和轉換價值為何？（CR = 25；P_0(CR) = $30×25 = $750）

結語

雖然普通股和長期負債可以提供企業使用的大部分資本，但公司還可使用數種型態的「混合證券」，包括特別股、租賃、可轉債和權證，且都會有一些負債的特性，也有一些股權的特性。我們分別從發行人和投資人的觀點，討論這些混合證券的優缺點、如何決定何時使用混合證券，以及影響它們評價的因素。這些證券存在的根本理由和評價它們的程序，則是根據前幾章對評價概念的探討。

自我測驗

ST-1 **租賃分析** 歐森公司決定取得新貨車。某個選項為租賃貨車──四年合約、每年在年初付款 $9,748，出租人負責維修養護；或者是歐森公司能向銀行貸款，直接以 $27,000 購買貨車──以每年 10% 的利率、在年末付款的方式分四年償還。在貸款購買協議下，歐森公司每年必須花費 $1,000 於保養維修車輛（年末支付）；預期貨車在四年以後的市價殘值為 $3,600；到了那時，

不論採用的是租賃或購買，歐森公司都計劃要以新換舊；聯邦暨州稅稅率為 25%；請注意，該貨車在購買當時就已完全折舊，所以它的帳面價為零。

a. 歐森公司租賃成本的現值為何？
b. 歐森公司貸款購買成本的現值為何？應採租賃或購買？
c. 用在歐森公司分析的適當折現率，是否為該公司的稅後負債成本？試解釋之。
d. 殘值是分析裡最難以確定的現金流量，若歐森公司將這個現金流量的較高風險納入分析裡則會如何？

問題

20-1 從量測公司槓桿之目的，特別股應被歸類為負債或股權？若由該 (a) 公司管理階層、(b) 債權人或 (c) 股權投資人來做歸類，是否會有不同結果？

20-2 據你所知，某企業剛發行 1 億美元特別股、另一家則是投資購進 1 億美元的特別股；某廠商有效稅率為 10%、另一家廠商則是 25% 稅率。請問哪一家廠商較可能購買特別股？請解釋。

20-3 通常的狀況是，相較特別股，即便投資人認為債券風險較低，但公司債的殖利率仍較高。哪些原因會造成上述報酬率的差別？

20-4 為何有的公司會選擇發行浮動配息率特別股、而非固定配息率特別股？

20-5 傳統上，租賃的其中一個優點是，因它不會出現在資產負債表裡的負債部位，以致被認為有可能讓廠商使用更高的槓桿──是否應讓租賃責任和所涉及的資產，透過資本化而被記錄在資產負債表上？針對租賃的資本化，目前的 ASC 842 準則為何？

20-6 解釋十二個月或以下的短期租賃，和較長期租賃之間會計處理方式的差異為何？長期營運租賃和金融租賃的會計處理方式是否不同？請針對資產負債表和損益表進行思考。

20-7 假設國會修改稅法 (1) 允許設備在較短期間完全折舊、(2) 調降企業稅率、(3) 恢復投資的部分金額可用以抵稅。討論這些改變如何影響使用租賃和傳統負債的傾向。

20-8 廠商股價在可轉換證券或權證發行後的預期成長率，如何影響它透過發行 (1) 可轉換證券和 (2) 權證籌集額外資金的能力？

20-9 a. 廠商提高配息率的決定，如何影響下項：
   1. 長期權證的價值
   2. 可轉債被轉換的機率
   3. 權證被執行的機率

b. 若你持有某公司的權證或可轉換證券，若該公司配息率從 20% 變成 80%，你將感到高興、還是不高興？

20-10 評估以下陳述：發行可轉換證券意謂該公司可用高於目前股價的價格賣出普通股。

20-11 假設某公司同時發行到期日相同，票息 9% 的 5 千萬美元可轉債、票息 12% 的非可轉債。因可轉債票息較低，所以相對非可轉債，它的風險是否較低？可轉債資本成本是否也較低？請解釋。(提示：雖然乍看之下，可轉債資本成本似乎較低，但未必如此，這是因可轉債利率低估了它真正成本。)

CHAPTER 21

併購

合併:全球企業的成長策略

　　跨國企業透過併購(merger and acquisition, M&A)尋求快速成長,為近來的全球趨勢。1980年代以來的著名併購案例,包括KKR以\$250億買下納貝斯克(RJR Nabisco)、SoCal買下海灣石油後更名為雪佛龍、QVC和維亞康姆(Viacom)競標派拉蒙通訊(Paramount Communications)。

　　然而,並非所有併購都對存續公司產生正面效益。面對來自三星和索尼愛立信(Sony-Ericsson)的激烈競爭,全球知名電子製造商BenQ,在2005年接手西門子(Siemens)的手機部門。BenQ期望結合西門子的全球品牌知名度和先進科技,加上BenQ的製造能量與成本控制措施,設定銷售量達到全球市占率10%以上的目標。然而,西門子要求BenQ必須繼續在德國製造手機,這對BenQ形成艱鉅挑戰。雖然營運費用和製造費用的降低,改善了手機事業部的淨利潤率。但BenQ卻得面對手機全球市占率下滑,這是因新產品上市延遲,導致BenQ將市占率拱手讓給主要對手——諾基亞(Nokia)和摩托羅拉(Motorola);手機市場是一個龐大市場的事業,讓BenQ損失慘重。

　　2006年10月2日,BenQ董事長李焜耀宣布停止對德國子公司提供資金,這是一個「痛苦」而不得不的決定。BenQ接手西門子手機部門後,帳面上就損失€6億(\$7.608億)。企業合併為讓企業快速成長的策略;然而,選擇正確策略和目標亦同等重要。合併計畫必須包括合併過程、合併價格、支付方

式、財務規劃和組織調整。合併發生前必須全面檢視，以確保合併後能創造企業價值。

為何 BenQ 決定接手西門子的手機部門？合併策略應如何規劃？公司應使用什麼方式為併購計畫提供資金？本章將討論這些問題。

摘要

大部分的企業成長使用內部擴張；也就是透過正常的資本預算活動，讓公司內部的部門逐漸成長。然而，成長得最戲劇性、通常促使公司股價大幅增加的例子，源自於併購。本章將描繪與企業併購有關的各層面議題。

當你讀完本章，你應能做到：
- 分辨不同類型的併購及其背後的原因。
- 執行簡單的分析，以評估目標公司的潛在價值。（請嘗試挑戰 ST-1）
- 解釋為何典型的合併能為參與股東創造價值。

21-1 合併的理由

財務經理和理論學家針對美國高比例的合併案例，提出許多可能的理由。本節討論企業**合併（merger）**背後的一些主要動機。

21-1a 綜效

大部分合併案的主要動機，為增加合併企業的價值。若 A 公司和 B 公司合併成為 C 公司，且若 C 公司的價值超過 A 公司與 B 公司個別價值之和，則稱存在**綜效（synergy）**；這樣的合併應能讓 A 公司和 B 公司的股東都受益。綜效的來源有四：(1) *營運節約*——源自於管理、行銷、生產和配送的經濟規模；(2) *財務節約*——包括較低的交易成本和證券分析師的較佳報導；(3) *差異的效率*——指的是其中一家公司的管理較有效率，以致能讓效率較差公司的資產在合併後獲得更有效的利用；(4) *競爭減少所增加的市場力量*。營運和財務節約，以及改善的管理效率皆有益社會；但合併降低競爭則不受社會歡迎，且經常是違法的。

21-1b 稅負考量

稅負考量促成許多的合併案。例如，高稅率的獲利公司能合併有大額累積虧損的公司；這些虧損可立即用於抵稅，而非遞延到未來才能使用。在其他案例裡，跨境合併的興起是為了利用各國不同的稅率。此外，合併用掉多餘現金，可極小化

稅負。例如，若某個公司缺乏內部投資機會、又有過多的自由現金，它能：(1) 支付額外股利；(2) 投資購買有價證券；(3) 實施庫藏股；或 (4) 買下其他公司。若公司支付額外股利，股東必須立刻為這筆股利付稅。有價證券通常可為過剩金錢提供一個很好、暫時的去處，但能獲得的報酬率通常低於股東要求的報酬率。實施庫藏股或許會讓剩下的股東獲得資本利得。不過，若使用多餘現金去買下另一家公司，應能避免所有這些問題；這激勵許多合併案的發生。

21-1c 購買資產低於替換成本

有時公司被視為潛在的被買下對象，是因為替換它資產的成本明顯高於它的市價。例如，在 1980 年代早期，比起自行探勘，石油公司購買其他石油公司，反倒能以較便宜的方式取得油藏。因此，雪佛龍買下海灣石油以增加油藏。同樣地，在 1980 年代，某幾位鋼鐵公司高階經理人陳述道：買下既存鋼鐵廠會比建造新廠來得划算。例如，LTV（當時的第四大鋼鐵公司）買下 Republic Steel（當時第六大），因而成為產業內第二大鋼鐵廠。

21-1d 分散化

經理人通常把分散化作為合併的理由，他們主張分散化有助於穩定公司的盈餘，並因而有益於股東。盈餘穩定化無疑對員工、供應商和顧客有利；但從股東的角度來看，它的價值就沒有那麼確定了。當股東可以輕易購買兩家公司的股票時，A 公司為何要為了穩定盈餘而買下 B 公司？事實上，對美國公司的研究顯示，分散化在大部分的情況下並沒有增加公司的價值。相反地，許多研究指出，分散化公司的價值顯著低於其個別部門價值之和。

21-1e 合併的個人動機

財務經濟學家傾向認為，商務決策僅僅是根據經濟考量，特別是追求公司價值的極大化。然而，許多商務決策主要受到經理人個人動機的影響，而不是經濟分析。企業領袖喜歡權力，而相較經營小型公司，經營大型公司能擁有更大權力。顯然，不會有高階經理人承認其自我意識為合併的主要原因，但自我意識的確在許多合併案例裡扮演重要角色。

我們也觀察到高階經理人的薪水和公司規模高度相關——公司愈大，其高階經理人的薪水愈高，這也對企業併購計畫產生影響。

個人考量除激勵合併外，也可能延阻合併。大部分的合併發生後，被消滅公司的一些經理人會失業，或至少失去自主權。因此，持有公司股票低於 51% 的經理人，會尋求降低發生被接管機率的手段，而主動與另外一家公司合併不失為一

個選擇。例如，多年前派拉蒙出價想買下時代公司（Time Inc.），但時代經理人拒絕了派拉蒙的提議；雖然招致很大批評，但時代經理人選擇了以高度負債的方式與華納兄弟（Warner Brothers）合併，為的是讓他們繼續掌權。這樣的**防衛性合併（defensive merger）**難以經濟原因來加以解釋。涉及此案的經理人，一致聲稱合併是為了綜效，而非想要保住自己的工作；但觀察家懷疑許多的合併案，比較是基於經理人的利益，而非基於股東利益。

21-1f 拆解價值

公司能以帳面價值、經濟價值或替換價值來加以評價。最近，併購專家（take-over specialist）開始認知到拆解價值（breakup value）是另一種評價基礎。分析師預測公司的拆解價值──若分開出售時，公司各個部分的價值。若這個價值高於公司目前的市價，則併購專家應會以等於，甚或高於目前的市價買下該公司，將之拆解出售，並賺進大量利潤。

課堂小測驗

- 定義綜效。綜效是否為發生合併的有效理由？描述可以產生綜效利益的數種狀況。
- 試列舉兩個例子，說明稅負考量可以激勵合併。
- 假設你的公司能以它替換價值的 50% 買下另一家公司，這是否足以提供收購的正當性？試解釋之。
- 討論作為合併原因的分散化之優缺點。
- 何謂拆解價值？

21-2 合併類型

經濟學家將合併類型分成四類：(1) 水平的；(2) 垂直的；(3) 同種的；(4) 集團的。**水平合併（horizontal merger）**是當某家公司和另一家與之有相同商務的公司合併，如 Sirius 衛星電台和 XM 衛星電台的合併。**垂直合併（vertical merger）**的例子則為鋼鐵廠買下自己的供應商──如鐵礦和煤礦公司；或石油公司買下以原油作為投入的化工廠。同種的（congeneric）意指「本質或行動的聯合」；因此，**同種合併（congeneric merger）**涉及相關企業，但不是有著相同產品的製造商之間的水平合併，也不是生產者與供應商之間的垂直合併；舉例來說，美國銀行和全國金融（Countrywide Financial）的合併即屬同種合併。當不相關企業結合在一起時，

便稱為**集團合併**（conglomerate merger）；即便是存在綜效，集團合併往往只會產生很少的綜效，因而在最近幾年變得較不普遍。

營運節約和反競爭效應，至少部分有賴於涉及的合併類型。水平和垂直合併通常產生最大的營運綜效利益；但它們也最可能遭到司法部基於反競爭因素的反對。在任何情況下，當分析可能的合併時，從這些經濟學分類加以思考是相當有幫助的。

> **課堂小測驗**
> - 有哪四種合併的經濟類型？

21-3 合併活動的水準

美國曾出現五次重大的「合併風潮」。第一波是在 1800 年代晚期，那時發生石油、鋼鐵、菸草和其他基礎工業的整併。第二波是在 1920 年代，當時股票市場火熱，有助於募集資本，以致一些產業（包括公共事業、通訊和汽車）發生整併。第三波是在 1960 年代，當時集團合併方興未艾。第四波發生於 1980 年代，當槓桿收購（LBO）和其他公司開始使用垃圾債券來融資併購。第五波則是進行式，涉及策略聯盟——讓公司得以在全球經濟裡取得較佳的競爭位置。美國目前（2020 年 9 月）正處於由新冠疫情引起的經濟衰退，相較前一年同期，2020 年第 2 季的合併案件數減少 29%、金額減少 79%，這是自 2001 年 dotcom 衰退以來，合併活動的最大減幅。然而，一些跡象顯示市場正開始反彈；5 月和 6 月的併購活動比起 4 月熱絡，且數個大型合併案在 7 月中被公開。

表 21.1 列出一些自 1990 年代晚期以來，大型、引人注目的合併案。一般而言，這些合併案和 1980 年代的合併案大不相同；1980 年代的合併屬金融交易，也就是買方尋求市場價格低於其真正價值的公司（這些公司的管理不佳和反應遲緩）。若目標公司可以受到較佳的管理、若可賣掉重複投資的資產，以及若營運和行政成本可獲削減，則利潤和股價將會上升。在另一方面，最近的合併案例，大部分本質上為策略性的——公司合併以獲得經濟規模和經濟範疇，並因而能以更佳狀態在全球經濟裡競爭。事實上，許多最近的合併案，涉及金融、航空、國防、媒體、電腦、電信和健康保健等產業的公司；這些產業都正經歷結構改變和激烈的競爭。最近，出現愈來愈多的跨國合併；這些合併的許多案例，是受到全球重

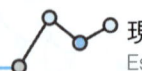

表 21.1　1990 年代晚期起公告的大型合併案例

買方	目標	公告日期	價值（10 億美元）
Vodafone AirTouch	Mannesmann	1999.11.14	180.9
America Online	華納 Time Warner	2000.01.10	165.0
BHP Billiton	Rio Tinto	2007.05.11	135.3
Verizon Communications	Verizon Wireless	2013.09.01	129.0
United Technologies	Raytheon Corporation	2019.06.09	121.0
AB InBev	SABMiller	2015.11.11	100.0
RBS, Fortis, & Banco Santander	ABN-AMRO Holding	2007.07.16	98.0
輝瑞 Pfizer	Warner-Lambert	1999.11.04	89.0
AT&T	BellSouth Corporation	2006.03.06	86.0
AT&T	Time Warner	2016.10.22	85.4
艾克森 Exxon	美孚 Mobil	1998.12.01	85.2
Bell Atlantic	GTE	1998.07.28	85.0
SBC Communications	Ameritech	1998.05.11	80.6
Glaxo Wellcome	SmithKline Beecham	2000.01.18	76.0
Vodafone	Air Touch	1999.01.18	74.4
Royal Dutch Petroleum	Shell Trans. & Trading	2004.10.28	74.3
Bristol-Myers Squibb	Celgene	2019.01.03	74.0
迪士尼 Disney	福斯 21st Century Fox	2017.12.14	71.3
Travelers Group	花旗 Citicorp	1998.04.06	70.0
Royal Dutch Shell	BG Group	2015.04.08	69.8
Saudi Aramco	Saudi Basic Industries (Sabic)	2018.08.22	69.1
Pfizer	Wyeth	2009.01.26	68.4
Cigna Corp	Express Scripts Holding Co.	2018.03.08	67.0
BB&T	SunTrust	2019.02.07	66.0
Dell	EMC	2015.10.12	66.0
AbbVie	Allergan	2019.06.25	63.0
Bayer	Monsanto	2016.09.14	63.0
NationsBank Corporation	Bank America Corporation	1998.04.13	62.0
British Petroleum（BP）	Amoco	1998.08.11	61.7
AT&T	Media One Group	1999.05.06	61.0
Sanofi-Synthelabo	Aventis	2004.01.26	60.2
Charter Communications	Time Warner Cable	2015.05.26	60.0
Pfizer	Pharmacia Corporation	2002.07.15	60.0
摩根大通 JPMorgan Chase	Bank One	2004.01.14	58.8
British American Tobacco	Reynolds American	2016.10.21	58.0
Occidental Petroleum	Anadarko	2019.05.09	55.0
寶僑 Procter & Gamble（P&G）	吉列 Gillette	2005.01.28	55.0
InBev	Anheuser-Busch	2008.06.11	52.0

買方	目標	公告日期	價值（10 億美元）
AT&T	DiercTV	2014.05.18	49.0
Camcast	AT&T Broadband	2001.07.08	47.0
Roche Holding	Genentech	2008.07.21	46.8

來源：改編自"Year-End Review" articles from *The Wall Street Journal*; Samuel Stebbins, "Biggest Mergers of the Year," 24/7 *Wall St.* (247wallst.com/special-report/2018/12/03/biggest-mergers-of-the-year-3/), December 3, 2018; and Douglas A. McIntyre, "20 Corporate Mega-Mergers of 2019," 24/7 Wall St. (247wallst.com /special-report/2019/12/23/20-corporate-mega-mergers-of-2019/), December 23, 2019。（譯註：除有知名中文名稱外，公司名稱保留原英文名稱，包含像AT&T，因幾乎沒人使用美國電話電報公司。）

要貨幣價值的大幅改變所導致。例如，許多人認為美元最近的貶值，有助於英博（InBev）對安海斯—布希（Anheuser-Busch）的併購。

> **課堂小測驗**
> - 美國發生了哪五次的重要「合併風潮」？
> - 目前合併風潮發生的原因為何？

21-4 敵意 vs. 友善併購

在絕大多數的合併案例裡，一家公司（通常是兩家公司較大的那一家）決定購買另一家公司，而它會和目標公司的管理階層協商條件，然後才併購目標公司。偶爾，被併購的公司也可先展開行動，只不過較為常見的是主動尋求併購的公司，而非被併購目標先發起行動。遵照傳統，我們將尋求併購其他公司的公司稱為**買受公司**（acquiring company），可能被買下的那家公司則稱為**目標公司**（target company）。

一旦某買受公司找到可能的目標，必須：(1) 建立適當的價格或價格區間；(2) 暫定付款條件——使用現金、自身股票、債券或是某些現金和證券的組合。接下來，買受公司應有理由相信，目標公司的管理階層將同意合併；因此它將提出合併方案，並嘗試找出適當的條件。若達成協議，這兩家公司的管理階層將對股東發布聲明，指出他們同意合併，且目標公司的管理階層必須將這個合併案推薦給股東。一般而言，股東被要求將持有的股權交給某特定金融機構看管，並簽署授權委託書

以將股權移轉給買受公司。目標公司的股東接著收到特定金額的付款——買受公司的普通股（換言之，目標公司股東成為買受公司的股東）、現金、債券或現金和證券的組合。以上是友善合併（friendly merger）。

然而經常發生的是，目標公司管理階層抗拒合併。或許他們認為報價太低，或許是他們想要保住飯碗。在任何一種情況下，買受公司所提條件被稱為具敵意且為非友善行動，則買受公司必須直接訴諸目標公司的股東。在敵意合併（hostile merger）裡，買受公司將提出公開收購（tender offer），並要求目標公司股東提供持股，以換取收購價。然而與此同時，目標公司的經理人將敦促股東不要提供股權——通常會說買受公司提供的條件（現金、債券或股票）太差了。

雖然大部分的合併屬友善合併，但某些知名公司曾嘗試敵意併購。例如，Warner-Lambert 嘗試抵抗輝瑞的敵意收購，但最終仍在 2000 年完成合併。在海外市場，Olivetti（譯註：義大利的電腦和電信集團）成功地以敵意併購方式合併義大利電信（Telecom Italia）；英國 Vodafone AirTouch 成功地以敵意併購方式買下德國競爭對手 Mannesmann——這是另一個電信產業併購的成功案例。較近的案例是，全錄（Xerox）在 2020 年放棄敵意併購 HP（Hewlett-Packard）。

> **課堂小測驗**
>
> - 敵意併購和友善併購的差異為何？

21-5 合併是否創造價值？實證結果

所有最近的合併活動引發以下兩項問題：(1) 企業併購是否創造價值？(2) 若答案為肯定，則利害關係人如何分享這個價值？大部分的研究者都同意併購會增加目標公司股東的財富；然而，他們並不認為買受公司的股東一定有利可圖。合併是否會對買受公司的股東產生利益仍存爭議；特別是當買受公司的管理階層，受到極大化股東財富以外的動機所驅使時。例如，他們想要併購的唯一理由可以是為了增加企業的規模，因企業規模愈大，即使不考量工作安全、額外補貼、權力和名望，也通常意謂著較高的薪水。

對於誰從企業合併獲利之種種不同觀點的有效性，可以透過合併宣告、合併完成之時點前後的股價變化來加以測試。不過，若合併宣告發生在整個股票市場上揚之時，則目標公司股價的上漲，不必然表示合併將預期會創造價值。因此，研究

應檢視合併宣告所產生的**異常報酬**（abnormal return）；它的定義為：非導致整體股票市場價格改變的那些因素，所造成之目標公司股價改變的部分。

許多研究已檢視買受公司和目標公司的股價，對合併和合併條件的反應。整體來看，這些研究幾乎涵括自 1960 年代初期以來，所有涉及上市櫃公司的合併案，且它們的結果相當一致：平均而言，敵意併購裡的目標公司股價上漲 30%，友善併購則是 20%；不論是敵意或友善交易，平均而言，買受公司的股價維持不變。然而，「大型併購的追蹤調查」專欄顯示，不同合併案例的異常報酬可有很大的差異；宣告合併時，買受公司的股價應聲下跌的狀況並不少見。整體而言，實證研究指出：(1) 併購的確產生價值；但 (2) 目標公司的股東幾乎獲得所有的利益。

後見之明是，這些結果並不那麼讓人感到驚訝。首先，因目標公司的股東總是可以說「不」，他們因此便掌控大局。第二，併購是一種競爭遊戲；所以，若某潛在買受公司不能對潛在的目標提供全額價格，則通常會有另一家公司願意出較高的報價。最後，買受公司的管理階層或許願意放棄合併產生的所有價值，因合併應會提升買受公司經理人的個人地位，卻不致傷害股東。

一些人認為併購是以犧牲債券持有人，來增加股東財富；特別是，存在槓桿收購（LBO）稀釋債券持有人請求權的疑慮。具體的狀況是併購導致了債券被降等，債券持有人因而遭受損失，甚至有時面臨很大的損失。然而，大部分的研究並不支持這個論點—平均而言，債券持有人未因企業併購而損失。

課堂小測驗

- 解釋研究者如何可以探知合併對股東財富的效應。
- 合併是否創造出價值？若創造價值，則誰會因而受益？
- 本節討論的研究結果，是否合乎邏輯？試解釋之。

大型併購的追蹤調查

投資人大都知道，目標公司的股東往往會因合併受益；當買受公司宣布併購後，其股價經常將隨之下跌。市場對併購的態度長期以來就是如此。例如在 1990 年代的併購風潮下，我們看到買受公司做了接二連三的爛交易。

《商業週刊》對 1995 年至 2001 年間 302 件大型合併案發表分析，發現其中的 61% 導致買受公司股東的損失。事實上，這些遭受損失的股東，在合併後第一年的報酬，平均而言較相同產業內其他公司的報酬低了 25 個百分點。所有合併後的存續公司，不論

是贏家還是輸家，它們的平均報酬為 4.3% 低於產業平均、9.2% 低於 S&P 500 的平均報酬。這篇文章指出以下四項常見的錯誤：

1. 買受公司通常出價過高。一般來說，它們將合併產生的所有綜效，讓給目標公司的股東。
2. 管理階層高估合併產生的綜效（成本節省和營收增加）。
3. 管理階層花費太長時間整合兩家公司的營運，以致讓顧客和員工等感到不悅；且延緩從整合而來的獲利。
4. 一些公司過度削減成本，以致損害維持銷售和生產設施所需的必要支出。

綜上所述，企業經理人似乎花了一些時間才慢慢學到教訓。直到最近，出價併購的公司在選擇目標廠商、定價和整合營運上，才愈做愈好。務請記得，雖然併購不總是對買受公司有利，但當將目標廠商股東的典型獲利納入考量，大多數的併購案通常會創造價值。關於合併的價值，芝加哥大學 Steve Kaplan 教授說得真好：

公正來說，答案多取決於問題怎麼問。如果我們對買受公司經理人是否應併購目標公司感到興趣，我們主要關心的便是出價併購的公司到底是如何盤算的。然而，當我們想知道該併購案是否對整體經濟和整體社會有益，則正確的想法是聚焦於併購所創造或摧毀的合併或整體價值。

來源：David Henry, "Mergers: Why Most Big Deals Don't Pay Off," *BusinessWeek*, October 14, 2002, pp. 60–70; Andre Annema, "M & A in 2012: Picking Up the Pace," *McKinsey on Finance*, McKinsey & Company, Spring 2013, pp. 20–22; and Steve Kaplan, "Forget What You've Read: Most Mergers Create Value," *Chicago Booth Review* (review.chicagobooth.edu), May 21, 2016.

結語

本章聚焦在對合併的討論。我們討論合併的理由、不同類型的合併、合併活動的水準和合併分析；此外，關於使用折現現金流量法來評價目標公司價值，我們在 ST-1 提供一個簡單案例，請利用之前學過的知識和技巧加以求解──很好的一個檢測點，看看自己這門課學得如何。

Chapter 21 併購

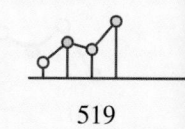

✓ 自我測驗

ST-1 **合併價值** P披薩是一家國際連鎖披薩店，正考慮購買一家規模較小的連鎖店 WM。P披薩的分析師預測，合併將導致如下的增量現金流量：第一年 $1.5 百萬、第二年 $2 百萬、第三年 $3 百萬、第四年 $5 百萬。此外，WM 的現金流量預期在第五年起，將相對前一年每年成長 5%；並假設所有的現金流量都發生在年末。若進行併購，則立刻就完成；WM 的合併後貝它預估為 1.5；它的合併後稅率為 25%；無風險利率為 6%；市場風險溢酬為 4%。對 P 披薩來說，WM 的價值等於多少？

✓ 問題

21-1 合併在經濟上有以下四種類型：(1) 水平；(2) 垂直；(3) 同種；(4) 集團。從 (a) 政府干預的可能性和 (b) 營運綜效的可能性，解釋這些專有名詞在合併分析上的重要性。

21-2 A 公司想要併購 B 公司，而 B 公司管理階層也認為合併是一個好點子，是否應使用公開收購呢？試解釋之。

21-3 在 1984 年春天，迪士尼的股價約為每股 $3.125（所有價格已對發生在 1986 年和 1992 年的 1 股變 4 股之分割做了調整）。接著，紐約金融家史坦柏格（Saul Steinberg）開始對迪士尼進行收購；在他擁有 12% 股權時，宣布對其他 37% 股票的公開收購──這將讓他的持股以每股 $4.22 的價格達到 49%。迪士尼管理階層隨之宣布，計劃以自家股票買下吉布森賀卡（Gibson Greeting Cards）和雅奕企業（Arvida Corporation），且也準備好銀行信用額度（根據史坦柏格的說法），最多借入 $20 億，並用這筆資金以較史坦柏格出價更高的價錢來購回股票。迪士尼管理階層所有的努力，都是為了讓史坦柏格不能控制迪士尼公司。到了 6 月，迪士尼管理階層同意支付史坦柏格每股 $4.84，這讓史坦柏格僅兩個月的投資就回收約 $6,000 萬；他的投入金額約 $2,650 萬。

當迪士尼宣布買回史坦柏格持有的股票時，股價幾乎立刻從 $4.25 跌到 $2.875。迪士尼的股東多感到憤怒，因而透過訴訟來加以阻止這項交易。此外，迪士尼事件為以下立法案舉行的國會聽證會添加助力：(1) 任何人若要取得超過 10% 的公司股票時，必須採取公開收購；(2) 禁止毒藥丸策略（poison pill tactics），例如採取迪士尼管理階層對付史坦柏格那樣的策略；

(3) 除非股東投票同意,否則禁止溢價買回大量股票(greenmail),如迪士尼提出以溢價收購史坦柏格的持股;(4) 禁止或顯著減少黃金降落傘(golden parachutes)的使用─迪士尼管理階層在這個案例裡並未如此做,也就是要求買受公司付給他們大額的補償金。

對上述立法條款,提出正、反兩面的看法,你認為應該保留哪些條款?此外,找出迪士尼目前的股價,以了解其股東的境遇。(1998 年 7 月,迪士尼股票由 1 股分拆為 3 股;2007 年 6 月讓 1,014 股轉換成 1,000 股。)

21-4 兩家大型上市公司在不預期會產生營運綜效的狀況下,正考慮合併。然而,因這兩家公司的利潤不是完全正相關,以致預期合併後,公司盈餘的標準差將會減少。一派分析師主張風險降低便足以為合併提供基礎;而另一派分析師則認為這種類型的風險降低是不重要的,因股票持有人能同時持有這兩家公司股票,因而享有風險降低的好處,但又不需負擔合併會產生的麻煩和金錢花費。哪一派的觀點是正確的?試解釋之。

附錄

附錄 A 方程式和表格

附錄 B 常用符號和縮寫

附錄 C 現值和終值表

附錄 A　方程式和表格

第 3 章

股東權益 = 已繳付資本 + 保留盈餘

股東權益 = 總資產 − 總負債

淨營運資本 = 流動資產 − 流動負債

淨經營營運資本 =（流動資產 − 多餘現金）−（流動負債 − 應付票據）

總負債 = 長期負債 + 短期負債

總應付 = 總負債 + 應付票據 + 應提費用

經營所得（或 EBIT）= 銷售收入 − 經營成本

FCF = [EBIT(1 − T) + 折舊] −（資本支出 + Δ淨經營資本的變化）

第 4 章

$$\text{流動比率} = \frac{\text{流動資產}}{\text{流動負債}}$$

$$\text{速動比率或酸性測試比率} = \frac{\text{流動資產} - \text{存貨}}{\text{流動負債}}$$

$$\text{存貨周轉率} = \frac{\text{銷貨}}{\text{存貨}}$$

$$\text{銷售流通天數（DSO）} = \frac{\text{應收帳款}}{\text{日均銷售}} = \frac{\text{應收帳款}}{\text{年銷售額}/365}$$

$$\text{固定資產周轉率} = \frac{\text{銷售額}}{\text{淨固定資產}}$$

$$\text{總資產周轉率} = \frac{\text{銷售額}}{\text{總資產}}$$

$$\text{總負債對總資本比率} = \frac{\text{總負債}}{\text{總資產}} = \frac{\text{總負債}}{\text{總負債} + \text{股東權益}}$$

$$\text{總應付對總資產比率} = \frac{\text{總應付}}{\text{總資產}}$$

$$\text{負債權益比率} = \frac{\text{總負債}}{\text{股東權益}}$$

$$\text{利息保障倍數比率（TIE ratio）} = \frac{\text{EBIT}}{\text{利息支出}}$$

$$D/E = \frac{D/A}{1 - D/A} \text{ 和 } D/A = \frac{D/E}{1 + D/E}$$

$$經營利潤率 = \frac{EBIT}{銷售}$$

$$淨利潤率 = \frac{淨所得}{銷售}$$

$$總資產報酬率（ROA）= \frac{淨所得}{總資產}$$

$$普通股權益報酬率（ROE）= \frac{淨所得}{普通股權益}$$

$$投入資本報酬率（ROIC）= \frac{EBIT(1-T)}{總投入資本} = \frac{EBIT(1-T)}{負債 + 股東權益}$$

$$基本盈餘能力（BEP）= \frac{EBIT}{總資產}$$

$$本益比（P/E）= \frac{每股價格}{每股盈餘}$$

$$每股帳面價值 = \frac{普通股權益}{流通在外股數}$$

$$股價淨值比率（M/B）= \frac{每股市場價格}{每股帳面價值}$$

$$\begin{aligned} ROE &= ROA \times 股權乘數 \\ &= 銷售利潤率 \times 總資產周轉率 \times 股權乘數 \\ &= \frac{淨所得}{銷售額} \times \frac{銷售}{總資產} \times \frac{總資產}{總普通股權益} \end{aligned}$$

第 5 章

終值或未來值 $= FV_N = PV(1+I)^N$

現值 $= PV = \dfrac{FV_N}{(1+I)^N}$

$$FVA_N = PMT(1+I)^{N-1} + PMT(1+I)^{N-2} + PMT(1+I)^{N-3} + \cdots + PMT(1+I)^0$$
$$= PMT\left[\frac{(1+I)^N - 1}{I}\right]$$

$FVA_{期初年金} = FVA_{普通年金}(1+I)$

$$PVA_N = PMT/(1+I)^1 + PMT/(1+I)^2 + \cdots + PMT/(1+I)^N = PMT\left[\frac{1 - \dfrac{1}{(1+I)^N}}{I}\right]$$

$PVA_{期初年金} = PVA_{普通年金}(1+I)$

永續年金的 $PV = \dfrac{PMT}{I}$

$PV = \dfrac{CF_1}{(1+I)^1} + \dfrac{CF_2}{(1+I)^2} + \cdots + \dfrac{CF_N}{(1+I)^N} = \sum\limits_{t=1}^{N} \dfrac{CF_t}{(1+I)^t}$

第 7 章

報價利率 $= r^* + IP + DRP + LP + MRP$
$\qquad\quad = r_{RF} + DRP + LP + MRP$

$r_{T\text{-bill}} = r_{RF} = r^* + IP$

$r_{T\text{-bond}} = r^*_t + IP_t + MRP_t$

第 8 章

預期報酬率 $= \hat{r} = P_1 r_1 + P_2 r_2 + \cdots + P_N r_N$
$\qquad\qquad\quad = \sum\limits_{i=1}^{N} P_i r_i$

標準差 $= \sigma = \sqrt{\sum\limits_{i=1}^{N} (r_i - \hat{r})^2 P_i}$

估計的 $\sigma = \sqrt{\dfrac{\sum\limits_{i=1}^{N} (\bar{r}_t - \bar{r}_{Avg})^2}{N-1}}$

變異係數 $= CV = \dfrac{\sigma}{\hat{r}}$

$\hat{r}_p = w_1 \hat{r}_1 + w_2 \hat{r}_2 + \cdots + w_N \hat{r}_N = \sum\limits_{i=1}^{N} w_i \hat{r}_i$

$b_p = w_1 b_1 + w_2 b_2 + \cdots + w_N b_N = \sum\limits_{i=1}^{N} w_i b_i$

$RP_M = r_M - r_{RF}$

$RP_i = (RP_M) b_i$

$r_i = r_{RF} + (r_M - r_{RF}) b_i$

第 9 章

債券價值 $= V_B = \dfrac{INT}{(1+r_d)^1} + \dfrac{INT}{(1+r_d)^2} + \cdots + \dfrac{INT}{(1+r_d)^N} + \dfrac{M}{(1+r_d)^N}$

$\qquad\qquad\quad\; = \sum\limits_{i=1}^{N} \dfrac{INT}{(1+r_d)^t} + \dfrac{M}{(1+r_d)^N}$

$$\text{可贖回債券價格} = \sum_{i=1}^{N} \frac{INT}{(1+r_d)^t} + \frac{\text{贖回價格}}{(1+r_d)^N}$$

第 10 章

$$\text{股票價值} = \hat{P}_0 = \text{預期未來股利的現值}$$

$$= \frac{D_1}{(1+r_s)^1} + \frac{D_2}{(1+r_s)^2} + \cdots + \frac{D_\infty}{(1+r_s)^\infty}$$

$$= \sum_{t=1}^{\infty} \frac{D_t}{(1+r_s)^t}$$

$$\text{固定成長股票：} \hat{P}_0 = \frac{D_0(1+g)^1}{(1+r_s)^1} + \frac{D_0(1+g)^2}{(1+r_s)^2} + \cdots + \frac{D_0(1+g)^\infty}{(1+r_s)^\infty}$$

$$= \frac{D_0(1+g)}{r_s - g} = \frac{D_1}{r_s - g}$$

預期報酬率 = 預期股利殖利率 + 預期成長率或資本利得報酬率

$$\hat{r}_s = \frac{D_1}{P_0} + g$$

成長率 = (1 − 配息比)ROE

$$\text{零成長股票：} \hat{P}_0 = \frac{D}{r_s}$$

$$V_p = \frac{D_p}{r_p}$$

$$\hat{r}_p = \frac{D_p}{V_p}$$

第 11 章

$$\text{WACC} = (\text{負債\%}) \begin{pmatrix} \text{稅後負債} \\ \text{成本} \end{pmatrix} + (\text{特別股\%}) \begin{pmatrix} \text{特別股} \\ \text{成本} \end{pmatrix} + (\text{普通股\%}) \begin{pmatrix} \text{普通股} \\ \text{股權成本} \end{pmatrix}$$

$$= w_d r_d (1-T) + w_p r_p + w_c r_s$$

稅後負債成本 = 新債利率 − 少繳的稅

$$= r_d - r_d T$$

$$= r_d (1-T)$$

$$\text{特別股成分成本} = r_p = \frac{D_p}{P_p}$$

必要報酬率 = 預期報酬率

$$r_s = r_{RF} + RP = D_1/P_0 + g = \hat{r}_s$$

r_s = 債券收益率 + 風險溢酬

$$P_0 = \frac{D_1}{(1+r_s)^1} + \frac{D_2}{(1+r_s)^2} + \cdots + \frac{D_\infty}{(1+r_s)^\infty} = \sum_{t=1}^{\infty} \frac{D_t}{(1+r_s)^t}$$

$$P_0 = \frac{D_1}{(r_s - g)}$$

$$r_s = \hat{r}_s = \frac{D_1}{P_0} + 預期的\ g$$

$$新股的股權成本 = r_e = \frac{D_1}{P_0(1-F)} + g$$

第 12 章

$$NPV = CF_0 + \frac{CF_1}{(1+r)^1} + \frac{CF_2}{(1+r)^2} + \cdots + \frac{CF_N}{(1+r)^N}$$

$$= \sum_{t=0}^{N} \frac{CF_t}{(1+r)^t}$$

$$CF_0 + \frac{CF_1}{(1+IRR)^1} + \frac{CF_2}{(1+IRR)^2} + \cdots + \frac{CF_N}{(1+IRR)^N} = 0$$

$$\sum_{t=0}^{N} \frac{CF_t}{(1+IRR)^t} = 0$$

$$\sum_{t=0}^{N} \frac{COF_t}{(1+r)^t} = \frac{\sum_{t=0}^{N} CIF_t(1+r)^{N-t}}{(1+MIRR)^N}$$

$$還本年數 = 完全回收之前一年數 + \frac{完全回收該年年初尚未回收的成本}{完全回收該年的現金流量}$$

第 13 章

殘餘資產的所得稅 = 稅率 × (殘值 − 帳面價值)

在 100% 紅利折舊下的資本支出 = 成本 (1 − T)

第 14 章

狀況 1：若無選擇權時、預期 NPV > 0，則

選擇權價值 = 有選擇權時的預期 NPV − 無選擇權時的預期 NPV

狀況 2：若無選擇權時、預期 NPV < 0，則

選擇權價值 = 有選擇權時的預期 NPV − 0

第 15 章

$$\text{ROIC} = \frac{[\text{EBIT}(1 - T)]}{\text{投資人提供的資本}}$$

損益平衡：$\text{EBIT} = PQ - VQ - F = 0$

$$Q_{BE} = \frac{F}{P - V}$$

$b_L = b_U[1 + (1 - T)(D/E)]$

$b_U = b_L/[1 + (1 - T)(D/E)]$

$r_s = r_{RF} +$ 商務風險溢酬 + 財務風險溢酬

第 16 章

股利 = 淨所得 − 融資新投資所需的保留盈餘
  = 淨所得 − [(目標股權比率)(總資本預算)]

第 17 章

存貨轉換期間 + 平均收款期間 − 應付帳款展延期間 = 現金循環週期

$$\text{存貨轉換期間} = \frac{\text{存貨}}{\text{售出商品的日成本}}$$

$$\text{平均收款期間（ACP 或 DSO）} = \frac{\text{應收帳款}}{\text{銷售額}/365}$$

$$\text{應付帳款展延期間} = \frac{\text{應付帳款}}{\text{日購買金額}} = \frac{\text{應付帳款}}{\text{售出商品的成本}/365}$$

應收帳款 = 日銷售額 × 收款期間 = (ADS)(DSO)

$$\text{賒帳金額的名目年成本} = \frac{\text{折扣}\%}{100 - \text{折扣}\%} \times \frac{365}{\text{應收帳款賒帳期間} - \text{折扣期間}}$$

$$\text{簡單日利率} = \frac{\text{名目利率}}{\text{一年的天數}}$$

月利息 = (日利率)(貸款金額)(該月天數)

$$\text{近似年利率}_{外加} = \frac{\text{支付的利息}}{\text{收到的金額}/2}$$

第 18 章

履約價值 = 目前股價 − 履約價格

選擇權溢價 = 選擇權市價 − 履約價格

二項方法：選擇權價值 = 股票成本 − 組合的現值

標準常態分配函數曲線下區域的面積

z	0.00	0.01	0.02	0.03	0.04	0.05	0.06	0.07	0.08	0.09
0.0	.0000	.0040	.0080	.0120	.0160	.0199	.0239	.0279	.0319	.0359
0.1	.0398	.0438	.0478	.0517	.0557	.0596	.0636	.0675	0.714	.0753
0.2	.0793	.0832	.0871	.0910	.0948	.0987	.1026	.1064	.1103	.1141
0.3	.1179	.1217	.1255	.1293	.1331	.1368	.1406	.1443	.1480	.1517
0.4	.1554	.1591	.1628	.1664	.1700	.1736	.1772	.1808	.1844	.1879
0.5	.1915	.1950	.1985	.2019	.2054	.2088	.2123	.2157	.2190	.2224
0.6	.2257	.2291	.2324	.2357	.2389	.2422	.2454	.2486	.2517	.2549
0.7	.2580	.2611	.2642	.2673	.2704	.2734	.2764	.2794	.2823	.2852
0.8	.2881	.2910	.2939	.2967	.2995	.3023	.3051	.3078	.3106	.3133
0.9	.3159	.3186	.3212	.3238	.3264	.3289	.3315	.3340	.3365	.3389
1.0	.3413	.3438	.3461	.3485	.3508	.3531	.3554	.3577	.3599	.3621
1.1	.3643	.3665	.3686	.3708	.3729	.3749	.3770	.3790	.3810	.3830
1.2	.3849	.3869	.3888	.3907	.3925	.3944	.3962	.3980	.3997	.4015
1.3	.4032	.4049	.4066	.4082	.4099	.4115	.4131	.4147	.4162	.4177
1.4	.4192	.4207	.4222	.4236	.4251	.4265	.4279	.4292	.4306	.4319
1.5	.4332	.4345	.4357	.4370	.4382	.4394	.4406	.4418	.4429	.4441
1.6	.4452	.4463	.4474	.4484	.4495	.4505	.4515	.4525	.4535	.4545
1.7	.4554	.4564	.4573	.4582	.4591	.4599	.4608	.4616	.4625	.4633
1.8	.4641	.4649	.4656	.4664	.4671	.4678	.4686	.4693	.4699	.4706
1.9	.4713	.4719	.4726	.4732	.4738	.4744	.4750	.4756	.4761	.4767
2.0	.4773	.4778	.4783	.4788	.4793	.4798	.4803	.4808	.4812	.4817
2.1	.4821	.4826	.4830	.4834	.4838	.4842	.4846	.4850	.4854	.4857
2.2	.4861	.4864	.4868	.4871	.4875	.4878	.4881	.4884	.4887	.4890
2.3	.4893	.4896	.4898	.4901	.4904	.4906	.4909	.4911	.4913	.4916
2.4	.4918	.4920	.4922	.4925	.4927	.4929	.4931	.4932	.4934	.4936
2.5	.4938	.4940	.4941	.4943	.4945	.4946	.4948	.4949	.4951	.4952
2.6	.4953	.4955	.4956	.4957	.4959	.4960	.4961	.4962	.4963	.4964
2.7	.4965	.4966	.4967	.4968	.4969	.4970	.4971	.4972	.4973	.4974
2.8	.4974	.4975	.4976	.4977	.4977	.4978	.4979	.4979	.4980	.4981
2.9	.4981	.4982	.4982	.4982	.4984	.4984	.4985	.4985	.4986	.4986
3.0	.4987	.4987	.4987	.4988	.4988	.4989	.4989	.4989	.4990	.4990

第 19 章

$$直接報價：\frac{所需美元金額}{1\ 單位外幣}$$

$$間接報價：\frac{外幣單位數}{1\ 美元}$$

第 20 章

附權證債券價格 = 正統債券價值 + 權證價值

$$轉換價格（P_c）=\frac{放棄的債券之面額}{轉換時收到的股數}$$

$$轉換率（CR）=\frac{放棄的債券之面額}{P_c}$$

附錄 B　常用符號和縮寫

ACP	平均收款期間	EBITDA	息前、稅前、折舊前、分期償還前盈餘
ADR	美國存託憑證		
AFN	額外所需資金	EPS	每股盈餘
APR	年百分率	F	(1) 固定經營成本；(2) 發行成本
b	貝它係數、衡量資產風險性	FCF	自由現金流量
b_L	使用槓桿貝它	FV_N	第 N 年的終值
b_U	無槓桿貝它	FVA_N	N 年期年金終值
BEP	基本盈餘能力	g	盈餘、股利和股價成長率
BVPS	每股帳面價值	GAAP	美國一般公認會計原則
CAPEX	資本支出	I	利率；也寫作 r
CAPM	資本資產評價模型	IFRS	國際財務報導準則
CCC	現金循環週期	I/YR	某些計算機上的利率按鍵
CF	現金流量；CF_t 為第 t 期的現金流量	INT	美元利息付款
		IP	通貨膨脹溢酬
CR	轉換率	IPO	初次公開上市、首次公開募股
CV	變異係數	IRR	內部報酬率
D_p	特別股股利	LIBOR	倫敦銀行拆款利率
D_t	第 t 期股利	LP	流動性溢酬
DCF	折現現金流量	M	債券到期價值
D/E	負債股權比	M/B	股價淨值比率
DEP	折舊	MIRR	修正內部報酬率
D_1/P_0	預期股利殖利率	MRP	到期風險溢酬
DPS	每股股利	N	表示期數的計算機按鍵
DRIP	股利再投資計畫	NOPAT	EBIT(1−T)，稅後淨營運利潤
DRP	違約風險溢酬	NOWC	淨經營營運資本
DSO	平均收款期間	NPV	淨現值
EAR	有效年利率 EFF%	P	每單位產品售價
EBIT	息前稅前盈餘；經營所得	P_c	轉換價格

符號	說明	符號	說明
P_t	第 t 期每股股價；P_0 為今天的股價	ρ	相關係數；當使用歷史數據時記作 R
P/E	股價盈餘比率	ROA	資產報酬率
PMT	年金付款	ROE	股權報酬率
PV	現值	ROIC	投資資本報酬率
PVA_N	N 年期年金現值	RP	風險溢酬
Q	生產或銷售數量	RP_M	市場風險溢酬
Q_{BE}	損益平衡數量	S	(1) 銷售額；(2) 樣本數據的預測標準差
r	(1) 折現率或資本成本，也稱為 I；(2) 經風險調整的名目必要報酬率	SML	證券市場線
		SV	殘值
$\bar{r}$	"r bar"，歷史的或實現的報酬率	Σ	連加符號
		σ	標準差
$\hat{r}$	"r hat"，預期報酬率	σ^2	變異數
r^*	實質無風險報酬率	t	第 t 期
r_d	稅前負債成本	T	邊際所得稅率
$r_d(1-T)$	稅後負債成本	TIE	利息保障倍數
r_e	新普通股成本（外部融資）	V	(1) 單位變動成本；(2) 買權的目前價值
r_i	個別廠商或證券的必要報酬率	V_B	債券價值
r_M	「市場」報酬率或「平均」股票的報酬率	V_p	特別股價值
		VC	總變動成本
r_{NOM}	名目利率；有時以 I_{NOM} 表示	WACC	加權平均資本成本
r_p	(1) 特別股成本；(2) 投資組合報酬	w_c	資本結構裡的普通股比重
		w_d	資本結構裡的負債比重
r_{RF}	無風險證券報酬率，等於 r^* + IP	w_p	資本結構裡的特別股比重
		X	選擇權履約價或執行價格
r_s	(1) 保留盈餘成本；(2) 普通股必要報酬率	YTC	贖回殖利率
		YTM	到期殖利率

附錄 C　現值和終值表

表 C.1　n 期、每期 i%、$1 的終值利率因子 FVIF(i, n)

期	1%	2%	3%	4%	5%	6%	7%	8%	9%	10%	11%	12%	13%	14%	15%	16%	17%	18%	19%	20%
1	1.010	1.020	1.030	1.040	1.050	1.060	1.070	1.080	1.090	1.100	1.110	1.120	1.130	1.140	1.150	1.160	1.170	1.180	1.190	1.200
2	1.020	1.040	1.061	1.082	1.103	1.124	1.145	1.166	1.188	1.210	1.232	1.254	1.277	1.300	1.323	1.346	1.369	1.392	1.416	1.440
3	1.030	1.061	1.093	1.125	1.158	1.191	1.225	1.260	1.295	1.331	1.368	1.405	1.443	1.482	1.521	1.561	1.602	1.643	1.685	1.728
4	1.041	1.082	1.126	1.170	1.216	1.262	1.311	1.360	1.412	1.464	1.518	1.574	1.630	1.689	1.749	1.811	1.874	1.939	2.005	2.074
5	1.051	1.104	1.159	1.217	1.276	1.338	1.403	1.469	1.539	1.611	1.685	1.762	1.842	1.925	2.011	2.100	2.192	2.288	2.386	2.488
6	1.062	1.126	1.194	1.265	1.340	1.419	1.501	1.587	1.677	1.772	1.870	1.974	2.082	2.195	2.313	2.436	2.565	2.700	2.840	2.986
7	1.072	1.149	1.230	1.316	1.407	1.504	1.606	1.714	1.828	1.949	2.076	2.211	2.353	2.502	2.660	2.826	3.001	3.185	3.379	3.583
8	1.083	1.172	1.267	1.369	1.477	1.594	1.718	1.851	1.993	2.144	2.305	2.476	2.658	2.853	3.059	3.278	3.511	3.759	4.021	4.300
9	1.094	1.195	1.305	1.423	1.551	1.689	1.838	1.999	2.172	2.358	2.558	2.773	3.004	3.252	3.518	3.803	4.108	4.435	4.785	5.160
10	1.105	1.219	1.344	1.480	1.629	1.791	1.967	2.159	2.367	2.594	2.839	3.106	3.395	3.707	4.046	4.411	4.807	5.234	5.695	6.192
11	1.116	1.243	1.384	1.539	1.710	1.898	2.105	2.332	2.580	2.853	3.152	3.479	3.836	4.226	4.652	5.117	5.624	6.176	6.777	7.430
12	1.127	1.268	1.426	1.601	1.796	2.012	2.252	2.518	2.813	3.138	3.498	3.896	4.335	4.818	5.350	5.936	6.580	7.288	8.064	8.916
13	1.138	1.294	1.469	1.665	1.886	2.133	2.410	2.720	3.066	3.452	3.883	4.363	4.898	5.492	6.153	6.886	7.699	8.599	9.596	10.699
14	1.149	1.319	1.513	1.732	1.980	2.261	2.579	2.937	3.342	3.797	4.310	4.887	5.535	6.261	7.076	7.988	9.007	10.147	11.420	12.839
15	1.161	1.346	1.558	1.801	2.079	2.397	2.759	3.172	3.642	4.177	4.785	5.474	6.254	7.138	8.137	9.266	10.539	11.974	13.590	15.407
16	1.173	1.373	1.605	1.873	2.183	2.540	2.952	3.426	3.970	4.595	5.311	6.130	7.067	8.137	9.358	10.748	12.330	14.129	16.172	18.488
17	1.184	1.400	1.653	1.948	2.292	2.693	3.159	3.700	4.328	5.054	5.895	6.866	7.986	9.276	10.761	12.468	14.426	16.672	19.244	22.186
18	1.196	1.428	1.702	2.026	2.407	2.854	3.380	3.996	4.717	5.560	6.544	7.690	9.024	10.575	12.375	14.463	16.879	19.673	22.901	26.623
19	1.208	1.457	1.754	2.107	2.527	3.026	3.617	4.316	5.142	6.116	7.263	8.613	10.197	12.056	14.232	16.777	19.748	23.214	27.252	31.948
20	1.220	1.486	1.806	2.191	2.653	3.207	3.870	4.661	5.604	6.727	8.062	9.646	11.523	13.743	16.367	19.461	23.106	27.393	32.429	38.338
25	1.282	1.641	2.094	2.666	3.386	4.292	5.427	6.848	8.623	10.835	13.585	17.000	21.231	26.462	32.919	40.874	50.658	62.669	77.388	95.396
30	1.348	1.811	2.427	3.243	4.322	5.743	7.612	10.063	13.268	17.449	22.892	29.960	39.116	50.950	66.212	85.850	111.065	143.371	184.675	237.376
35	1.417	2.000	2.814	3.946	5.516	7.686	10.677	14.785	20.414	28.102	38.575	52.800	72.069	98.100	133.176	180.314	243.503	327.997	440.701	590.668
40	1.489	2.208	3.262	4.801	7.040	10.286	14.974	21.725	31.409	45.259	65.001	93.051	132.782	188.884	267.864	378.721	533.869	750.378	1,051.668	1,469.772
50	1.645	2.692	4.384	7.107	11.467	18.420	29.457	46.902	74.358	117.391	184.565	289.002	450.736	700.233	1,083.657	1,670.704	2,566.215	3,927.357	5,988.914	9,100.438

表 C.2 n 期、每期 i%、$1 的現值利率因子 PVIF(i, n)

期	1%	2%	3%	4%	5%	6%	7%	8%	9%	10%	11%	12%	13%	14%	15%	16%	17%	18%	19%	20%
1	0.990	0.980	0.971	0.962	0.952	0.943	0.935	0.926	0.917	0.909	0.901	0.893	0.885	0.877	0.870	0.862	0.855	0.847	0.840	0.833
2	0.980	0.961	0.943	0.925	0.907	0.890	0.873	0.857	0.842	0.826	0.812	0.797	0.783	0.769	0.756	0.743	0.731	0.718	0.706	0.694
3	0.971	0.942	0.915	0.889	0.864	0.840	0.816	0.794	0.772	0.751	0.731	0.712	0.693	0.675	0.658	0.641	0.624	0.609	0.593	0.579
4	0.961	0.924	0.888	0.855	0.823	0.792	0.763	0.735	0.708	0.683	0.659	0.636	0.613	0.592	0.572	0.552	0.534	0.516	0.499	0.482
5	0.951	0.906	0.863	0.822	0.784	0.747	0.713	0.681	0.650	0.621	0.593	0.567	0.543	0.519	0.497	0.476	0.456	0.437	0.419	0.402
6	0.942	0.888	0.837	0.790	0.746	0.705	0.666	0.630	0.596	0.564	0.535	0.507	0.480	0.456	0.432	0.410	0.390	0.370	0.352	0.335
7	0.933	0.871	0.813	0.760	0.711	0.665	0.623	0.583	0.547	0.513	0.482	0.452	0.425	0.400	0.376	0.354	0.333	0.314	0.296	0.279
8	0.923	0.853	0.789	0.731	0.677	0.627	0.582	0.540	0.502	0.467	0.434	0.404	0.376	0.351	0.327	0.305	0.285	0.266	0.249	0.233
9	0.914	0.837	0.766	0.703	0.645	0.592	0.544	0.500	0.460	0.424	0.391	0.361	0.333	0.308	0.284	0.263	0.243	0.225	0.209	0.194
10	0.905	0.820	0.744	0.676	0.614	0.558	0.508	0.463	0.422	0.386	0.352	0.322	0.295	0.270	0.247	0.227	0.208	0.191	0.176	0.162
11	0.896	0.804	0.722	0.650	0.585	0.527	0.475	0.429	0.388	0.350	0.317	0.287	0.261	0.237	0.215	0.195	0.178	0.162	0.148	0.135
12	0.887	0.788	0.701	0.625	0.557	0.497	0.444	0.397	0.356	0.319	0.286	0.257	0.231	0.208	0.187	0.168	0.152	0.137	0.124	0.112
13	0.879	0.773	0.681	0.601	0.530	0.469	0.415	0.368	0.326	0.290	0.258	0.229	0.204	0.182	0.163	0.145	0.130	0.116	0.104	0.093
14	0.870	0.758	0.661	0.577	0.505	0.442	0.388	0.340	0.299	0.263	0.232	0.205	0.181	0.160	0.141	0.125	0.111	0.099	0.088	0.078
15	0.861	0.743	0.642	0.555	0.481	0.417	0.362	0.315	0.275	0.239	0.209	0.183	0.160	0.140	0.123	0.108	0.095	0.084	0.074	0.065
16	0.853	0.728	0.623	0.534	0.458	0.394	0.339	0.292	0.252	0.218	0.188	0.163	0.141	0.123	0.107	0.093	0.081	0.071	0.062	0.054
17	0.844	0.714	0.605	0.513	0.436	0.371	0.317	0.270	0.231	0.198	0.170	0.146	0.125	0.108	0.093	0.080	0.069	0.060	0.052	0.045
18	0.836	0.700	0.587	0.494	0.416	0.350	0.296	0.250	0.212	0.180	0.153	0.130	0.111	0.095	0.081	0.069	0.059	0.051	0.044	0.038
19	0.828	0.686	0.570	0.475	0.396	0.331	0.277	0.232	0.194	0.164	0.138	0.116	0.098	0.083	0.070	0.060	0.051	0.043	0.037	0.031
20	0.820	0.673	0.554	0.456	0.377	0.312	0.258	0.215	0.178	0.149	0.124	0.104	0.087	0.073	0.061	0.051	0.043	0.037	0.031	0.026
25	0.780	0.610	0.478	0.375	0.295	0.233	0.184	0.146	0.116	0.092	0.074	0.059	0.047	0.038	0.030	0.024	0.020	0.016	0.013	0.010
30	0.742	0.552	0.412	0.308	0.231	0.174	0.131	0.099	0.075	0.057	0.044	0.033	0.026	0.020	0.015	0.012	0.009	0.007	0.005	0.004
35	0.706	0.500	0.355	0.253	0.181	0.130	0.094	0.068	0.049	0.036	0.026	0.019	0.014	0.010	0.008	0.006	0.004	0.003	0.002	0.002
40	0.672	0.453	0.307	0.208	0.142	0.097	0.067	0.046	0.032	0.022	0.015	0.011	0.008	0.005	0.004	0.003	0.002	0.001	0.001	0.001
50	0.608	0.372	0.228	0.141	0.087	0.054	0.034	0.021	0.013	0.009	0.005	0.003	0.002	0.001	0.001	0.001	0.000	0.000	0.000	0.000

附錄 C 現值和終值表

表 C.3　n 期、每期 i%、$1 的普通年金之終值利率因子 FVIFA(i, n)

期	1%	2%	3%	4%	5%	6%	7%	8%	9%	10%	11%	12%	13%	14%	15%	16%	17%	18%	19%	20%
1	1.000	1.000	1.000	1.000	1.000	1.000	1.000	1.000	1.000	1.000	1.000	1.000	1.000	1.000	1.000	1.000	1.000	1.000	1.000	1.000
2	2.010	2.020	2.030	2.040	2.050	2.060	2.070	2.080	2.090	2.100	2.110	2.120	2.130	2.140	2.150	2.160	2.170	2.180	2.190	2.200
3	3.030	3.060	3.091	3.122	3.153	3.184	3.215	3.246	3.278	3.310	3.342	3.374	3.407	3.440	3.473	3.506	3.539	3.572	3.606	3.640
4	4.060	4.122	4.184	4.246	4.310	4.375	4.440	4.506	4.573	4.641	4.710	4.779	4.850	4.921	4.993	5.066	5.141	5.215	5.291	5.368
5	5.101	5.204	5.309	5.416	5.526	5.637	5.751	5.867	5.985	6.105	6.228	6.353	6.480	6.610	6.742	6.877	7.014	7.154	7.297	7.442
6	6.152	6.308	6.468	6.633	6.802	6.975	7.153	7.336	7.523	7.716	7.913	8.115	8.323	8.536	8.754	8.977	9.207	9.442	9.683	9.930
7	7.214	7.434	7.662	7.898	8.142	8.394	8.654	8.923	9.200	9.487	9.783	10.089	10.405	10.730	11.067	11.414	11.772	12.142	12.523	12.916
8	8.286	8.583	8.892	9.214	9.549	9.897	10.260	10.637	11.028	11.436	11.859	12.300	12.757	13.233	13.727	14.240	14.773	15.327	15.902	16.499
9	9.369	9.755	10.159	10.583	11.027	11.491	11.978	12.488	13.021	13.579	14.164	14.776	15.416	16.085	16.786	17.519	18.285	19.086	19.923	20.799
10	10.462	10.950	11.464	12.006	12.578	13.181	13.816	14.487	15.193	15.937	16.722	17.549	18.420	19.337	20.304	21.321	22.393	23.521	24.709	25.959
11	11.567	12.169	12.808	13.486	14.207	14.972	15.784	16.645	17.560	18.531	19.561	20.655	21.814	23.045	24.349	25.733	27.200	28.755	30.404	32.150
12	12.683	13.412	14.192	15.026	15.917	16.870	17.888	18.977	20.141	21.384	22.713	24.133	25.650	27.271	29.002	30.850	32.824	34.931	37.180	39.581
13	13.809	14.680	15.618	16.627	17.713	18.882	20.141	21.495	22.953	24.523	26.212	28.029	29.985	32.089	34.352	36.786	39.404	42.219	45.244	48.497
14	14.947	15.974	17.086	18.292	19.599	21.015	22.550	24.215	26.019	27.975	30.095	32.393	34.883	37.581	40.505	43.672	47.103	50.818	54.841	59.196
15	16.097	17.293	18.599	20.024	21.579	23.276	25.129	27.152	29.361	31.772	34.405	37.280	40.417	43.842	47.580	51.660	56.110	60.965	66.261	72.035
16	17.258	18.639	20.157	21.825	23.657	25.673	27.888	30.324	33.003	35.950	39.190	42.753	46.672	50.980	55.717	60.925	66.649	72.939	79.850	87.442
17	18.430	20.012	21.762	23.698	25.840	28.213	30.840	33.750	36.974	40.545	44.501	48.884	53.739	59.118	65.075	71.673	78.979	87.068	96.022	105.93
18	19.615	21.412	23.414	25.645	28.132	30.906	33.999	37.450	41.301	45.599	50.396	55.750	61.725	68.394	75.836	84.141	93.406	103.74	115.27	128.12
19	20.811	22.841	25.117	27.671	30.539	33.760	37.379	41.446	46.018	51.159	56.939	63.440	70.749	78.969	88.212	98.603	110.28	123.41	138.17	154.74
20	22.019	24.297	26.870	29.778	33.066	36.786	40.995	45.762	51.160	57.275	64.203	72.052	80.947	91.025	102.44	115.38	130.03	146.63	165.42	186.69
25	28.243	32.030	36.459	41.646	47.727	54.865	63.249	73.106	84.701	98.347	114.41	133.33	155.62	181.87	212.79	249.21	292.10	342.60	402.04	471.98
30	34.785	40.568	47.575	56.085	66.439	79.058	94.461	113.28	136.31	164.49	199.02	241.33	293.20	356.79	434.75	530.31	647.44	790.95	966.71	1,181.9
35	41.660	49.994	60.462	73.652	90.320	111.43	138.24	172.32	215.71	271.02	341.59	431.66	546.68	693.57	881.17	1,120.7	1,426.5	1,816.7	2,314.2	2,948.3
40	48.886	60.402	75.401	95.026	120.80	154.76	199.64	259.06	337.88	442.59	581.83	767.09	1,013.7	1,342.0	1,779.1	2,360.8	3,134.5	4,163.2	5,529.8	7,343.9
50	64.463	84.579	112.80	152.67	209.35	290.34	406.53	573.77	815.08	1,163.9	1,668.8	2,400.0	3,459.5	4,994.5	7,217.7	10,436	15,090	21,813	31,515	45,497

表 C.4　n 期、每期 i%、$1 的普通年金之現值利率因子 PVIFA(i, n)

期	1%	2%	3%	4%	5%	6%	7%	8%	9%	10%	11%	12%	13%	14%	15%	16%	17%	18%	19%	20%
1	0.990	0.980	0.971	0.962	0.952	0.943	0.935	0.926	0.917	0.909	0.901	0.893	0.885	0.877	0.870	0.862	0.855	0.847	0.840	0.833
2	1.970	1.942	1.913	1.886	1.859	1.833	1.808	1.783	1.759	1.736	1.713	1.690	1.668	1.647	1.626	1.605	1.585	1.566	1.547	1.528
3	2.941	2.884	2.829	2.775	2.723	2.673	2.624	2.577	2.531	2.487	2.444	2.402	2.361	2.322	2.283	2.246	2.210	2.174	2.140	2.106
4	3.902	3.808	3.717	3.630	3.546	3.465	3.387	3.312	3.240	3.170	3.102	3.037	2.974	2.914	2.855	2.798	2.743	2.690	2.639	2.589
5	4.853	4.713	4.580	4.452	4.329	4.212	4.100	3.993	3.890	3.791	3.696	3.605	3.517	3.433	3.352	3.274	3.199	3.127	3.058	2.991
6	5.795	5.601	5.417	5.242	5.076	4.917	4.767	4.623	4.486	4.355	4.231	4.111	3.998	3.889	3.784	3.685	3.589	3.498	3.410	3.326
7	6.728	6.472	6.230	6.002	5.786	5.582	5.389	5.206	5.033	4.868	4.712	4.564	4.423	4.288	4.160	4.039	3.922	3.812	3.706	3.605
8	7.652	7.325	7.020	6.733	6.463	6.210	5.971	5.747	5.535	5.335	5.146	4.968	4.799	4.639	4.487	4.344	4.207	4.078	3.954	3.837
9	8.566	8.162	7.786	7.435	7.108	6.802	6.515	6.247	5.995	5.759	5.537	5.328	5.132	4.946	4.772	4.607	4.451	4.303	4.163	4.031
10	9.471	8.983	8.530	8.111	7.722	7.360	7.024	6.710	6.418	6.145	5.889	5.650	5.426	5.216	5.019	4.833	4.659	4.494	4.339	4.192
11	10.368	9.787	9.253	8.760	8.306	7.887	7.499	7.139	6.805	6.495	6.207	5.938	5.687	5.453	5.234	5.029	4.836	4.656	4.486	4.327
12	11.255	10.575	9.954	9.385	8.863	8.384	7.943	7.536	7.161	6.814	6.492	6.194	5.918	5.660	5.421	5.197	4.988	4.793	4.611	4.439
13	12.134	11.348	10.635	9.986	9.394	8.853	8.358	7.904	7.487	7.103	6.750	6.424	6.122	5.842	5.583	5.342	5.118	4.910	4.715	4.533
14	13.004	12.106	11.296	10.563	9.899	9.295	8.745	8.244	7.786	7.367	6.982	6.628	6.302	6.002	5.724	5.468	5.229	5.008	4.802	4.611
15	13.865	12.849	11.938	11.118	10.380	9.712	9.108	8.559	8.061	7.606	7.191	6.811	6.462	6.142	5.847	5.575	5.324	5.092	4.876	4.675
16	14.718	13.578	12.561	11.652	10.838	10.106	9.447	8.851	8.313	7.824	7.379	6.974	6.604	6.265	5.954	5.668	5.405	5.162	4.938	4.730
17	15.562	14.292	13.166	12.166	11.274	10.477	9.763	9.122	8.544	8.022	7.549	7.120	6.729	6.373	6.047	5.749	5.475	5.222	4.990	4.775
18	16.398	14.992	13.754	12.659	11.690	10.828	10.059	9.372	8.756	8.201	7.702	7.250	6.840	6.467	6.128	5.818	5.534	5.273	5.033	4.812
19	17.226	15.678	14.324	13.134	12.085	11.158	10.336	9.604	8.950	8.365	7.839	7.366	6.938	6.550	6.198	5.877	5.584	5.316	5.070	4.843
20	18.046	16.351	14.877	13.590	12.462	11.470	10.594	9.818	9.129	8.514	7.963	7.469	7.025	6.623	6.259	5.929	5.628	5.353	5.101	4.870
25	22.023	19.523	17.413	15.622	14.094	12.783	11.654	10.675	9.823	9.077	8.422	7.843	7.330	6.873	6.464	6.097	5.766	5.467	5.195	4.948
30	25.808	22.396	19.600	17.292	15.372	13.765	12.409	11.258	10.274	9.427	8.694	8.055	7.496	7.003	6.566	6.177	5.829	5.517	5.235	4.979
35	29.409	24.999	21.487	18.665	16.374	14.498	12.948	11.655	10.567	9.644	8.855	8.176	7.586	7.070	6.617	6.215	5.858	5.539	5.251	4.992
40	32.835	27.355	23.115	19.793	17.159	15.046	13.332	11.925	10.757	9.779	8.951	8.244	7.634	7.105	6.642	6.233	5.871	5.548	5.258	4.997
50	39.196	31.424	25.730	21.482	18.256	15.762	13.801	12.233	10.962	9.915	9.042	8.304	7.675	7.133	6.661	6.246	5.880	5.554	5.262	4.999